U0397452

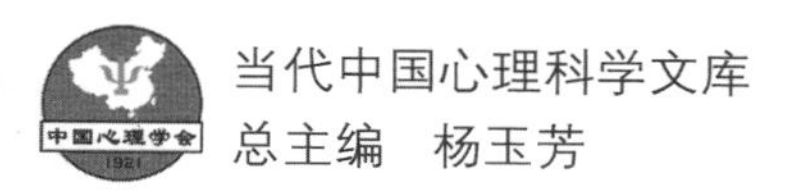

当代中国心理科学文库

总主编　杨玉芳

Cyberpsychology

网络心理学

周宗奎等　著

华东师范大学出版社

·上海·

图书在版编目(CIP)数据

网络心理学/周宗奎等著. —上海:华东师范大学出版社,2017
(当代中国心理科学文库)
ISBN 978-7-5675-6373-5

Ⅰ.①网… Ⅱ.①周… Ⅲ.①计算机网络—应用心理学—研究 Ⅳ.①TP393-05

中国版本图书馆CIP数据核字(2017)第071289号

"本书得到青少年网络心理与行为教育部重点实验室资助"
当代中国心理科学文库
网络心理学

著　　者　周宗奎等
策划编辑　彭呈军
审读编辑　张艺捷
责任校对　陈　易
装帧设计　倪志强

出版发行　华东师范大学出版社
社　　址　上海市中山北路3663号　邮编200062
网　　址　www.ecnupress.com.cn
电　　话　021-60821666　行政传真021-62572105
客服电话　021-62865537　门市(邮购)电话021-62869887
地　　址　上海市中山北路3663号华东师范大学校内先锋路口
网　　店　http://hdsdcbs.tmall.com

印 刷 者　浙江省临安市曙光印务有限公司
开　　本　787毫米×1092毫米　1/16
印　　张　24.25
字　　数　539千字
版　　次　2017年12月第1版
印　　次　2023年1月第4次
书　　号　ISBN 978-7-5675-6373-5/B·1076
定　　价　60.00元

出 版 人　王　焰

《当代中国心理科学文库》编委会

总主编序言

《当代中国心理科学文库》(下文简称《文库》)的出版,是中国心理学界的一件有重要意义的事情。

《文库》编撰工作的启动,是由多方面因素促成的。应《中国科学院院刊》之邀,中国心理学会组织国内部分优秀专家,编撰了"心理学学科体系与方法论"专辑(2012)。专辑发表之后,受到学界同仁的高度认可,特别是青年学者和研究生的热烈欢迎。部分作者在欣喜之余,提出应以此为契机,编撰一套反映心理学学科前沿与应用成果的书系。华东师范大学出版社教育心理分社彭呈军社长闻讯,当即表示愿意负责这套书系的出版,建议将书系定名为"当代中国心理科学文库",邀请我作为《文库》的总主编。

中国心理学在近几十年获得快速发展。至今我国已经拥有三百多个心理学研究和教学机构,遍布全国各省市。研究内容几乎涵盖了心理学所有传统和新兴分支领域。在某些基础研究领域,已经达到或者接近国际领先水平;心理学应用研究也越来越彰显其在社会生活各个领域中的重要作用。学科建设和人才培养也都取得很大成就,出版发行了多套应用和基础心理学教材系列。尽管如此,中国心理学在整体上与国际水平还有相当的距离,它的发展依然任重道远。在这样的背景下,组织学界力量,编撰和出版一套心理科学系列丛书,反映中国心理学学科发展的概貌,是可能的,也是必要的。

要完成这项宏大的工作,中国心理学会的支持和学界各领域优秀学者的参与,是极为重要的前提和条件。为此,成立了《文库》编委会,其职责是在写作质量和关键节点上把关,对编撰过程进行督导。编委会首先确定了编撰工作的指导思想:《文库》应有别于普通教科书系列,着重反映当代心理科学的学科体系、方法论和发展趋势;反映近年来心理学基础研究领域的国际前沿和进展,以及应用研究领域的重要成果;反映和集成中国学者在不同领域所作的贡献。其目标是引领中国心理科学的发展,推动学科建设,促进人才培养;展示心理学在现代科学系统中的重要地位,及其在我国社会建设和经济发展中不可或缺的作用；为心理科学在中国的发展争取更好的社会文化环境和支撑条件。

根据这些考虑，确定书目的遴选原则是，尽可能涵盖当代心理科学的重要分支领域，特别是那些有重要科学价值的理论学派和前沿问题，以及富有成果的应用领域。作者应当是在科研和教学一线工作，在相关领域具有深厚学术造诣，学识广博、治学严谨的科研工作者和教师。以这样的标准选择书目和作者，我们的邀请获得多数学者的积极响应。当然也有个别重要领域，虽有学者已具备比较深厚的研究积累，但由于种种原因，他们未能参与《文库》的编撰工作。可以说这是一种缺憾。

编委会对编撰工作的学术水准提出了明确要求：首先是主题突出、特色鲜明，要求在写作计划确定之前，对已有的相关著作进行查询和阅读，比较其优缺点；在总体结构上体现系统规划和原创性思考。第二是系统性与前沿性，涵盖相关领域主要方面，包括重要理论和实验事实，强调资料的系统性和权威性；在把握核心问题和主要发展脉络的基础上，突出反映最新进展，指出前沿问题和发展趋势。第三是理论与方法学，在阐述理论的同时，介绍主要研究方法和实验范式，使理论与方法紧密结合、相得益彰。

编委会对于撰写风格没有作统一要求。这给了作者们自由选择和充分利用已有资源的空间。有的作者以专著形式，对自己多年的研究成果进行梳理和总结，系统阐述自己的理论创见，在自己的学术道路上立下了一个新的里程碑。有的作者则着重介绍和阐述某一新兴研究领域的重要概念、重要发现和理论体系，同时嵌入自己的一些独到贡献，犹如在读者面前展示了一条新的地平线。还有的作者组织了壮观的撰写队伍，围绕本领域的重要理论和实践问题，以手册（handbook）的形式组织编撰工作。这种全景式介绍，使其最终成为一部“鸿篇大作”，成为本领域相关知识的完整信息来源，具有重要参考价值。尽管风格不一，但这些著作在总体上都体现了《文库》编撰的指导思想和要求。

在《文库》的编撰过程中，实行了“编撰工作会议”制度。会议有编委会成员、作者和出版社责任编辑出席，每半年召开一次。由作者报告著作的写作进度，提出在编撰中遇到的问题和困惑等，编委和其他作者会坦诚地给出评论和建议。会议中那些热烈讨论和激烈辩论的生动场面，那种既严谨又活泼的氛围，至今令人难以忘怀。编撰工作会议对保证著作的学术水准和工作进度起到了不可估量的作用。它同时又是一个学术论坛，使每一位与会者获益匪浅。可以说，《文库》的每一部著作，都在不同程度上凝结了集体的智慧和贡献。

《文库》的出版工作得到华东师范大学出版社的领导和编辑的极大支持。王焰社长曾亲临中国科学院心理研究所，表达对书系出版工作的关注。出版社决定将本《文库》作为今后几年的重点图书，争取得到国家和上海市级的支持；投入优秀编辑团队，将本文库做成中国心理学发展史上的一个里程碑。彭呈军社长是责任编辑。他活跃机敏、富有经验，与作者保持良好的沟通和互动，从编辑技术角度进行指导和把关，帮助作者少走弯路。

在作者、编委和出版社责任编辑的共同努力下，《文库》已初见成果。从今年初开始，有一批作者陆续向出版社提交书稿。《文库》已逐步进入出版程序，相信不久将会在读者面前"集体亮相"。希望它能得到学界和社会的积极评价，并能经受时间的考验，在中国心理学学科发展进程中产生深刻而久远的影响。

杨玉芳

2015 年 10 月 8 日

目　录

前　言

互联网作为人类文明的产物，全面而深刻地影响了人类的思想和行为方式，在人类文明史上具有划时代的意义和地位。如何看待互联网对人的意义？如何理解网络空间对人的行为的改变？如何描述和预测人们在网络空间的感受和表现？研究人类心理和行为奥秘的心理学，必须深入探索人类在网络空间的各种个体和群体活动。

互联网自诞生以来，经历了从信息门户网站，到搜索引擎服务，再到社交网络建构的形态升级换代过程，只用了半个世纪左右的时间就在全球实现了普遍的应用。随着云计算、移动通讯、大数据、人工智能和虚拟现实等技术发展日新月异，融合互联网的信息技术体系越来越强大，对人类行为的影响也越来越广泛而深刻。互联网之于人类，已经不仅仅是一种工具，而是成为了一种新的个体存在方式和社会群体生态。

网络技术与人类行为领域的结合，促使了网络社交、电子政商、网络金融、在线教育、网络医疗、网络游戏、共享服务等等丰富多彩的互联网生活形态的产生。与人类文明史上的其他时期相比，人们在互联网时代的自我表露、娱乐休闲的方式更加多样，人际交往和互助的方式有了更多选择，学习和研究活动更加便利，医疗保健活动也更加自主。随着网络生活史的延续，基于互联网的大数据开始改变人类个体的生活方式和群体的组织方式；尤其是，人工智能改变生活的趋势让大众充满期待，网络群体智慧的进步终将彻底改变人与技术的关系。

网络空间是一个虚拟世界，也是一个真实世界。网络空间已经从文本发展为多媒体甚至智能化空间，过去的人机互动已经转变为人际互动和社会互动，使人们不同的思想意识得以跨时空交织融合在一起。网络空间这个新的社会环境和心理环境，充满了创造的机会，衍生出反映人类意识和行为方式的新形态和新规律，包括相关的认知过程、行为表现和情感体验。

例如，记忆的“谷歌效应”就是使用互联网的信息搜索功能为人的记忆方式带来的改变。信息搜索的便捷性让人们能够轻而易举地找到所需的资讯，惯于使用信息搜索功能的人逐渐倾向于把互联网看作是自己记忆的一部分，人的记忆更加依赖于互联网这个储量丰富的数据库。当人们遇到难题时，更倾向于向搜索引擎求助；当人们觉得可以随时查到某些信息时，会更少去记住这些信息本身，而会更多地记住如何去查找这些信息。强大的搜索引擎所带来的便利正在改变着人们大脑的记忆甚至思考的方式。

人们在网络空间也会构建虚拟的自我，体验虚拟自我带来的社会效应。人们倾向于在网络上呈现积极的自我形象，如在网络上展现健康肤色等更有吸引力的照片，或下意识地暴露能够表现自己优势地位的信息，展示更受社会接纳的品质和特性。并且，男性倾向于展示自身社会经济地位，而女性则更多看重美貌。这些行为十分普遍，且在进化心理层面具有积极意义。网络改变了人类的自我，同时也挑战着传统的社会系统。例如，越来越多的人在网络空间寻找择偶约会对象。社交网站已经成为个体维持和拓展人际关系的重要方式。

移动互联网带来的时空便利性，使人们在心理上很容易将网络空间看作是自己的思想与人格的延伸。人们甚至会感到自己的思想与他人的思想可以轻易相通，个人思想之间的界线模糊了。而深度学习之类的技术则开始将不同个体和群体展现在各种问题解决过程中的智慧以高效的方式提取并融合起来，储存在各种人工智能系统中。"群集智慧"正在成为人类智慧活动的新的形式，使人类获得强大的问题解决和行为组织能力。

互联网具备的跨越时空的信息交换功能和汇聚群体智慧的组织优化功能，使得人类可以展示新的行为方式。人类生活在一个"更大的网络，更小的世界"中。面对这样一个广阔自由的全新空间，人类个体的行为和心理会发生哪些变化？人类群体的行为边界会有哪些拓展？人际交往行为在可视化的社交网络中是否会呈现新的结构和形态？广阔自由的网络空间是否会诱发更多自我探索和网络人格类型的产生？"数字土著"一代的成长是否会面临不同于农业文明和工业时代的发展任务和挑战？信息技术真的会让人类陷入"知道的更多而智慧却更少"的尴尬境地吗？人工智能的发展带来的人类整体上的所谓"认知盈余"是否有利于提高人类的幸福感？

当探索人类自身的心理学碰上改变人类自身的互联网，心理学家们所面临的其实是一种理解人类自身的历史性机遇。这意味着心理学需要并且能够从一种全新的视角来看待人的网络心理与行为。

基于互联网与人类的关系，本书尝试提出"第三空间"的假设，认为网络空间是介于物理空间和精神空间之间的"第三空间"，因而人类在网络空间的存在具有不同于精神和物质空间的新的属性和规律。"第三空间"具有共享性、智能性和渗透性。这个空间实现了个体和群体智慧的汇聚与共享，其中以人工智能为代表的网络智慧应用正在越来越多地完成人类的复杂信息加工功能，并且正在趋向于以一种无所不在的方式渗透到人类行为的各个领域中。

心理学必须从人类行为基本规律的层面探索网络为人类带来的改变。随着网络本身的不断进化，在人类众多相关领域发生的人的行为模式的改变将会是持续不断的，这种改变会将人类个体引向何处？会使人类群体具有更多的进化优势吗？网络空间的进化意义给人类社会带来的影响将是深远的。这类关于网络与人类基本关系的问题使得网络心理学成为充满挑战而趣味盎然的领域。

毫无疑问，人类进化得来的根深蒂固的心理与行为规律是稳定而普遍的。但是，网络空间的巨大影响也会反作用于人类个体机能、群体行为和文明进程，这种作用不能简单地被评判，而需要更多深入细致的科学研究。

探索网络空间中人类新的行为存在的规律，正是网络心理学的使命所在。随着互联网技术和应用的迅猛发展，网络心理学正处在迅速的成长中，并且必将成为心理科学发展的一个创意无限的重要领域。

本书试图构建一个网络心理学的基本知识框架。总体上说，构成网络心理学的知识本体包括四个部分：网络心理学的基本理论和方法、个体网络心理、群体网络心理和特殊网络行为。本书的写作体系可划分为这样四个部分，从网络心理研究基础（理论和方法），到个体心理（网络自我与人格，网络学习），到人际行为（网络交往）和群体行为（集群行为、集体智慧或称集群智慧），再到对不同社会活动领域的特定行为展开典型性的探讨（网络消费、网络道德、网络中的性、网络成瘾、网络心理咨询）。

第一部分“网络心理学的基本理论和方法”包括第 1 至第 3 章：在本书第 1 章“导论”中，作者提出了网络“第三空间”的概念，试图界定网络心理学对人类行为的重构作用和价值；第 2 章关于网络心理的理论主要探讨了描述和解释网络心理的具体的“微观理论”，切入点聚焦在网络与人的关系上，因而并不展开讨论心理学的“基本理论”或“宏观理论”；第 3 章关于网络心理学研究方法重点介绍了具有鲜明网络特点的“网络调查”、“大数据方法”和“社会网络分析”三种研究方法。

第二部分“网络个体心理”包括第 4 章（网络自我：网络中的个体人格）和第 5 章（网络学习与认知）。网络自我呈现和网络学习两大主题毫无疑问是个体使用互联网的基本需求和行为表现，本书梳理了已有研究的基本进展。其实，个体行为视角的网络心理研究还有很多极有潜力的新领域，例如，关于网络人格的研究就有许多进展，需要得到更多的关注。

第三部分“网络人际和群体行为”包括第 6 章（网络中的社会交往）和第 7 章（网络集群行为）。互联网行业中热点的社交网站使用同样也成为了网络心理研究的重大热点。本部分其实涵盖了心理学的人际互动和群体行为两个层面的研究。社交网站的使用将网络中的社会交往和集群行为在技术上更为密切地联系了起来，因此本书也将网络互动行为和网络群体行为联系在一起进行探讨。

第四部分“典型领域的特定网络行为”包括第 8 至第 12 章(网络消费、网络道德、网络中的性、网络成瘾、网络心理咨询)。与基于心理学学科领域划分的视角有所不同，本部分的论述视角更多地是以问题为导向的。本部分所涉及的五类网络心理和行为主题是当前互联网使用中公众关注度高、问题表现突出、知识积累很快、应用需求极大的典型代表。本书并未涵盖网络行为的全部重大领域，互联网技术的创新必将使网络行为的相关研究充满机遇和挑战。

本书的最后一章(第 13 章)试图从进化的视角探讨网络对人类发展的影响。技术进化与个体发展和人类进化的交互关系是一个充满魅力的宏大主题，具有远远超出心理学视角的哲学内涵和文化意蕴。本书的讨论仅仅只是提示我们对网络心理的关注必须着眼于人与技术的关系，植根于人类发展和未来命运。

本书研究和写作工作历时 3 年，得到国家社科基金重大攻关项目(11&ZD151)的支持，同时也得到了青少年网络心理与行为教育部重点实验室的大力支持。参与写作的有周宗奎、刘勤学(第 1、2、11 章)，孔繁昌(第 3 章)，平凡(第 4 章)，龚少英，王福兴(第 5 章)，田媛(第 6 章)，赵庆柏(第 7 章)，魏华(第 8 章)，范翠英(第 9 章)，潘清泉(第 10 章)，夏勉，孙启武(第 12 章)，孙晓军(第 13 章)。周宗奎设计了本书的基本构架，提出了各章的写作原则和要点，并负责各章审改。感谢华中师范大学心理学博士研究生衡书鹏、朱晓伟、张冬静、李俊一、孙丽君、雷玉菊，他们作为书稿的第一批读者，对书稿的改进提出了很多好的建议。感谢华东师范大学出版社教心分社彭呈军社长为本书出版提供的非常专业的帮助和支持。

周宗奎

2017 年 7 月 24 日

1　网络心理学导论：行为的重构

从农耕时代到工业时代，再到信息时代，技术力量不断推动着人类创造新的世界，也在不断改变着人类的行为。蒸汽机这一伟大的发明推动了人类工业文明的发展，而20世纪60年代末出现的可以与蒸汽机媲美的互联网，更是在全球范围掀起了一场影响人类生活的深刻变革。在互联网出现之前的现实世界中，地域和文化的限制将人类分隔在各自的时段和空间里，人们以不同的节奏和智慧改变着世界。而互联网的出现，打破了这种分隔，使得世界各地、不同文化、不同行业领域的人随时进行联结成为可能。随着互联网在全球范围内的迅速延展和普及，人类发展历程中一个崭新的信息互联时代已经到来。

与任何一项新技术一样，互联网的出现也遭到了质疑，不少学者对网络在生活中的深层次渗透感到担忧。即便如此，互联网从产生到全球化商业化的广泛运用，仅用了50余年的时间。从门户网站，到搜索引擎，再到社交媒体，互联网的发展已经取得了划时代的进步。在个人生活、公共事业、商业活动、科学创造等领域，基于互联网的技术、产品和服务可谓日新月异，已经使互联网成为了以高创新和高潜力为标志的最具魅力的新行业、新工具、新思维和新动力。网络技术与生活内容的结合，使网络社交、电子政务、电子商务、网络金融、在线教育、网络医疗、网络游戏、网络婚恋等丰富多彩的网络行为方式得以出现。随着网络生活史的延续，互联网的大数据进一步改变着人类行为的组织方式与生活方式。与人类历史上的任何一个时期相比，网络时代个人的自我表露、娱乐、休闲的方式更加丰富，人与人之间的交往和互助的方式也有了更多的选择，人们的教育和科学研究活动更为自由，医疗卫生保健活动也更加自主……网络技术仍然在不断地发展与创新，人们对技术改变生活的态度已经从被动接受转变为充满期待。

40 年前，米尔格拉姆关于"六度分隔"的实验曾经让人们震惊于世界之小；如今，克里斯塔吉斯基于网络联结的大数据提出的"三度影响力"使人们发现了一个"更大的网络，更小的世界"。在面对这样一个全新的互联网世界时，人类个体的行为和心理是否会发生变化？成长中的"数字土著"一代是否会面临和"工业土著"相类似的发展难题？当人际关系变成可视的社交网络呈现时，人类的交往行为是否会表现出新的特性？广阔自由的网络世界，是否会诱发更多的自我探索和人格发展？

当无处不在的心理学遇到无处不在的互联网，势必会激发出超越想象的火花。

1.1 心理学与互联网

1.1.1 网络：作为第三空间的存在

工具的使用对于人类进化的作用从来都是哲学家和进化研究者们在探讨人类文明进步的动力时最重要的主题。互联网可以说是人类历史上影响最复杂、前景最广阔的工具，互联网的普及已经深刻地影响了人类的生活方式。它对人类文明进化的影响已经让每个网民都有了亲身感受，但是这种影响还在不断地深化和蔓延，就像我们认识石器、青铜器、印刷术的作用一样，我们需要巨大的想象力和以世纪计的时距，才有可能全面地认识人类发明的高度技术化的工具——互联网对人类发展的影响。

互联网全面超越了人类传统的工具，表现在共享性、智能性和渗透性三方面。互联网的本质作用体现为个人思想和群体智慧的交流与共享；互联网对人类行为效能影响的根本基础在于其智能属性，它能部分地替代人类完成甚为复杂的信息加工任务；互联网对人类行为之所以会产生如此广泛的影响，正是由于其发挥作用的方式能够在人类活动的各个领域无所不在地渗透。

法国当代哲学家贝尔纳·斯蒂格勒在其著作《技术与时间》中，从技术进化论的角度提出了一个假说："在物理学的无机物和生物学的有机物之间有第三类存在者，即属于技术物体一类的有机化的无机物。这些有机化的无机物贯穿着特有的动力，它既和物理动力相关又和生物动力相关，但不能被归结为二者的‘总和’或‘产物’。”（贝尔纳·斯蒂格勒，2012）互联网正是这样一种“第三类存在者”。互联网当然首先依存于计算机和网络硬件，但是其支撑控制软件与信息内容的生成和运作又构成自成一体的系统，有其自身的动力演化机制。我们所谓的“网络空间”，也可以被看作是介于物理空间和精神空间之间的“第三空间”。

与物理空间相映射，人类可以在自己的大脑里创造一个充满意义的精神空间，并且还可以根据物理世界来塑造这个精神空间。而网络是一个独特的虚拟空间，网络中的很多元素，包括个体存在与社会关系，都与个体在自己大脑内创造的精神空间相似。但是这个虚拟空间不是存在于人的大脑，而是寄存于一个庞大而复杂的物理系统之中。唯其如此，网络空间才成为了独特的第三空间。

网络心理学正是要探索这个第三空间中人的心理与行为规律。随着互联网技术和应用的迅猛发展，网络心理学正处在迅速的孕育和形成过程中，并且必将成为心理科学发展的一个创意无限的重要领域。技术的发展已经使得网络空间从文本环境转变为多媒体环境，处于其中的交互模式也从人机互动转变为社会互动，可以说，它已成为了一个更加丰富多彩的虚拟世界。这个世界对个人和社会都具有非常重要的意义，它将人们不同的思想与意图交织在一起，它为人们提供了创造的机会，并且使网络空间成为了一个社会空间。在网络这个新的社会环境和心理环境中，一定会衍生出反映人类行为方式和内心经验的新的规律，包括相关的生理反应、行为表现、认知过程和情感体验。

进入移动互联网时代，手机、平板电脑等个人终端和网络覆盖的普及给人们带来了时间和空间上的便利性，人们在深层的心理层面上很容易将网络空间看作是自己的思想与人格的延伸。伴随着网络互动产生的放大效应，人们甚至会感到自己的思想与他人的思想可以轻易相通，甚至可以混合重构为一体。个人思想之间的界线模糊了，融合智慧正在成为人类思想史上新的存在和表现形式，而这也正在改写着人类的思想史。

伴随着作为人类智慧结晶的网络本身的进化，在人类众多生产生活领域中发生的人的行为模式的改变将会是持续不断的，这种改变会将人类引向何处？从人类行为规律的层面探索这种改变及其效果，这样的问题就像网络本身一样令人兴奋，同时又充满了挑战。

1.1.2 网络空间的心理特性：行为重构的基点

从“第三空间”这一基本概念出发，网络空间为人在其中的存在提供了一些独特的属性。作为新的行为发生发展的平台，网络空间展示出了与现实空间不同的特性，这些特性在很大程度上影响了个体在网络空间中的行为表现(Piazza & Bering, 2009)。对于个体的心理活动来说,网络空间的心理特性体现为基本的空间特性、时间特性、人际特性和自我特性,分别对应的就是网络空间的跨越性、非同步性、匿名性和去抑制性。从人的行为的属性来说,这四个特性也是网络与人的结合带来的人的行为的新属性,是人在传统的环境和空间中所不具有的。网络空间的四大心理特性是心理学研究在网络环境下重新审视和分析人的行为结构的基点。

跨越性

网络的跨越性主要是指网络中的行为和事件对空间距离的跨越,地理空间距离因素对行为的影响力在网络空间被大大减弱。网络提供的便利的多媒体传递和共享可以让人们跨越地理空间上的阻隔、物理实体的障碍进行互动和连接,包括信息分享和交换、商品交易和情感联结。网络的跨越性使得个体可以忽略地理距离及物理阻隔和远方的亲人朋友保持互动,可以在世界范围内结识对于同一个主题或者事物具有共同兴趣的朋友。网络的跨越性带来的是沟通行为的便利性。只要个体连接进入网络,就可以随时随地与他人联系,获得信息、得到支持和帮助、购买商品、完成合作等。这样的便利性一方面扩展了个体的生活广度,使得个体可以通过网络获得之前不太可能获得的商品、信息或者人际关系;另一方面,也改变着个体对自身与周围世界关系的定位,使得个体可以随时随地处理工作与生活的相关事务,让自我知觉的影响范围更大。网络的跨越性带来的便利性也是其能够迅速发展和渗透的主要原因之一。

非同步性

对个人心理活动而言,非同步性就是时间上的跨越性。越来越便捷的网络沟通和存取方式使得人际交流可以实现充分的非同步性。现实中的人际交往和互动,基本上是同步进行的。但是网络的一大特性正是提供非同步性的交流沟通,通过邮件、论坛、个人主页、博客和各种即时通信工具(如微信)来实现。非同步性交流虽然部分不够及时,但是却为个体提供了更多的可选择性和可控制性。个体可以基于这一特性,随时终止沟通或者开始沟通;同时,它也给了个体足够的时间和空间来选择回应的方式,而不必担心可能因慌乱而出错,从而避免带来人际损害;非同步性允许个体同时与多个对象进行沟通,同一时间内开展多重社交。更重要的是,非同步性可以大规模积累不同时段个体提供的信息,信息分享和扩散速度也超越了以往任何时代,从而以多种形式的大数据形成巨量的群体智慧。个体在心理上可以随时面对群体智慧的存在,提取信息或者贡献自己的创造。非同步性使得个体与人类智慧活动的关系得以改变,对于人类智慧的进化发展和文明活动的进步具有重要意义。

匿名性

匿名性是指个体在网络空间里可以隐匿自己的个人特征,包括性别和身份信息、外貌特征甚至人格倾向(Young, 1998),体现了人际互动的一种新的行为方式特点。匿名性是网络在人际互动层面的一种独特属性。个体在网络空间中可以随意变换自己的个人特征,也可以控制何时及多大程度上表露自己的人格信息(Qian & Scott, 2007; Viégas, 2005)。比如,同一个人可以在给朋友的电子邮件中表露自己的名字,在个体主页或微博中贴出编辑过的照片,或者在论坛发帖时使用假名。相比于现实世界个人身份的唯一性和确定性,网络匿名性对青少年的自我认同探索尤其具有吸引力。青少年常常利用网络的匿名性来进行自我认同实验,这有助于其自我认同的探索和获得(Valkenburg, Schoutten, & Peter, 2005)。同时,这样的特性对于那些在现实中因外在特征受到限制的人具有极大的吸引力。已有研究发现个体与他人进行交流的能力可能受到一个人的身体吸引力和交往技能的限制。这些特征对第一印象有强烈影响,进而影响后续友谊的发展。但网络的匿名性可以使个体有选择性地呈现自身特征,从而有可能促进关系的建立(McKenna, Green, & Gleason, 2002)。随着网络环境的进化,要求实名制的网络行为规范越来越多地被个体接受,但是这不会影响匿名性作为网络空间的基本心理属性对网络活动者的内在吸引力。

去抑制性

去抑制性是指网络空间对个体自我的心理活动具有去抑制的效果,这是网络环境带来的个体的社会认知和自我控制层面上的新的特点。去抑制性是网络在个人自我层面提供的一种独特属性。根据 Zimbardo(1977)的研究,抑制可以被定义为受约束的行为,它受个体自我意识和对社会影响的意识的控制,并会引发个体对公众看法的担心。根据这个定义,去抑制可以被描述为这些因素的缺乏;或从相反的角度,去抑制可以被视为公共意识的减弱,这将导致个体对他人看法的关注度的降低(Prentice-Dunn & Rogers, 1982)。而网络环境中匿名之类的技术行为方式就会带来"去抑制效应"(disinhibiting effect)。这种特性主要表现有两种:一是人们可能会利用它表现令人不快的举动或情绪,通常是辱骂他人或者实施网络欺负等行为;另一种情况是它可能让人们诚实而开放地面对某些个人问题,而这些问题是在面对面的交流中无法讨论的。网络连接的扩展,也就意味着个体在网络中的行为、言论和自我形象有可能会受到更多人的关注,存在着潜在的大量的"观众"。由于去抑制性的影响,个体在网络中可能发表一些较为奇怪和独特的言论、呈现出比较标新立异的装扮、分享独特见解或者经历,甚至分享自己的生活等。这种网络上的"晒"和"秀"的展示性已经成为了网络行为的一个特点。

网络空间的上述四种心理特性,可以作为描述网络行为的基本维度。当一个行为被置于这个属性体系之中时,我们便可以更清晰地看到网络中个体行为的特点和差异,从而更深入地理解网络中行为的相互联系性。

除了跨越性、非同步性、匿名性和去抑制性这四大网络空间的基本心理属性之外，网络空间还有一些衍生的特性，如便利性、展示性、渗透性等，这使得网络空间内的个体行为更加丰富多彩。

1.1.3 网络空间的行为维度

人们在网络空间内的行为可以从不同的维度来划分。从网络行为依托的技术工具来看，网络行为包括形式多样的网络应用，具体来说包括使用电子邮件、信息导航、即时通讯、社交网站、个人网站、各类博客、网络游戏、网络电话等；从个体和群体的行为内容来看，网络行为包括实现不同功能的行为，例如交际、搜索、娱乐、浏览、聊天、发表、学习、购物、约会、远程医疗等。早期研究表明（Barak, 2008; Joinson, McKenna, & Postmes, 2007; Valkenburg & Peter, 2009）：一方面，网络行为受到各种因素的影响，包括人格、年龄、社会经济地位、态度等；另一方面，网络行为对网络使用者的身体、认知、社交和情绪又有着各种各样的积极和消极影响。其中，网络交往被认为是会对不同年龄、性别和种族的个体产生复杂影响的行为（Sheeks & Birchmeier, 2007; Valkenburg & Peter, 2007）。

Gosling和Mason(2015)在系统回顾的基础上将心理学中的互联网研究分为三类：(1)转换性研究，指将传统的心理学研究方法转换到互联网上，如在线调查；(2)现象性研究，指研究由网络激发的行为或者基于网络的行为，如对网络欺负的研究；(3)新兴类研究，指使用新的方法来研究已有的主题，如对谣言的研究。通过这种分类可以清晰地看到互联网对心理学研究的价值，特别是方法价值。

从更宏观的角度来看待互联网与心理学研究的关系，可以根据研究者看待网络的不同视角，将网络心理学的研究分为三种类型：基于网络的研究、源于网络的研究和融于网络的研究。“基于网络的研究”是指将网络作为研究心理和行为的工具和方法，作为收集数据和测试模型的平台，如网上调查、网络测评等；“源于网络的研究”是指将网络看作是影响人的心理和行为的因素，是依据传统心理学的视角考察网络使用对人的心理和行为产生的影响，如网络成瘾领域的研究、网络使用的认知与情感效应之类的研究，“记忆的谷歌效应”这样的研究是其典型代表；“融于网络的研究”是指将网络看作一个能够寄存和展示人的心理活动和行为表现的独立的空间，来探讨网络空间中个人和群体的独特的心理与行为规律以及网络内外个体心理与行为的相互作用，这类研究内容包括社交网站中的人际关系、体现网络自我表露风格的“网络人格”等。这三类研究对网络的理解有着不同的出发点，但也可以有交叉。

这种分类其实是以互联网为依据对人的行为范畴的一种重构：首先，在网络环境中，人的行为必然呈现出新的特点并被赋予新的属性。基于网络的研究是将网络作为工具,网络可以探查、监测、记录、分析个体和群体的各种行为,无论线上或是线下的行为,都成为了网络工具的客体和对象。通过这种第三空间的工具必然能够发现人类行为的新的属性。

其次,网络为人的行为增加了新的动因。网络是人类行为演化过程中全新的影响因素,能够全方位地影响人的行为,对人类行为自身的影响是普遍而深刻的,在认知功能、情绪反应、人格特点、行为表现等领域无所不及。源于网络的研究是将网络当作一种人工化的行为环境和动因,探索网络对人的行为的深刻影响。从基本的语词加工机制(刘思耘,周宗奎,李娜, 2015)到人际交往方式(罗伯特·郑,杰森·伯罗,克利福·德鲁,2014)再到群体智慧的无限可能性,网络正在改变着人类行为进化的进程。源于网络的研究正是要探讨这种改变的内在机制。

其三,网络空间在人类历史上产生了新的行为存在方式。网络空间生成并积累了全新的心理体验、行为方式、互动形态和社会过程,这些新的网络行为的存在极大地展现了人的潜能,拓展了人的生命形态,升华了行为的意义。融于网络的研究正是要描述并探索网络空间中这些新的行为的存在规律,为建构更好更符合人类需要的网络世界提供科学支撑。

网络心理与行为研究涉及多个学科,不仅需要社会科学领域的研究者的参与,也需要信息科学、网络技术、人机交互领域的研究者的参与。在过去的起步阶段,心理学、传播学、计算机科学、管理学、社会学、教育学、医学等学科的研究者,从不同的角度对网络心理与行为进行了探索。网络心理学的未来更需要依靠不同学科的协同创新。心理学家应该看到不同学科领域的视角和方法在网络心理研究领域所具有的不可替代的价值。要理解和调控人的网络心理与行为,并将之有效地应用于网络生活实际,如网络教育、网络购物、网络治疗、在线学习等,仅仅依靠传统心理学的知识是远远不够的,甚至容易产生误导。为了探索网络心理与行为领域新的概念和理论,心理学以及其他相关领域的学者密切合作、共同开展研究,将更有利于理论创新、技术创新和产品创新,更有利于科学的网络心理学的建立与发展。

1.2 发展中的网络心理学

1.2.1 网络心理学的发展历程

所谓网络心理学,也称互联网心理学,是指对互联网使用中人的心理和行为规律进行研究的心理学领域或心理学分支。网络心理学特定的研究对象是人在网络空间中的心理与行为规律,包括人与网络的互动关系。

1984 年,Sherry Turkle 出版了 *Second Life: Computers and the Human Spirit*,

可以算是首次系统地对计算机技术和人类关系进行了探讨。在此书中，Turkle 就人类思维、情绪、记忆和理解访谈了儿童、大学生、工程师、人工智能科学家、黑客以及个人电脑拥有者。她首次探查了计算机一开始是如何影响我们对自我、对他人的觉知以及对我们与世界的关系的觉知的。

1985 年，Elwork 和 Gutkin 提出了计算机时代的行为科学研究，并有一大批研究者(如 Lukin、Samuel、White、Roid、Moreland、Matarazzo)进一步对相关的研究方法问题进行了探讨。如 Kulik 等(1985)和 Tombari 等(1985)从教育心理学的视角探讨了如何将电脑应用于教育。与此同时，电脑使用与个体信息加工、情绪管理和心理健康问题的关系的探讨开始进入研究者的视野。同样也在 1985 年，*Computers in Human Behavior* 杂志创立，开始刊载计算机、网络与人类行为相关的研究论文，这标志着学术界对网络心理学的重视和认可。

时至今日，已经有超过 20 种学术期刊刊载了网络心理与行为的相关论文。其中 *Cyberpsychology & Behavior*(现在已经更名为 *Cyberpsychology, Behavior & Social Networking*)杂志从 1998 年开始便大量地刊载关于网络、多媒体和虚拟现实对个体行为及社会的影响方面的论文。目前，该领域的学术论文的年发表量超过1 000篇，其中不少论文相当具有影响力。Yan 和 Zheng(2013)用个体生命发展阶段来比喻网络心理学的发展，认为目前的网络心理学正处于青少年阶段。原因是：一方面，这一领域在过去的 20 多年“儿童期”期间，已经发展出了基本知识和方法论基础，例如，现已有十多种学术期刊刊载网络心理与行为研究的论文，网络心理学已具备了从儿童期过渡到青少年阶段的基本能力；另一方面，网络心理学的发展还没有完全成熟，作为一个学科研究分支，其理论和方法仍然在探索和建构的起步阶段。例如，目前在社会和行为科学的国际百科全书的 4 000 条条目中，没有一条涉及网络行为。

目前，网络心理学已经开始进入较为快速的发展时期。同时，随着不少专门性的新的学术期刊的创立(如 *International Journal of Cyber Behavior, Psychology and Learning*)，关于网络与人的互动关系的心理学研究在日常生活、社会发展、生产力创造的过程中必然会发挥越来越大的作用，可以预见，在未来，网络心理学的发展会出现持续性增长的高峰，并顺利进入成年期。

在我国，由于互联网的发展和普及与西方国家相比较晚，因此，网络心理学的研究起步也较晚。但是，国内互联网普及发展非常迅速，自 1997 年起，中国互联网络信息中心(CNNIC)开始发布《中国互联网络发展状况统计报告》，通过全国大样本调查报告网民的网络使用行为和发展趋势，该报告后来成为我国网络心理学研究的重要参考资料。同时，相关全国性报告，包括青少年上网行为报告、网络行为亚类报告的发布也日趋活跃(如《青少年网络心理与行为发展报告》)，这些均为网络心理学的发展提供了重要的数据支撑。

学术研究方面，2000 年，相关研究者开始发表该领域的学术文章；2011 年，我国首个青少年网络心理与行为教育部重点实验室在华中师范大学通过筹建论证；2013 年，首届网络时代的心理学前沿研讨会在华中师范大学召开，此后每年一届的研讨会均吸引了来自国内外的众多学者。中国心理学会已正式筹建“网络心理学分会”。

在国内，网络心理学的研究已经成为了我国心理学研究的新的热点之一，总体上的研究趋势与国际上的研究趋势较为一致，并呈现出以下特点：

(1) 早期研究焦点较为集中，主要聚焦在网络成瘾、网络欺负等问题行为，近年来才开始关注其他领域，如网络学习和网络利他行为等。

(2) 研究方法较为偏向传统方法在网络新兴主题上的应用，对能够体现互联网独特性的新的研究方法还需要更多创新和应用。

(3) 网络社交的心理学学术研究与网络社交应用的迅速增长不相匹配。国内的网络社交平台，用户众多且增加迅速，但由于社交网站的成熟度和数据开放共享程度不够等原因，关于网络社交方面的研究还比较欠缺，同时也存在跨文化研究方面的困难。

1.2.2 网络心理学的现状

随着互联网的发展，网络心理学也吸引了越来越多的学者开始进行研究，越来越多的文章发表在心理学和相关学科期刊上，越来越多的相关著作在出版。近两三年来，一些主要的英文学术期刊数据库(如 Elsevier Science Direct Online)中社会科学和心理学门类下的热点论文排行中甚至有一半以上是研究网络心理与网络行为的。同时，越来越多的网民也开始寻求人类行为中这一相对未知、充满挑战的领域的专业可信的心理学解释。

在所有这些网络心理学的研究领域中，有些研究领域格外受到了研究者和社会大众的关注，其中包括：(1)网络成瘾、网络欺负等因为网络的迅速普及而出现的新型的问题行为，由于其在年轻一代中的发生率较高、可能存在独特的发生机制，因而引起了研究者、教育工作者和临床工作者的关注(Brenner, 1996; Goldberg, 1996; Block, 2008; Liu, Fang, Deng, & Zhang, 2012)。(2)网络社交、网络游戏、网络交易、网络色情等非常受欢迎的网络功能使用行为，其庞大的使用群体、巨大的市场收益和产业链条以及潜在的高危成瘾行为使其成为了目前网络使用行为中最受关注的行为；有关互联网使用的心理学研究最早出现在 20 世纪 90 年代末(Gosling & Bonnenburg, 1998; Kraut 等，1998; Young, 1998)，后来研究者逐渐开始关注具体不同类型的网络使用对个体的影响，如社交网络使用对个体孤独感的影响(Kraut 等，

1998; Amichai-Hamburger & Ben-Artzi , 2003)。(3)网络情境下的教与学,网络和信息技术的发展,使得传统的教与学的互动和行为得以扩展,并且发展出多种新型的在线学习方式。网络中的教与学的过程存在哪些独特的特征、如何实现网络教与学的效果最大化、哪些因素可能会促进网络学习等问题均激发了研究者和教学实践者的兴趣。(4)利用网络平台积极拓展现有的心理学服务社会的功能,包括如何借助网络平台使得传统的心理咨询惠及更多人、如何将网络技术和信息技术结合使得心理健康教育和干预的效果最大化等在内的研究课题均吸引了一大批的学者和实践者进行探索。

大数据和智能手机正在成为影响网络心理学发展的两大有力工具。个体基于网络的行为,包括在 Facebook 等网站上的社交行为、个体搜索数据而形成的领域热点、使用 APP 而形成的一系列行为均为网络心理学提供了极好的研究数据。大数据的存在,使得心理学对实体样本数据的依赖得以减轻,并能够更加客观地呈现个体的心理与行为规律,甚至可以从一个更高层面对已有结果进行提取和组织。有研究者(Yarkoni, Poldrack, Nichols Van Essen, & Wager, 2011)使用心理信息学(psychoinformatics)的方法,通过搜索神经影像学的关键词(疼痛、情绪)自动提取激活的相应适配词的研究报告,进一步自动映射到相对应的心理学术语并形成结果。在该研究中,自动合成的结果与 3 500 个神经影像学的研究结果十分接近。因此,大数据将有可能成为未来网络心理学研究新的突破中的有力工具。而智能手机的传感功能则能够侦探周围的环境(噪音、光线、周围的其他人员),记录下个体在线以及离线时的行为(身体活动、睡眠、对话、写作、网页浏览),并且提供及时的自动调节。这能够平衡网络中的大数据的偏差,并实现评价的流动性的期望。

1.3 网络心理学:机遇与挑战

在网络空间中,基于物理环境的面对面的活动逐渐被越来越逼真的数字化表征所取代,这个过程影响着人的心理,同时也影响着心理学的发展。一方面,已有的心理科学知识运用于网络环境时需要经过检验和改造,传统的心理学知识和技术可以得到加强和改进;另一方面,人们的网络行为表现出一些不同于现实行为的新现象,需要提出全新的心理学概念与原理来对其加以解释,进而形成新的理论和技术体系。这两方面的需要就使得当前的网络心理学研究充满了活力。

但是,随着网络心理学研究的深入,一些学科基础性的问题突显出来:传统的心理学概念和理论体系能够满足复杂的网络心理与行为研究的需要吗?心理学的经典理论能够在网络背景下得到适当的修改吗?有足够的网络行为研究能帮助我们提出新的网络心理学理论吗？大数据资源和方法能够为心理学研究带来哪些创新？在网络平台中的研究，能否满足心理学研究中的伦理要求？这些问题都是网络心理学在发展过程中遇到的挑战。

1.3.1 网络心理学与传统心理学：生长与超越

网络心理学与传统心理学研究之间的关系问题也是网络心理学研究的一大挑战。网络心理学的研究植根于传统的心理学理论与方法，从传统心理学研究中生长而来；同时，网络心理学又因其具备新的方法、技术、资源和问题而大大超越了传统心理学研究。网络心理学为人类的心理学研究带来了无限的活力和生机。

一方面，诸多传统心理学的研究主题、研究方法和范式都可以移植到网络心理学的研究之中，为网络心理学提供大量的研究课题和方法基础。事实上，现有的很多网络心理学的热门主题均来源于传统心理学的研究主题，有一些变量甚至只是在传统心理学的变量名之前加上了“网络”二字，比如（网络）欺负、（网络）社会支持、（网络）自我表露、（网络）人际信任、（网络）自我效能感、（网络）利他行为、（网络）安全感、（网络）幸福感等等。所以，传统心理学的思路和方法是网络心理学研究主题和范式的来源之一。

另一方面，这些传统的研究主题在网络中具有其独特的特点和意义。相应研究变量的测量以及对个体发展和适应的影响也存在差异。以网络欺负为例，传统欺负存在明显的以强凌弱的特点，欺负者与被欺负者都存在于物理空间，比较明确。而在网络欺负中欺负者与被欺负者之间的强弱关系变得更加模糊，而且被欺负者可能并不知道欺负者是谁，一个被欺负者甚至可以受到成百上千的人欺负。由于网络的匿名性和广泛传播性，网络欺负可以在短时间内对被欺负者及其家庭造成重大影响。

因此，不能简单地把传统心理学的研究主题和变量移植到网络心理学的研究中，研究变量的测量、数据的收集、变量的特点和影响后效、网络中相应变量的独特意义和价值都值得认真探索和思考。根据现有网络心理学的研究主题、文献和方法，对于网络心理研究与传统心理学研究的关系问题，以下几个方面可能是需要深入探讨的。

首先，网络心理变量是否具有独特的“网络”属性和特点。比如在传统自我表露中，往往把自我表露的对象区分开来，包括对父母的表露、同伴（同性或异性）之间的表露等等。那么，网络自我表露是否有必要区分表露对象？区分表露对象有何作用？网络的匿名性和时效性等特点对网络自我表露有什么影响？这些问题都值得进一步探索和思考。

其次，网络心理变量与相应传统心理变量有何关系。比如，网络欺负和传统欺负之间有什么关系，有何相同和不同之处？再如，网络幸福感是否真正存在？如果存在，所谓的网络幸福感与主观幸福感是否有较大的重叠和交叉？再次，网络心理主题和变量的测量是否可靠可信？现在，某些网络心理的变量的测量仅仅是直接在传统心理变量的相应测量条目前面加上"在网络环境中"等类似的字样，这样的测量方式究竟是否可靠和可信值得反思。

最后，网络心理变量的独特价值和意义是什么？比如网络社会支持相较于传统的社会支持，对个体成长和发展的独特意义体现在哪里？

总之，传统心理主题和变量向网络心理研究移植既是网络心理学的机遇，也是探索和发现网络心理学研究独特价值的巨大挑战。研究者应该在厘清网络心理主题和变量的核心内涵的前提下，深入挖掘出"网络"的独特魅力、潜在特点及其影响。

1.3.2 发展性的网络心理学研究

网络技术日新月异，而不同年龄阶段的个体和群体作为行为主体也在成长中表现出变化和差异。网络心理学的研究必须面对网络技术与行为主体的双重发展。不同特点的技术构成不同的网络空间，不同时代和年龄阶段的个体和群体也与网络空间形成了不同性质的关系。

我们往往把从出生时就在网络环境中且在成长过程中一直在使用网络的群体称为"数字土著"，而把早期并没有接触网络，到某一个成长阶段再开始使用网络的群体称为"数字移民"。网络心理学大致发端于 20 世纪 90 年代中期，数字土著的一代已经发展到青少年或者成年早期，这个年龄段的群体恰好是当今网络中最活跃的群体，也是最容易受到网络影响、最具有网络创造活力的群体。互联网的发展全面地改变了当代人的生活，网络作为一种环境也在塑造或改变着青少年。因此，探讨随着网络的改变，网络中人的心理和行为的改变与发展具有重要的理论和实际意义。发展性的网络心理学研究大致存在两种视角，其一是网络自身发展对人的影响，其二是网络对不同朋辈发展的影响。

网络从 1.0 到 2.0 以及现在移动互联网的迅速发展，网络本身的进化给人们带来了不同的影响。在网络没有变得普遍以前，个体可能会在网络这种新的所谓"虚拟"平台建构不一样的自我，而且个体线上和线下的社交圈子的重合度并不太大，这也为个体的网络身份和人格的探索及提升提供了便利。正如 Turkle(1997)所述，网络是个体人格和身份探索的"实验室"。早期的一些研究者认为个体可以在网络中建立与线下不同的"网络自我"(McKenna & Bargh, 2000; Turkle, 1997)。另外，根据早期的社会呈现理论和社会线索减少理论(Short, Williams, & Christie, 1976;

Sproull & Kiesler, 1986),那些在线下人格知觉中非常重要的情绪和其他信息线索在网络中要么大大减少,要么被大大修饰了。Culnan 和 Markus (1987)把这种现象称为线索过滤(cues filtered-out, CFO),该理论认为网络交往中的非言语社会信息的减少使得人际交互变成了一种去个性化的中介交流,个体之间对对方的察觉和意识减少(Parks & Floyd, 1996; Walther, 1996)。随着网络普及率的逐年提升,对很多人来说,线上交往只是线下交往的扩展和延伸(Correa, Hinsley, & Gil de Zuniga, 2010; Gosling, Augustine, Vazire, Holtzman, & Gaddis, 2011),线上与线下的区分可能变得越来越模糊,实际上个体可能并不会在网络中再建立和塑造与线下不同的人格和身份认同(Marriott & Buchanan, 2014)。根据共同建构理论(Subrahmanyam, Smahel, & Greenfield, 2006; Wright & Li, 2011),青少年会在网络和现实中建构相似的自我同一性,个体的"线上世界"和"线下世界"在心理上是相互联系和一致的,线上线下是协调一致而不是相互分离的。因此,随着网络的发展和研究的深入,越来越多的证据显示个体的自我呈现和人格表达在线上线下是具有统一性的。

随着网络技术和时间的发展,人们使用网络的方式也在发生变化。在某种程度上,一些早期(如十年前)的研究结论或许并不适合如今的研究状况,甚至可能与目前的研究结论截然相反。比如社交网站的使用,早期的社交网站使用者可能用社交网站建立了很多新的人际关系,但总的来说,个体在社交网站中的朋友并不算太多,其并没有因为在社交网站中的投入而忽视线下的社会交往和发展。因此,社交网站的使用可能降低了个体的孤独感,提升了其幸福感(Valkenburg, Peter, & Schouten, 2006)。随着社交网站在人们生活中发挥着越来越重要的作用,很多人对社交网站的使用可能会变得比较被动,会因为线上的社会交往忽视了线下关系的建立和发展,此时社交网站的使用可能会降低个体的幸福感(Verduyn 等,2015)。因此,对于早期的研究结论并不能盲目相信,对于现在的研究结论是否能够推广到几年或者十年之后也应保持谨慎的态度。对于网络心理学领域中的一些相互矛盾的结论,或许可以从网络技术本身发展的角度对其进行分析和解释。

网络对数字土著和数字移民的影响或许存在差异,对 60 后、70 后、80 后、90 后以及 00 后等的影响可能不尽一致。社会文化理论认为个体的发展是通过文化提供的工具实现的。不同朋辈受到各自年代的社会文化的影响,对于作为一种工具的网络技术的依赖和使用是存在差异的。比如 Chang、Choi、Bazarova 和 Löckenhoff (2015)的研究以 1 000 名 18 到 93 岁的 Facebook 使用者为被试,调查了他们平时的社交网站使用情况、网络社交圈子的大小和组成情况以及他们感受到的社会隔离和孤独的程度。结果显示,随着年龄的增长,人们的网络社交圈子逐渐缩小(社交网站上的朋友数越来越少),老年人社交网站上的朋友数量明显少于年轻人。随着年龄的增长,个体现实生活中的朋友在社交网站中总朋友的占比逐渐增加,老年人社交网站上的绝大部分朋友都是现实中的朋友,而年轻人社交网站中的朋友中有相当一部分是陌生人或者不是那么熟悉的人。更为重要的是,不管对于哪个年龄段,圈子越大,其社交网站中朋友数越多,现实生活中的朋友在社交网站中所占的比例越小(或者说社交网站中不熟悉的人越多),个体感受到的社会隔离越严重,心理越孤独。比较不同朋辈的网络使用的差异及其对他们发展和生活适应的影响是网络心理学领域亟待深入研究的主题。

1.3.3 网络心理学的瓶颈与创新

综合来看,国内外网络心理研究(尤其是国内)存在比较明显的瓶颈,具体表现有以下几个方面。首先,研究主题较为狭窄。关于一个主要社交网站的相关研究(Facebook Psychology)几乎占据了网络心理研究的"半壁江山"。而在国内,网络成瘾一直是网络心理领域最活跃、最多产的主题。当然,对于这些领域的广泛关注也部分说明了其本身的重要性和社会的关注程度,而且这两个领域仍然有很大的研究空间。但遗憾的是,网络心理领域研究主题的多样性不够,未来要形成网络心理"百花齐放,百家争鸣"的局面仍需更多努力。

其次,价值取向较为单一。大量研究者主要关注网络媒体对青少年发展的负面影响(如网络成瘾、网络欺负等),鲜有研究探索网络媒体的积极价值和意义。众所周知,网络对人类的影响是一把双刃剑,有利就有弊,有积极的影响就有消极的后效。因此,一味地认为"祸出于网络"是没有道理的,研究者应该站在更加客观的视角探索网络的两面性。网络的两面性或许就像基因的表达一样,有显性也有隐性,对人究竟表达出哪一面,不在于网络本身,而在于人与网络的交互,在于人的使用内容、使用方式和使用目的。

其三,网络心理学随着互联网的发展而发展,互联网本身的发展速度很快,但是研究的节奏相对较慢,网络心理的研究存在明显的滞后性。尽管这一点受客观环境和条件的限制,但是这也对网络心理的研究者提出了更高的要求。网络心理的研究者一方面要关注当下的网络热点话题和主题,另一方面还要留意未来几年可能会成为热点的主题或媒体平台。当然,一个更高的要求是网络心理学的研究者可以尽可能地从互联网的发展中抽取出一些不变或少变的元素(比如网络搜索),然后探讨这些元素对人的心理和行为的影响。

互联网的本质作用体现在个体思想和群体智慧的交流与共享。互联网对人类行为效能影响的根本基础在于其智能属性。随着"互联网+"时代的到来,人们社会生活的诸多层面(比如创业创新、协同制造、现代农业、智慧能源、普惠金融、益民服务、高效物流、电子商务、便捷交通、绿色生态等)都将得到巨大改造,网络将进一步渗透到人类生活的各个层面和领域。这些方面,都是网络心理学创新性研究的基础,也是其未来的发展方向。集体智慧在网络中的形成机制、网络资源共享的心理动因、网络经济行为的数学模型、网络搜索关键词与人格表达、网络智能与人的智力发展等主题应该得到进一步的关注。“网络心理学+”即是网络心理学的创新所在。

1.3.4 网络心理学的研究取向:积极还是消极

网络心理学的研究取向应是重在关注一般的个体网络心理与行为规律,客观地看待个体与网络的关系。研究者在关注不良网络使用的消极后效,尤其是儿童青少年的不良网络使用对其发展影响的同时,也要关注网络使用的积极影响。对于儿童青少年网民来说,他们的自控能力有限,更容易受到网络的影响。开展儿童青少年网络心理与行为研究是青少年教育和培养的长远需求。在过去的20年中,针对网络使用的消极后效的研究主要集中于网络成瘾,而关于网络对儿童青少年的认知、情绪、社会性、意志等方面的影响研究还不够深入。

对于儿童青少年,网络心理学的研究不应该仅仅停留在发现问题的层面,更应该去发掘问题和解决问题。近20年来,研究人员在“网络丛林”时代已经积累了大量的经验教训,对于儿童青少年,迫切需要加强基于证据的引导,而不是一味地限制或禁止儿童青少年使用网络和媒体。广大的心理学研究者,尤其是网络心理的研究者应该多从儿童青少年日常生活中的网络使用实际出发,从家庭教育和引导出发,以实证研究为依据,为社会、学校、家长等提出具体、详细、可操作的不良网络使用干预方法与对策,从而尽可能减少网络使用给青少年带来的消极影响,增强网络使用的积极后效。

当然,不良网络使用干预与对策的提出是一项巨大的挑战。首先,不良网络使用只是一个综合的概括,具体到网络使用的内容层面,不同的个体可能面临着不同的不良网络使用问题。哪怕仅仅是网络成瘾,也包括网络游戏成瘾、网络信息成瘾、网络社交成瘾、网络购物成瘾等等,干预措施需要“对症下药”。其次,在移动互联网时代,网络使用的监管难度非常之大,网络使用的控制和监督效果可能并不明显。再次,不良网络使用的影响因素庞杂,既可能有来自家庭、学校、同伴、网络空间等环境因素的影响,也可能有来自个体内的需要满足、动机、自我控制等个体因素的影响,从某一方面对某一部分儿童青少年提出的干预措施可能并不完善,也未必适合其他儿童青少年。但是,从各个方面提出的干预与治疗办法又显得繁杂,周期较长,在现实层面上可能难以操作。因此,不良网络使用的干预方法与对策的提出可能需要多方共同努力，各方一起为网络时代的儿童青少年出谋划策，循循善诱，引导儿童青少年全面健康地使用和适应网络。

1.3.5 网络心理学研究的伦理问题

心理学研究大多以人为被试，其中涉及的伦理问题一直备受关注也有颇多争议。随着网络时代的到来，网络心理学研究的伦理问题也成为了该领域内研究的一大挑战。在信息化的时代，互联网和物联网全面深入人们的生活，网络空间逐渐成为维系国家和社会正常运转的重要基础设施，网络在给普通大众带来方便的同时，其空间安全问题也日益凸显，网络空间已成为陆地、海洋、天空、太空之外的第五维国家安全领域，针对网络空间的攻击、破坏、窃密、感知等活动所带来的影响越来越大，网络空间安全已经成为国家安全的重要组成部分之一。网络文化安全和网络信息安全也是政府部门正在大力解决的网络时代的重要问题之一，网络文化安全及网络信息安全与研究伦理问题密切相关。

大数据挖掘已经成为当下计算科学、信息科学、物理学、化学、天文学以及心理学等领域的热门词汇。的确，大数据的研究已经在科学界崭露头角，近年来 *Science*、*Nature* 杂志均出版过专刊讨论大数据在科学中的运用及其潜在问题。大数据改变的不是技术，而是心理与行为（喻丰，彭凯平，郑先隽，2015）。正因为大数据与人息息相关，所以大数据的发展是对数据与信息的挖掘高度依赖的，但这也使大数据发展到了与公民对隐私保护的需求相抵触的阶段（赵岑，李梦然，金日峰，2015）。大数据的管理、监督、授权等各个方面的问题还有待进一步完善。在大数据的发展过程中，我们可以借鉴美国的经验，在大数据滥用成灾之前，权衡大数据发展与隐私保护，对其进行有效的监督与控制，使大数据在健康的道路上发展（赵岑，李梦然，金日峰，2015）。作为科研单位，虽然所得的数据仅用于研究，但是仅用于研究显然不是绿色通行证。网络大数据的庞杂给管理工作带来了一定挑战，哪些数据可以开放和共享，哪些数据不能用于研究，这些问题都需要有明确的规定和管理的办法。不能因为研究的需要而违背心理学研究应有的伦理道德。

除了大数据之外，有关网络心理的研究很多时候都会涉及个体网络空间的真实数据（如个体博客、微博、微信以及 QQ 空间等的数据），对于这些数据，研究者务必要保持必要的谨慎态度，一定要在被试知情同意的情况下采集和收集网络数据，保障网民的信息安全和隐私。

网络心理与行为研究涉及多个学科，不仅需要社会科学领域研究者的参与，也需要信息科学、网络技术、人机交互领域的学者和专家的参与。如果说心理学是一门跨学科的学科，那么网络心理学更是如此。网络心理学的未来需要依靠不同学科之间的协同创新。从网络空间中探索和发现人们心理和行为的规律本身就是一项跨学科的工作，不同学科领域的视角和方法对网络心理学的研究有着不可替代的价值。

这些不同学科的合作给网络心理学领域带来了丰富的发展机遇，但是借助不同学科的结合来探索心理问题本身又是一大挑战。从网络心理学的研究报告来看，实质性的跨学科合作研究虽然不多，但它们往往有比较大的创新性和影响力。网络心理学合作研究的开展可能是一个漫长的过程。一方面，网络技术本身发展很快。网络技术和平台以及数据计算需要大量的时间和周期，一个跨学科的研究可能在成果尚未完全出来以前，其研究所关注的核心网络媒介就已经不再是当下最核心和主流的媒介了，这无疑给合作研究增加了极大的难度。另一方面，跨学科人才相对缺乏。如果一个学科的研究者完全不懂另外一个学科的研究范式、主题和方法，合作是存在较大难度的。因此，网络心理学迫切需要培养和吸引大量的跨学科研究者的共同参与。

参考文献

贝尔纳·斯蒂格勒著，(2012).技术与时间：爱比米修斯的过失，裴程译.南京：译林出版社，20.

刘思耘，周宗奎，李娜.(2015)，网络使用经验对动作动词加工的影响.心理学报，08，992—1003.

罗伯特·郑，杰森·伯罗，克利福·德鲁著，(2014).青少年在线社会交往与行为：网络关系的形成.刘勤学，黄飞，熊俊梅译.广州：世界图书出版公司.

喻丰，彭凯平，郑先隽.(2015).大数据背景下的心理学：中国心理学的学科体系重构及特征.科学通报，5—6，520—533.

赵岑，李梦然，金日峰.(2015).大数据时代关于隐私的思考.科学通报，5—6，450—452.

珍妮·加肯巴赫著，(2014).心理学与互联网.周宗奎等译.北京：世界图书出版公司.

周宗奎.(2015).《青少年网络心理与行为发展报告》.广州：世界图书出版公司.

Adams, J. (2012). The rise of research networks. *Nature*, *490*, 335 - 336.

Amichai-Hamburger, Y, Ben-Artzi, E. (2003). Loneliness and internet use. *Computers in Human Behavior*, *19*(1), 71 - 80.

Barak, A. (2008). *Psychological aspects of cyberspace: theory, research, applications*. New York: Cambridge University Press.

Block, J. (2008). Issues for DSM-V: internet addiction. *Am. J. Psychiatry*, *165*(3), 306 - 307.

Brenner, V. (1996). An initial report on the online assessment of internet addiction: The first 30 days of the internet usage survey. *Psychological Rreports*, *70*, 179 - 210.

Chang, P. F., Choi, Y. H., Bazarova, N. N., & Löckenhoff, C. E. (2015). Age differences in online social networking: Extending socioemotional selectivity theory to social network sites. *Journal of Broadcasting & Electronic Media*, *59*(2), 221 - 239.

Correa, T., Hinsley, A. W., & Gil de Zuniga, H. (2010). Who interacts on the web?: The intersection of users' personality and social media use. *Computers in Human Behavior*, *26*(2), 247 - 253.

Culnan, M.J., & Markus, M. L. (1987). *Information technologies*. In F. Jablin, L. L. Putnam, K. Roberts, & L. Porter (Eds.), *Handbook of organizational communication* (pp. 420 - 443). Newbury Park, CA: Sage.

Elwork, A., & Gutkin, T. B. (1985). The behavioral sciences in the computer age. *Computers in Human Behavior*, *1* (1), 3 - 18.

Goldberg, I. (1996). *Internet addiction disorder*. http://www.urz.uni-heidelberg.de/Netzdienste/anleitung/wwwtips/8/addict.html.

Golden, C.J. (1985). Computer models and the brain. *Computers in Human Behavior*, *1*(1), 35 - 48.

Gosling, S. & Mason, W. (2015). Internet research in psychology. *The Annual Review of Psychology*, *66*, 26.1 - 26.

Gosling, S. D. & Bonnenburg, A. V. (1998). An integrative approach to personality research in anthrozoology: Ratings of six species of pets and their owners. *Anthrozoös*, *11*, 148 - 156.

Gosling, S. D., Augustine, A. A., Vazire, S., Holtzman, N., & Gaddis, S. (2011). Manifestations of personality in online social networks: Self-reported facebook behaviors and observable profile information. *Cyberpsychology, Behavior and Social Networking*, *14*(9), 483 - 488.

Gutkin, T. B. & Elwork, A. (1985). The behavioral sciences in the computer age. *Computers in Human Behavior*, *1*(1), 3 - 18.

Joinson, A. J., McKenna, K., & Postmes, T. (2007). *The Oxford handbook of internet psychology*. New York: Oxford university press.

Kraut, R., Patterson, M., Lundmark, V., Kiesler, S., Mukophadhyay, T., & Scherlis, W. (1998). Internet paradox: A social technology that reduces social involvement and psychological well-being? *The American psychologist*, *53*(9), 1017 - 1031.

Kulik, J. A., Kulik, C. L. C., & Bangert-Drowns, R. L. (1985). Effectiveness of computer-based education in elementary schools. *Computers in Human Behavior*, *1*(1), 59 - 74.

Liu, Q. X., Fang, X. Y. Deng, L. Y., & Zhang, J. T. (2012). Parent-adolescent communication, parental internet use and internet-specific norms and pathological internet use among Chinese adolescents. *Computers in Human Behavior*, *28*, 1269 - 1275.

Madell, D. & Muncer, S. (2006). Internet communication: An activity that appeals to shy and socially phobic people? *Cyberpsychology & Behavior*, *9*(5), 618 - 622. doi: 10.1089/cpb.2006.9.618.

Marriott, T. C. & Buchanan, T. (2014). The true self online: Personality correlates of preference for self-expression online, and observer ratings of personality online and offline. *Computers in Human Behavior*, *32*, 171 - 177.

Matarazzo, J. D. (1985). Clinical psychological test interpretations by computer: Hardware outpaces soft. *Computers in Human Behavior*, *1*(3 - 4), 235 - 253.

McKenna, K., Green, A., & Gleason, M. (2002). Relationship formation on the Internet: What's the big attraction? *The Journal of social issues*, *58*(1), 9 - 31.

McKenna, K. Y. & Bargh, J. A. (2000). Plan 9 from cyberspace: The implications of the internet for personality and social psychology. *Personality and Social Psychology Review*, *4*, 57 - 75.

Moreland, K. L. (1985). Computer-assisted psychological assessment in 1986: A practical guide. *Computers in Human Behavior*, *1*(3 - 4), 221 - 233.

Parks, M. R. & Floyd, K. (1996). Making friends in cyberspace. *Journal of Communication*, *46*, 80 - 96.

Piazza, J., & Bering, J. M. (2009). Evolutionary cyber-psychology: Applying an evolutionary framework to Internet behavior. *Computers in Human Behavior*, *25*(6), 1258 - 1269.

Prentice-Dunn, S., & Rogers, R. (1982). Effects of public and private self-awareness on deindividuation and aggression. *Journal of Personality and Social Psychology*, *43*, 503 - 513. doi: 10.1037/0022 - 3514.43.3.503.

Qian, H., & Scott, C. R. (2007). Anonymity and self-disclosure on weblogs. *Journal of Computer-Mediated Communication*, *12*(4), 1428 - 1451.

Roid, G. H. (1985). Computer-based test interpretation: The potiential of quantitative methods of test interpretation. *Computers in Human Behavior*, *1*(3 - 4), 207 - 219.

Sheeks, M. S. & Birchmeier Z. P. (2007). Shyness, sociability, and the use of computer-mediated communication in relationship development. *Cyberpsychology & Behavior*, *10*(1), 64 - 70. doi: 10.1089/cpb.2006.9991.

Short, J., Williams, E., & Christie, B. (1976). *The social psychology of telecommunications*. London: John Wiley.

Sproull, L., & Kiesler, S. (1986). Reducing social context cues: Electronic mail in organizational communication. *Management Science*, *32*, 1492 - 1512.

Subrahmanyam, K., Smahel, D., & Greenfield, P. (2006). Connecting developmental processes to the Internet: Identity presentation and sexual exploration in online teen chatrooms. *Developmental Psychology*, *42*, 395 - 406.

Tombari, M. L., Fitzpatrick, S. J., & Childress, W. (1985). Using computers as contingency managers in self-monitoring intervations: a case study. *Computers in Human Behavior*, *1*(1), 75 - 82.

Turkle, S. (1984). The second life: Computers and the human spirit. *New York: Simon and Shuster*.

Turkle, S. (1997). Life on the screen: Identity in the age of the internet. London: Phoenix.

Valkenburg, P. M. & Peter, J. (2007). Online communication and adolescent well-being: testing the stimulation versus the displacement hypothesis. *Journal of Computer-Mediated Communication*, *12*(4), 1169 - 1182.

Valkenburg, P. M., & Peter, J. (2009). Social consequences of the internet for adolescents: A decade of research. *Current Directions in Psychological Science*, *18*(1), 1 - 5.

Valkenburg, P. M., Peter, J., & Schouten, A. P. (2006). Friend networking sites and their relationship to adolescents' well-being and social self-esteem. *Cyberpsychology & Behavior*, 5, 584 - 590.

Valkenburg, P. M., Schoutten, A., & Peter, J. (2005). Adolescents' identity experiments on the Internet. *New Media & Society*, 7(3), 383 - 401. doi: 10.1177/ 1461444805052282.

Verduyn, P., Lee, D. S., Park, J., Shablack, H., Orvell, A., Bayer, J., Ybarra, O., Jonides, J., & Kross, E. (2015, February 23). Passive facebook usage undermines affective well-being: Experimental and longitudinal evidence. *Journal of Experimental Psychology: General*. *Advance online publication*.

Viégas, F. B. (2005). Bloggers' expectations of privacy and accountability: An initial survey. *Journal of Computer-Mediated Communication*, *10*(3), article 12. Retrieved April 8, 2006 from http://jcmc. indiana. edu/vol10/issue3/viegas. html.

Walther, J. B. (1996). Computer-mediated communication: Impersonal, interpersonal, and hyperpersonal interaction. *Communication Research*, *23*, 3 - 43.

Warschauer, M., Meloni, C., & Shetzer, H. (2002). Internet for English teaching. Alexandria, VA: TESOL.
Wood, G. (2002). Edison's Eve: A magical history of the quest for mechanical life. New York: Knopf.
Wright, M.F., & Li, Y. (2011). The associations between young adults' face-to-face prosocial behaviors and their online prosocial behaviors. *Computers in Human Behavior*, 27(5), 1959 - 1962.
Yan, Z., Zheng, R. (2013). Growing from childhood into adolescence: The science of cyber behavior. Chapter in Evolving psychological and educational perspectives on cyber behavior, edited by Robert Zheng, Hershey: IGI Global.
Yarkoni, T., Poldrack, R.A., Nichols, T.E., Van Essen, D.C., & Wager, T.D. (2011). Large-scale automated synthesis of human functional neuroimaging data. *Nature Methods*, *8*, 665 - 670.
Young, K.S. (1998). Internet addiction: The emergence of a new clinical disorder. *CyberPsychology &. Behavior*, *1* (3), 237 - 244.
Zimbardo, P. (1977). Shyness: What is it and what to do about it. London: Pan Books.

2 网络心理的理论研究

随着互联网技术的发展，越来越多的人通过电脑、手机、平板终端等设备来搜索信息、参与娱乐、完成消费、进行交往、处理事务。网络在人们生活中的影响越来越显著。无处不在的“低头族”和“刷屏党”时时展示着人们对网络的依赖，网络用语也开始影响人们的表达和交流。更重要的是，人们在网络中的行为越来越多样化。心理学如何解释人们在网络中的各种行为及其关系？网络行为的动力与线下行为的动力是一样的吗？有哪些理论可以让我们更深刻地理解网络中的行为？

2.1 网络心理与行为：功能视角

网络行为的基本功能在于信息的获取与表达，在此过程中，个体和群体的心理表现出丰富多样的形式。典型的网络行为包括在网络上使用社交网站、即时通讯、博客与微博、网络交易、在线游戏、音视频使用、网络学习（网络发表与阅读）等。心理学研究更多地关心网络行为的功能和特点，关心如何从网络行为的动机、过程和效果出发更好地去理解、解释和干预人的行为。

2.1.1 网络中的行为

网络社会交往

人们使用网络最主要的目的是与他人进行沟通交往。随着网络技术的飞速发展,电子邮件、电子公告牌(BBS)、博客、微博、即时通讯、游戏网站、网络社区、社交网站等许多网络交往的工具/平台如雨后春笋般出现在网络中。例如,社交网站的核心目的是帮助人们建立基于虚拟网络的社会关系网络,它通过为网络使用者提供自我展示的平台,使得用户之间可以通过内容评论、转载、对某一话题持续地讨论等功能,从而促进相互之间的交往。通过这些网络交往,人们一方面可以维持已有的人际关系网络,连接现实生活中的朋友;另一方面,可以扩展自己的人际关系网络,在网络情景下相互认识和培养感情,建立新的朋友关系。如今,由于网络技术的发展,之前非常流行的某些网络沟通手段和交流方式已经慢慢消逝或演变为新的形式,如电子公告牌(BBS)、网络聊天室、短信等,但从发展的角度来看,这些网络行为中的现象和规律对以后网络行为的研究与应用仍然具有良好的参考价值。

随着 Facebook 等社交网站(SNS)的发展,社交网站已经成为年轻人群中使用最频繁和流行度最高的网络交流工具。在技术和市场的推动下,一些曾经辉煌的社交网站逐渐式微,比如 MySpace、人人网、开心网等。2010 年前后,社交网站不再继续沿用交友+游戏的单一模式,而是开始提供真正的人际交往——人与人、人与机构、人与社会的互动。近年来社交网站仍在迅速发展。结交朋友和维持互动成为最基本的网络行为。发表与自己和朋友有关的文字、照片、音乐、地点信息,并进行推荐与评论等,都能实现发动和维持社会交往的功能。

网络交易/消费行为

网络交易包括网络购物、网上支付、互联网理财和服务订购等通过互联网进行的交易行为。其中,网络购物是最普遍的网络交易行为。网络购物是指个人通过互联网购买商品或享受服务的过程。一般过程包括:消费者浏览网上的商品目录,选择比较满意的商品或服务,通过互联网下订单,选择网上付款或货到付款,卖方处理订单,网上送货或离线送货,最后消费者确认收货并对此次交易做出评价。由于网络购物能够提供丰富的商品信息,突破时空限制,成本低,具有购物的方便性,并能为消费者提供个性化和定制化的商品或服务,因而比传统的购物方式具有更多的优势。这些优势使得网络购物迅速发展,不断出现新的服务内容,如网络旅行服务、网上外卖、网络约租车等。同时,随着网络安全技术和相关政策的发展,基于网络平台的金融和财务管理活动如网上理财和网上支付等也在迅速地普及。

近年来,京东、淘宝、当当、卓越亚马逊等网络购物平台火热兴起,网络购物作为一种新兴的购物形式,正在转变人们传统的实地购物方式,日益影响着人们的日常消费行为。根据第38次CNNIC的报告，截至2016年6月，我国网络购物用户规模达到4.48亿，网络购物市场依然保持着快速、稳健的增长趋势。其中，我国手机网络购物用户达到4.01亿，手机网络购物的使用比例达到61.0%。

许多研究者对网络购物的影响因素进行了广泛的探讨，例如，研究发现年龄、性别、地域分布、工资收入、家庭和工作类型等人口学变量是影响人们网络购物行为的重要因素。研究也发现，购买者的态度、对风险的感知、对网上商店的信任度以及网络购物的购买意愿也对人们的网络购物行为有着显著的影响(Kim & Benbasat, 2006)。

网络娱乐行为

在线游戏

与单机游戏不同，在线游戏通常需要同款网络游戏中的玩家与玩家之间进行对抗与合作。在线玩家们可以是相互熟识的人，也可以是陌生人，他们借助网络中的游戏软件，扮演不同的游戏角色，完成游戏角色所赋予的任务。每个游戏玩家通过控制游戏中的虚拟角色，与其他玩家相互沟通交流，相互合作与对抗。这些玩家可以发挥自己的想象力和创造力，扮演不同的角色，从而获得与现实生活完全不同的体验。在线游戏是人们在网络世界中的典型行为，尤其是对青少年群体而言。

在线游戏可以分为不同的类型，例如角色扮演(征途、魔兽世界、梦幻西游、传奇、剑灵等)、动作游戏(反恐精英、穿越火线、逆战等)、运动模拟(FIFA足球，NBA篮球、跑跑卡丁车等)、策略游戏(文明系列Civilization)和逻辑游戏或其他(如俄罗斯方块、象棋、QQ炫舞等)。在这些游戏中，角色扮演类的游戏较为流行，尤其是"大型多人在线角色扮演游戏"(Massively Multiplayer Online Role-Playing Games, MMORPGs)。这种类型的游戏，往往有一个预先设定的情景，然后玩家分别扮演不同的角色，置身于游戏的想象世界中。他们假想自己就是游戏中的角色，要去探索游戏世界。在探索的过程中，他们将可能与其他玩家交流，相互合作或者发生冲突，也可以完成一些游戏设定的任务，例如探险或打怪。据皮尤研究中心(Pew Research Center)在2015年8月发布的一份报告显示，大多数(72%)年龄在13—17岁之间的美国男孩和女孩都玩在线游戏，其中84%的男孩玩游戏，而女孩玩游戏的比例为59%，女孩在线玩游戏的频率比男孩低很多。在游戏习惯方面，83%的男孩与其他玩家面对面玩游戏，75%的人在线玩游戏，而且男孩与熟人之间玩游戏的比例为89%，与在线好友玩游戏的比例为54%，与非在线好友玩游戏的比例为52%。而早在2009年，在线游戏就已经成为美国青少年最常见的在线活动，有78%的青少年报告他们正在玩在线游戏(Pew Research Center, 2009)。而在我国，截至2016年6月，网络游戏用户达到3.91亿，占整体网民的55.1%。手机网络游戏用户为3.02亿，占手机网民的46.1%。

网络音乐和网络视频

下载和播放在线音乐及观看在线视频是在人们日常生活中非常普遍，尤其在青少年的课余时间中非常流行的网络行为，也是仅次于网络交流的最频繁的在线活动。音乐、电影和电视是年轻人亚文化的构成部分，网络下载是获得音乐与视频的一种便捷方式。随着移动通讯和宽带技术的迅速发展，下载音乐、视频、影视、游戏等可以很容易地通过小巧方便的手机或其他个人终端设备完成，便宜和便利使得下载活动变得更加普遍。视频网站、网络电台、网络电视频道、网络直播平台近年来迅猛发展，很大程度上是为了满足音视频内容消费的需要。

网络学习

广义的网络学习是指有目的有计划地在网络上获取新的知识和信息的活动。例如，可以通过谷歌和百度等搜索网站查询资讯，通过浏览新闻网站来获取社会事件信息，通过专业数据库来获取学术资源，通过网络文学网站欣赏文学作品等等。狭义的网络学习是指人们借助某些专门的网络平台进行系统的专业学习，如利用慕课、大学校内网络、网络公开课、精品课程网站等网络资源，学习新知识和新技能。

其他网络行为

网络的便捷性和资源无限性使得人们在网络中的行为具有多样化的特征，除上述四类网络行为之外的其他性质的个体网络行为也是多种多样的，如借助一些网络平台发起网络募捐、网络赞助等慈善活动，行政部门或机构的网上服务、网上办公等。随着网络技术的发展，可以预测，我们的日常生活与网络将会越来越密不可分，一些线下的活动，将来都可能在网络平台中得以实现，甚至一些我们难以想象的行为也将在网络空间中出现，例如，随着虚拟现实技术的发展，增强现实、混合现实的技术应用已经开始出现在不同的行为应用中，这类新的技术应用可以创建更加虚拟而丰富的行为。

2.1.2 网络行为的特征

网络行为与现实行为的重大差异在于行为表现的方式从现实世界向虚拟世界不断拓展。网络空间本身的特性，给人们的社会交往以及生产生活方式赋予了新的内涵，不仅从空间上，也从时间上改变了人们传统的行为方式，使人们形成了许多独特的观点和准则。正是这些网络空间的特性，使得人们在网络中的行为也随之具有一定的特征。网络空间在本质上是为人们提供了一种虚拟的沟通环境，从而有别于传统的面对面的背景。因此，人们在这种环境下的行为也就具有了一些重要的特征(Subrahmanyam & Šmahel, 2011)，例如虚拟性(无实体用户)、匿名性、表情符号使用、媒体多任务、去抑制性、自我表露等。

虚拟性(无实体用户)

最初,人们使用网络主要是借助文本沟通,且采用昵称的方式来区别各个用户。因此,在网络沟通中,人们无法直接获得沟通对象的面部、身体等信息。面对面沟通时,人们的沟通对象是实体用户,网络沟通中,人们面对的更多的是一种非实体的用户。例如,在BBS、早期的即时通信工具中,人们通常只能看到用户的昵称,而无法看出用户的其他信息,所以才会出现“你永远不知道电脑的那端坐着的是不是一条狗”这类的调侃。随着技术的发展,尤其是有了网络摄像头之后,人们可以上传自己的图像、视频、语音等信息,从而使年龄、性别等基本信息得到了更多的表露,这种非实体用户的虚拟性开始有所改变。然而,相对于面对面的沟通,网络上的沟通仍然存在一定的不同。例如,人们可以上传自己认为最好看的相片,或者修饰过的图像,而其他一些重要的线索(沟通中的目光、姿势和身体语言等)仍然是缺失的。这种缺失也让网络使用者面临着更多的挑战,例如,无更多的线索提示使得网络用户只能猜测对方的态度。

匿名性

在网络上,人们可以不使用自己的真实身份,而是采用匿名或化名的方式来表示自己所希望表现的角色/身份。网络的匿名性特征使得人们的真实身份得以隐藏,因而受到人们的追捧(Wakeford, 1999)。匿名性的特征在网络发展的早期尤其明显,因为技术本身的特性,视频和音频尚未得到开发利用,人们通常通过文本的方式来沟通、交换信息。而且,网络的使用尚未得到大范围的普及,人们在网络上更多碰到的是陌生他人,与熟人或亲密朋友的相遇几率较低。匿名性可以让网络使用者更有安全感,感到较少的压力,可以与陌生他人进行更深入和轻松的交谈。因此,人们可以使用非真实的社会代号来标识自己,例如,男性采用女性的称呼或符号等。同时,人们也可以较少受到社会规范的束缚,在网络上表达出自己在真实社会中不敢表露的意见和不被人们接受的自我或隐私,如自己的性取向等。

当然,匿名性对于社交网站等一些应用程序而言,在实际上是比较难以实现的,因为在社交网站上,关于身体和自我的信息提示是可以轻而易举获得的,并且部分使用者,尤其是青少年,或许更可能会与他们在线下已经认识的人进行交往。此外,由于互联网技术的发展,从技术层面上讲,人们可以通过IP地址来定位使用者。如果想要真正地隐藏或掩饰自己的身份,需要用户拥有较高深的技术。所以,从某种意义上来说,用户可能会虚构自己的在线身份,或者对真实离线身份的某些方面进行修饰,但是真正的在线匿名对于某些人来说,其实是有一定难度的。

基于文本的混合沟通方式

网络中人与人之间的交流,大多采用的是文本、视听等数字沟通方式。更多时候人们会采用文字和图片或图标，及其他数字形式混合的方式。例如，即时通讯、聊天室、电子邮件、BBS和博客微博等。网络聊天早期都是以书面的方式（在键盘上输入文字，并在屏幕上阅读文字）进行的，与随机性、情境性、无计划的口头语相同，这类信息一般是由较短的、不完整的、简单的、常常夹杂语法和打字错误的句子构成的。随着科技的发展，如今人们可以采用语音、视频、图像、图标符号等方式进行网络交流，这种混合沟通方式为更为高效和便利的信息传递及人际交流提供了可能性。

同步性与异步性并存

网络中人与人之间的沟通除了具备与面对面交流相同的同步性外，还具备了异步性的特征。人们可以与网络中的他人在同一时间相互交流，如文本形式的聊天、视频或语音聊天。当然，网络速度的限制可能造成音视频传输的延迟，因此网络中的同步性也可能会与面对面交流的同步性存在一定的差异。在网络中，人与人之间的沟通还可能并不是在同一时间进行的，而是在时间上存在先后的顺序。例如，电子邮件、微博、论坛发帖等，都是异步性的沟通。使用者可以根据自己的需要，自行控制传播的过程和速度，例如可以决定何时发出信息，何时回应他人的评论等。在网络沟通过程中，异步性特征可以帮助人们避免或减少面对面沟通交流时遇到的需要即时回应的压力。同步性与异步性之间最大的差异在于交流在时间上是否存在连续性。

自我表露和去抑制性

个体在网络中和现实生活中的心理过程存在很大的差异，例如，人们在网络中会表现出一些与现实生活中不一样的自我。大量的观察研究和实验研究的结果都证明，人们在网络上的行为会表现出一种去抑制的特征，并且自我表露水平也要高于现实生活（Joinson, 2007）。去抑制是指不能控制冲动的行为、想法或感觉，表现为人们在使用网络时，会采取在现实生活中通常不会使用的方法来与他人交流沟通，这种沟通交流模式可能是消极的也有可能是积极的（任俊, 2006）。例如，人们在网络中会有更多的自我表露，而这种自我表露可能会让交往的对象觉得更有亲近感，是一种积极和合适的感觉，从而促进人们在网络中的沟通交流。而有时候，过度的自我表露，或者自我表露的内容是消极或不合适的，例如，愤怒的评论、缺乏真诚的体验，可能会阻碍或者中断网络中的沟通与交流。

许多研究者都发现了人们在网上的自我表露方式与其在现实环境中的存在较大的差异，例如研究者在给学生做访谈的时候，发现那些在网上表现出"公开的性邀请行为、使用明显的性语言或讨论性行为图片"的学生，他们在实际生活中是矜持且害羞的人（任俊，施静，马甜语，2009）。研究发现，在匿名的虚拟讨论中，大学生自发的自我表露水平要显著高于面对面时的水平，说明在通过文本沟通的网络交往中，人们自我表露的水平要显著高于现实环境（Joinson, 2001）。另外研究还发现，青少年博客写手会自我表露的东西涉及他们的朋友、家人、伴侣以及日常生活(Subrahmanyam, Garcia, Harsono, Li, & Lipana, 2009),并且,他们报告说,在博客中写自己的离线生活时,他们基本上是真诚的。网络中自我表露水平较高的原因可能与网络的匿名性有关,因为人们在互联网上能体验到匿名性,而高度的匿名性意味着人们较少受到社会规范的约束,可以有更多真实的自我表露。并且,网络中的自我表露可能是那些平时被压抑的部分,也是真实自我中的一部分。

媒体多任务特性

媒体多任务是指同时对多个电子或非电子媒体任务进行处理或做出反应(Carr, 2004)。媒体多任务主要分为三类:媒体与日常生活、媒体与媒体、媒体自身。在人们的网络行为中,媒体多任务是非常普遍的现象,如在吃饭的同时看网络新闻,同时使用多种应用程序(写电子邮件的同时打开音乐软件),在同一个应用程序中打开多个窗口(用QQ聊天时打开多个聊天窗口)等。一项对1 319名来自不同世代的美国人的研究结果显示,多任务混合的情况在每一代人中都可见,尤其是在听音乐或吃饭的时候(Carrier, Cheever, Rosen, Benitez, & Chang, 2009)。多任务并行虽然受人欢迎,但可能存在一些消极的影响。例如,Subrahmanyam和Šmahel(2011)的研究发现,人们可能会意外地把准备发给恋爱对象的文件,发到了一个普通朋友那里,或者因为漫不经心导致在与同伴联系时,打扰了另一个伙伴。使用网络进行多重任务处理的人越来越多,人们在媒体多任务处理上所花费的时间比率也越来越高。例如,研究发现,从1999年到2005年,媒体多任务所花费的时间比例从10%上升到了26%(Kirsh, 2010)。

2.2 替代还是补偿:基本问题和争论

2.2.1 网络使用的替代假说

网络使用替代假说(displacement hypothesis)源于媒体使用时间替代假说(time displacement)。时间替代假说是指由于媒体的使用,如电视机,占用了人们大量的空闲时间,导致人们再也没有时间进行社会交往和政治参与。提出这一假说的起因在于1996年普特南对美国历年社会调查数据的分析发现,美国公众对公共政策的态度变得漠然,人际交往和社区的参与热情也显著消褪。由此他认为,自20世纪60年代以来,美国社会资本急剧降低的原因之一是媒体使用(Putnam, 1996,2000)。随后,Norris(1999)的研究也发现,看电视减少了人们对政治机构的信心和对政治体系的支持。时间替代假说的核心观点是:人们的时间是有限的,花费在电视等媒体上的时间越多,那么在其他方面所花费的时间就要相应地减少,如运动、问候家人、参与社区活动等。媒体使用导致时间被占用，从而影响人们日常生活的现象，也被称为媒体效应模型(media effects model)。研究者们对此进行了大量的研究，特别关注媒体使用对使用者态度和行为的影响。

随着互联网技术的发展，互联网的使用越来越普及，人们花在网络上的时间也越来越多。互联网作为大众传播媒介的一员，在人们的日常生活中扮演着不可或缺的角色。互联网的出现，不仅改变了人们的信息获取和信息交流方式，更在一定程度上重塑着人们彼此间的交往习惯以及社会参与行为。近些年来，随着互联网的兴起与普及，学者们的研究焦点从电视媒体扩展到互联网。因此，人们也开始逐渐关注网络是如何影响我们的生活的。研究者们提出，互联网与电视和视频游戏一样，均会对使用者产生重要的影响。在线使用的时间便是其中重要的一个影响机制。他们认为，网络使用所花费的时间，不仅包括了在线活动的时间，而且也包括了因上网而导致其他活动停止的时间。对此，研究者们也用“替代假说”来予以解释，即时间的有限性表明，互联网使用所需要的时间，是以其他活动的取消为代价的(Nie & Hillygus, 2002)。

使用互联网之外的其他活动时间，通常是指睡觉、体育运动、参加社区活动和现实生活中其他需要进行面对面社会互动等活动的时间。由于人们在互联网使用上投入了大量的时间，而每个人所能利用的时间又是恒定的，因此睡觉等日常活动的时间就必须被大量削减，从而可能导致人们身体健康状况变差。同时研究者们也认为，虽然互联网的娱乐功能和资讯功能为个人生活带来很大的方便，但同时也占据了人们大量的时间。长时间沉溺于网络，容易产生忧虑与疏离感，有可能降低个体对人际关系的信任，导致个人生活满意度降低。因此，研究者(Nie & Erbring, 2000)将互联网称为一种“致人疏离的技术”(Isolating Technology)，因为网络交往消耗了大量的时间，而这些时间本可以用来维护和发展现有的朋友关系(Kraut 等，1998; Nie, 2001; Nie, Hillygus, & Erbring, 2002)。此外，Kraut 等人也认为用户因沉溺上网而减少和他人的接触，必然导致其社会联系的弱化(Kraut 等，1998)。总之，认同这些观点的研究者们认为，网络促使人们倾向于与网络中的陌生人建立关系，而不是与线下的同伴保持亲密的友谊关系。网络中的关系看起来是肤浅的弱连接(weak-tie)关系，这种关系缺少情感体验和承诺。可见，网络削弱了人们已有的友谊关系，从而降低了他们的幸福感(Valkenburg & Peter, 2007a)。总体而言，替代假说是一种消极的观点——网上的社会交往会取代网络使用者与家人和朋友的日常交往，并对其自身的心理健康产生负面的影响。

许多研究者对替代假说进行了广泛而又深入的研究，特别考察了网络使用与已有关系质量和幸福感之间的联系，大量的实证研究结果均支持了替代假说(Kraut 等，1998; Morgan & Cotten, 2003; Nie, 2001; Nie, Hillygus, & Erbring 等，2002;

Weiser, 2001)。例如,以大学新生为被试的研究发现,大学生使用电子邮件、网络聊天室、即时通讯软件的时间越多,其抑郁水平越高;在线购物、在线游戏和在线搜索的时间越多,抑郁水平也越高(Morgan & Cotten, 2003)。初次接触互联网的用户,一年后,会更多地使用互联网进行交流,而与家人和朋友交流的时间减少,并且孤独感和抑郁水平有所提高(Kraut 等,1998)。纵向追踪研究也发现,在互联网上花费更多时间的大学生,其在孤独感、抑郁和生活满意度上受到的消极影响更大。其他的研究也表明,网络交往减少了个体现实社会活动的时间(Nie & Hillygus, 2002)以及与亲戚和朋友交流的时间(Gershuny, 2000),缩小了现实交往圈(Mesch, 2006),导致个体给家人和朋友打电话的时间减少,并且对于青少年而言,他们与家人和朋友的关系会变得更弱(Sanders, Field, Diego, & Kaplan, 2000)。

2.2.2 网络使用的补偿假说

然而,并不是所有的研究结果均支持了替代假说。例如,Kraut 等(2002)发现,新电视机和计算机购买者使用互联网越多,则他们不仅近距离和远距离的社交网络、社区活动参与度和信任度增加得越多,同时孤独感也显著降低,并且网络使用对其一年后的抑郁水平不存在显著的影响。一些研究者据此提出了相反的观点,即网络使用的补偿假说。网络使用的补偿假说是指,网络可以为人们提供一些在现实生活中无法实现某些目的的机会(McKenna & Bargh, 1998,2000) 。例如,拥有有限社会支持的个体可以运用新的在线交流机会来建立人际关系、获得支持性的人际交流和有用的信息,而这在他们的现实生活中是不可能实现的。这个理论假说可以解释 Kraut 等的研究结果(Kraut 等,1998,2002)以及互联网对青少年心理健康具有消极影响的研究。与替代假说的观点相反,补偿假说支持者们认为,网络使用并不会削弱人们现实的社会活动。例如,在线交往活动可以增强个体与已有的朋友之间的友谊质量,从而提高他们的幸福感。他们强调,随着网络技术的发展,即时通讯软件和社交网站得到广泛的普及应用,从而鼓励人们通过网络的形式(如 Facebook、QQ 等即时通讯软件)与朋友联系(Bryant, Sanders-Jackson, & Smallwood, 2006)。人们也将在网络交往中花费越来越多的时间来维护线下的朋友关系(Gross, 2004; Subrahmanyam, Kraut, Greenfield, & Gross, 2000; Valkenburg & Peter, 2007b)。因此,如果说人们使用网络的目的是为了维护已有的朋友关系,那么网络使用的替代假说的先决条件就站不住脚了。毕竟,如果已有的线下朋友关系能够通过网络的形式得到保持或提升,那么网络的使用将会降低线下友谊质量甚至个体幸福感的结论就不可靠了(Valkenburg & Peter, 2007b)。

研究者们也对网络使用的补偿假说进行了大量的实证研究,而且也有许多研究结果支持了这一假说。例如,内倾者与缺乏社会支持的个体能够从互联网使用中得到最大的益处(Kraut 等,2002)。网络使用和陪伴现有朋友的时间(Kraut 等,2002)与个体同现有朋友的亲密感(Valkenburg & Peter, 2007b)、自身幸福感均存在显著的正相关关系(Kraut 等,2002; Morgan & Cotten, 2003; Shaw & Gant, 2002)。一项对 1 201 名 10—17 岁荷兰青少年的调查研究发现(Valkenburg & Peter, 2007a),绝大部分青少年使用即时通讯软件的目的是和已有的朋友联系,并且其使用时间可以显著地正向预测其幸福感、与已有朋友的相处时间和友谊质量。研究也发现,在公共聊天室与陌生人进行的聊天,通常对幸福感不具有显著的预测效应。

也有学者认为互联网为人们进行日常的社会交往提供了另一种新的交流工具,人们利用互联网提供的这些低成本的通信工具,可以加强面对面交流和电话交流所建立起来的联系;而且,经常上网的人还会将自己的兴趣和爱好延伸到网上,在虚拟世界中寻找自己感兴趣的论坛,或者参加网上的一些社团活动,因此互联网可增加个人的社会资本(郑素侠,2008)。此后,一些学者持折中的观点,认为互联网介入人们的日常生活后,一部分以群聚为基础的现实交往被网络空间的虚拟交往所取代,这确实减少了人们在现实中的社会资本积累,但虚拟空间的交往和活动参与,亦能帮助互联网使用者形成一部分新的社会资本。尽管同现实交往相比,这种以共同兴趣为基础的虚拟交往空间较为分散、联系亦不够紧密。在这种情况下,互联网使用对社会资本的影响,既没有增加,也没有减少,而是一种"补偿"(supplementary)。但这可能在一定程度上分裂了现实世界与网络世界。与此同时,对于那些已经拥有令人满意的人际关系的个体而言,如果他们用在线弱联系取代现实生活中的强联系,互联网使用就可能干扰他们现实生活中的人际关系。例如,尽管目前在网络上寻找性或者亲密伴侣变得比较普遍(Bargh, McKenna, & Fitzsimons, 2002),但是研究发现,线上关系很少能发展成线下社会生活关系,相比于网络之外的线下关系,单纯的线上关系十分肤浅,并且不可持续。

2.2.3 网络使用假说:整合的视角

每当新事物出现时,一开始人们总是会思考其会给人们带来什么样的影响,积极的,还是消极的?针对网络对人们学习和生活的影响,人们一开始也是这样分析的。早期研究者主要从一致性的角度来分析这一问题,即网络是否有利于现实生活。因此,研究者分别从积极或消极的角度出发,考察网络对人们的影响。结果发现,网络的使用可能将代替人们在现实生活中的活动,从而对人们的现实生活造成不利的影响。这种研究结果支持了替代假说(Nie & Hillygus, 2002)。然而,也有研究发现,网络世界其实是人们现实世界的延伸,它为人们的社会互动和人际交往提供了新的场所,促进了人与人之间的交往,有利于人们的现实生活。这种研究结果则支持了补偿假说(McKenna & Bargh, 1998,2000)。毫无疑问,不论是替代假说还是补偿假说,都是从单一视角来审视网络这一新生事物的,即认为网络对人们的生活要么是积极的,要么是消极的。

然而,大量的研究结果表明,网络对人们的影响并不是非黑即白的,并不能简单地以有利或者有害来区分。这就意味着,我们不能仅仅考察上网时间对人们现实生活的影响,而应该从差异的视角出发,考察网络使用内容、方法、过程以及使用者的人格特质等变量的个体差异对网络与现实的影响。例如,Mesch(2006)发现,当上网时间是花在非知识收集用途上时,家庭的凝聚力与之呈现负相关,但如花在学习上,家庭的凝聚力则增强了。当以家庭为基础的网络活动注重于集体参与时,它可以提高整个家庭的凝聚力。此外,研究还发现,早期青少年社会交往的质量和频率与网络使用目的有关。年龄较小的青少年倾向于将网络作为表达自我和使自己变得更强大的工具(Orleans & Walters, 1996)。他们使用网络的目的是扩大个人的兴趣,获取外部信息,提高自己的学习成绩,在同伴、老师或家长面前展露自己的特殊网络技能。在这种情况下,他们会努力尝试学习新的网络使用技能,例如学习编程、搜索新知识、解决问题,从而提升自己的能力。在学习新技能过程中,他们也会与其他经验丰富的同伴相互沟通交流或向他们求助,从而帮助自己认识新的软件功能,掌握电脑故障排除技能等,这在一定程度上提升了他们的社交技能,促进了他们的人际交往(Orleans, 2009)。

如果人们花费大量的时间在网络上,例如玩网络游戏,那么他们就非常可能将自己封闭起来,减少与周围亲戚、朋友和邻居们的交往,从而导致社会适应不良。从一定意义上来说,这种网络使用对人们的生活具有消极影响。但是,如果从另一个角度来看,也许玩网络游戏也有积极的一面。例如,网络游戏的玩家,他们在玩网络游戏(尤其是多人在线角色扮演游戏)的时候,往往不会一个人呆在屋里,而是会与同伴聚集在一起(例如,聚集在网吧)(Olson, Kutner, & Warner, 2008),这就为他们提供了现实交往的机会。另外,在线游戏本身也为玩家提供了玩家与玩家之间沟通交往的机会,他们可以在游戏中相互帮忙,切磋游戏技术、探讨提高游戏分数的技巧等,这些内容也促进了玩家的社会交往。所以,玩游戏的环境本身就为人们进行社会交往提供了可能的场所。

对于大多数人来说,网络的使用主要是用于人际交往,即网络为人们的交往提供了一个虚拟的社会环境,网络世界是人们人际沟通的一个替代品。也就是说,以前人们通常在现实中相互交往,而如今人们将这种交往放在了网络平台上,即网络中的交往取代了现实中的交往。例如研究发现,网上活动减少了现实生活中交流的数量

(Kraut 等,1998)。但是,研究者认为,尽管在互联网上花费时间可能会影响现实社会活动,但虚拟社会和真实社会的交往可以相依共存(Nie, Hillygus, & Erbring, 2002)。因为网络为人们提供了许多真正的互动机会,例如,人们可以通过网络联系现实世界中的朋友,可以与远在异国他乡的亲戚朋友视频、交谈,可以与同事在网上讨论并分享自己的知识、技能,为遇到困难的他人提供帮助等。

简言之,网络使用与现实行为之间存在既有替代又有补偿的双重关系,必须考虑具体的网络技术形态、网络行为内容、使用者个人特点、得出不同研究结果的年代技术特点等因素,整合性地看待这种关系。正是替代和补偿共同满足了人们不同的需要,才使得网络行为魅力无穷。

2.3 网络心理的相关理论

随着网络心理学研究的深入,许多研究者也对不同研究内容提出了专门解释网络心理与网络行为的理论观点。本节内容主要是网络使用的心理学理论模型,特别是一些受到研究者们普遍认可的理论模型。一些针对单一网络行为的心理学理论,如关于网络交往、网络成瘾、网络利他、网络学习等研究领域的理论,将在本书后续不同的章节中分别予以论述。

近些年来,随着对网络使用与使用者心理状态的关系的探讨不断深入,研究者提出了许多相关的理论模型,希望对网络使用的动力机制和网络行为的社会适应机制做出进一步的解释。在网络行为的相关心理学理论中,除了网络使用替代假说和补偿假说之外,还有一些理论受到研究者们的普遍认同。例如,使用与满足理论(uses and gratification theory)、富者更富模型(rich get richer model)、情绪增强假说(social enhance hypothesis)、社会—认知理论模型(social-cognitive model)、认知—行为模型(cognitive-behavioral model)等。

我们可以根据个体行为过程的心理学解释将这些理论划分为三类:关于网络行为动机的理论、关于网络行为过程的理论和关于网络行为效应的理论。(1)动机论包括:使用与满足理论、沉浸感理论、自我决定理论、技术接受模型、网络行为整合模型、进化心理学理论;(2)过程论包括:社会学习理论、社会—认知理论模型、结构共建模型;(3)效应论包括:富者更富模型、情绪增强假说和生态科技微系统理论。

2.3.1 网络行为的动机论

使用与满足理论

Suler (1999)从"需要—满足"的视角来解释人们的网络行为,提出了使用与满足理论(uses and gratification theory)。该理论认为,人们因为有需要,才会使用网络,并且特别强调,人们的网络行为与他们的潜在需要有关,而这些潜在的需要又往往比较难以被觉察到,因而容易被忽视。如果一个人的潜在需要得到了满足,那么这个人就会产生稳定的和完美的有关自我的感觉。而网络本身所提供的一些使用功能,则可以满足不同个体的潜在需要,因此人们才有了千差万别的网络行为。

网络使用与满足理论(Palmgreen, Wenner, & Rosengren, 1985)的核心观点是,个体网络的使用与满意度(gratifications)具有最为直接的联系,满意度越高,网络使用越多。这一理论观点得到了大量研究的证实。用户使用媒体是为了不同的目的,并从中获得不同的满足,如逃避现实、获取信息或娱乐消遣等。使用与满足理论假定用户在选择媒体的过程中扮演了积极的角色,他们所选择的媒体进而又会影响他们。使用与满足理论有两个重要的假设:(1)个体选择媒介是以某种需要和满足为基础的,个体希望从各种媒介资源中获得满意感或接受信息;(2)媒介是通过使用者的意图或动机而发挥作用的,它将焦点从在媒介的直接作用中得到满足的“被动参与者”转向媒介使用中的“积极参与者”,强调了个体的使用和选择。

研究者们认为,网络使用者普遍存在五类相同的需要:(1)认知需要,即与增加资讯、知识和理解力等相关的需要,在网络空间中,个体可以体验多元的自我,从而对自我进行整合,以有利于自我同一性的形成;(2)情感需要,即增强愉悦感、成就感、控制感等情绪情感需要;(3)整合需要,即与增强可信度和地位等有关的需要;(4)社交整合需要,即增强与亲戚朋友等人联系的需要,通过网络,个体可以借助相关的功能,如即时通信软件,联系亲友,体验归属感和亲密感;(5)逃离或释放紧张、缓解分离恐惧、缓解暴风骤雨般的压力和困惑的需要。网络空间的去一致性可以使得人们释放自我,缓解暂时的压力和焦虑。

沉浸感理论

“flow experience”在国内有不同的译法,如沉浸感、沉醉感、心流、流畅等(任俊,2006;任俊等,2009;陶威,2013)。在网络心理学领域中,比较多的研究者采用沉浸感这种译法。沉浸感这一概念最早由 Csikszentimihalyi 提出,通常指人们对某一活动或事物表现出浓厚的兴趣并能推动其完全投入某项活动或事物的一种情绪体验,一般是个体从当前所从事的活动中直接获得的,回忆或想象等则不能产生的一种体验(Carr, 2004;任俊等,2009)。Csikszentimihalyi 认为,引发沉浸感的关键在于个体感知到自己已有的技能水平与外在活动的挑战性相符合,也就是说只有技能和挑战性处于平衡状态时,个体才可能全身心地融入到活动中,并从中获得沉浸感体验。因此,沉浸感产生主要经过三个阶段:信息收集阶段、体验阶段和效果阶段(Chen, Wigand, & Nilan, 1999)。研究发现,互联网使用过程中的多种活动都有沉浸感的存在，收发电子邮件、检索信息、发帖、玩网络游戏、网络聊天以及电子购物等都可能给网络使用者带来愉快感和沉浸体验(Pearce, Ainley, & Howard, 2005)。

沉浸感理论在网络心理学中，主要侧重学习领域，尤其是网络学习以及人机交互和网络成瘾等研究领域。例如，研究者考察学生在远程学习中所体验的沉浸感时发现，沉浸感体验可以激发学生学习的内在动机，表现在有着沉浸感体验的学生对远程学习的态度更积极，会主动利用网络学习(Liao, 2006)。对网络游戏的研究显示，在控制了电脑游戏和情境变量的情况下，中度或最佳的游戏水平更容易让游戏玩家有沉浸感体验(Rheinberg & Vollmeyer, 2003)。人们在浏览网页的时候也会产生沉浸感体验，同时有沉浸感体验的人使用网络的态度和行为也更积极(Skadberg & Kimmel, 2004)。

自我决定理论

自我决定理论(self-determination theory, SDT)是Deci和Ryan提出的一个系统阐述人类心理需要、动机、目标定向行为和幸福感获得之间关系的综合性理论(Deci & Ryan, 1985,2000,2008)。该理论认为，人类存在三种能够满足个体并能获得最优先发展条件的基本的心理需要：自主需要(autonomy)、胜任需要(competence)和关系与归属感的需要(relatedness)。这三种需要必须同时得到满足，缺一不可。自我决定理论认为，心理需要的满足是维持内部动机和外部动机内化的必要条件。心理需要的满足程度和动机的自我决定水平能够直接预测个体的幸福感(Deci & Ryan, 2000)。个体在活动中自主、胜任和关系需要满足程度越高，其活动的内部动机越强，活动结果也越积极——包括更持续的投入和更高水平的幸福感。自我决定理论还认为，当个体的心理需要得到满足时，会对那些本不是由内部动机激发的活动进行内化。个体心理需要的满足程度越高，内化的自我决定水平也越高(Deci & Ryan, 1985)。心理需要的满足为人们积极地从事活动，并将活动与自我进行内部的整合提供了心理上的“营养”。因此，那些在日常生活中基本心理需要得到较多满足的个体能够更好地将所从事的活动与自我进行整合，更倾向于以健康的方式将所从事的活动整合到日常生活中(Deci, Eghrari, Patrick, & Leone, 1994)。同时，由于人类是主动趋近活动和组织的有机体，如果人的基本心理需要无法得到满足，个体就会出现保护性的反应，如：替代性动机、非自主性的调节模式、刻板的行为模式等，以保护他们在这种非支持性的环境中免受威胁并保持尽可能多的满足(Deci & Ryan, 2000)。

一些对视频游戏的研究证明了自我决定理论可以解释人们的网络行为，例如Przybylski等人探讨了日常心理需要满足与视频游戏的和谐性激情(harmonious passion)和强迫性激情(obsessive passion)之间的关系(Przybylski, Weinstein, Ryan, & Rigby, 2009)。和谐性激情是指对活动有选择的追求或投入，与生活中其他活动的关系是和谐的。强迫性激情是指有内在压力迫使个体从事某项活动，与其他生活领域的活动相冲突，个体在活动过程中和活动过程后的情感是消极的。研究发现，在日常生活中，基本心理需要得到较多满足的人更倾向于形成对视频游戏的和谐性激情，而在日常生活中基本需要得到较少满足的人更倾向于形成对视频游戏的强迫性激情。

也有很多研究者运用自我决定理论来理解人们在一些由内部动机激发的活动中所表现出的兴趣和持续投入(Przybylski, Rigby, & Ryan, 2010; Ryan, Rigby, & Przybylski, 2006；沈彩霞，2014)，结果发现自我决定理论可以解释网络心理学的许多研究主题，如网络游戏的吸引力、网络学习的动机和病理性网络使用等。例如，Ryan 等(2006)采用自我决定理论探讨了多人角色扮演类网络游戏为何具有如此大的吸引力。研究发现，游戏者在游戏过程中的三种基本需要的满足度越高，其体验到的愉悦感越多，从而越有可能在今后的自由时间里继续玩这类游戏。结果表明，网络游戏满足了人们对自主和胜任的需要，吸引了大量的玩家。关于网络学习的研究也发现，学习者在网络学习过程中所感受到的三种基本需要的满足感越高，其学习动机越高，会有更多的学习卷入和更好的学业成绩，并有更高的满意度。这一研究结果反映了自我决定理论也可以解释网络情境下的学习行为和相应的情感体验(Chen & Jang, 2010)。关于中学生的病理性网络使用的研究也发现，三种基本需要的满足程度越高，病理性网络使用的行为越少。

技术接受模型

技术接受模型(technology acceptance model, TAM)的提出者 Davis(1989)试图运用理性行为理论解释人们为何会广泛接受和使用计算机，还进行了一系列的实证研究(Venkatesh & Davis, 2000)，并根据研究的结果对最初提出的模型进行了修正。修正后的模型中有两个核心概念：感知有用性(perceived usefulness)和感知易用性(perceived ease of use)。感知有用性是指认为使用某一具体的系统或程序对工作业绩提高的程度，而感知易用性则是指认为容易使用某一具体程序或系统的课程。技术接受模型属于态度—意向—行为模式中的一种，其主要目的在于试图了解人们在面对新信息技术或网络系统时，何时接受或拒绝使用行为的影响因素。

根据该理论模型的观点，当一种新系统或者网络技术出现后，有许多方面的因素会影响到人们如何和何时使用它的决定。技术接受模型认为，首先，人们对计算机及网络的使用是由使用行为意向(behavioral intention)所决定的。其次，感知有用性和想用的态度(attitude toward using)共同决定了人们的使用行为意向。再次，想用的态度受到感知有用性和感知易用性的共同影响。最后，感知有用性和感知易用性共同受到使用对象、外部环境、组织结构、任务特征、涉及特征、使用者特征等影响用户行为的可控与不可控的环境因素的影响，且感知易用性也会影响到感知有用性。该理论模型如图 2.1 所示。

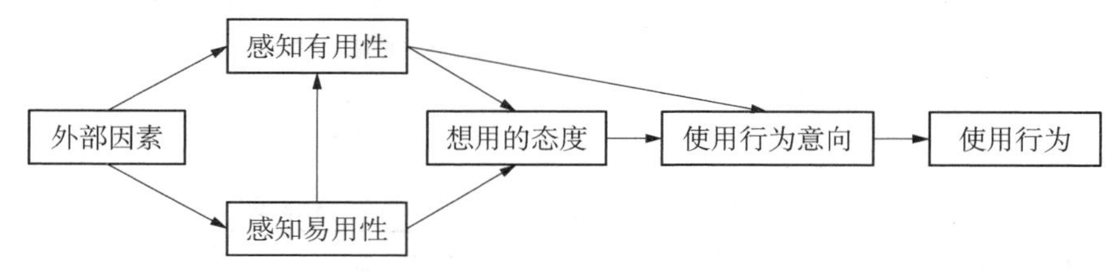

图 2.1 技术接受模型(technology acceptance model, TAM)

许多研究将技术接受模型应用于网络购物、网络使用等方面，不断试图探索影响感知易用性和感知有用性的外部环境因素，从而扩展了 TAM 模型(Gefen, 2000; Liu & Wei, 2003; O'cass & Fenech, 2003;程华,2003)。例如,Childers、Carr、Peck 和 Carson(2002)以及 Koufaris(2002)将网络购物的有趣性(enjoyment)作为影响使用态度的积极因素。Liu 和 Wei(2003)提出感知风险是使用意愿的影响因素。

在线行为动机模型

Sun、Rau 和 Ma (2014)在前人研究的基础上，提出了在线行为动机的整合模型(motivational factors of online behaviors)。该模型认为，影响人们在线行为的因素可以分为四种：在线社区(online community)、个体(individual)、承诺(commitment)和质量要求(quality requirement)。其中，在线社区包括了群体认同、易用性、有利于分享的社会规范(pro-sharing norms)、互惠性和声望；承诺包括了情感承诺、规范承诺和继续承诺(continuance commitment)；质量要求包括了安全性、隐私性、便利性和可靠性；个体因素则包括了个体特征(自恋、尽责性、外向性、自我表露)、目标、欲望、需求(社会性需求、信息需求、受欢迎需求和获得成功需求)以及自我效能感(技术效能感、信息效能感和链接效能感)。

网络行为整合模型

虽然以往的研究考察了影响青少年在线行为的一些关键变量，但是这些变量之间的关系以及这些变量是如何影响在线行为的，仍然还不清晰。因此，Zheng、Burrow-Sanchez、Donnelly、Call、& Drew(2009)在考虑了所有可能影响青少年网络行为的变量之间的相互关系和个体的动态作用后，提出了一个整合的理论模型。这一模型的提出，还基于 Livingstone (2003)有关青少年在线行为研究的观点。Livingstone (2003)认为，影响青少年在线行为的因素主要包括三个方面：(1)网络交往对社交网络和同伴文化变化的影响；(2)身份认同的作用；(3)网络交往对于本地人际圈(local networks)和儿童人际关系的影响。此外，社会因素和个体因素对儿童青少年的网络行为的影响尤为重要。社会因素是指，如社交网络、同伴文化、本地网络和儿童青少年之间的人际关系等变量。而个体因素，则如身份认同等因素。基于这些观点，Zheng 等(2009)提出，除了社会因素和个体因素之外，环境因素是第三个影响青少年上网行为的核心变量。环境因素包括同步/非同步沟通、匿名性等变量。具体如表 2.1 所示。

表 2.1　与在线交往相关的因素及行为(Zheng 等，2009)

社会因素	个体因素	环境因素	在线行为
社区支持 政策 社会规则等	年龄 性别 认同意识 人格特质(内向性 VS 外向性，神经质、精神质) 自我效能感 社交焦虑	匿名性 易得性(任何地点、任何时间的网络连接) 沟通模式(同时性 VS 延时性) 非线性的信息获得	攻击 欺负 网络成瘾 自我毁谤 自我表露 自我披露 积极合作 公民参与 角色示范 助人行为

Zheng 等(2009)假定社会、个体和环境因素在框架模型中扮演的是支持的角色。即，是人类需求，而不是社会或者个体因素直接影响人类行为的发生。在这个框架之下，社会因素、个体因素和环境因素被视为人类需求的支持因素，且它们同时对青少年的在线行为发挥间接的影响作用。举例来说，社会和个体因素，如社区支持(community support)、认同意识和自我效能感，在个体寻求自我认同和社会联结方面，能够影响青少年的社会和发展需求。当社区支持增加时，可能会为积极活跃的在线合作创造一个支持的环境，因此这些因素在间接地影响着青少年的在线行为。具体如图 2.2 所示。

进化心理学理论

研究者试图从进化心理学的视角解释人们在网络中的一些行为(Kock, 2010; Piazza & Bering, 2009)。吴静和雷雳(2013)认为，进化心理学作为一种思考心理学的方式，也是现代西方心理学中的一种新兴的研究取向与研究范式，可以用于理解人类的心理与大脑的机制，并解释人们是如何行动、思维和学习的。而进化心理学对于人们在网络中的行为也可以进行解释，如个体的网络使用偏好、网络人际的建立等均可以通过进化心理学的视角找到其背后的根源(吴静，雷雳，2013)。他们认为，网络社会行为源于个体与他人建立亲密感和归属感的本能需要，具有积极的进化意义，能够解决现代人生存繁衍的问题。人们该如何做出行为表现的决策始终取决于环境，

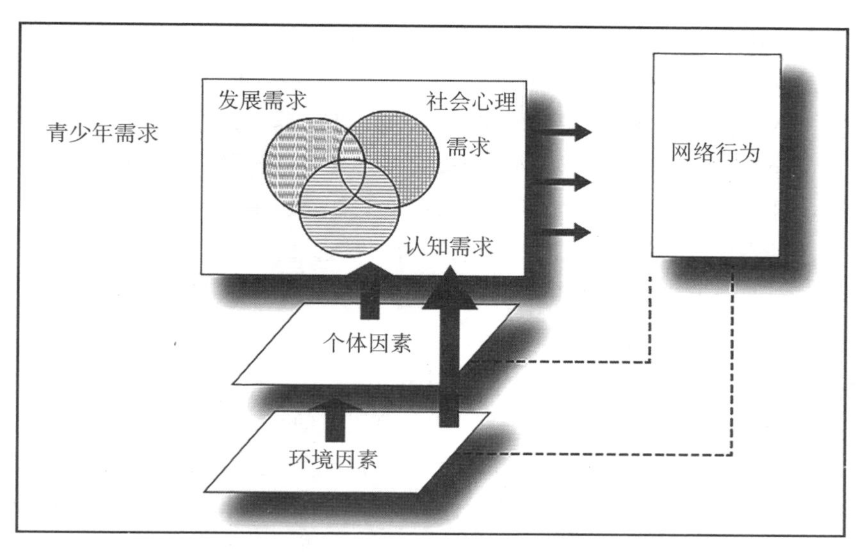

图 2.2 青少年网络行为研究的理论框架(Zheng 等,2009)

人们对网络行为的偏好,在网络中的虚拟自我展示、虚拟社会关系的建立以及网络社会互动的行为动机与特征都是心理机制与环境互动的结果,并且与其在现实生活中的心理、行为相互关联、相互影响。

2.3.2 网络行为的过程论

社会学习理论

社会学习理论认为,人们(尤其是儿童和青少年)是通过观察其他人的行为来学习的。根据社会学习理论,榜样行为产生的结果会影响某种观察到的行为是否会被模仿。具体而言,相比榜样的行为受到惩罚,当榜样行为受到推崇时,与榜样行为相似的行为更可能在现实生活中被模仿。而当榜样的行为没有产生受罚的结果时,观察者就会认为这个行为是被默许的。互联网游戏、网络视频、网络新闻等所有这些网络功能,都为青少年提供了充足的观察学习的机会。无论人们使用什么类型的网络媒体,人们总会看到媒体推介的人物或被强化,或被惩罚,或其行为没有什么后果。例如,电视等媒体上近 70%的由“英雄”所犯下的非法暴力行为都未受到法律的惩罚,其中 32%的这种行为还得到了嘉奖(Wilson 等,2002)。此外,榜样的特征以及榜样行为的特征也会影响观察到的行为被模仿的可能性。例如,儿童和青少年更有可能去模仿那些被媒体展示的且已被渲染的行为(使其看起来很“酷”或获褒奖的行为)。尤其是,当网络视频中的榜样行为由青少年所喜爱的人(比如: 年龄相当的人)(Bandura, 1986; Hoffner & Cantor, 1991)完成时,观察学习效果更明显。

Kirsh(2010)认为社会学习理论除了可以解释人们如何通过使用网络媒体而习得一些行为之外,还可以解释如何在一段时间内保持已经习得的行为。首先,当行为能够成功地满足个人需要时就会被保持,继而进行自我强化。其次,当行为得到同伴的社会认可或得到同伴的外在奖励时会被保持。最后,由于媒体或网络能提供直接的经验,这种经验既有强化的也有惩罚的,因此人们可以保持习得行为。例如,网络游戏中"好行为"通过奖励积分而被强化,"坏行为"通过损失积分或失去生命而被惩罚。因此,当青少年在进行网络消费时,他们会观察特定方式下的行为结果,并据此相应地调整自己的行为。

社会—认知理论模型

Bandura认为,社会学习理论更接近于认知理论,而非行为理论,如操作条件反射或经典条件反射等理论。因此,他用行为、个体和环境三个关键因素来解释行为(Bandura, 1986, 1999, 2001),并将之称为社会—认知理论模型(social-cognitive model)。行为因素(behavioral factors)是指个体可以利用的已获得的行为;个人因素(personal factors)是指内部动机,如期望、信念、目标、自我认知、欲望和意向等;环境因素(environmental factors)是指通过直接经验或观察学习获得的影响个体的外源性因素(如:媒体、朋友和家庭成员)。在社会认知理论的原则下,行为、个人及环境因素交互作用,对人类的行为、思想和感受产生影响,这种现象被称为交互决定论(reciprocal determinism)。社会—认知理论模型认为,行为因素、个人因素和环境因素之间存在两两交互作用。也就是说,人类的适应和行为的变化是自我组织、主动前瞻、自我反思和自我调节的结果,并非仅仅是对环境经验或内部动机做出的简单反应。该理论模型认为,人的能动性(指控制思维、动机、情感和为实现目标的努力)驱动着行为的获得和保持。而当主观能动的自我与环境所传达的信息相匹配时,环境对人们的影响就会达到最大化。因此,当人们的内部动机与互联网上的模范行为内容高度一致时,网络媒体对人们行为的影响是最大的。即使动机与网络内容并不一致,网络内容对人们的行为也存在一定的影响。

研究者在研究中引入了社会—认知理论模型来解释网络使用与人们行为的关系。根据该理论模型的观点,在网络背景下,网络的使用被概念化为一种社会认知过程,积极的结果预期、网络自我效能、感知到的网络成瘾与网络使用(如以前的上网经验、父母与朋友的互联网使用等)之间存在正相关关系。消极的结果预期、自我贬损(self-disparagement)及自我短视(self-sighted)与互联网使用之间则存在负相关关系(Eastin, 2001)。这表明互联网使用可能是自我调节能力的一种反映。Bandura(2001)认为现代社会中信息、社会以及技术(信息技术)的迅速变化促进了个体的自我效能感与自我更新(self-renewal),并且能力较好的自我调节者可以扩展他们的知识与能力，能力较差的自我调节者则可能会落后。

结构共建模型

结构共建模型（the co-construction model）最早是由媒体研究的先行者 Patricia Greenfield 提出的（Greenfield, 1984）。而后 Subrahmanyam 等人将该模型用于解释人们在线聊天行为中的一些现象（Subrahmanyam, Greenfield, & Tynes, 2004; Subrahmanyam, Smahel, & Greenfield, 2006）。结构共建模型特别关注在线环境的关键特点，即认为在聊天室、即时通信、短信和社交网站等交互型网络场所中，用户和这些网络工具共同建构了整个环境，而设计者仅提供了交互平台或工具，实际上他们无法预料用户将会如何使用这种平台或工具。Greenfield 和 Yan（2006）提出，互联网是一种包含了无穷级数应用程序的文化工具系统。在线环境也是文化空间，它同样会建立规则，向用户传达该规则并要求用户共同遵守。在线文化不是静态的，而是呈现出周期性的变化，用户会不断设定并传达新的规则。因此，人们并不只是被动地受到网络环境的影响，因为用户在与他人联系的同时也参与了环境建构，用户受到在线文化影响的同时，也在影响着在线文化（Subrahmanyam & Smahel, 2011）。

由于网络使用者参与了建构在线环境，他们的在线世界和离线世界是彼此联系的，网络世界也是他们生活中的一个重要场所。因此，结构共建模型认为，网络使用者会通过在线行为来解决现实生活中遇到的问题和挑战，例如，扩展人际关系，加深和维持已有的现实关系等。网络世界可以被看作是现实世界的延伸，因为人们可以采用一些新颖和创造性的方式，充分利用各种机会，去适应现实交流中所面临的挑战，例如，利用电子公告栏等匿名在线环境询问、谈论敏感问题和探索自我认同的话题。

Subrahmanyam 和 Smahel（2011）认为现实和网络世界是相互联系的，这一观点与早前认为网络自我与现实自我彼此分离的观点是相对应的（Buhrmester & Prager, 1995; McKenna & Bargh, 2000; Turkle, 1995）。由于网络世界的无实体性特点，从理论上来说，用户可以将自己物理世界的身体隐藏起来，实现网络世界中的匿名，只要他们愿意，就可以成为任何人。在互联网普及之前，在线匿名性更容易实现，而现在数码相机和网络摄像头等工具使得上传视频和音频更加容易。根据这些特点，研究者推断，用户在上网时更容易摆脱种族和性别的限制。Turkle（1995）提出，青少年可以使用网络环境来做各种尝试，并将之作为自我认同的补充。这种观点是基于当时流行的应用程序而提出的，例如聊天室和多用户网络游戏（Multi User Dungeons 或 MUDs）等，在这里你可以选择匿名参与交流，也可以与熟人进行联系。

2.3.3 网络行为的效应论

富者更富模型

富者更富模型,又被称为社会增强观或社会加强观。该理论模型的核心观点是,网络为人们提供了日常互动渠道,增强了人们的总社会资源。很多网络使用者认为使用网络能够改善他们的生活,甚至能为他们提供与他人互动的必要链接(Lenhart, Rainie, & Lewis, 2001),从而扩大了他们的社会资源。例如,研究发现,相对于非网络使用者,网络使用者具有更高的社会和政治参与度和更强的日常社会互动,并且有着高度的信任和更大的社会网络。网络使用者会比非网络使用者多花费三倍的时间来参与社会事件(Neustadtl & Robinson, 2002)。还有研究发现,社交能力较强的人,在现实生活中本身就拥有较多的社会关系,有较多的社会支持,在网络中,这些人同样也会获得更多的益处(Kraut 等,2002)。例如外向的人,网络使用越多,孤独感越低。因为他们可以通过网络认识新的朋友,也可以利用网络与现实中的朋友沟通、联系。这些结果说明,在现实世界中能够掌握社会资源的人,同样能够通过网络,给自己带来更多的好处。因此,网络的使用对于人们的总社会资源来说,具有增强的作用。

情绪增强假说

情绪增强假说认为,人们可以使用网络来控制自己的情绪,使得自己体验到更好的情绪(Weiser, 2000)。随着互联网技术的发展,网络为人们提供了越来越多的能够调节情绪的服务与产品,如多人在线聊天室、在线视频、文学作品等,人们也越来越多地选择利用网络来调节自己的情绪。研究发现,在网络使用的内容上,处于紧张压力下的人会选择逃避,无聊的人会选择刺激活动,忧伤的人会选择通过娱乐来消遣(Russell, 2003)。人们因工作压力感到沮丧时,就会去看电视或上网(Liao, 2006)。但是,也有研究表明,大学生在线聊天和玩游戏能够增强而不是减弱其抑郁情绪(Weiser, 2000)。

总体而言,情绪增强假说认为,互联网使用对人们的影响主要表现在:有效使用互联网的人可能拥有高忧郁情绪,而利用互联网休闲则会增强他们的这种情绪。这些活动包括访问娱乐,例如在线游戏和音乐以及其他消磨时间或者寻求逃避的在线娱乐。同时,使用互联网也能够减轻人们贫乏的社会资源所带来的沮丧情绪。

生态科技微系统理论

在探讨儿童发展的过程中,布鲁芬布鲁纳提出了生态系统理论,他认为儿童的发展源于儿童和微系统之间不断的交互作用(Bronfenbrenner, 1992)。此后,由于电子科技的发展,越来越多的儿童开始接触信息技术产品,这使得许多研究者开始关注电子媒体对儿童发展的影响。Johnson 和 Puplampu (2008)在生态系统理论的基础上提出了生态科技微系统理论(ecological techno-microsystem theory),试图从生态系统的视角解释电脑、互联网等电子媒体是如何影响儿童的发展的。生态系统理论认为，儿童发展的环境是一种相互嵌套且具有层次的动态过程系统。生态科技微系统则是这个动态过程系统中的一个亚系统，反映了家庭、学校和社区三大系统中网络、计算机等电子产品的使用对儿童发展的影响(Johnson, 2010)。也就是说，生态科技亚系统试图解释的是科技电子产品对个人发展的影响，它包括在直接环境中个体与他人，如同伴、父母、老师等人的相互作用，也包括了个体与非生物的相互作用，如网络信息搜索、网络游戏、观看网络视频等。

在生态科技亚系统中(图 2.3 所示)，影响儿童发展的直接因素主要来自于家庭、同伴、学校和社区等。例如，研究发现，家庭中电子产品的数量及摆放位置、家庭成员对儿童媒体使用的陪伴、对媒体使用的规定以及对户外活动的鼓励程度都会影响到儿童的媒体使用(Lee & Chae, 2007)。而同伴则是影响儿童发展的最为重要的群体之一，是儿童通过不断的社会比较从而形成稳定自我的重要对象，同伴的电子媒体的使用对儿童也具有重要的影响，如为自己无法拥有电子设备的儿童提供接触和使用的机会等。此外，教师在课堂上的媒体使用以及是否布置需要通过计算机或网络才能完成的作业，也会影响到儿童的电子媒体使用(杨晓辉，王腊梅，朱莉琪，2014)。

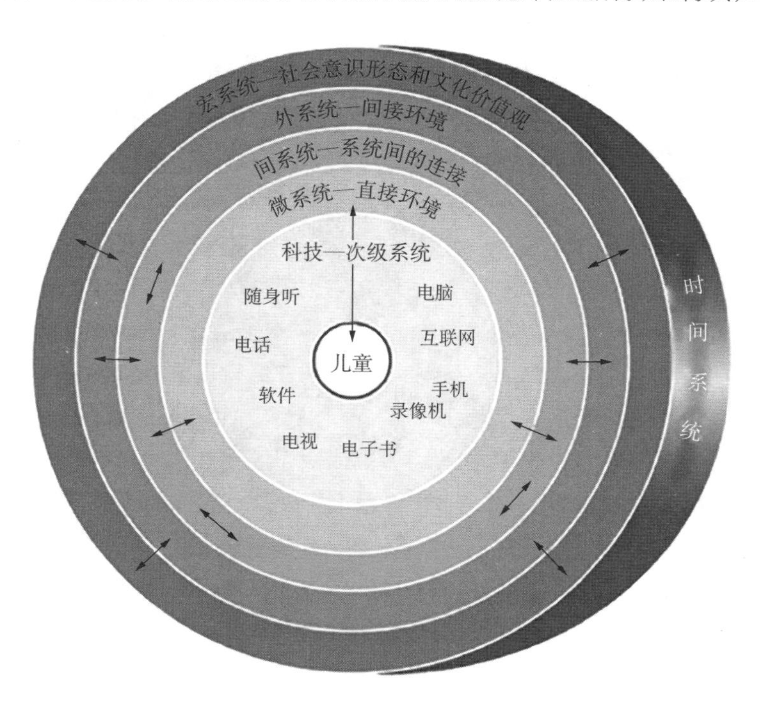

图 2.3 生态科技亚系统(ecological techno-subsystem)(Johnson & Puplampu, 2008;图引自杨晓辉等,2014)

除了各个微系统的电子媒体使用对儿童发展具有影响之外，这些相互嵌套的微系统之间的交互作用同样也会影响到儿童的发展。例如，只有当家庭、学校和社区等微系统所提供的社会经验一致时，儿童才能顺利整合这些社会化信息。因此，学校、社区等对电子媒体使用的态度和政策均可间接地影响到儿童的媒体使用环境和机会(Johnson & Puplampu, 2008)。当然，由于科技的发展，电子产品以及相应的网络技术衍生物随之发生快速的变化，而儿童也会随着年龄的增长面临不同的发展任务，因此，两者之间的相互影响并不是一成不变的，而是一种动态的过程。

虽然生态科技亚系统特别关注了现代科技在儿童发展过程中的影响作用，但是该理论并没有详细阐述相应的影响机制。因此，为了进一步说明不同网络使用和具体的网络内容对儿童发展的影响，研究者提出了生态科技微系统(techno-microsystem)。生态科技微系统(图 2.4)主要包括两个相互分离的环境维度：电子产品提供的使用功能(社交、信息、娱乐和科技等)和媒体使用的环境(家庭、学校和社区)。儿童的情绪情感、社会行为、认知和生理的发展是通过个体的特质与环境之间不断的交互作用产生的。电子媒体的影响受到使用动机的影响，并且家庭的特点也会影响到其效果。例如，研究发现，家庭凝聚力较强、家庭成员的共同电子媒体使用以及家庭对电子产品使用的适当控制等情况，均可减少儿童接触消极电子媒体内容的机会，使得儿童从使用电子媒体中受益(Lee & Chae, 2007)。

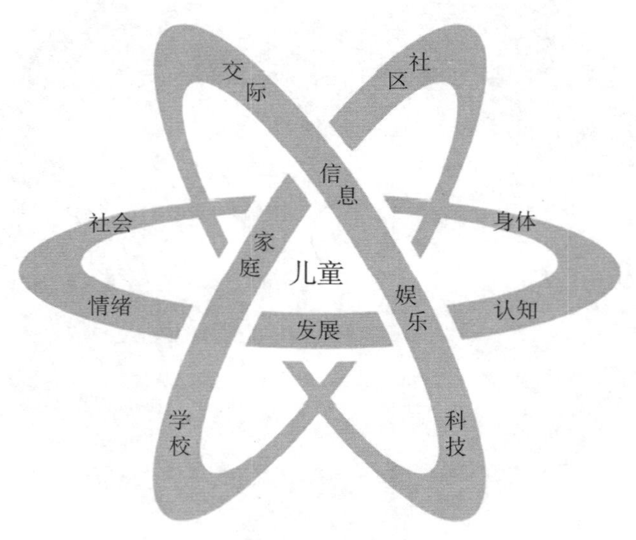

图 2.4 生态科技微系统(ecological techno-microsystem)(Johnson & Puplampu, 2008；图引自杨晓辉等，2014)

同样，电子媒体的使用环境反过来也会影响到儿童的发展，例如，研究发现，在家庭环境中，儿童更可能自主选择活动，通过随机学习，充分探索自我。而在学校环境中，由于老师控制了活动进程，儿童就需要在短时间内进行有目标导向的学习(Murphy & Beggs, 2003)。同样，研究也发现，儿童家庭网络使用对儿童解决问题的创造性具有显著的影响，而学校环境中的网络使用的影响效果并不显著(Burnett & Wilkinson, 2005)。

参考文献

程华.(2003).个体差异与消费者接受网上购物——基于杭州样本的实证研究.浙江大学博士学位论文.

任俊，施静，马甜语.(2009).Flow研究概述.心理科学进展，17(1)，210—217.

任俊.(2006).积极心理学.上海：上海教育出版社.

沈彩霞.(2014).儿童心理需要满足对网络行为及情感体验的影响：自我决定理论的视角.北京师范大学博士学位论文.

陶威.(2013).大学生网络使用动机，网络自我效能与网络利他行为的关系研究，福建师范大学硕士学位论文.

吴静，雷雳.(2013).网络社会行为的进化心理学解析.心理研究，6(2)，9—17.

杨晓辉，王腊梅，朱莉琪.(2014).电子媒体的使用与儿童发展——基于生态科技微系统理论的视角.心理科学，37(4)，920—924.

郑素侠.(2008).互联网使用与内地大学生的社会资本——以武汉高校的抽样调查为例.华中科技大学博士学位论文.

Bandura, A. (1986). *Social foundations of thought and action: A social cognitive theory*. Englewood Cliffs, NJ: Prentice Hall.

Bandura, A. (1999). Social cognitive theory of personality. In A. Lawrene & P. Oliver (Eds.), *Handbook of personality - theory and research (5th)*. New York: The Guilford Press.

Bandura, A. (2001). Social cognitve theory: An agentic perspective. *Annual, Rewiew, Psychology, 52*, 1 - 26.

Bargh, J.A., McKenna, K.Y., & Fitzsimons, G.M. (2002). Can you see the real me? Activation and expression of the "true self" on the Internet. *Journal of social issues, 58*(1), 33 - 48.

Bronfenbrenner, U. (1992). Ecological systems theory. In R. Vasta (Ed.), *Six theories of child development: revised formulations and current issues* (pp. 187 - 248). London: Jessica Kingsley.

Bryant, J.A., Sanders-Jackson, A., & Smallwood, A.M.K. (2006). IMing, text messaging, and adolescent social networks. *Journal of Computer-Mediated Communication, 11*(2), 577 - 592.

Buhrmester, D., & Prager, K. (1995). Patterns and functions of self-disclosure during childhood and adolescence. In K. J. Rotenberg (Ed.), *Disclosure processes in children and adolescents* (pp. 10 - 56). New York, NY: Cambridge University Press.

Burnett, C., & Wilkinson, J. (2005). Holy Lemons! Learning from children's uses of the Internet in out-of-school contexts. *Literacy, 39*(3), 158 - 165.

Carr, A. (2004). *Positive psychology: The science of happiness and human strengths*. Hove and New York: Brunner-Routledge of Taylor & Francis Group.

Carrier, L.M., Cheever, N.A., Rosen, L.D., Benitez, S., & Chang, J. (2009). Multitasking across generations: Multitasking choices and difficulty ratings in three generations of Americans. *Computers in Human Behavior, 25*, 483 - 489.

Chen, H., Wigand, R.T., & Nilan, M.S. (1999). Optimal experience of web activities. *Computers in human behavior, 15*(5), 585 - 608.

Chen, K.-C., & Jang, Syh-Jong. (2010). Motivation in online learning: Testing a model of self-determination theory. *Computers in Human Behavior, 26*(4), 741 - 752.

Childers, T.L., Carr, C.L., Peck, J., & Carson, S. (2002). Hedonic and utilitarian motivations for online retail shopping behavior. *Journal of retailing*, 77(4), 511 - 535.

Davis, F.D. (1989). Perceived usefulness, perceived ease of use, and user acceptance of information technology. *MIS quarterly*, 319 - 340.

Deci, E.L., & Ryan, R.M. (1985). *Intrinsic motivation and self-determination in human behavior*: Springer Science & Business Media.

Deci, E.L., & Ryan, R.M. (2000). The "what" and "why" of goal pursuits: Human needs and the self-determination of behavior. *Psychological inquiry, 11*(4), 227 - 268.

Deci, E.L., & Ryan, R.M. (2008). Facilitating optimal motivation and psychological well-being across life's domains. *Canadian Psychology/Psychologie canadienne, 49*, 14 - 23.

Deci, E.L., Eghrari, H., Patrick, B.C, & Leone, D.R. (1994). Facilitating internalization: the self-determination theory perspective. *Journal of personality*(62),119 - 142.

Eastin, M.S. (2001). The role of cognitive modeling in predicting Internet use (*Doctoral dissertation, Michigan State University. Department of Telecommunication*). (Doctoral dissertation), Michigan State University, East Lansing.

Gefen, D. (2000). E-commerce: the role of familiarity and trust. *Omega*, *28*(6),725 - 737.

Gershuny, J. (2000). *Changing Times: Work and Leisure in Postindustrial Society*. New York: Oxford University Press.

Greenfield, P.M. (1984). *Mind and media: The effects of television, video games, and computers*. Cambridge: Harvard University Press.

Greenfield, P.M., & Subrahmanyam, K. (2003). Online discourse in a teen chatroom: New codes and new modes of coherence in a visual medium. *Journal of Applied Developmental Psychology*, *24*,713 - 738.

Greenfield, P.M., & Yan, Z. (2006). Children, adolescents, and the Internet: A new field of inquiry in developmental psychology. *Developmental Psychology*, *42*,391 - 394.

Gross, E.F. (2004). Adolescent Internet use: What we expect, what teens report. *Journal of Applied Developmental Psychology*, *25*(6),633 - 649.

Hoffner, C., & Cantor, J. (1991). Factors affecting children's enjoyment of a frightening film sequence. *Communications Monographs*, *58*(1),41 - 62.

Johnson, G., & Puplampu, K. (2008). A conceptual framework for understanding the effect of the Internet on child development: The ecological techno-subsystem. *Canadian journal of learning and technology*, *34*,19 - 28.

Johnson, G. M. (2010). Internet Use and Child Development: The Techno-Microsystem. *Australian Journal of Educational & Developmental Psychology*, *10*,32 - 43.

Joinson, A. N. (2001). Self-disclosure in computer-mediated communication: The role of selfawareness and visual anonymity. *European Journal of Social Psychology*, *31*,177 - 192.

Joinson, A.N. (2007). Disinhibition and the internet. In J. Gackenbach (Ed.), *Psychology and the internet* (pp.75 - 92). San Diego, CA: Academic Press.

Kim, D., & Benbasat, I. (2006). The effects of trust-assuring arguments on consumer trust in Internet stores: Application of Toulmin's model of argumentation. *Information Systems Research*, *17*(3),286 - 300.

Kinnally, W., Lacayo, A., McClung, S., & Sapolsky, B. (2008). Getting up on the download: College students' motivations for acquiring music via the web. *New Media Society*, *10*,893 - 913.

Kirsh, S.J. (2010). *Media and youth: a developmental perspective*. Chichester: John Wiley & Sons.

Kock, N. (2010). Evolutionary psychology and information systems research: A new approach to studying the effects of modern technologies on human behavior (Vol. 24): *Springer Science & Business Media*.

Koufaris, M. (2002). Applying the technology acceptance model and flow theory to online consumer behavior. *Information systems research*, *13*(2),205 - 223.

Kraut, R., Kiesler, S., Boneva, B., Cummings, J., Helgeson, V., & Crawford, A. M. (2002). Internet paradox revisited. *Journal of Social Issues*, *58*(1),49 - 74.

Kraut, R. E., Patterson, M., Lundmark, V., Kiesler, S., Mukopadhyay, T., & Scherlis, W. (1998). Internet paradox: A social technology that reduces social involvement and psychological well-being? *American Psychologist*, *53*, 1017 - 1031.

Lee, S.-J., & Chae, Y.-G. (2007). Children's Internet use in a family context: Influence on family relationships and parental mediation. *Cyberpsychology & Behavior*, *10*(5),640 - 644.

Lenhart, A., Rainie, L., & Lewis, O. (2001). *Teenage life online: The rise of the Instant-Message generation and the Internet's impact on friendships and family relations*. Washington: The Pew Internet & American Life Project.

Liao, L.-F. (2006). A flow theory perspective on learner motivation and behavior in distance education. *Distance Education*, *27*(1),45 - 62.

Liu, X., & Wei, K.K. (2003). An empirical study of product differences in consumers' E-commerce adoption behavior. *Electronic Commerce Research and Applications*, *2*(3),229 - 239.

Livingstone, S. (2003). Children's use of the Internet: Reflections on the emerging research agenda. *New Media & Society*, *5*(2),147 - 166.

McKenna, K.Y.A., & Bargh, J.A. (1998). Coming out in the age of the Internet: identity "demarginalization" through virtual group participation. *Journal of Personality and Social Psychology*, *75*,681 - 694.

McKenna, K.Y.A., & Bargh, J.A. (2000). Plan 9 from cyberspace: The implications of the Internet for personality and social psychology. *Personality and Social Psychology Review*, *4*,57 - 75.

Mesch, G.S. (2006). Family relations and the Internet: Exploring a family boundaries approach. *Journal of Family Communication*, *6*(2),119 - 138.

Mesch, G.S. (2001). Social Relationships and Internet Use among Adolescents in Israel. *Social Science Quarterly*, *82*, 329 - 340.

Morgan, C., & Cotten, S.R. (2003). The relationship between Internet activities and depressive symptoms in a sample of college freshmen. *CyberPsychology & Behavior*, *6*(2),133 - 141.

Murphy, C., & Beggs, J. (2003). Primary pupils' and teachers' use of computers at home and school. *British journal of educational technology*, *34*(1),79 - 83.

Neustadtl, A., & Robinson, J.P. (2002). Social contact differences between Internet users and nonusers in the general

social survey. *IT & Society*, *1*(1),73 - 102.
Nie, N. H. (2001). Sociability, interpersonal relations and the Internet: Reconciling conflicting findings. *American Behavioral Scientist*, *45*(3),420 - 435.
Nie, N. H., & Erbring, L. (2000). Internet and society. *Stanford Institute for the Quantitative Study of Society*.
Nie, N. H., & Hillygus, D. S. (2002). Where does Internet time come from? A reconnaissance. *IT & Society* (1),1 - 20.
Nie, N. H., Hillygus, D. S., & Erbring, L. (2002). Internet use, interpersonal relations, and sociability: A time diary study. In B. Wellman & C. Haythornthwaite (Eds.), *The Internet in Everyday Life* (pp. 215 - 243). Oxford: Blackwell.
Norris, P. (1999). *Critical Citizens: Global Support for Democratic Government*. Oxford: Oxford University.
Olson, C. K., Kutner, L. A., & Warner, D. E. (2008). The role of violent video game content in adolescent development: Boys' perspectives. *Journal of Adolescent Research*, *23*,55 - 75.
Orleans, M. (2009). Fear for Online Adolescents: Isolation, Contagion, and Sexual Solicitation. In R. Zheng, J. Burrow-Sanchez & C. Drew (Eds.), *Adolescent online social communication and behavior: Relationship formation on the Internet*. New York.
Orleans, M., & Walters, G. (1996). Human computer enmeshment: Identity diffusion through mastery. *Social Science Computer Review*, *14*(2),144 - 156.
O'cass, A., & Fenech, T. (2003). Web retailing adoption: exploring the nature of internet users Web retailing behaviour. *Journal of Retailing and Consumer services*, *10*(2),81 - 94.
Palmgreen, P., Wenner, L., & Rosengren, K. (1985). Uses and gratifications research: The past ten years. In K. Rosengren, L. Wenner & P. Palmgreen (Eds.), *Media gratifications research* (pp. 11 - 37): Beverly Hills, CA: Sage.
Pearce, J. M., Ainley, M., & Howard, S. (2005). The ebb and flow of online learning. *Computers in Human Behavior*, *21*(5),745 - 771.
Piazza, J. & Bering, J. M. (2009). Evolutionary cyber-psychology: Applying an evolutionary framework to Internet behavior. *Computers in Human Behavior*, *25*(6),1258 - 1269.
Przybylski, A. K., Rigby, C. S., & Ryan, Richard M. (2010). A motivational model of video game engagement. *Review of General Psychology*, *14*(2),154 - 166.
Przybylski, A. K., Weinstein, N., Ryan, R. M., & Rigby, C. S. (2009). Having to versus wanting to play: Background and consequences of harmonious versus obsessive engagement in video games. *CyberPsychology & Behavior*, *12*(5), 485 -492.
Putnam, R. D. (1996). The strange disappearance of civic America. *American Prospect*, *24*,34 - 48.
Putnam, R. D. (2000). *Bowling alone: The collapse and revival of American community*. New York: Simon & Schuster.
Rheinberg, F., & Vollmeyer, R. (2003). Flow experience in a computer game under experimentally controlled conditions. *Zeitschrift fur Psychologie*, *211*(4),161 - 170.
Russell, J. A. (2003). Core affect and the psychological construction of emotion. *Psychological Review*, *110*(1), 145 - 172.
Ryan, Richard M., Rigby, C. S., & Przybylski, A. (2006). The motivational pull of video games: A self-determination theory approach. *Motivation and Emotion*, *30*(4),344 - 360.
Sanders, C. E., Field, T. M., Diego, M., & Kaplan, M. (2000). The relationship of Internet use to depression and social isolation among adolescents. *Adolescence*, *35*(138),237 - 242.
Shaw, L. H., & Gant, L. M. (2002). In defense of the Internet: The relationship between Internet communication and depression, loneliness, self-esteem, and perceived social support. *CyberPsychology & Behavior*, *5*(2),157 - 170.
Skadberg, Y. X., & Kimmel, J. R. (2004). Visitors' flow experience while browsing a Web site: its measurement, contributing factors and consequences. *Computers in Human Behavior*, *20*(3),403 - 422.
Subrahmanyam, K., & Šmahel, D. (2011). *Digital Youth: The role of media in development*. New York: Springer.
Subrahmanyam, K., Garcia, E. C., Harsono, S. L., Li, J., & Lipana, L. (2009). In their words: Connecting online weblogs to developmental processes. *British Journal of Developmental Psychology*, *27*,219 - 245.
Subrahmanyam, K., Greenfield, P. M., & Tynes, B. M. (2004). Constructing sexuality and identity in an online teen chat room. *Journal of Applied Developmental Psychology: An International Lifespan Journal*, *25*,651 - 666.
Subrahmanyam, K., Kraut, R. E., Greenfield, P. M., & Gross, E. F. (2000). The impact of home computer use on children's activities and development. *The Future of Children*, *10*,123 - 144.
Subrahmanyam, K., Reich, S. M., Waechter, N., & Espinoza, G. (2008). Online and offline social networks: Use of social networking sites by emerging adults. *Journal of Applied Developmental Psychology*, *29*,420 - 433.
Subrahmanyam, K., Smahel, D., & Greenfield, P. (2006). Connecting developmental constructions to the Internet: Identity presentation and sexual exploration in online teen chat rooms. *Developmental Psychology*, *42*(3),395 - 406.
Suler, J. R. (1999). To get what you need: Healthy and pathological Internet use. *CyberPsychology & Behavior*, *2*(5), 385 - 393.
Sun, N., Rau, P. P.-L., & Ma, L. (2014). Understanding lurkers in online communities: A literature review. *Computers in Human Behavior*, *38*,110 - 117.
Turkle, S. (1995). Life on the screen: Identity in the age of the Internet. New York, NY: Simon & Schuster.
Valkenburg, P. M., & Peter, J. (2007a). Online communication and adolescent well-being: Testing the stimulation

versus the displacement hypothesis. *Journal of Computer—Mediated Communication*, *12*(4), 1169 - 1182.
Valkenburg, P. M., & Peter, J. (2007b). Preadolescents' and adolescents' online communication and their closeness to friends. *Developmental Psychology*, *43*(2), 267 - 277.
Venkatesh, V., & Davis, F. D. (2000). A theoretical extension of the technology acceptance model: Four longitudinal field studies. *Management Science*, *46*(2), 186 - 204.
Wakeford, N. (1999). Gender and the landscapes of computing in an internet café. In M. Crang, P. Crang & J. May (Eds.), *Virtual geographies: Bodies, space, and relations*. London: Routledge.
Weiser, E. B. (2000). Gender differences in Internet use patterns and Internet application preferences: A two-sample comparison. *Cyberpsychology & Behavior*, *3*(2), 167 - 178.
Weiser, E. B. (2001). The functions of Internet use and their psychological consequences. *Cyberpsychology & Behavior*, *4*(6), 723 - 744.
Wilson, B. J., Smith, S. L., Potter, W. J., Kunkel, D., Linz, D., Colvin, C. M., & Donnerstein, E. (2002). Violence in children's television programming: Assessing the risks. *Journal of Communication*, *52*(1), 5 - 35.
Zheng, R., Burrow-Sanchez, J., Donnelly, S., Call, M., & Drew, C. (2009). Toward an integrated conceptual framework of research in teen online communication. In R. Zheng, J. Burrow-Sanchez & C. Drew (Eds.), *Adolescent online social communication and behavior: Relationship formation on the Internet* (pp. 1 - 24). New York, NY: Information science reference.

3 网络心理学研究：方法与趋势

“工欲善其事，必先利其器”。研究方法和工具在网络心理与行为研究中具有重大的基础性价值。网络心理与行为不仅仅是对现实环境中心理与行为的映射，也是一种“创造”或“重生”。我们主张网络生活论，认为网络存在就是一种生活，一种与现实生活密切相关但又独具特色的生活。网络心理学的研究毫无疑问要继承和利用心理学已有的全部方法基础，同时也要有所发展和创新，通过发展新的方法和技术，有效揭示并帮助人们深入理解网络给人的行为带来的影响。

本章包括以下五个方面的内容。第一节讨论了网络心理学研究的方法基础,从方法学层面提出网络心理学研究可以从环境、媒介和工具等不同层面展开。第二节介绍了网络问卷调查和心理测验,梳理了网络问卷调查和心理测验的研究进展、方法流程和优缺点。第三节探讨了大数据与网络行为,关注大数据在网络心理学研究中的应用和进展动态。第四节介绍了社交网络分析,全面梳理和介绍了社交网络分析的核心概念、理论模型、分析思路和常用软件等内容。第五节探讨了网络心理学研究的趋势,涉及对内容、方法、技术、伦理等方面的展望。

随着互联网的发展和心理学研究技术的进步,网络心理学研究方法和工具也将迎来新的突破和变革。互联网正处于快速发展时期,网络心理学同样也面临着新的发展机遇和挑战。正如阿姆斯特朗登上月球开启了人类探索宇宙的新时代一样,对网络心理与行为的研究也将开启心理学研究的"网络时代"。

3.1 网络心理学研究的方法基础

3.1.1 网络心理学研究的概述

网络自从诞生起就营造出了与现实环境不同的情境,网络在满足人们社交需要的同时也在不断拓展和形成新的功能。此外,互联网作为一种新的技术和工具,在心理学研究中得到越来越广泛的应用。同时,网络也是心理学相关研究和数据张贴、交换以及收集的有效媒介,而网络现象和行为背后的心理规律与内在机制也是通过这一媒介形成的。网络在心理学研究领域的多重属性和其所具有的意义,也引发了心理学家对网络研究的极大热情和投入。

为什么心理学家会对网络心理研究表现出如此大的兴趣呢?研究者早就看到,网络方法能够获得心理学传统研究方法无法获取的研究样本。同时,网络数据收集的高效率,数据管理的计算机化使得研究者可以获取比传统方法更大的样本规模。再者,网络方法提供了大量更加通俗但实践上效果更显著的益处,如无需数据录入和成本相对低廉等。另外,网络方法也有助于将心理学推向公众(Gosling, Vazire, Srivastava, & John, 2004)。

作为心理研究的媒介,网络研究在技术上至少具有四个方面的优势。(1)网络允许个体在他们方便的时间和地点将数据发给研究者,这增加了符合条件的研究被试的数量;(2)网络允许将原始数据自动转变成任何可分析格式,降低了数据分析的复杂性;(3)从所需时间和资源上来说,基于网络的研究是高效的;(4)网络给研究对象提供了一定程度的自主性,通过促进自我展露和减少观察者偏差削弱了要求者特征的影响(Davis, 1999)。Duffy 通过对以往研究的回顾和分析发现,基于网络的研究具有很多优点,如获取很难找到的特定研究群体、提高数据获得的速度、降低数据收集和录入的成本等(Duffy, 2002)。

朱滢等通过对以往研究的分析指出,基于互联网的心理学研究的优点包括:(1)更高的内部效度和外部效度;(2)多样化的被试;(3)避免了实验时间上的限制,基于互联网的心理学研究可以全天候开放,是"永不熄灯"的开放实验室,而传统的心理学研究只能在实验室开放的时间内进行;(4)避免了安排被试参加实验时顺序上的麻烦,很多人可以同时在线做同一个实验而不互相影响;(5)对实验被试和一般群体的动机等可以有很好的了解;(6)因为几乎看不见主试,所以主试期望误差很小;(7)降低了实验的费用,节约了实验室空间、人员经费等;(8)将心理学的实验送到了被试面前,而不是让被试到实验室来参加研究,让被试在更加自然的、自己熟悉和自己可以控制的情况下完成实验(赵向阳,朱滢,2002)。

当然,研究人员既看到了网络研究的优点,也看到了其局限性。与其他研究技术相对比,基于网络的研究具有以下优点:(1)增加有效性;(2)吸引更多具有特定特征群体的参与;(3)和电话访谈相比,招募的样本更大更多样,成本更小;(4)相对于通过电话和纸质模式收集到的数据,网络研究收集到的数据质量更高。当然网络研究也有不足之处,主要表现为:(1)网络使用者在许多重要方面都与不使用者有差别,是整个人群中有偏向的抽样;(2)被试招募常常不是随机的,往往不能代表整个网络使用群体;(3)相比其他类型研究,人们很少会积极回应和参与基于网络的研究,尽管这一现象正在改变;(4)网络研究具有较高的匿名性和较低的责任性,可能会给数据收集带来很多问题;(5)在刺激呈现和反应上存在多种技术限制;(6)被试背景信息的不可控性可能会增加误差;(7)伦理方面的考虑和限制也是基于网络的研究的局限性(Skitka & Sargis, 2005)。

网络心理学的研究关注人们为什么会对网络环境进行反应和如何进行反应,涉及网络认知、体验和行为。网络行为具有社会性(sociability,人类交往动机)、可用性(utility,有效性定位)和互惠性(reciprocity,认知激发和积极投入)等特征(Johnson & Kulpa, 2007)。和其他新兴的学科一样,网络心理学研究也涉及不同的层面。Skitka 等人对 2003—2004 年 APA 期刊进行研究后发现,基于网络的研究包括以下三类:(1)平移网络使用,即将线下的材料和方法用在网络环境中;(2)现象学取向,将网络行为作为研究的焦点;(3)将方法上的创新应用于网络研究(Skitka & Sargis, 2005, 2006)。研究指出,网络媒介在研究中有三种取向:作为研究的实验材料、作为媒体内容的研究工具和作为测量的机制(Konijn, Veldhuis, & Plaisier, 2013)。

3.1.2 网络心理学研究的方法论

网络作为一种环境

环境是影响个体心理发展的重要因素,美国心理学家尤瑞·布鲁芬布鲁纳在其发展的生态系统理论中指出,发展的个体嵌套于相互影响的一系列环境(微观系统、中间系统、外层系统、宏观系统和历时系统)中,在这些系统中,个体与系统相互作用并影响着自身的发展(Bronfenbrenner, 2005; Bronfenbrenner & Ceci, 1994)。不同环境会对个体的心理发展产生不同的影响。网络作为一种研究环境也是如此(Golder & Macy, 2013)。就网络环境而言,Wallace在其著作《网络心理学》中,将网络环境分成了六种不同类型。这六种类型分别是:(1)万维网(World Wide Web);(2)电子邮件(E-mail);(3)非同步论坛(Asynchronous discussion forum);(4)多人在线交谈(Synchronous chats);(5)多人历险游戏,基于虚拟环境的文本交流(Multiuser dungeons, MUD);(6)多种技术融合的世界,3D模拟环境和交互式的图像、声音交流(Metaworlds, 3D MUDs)。每一种环境都具有一些基本特征,当我们身处其中时,行为自然会受其影响。研究指出,和传统的成长环境相比,网络环境具有显著不同的特征,即无中央控制性和无地域性、信息超载、网络用户没有情境规范意识(肖崇好,2004)。研究表明,网络环境具有匿名性(Joinson, 1999)、去抑制性(Suler, 2004)等特征,特定群体(如孤独者、内向者等)受网络环境的影响可能表现出不同于现实生活中的行为(Kraut 等,2004)。

将网络作为一种行为环境进行研究,主要包括两个方面的含义。一是探讨网络环境下个体独特的心理和行为特征。如社会生态学取向代表着人类行为与网络使用关系的建构主义取向。它包括五个理论假设:(1)现象的多维度操作界定;(2)强调主体与情境之间的动态交互作用;(3)主体与环境之间的相互依赖;(4)系统理论的应用;(5)多学科相互依赖取向(Montero & Stokols, 2003; Riva & Galimberti, 2001)。二是将网络环境与现实环境中个体的心理和行为特点进行比较,分析两者之间的差异性和共同性。大量研究考察了网络环境中的心理变量与传统纸笔测验的区别,大多数研究都支持两者具有相当的效力(Birnbaum, 2002)。对网络体验的研究指出,理解网络体验的唯一方法就是分析哪些人使用网络、在什么样的环境中使用,此外,网络环境中新的认知加工和活动也会调整网络使用者和网络环境间最初形成的关系(Riva & Galimberti, 2001)。

Bainbridge在*Science*上撰文指出虚拟世界存在科学研究的价值。这种价值对于社会、行为和经济科学及以人为中心的计算机科学都具有适用性。首先,虚拟世界可能有助于整合社会科学的一些分支(如心理学、社会学等),赋予它们更严格的科学标准。其次,基于虚拟世界和人类被试的变化性,可行性研究方法的多重性将允许研究领域在一定范围内重叠,从而整合多种理论命题,重构新的思想体系。再次,研究可以考察人类对虚拟世界的反应模式。最后,虚拟世界有助于开展对社会认知的探讨(Bainbridge, 2007)。总之,网络所创设的研究环境将有助于推动基于情境的相关研究的开展。

网络作为一种技术手段

网络对于心理学来说,不仅仅是一个需要研究的新环境,也是一种可以广泛使用的研究工具(Sassenberg, Boos, Postmes, & Reips, 2003)。心理学的内容也随着研究技术和手段的发展而不断扩展和丰富,网络发展为心理学研究提供了新的技术支撑。传统研究中无法涉猎的领域和主题不断出现,原有研究内容可以在更广的范围内得到验证和修订。下面主要从样本抽取、数据获取、数据分析等方面进行阐述。

样本抽取 网络心理研究中抽取样本的方法很多,但与现实环境中心理学的抽样存在一定的差别(Sassenberg 等,2003)。首先,网络心理学研究中的样本获取的难度低。其次,网络研究中样本的范围、类型、代表性、典型性等方面都具有新的特征。最后,网络研究中的样本抽取取决于研究对样本的要求、网络的可获得性、网络技术的特征、抽样方法的选择等因素。在网络心理和行为研究中,目前比较常用的抽样方式有:(1)从某一类网络应用的群体中进行抽样,如博客、微博、QQ 群、游戏群等,可采用伪随机抽样、分层抽样、整群抽样等方法获得样本。(2)根据 IP 地址进行取样。研究者可以根据研究目的和内容,严格按照心理统计学要求选取样本。取样的方法可以是完全随机化取样,也可以是分层取样和整群取样。(3)根据电子邮件进行取样。这种取样受到已知电子邮件的数量和范围的影响,并且取样过程和数据获取的过程往往是同步的,即取样的过程就是数据获取的过程。(4)其他取样方式,如借助于网络抓取技术(如网络爬虫技术)在特定时间、特定网站、针对特定内容进行取样。另有研究根据被试的招募方法(网络和其他)和测试方法(网络和其他)将被试分为四类:(1)通过网络招募在实验室测试;(2)通过当地的被试库招募,在实验室测试;(3)在网络上招募在网络上测试;(4)通过本地被试库招募,在网上测试(Birnbaum, 2004)。因此,研究者可以根据研究内容和目的选择更具针对性和实效性的取样方法。

数据获取 在网络心理学研究中,数据获取是研究的关键环节,也是研究开展的重要前提和基本保障。网络数据获取的方法比较多,包括网络问卷调查和心理测验、网络实验、网络大数据方法等。但总体上可将这些方法分为两类:第一类是将线下的数据采集工具和方法"移植"或者"迁移"到网络环境中进行数据收集。如网络问卷和心理测验就是将传统纸笔测验放到网络上进行。这类数据获取的方法在网络心理学研究中是用得比较多的,但有研究指出这类研究存在局限性(Leng, 2013),如样本无法代表总体、可供分析的数据不充足和数据的有效性不高等。第二类是利用计算机、信息科学等领域的技术，如数据挖掘、日志法、语义表征等来获取数据。如对视频游戏玩家在线数据的采集在被试的招募和使用、信度等方面具有显著优势(Wood, Griffiths, & Eatough, 2004)。也有研究通过对网络中现存的数据进行提取来获得数据，如利用大数据方法对网络中更大范围、更广跨度的信息进行采集。

数据分析　目前对网络心理研究数据的分析有两种不同的路径，一种是采用传统心理学科中的分析方法和技术来进行。如网络实验数据的分析和传统实验室实验中获取的数据一样进行描述统计分析、相关分析、方差分析、回归分析等量化差异的分析。同时，也有研究采用内容分析、个案研究等质性的分析方法。另一类是采用网络心理学领域的一些新技术，如社交网络分析、语义表征等，不仅关注网络心理在量化指标上的差异，也关注网络心理在质化方面(内容和结构上)的差异。Riva 建构了一个数据分析模型(Complementary Explorative Multilevel Data Analysis, CEMDA)，该模型可以聚焦研究单元的不同框架和目标、综合使用量化和质化工具、采用概括框架整合研究结果(Riva, 2001)。

CEMDA 模型涉及网络体验的三个层面：第一个层面是背景(context)，指作为总体的社交背景；第二个层面是情境(situation)，指网络体验发生的、个体每天生活

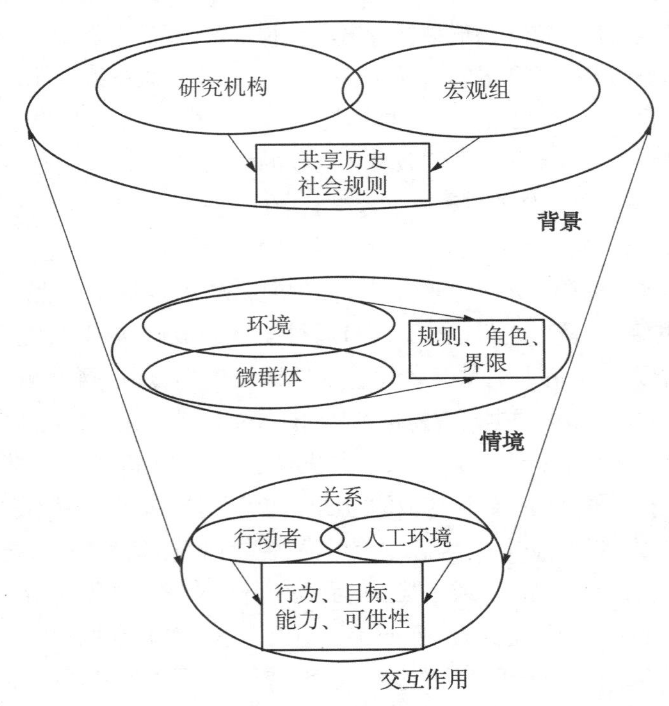

图 3.1　CEMDA 模型的框架和目标

于其中的情境；第三个层面是交互(interaction)，指通过网络与其他角色进行的具体交流。

CEMDA模型研究的具体步骤为：(1)确定研究范围；(2)确定研究中涉及的水平；(3)界定初始水平的概念；(4)界定初始水平的框架和目标；(5)界定初始水平之外的其他水平的框架和目标；(6)确定初始水平和其他水平之间的关联；(7)分析水平间的关联，界定假设或实验；(8)选择研究方法(初始水平和因果性的连接水平)；(9)数据采集和数据集的选择(初始水平和因果性的连接水平)；(10)评估定量和定性结果的整合(初始水平和因果性的连接水平)；(11)从不同层面(背景、情境和交互)整合研究结果；(12)解释和呈现研究结果；(13)形成新假设或新实验(Riva, 2001; Riva & Galimberti, 2001)。

表3.1 CEMDA使用的分析单元和方法

水平	框架	目标	量化分析	质化分析
背景	研究所、宏观研究组	共同的历史、社交规则	调查问卷	社交网络分析
情境	微观组、社交和物理环境	常模、规则，环境界限、实践指导	调查问卷	社交网络分析、访谈、焦点小组
交互	反映、行动者、人机界面	目标、能力、担当、行为	个体问卷，量化交流分析	质性交流分析、参与式观察、日志法

网络匿名性的本质有助于人们积极参与调查研究，在线研究与基于电话的研究和实验研究不同，都要求大样本，以弥补由于被试不够投入带来的误差。为了改善数据质量，研究者应采用探索性数据分析和系统数据挖掘来满足鉴定和减少异常数据或确定统计分析稳健性的需要(Birnbaum, 2004)。

网络的工具性也是网络心理学研究的重要组成部分，支撑着网络心理学研究的开展。同时，网络的工具价值也会随着网络的发展而不断发展，更紧密地与网络心理学的研究相结合。

网络作为一种研究载体

研究指出，网络可以作为一种研究载体，至少包括三个方面的含义。首先，互联网是一个中介，人们可以通过不同方式来体验。其次，互联网是一个社交和认知空间，对网络信息的处理会与个体已有的心理社会关系知识的激活相互作用。最后，网络体验常常是基于特定背景的(Riva, 2001)。Barak(1999)提出了十大心理学的互联网运用(psychological internet applications)，分别是心理概念和观点的信息资源，自助指导，心理测试和测验，有助于确定是否需要接受治疗，特定心理服务的信息，通过电邮和电子公告板提供的单一系列心理建议,通过电子邮件进行的持续人际咨询和治疗,通过在线聊天、网络电话和视频对话进行的即时咨询,同步和非同步支持团体、讨论群和团体咨询,心理和社交研究。其中的大部分应用目前都已经成为了当今互联网发展的重要领域。

世界上第一个在线心理实验室是1997年在普渡大学(Purdue University)建立的(http://www.psych.purdue.edu/coglab),主要从事认知心理学的研究和教学(赵向阳,朱滢,2002)。目前世界上很多国家,如英国、法国、意大利等都建有在线网络心理学实验室。历史上第一个真正意义上的网络心理学实验是由Krantz等组织进行的。他们采用CGI、Java和JavaScript技术和语言对被试进行了随机分组,考察女性吸引力的决定性因素,成果发表在*Science*上。美国科学基金(NSF)在1997年资助建立了一个叫作Netlab的在线实验室(http://www.nsf.gov/sbe/ses/soc/asi.jsp)(Bainbridge, 2007)。该实验室具有以下特点:(1)可以按比例招募从常规几十人到成千上万人的被试;(2)跨越社会文化限制,招募以前处于弱势地位的群体;(3)研究过程的时间跨度可以很长,从几周到几个月;(4)可以整合进大学生课程中进行,这是以往研究无法实现的。国内第一个青少年网络心理与行为的交叉学科教育部重点实验室在华中师范大学建立(http://cpsy.ccnu.edu.cn),2013年,国家级的虚拟仿真实验教学中心(http://etcp.ccnu.edu.cn)也得以成立,主要开展网络认知学习与教学、网络社会行为、网络与青少年心理健康、青少年网络文化与内容安全四个方面的研究。另外,中科院心理研究所朱廷劭研究团队建立的计算网络心理学实验室(http://ccpl.psych.ac.cn),主要从网络心理的理论研究、计算建模、移动心理健康和网络心理应用等方面开展研究。

和传统实验室研究相比,网络实验室研究具有重要优势:(1)在网络上可采用更大样本、进行更有效的统计测验和建模分析;(2)网络研究允许将以大学生为被试的结果概化到更广泛的被试群体中;(3)可以通过网络招募特定类型的被试,这些被试在一般群体中很少(Birnbaum, 2004)。此外,网络实验还能够:(1)使实证研究变得更容易;(2)招募大规模的、多样化的、花费少的被试;(3)考察社会行为;(4)获取其他档案数据;(5)实现自动操作和实验控制;(6)考察作为社会现象的网络(Kraut等,2004)。在网络实验研究中还存在一些缺陷,如研究过程的信息无法受到保护、隐私信息被获取、实验结果曝光、网络技术的误差被忽视和部分实验研究信息的不当使用等(Reips, 2001,2002; Reips & Lengler, 2005)。针对这些缺陷,Reips等人认为可以采用一些措施来消除,如(1)将中途退出作为因变量;(2)使用中途退出作为动机混乱的测量指标;(3)加强对个人信息的保密;(4)利用网络技术来采集数据;(5)使用网络相关工具辅助研究(Reips, 2001,2002; Reips & Lengler, 2005)。总之,作为研究载体的网络对心理学研究意味着重大的机遇性和吸引力，但同时其也带来了一定的局限性。

网络是一把双刃剑，它既可以使心理学加速向前发展，也可使心理学更快地陷入困境(Gosling 等，2004)。心理学家应该创造性地思考怎样利用网络来推动其研究和实践(Naglieri 等，2004)。网络方法在心理学诸多研究领域都具有很强的适用性，但现有研究对网络数据还存在一些偏见。这些偏见主要表现为：(1)网络样本不是多样的；(2)网络是社交失调者的天堂，使用者主要是拒绝社交和无现实社会接触的孤独者；(3)网站中获得的数据会受到网站呈现形式的影响；(4)网络问卷的质量会受到没有认真回答的负性影响；(5)网络问卷调查会受到匿名性的消极影响；(6)网络问卷调查结果与传统方法的结果是不一致的(Gosling 等，2004)。实际上，这些问题在其他研究方法中也同样存在，并且在技术上是可以设法解决或矫正的。研究者对待网络的态度将会影响他们如何利用网络促进心理学的发展。

当然，网络心理学的研究也不是完美无缺的，同样也存在局限性：(1)并不是所有的心理学研究都可以通过网络来进行，如认知神经科学实验和动物实验等；(2)研究中无关变量控制的问题；(3)研究中的作弊行为，如同一个被试多次提交数据，也是困扰实验者的一个问题；(4)被试在实验中随时掉线离开(dropout)也是一个问题，此时实验者可做出相应控制如要求被试严肃对待科学实验、撰写亲切人性化的欢迎词等(赵向阳，朱滢，2002)。Bainbridge(2007)的研究指出虚拟世界研究至少存在三个方面的问题：第一，好的研究环境如何确立；第二，虚拟研究中的合作应如何开展；第三，虚拟研究的道德伦理标准是什么。

总之，网络是继电报、电话、收音机和电视之后人类技术发明史上最具影响力的突破，其对人们的个体行为、人际关系、团体行为都产生了重要影响(Bargh & McKenna, 2004)，心理学研究已经不可能绕开网络。网络的发展带来了心理研究领域的变革，利大于弊的发展趋势已经不可阻挡。正如 Barak 所言，心理学正走在高速路上，将引领世界走向未知的目的地(Barak, 1999)。

3.2 网络问卷调查和心理测验

3.2.1 网络调查的概述

网络调查的界定

目前研究者在网络调查的术语使用问题上尚未达成共识。有些研究者采用“internet survey”，有些采用“online survey”，还有些采用“web survey”。国内学者赵国栋对网络调查相关术语进行分析后认为,“web survey”符合网络调查的实质内容和现有研究习惯,其将网络调查界定为一种以各种互联网的技术手段为研究工具,利用网页、电子邮件问卷、网上聊天室以及电子公告板等网络多媒体通讯手段来收集调查数据和访谈资料的一种新式调查方法(黄永中,赵国栋,2008)。另有研究指出网络问卷调查是在网上发布问卷,被调查对象通过网络填写问卷并完成调查(陆宏,吕正娟,2011)。尽管研究者对网络调查表述不一,但这些定义中都包括一些共同点,比如他们都认同网络调查包括网络回应者、网络问卷、网络调查者三个成分,也认同网络调查是三者之间相互作用的结果。网络调查是网络心理学重要的研究方法,是研究者利用互联网等设备,通过问卷调查、在线访谈、心理测验、日志记录等方式考察网络使用者的心理和行为规律的过程。

网络调查的类型

根据不同的分类标准,心理网络调查可以分为不同的类型。根据网络调查的侧重点不同,可分为定量的网络调查和定性的网络调查。而根据网络调查形式不同,可分为电子邮件调查和网页调查(Selm & Jankowski, 2006)。另外根据研究对象的不同,网络调查可分为一般群体的网络调查和特定群体的网络调查。根据调查内容不同,可以分为网络认知的调查、网络情感情绪的调查和网络行为的调查。尽管心理网络调查的表现形式不尽相同,但调查形式和调查内容是紧密结合的,网络调查的有效性和效果只有针对特定内容和目的来说才是有意义的。

网络调查的特点

Cronk 和 West 认为网络测验的优势表现为网络数据的采集是自动进行的,同时,网络调查还能够激发被试的兴趣。但网络测验也存在缺点,如隐私问题值得考虑;网络调查允许被试自主完成调查,不受人监督,完成问卷的动机也会影响数据质量(Cronk & West, 2002)。而 Miller(2002)及其同事指出,网络测验可能优于纸质测验,因为它可能增加研究被试动态互动形式的能力,有助于减少浏览无关信息;能够进行个性化反馈。Evans 和 Mathur(2005)对网络调查的优势和劣势进行了归纳,认为优势主要表现在:(1)网络调查的应用范围广;(2)可以用于商业—商业和商业—电脑;(3)网络调查具有较高的灵活性;(4)网络调查获取数据快速且实施时间易控制;(5)技术性的创新;(6)网络调查的便捷性;(7)数据获取和分析的简易性;(8)网络调查的问题可以是多样化的;(9)网络调查的管理成本比较低;(10)网络调查进行追踪研究比较简易;(11)网络调查的抽样具有可控性;(12)网络调查容易获得大样本,获得相对可靠的结果;(13)网络调查可以控制被试回答的顺序,减少测验题目的顺序效应;(14)网络调查能较好监控被试的完成情况,让被试完整答题;(15)网络调查可能通过题目考察反应者的能力;(16)网络调查可以获得有无回应特征的知识。

他们又将劣势归纳为以下八个方面：(1)网络调查提供信息的形式会让被试产生"垃圾堆"的知觉，进而影响答题的态度和质量；(2)网络抽样群体可能不是正态分布，而是偏态，可能会影响随后数据分析方法的选择；(3)网络调查的被试也可能是没有或少有网络经历的群体，这会影响研究结果的效度和信度；(4)技术的变化也会影响网络调查；(5)网络调查的指导只能通过网络呈现，这可能会使被试对指导语内容理解不清楚；(6)研究者无法对网络调查的过程进行"临场"监控；(7)网络调查中存在隐私问题；(8)网络调查中回应率低。Selm 和 Jankowski(2006)也指出，进行在线调查的优势可能包括：(1)网络调查常常用在网络使用的研究中，以便调查有网络使用经验的群体；(2)对特殊群体的研究也是进行网络调查的重要原因；(3)有利于招募具有异常或私密行为的群体；(4)与网络对特定群体的吸引力有关；(5)其他方面，如花费相对较少、有效性高、很容易获得潜在被试和观察者偏差较小等。

研究发现，在线测验效度的潜在挑战包括：测验情境缺乏控制、外部的或暂时的因素影响反应的可能性、语言和文化差异、要测量的心理结构和测验媒介特点间的交互影响(Riva, Teruzzi, & Anolli, 2003)。采用网络收集数据有很多好处，如利用网络很容易获取非常大的样本数据，可以运用计算机自动计分并方便地进行数据转换，能减少很多无关因素的影响(蔡华俭，林永佳，伍秋萍，严乐，黄玄凤，2008)。和其他传统调查模式相比，网络调查具有传送时间较短、成本较低、设计选项较多和数据接入时间较短的优点(Fan & Yan, 2010)。

3.2.2 网络调查和传统纸笔测验的比较

大量研究发现网络测验和传统测验的结果是一致的。有研究以道德行为为例，考察了网络调查和传统测验在两个维度(是否在线采集；被试回应在同一个时间还是任选时间)上的差异。实验中，被试被随机分到四种条件下：课上(in-class)网络测验、课上纸笔测验、家庭(take-home)网络测验和家庭纸笔测验。结果表明四种条件下得到的结果之间无显著差异，而回应率则受到测验管理类型的影响，家庭网络测验反应率最低(Cronk & West, 2002)。另有研究采用类似方法发现，网络调查组和传统纸笔测验组在冥想问卷的内部一致性系数上是相当的。网络调查的样本比传统纸笔测验样本报告了更高水平的自我聚焦的冥想。在网络样本中，结果不受到上网地点的影响。这些结果表明网络调查和传统纸笔测验是相当的(Davis, 1999)。对网络被试(N = 361 703)和传统被试(N = 510)进行比较分析，可以发现网络样本相比于传统样本在性别、社会经济地位、宗教和年龄上更多样化。同时，网络样本的结果可以概化到不同的呈现模式中，且不会受到无效和重复反应者的影响，这与传统方法的结果是一致的。也就是说，网络方法获得的数据和传统纸笔方法获得的数据一样有效，网络方法也能够有益于心理多领域的发展(Gosling 等,2004)。有研究采用网络调查法和传统的纸笔测验方法考察了两种方法在酒精使用测量上的差异。255 名被试被随机分配到纸笔测验、网络调查和有中断的网络调查中。结果显示两种测验方法的重测信度为 0.59 到 0.93。三类测验技术间无显著差异,这表明网络调查比传统方法更适用(Miller 等,2002)。另有研究考查了网络测验(N = 104)和传统纸笔测验(N = 202)在测量大学生网络态度和行为上的差异,研究发现尽管两样本在网络态度和行为上存在显著差异,但不同问卷的测量属性(因素结构和内部效度)间却无相关差异。这表明如果能够保证抽样控制和信度测量,网络测量可能是传统纸笔测量的一个有效替代(Riva 等,2003)。研究采用网络测验(N = 94)和纸笔测验(N = 107)考察了网络相关信息的说服效果,结果发现两种研究方法在说服结果上是一致的。此外,网络样本在人口学特征上比学生样本更多样化,研究者确认网络样本是未来实验研究的一个可选项(Lewis, Watson, & White, 2009)。

国内学者蔡华俭等(2008)在中国文化背景下考察网络测验和传统纸笔测验在生活满意度上的测量不变性。结果显示,网络测验和纸笔测验之间存在弱不变性(检验不同组之间的因素负荷是否相等),即网络测验和纸笔测验有着相同的测量单位;但网络测验和纸笔测验只存在部分的强不变性(检验不同组之间观测分数在由潜变量预测时截距是否相等)和部分的严格不变性(检验测验的每一个项目在不同的组间残差是否具有相同的变异),测验实施环境对结果的影响不可忽视。这表明恰当设计的网络测验是可靠的,同时还提示,当一个测验在不同情境下运用时,检验测量不变性十分必要。

另有研究采用准实验设计也证实了网络测验和传统纸笔测验结果的相似性。研究者采用结构化精神病访谈对儿童的心理健康进行了面对面和在线两次测量,间隔 3 年,结果显示,父母登录网站的比率和接受面对面访谈的比率是相当的,但是网络访谈整体反应显著低于面对面访谈。非传统家庭、移民父母和低学历父母的整体反应较低。整体网页访谈的时间和成本仅是面对面访谈的 1/4。这表明网络调查比传统方式更快更低廉,选择性的参加可能会使心理病理学研究中用样本推测总体的原理受到重要威胁,而关系模式则是可靠的(Heiervang & Goodman, 2011)。另有研究对网络和纸笔条件下的自我意识、社交焦虑、自尊和社会称许性进行了测量。结果发现,与非匿名条件相比,被试在匿名条件中报告了较低的社交焦虑和社会称许性以及较高的自尊。此外,和纸笔测验相比,网络测验中被试报告了较低的社交焦虑和社会称许性。比较分析显示,使用匿名网络的被试报告了最低的社会称许性,而使用非匿名性纸笔的被试则报告了最高的社会称许性(Joinson, 1999)。

但也有研究得到了相反的结果,如基于对 45 个网络调查和其他模式的比较,研究者发现，网络调查的平均反应率要比其他模式(如问卷等)显著低 11% (Manfreda, Bosnjak, Berzelak, Haas, & Vehovar, 2008)。为什么网络调查被认为在总体上具有比其他调查模式更低的反应率？安全和隐私关注是重要原因。和其他调查方法相比，反应者倾向于对网络数据传输感到焦虑，进而不愿意做出回应。此外，网络调查中采用方法和程序来增加反应率的有限可能性、缺乏利用网络模式的新技术也是重要的原因(Manfreda 等，2008)。基于 CMC 的研究发现，网络环境中的行为与现实生活中的同等行为之间存在显著差异。线上和现实生活的行为存在差异主要是由于电脑网络使用者具有去抑制化的特征(Joinson, 1999)，即人们在网络中更愿意交换消极的信息以及发表个人的信息。

3.2.3 网络调查的实施过程

互联网已经成为了调查研究的工具和平台，电子邮件和在线网页调查是两种主要形式。研究认为在使用网络调查法收集数据之前和过程中要注意网络调查形式的优势和责任、抽样问题、问卷设计、获取潜在反应群体的回应、数据处理等方面的问题(Selm & Jankowski, 2006)。

样本抽取

抽样是从研究的群体中按照一定规则来选择研究对象的过程。在网络抽样之前，要注意以下三方面问题(Best, Krueger, Hubbard, & Smith, 2001)：网络使用者和非网络使用者在要研究的心理和行为变量上存在多大程度的相似性；研究者应该考察多样化样本的均值，以确定样本的大小和范围；研究者应该考察网络接入性(internet accessibility)的影响。

网络调查常用抽样方法有三种，即根据列出的电邮地址进行抽样、通过电子订阅组进行抽样和依据网站的 IP 地址进行抽样。如何能够确保从非概率分布群体中得到随机化和有代表性的样本呢？针对以上三种方法，应注意在消息群中随机选择电邮的地址，或者在所有使用电子公告板的群体中进行分层随机取样，或者在使用群体中采用分层方法取样(Best 等，2001)。

问卷设计

在线问卷设计是网络调查中重要也是关键的环节之一。问卷设计质量的好坏直接决定着网络调查的信度和效度。网络调查应该遵循简单性、文化独立性、完整性、相关性和中立性的原则(Swoboda & Bhalla, 1997)。有研究者认为调查长度、调查样式和反应键设置也是影响网络心理调查的重要原则(Selm & Jankowski, 2006)。网络调查问卷越长，人们越不可能做出认真回应；问卷样式越复杂，网络调查的回应率也越低；同时，反应键越多，网络调查的结果也越差。

网络调查中常常会存在四类误差：推广误差(coverage error)，研究结果能够推广到整个群体的可能性；抽样误差(sampling error)，研究只调查总群体中的一部分而不是所有成员，研究样本的代表性和典型性较差；测量误差(measurement error)，对问题不准确的回答、贫乏的访谈和调查模式会影响反应者的应答行为；无回应误差(nonresponse error)，没有针对题项给出回答或正确反应的比率太低。如何能够有效地减少误差，提高调查的效果，研究者提出了网络问卷反应者友好设计(respondent-friendly design)的三条标准和十一条具体原则(Dillman, & Bowker, 2001)。所谓的反应者友好设计是指网络问卷的结构能够增加被试回应调查请求的可能性，并且有助于他们对调查做出准确回答。其设计标准包括以下三个方面：一是通过高级程序让回答者免受设备、浏览器或传输的限制而正常接受和回答网络问卷；二是考虑到计算机如何运作和人们期望问卷如何运作，防患于未然；三是网络问卷调查应该考虑混合模式(即多种调查方式并用)在情境中使用的可能性。而网络问卷设计的具体原则包括：(1)通过欢迎界面引入网络问卷，欢迎界面是鼓励的，强调反应简易，指导反应者通过行为操作进到下一页；(2)通过一个问题开始网络问卷调查，这个问题要设在问卷界面显眼的位置，便于反应者理解和回答；(3)和纸质问卷相似，以通俗易懂的形式呈现每一个问题；(4)控制每个问题的长度使问题能够在反应界面完整呈现；(5)为反应者的操作提供详细的指导；(6)为每个需要反应的问题提供计算机操作的指导，并将它作为问题的一个部分；(7)在后续问题允许回答之前不要要求反应者给出答案；(8)创设网络问卷，这样可以使反应者从一道题进入到另一道题而不产生顺序效应；(9)当答案选项的数量超过显示屏能够显示的数量时，考虑双行呈现同时添加合适的导航指导语；(10)在实施过程中使用那些具有传递意义的图表符号或者文字，但避免在高级的程序中使用；(11)谨慎使用在纸质测验中有测验问题的问卷。

国内学者陆宏和吕正娟(2001)认为网络问卷调查的设计包括三个方面：一是内容呈现方式的设计，即滚动呈现和分页呈现。滚动呈现是将问卷中所有的项目都放到一个页面中显示，反应者通过页面右边的滑条来阅读题目进行作答。而分页呈现则是将问卷项目分成若干个网页，每个网页只呈现少数几个项目，通过每个页面下方或上方的翻页键进行作答。二是对话机制的设计，即用户启动方式和系统启动方式。前者是指当用户意识到需要系统提供解释说明时，就直接向系统提出请求，系统将按照用户的需求提供解释说明；后者是指当系统判断到用户对某个问题有误解时，主动向用户呈现该问题的解释说明。三是开放型问题的设计(陆宏，吕正娟，2011)。所谓开放型问题，就是在设计问题时，只提供问题而不规定答案，由被调查者自由回答。而余嘉元(1998)对基于 IRT 和 KST 的网络测验进行了比较，认为基于 IRT 的测验采用灵活分析的策略，能够向学生呈现最适合于他们能力水平的题目，只要用较少的题目就能对不同的学生进行相等精确度的测量。基于 KST 的测验能够对学生的知识结构进行较确切的描写,同时对学生的认知缺陷进行诊断。项目反应理论和知识空间理论可以广泛地应用于网络测验的编制和实施。

总之,在线问卷设计既要符合网络调查的一般原则,也要根据心理网络调查的具体内容选择合适的呈现和反应形式。这样才能发挥网络调查的优势,有效地考察网络心理与行为的规律。

问卷实施

网络问卷分配有三种常用方式:(1)通过邮件的方式向调查者发送整个问卷;(2)向反应者发送引荐信和进入网络调查的链接;(3)通过网络交流环境发送一般的回应请求。其中网页方式具有六个显著的调查优势:(1)点对点反应的可能性;(2)结构化反应的条款;(3)使用电子媒介进行数据传输和采集;(4)允许回顾问题的视觉呈现条款;(5)对反应者来说,时间限制较少;(6)采用适用性问题减少呈现给反应者问题的数量,并降低复杂性(Selm & Jankowski, 2006)。网络问卷或测验可以通过张贴方式呈现给被试以收集数据(Schmidt, 1997)。网络张贴调查具有以下好处:(1)获取大样本;(2)节省时间和金钱;(3)动态交互调查会增加反应者的动机。网络调查需要注意的问题至少包括道德标准(填写知情同意书)、问卷信度、浏览器的参数和网络调查的宣传等几方面。

有研究指出网络调查数据收集至少应遵循以下原则:(1)向预期的反应群体发送预先通知以增加有效回应率;(2)网络测验应确保匿名性,至少要保护隐私;(3)来自反应群体的邮件通讯应包括有价值的信息和服务以降低被试中途退出的可能性(Selm & Jankowski, 2006;陆宏,吕正娟,2011)。

回应率低是网络调查关注的重要问题(Manfreda 等,2008)。为什么网络调查会具有较低的回应率呢?研究认为安全和隐私关注、调查方法和程序等都是重要原因(Manfreda 等,2008)。有研究指出网络调查参与率较低,主要是由于:(1)高度关注和对网络上个人信息展露的焦虑及分心导致了个体对网络调查邀请的回避或忽视;(2)网络的局限性导致一对一交流和亲身参与的缺失;(3)相对于面对面访谈和电话调查法,反应者需要付出更大的努力才能完成在线问卷(Jin, 2011)。另有研究认为影响被试反应率的因素可以从调查形成、调查传送、调查实施和调查反馈四个方面进行分析(Fan & Yan, 2010)。其中,网络调查的形成阶段主要是确定网络问卷的内容和网络问卷的呈现。网络调查的传送阶段主要是确定:(1)抽样方法(调查对象是什么);(2)联系传送模式(网络调查应如何发送通知);(3)邀请设计(哪些反应者应该被邀请,定制邀请,事先介绍他们是被选中小组和调查参与的期限及保密、接入控制);(4)事前通知和提醒的使用(多种通知和提醒应该怎样使用);(5)奖励的使用(有效奖励的使用)。网络调查的实施阶段主要包括社会相关因素(任何社会中总体特征的集合)、反应者相关因素(比较不同群体在单一测验中的反应率;研究反应者的社会一人口学特征对反应率的影响)和设计相关因素(测量人格特征何时和怎样影响参与)。而网络调查的反馈阶段则包括数据导入、调查软件属性和数据安全等方面。

如何提高回应率是近年来网络调查研究领域关注的重要课题。有研究指出可以从以下四个方面努力:(1)采用多种方式联系潜在反应群体;(2)使用混合模式策略,包括同时使用网络调查和纸笔问卷,以增加不能接入网络的被试的反应;(3)试图确保调查的主题与目标群体是有关联的;(4)使用奖励措施鼓励被试完成调查(Selm & Jankowski, 2006)。Fan 和 Yan(2010)研究指出,网络调查研究要关注以下几点:(1)如何设计和形成一个好的网络调查;(2)如何确保反应者收到调查邀请和如何确保他们能够顺利访问调查网站;(3)了解反应者的电脑使用和网站使用的水平;(4)了解网络技术的变化。而另有研究指出,改进网络调查质量需要:(1)增加答案空格的大小,答案空格的大小虽不影响早期反应者但会显著影响晚期反应者;(2)对反应灵活性的关注,反应时间能够改善早期和晚期反应者的反应质量;(3)提供明确和激励的指导语能够有效改善反应者的反应质量(Smyth, Dillman, Christian, & Mcbride, 2009)。此外,网络调查还要关注调查实施和结果回报,实证研究需要考察各种反应行为,基于现有的实证研究形成理论,同时比较和评估现有的网络调查软件程序(Fang, Wen, & Pavur, 2012)。此外,默认设定影响网络调查参与中的反应者的选择;调查长度影响反应者参与未来调查的意愿;默认设定和调查长度在影响网络调查的参与上存在交互作用,简短测验中的默认设定对反应者参与的影响显著大于长测验中默认设定带来的影响;在网络调查背景下,默认设定改变了反应者的参与和邮件邀请的许可率(Jin, 2011)。

数据分析

数据处理可以通过网络设备自动实现,也可以通过采用 IP 地址的方式对多重问卷进行分析。将网络数据整理完成后可以采用心理统计的软件如 SPSS、Mplus、Amos 等对其进行深入分析。数据分析的具体方法包括描述统计分析、t 检验、方差分析、相关分析、回归分析等。

随着网络的快速发展,网络调查包括问卷调查和心理测验等也在迅速发展。网络调查带来的便利,如容易获得样本、操作灵活准确、成本低廉等,促进了网络心理学研究方法和技术的进步。但网络调查在研究的信度、效度、隐私和保密、管理等方面的不足也日益引起了研究者的关注。早在 2000 年,美国心理测验和评估协会(CPTA)就对网络心理测验和评估进行过讨论。研究者认为,通过网络,心理测验工具变得越来越容易被使用,但由此也会产生测验的信度、效度、管理、项目安全以及对被试的保密等一系列问题，因此应审查以网络为基础的心理测验实践，并确定网络心理测验在心理测量、道德、法律和实践上的意义，尤其是对来自不同语言和文化背景的个体而言(Naglieri 等，2004)。国内学者也对网络心理测验进行过研究，认为心理学工作者应该创造性地思考怎样利用网络来促进心理测验的发展(叶茂林，2005)。

那么，如何才能更好地使用网络调查呢？研究者建议使用网络调查可以从以下七个方面入手：第一、寻求研究样本的广泛覆盖；第二、获得大样本；第三、获取一个好样本的列表；第四、使用多个独立的样本；第五、网络研究要经常进行；第六、寻求方法上的严谨控制；第七、采用多种媒体采集数据(Evans & Mathur, 2005)。

总之，网络调查法已经迈出了坚实的一步，相信随着网络技术和数据分析方法的发展，它一定能够为网络心理学提供更便利、更深入的服务和支持。

3.3 大数据与网络行为

3.3.1 大数据的基本概念

近年来，随着以博客、社交网络等基于位置的网络服务为代表的新型信息发布方式的不断涌现，互联网、云计算、三维融合等 IT 与通讯技术的高速发展，数据的快速增长与积累成了很多行业面对的严峻挑战和重要机遇，伴随着这一趋势，信息社会逐渐步入大数据(Big Data)时代。这将对国家治理模式、企业决策、组织和业务流程以及个人生活方式等产生巨大的影响，也必将在众多领域引起科学研究模式的根本性改变。

什么是“大数据”？“大数据”这一概念最初由 John Mashey 在 Silicon Graphics 的报告中提出，该报告主要阐述了挖掘大型复杂数据所带来的新的发现(Fan & Bifet, 2013)。麦肯锡认为大数据是指无法在一定时间内用传统数据库软件工具对其内容进行抓取、管理和处理的数据集合(Ahlswede, Cai, Li, & Yeung, 2000)。现有大数据的发展可分为两种类型。第一种类型的大数据是指企业自身的产品和服务产生了大量的密集型“超大规模”或“海量数据”。企业可以通过对这些数据进行深入的挖掘分析来改进自身业务以吸引更多用户或客户，进而产生更大量的数据，形成正向循环。第二种类型的大数据是网络大数据，通常是指在互联网上发生的，蕴含有丰富的、可被发掘的、具有社会价值和商业价值或科研价值的大数据。大数据是一种新现象，是近年来研究的一个技术热点。大数据具有以下四个特点。

(1) 数据体量(volumes)巨大。大型数据集，据著名咨询公司 IDC 发布的研究报告显示，2011 年网络大数据的总量为 1.8ZB，预计到 2020 年，这一总量将达到 35ZB (Li & Cheng, 2012)。

(2) 数据类别(variety)繁多。信息技术的发展使得数据产生的途径增加,数据类型持续增多。数据来自多种数据源,数据种类和格式冲破了以前所限定的结构化数据范畴,囊括了半结构化和非结构化数据。如微博上的短文本数据逐渐成为互联网的主要信息传播媒介,但其不同于长文本,上下文信息和统计信息都很少,给文本挖掘带来了很大困难。

(3) 价值(value)密度低。以视频为例,在连续不间断监控过程中,有用的数据可能仅有一两秒钟。因此,对目标数据的辨别和提取也是大数据研究要解决的关键问题之一。

(4) 处理速度(velocity)快。大数据包含大量在线或实时数据分析处理的需求。1秒定律,又称秒级定律,指的是大数据处理速度一般要在秒级时间范围内给出分析结果,时间太长就会失去价值。

大数据的涌现对数据处理的实时性和有效性也有了新的要求,传统的常规数据处理技术已经无法应对。为了解决这些难题需要突破传统技术,根据大数据的特点进行新的技术变革,大数据技术是一系列收集、存储、管理、处理、分析、共享和可视化技术的集合(Manyika 等,2011)。这些适用于大数据的关键技术主要有:遗传算法、神经网络、数据挖掘、回归分析、分类分析、聚类分析、关联规则学习、数据融合与集成、机器学习、自然语言处理、情感分析、处理的方法和工具。

3.3.2 大数据对网络行为的意义

近年来,大数据已成为引发全球各个层面关注的热点,在心理学研究领域也越来越显示出其巨大的影响。2012 年 11 月 *Time* 撰文指出,美国总统奥巴马连任成功的关键在于其团队对过去两年的相关网络数据进行的搜集、分析和挖掘。国内电商平台开创了互联网上最大规模的商业活动,也得益于对用户消费习惯、搜索习惯以及浏览习惯等数据进行的综合分析。各类电子商务网站为了准确预测用户行为,也会对海量的用户购物行为数据进行分析(王元卓,靳小龙,程学旗,2013)。当然,网络大数据的出现也同样给学术界带来了巨大的挑战和机遇。网络数据科学与技术作为信息科学、社会科学和网络科学等相关学科的交叉领域,正在吸引研究者的研究兴趣,逐渐成为学术研究的新热点。

需求决定并度量价值,网络大数据计算的现实需求总体说来可分为三大类。

(1) 感知现在。这方面主要是指面向特定领域或主题的历史数据与当前数据的融合,是对潜在线索与模式的挖掘、对事件群体与社会发展状态的感知。例如为了感知中国发展状况的综合指数(物价、环境、健康等),需要对历史与实时产生的社会媒体数据(如淘宝社区等)、百亿级观察日志数据(如环境 PM2.5 指数等)等进行挖掘,以获取有针对性有价值的信息源。但是需要注意的是，感知现在仍面临着数据规模巨大、模态多样、关联复杂、真伪难辨，现有数据处理方法感知度量难、特征融合难、模式挖掘难等诸多问题与挑战。

（2）预测未来。针对全量数据、流式数据、主题离线数据进行关联分析，对态势与效应进行判定与调控，揭示事物发展的演变规律，进而对事物发展趋势进行预测。例如，国外基于 Twitter 数据的选举结果预测，即通过对 Twitter 等网络平台的公开数据的实时感知、动态获取与综合分析，结合仿真调控，预测大选结果；又如联合国"全球脉动"（Global Pulse，http://www.unglobalpulse.org），则是利用网络大数据预测失业率与疾病爆发等现象，利用数字化的早期预警信号来提前指导援助项目。同时，预测未来也面临着数据交互性强、实时性强、动态演变，导致传统数据计算方法的数据生命周期割裂、时效性与准确性难以兼顾、演变趋势难以预测等的问题与挑战。

（3）面向服务。现在的社会是建立在多样化的异构网络（如互联网电信网、广播、电视网、物联网等）上的，并基于这些网络提供多样化多层次的社会服务（诸如医疗、物流、旅游、电子商务等现代服务业），而需求尤其是个性化的需求则是驱动这些服务运转的主要动力。McAfee 和 Brynjolfsson 对 330 个北美公司进行了调查研究并对其主管进行了深入访谈发现，在业内排名靠前的企业中，大数据导向决策带来的优势非常显著，主要表现为在产量上高于同类企业 5%，在企业收益上高于同类企业 6%。因此，如何利用大数据理论与技术，从异域异构网络大数据中获取跨域业务关联的服务需求，并综合高效利用服务资源提升社会服务的综合绩效，是实现大数据巨大价值的最终目的和意义所在。

网络作为一种新的活动空间，具有一些不同于现实环境的特点——网络提供了一个不同于线下生活的环境，已成为一种新的媒介形式乃至生活方式，网络的无地域性、社会约束的减少、个体主题性的凸显等放大了我们日常生活中的一些心理行为现象；此外，网络的交互性、信息的可保存和可查询性等特点也给心理学研究带来了新的研究问题和研究方法，如网络用户在网上的言行必将生成海量的数据记录，为研究提供了大量的第一手资料，网络产生的大数据也为心理学研究提供了新的研究内容和主题。

在大数据时代，网络数据的搜集、分析和挖掘对网络行为的研究还有着更重要的创新价值和探索意义，其创生的行为现象和分析层次远远超越传统的观测数据所能达到的范围。例如，通过全球性的网络用户行为数据分析可以发现人类在行为节律方面的异同，这是传统的研究数据难以企及的。网络环境中出现的网络集群行为反映了一定数量的网络群体依靠网络平台进行的意见诉求和汇集（邓希泉，2010）。通过对网络上大量用户信息进行搜集和分析，可以了解网络集群行为的发生、发展及其加速、化解等信息和规律，从而为网络集群行为的应对和预防提供有针对性的指导。

3.3.3 网络行为中的大数据研究领域

对社会心理和行为的研究与剖析，是现代社会科学特别是心理学的基本议题。网络作为一种新的技术手段，也成为了人们的一种生活方式，大大拓展了人类的生活和行为空间。网民们在网上浏览、交流和创造的信息所累积的海量数据为我们研究网络行为提供了可能。这一主题的相关研究主要集中在网络使用行为及其与现实生活的关系两个方面。

网络使用行为研究

根据中国互联网信息中心调查报告显示，我国网民的网络使用行为主要有四大类，即信息搜索、网络交往、网络购物和网络游戏(CNNIC, 2016)。而在大数据研究领域，对网络使用行为的研究的典型形式包括网络舆情研究和网络群体事件等。

网络舆情 网络舆情是指在互联网上流行的对社会问题持不同看法的网络舆论，是社会舆论的一种表现形式，是通过互联网传播的公众对现实生活中某些热点、焦点问题所持的有较强影响力、倾向性的言论和观点(许鑫，章成志，李雯静，2009)。基于网络大数据，现有的研究探讨了群体性突发事件网络舆情的演变机制及其干预(Runxi, 2009；易承志，2012)。有研究发现群体性突发事件网络舆情的演变包括形成、扩散、爆发和终结四个阶段，研究还进一步探讨了科学导控突发事件网络舆情的措施。这些措施包括建立健全突发事件快速响应与安全恢复机制、着力完善突发事件处置的信息通报与透明化机制、进一步健全利益调节和社会心理平衡恢复机制以及创新突发事件网络舆情主体成长与管理机制。

也有研究者针对特定的网络舆情进行了研究。如杨娟娟、杨兰蓉、曾润喜和张韦(2013)以“上海发布关于黄浦江松江段水域大量漂浮死猪事件”的政务微博为研究对象，采用内容分析法对网民评论内容，从评论的地区来源、时间、网民的态度、舆论指向、关注议题及互动类型六个方面进行了实证分析，从中发现了在公共安全事件中网络舆情有进入爆发期速度快、持续时间长、网民的议事能力得到提升以及网络舆情互动类型单一、信息交互欠缺等特点。

网络群体事件 网络群体事件是指一定数量的网络群体依靠网络平台进行意见的诉求和汇集(邓希泉，2010)。目前针对网络群体事件的研究多以思辨为主，实证研究论文较少，不足以形成对网络群体事件本质和发展规律的认识。陈亮(2012)以天涯论坛为研究对象，分别根据回帖量的分布、最多十人所回帖量占比、回帖密集度以及情绪分布等指标，比较网络群体事件典型帖子和非网络群体事件帖子，发现参与网络群体事件的网民，其网络活动具有正常作息规律，网络群体事件的网络特征表现为具有阶跃特性，其指标“回帖密集度”值会远远高于非网络群体事件。此外，网络群体事件中网民的负面情绪，如愤怒、厌恶等，明显高于非网络群体事件。研究还进一步指出，指标“回帖密集度”和网民负面情绪是区分网络群体事件和非网络群体事件的有效指标。

网络使用行为与现实生活的关系

网络为人们提供了一个新的活动空间，从某种意义上说，网络是现实生活的延伸，网络是已有生活方式的新的表现形式。因此，网民在网络空间中的活动往往和线下生活存在联系。在前文中的关于网络调查研究的分析也证实了网络行为与现实生活之间的密切关系。

近年来，社交网站的普及和流行成为了一种趋势，网民们会通过诸如 Facebook 和 Twitter 等网络社交工具和好友进行交流沟通，表露自我相关信息（Kumar, Novak, & Tomkins, 2010），这些社交媒体上留存的大量信息数据就为我们了解个体的网络行为与现实生活的关系提供了便利。Golder 和 Macy (2011)利用网络社交媒体 Twitter 上公开的数百万条信息，研究了全球范围内不同文化背景下人们心情的日常变化和季节变化节奏。研究发现，个体醒来时的好心情会随着一天时间的推进而变得糟糕，这与睡眠和昼夜节律的影响是一致的，此外，个体清晨的心情会随着日照时间的变化而呈现季节性的变化，并且人们在周末的时候会更高兴，但是情绪兴奋的顶点比一周其他时间延迟了两个小时，这表明人们在周末的时候醒来得比较晚。而 Dodds、Harris、Kloumann、Bliss 和 Danforth (2011)则对 Twitter 上超过 6 300 万独立用户在 33 个月中含有表情信息的 460 亿文字信息进行了深入分析，发现了人们的幸福和信息水平从数小时到数年间随时间的推进而发生的变化。新近 Kosinski、Stillwell 和 Graepel (2013)对 58 000 名志愿者在 Facebook 中公开数据的研究发现，个体在 Facebook 中的行为记录和在 Facebook 中的喜好，可以准确预测一系列高度敏感的个人属性，包括：性别取向、种族、宗教和政治意见、人格特质、智慧、幸福感水平、使用成瘾物质、亲子分离、年龄和性别。这与 Karabulut (2013)的发现一致，即发布在 Facebook 上的信息所透露的总体幸福感水平可以预测股市上每天的收益和股票交易总量。Seligman 等人(2012)根据其幸福的 PERMA 理论，建构了相应的词库，并根据 Twitter 平台的用户自然语言和地点信息，画出了一张美国的幸福地图。另有研究者利用自主开发的手机 App，让被试报告当下的思维、情绪和事件，搜集到了 83 个国家数千名 18—88 岁被试的 86 类活动。分析发现最快乐的事情是性爱、锻炼、聊天、游戏、听音乐等，而这些事情都是被试比较专心去做的事情（Killingsworth & Gilbert, 2010）。

Kramer、Guillory 和 Hancock(2014)对 70 万 Facebook 用户的动态信息进行了

实验操纵，使一组用户接收到的信息以积极情感为主，而另一组用户则以消极情感为主。研究发现用户的情绪会受到这些动态信息所包含的情感的影响，接收积极情感信息的用户情绪更积极，而接收消极情感信息的用户情绪会变消极。另有研究采用语义分析的方法分析了全球 Twitter 数据中所含的积极情绪和消极情绪，结果显示个体的每日心情变化是存在节律的。清晨时最为愉悦，接着慢慢变差，直到深夜情绪再度变好，而周末的情绪则比工作日要好。清华大学行为与大数据实验室对新浪微博数据进行分析发现中国人在星期六的正面情绪最高、负面情绪最低，其次是星期天和星期五，星期一至星期四人们的情绪会有小幅波动，其中星期三的正面情绪最低、负面情绪最高。[1]

另外，网络行为与人格特质之间也存在密切相关。研究者通过对微博状态和人格之间关系的研究发现，人格分数与微博行为之间存在中等程度的相关(0.48—0.54)，微博的行为能够显著预测使用者的人格特征(Li, Li, Hao, Guan, & Zhu, 2014)。总之，大数据技术和方法能够有效地揭示网络行为特征及网络行为与现实行为的关系。

大数据为深入和系统探讨网络行为提供了前所未有的技术和方法支撑，不仅拓宽和创立了新的研究领域及内容，更重要的是影响并改变了科学研究的思想和方法论基础。因此，大数据技术将给网络心理学乃至心理学带来革命性的影响。对以往研究进行梳理和深入分析，不难发现现有研究较多探讨的是大数据的理论方面，实证研究还不多见。研究主题也带有很强的商业色彩，比较狭窄。网络行为涉及生活的方方面面，后续研究应在更大范围内关注更多的主题。其次，应用研究不够，理论研究不深。现有对网络行为的研究还无法揭示网络行为的规律，因此基于规律的智能化产品和服务仍未问世，这些都与大数据研究不深不精有关。最后，大数据在重大国民和生产等领域中的价值及应用将是未来研究的重要主题之一。

3.4 社交网络分析

3.4.1 社交网络分析的概述

社交网络分析的界定

社交网络(social networks)是指有限数量的个体通过某种特殊的关系连接在一起(Huff, 2011)。社交网络分析(social network analysis, SNA)则是研究这种网络

① http://news.ifeng.com/gundong/detail_2014_03/21/34999037_0.shtm.

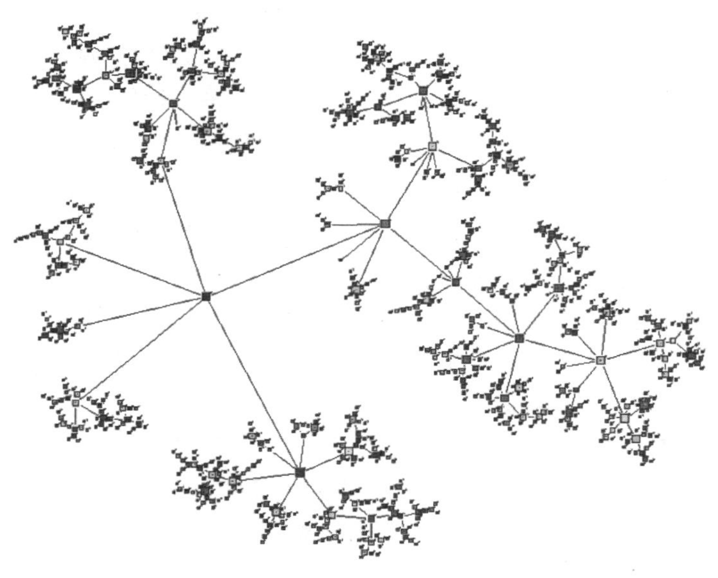

图 3.2 社交网络分析图

的方法(Wasserman, 1994)。社交网络分析是从群体动力学角度来考察社会行动者(个体、社会组织等)间的关系连接及其结构特征的一种研究取向(Wasserman, 1994; 徐伟,陈光辉,曾玉,张文新,2011)。与以往研究不同,该方法认为网络成员间是相互依赖而非彼此独立的,成员之间的关系连接可以像路径一样传递信息,网络的结构会影响社交网络中成员的行为。因此,社交网络分析关注网络中行动者如何连接在一起,他们之间关系的结构如何影响他们的行为。

社交网络分析的指标

社交网络分析涉及网络中的个体水平和网络水平变量。其中,个体水平变量,反映了个体在网络中的特征,如中心度(centrality)和声望(proximity prestige)等。网络水平变量,反映了社交网络整体上的特征,如密度(density)和互惠特征(mutuality/reciprocity)等。这里的度(degree)是图论中的基本概念,同时也是跨越图论和网络计量两个层次的一个指标。度是一个节点所拥有的连线数量,根据弧的方法,度可以分为出度和入度,出度是一个节点发出的连线数量,入度是一个节点收到的连线数量。出度中心性(out-degree centrality)指出度与最大可能的度数之比,入度中心性(in-degree centrality)是入度与最大可能的度数之比。在一个包含 n 个节点的网络中,每个节点最大可能的度数为 $n-1$。如,一个 10 个节点的网络,出度为 8 的节点表明该节点的出度中心性为 $8/(10-1)=0.88$,入度为 4 表明该节点的入度中心性为 $4/(10-1)=0.44$。出度中心性反映了节点在网络中的活跃程度,入度中心性反映了节点在网络中的居于中心位置的程度或受欢迎程度。而网络密度是用于描述整个网络特征的概念,为所有节点的出度与入度之和除以(2n-2),n是网络中节点的总数量。局部级指标主要用于描述网络局部结构或网络局部变化特征,包括二人组和三人组结构,根据有向网络中所有的二人组和三人组类型,可以判断网络的整体结构特征。下面具体介绍一下社交网络分析中的核心概念。

社交网络中心度是用来评估社交网络中一个节点与另一个节点的连接以及该节点在社交网络结构中的中心倾向性的(Okamoto等,2011)。在社交网络分析中,中心度通常有四种测量指标:程度中心度、亲密中心度、中介中心度和临近声望。

(1) 程度中心度:社交网络中心度最简单的一种计算方法是计算社交网络中来自其他节点的提名数量(简称入度中心度)。入度中心度得分越高,反映了该节点在社交网络中有更多的关系和连接,表明该节点越可能成为网络结构的中心(Valente,2011)。也有研究者采用社交网络地位来反映个体的社交网络中心度。例如,在朋友关系网络中,入度中心度是指个体受网络群体中他人所提名的数量。出度中心度是指节点所提名的数量,数量多反映了该节点指向更多的节点。

(2) 亲密中心度(closeness),是指个体在网络中与其他个体之间的平均距离,用于反映在一个社会网络中某一节点与其他节点之间的接近程度(Freeman, 1979)。例如,一个个体与网络中其他个体均有直接的联系,那么亲密性为1。如果是一个孤立的个体,与网络中其他个体没有直接的联系,那么亲密性则为0。不过,亲密中心度依赖于网络的完整性,即属于某一网络的个体均需要参与调查,并且不存在孤立的个体。如果存在孤立的个体,则无法准确计算出亲密中心度。

(3) 中介中心度(betweenness),是指社会网络中其他个体在多大的程度上依赖于网络中两个节点间的最短距离,它反映了其他行为人是如何控制或者调整并不直接连接的两个节点之间的关系的。这一概念是反映网络控制信息交流或资源流动的指标。例如,在某一社会网络中,J这个个体必须通过I才能与K取得联系,那么I这个个体就负责或者控制了J与K之间所传递的信息的内容和传递的时间。如果I在多对关系之间最短距离的路径中出现的次数越多,则I在这一网络中控制着网络交流的可能性就越高。

(4) 临近声望(proximity prestige),是指一个网络中的一个社会行为人接收他人所发出的关系或被他人视为关系客体的程度。这样不仅能够考察传统直接朋友对自己的影响,也可以考察间接的朋友(朋友的朋友)对自己的影响。临近声望的测量指标认为,朋友与个体的距离越近,则对个体的影响越大,而距离越远的朋友对个体的影响相对较小。因此,临近声望的度量采用加权法,即以各条选择关系通达个体的距离为选择关系的权重。将与个体自己有直接或间接联系的网络中其他个体的数量,除以整个网络中除了个体之外所有个体的数量,所得的比值再除以平均每个有联系的其他个体与个体之间的平均距离。所得到的比值即为该个体的临近声望(Batagelj, Mrvar, & Nooy, 2012,2008)。具体公式如下:

$$P_P(n_i) = \frac{I_i/(g-1)}{\sum d(n_j, n_i)/I_i}$$

为了让读者更直观地了解临近声望的计算,此处列举一个小网络中个体的临近声望在网络中的位置的例图。具体如图 3.3 所示。

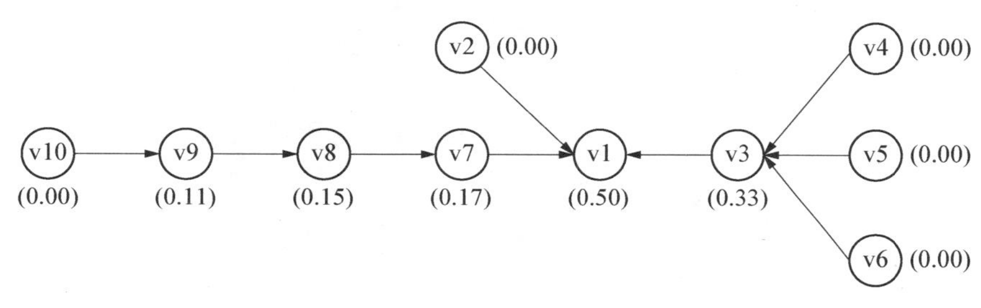

图 3.3 一个小网络中的入度临近声望(Nooy 等,2012)

由于社会网络中的关系通常是存在方向性的,临近声望也因此分为入度临近声望和出度临近声望。入度临近声望为指向自己的其他网络个体的影响。反之,出度临近声望则是指自己对其他网络个体的影响。

为了真实客观地反映社会网络地位,研究者通常依据社会网络的提名数量,将个体对应到不同类别的社会网络地位上(Okamoto 等,2011)。因此,与传统的自我报告方法测得的社会地位相比,社交网络测得的是个体客观的社会地位(Valente, 2011)。在同伴提名研究中,让被试在班级朋友网络中进行提名,然后按照被提名数量的大小将学生在班级中的地位分为五种类型,被提名数量大于等于 8、6—7、3—5、1—2 和等于 0,依次对应最喜欢的、受欢迎的、被接受的、外围的和边缘化的(Modin, Östberg, & Almquist, 2011; Okamoto 等,2011)。具体如图 3.4 所示。

互惠性(mutuality/reciprocity)是指社交网络中的个体之间的关系是相互指向的(Valente, 2011)。在发展心理学领域中,互惠性通常指在一个同伴网络中互选朋友的数量。它既可以作为个体变量,也可以作为网络水平变量。例如,张三选择了吴四为好朋友,吴四也选择了张三为好朋友,那么张三与吴四间就存在互惠性。当然,在网络上,直接的互惠关系是比较常见的,但是也存在间接的互惠关系。例如,张三选择了吴四为好朋友,吴四选择了王五为好朋友,王五选择了张三为好朋友,但是吴四并没有选择张三为好朋友。在这个例子中,吴四与张三不存在直接的互惠关系,但存

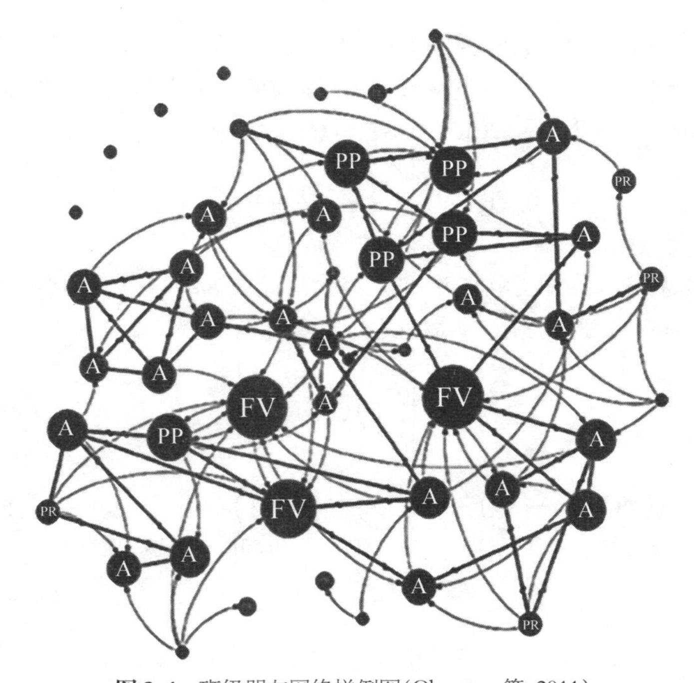

图 3.4 班级朋友网络样例图(Okamoto 等,2011)

注: FV = 最喜欢的,PP = 受欢迎的,A = 被接受的,PR = 外围的,M = 边缘化的.

在间接的互惠关系,因为吴四通过王五与张三产生了关系。因此,互惠性包含了直接与间接互惠关系的测量指标。

高互惠性表明个体之间相互选择,同时,也反映了网络中的个体相互选择使网络具有了较高的聚集效应(clustering)。当然它也在一定程度上反映了关系的强度,例如,在朋友网络中,好朋友通常与个体之间是互惠的关系,即互惠好友。而对于关系较为一般的朋友而言,通常不具有互惠的特征,即一方认为另外一方为好友,但是对方并不这样认为。互惠性的测量公式如下(Borgatti, 2006):

$$R = \frac{(A_{ij} = 1) \text{ and } (A_{ji} = 1)}{(A_{ij} = 1) \text{ or } (A_{ji} = 1)}$$

其中: A_{ij} 是指从 i 出发到 j 之间的关系链接。

在个体水平上,研究者常采用互惠性关系在个体所有关系中的比率作为测量指标;而在群体水平上,研究者则多采用互惠性关系在整个网络关系中的比率作为测量指标(Valente, 2011)。

社交网络密度,是指特定的网络中各个体之间相互联系的紧密程度,是社交网络中的重要特征之一。在研究中,常用个体间的连接数量与网络总体理论值之间的比值来界定社交网络密度。换句话说,社交网络密度是一个网络实际所拥有的连接数与最多可能拥有的线数之间的比值。密度的取值范围为0—1,数值越大,表明该网络的密度越大,即具有更多的相互选择性。密度的公式如下:

$$D = \frac{L}{N(N-1)}$$

其中,L是指该网络中直接的连线数;N是指该网络中所包含的点数量。

社交网络分析的模型

近年来,如何构建、检验模型并鉴别影响网络变化的因素成为社交网络领域研究的热点。《数学社会学杂志》发表了三期有关“动态社会网络”的特刊(1996, 2001, 2003),系统介绍了社交网络的模型构建。下面简要介绍一下统计网络模型和随机行动者模型(张凤娟,2014)。

统计网络模型 社会交往能够反映社会系统对行动者的行为和态度的影响,因此,这种社会关系模式就是有意义的。研究者观测到的社会网络至少有一部分结构是源于随机因素,因此不能认为从这种网络中找到的任何关系模式都是有意义的。统计推断应当能够让分析者知道哪种网络特征是随机性的,哪些不是。统计网络模型能够分析如果连线按照随机过程分配给各个点对(也称点偶),网络会具有哪些特征。该模型采用数学方法对可能存在的网络集及其概率分布进行描述。其基本假设是网络结构可能存在差异,并非所有结构都以相同的概率出现。

统计网络模型包括两类,关注整体网络结构的统计模型和关注局部网络结构的统计模型。整体网络结构的统计模型适用于所有网络结构,它描述的是如何通过随机过程生成具有典型结构特征的网络。这类模型包括:经典伯努利模型、条件统一模型和小世界模型等。而关注局部网络结构的统计模型检验的是与连线有关的假设,即人们如何把自己的连接改变成包含了他们及他们的同伴在内的其他连接。一些著名的模型为网络数据提供了统计检验方法,如分析横断数据的指数随机图模型和分析固定样本数据的连续时间马尔可夫过程模型(continuous-time Markov process models)(芦玉琴,2013)。

随机行动者模型 随机行动者模型(stochastic actor-based models)是能够表征大量网络变化的影响的动态模型,该模型通过参数估计表达这些影响并对相应的假设进行检验。模型以许多不同倾向驱动的形式来表征网络动态,这些趋势有相互性、传递性、同质性和分类匹配等,按照这种方法,模型能够很好地表征不同网络连接的建立与终止所具有的随机依赖特征。随机行动者模型能够在控制其他倾向的同时,对有关一些倾向的假设进行检验,并评估参数反映的强度(Snijders, Van de Bunt, &

Steglich, 2010)。

动态网络由随时间变化的行动者之间的连接构成,一个基本的假设是网络连接不是简单事件,而是随时间推进具有持续倾向的状态。变化着的网络可被视为马尔可夫过程的结果,即在任意时间点,网络的未来演变可能由网络当前的状况决定,而与过去的状态无关。当网络中的每个连接都具有方向性,即对于连接 i→j,i 是连接发出者,j 是连接接受者时,行动者模型满足以下假设(Snijders, Van de Bunt, & Steglich, 2010):(1)时间参数 t 是连续变量。例如,过程以不同长度的时步展开,每个时步可以任意小。参数估计过程中假设网络仅在两个或多个具体时间点得到观测。大量小的变化会累积成连续观测网络中大的差异。(2)变化的网络是马尔可夫过程的结果。(3)每个行动者能够控制是否以及与其他哪些行动者建立关系,即行动者不是随意地改变关系,而是根据自己和他人的特征、自己在网络中的位置、对网络其余部分的知觉来改变连接。该假设“基于行动者的模型”这一名称。(4)在某个随机时间,每个行动者都有机会改变自己的出度连接。每一时刻只有一个连接能够被改变,该原则将变化过程解构为最小的成分。(5)变化机会的过程根据行动者改变连接的频率建模。变化率由行动者在网络中的位置(如中心性)和行动者协变量(如性别)决定。(6)确定变化的过程,在一个行动者有机会改变一个连接时,对变化的精确连接进行建模。

随机行动者模型的数据要求随机行动者模型的初始数据至少包括连接网络和行为变量的两次测量。测量时间可以表达为 t_1, t_2……t_m,行动者之间的连接是二分变量,数学表达为 x_{ij},从行动者 i 到行动者 j 的连接表示为 i→j,连接状况具有两种可能,存在连接和无连接,相应的 x_{ij} 的取值分别为 1 和 0。在每个 i→j 的连接中,i 是连接发出者,称为自我(ego),j 是连接接受者,称为密友(alter)。一个包括 n 个人的群体(班级)的关系变量,可以建立一个 n×n 的邻接矩阵 $x=(x_{ij})$。行为因变量也需是离散型顺序变量,表示为向量 $z=(z_i)$。网络—行为图与其邻接矩阵和向量的表达见图 3.5。行动者分析中的因变量即为观测矩阵与行为向量的时间序列,$(x, z)(t_1)$, $(x, z)(t_2)$……$(x, z)(t_m)$。网络分析中的个体行为变量不仅可以是行为,也可以是个体的态度、情感等特征。行动者模型的六个前提假设同样适应于网络—行为共同演变模型。

基本的网络—行为动态模型包括四个函数效应:两个速度函数(表达变化的数量)和两个目标函数(表达变化的方向)。网络变化与行为变化各有一个速度函数和一个目标函数。网络速度函数与行为速度函数均会受到行动者个体特征及行动者在网络中的位置的影响。通常认为在学校友谊背景下,每个行动者发生改变的机会是等同的,因此采用阶段稳定速度函数。网络动态由网络结构效应和属性相关的选择

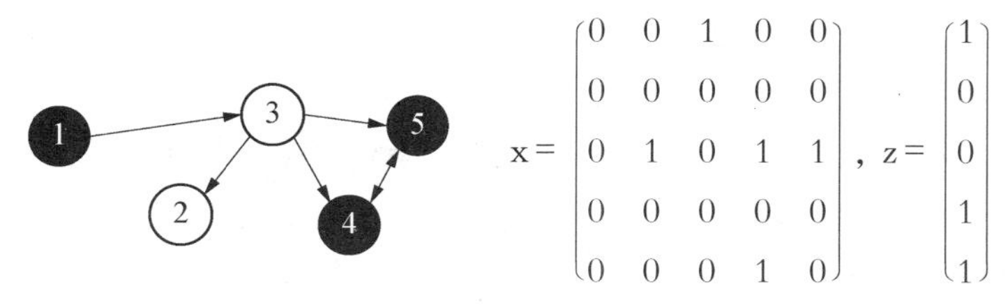

图 3.5 二分社会网络与二分行为变量的图示及相应的邻接矩阵 x 和行为向量 z(Snijders, Van de Bunt, & Steglich, 2010)

$$x=\begin{pmatrix}0&0&1&0&0\\0&0&0&0&0\\0&1&0&1&1\\0&0&0&0&0\\0&0&0&1&0\end{pmatrix},\ z=\begin{pmatrix}1\\0\\0\\1\\1\end{pmatrix}$$

效应解释。社会网络的研究表明,网络中的连接并非是彼此独立的,连接及连接特定结构很可能影响其他连接的局部变化。分析中需要控制这些网络结构效应以避免其他效应产生偏差。与属性相关的选择效应反映了由关系或个体属性(如性别)决定的同伴网络变化,个体属性的作用又可分为行为中已存在的相似性、行为对入度连接的影响和行为对出度连接的效应。与一般线性统计模型相似,目标函数是一系列成分(效应)的线性组合,其数学表达式为:

$$f_i(\beta,\ x)=\sum_k \beta_k s_{ki}(x)$$

其中,i 是目标行动者,$f_i(\beta,\ x)$是行动者 i 的目标函数值,函数 $s_{ki}(x)$是效应,根据理论或研究者的知识确定网络函数。权重 β_k 是统计参数。表 3.2 列出来的是影响网络动态的效应及有关描述(Snijders, Van de Bunt, & Steglich, 2010)。效应 1—8 为网络结构效应,效应 9—11 为与属性相关的效应。

表 3.2 影响网络动态的效应(Snijders, Van de Bunt, & Steglich, 2010)

效应	描 述
1. 出度	行动者提名的朋友数量,反映提名朋友的总体倾向
2. 相互性	相互选择的倾向
3. 传递三角	与朋友的朋友成为朋友,传递性
4. (直接与间接)连接	与邻居形成封闭三角的倾向(间接连接数量的线性效应)
5. 距离为 2 的行动者	将他人保持在距离为 2 的位置(封闭三角的反向测量)
6. 平衡	与结构相似的他人建立连接的倾向(结构性平衡)
7. 三环	形成关系环的倾向(等级性的反向测量)
8. 中介	占据两个位置相连点间中间位置的倾向(掮客位置)
9. 密友协变量	密友行为的主效应(协变量决定在网络中的受欢迎性)
10. 自我协变量	自我行为的主效应(协变量决定在网络中的活跃度)
11. 协变量的相似性	与相似的他人建立连接的倾向(基于协变量的同质性选择)

行为动态由行为倾向和影响效应决定。行为倾向将调查中行为变化的基线与分

布纳入模型中(包括极化或对均值的回归);影响效应包括朋友的影响和个体属性对行为变化的影响。

网络动态模型中的行为协变量相似性若经检验效应显著,则表明网络中的个体会根据同伴的行为特征是否与自己相似来选择朋友。平均相似性、总相似性和密友平均性均反映了朋友网络的行为特征随时间推移对个体行为产生的影响。研究者需要根据理论基础和已有的知识选择一种表达纳入到行动动态模型中。如果缺乏理论基础,也可以对三种效应进行检验以做出选择。

表 3.3　影响行为变化的效应(Snijders, Van de Bunt, & Steglich, 2010)

效应	描　　述
1. 形状:线性与二次曲线	两个函数共同定义了目标函数的走势
2. 平均相似性	行动者在行为上与密友保持相似的偏好(不考虑密友数量,无论多少,总效应一样大)
3. 总相似性	行动者在行为上与密友保持相似性的偏好(密友的总影响与密友数量成比例)
4. 密友平均相似性	密友的平均行为水平高,行动者也具有高行为水平的倾向
5. 入度行为	行动者在网络中的受欢迎性对行为的影响
6. 出度行为	行动者在网络中的活跃性对行为的影响
7. 孤立行为	在网络中被孤立对行为的影响

3.4.2　社交网络分析的基本思路

社交网络分析是社会结构研究的一种独特方法,Wellman 总结出了它的五个方面的方法论特征:(1)它是根据结构对行动的制约来解释人们的行为,而不是通过其内在因素(如对规范的社会化)进行解释,后者把行为者看作是以自愿的、有时是目的论的形式去追求所期望的目标;(2)关注对不同行为主体之间的关系分析,而不是根据这些行为主体的内在属性(或本质)对其进行归类;(3)集中考虑的问题是由多维因素构成的关系形式如何共同影响网络成员的行为,故它并不假定网络成员间只有二维关系;(4)把结构看作是网络间的网络,这些网络可以归属于具体的群体,也可不属于具体群体,它并不假定有严格界限的群体一定是形成结构的阻碍;(5)网络方法取代和补充个体方法。网络分析方法是一种将关系作为基本统计处理单位而不是将个人作为一个独立的统计单位的研究方法。

按照社交网络分析的思想,行动者的任何行动都不是孤立的,而是相互关联的。行动者之间所形成的关系纽带是信息和资源传递的渠道,网络关系结构也决定着他们的行动机会及行动结果(罗家德,2005)。

Christakis 和 Fowler 发现社会网络中的影响力传播遵循三度影响力原则(three degrees of influence rule),即"我们所做或所说的任何事情,都会在网络上泛起涟漪,影响我们的朋友(一度),我们朋友的朋友(二度),甚至我们朋友的朋友的朋友(三度)。如果超过三度分隔,我们的影响就会逐渐消失。同样,我们也深受三度以内朋友的影响,但一般来说,超出三度的朋友就影响不到我们了。相距三度之内的人之间是强连接关系,强连接关系可以引发行为。"(Christakis & Fowler, 2013)。已有研究发现孤独、抑郁、快乐、吸烟、酗酒、肥胖等在群体中都会在三度范围内沿朋友社会网络传递(Cacioppo, Fowler, & Christakis, 2009; Christakis & Fowler, 2008; Rosenquist, Murabito, Fowler, & Christakis, 2010)。

3.4.3 网络社会分析的角度

不同的社交网络分析法可以从多个不同角度对社会网络进行分析。下面主要介绍中心性分析、凝聚子群分析以及核心—边缘结构分析三种分析法(张凤娟,2014;游志麒,2014)。

中心性分析

个体的中心度描述的是测量个体处于网络中心的程度,反映了该点在网络中的重要性程度。因此一个网络中有多少个行动者/节点,就有多少个个体的中心度。此外,还可以计算整个网络的集中趋势,即中心势。与个体中心度描述的个体特性不同,网络中心势描述的是整个网络中各个点的差异性程度。因此一个网络只有一个中心势。根据计算方法的不同,中心度和中心势都可以分为以下三种。

点度中心度与点度中心势 在一个社会网络中,如果一个行动者与其他行动者之间存在直接联系,那么该行动者就居于中心地位,在该网络中拥有较大的"权力"。因此,一个点的点度中心度,就可以用网络中与该点有联系的点的数目来衡量。网络中心势指的是网络中点的集中趋势,它是通过以下步骤来计算的:a. 找到图中的最大中心度数值;b. 计算该值与任何其他点的中心度的差,从而得出多个"差值";c. 计算这些"差值"的总和;d. 用这个总和除以各个"差值"总和的最大可能值。

中间中心度与中间中心势 在网络中,如果一个行动者处于许多其他两点之间的路径上,则认为该行动者居于重要地位,因为他具有控制其他两个行动者之间的交往的能力。这种中心度称为中间中心度,用以测量行动者对资源控制的程度。一个行动者在网络中占据的这样的位置越多,就代表他具有越高的中间中心性,也就有越多的行动者需要通过他才能发生联系。中间中心势也是分析网络整体结构的一个指数,其操作性界定为网络中中间中心性最高的节点的中间中心性与其他节点的中间中心性的差距。该节点与别的节点的差距越大,则网络的中间中心势越高,表示该网络中的节点可能分为多个小团体而且过于依赖某一个节点传递关系,该节点在网络中处于极其重要的地位。

接近中心度与接近中心势 接近中心度描述的是局部的中心指数,用于衡量网络中行动者与他人联系的多少,没有考虑到行动者能否控制他人。而中间中心度测量的是一个行动者"控制"他人行动的能力。该中心度关注的是捷径,而不是直接关系。如果一个点通过比较短的路径与许多其他点相连,就认为该点具有较高的接近中心性。对一个社会网络来说,接近中心势越高,表明网络中节点的差异性越大,反之,则表明网络中节点间的差异越小。

凝聚子群分析

当网络中某些行动者之间的关系特别紧密,以至于结合成一个次级团体时,这样的团体在社交网络分析中被称为凝聚子群。分析网络中存在多少个这样的子群,子群内部成员之间关系的特点,子群之间的关系特点,一个子群的成员与另一个子群成员之间的关系特点等就是凝聚子群分析。由于凝聚子群成员之间的关系十分紧密,因此有的学者也将凝聚子群分析形象地称为"小团体分析"。

由于理论思想和计算方法的不同,凝聚子群存在不同类型的定义及分析方法。

派系(cliques)。在一个无向网络图中,"派系"指的是至少包含三个点的最大完备子图。这个概念包含三层含义:(1)一个派系至少包含三个点;(2)派系是完备的,根据完备图的定义,派系中任何两点之间都存在直接联系;(3)派系是"最大"的,即向这个子图中增加任何一点,都将改变其"完备"的性质。

n—派系(n-cliques)。对于一个总图来说,如果其中的一个子图满足如下条件,就可称之为n—派系:在该子图中,任何两点之间在总图中的距离(即捷径的长度)最大不超过n。从形式化角度说,令d(i, j)代表两点和n在总图中的距离,那么一个n—派系的形式化定义就是一个满足如下条件的拥有点集的子图,即:$d(i, j) \leqslant n$,对于所有的n_i, $n_j \in N$来说,在总图中不存在与子图中的任何点的距离超过n的点。

n—宗派(n-clan)。所谓n—宗派是指满足以下条件的n—派系,即其中任何两点之间的捷径的距离都不超过n。可见,所有的n—宗派都是n—派系。

k—丛(k-plex)。一个k—丛就是满足下列条件的一个凝聚子群,即在这样一个子群中,每个点都至少与除了k个点之外的其他点直接相连。也就是说,当这个凝聚子群的规模为n时,其中每个点至少都与该凝聚子群中$n-k$个点有直接联系,即每个点的度数都至少为$n-k$。

凝聚子群密度(external-internal index, E-I Index)主要用来衡量一个大的网络中小团体现象是否十分严重。另外一种情况就是大团体中有许多内聚力很高的小团体,很可能就会出现小团体间相互斗争的现象。凝聚子群密度的取值范围为[-1,

+1]。该值越向1靠近,意味着派系林立的程度越大;该值越接近-1,意味着派系林立的程度越小;该值越接近0,表明小团体之间的关系越趋向于随机分布,看不出派系林立的情形。

核心—边缘结构分析

核心—边缘(core-periphery)结构分析用于研究社会网络中哪些节点处于核心地位,哪些节点处于边缘地位。该分析具有较广的应用性,可用于分析精英网络、科学引文关系网络以及组织关系网络等。

根据关系数据的类型,核心—边缘结构有不同的形式,如定类数据和定比数据。定类数据用数字表示类别,这类数据不能进行加减乘除计算,而定比数据是用数值表示比值,能进行加减乘除计算。如果数据是定类数据,可以构建离散的核心—边缘模型;如果数据是定比数据,可以构建连续的核心—边缘模型。而离散的核心—边缘模型根据核心成员和边缘成员之间关系的有无及关系的紧密程度,又可分为四种:(1)核心—边缘全关联模型;(2)核心—边缘无关模型;(3)核心—边缘局部关联模型;(4)核心—边缘关系缺失模型。如果把核心和边缘之间的关系看成是缺失值,就构成了核心—边缘关系缺失模型。下面介绍四种适用于定类数据的离散的核心—边缘模型。

(1) 核心—边缘全关联模型。网络中的所有节点分为两组,其中一组的成员之间联系紧密,可以看成是一个凝聚子群(核心),另外一组的成员之间没有联系,但是,该组成员与核心组的所有成员之间都存在关系。

(2) 核心—边缘无关模型。网络中的所有节点分为两组,其中一组的成员之间联系紧密,可以看成是一个凝聚子群(核心),而另外一组成员之间则没有任何联系,并且同核心组成员之间也没有联系。

(3) 核心—边缘局部关联模型。网络中的所有节点分为两组,其中一组的成员之间联系紧密,可以看成是一个凝聚子群(核心),而另外一组成员之间则没有任何联系,但是它们同核心组的部分成员之间存在联系。

(4) 核心—边缘关系缺失模型。网络中的所有节点分为两组,其中一组的成员之间的密度达到最大值,可以看成是一个凝聚子群(核心),另外一组成员之间的密度达到最小值,但是并不考虑这两组成员之间的关系密度,而是把它看作缺失值。

3.4.4 社交网络分析的常用软件简介

目前社交网络分析软件很多,除了使用SPSS、SAS、R等软件能够对有关网络数据进行处理之外,还有一些软件也能够实现数据分析:(1) Uninet是研究者使用较多的网络分析软件,参考网址:http://eclectic. ss. uci. edu/-lin/ucinet. html。

(2)NEGOPY是历史最为悠久的网络分析软件之一,比较容易使用,也是国内心理学者使用过的网络分析软件(方晓义,1995)。参考网址:http://www.sfu.ca/-richards/negopy.htm#NEGOPY。(3)合理利用Blanch的使用属性以及关系两种分析方法来进行研究,可以生成网络动力学模型并进行模拟,Blanch以节点、链接和方程构成的系统,描述链接的强度和节点的属性随着时间变化而变化的规律。参考网址:http://www.tec.spcomm.uiuc.edu/blanche/doc.html。(4) Sociometry Plus是根据莫雷诺的思想设计的社会测量软件,具有建立群体并分析群关系进而生成矩阵报告的功能。参考网址:http://www.thesociometry.com。(5) Socio Metrica Suite是评估、构建和分析社会网络数据的软件包。Socio Metrica Link Alyzer是其中的第一个组件,它从面向自我的数据,依据被提名者的属性进行匹配,给社会网络图增加节点,从而构建出社会测量数据。参考网址:http://www.md-logic.com/id142/htm。(6) Pajek软件是免费的大型网络分析软件包,参考材料较为丰富。参考网址:http://vlado.fmf.uni-lj.si/pub/networks/pajek/default.htm。

社交网络分析在社会科学和自然科学领域都有广泛的应用,越来越多的研究者开始采用网络社交分析来考察特定情境中的个体和整体的动态特征。

社交网络分析方法在网络心理学领域也有广阔的应用前景,主要有:(1)用于考察网络环境下社交网络的特征。网络环境具有和现实环境不同的特征,可以研究不同社交媒体、社交环境、社交群体的人际交往特征。(2)以往对两种环境下的心理与行为特征的比较主要是基于变量的研究,很少有研究者考察在特定社交背景或团体中个体的网络心理特征。采用社交网络分析法可以探讨基于网络环境和现实环境的个体或者团体的网络心理特征,能真实全面地考察其某一类行为的规律。(3)社交网络分析虽然是基于特定模型进行分析的,但统计规律依然发挥着重要作用。未来研究可以结合网络心理学学科的特征,研发在操作上和解释上相对简易的分析软件,增强该方法的推广性。此外,基于模型推导得出的关系网络是否能够真正拟合现实情况以及心理变量之间关系的变化,操作是否按照特定模型或者统计规律进行等都是应用社交网络分析法时需要重点关注的问题。

3.5 网络心理学研究的趋势

3.5.1 研究主题和内容的拓展

以往对网络心理学的研究虽然也涉及众多的主题,但对其进行深入分析可将其分为两大类。第一类是对网络环境和现实环境中的心理和行为进行比较研究,以揭示两种环境下心理和行为规律的异同，探讨网络对心理和行为的影响。另一类则选择网络环境中的新现象作为研究对象，考察网络环境背景下心理和行为的规律和特征。尽管在网络心理学的不同领域，对网络心理与行为的关注不同，但大部分研究都是沿袭上述两种模式(Barak & Suler, 2008)。

网络心理学的研究内容从总体上来说可以分为三个大方面：一是什么样的人会使用网络？二是网络对网络使用者来说具有什么样的心理功能？三是在网络使用过程中发生了什么样的心理活动，它们又有怎样的变化规律？未来网络心理学的研究可以围绕这三个问题，同时结合重大现实需求来展开探讨。

理论的创立需要大量的原始研究积累，在网络心理学研究领域，理论研究是相对薄弱的，也是未来研究应该重点关注的。目前网络心理学领域的理论大多是从传统学科移植过来的，尽管在理论内容和表述上进行了调整或修改，已经能够用于对相关网络心理和行为的解释，但仍然存在一个显著的缺点，即理论的构念效度和内容效度不高。只有基于网络环境来建构理论才能很好地拟合网络心理与行为。这种形势对于国内研究者来说更为严峻，我国学者提出的网络心理理论被国际同行接纳和使用的还不多(Tao 等，2010)。我国拥有世界上最庞大和结构最复杂的网络使用群体(CNNIC, 2016)，网络心理学研究对良好理论的期望更高。

3.5.2 研究方法和技术革新

网络心理学的研究随着网络的发展而发展，同时网络技术的革新也推动了网络心理学的研究和进步(赵向阳，朱滢，2002)。当前，虽然也有研究者采用一些网络新技术来开展网络心理学方面的研究，但大多数研究都是采用传统的心理学研究方法，如问卷法、访谈法、实验法、心理测验法等开展的。这类研究都有一个基本的前提假设：传统心理学的研究方法对于网络环境同样适用。但有些研究方法脱离了其所需要的环境，方法的适用性和效力都会受到不同程度的影响。这也是当前网络心理学研究面临的重大挑战之一。

一些新方法和新技术也被广泛应用在对网络心理与行为的探讨中。如社交网络分析，可以综合考察特定团体内部人际交往的关系。这种方法不仅能够解释个体在群体中的量和质的差异，还能够考察个体所在的团体与其他团体之间的关系，因而在特定群体的人际交往中有比较多的应用，如孤独者(Cacioppo 等，2009)、抽烟者(Mercken, Snijders, Steglich, Vertiainen, & De Vries, 2010)等。

大数据方法毫无疑问是网络心理与行为领域未来研究的重要方向。大数据方法能够通过对海量数据进行计算分析和提取，揭示变量之间的关系或动态关系。已有研究采用该技术对网络情绪(Seligman，等，2012；Kramer, Guillory, & Hancock,

2014)、网络社交行为(Dodds, Harris, Kloumann, Bliss, & Danforth, 2011; Kosinski, Stillwell, & Graepel, 2013)等进行了探讨。

语义分析也是网络心理与行为未来研究的重要方法。该方法可以通过对网络文本信息进行分析,从数量、成分和结构上来解释变量之间的关系(Hu, Cai, Graesser, & Ventura, 2005)。

虚拟现实技术(virtual reality, VR)在网络心理学研究中的应用已经受到越来越多的关注。虚拟现实技术通过将用户和计算机等设备整合成一体,实现情境的可视化操作和人机交互,实现对"创设环境"中的行为和心理的研究。虚拟现实技术下人的行为具有想象、沉浸和交互三大基本特征(Burdea & Coiffet, 1994)。虚拟现实技术提供的场景具有广阔的可想象空间,可拓宽人类认知范围,可再现真实环境,也可以构想客观上不存在的环境;虚拟现实能提供给用户一个真实的虚拟环境,用户在生理和心理的角度上都难以辨别其真假,虚拟现实产生的沉浸感和临场感,让用户感到自身是作为主角存在于模拟环境中的,其展现出的真实程度远远超过其他技术;虚拟现实技术还能让用户实时地对虚拟空间的对象进行操作和反馈,实现人与环境的高强度的交互作用。虚拟现实技术在青少年的网络社会交往(卞玉龙,韩磊,周超,陈英敏,高峰强,2015)、心理治疗(郑霞,周明全,2010)等领域均有应用。

3.5.3 定量研究和定性研究密切结合

对以往研究的分析发现,网络心理学的研究以定量研究占优,定性研究较少,将定量研究和定性研究结合起来的更少。为什么网络心理学研究要重视定量和定性结合的研究呢?至少有三方面的原因。第一,网络环境下的心理与行为规律可能有异于现实环境,带有很大的不确定性和探索性。无论是定量研究还是定性研究都不能很好地解决这一问题,必须将两者结合起来研究。第二,网络环境具有匿名性、去抑制性等特征,这使得在网络环境下对研究结果的重复验证难度增加。前人的研究结果受限于研究抽样、数据获取方法、数据分析方法等,也使得结果验证困难重重。只有将定量和定性研究结合起来才能很好地解决这一问题。第三,定量和定性研究结合有助于提高研究结果的可靠性和可信度,有助于研究问题的解决。

在对网络心理与行为进行定量和定性的结合研究时,要注意以下几个方面的问题。一是定性研究和定量研究的结合顺序不是一成不变的(Reips, 2002; 肖崇好,2004)。有些研究可以从定量研究开始,然后通过定性研究加以验证。而有些研究则可以从定性研究确定研究问题开始,然后通过定量研究进行验证。还有一些研究是将定量研究和定性研究进行更紧密的结合,采用多重的定性和定量研究,进行系统探讨。二是无论是定量研究还是定性研究,都是由多种方法组成的。定量研究包括问卷调查、实验法等，而定性研究包括访谈法、内容分析法等。因此，在具体研究中需要进行相应的细化，深入考察网络心理与行为。三是网络心理学的研究内容有其独特的一面，也有其共性的一面。定量研究和定性研究的综合运用要注意避免“循环论证”。最后，对于特定的网络心理与行为，有时单一方法可能就足以很好地解决问题。这时，直接采用单一方法解决即可，不必为实现定量研究与定向研究的结合而使用多种方法。

3.5.4 大样本长时程的追踪研究

网络已经渗透到了人们生活的方方面面，在带来快捷和便利的同时也对人们的生活方式产生了深远影响。对这种影响的研究方法有很多，研究数量和规模也日益壮大。但是绝大多数研究只是揭示了网络与心理变量之间的相关关系而非因果关系。实验法能够揭示自变量与因变量之间的因果关系，但为什么网络研究不采用实验室研究方法呢？实验室研究的最大优势在于能够很好地控制无关变量对自变量与因变量关系的影响，这对于现实环境研究可能具有很好的优势，但对于网络影响的研究来说，这种方法可能不奏效。其中的一个原因是网络对心理变量的影响在实验室中可能无法或者不能被准确测量。如果对实验变量进行了严格的控制，那么研究结果可能不再适用于网络环境；如果不对实验变量进行严格控制，那么就无法得到网络与心理变量之间的关系。另一个原因是对网络影响的实验在可操作性上存在很大挑战。如何创设网络环境并使其对实验变量产生影响，如何能够确保这种影响正是由网络而非其他因素造成的，如何保证实验室创设的环境与实际网络使用环境是一致的或相同的？因此，实验法在对网络心理与行为的研究中可能会受到巨大挑战，尽管在线网络实验在某些方面改善了实验法的不足和局限。

长时程的追踪研究是指对同一批研究对象进行较长年龄跨度的重复研究，这有助于确定网络心理学研究中变量之间的因果关系。但追踪研究常常会面临两个困难：一是研究样本在追踪过程中的减少，二是无关变量会影响对既定研究变量的考察。因此，长时程追踪研究要注意以下五个方面的问题：第一，尽量在追踪研究之前进行统筹规划，充分考虑追踪过程中可能出现的情况；第二，在可能的条件下，选择大样本进行追踪，同时在追踪研究中注意加强与研究样本的联系，降低被试退出的可能；第三，采用心理学实验研究和网络心理技术，控制无关变量对实验变量的影响；第四，在追踪过程中，详细记录与实验相关的背景信息等变化，在数据分析时可以进行协方差分析等；第五，可以考虑将长时程的追踪和横断研究进行结合，采取交叉滞后实验设计，提高效率，节约成本。追踪研究对于网络心理学的研究具有重要的意义，对网络心理与行为的追踪研究将是未来研究的重要方向。

3.5.5　多学科交叉研究和虚拟研究团队

网络心理学研究不仅要采用心理学的方法，也要广泛引进计算机、信息、社会学等学科的方法和技术。网络首先是一种物理环境、社会环境，其次才是心理环境。对网络心理的研究不仅仅限于某一个学科之内，要重视多学科交叉研究。多学科交叉研究是心理学研究的重要传统。心理学历史上早期重要的心理发现都是交叉科学研究的结果，从感觉感受性到决策领域。网络心理学研究对象的复杂性和多面性要求研究者对其进行多学科交叉研究。每一种网络现象的背后既有信息传播的机制、技术引导的机制、社会影响的机制，也有心理发生的机制。只有将多个学科的发现结合起来分析，才能比较全面地揭示网络心理与行为背后的内在机制。

网络心理学的研究人员来源不一，涉及多个学科领域，这也有助于开展多学科交叉研究。但需要指出的是，在网络心理学的研究领域尚无成熟的合作模式可以借鉴。因此，研究者应结合研究主题、人员构成、研究目的等，创新探讨可行的合作模式。

虚拟研究团队也是网络心理学研究的重要方向(Barak & Suler, 2008)。世界各国研究者可以借助虚拟环境或虚拟研究平台与国际同行进行交流互动，开展紧密合作研究。如1995年创立的网络实验心理学实验室(http://www.genpsylab.unizh.ch)(Reips, 2001)，它包括八个部分：(1)主房间，可以分配到其他方面；(2)网络实验的实验室；(3)信息和过去网络实验的存档；(4)方法部分，解释网络实验的优点和缺点；(5)通过网络进行数据收集的参考目录；(6)链接到其他人；(7)网络实验室使用条件；(8)儿童实验心理学实验室。此外，还有研究者提出了基于服务器的网络实验研究环境(DEWEX)，该平台能够为研究者进行实验设计和程序编制运行提供支持(Naumann, Brunstein, & Krems, 2007)。

在网络心理学中，一些研究主题通过虚拟研究团队形式进行往往能够收到更好的研究效果和效力。这主要是因为：第一，网络的便捷性和即时性有助于研究项目的制定、执行和评估，促进研究成果的分享和互动；第二，网络心理学研究主题和内容的复杂性等特征使得研究人员只有通过虚拟研究团队才能更好地开展大型研究；第三，目前国内外网络心理学研究的重点院所已经建立了网络实验平台和研究交流平台，这也促生了虚拟研究团队的建设。因此，将对网络心理学研究的多学科交叉和虚拟研究团队结合起来，实现研究的协同创新将是未来网络心理学研究的重要主题之一。

3.5.6　网络心理研究成果的应用和推广

研究者通过对以往研究进行回顾和分析发现，尽管已有大量实证研究考察了网络对心理与行为的影响机制，并提出了许多有建设性的构想和设计，但是网络心理学研究成果的应用和推广还处在起步阶段。首先，网络心理学作为一门独立学科，只有短暂的历史。目前的网络心理学研究更多地还停留在对“是什么”和“为什么”等论题的探讨阶段，对于“怎么办”论题还缺少深入的思考和探讨。其次，网络心理学研究目前主要是由科研院校，而不是企业作为主角来推动的。这就使得研究成果和应用推广之间存在脱节，有些研究成果具有重要的理论价值，但不能够满足社会需要，而社会需要的网络心理相关产品和服务，研究者却又无法提供。第三，随着技术的发展，网络环境也在不断发生变化，社会对网络心理相关产品和服务的需求也在扩大和深化。同时，网络心理与行为的研究也是国家教育和文化重点扶持、资助的对象。可以说，网络心理学研究的成果转化和应用有巨大的社会需求和政策支持。

网络心理与行为研究成果的转化和应用不仅是网络心理学的一个科学研究领域，也是推动社会发展的一个重要动力。网络心理学研究在兼顾学术价值的同时，也要聚焦重大社会需求，开展有社会价值的科学研究。网络心理学的研究成果最终要走向社会，接受社会的检验，一个没有社会价值的研究是没有研究意义的。研究者要突破网络心理学已有的研究视角和方法，应用新技术和新方法，开展创新性研究，开拓网络心理研究成果的社会需求和市场，如探索网络教育的心理机制和促进因素、网络咨询和治疗的模式、网络人格测评和应用等。网络的发展将心理学的发展推到了一个新的高度，而网络心理学只有在社会的接纳和使用中才能发挥其内在价值。

3.5.7 网络心理学研究的伦理问题

研究的伦理问题不是网络心理学所特有的，而是所有心理学研究都要面对的问题。但从网络心理学兴起后，伦理和道德问题就更加困扰着心理学家们了(Moreno, Goniu, Moreno, & Diekema, 2013)。目前网络心理学领域内公认的原则是，网络研究者应严格遵循传统研究领域确立的道德伦理和实践原则(Michalak & Szabo, 1998)。

在线研究比其他同类研究对人类被试造成伤害的风险要更小，但在线研究改变了风险的本质和调查者评估风险的能力。网络研究涉及两大风险源，一是直接参与研究带来的伤害，如对问题的情绪反应或实验操控可能会给被试带来的伤害。二是隐私泄露造成的伤害，具体包括以下四个方面：(1)参与在线研究带来的伤害后果；(2)欺骗，美国心理学会 2002 年指出欺骗被试需要提供研究本质、结果和结论的解释，尽量在被试完成实验后立刻进行，如果涉及欺骗，研究者需要解释研究结果的价值和为什么要进行欺骗，如果调查者意识到欺骗研究程序会对被试造成伤害，他们就要采取措施减轻伤害；(3)泄露隐私；(4)知情同意(Birnbaum, 2004)。

Wishart 和 Kostanski 研究认为网络研究应该高度关注知情同意、欺骗、隐私和机密的影响，并提出了如何减少这些方面带来的不利影响的方法（Wishart & Kostanski, 2009）。在知情同意方面，要从被试的招募、通知被试研究的信息、获知知情同意和理解知情同意等方面努力。而在欺骗方面，要做到在呈现时给予说明材料、确保做好充分的事后说明、只有在技术上有困难时才进行欺骗等。在隐私与机密上，要确保研究被试匿名、保护被试的隐私和机密、对研究者与被试之间的交流途径保密、对数据存储保密、有偿使用研究出版物等（Wishart & Kostanski, 2009）。

一般来说，网络行为研究在伦理上应严肃考虑以下几个方面的内容：(1)高度重视和谨慎避免潜在的样本偏差；(2)高度重视多方法的检验和印证，数据可以通过追踪 IP 地址、保留运行日志、追踪登录信息等方法以及实验和调查方法进行验证；(3)在各个环节要保持数据质量，不要污染数据；(4)尽可能采用预实验和前测；(5)研究中要区分公开的和私密的在线行为；(6)谨慎评估和对待研究风险，当风险低时，采用敏感但不极端的保护措施，当风险高时，采用强有力的防护措施但不使用网络；(7)当研究涉及未成年人时，采用特别的保护措施；(8)发挥研究伦理委员会的作用，由理解网络研究特点的合格的专家组成研究伦理委员会并帮助指导研究的设计和执行。

总之，网络心理学研究不仅会关注网络心理与行为理论的构建和发展，也会更加重视网络心理学研究成果的转化和应用。同时，随着网络技术和手段的更新换代，网络心理学研究方法也会不断变革，新的方法和技术越来越多地将"人的因素"融入进来，变得更加智能和高效。此外，网络心理学的发展动力除了来自自身的学科特征外，还离不开不断增加的社会需求。因此，网络心理学的研究既要系统考察网络发展给心理与行为带来的深入广泛的影响，也要深入思考网络心理学能够为社会做些什么，如何有效地满足不断变化的社会需求。

参考文献

卞玉龙，韩磊，周超，陈英敏，高峰强.(2015).虚拟现实社交环境中的普罗透斯效应：情境、羞怯的影响.心理学报，47(3)，363—374.

蔡华俭，林永佳，伍秋萍，严乐，黄玄凤.(2008).网络测验和纸笔测验的测量不变性研究——以生活满意度量表为例.心理学报，40(2)，228—239.

陈亮.(2012).网络群体事件特征的实证研究.情报杂志，31(6)，52—58.

邓希泉.(2010).网络集群行为的主要特征及其发生机制研究.社会科学研究，1，103—107.

方晓义.(1995).不同年级青少年的友伴网络结构.心理学报，27(4)，363—370.

黄永中，赵国栋.(2008).网络调查研究方法概论.北京：北京大学出版社.

芦玉琴.(2013).《蜘蛛：社会网络分析技术》评介.学理论(15)，220—220.

陆宏，吕正娟.(2011).网络问卷调查的规划、设计与实施.现代教育技术，21(7)，34—37.

罗家德.(2005).社会网络分析讲义.北京：社会科学文献出版社.

王元卓，靳小龙，程学旗.(2013).网络大数据：现状与展望.计算机学报，36(6)，1125—1138.

肖崇好.(2004).网络心理的研究方法问题.心理科学，27(3)，726—728.

徐伟，陈光辉，曾玉，张文新.(2011).关系研究的新取向：社会网络分析.心理科学，34(2)，499—504.

许鑫，章成志，李雯静.(2009).国内网络舆情研究的回顾与展望.情报理论与实践(3)，115—120.

杨娟娟，杨兰蓉，曾润喜，张韦.(2013).公共安全事件中政务微博网络舆情传播规律研究：——基于"上海发布"的实证.

情报杂志,32(9),11—15.
叶茂林.(2005).网络心理测验法述评.心理科学,28(2),423—425.
易承志.(2012).群体性突发事件网络舆情的演变机制分析.情报杂志,30(12),6—12.
余嘉元.(1998).基于 IRT 和 KST 的网络测验.南京师大学报：社会科学版,(3),61—66.
赵向阳,朱滢.(2002).互联网——心理学研究的新工具.心理科学进展,10(3),309—314.
郑霞,周明全.(2010).虚拟现实技术应用于神经心理评估的研究概述.心理科学进展,(3),511—521.
中国互联网信息中心(CNNIC)2016 年报告, http://cnnic. cn/hlwfzyj/hlwxzbg/hlwtjbg/201608/P020160803367337470363. pdf.
Ahlswede, R., Cai, N., Li, S.-Y., & Yeung, R.W. (2000). Network information flow. *Information Theory, IEEE Transactions on*, *46*(4),1204 - 1216.
Bainbridge, W.S. (2007). The scientific research potential of virtual worlds. *Science*, *317*(5837),472 - 476.
Barak, A. (1999). Psychological applications on the Internet: A discipline on the threshold of a new millennium. *Applied and Preventive Psychology*, *8*(4),231 - 245.
Barak, A., & Suler, J. (2008). Reflections on the psychology and social science of cyberspace. *Psychological Aspects of Cyberspace: Theory, Research, Applications*, 1 - 12.
Bargh, J.A., & McKenna, K.Y. (2004). The internet and social life. *Annual Review of Psychology*, *55*,573 - 590.
Batagelj, V., Mrvar, A., & Nooy, W. (2012). *Exploratory social network analysis with pajek*. New York: Cambridge University Press.
Best, S.J., Krueger, B., Hubbard, C., & Smith, A. (2001). An assessment of the generalizability of Internet surveys. *Social Science Computer Review*, *19*(2),131 - 145.
Birnbaum, M.H. (2002). *Psychological experiments on the Internet*. Califonia: Academic Press.
Birnbaum, M.H. (2004). Human research and data collection via the Internet. *Annual Review of Psychology*, *55*,803 - 832.
Borgatti, S.P. (2006). Identifying sets of key players in a social network. *Computational & Mathematical Organization Theory*, *12*(1),21 - 34.
Bronfenbrenner, U. (2005). *Making human beings human : bioecological perspectives on human development*. Thousand Oaks: Sage Publications.
Bronfenbrenner, U., & Ceci, S. J. (1994). Nature-nurture reconceptualized in developmental perspective: a bioecological model. *Psychological Review*, *101*(4),568 - 586.
Burdea, G.C., & Coiffet, P. (1994). *Virtual reality technology*. London: Wiley-Interscience.
Cacioppo, J.T., Fowler, J.H., & Christakis, N.A. (2009). Alone in the crowd: the structure and spread of loneliness in a large social network. *Journal of Personality and Social Psychology*, *97*(6),977.
Christakis, N.A., & Fowler, J.H. (2008). The collective dynamics of smoking in a large social network. *New England Journal of Medicine*, *358*(21),2249 - 2258.
Christakis, N.A., & Fowler, J.H. (2013). 大连接：社会网络是如何形成的以及对人类现实行为的影响，北京：中国人民大学出版社.
Cronk, B.C., & West, J.L. (2002). Personality research on the Internet: a comparison of Web-based and traditional instruments in take-home and in-class settings. *Behavior Research Methods Instruments Computers*, *34*(2),177 - 180.
Davis, R.N. (1999). Web-based administration of a personality questionnaire: Comparison with traditional methods. *Behavior Research Methods, Instruments, & Computers*, *31*(4),572 - 577.
Dillman, D.A., & Bowker, D.K. (2001). The Web questionnaire challenge to survey methodologists. *Online Social Science*, 53 - 71.
Dodds, P.S., Harris, K.D., Kloumann, I.M., Bliss, C.A., & Danforth, C.M. (2011). Temporal patterns of happiness and information in a global social network: Hedonometrics and Twitter. *PloS one*, *6*(12), e26752.
Duffy, M.E. (2002). Methodological issues in Web-based research. *The Journal of Nursing Scholarship*, *34*(1),83 - 88.
Evans, J.R., & Mathur, A. (2005). The value of online surveys. *Internet Research-Electronic Networking Applications and Policy*, *15*(2),195 - 219.
Fan, W., & Bifet, A. (2013). Mining Big Data: Current Status, and Forecast to the Future. ACM SIGKDD Explor Newsl.
Fan, W., & Yan, Z. (2010). Factors affecting response rates of the web survey: A systematic review. *Computers in Human Behavior*, *26*(2),132 - 139.
Fang, J., Wen, C., & Pavur, R. (2012). Participation willingness in web surveys: exploring effect of sponsoring corporation's and survey provider's reputation. *Cyberpsychology, Behavior, and Social Networking*, *15*(4),195 - 199.
Freeman, L.C. (1979). Centrality in social networks conceptual clarification. *Social Networks*, *1*(3),215 - 239.
Fujimoto, K., Unger, J.B., & Valente, T.W. (2012). A network method of measuring affiliation-based peer influence: Assessing the influences of teammates' smoking on adolescent smoking. *Child Development*, *83*(2),442 - 451.
Golder, S.A., & Macy, M.W. (2011). Diurnal and seasonal mood vary with work, sleep, and daylength across diverse cultures. *Science*, *333*(6051),1878 - 1881.
Golder, S.A., & Macy, M.W. (2013). Social media as a research environment. *Cyberpsychology, Behavior and Social*

Networking, *16*(9),627 - 628.
Gosling, S. D., Vazire, S., Srivastava, S., & John, O. P. (2004). Should we trust web-based studies? A comparative analysis of six preconceptions about internet questionnaires. *American Psychologist*, *59*(2),93 - 104.
Heiervang, E., & Goodman, R. (2011). Advantages and limitations of web-based surveys: Evidence from a child mental health survey. *Social Psychiatry and Psychiatric Epidemiology*, *46*(1),69 - 76.
Hu, X., Cai, Z., Graesser, A. C., & Ventura, M. (2005). Similarity Between Semantic Spaces. Proceedings of the 27th annual conference of the cognitive science society.
Huff, R. (2011). *Friendship Networks, Perceived reciprocity of support, and depression*. University of South Florida.
Huitsing, G., Veenstra, R., Sainio, M., & Salmivalli, C. (2012). "It must be me" or "It could be them?": The impact of the social network position of bullies and victims on victims' adjustment. *Social Networks*, *34*(4),379 - 386.
Jin, L. (2011). Improving response rates in web surveys with default setting : The effects of default on web survey participation and permission. *International Journal of Market Research*, *53*(1),75 - 94.
Johnson, G. M., & Kulpa, A. (2007). Dimensions of online behavior: Toward a user typology. *Cyberpsychology & Behavior*, *10*(6),773 - 779.
Joinson, A. (1999). Social desirability, anonymity, and Internet-based questionnaires. *Behavior Research Methods, Instruments, & Computers*, *31*(3),433 - 438.
Karabulut, Y. (2013). Can facebook predict stock market activity? . *In AFA 2013 San Diego Meetings Paper*.
Killingsworth, M. A., & Gilbert, D. T. (2010). A wandering mind is an unhappy mind. *Science*, *330*,932.
Konijn, E. A., Veldhuis, J., & Plaisier, X. S. (2013). YouTube as a Research Tool: Three Approaches. *Cyberpsychology, Behavior, and Social Networking*, *16*(9),695 - 701.
Kosinski, M., Stillwell, D., & Graepel, T. (2013). Private traits and attributes are predictable from digital records of human behavior. *Proceedings of the National Academy of Sciences*, *110*(15),5802 - 5805.
Kramer, A. D. I., Guillory, J. E.,& Hancock, J. T. (2014). Experimental evidence of massive-scale emotional contagion through social networks. *Proceedings of the National Academy of Sciences*, *111*(24): 8788 - 8790.
Kraut, R., Olson, J., Banaji, M., Bruckman, A., Cohen, J., & Couper, M. (2004). Psychological research online: Report of board of scientific affairs' advisory group on the conduct of research on the internet. *American Psychologist*, *59*(2),105 - 117.
Kumar, R., Novak, J., & Tomkins, A. (2010). Structure and evolution of online social networks. *Link mining: models, algorithms, and applications* (pp. 337 - 357). New York: Springer.
Leng, H. K. (2013). Methodological issues in using data from social networking sites. *Cyberpsychology, Behavior and Social Networking*, *16*(9),686 - 689.
Lewis, I., Watson, B., & White, K. M. (2009). Internet versus paper-and-pencil survey methods in psychological experiments: Equivalence testing of participant responses to health-related messages. *Australian Journal of Psychology*, *61*(2),107 - 116.
Li, G., & Cheng, X. (2012). Research status and scientific thinking of big data. *Bulletin of Chinese Academy of Sciences*, *27*(6),647 - 657.
Li, L., Li, A., Hao, B., Guan, Z., & Zhu, T. (2014). Predicting active users' personality based on micro- blogging behaviors. *PLoS One*, 9(1): e84997.
Manfreda, K. L., Bosnjak, M., Berzelak, J., Haas, I., & Vehovar, V. (2008). Web surveys versus other survey modes: A meta-analysis comparing response rates. *Journal of the Market Research Society*, *50*(1),79 - 104.
Manyika, J., Chui, M., Brown, B., Bughin, J., Dobbs, R., Roxburgh, C., & Byers, A. H. (2011). Big data: The next frontier for innovation, competition, and productivity. *Analytics*, McKinsey Global Institute.
McAfee, A., Brynjolfsson, E., Davenport, T. H., et al. (2012). Big data. *Harvard Business Review*, 90: 61 - 67.
Mercken, L., Snijders, T. A., Steglich, C., Vertiainen, E., & De Vries, H. (2010). Smoking-based selection and influence in gender-segregated friendship networks: A social network analysis of adolescent smoking. *Addiction*, *105*(7),1280 - 1289.
Michalak, E. E., & Szabo, A. (1998). Guidelines for Internet research: An update. *European Psychologist*, *3*(1),70 - 75.
Miller, E. T., Neal, D. J., Roberts, L. J., Baer, J. S., Cressler, S. O., Metrik, J., & Marlatt, G. A. (2002). Test-retest reliability of alcohol measures: Is there a difference between internet-based assessment and traditional methods? *Psychology of Addictive Behaviors*, *16*(1),56 - 63.
Modin, B., Östberg, V., & Almquist, Y. (2011). Childhood peer status and adult susceptibility to anxiety and depression. A 30-year hospital follow-up. *Journal of Abnormal Child Psychology*, *39*(2),187 - 199.
Montero, M., & Stokols, D. (2003). Psychology and the internet: A social ecological analysis. *Cyberpsychology & Behavior*, *6*(1),59 - 72.
Moreno, M. A., Goniu, N., Moreno, P. S., & Diekema, D. (2013). Ethics of social media research: Common concerns and practical considerations. *Cyberpsychology, Behavior, and Social Networking*, *16*(9),708 - 713.
Naglieri, J. A., Drasgow, F., Schmit, M., Handler, L., Prifitera, A., Margolis, A., & Velasquez, R. (2004). Psychological testing on the Internet: New problems, old issues. *American Psychologist*, *59*(3),150 - 162.
Naumann, A., Brunstein, A., & Krems, J. F. (2007). DEWEX: A system for designing and conducting web-based

experiments. *Behavior Research Methods*, *39*(2), 248 - 258.
Okamoto, J., Johnson, C. A., Leventhal, A., Milam, J., Pentz, M. A., Schwartz, D., & Valente, T. W. (2011). Social network status and depression among adolescents: An examination of social network influences and depressive symptoms in a Chinese sample. *Research in Human Development*, *8*(1), 67 - 88.
Reips, U. D. (2001). The Web Experimental Psychology Lab: Five years of data collection on the Internet. *Behavior Research Methods, Instruments, & Computers*, *33*(2), 201 - 211.
Reips, U. D. (2002). Standards for internet-based experimenting. *Experimental Psychology*, *49*(4), 243 - 256.
Reips, U. D., & Lengler, R. (2005). The Web Experiment List: A web service for the recruitment of participants and archiving of Internet-based experiments. *Behavior Research Methods*, *37*(2), 287 - 292.
Riva, G. (2001). The mind over the Web: the quest for the definition of a method for internet research. *Cyberpsychology & Behavior*, *4*(1), 7 - 16.
Riva, G., & Galimberti, C. (2001). The mind in the Web: Psychology in the internet age. [Editorial]. *Cyberpsychology & Behavior*, *4*(1), 1 - 5.
Riva, G., Teruzzi, T., & Anolli, L. (2003). The use of the internet in psychological research: Comparison of online and offline questionnaires. *Cyberpsychology & Behavior*, *6*(1), 73 - 80.
Rosenquist, J. N., Murabito, J., Fowler, J. H., & Christakis, N. A. (2010). The spread of alcohol consumption behavior in a large social network. *Annals of Internal Medicine*, *152*(7), 426 - 433.
Runxi, Z. (2009). A review on research and development of China's network opinion. *Researches in Library Science*, *8*, 002.
Sassenberg, K., Boos, M., Postmes, T., & Reips, U.-D. (2003). Studying the Internet: A challenge for modern psychology. *Swiss Journal of Psychology*, *62*(2), 75 - 77.
Schmidt, W. C. (1997). World-Wide Web survey research: Benefits, potential problems, and solutions. *Behavior Research Methods, Instruments, & Computers*, *29*(2), 274 - 279.
Seligman M E P. Flourish. (2012). *A visionary new understanding of happiness and well-being*. New York: Simon and Schuster.
Selm, M., & Jankowski, N. W. (2006). Conducting online surveys. *Quality & Quantity*, *40*(3), 435 - 456.
Skitka, L. J., & Sargis, E. G. (2005). Social psychological research and the Internet: The promise and peril of a new methodological frontier. *The social net: The social psychology of the Internet*, 1 - 26.
Skitka, L. J., & Sargis, E. G. (2006). The internet as psychological laboratory. *Annual Review of Psychology*, *57*, 529 - 555.
Smyth, J. D., Dillman, D. A., Christian, L. M., & Mcbride, M. (2009). Open-ended questions in web surveys can increasing the size of answer boxes and providing extra verbal instructions improve response quality? *Public Opinion Quarterly*, *73*(2), 325 - 337.
Snijders, T. A., Van de Bunt, G. G., & Steglich, C. E. (2010). Introduction to stochastic actor-based models for network dynamics. *Social Networks*, *32*(1), 44 - 60.
Suler, J. (2004). The online disinhibition effect. *Cyberpsychology & Behavior*, 7(3), 321 - 326.
Swoboda, I., & Bhalla, P. L. (1997). RAPD analysis of genetic variation in the Australian fan flower, Scaevola. *Genome*, *40*(5), 600 - 606.
Tao, R., Huang, X., Wang, J., Zhang, H., Zhang, Y., & Li, M. (2010). Proposed diagnostic criteria for internet addiction. *Addiction*, *105*(3), 556 - 564.
Valente, T. W. (2011). Social networks and health: Models, methods, and applications. *International Journal of Epidemiology*, *40*(6), 1742 - 1743.
Wasserman, S. (1994). *Social network analysis: Methods and applications* (Vol. 8). Cambridge: Cambridge university press.
Wellman, B. (1998). A computer network is a social network. *ACM SIGGROUP Bulletin*, 19(3), 41 - 45.
Wishart, M., & Kostanski, M. (2009). First do no harm: Valuing and respecting the 'Person' in psychological research online. *Counselling, Psychotherapy, and Health*, *5*(1), 300 - 328.
Wood, R. T., Griffiths, M. D., & Eatough, V. (2004). Online data collection from video game players: Methodological issues. *Cyberpsychology & Behavior*, 7(5), 511 - 518.
Xu, Y., Farver, J. A., Schwartz, D., & Chang, L. (2004). Social networks and aggressive behaviour in Chinese children. *International Journal of Behavioral Development*, *28*(5), 401 - 410.

4 网络自我：网络中的个体人格

“在互联网上，没有人知道你是一条狗”(Christopherson, 2006)，“在互联网上没有人知道我是内向的”(Amichai-Hamburger, Wainapel, & Fox, 2002)，这些经典句子充分说明了个体可以在网络上展示一种不同于现实中的“自我”。以计算机为媒介的沟通(computer-mediated communication, CMC)具有“匿名”、“沟通信息可编辑”和“低时间动态”等特性，网络虚拟环境具有“沉浸性”、“交互性”和“想象性”等特点，这就使得“网络中的个人”具有更多的“表演性”和“主观性”。网络技术提供的虚拟现实的多通道感知(视觉、触觉、听觉感知等)增加了沉浸体验的可能，当个体进入虚拟世界时，各种感觉器官的参与削弱了人与真实世界的隔离感，个体往往将自己感知为虚拟世界中的一部分，从而沉浸于虚拟世界中并积极参与各项活动，这使得网络自我呈现的过程比面对面沟通更具有主观选择性(Walther & Burgoon, 1992; Walther, 1996)。网络中的自我表露涉及个体与网络环境的深层关系，对个体的亲密关系、人际信任和社会支持系统都会产生重要的影响。个体的人格特点与其网络使用显然有着密切的联系，人格特点与网络行为的相互关系是网络心理学研究的核心问题之一。

自我是人格的核心，本章探讨了网络中的自我呈现、自我表露的动机和过程特点，并试图揭示人格与网络行为的深层联系。

4.1 自我探索的新方式：网络中的自我呈现

自我呈现(self-presentation)，也被称为印象管理(impression management，或译为印象整饬)，缘起于 Goffman 的著作《日常生活中的自我呈现》中的“拟剧论”(dramaturgy)。他将自我呈现称作“舞台的艺术”，每个人都是表演者，按照一定的剧本扮演着不同的角色，来塑造他们的社会形象和身份，这里的剧本指的是一组经过精挑细选的、用于进行自我表现的言语和非言语活动，会随着情景的变化和角色的要求而变化。Goffman(1959)认为，我们是为在他人心目中塑造一个自己所希望的印象而表演的。在人际互动中，“不管个人在头脑中所具有的具体目标是什么，也不管他达到这个目标的动机是什么，他的兴趣始终是控制他人的行为，特别是控制他人对自己的反应”。他所认为的自我呈现就是个人为了创造、修改和保持他人对自己的印象而进行自我包装和修饰的过程。

生活中的自我呈现行为无所不在，不同的场合下人们会根据不同的需要进行不同的展示。例如，公共场合的演讲、寻求工作时的面试、参加化妆舞会时的打扮等等。人们努力地获得他人对自己的预期，利用各种方式试图说服他人相信自己确实符合预期中的某些品质。Schlenker(1985)认为影响个体成功的自我呈现的因素有两个：(1)收益(尽可能表现最好的形象)；(2)可信度(观众是否相信个体的自我呈现)，其中，可验证性是可信度的一个重要影响因素。如果个体的自我呈现是可以被验证的，那么他们在进行自我呈现时必须同时考虑到这两个因素。而在虚拟世界中，由于人们交往的匿名性导致身份线索的缺失，其可验证性也逐渐消失，个体在进行自我呈现的时候只需要考虑一种因素——收益。因此，网络中的人们会用多样化的自我呈现为媒介来表达自己，尽可能表现最好的形象以便获得收益。

个体在虚拟世界中会呈现真实的自己，也会改变自我呈现，“变身”为另外一个人，并以此身份来参与人际互动。那么，自我呈现背后的心理机制是什么？它会对个体的心理与行为产生怎样的影响？通过对虚拟世界中的用户行为进行观察和研究，研究者们对用户自我呈现的动机、所采用的工具和策略产生了兴趣，而这对了解个体在虚拟世界中的知觉、认知和行为规律具有重要的意义。

4.1.1 网络自我呈现动机

Goffman(1959)认为自我呈现最主要的动机是对社会赞许的期望和对互动结果

的控制。Tedeschi、Schlenker和Bonoma(1971)认为自我呈现的动机有两种,一种是为了符合社会互动情境的期望,或发展新的情境规则,使人际互动得以顺利进行;另一种则是为了获取有利于自己的评价和酬赏。Arkin(1981)将自我呈现动机分为获得性自我呈现和保护性自我呈现,前者的动机是达成成功自我呈现的主观可能性,即试图让别人积极地看待自己;后者的动机则是避免失去社会赞许或避免得到社会批评,即避免让别人消极地看待自己。Jones和Pittman(1982)认为自我呈现的目的在于讨好他人,以获取更多有利的资源、降低对方给予伤害的可能性或提升自己的价值。Baumeister(1982)则认为存在两种个体印象管理的动机:一为取悦观众,赢得喜欢与自尊;二是在公开自我和理想自我之间建构自我的一致性。Leary和Kowalski(1990)认为自我呈现动机包括印象动机和印象建构两个成分或过程。印象动机反映的是个体控制他人对自己形成的知觉和印象的愿望。印象建构是指人们如何"改变自己的行为以影响他人对自己的印象",是用来产生具体印象的策略。印象动机包括目标印象、目标印象的效价以及目标与现状之间的距离;而印象构建则包括自我概念、角色限制、社交对象的效价以及个体当前或潜在的社会形象。

在网络沟通过程中,自我呈现具有主观选择性、匿名性、不完全同步性等特点,与面对面交流相比,个体的自我呈现动机主要表现在以下几个方面。

取悦观众 为了给网络聊天对象或者社交网站的游客留下美好的印象,建立新的网络人际关系,获取网络好友们的赞美,稳定和维持网络人际关系,个体会采用不同策略来进行自我提升。Strano等(2012)在对使用Facebook的年轻人的调查中发现,使用者考虑选择照片的首要因素是"迷人"。Siibak(2009)调查了爱沙尼亚12—17岁学生是如何选择社交网站首页的照片的,结果发现他们首先考虑的因素是"好看"。在社交网站中,女性更倾向于呈现有助于提升自我形象的信息(如外貌),更多地呈现用图片美化工具处理过的照片;而男性一般会使用文字来描述个性特点以及成就(Ong等,2011; Siibak, 2009)。女性会对自己的照片进行管理(Rui & Stefanone, 2013),个人主页的内容形式也更为丰富,她们会更频繁地更新个人主页,如写日志,上传照片(Kane, 2008),会较多地呈现感性的一面,如真实地呈现自己的家庭、情感和婚姻状况(Toma, 2010)。而男性则会更多地展现出与男性气质有关的信息(Muscanell & Guadagno, 2011),他们会较多地谈论政治问题。

自我保护 与面对面交往相比,网络交往所面对的对象不仅是个体,还包括所有的观众。为了维系人际关系,降低关系紧张感,避免形成不适当的公众印象或者引起关系紧张(Tokunaga, 2011),个体需要采取有效的展示策略。例如,个体在社交网站中会有选择地进行隐私设置(Chen & Marcus, 2012),女性比男性更倾向于进行隐私设置,个体的隐私设置会受到其好友隐私设置的影响(Lewis, Matheson, &

Brimacombe, 2011)。隐私设置程度较高的个体,其自我呈现的表露程度较低(Ellison, Vitak, Steinfield, Gray, & Lampe, 2011)。同时,观众隔离(如设置访问密码、仅对某些人开放)更多地被用于网络中的自我呈现。

建构自我 网络交往的匿名性可以帮助个体实现现实自我和理想自我的一致性。Turkle(1995)的研究发现青少年和成人经常在互联网上改换角色,并尝试不同性别的虚拟身份,有的人在网络上会变得更自信,有的人会在网络上扮演与原来的自己不同的人。Chester(2004)考察了网络使用者在 MUD 游戏中的自我表现行为,发现个体在网络上的自我表现存在正向偏差,从被试选择性的自我表露中能够看到个体有意识地在进行角色扮演,并报告他们在网上有较少的内向行为,内向和外向的人在网上的行为表现趋于一致。Peter、Valkenburg 和 Schouten(2005)以 9—18 岁的青少年为被试进行的研究发现,使用聊天室和即时通讯服务的青少年中,50%的人报告曾在互联网上伪装成另外一个人。这些研究都在不同程度上说明,个体会在网络上建构一个不同于现实自我的"我",网络中的"我"接近于理想自我,个体在网络中的自我呈现能够促进现实自我和理想自我的一致性,帮助个体建构自我同一性。个体的自我同一性所处的状态越成熟稳定,个体越擅长使用各类在线自我呈现技巧。

对丹麦著名的青少年社交网站 Arto 的研究发现,青少年在社交网站中通过文字表达对朋友强烈的情感,他们很少写关于自己的内容,而更多地表达朋友对他们的重要性以及表达对朋友的赞美,这种譬如爱、喜欢、欣赏和感激等积极情感的表露,使得青少年彼此获得价值感和认同感,这有助于青少年从社交网站使用中获得自信。在社交网站中,用户更加青睐于自信的自我呈现技巧,而自信是青春期建构自我同一性很重要的成分。Larsen 认为利用网络文字表达对朋友的爱不仅是青少年维持友谊的方式,而且也是他们作为年轻人建构自我的方式(顾璇,金盛华,李红霞,吴嵩,2012)。

积累社会资本 在互联网对个体的影响中最核心的问题是网络使用是否有利于增加个体的社会资本(social capital)。社会资本是一个包含社交网络、信任、政治参与度和生活满意度等多个元素的概念(Adler & Kwon, 2002)。Kraut 等人进行了两次样本调查,第一次调查结果显示,互联网使用时间能够预测社会关系网络的强度,互联网的使用减少了用户与家庭成员之间的沟通时间,缩小了用户的个人社交网络,增加了用户的孤独感(Kraut 等,1999)。第二次调查结果显示,互联网的消极作用消失了,所有测量个人家庭、社会适应和参与程度的指标都表明,互联网使用带来了积极的心理和社会效果(Kraut 等,2002)。网络交往关系从本质上说是个人为了获取社会资本而做出的理性选择,实名制社交网站能增益人际关系,多数用户使用社交网络是为了和线下的朋友保持联络,而不是结交新的朋友,社交网站不仅能实现强关系之间的交往,也能够发展弱关系(腾云,杨琴,2007; Valenzuela, Park, & Kee, 2009)。并且,青少年使用社交网站的强度和社会资本之间的关系受到使用者自尊水平和生活满意度水平的调节,低自尊和低生活满意度的青少年使用社交网站能增加社会资本,特别是促进社会资本之间的连接(Ellison, Steinfield, & Lampe, 2007)。在Facebook上进行自我表露能给用户带来亲密感,因而利用社交网站建构自我的青少年会感到与同伴的关系更加紧密,而且他们拥有的幸福感和社会满意度也会更高(Valenzuela, Park, & Kee, 2009; Burke, Marlow, & Lento, 2010)。

4.1.2 网络自我呈现工具

网名

随着信息与通信技术的飞速发展,网名已经成为一种泛在(ubiquitous)的人造符号,即个人在网络中用来表征自己、隐藏真实身份的符号。网名在使用环境、构成规则、使用时间等方面都与真实的人名有极大的不同。例如,组成人名的姓和名主要通过家族沿袭和父母等长辈的指定形成,其中常包含着长辈对晚辈的期望和祝福,通常在个人出生前后不久即已确定并会为个人长期乃至终生所使用,非常固定而很少会有变动;与之相对的,网名的命名则比较自由,通常由用户自己选择或设计,反映着其个人的喜好与意愿,并在很大程度上可以改动或废弃,使用时间相对较短(杨红升,王芳,顾念君,黄希庭,2012)。

研究者发现,虽然网名与人名在命名规则、使用频率和使用环境等诸多方面存在差异,但是如同现实世界中的人名一样,网名在虚拟世界中同样起着表征个人身份的作用。网名为用户提供了另外一种在网络世界中呈现自己、表征自我的通道。虽然网名的使用在很大程度上非常灵活并可以根据自己的意愿加以改变,但Bechar-Israeli(1995)的研究表明,用户在选择网名时会和选择人名时一样谨慎。如果必须改变或更换自己喜欢的某个网名,新网名和旧网名之间往往会有着很强的相似性或者密切的联系。因此,网名对其使用者而言具有特殊意义并会成为他/她在网络中的个人标志(Stommel, 2007)。杨红升等(2012)以网名为材料考察了与自我相关的网络信息的加工优势,结果发现个人的网名与真实人名可能具有同样的加工机制,这意味着用户自己的网名在很多方面都与自我有着直接关联(Bechar-Israeli, 1995; Stommel, 2007)。根据Stommel的观点,选择网名本身就是一种建构自我的过程。网名并不仅仅是网络中标志用户身份的一个符号,而且成为个人在虚拟世界中表征自我的一种重要形式。

丁道群(2005)以网名为例,考察了青少年在网络空间中的自我呈现特征,发现通过网名呈现出来的自我与现实自我在很大程度上是不一致的,多为“表达理想的自我形象”、“表达另一个真实的自我”、“表达内心的真实欲求”，并且男性更希望通过新奇的网名来吸引好友，获得对方的好感，而女性更多地表达和呈现现实的自我。人们会根据互动的具体情境使用相应的网名，以使自己的言行符合该情境的特点。Subrahmanyam 等人在研究中分析了近 500 个网络昵称，发现用户的网名反映了他们的线下自我(offline self)。

个人信息

在网络交流中，网络用户利用个人资料来表现自我，其中，年龄、性别、所在地等信息是网络同一性构建的最主要工具。Herring 等人(2004)研究发现，54%的博客作者提供了年龄、性别、职业、所在地等人口统计学信息。其他一些在面对面互动中显而易见的信息，如体型、服装和长相，在网络聊天室或基于文本的网络沟通环境下，只能利用文字信息等进行预估。

用户可以在网络上用文字或者其他方式来描述自己，告诉别人“我”是谁，例如，编辑个人的签名档、昵称、主页、博客、微信等个人信息资料，或运用文字符号描述个人的价值观、爱好、职业等等，在互动过程中，用户还可以通过进一步编辑文字来控制自我的呈现。用户可以通过即时聊天工具(例如 QQ、MSN)随时更改自己的签名档，将自己的近况、情绪或者求助信息用简短的语言形式发布，让自己的好友随时都能了解自己的现状，并跟帖互动。Grinter 和 Palen(2002)的研究发现，十多岁的孩子在使用即时聊天工具时修改自己的昵称被看成是一种礼貌的行为，这样可以让他们的朋友很容易看出他们是否在线。

网络实名制与匿名制已经分成两派，一派倡导建立一个使用真实身份的网络环境，另一派则为了保持网络匿名或使用昵称的交流模式而抗争。以 Facebook 和人人网为代表的实名制社交网站与传统的匿名制社交网站不同，它们强调实名注册，逆转了网络人际关系从线上(网络)到线下(现实生活)的建立方式，淡化了网络社交的匿名性和虚拟性。Facebook 和人人网都拥有巨大的用户群，美国 94%的大学生是 Facebook 用户(Steinfield, Ellison, & Lampe, 2008; Ross, Orr, Sisic 等, 2009; Pempek, Yermolayeva, & Calvert, 2009)，人人网的注册用户数达到 1.6 亿，是中国最大的实名制社交网站。用户在实名制社交网站中所注册的个人信息与现实中的个人信息基本一致，这种虚拟环境为用户提供了有选择性的、真实的自我呈现平台，它的基本特征符合社会规范，是正面、积极的，其社交网络估值较高。

虚拟化身

虚拟化身是用户在虚拟环境中一种极为普遍的自我呈现方式，是个体自我呈现发生的必要条件，被定义为“一种感知上的数码呈现，其行为反映了那些由特定人所执行的、通常是实时性的行为”。在虚拟世界中，用户的网络身份通过操纵能够活动的、图像化的虚拟化身(avatars)来展示。例如全球盛行的网络3D游戏《魔兽世界》、仿真虚拟社交游戏 *Second life* 等,都是基于化身进行互动的(Chan & Vorderer, 2006)。在现实环境中改变自我呈现具有较大的难度和局限性,而在虚拟环境中的化身可以自定义,用户能随意设置身体属性、社会人口学特性以及其他外部特征。根据网络环境的不同,虚拟化身可能是人类,也可能是生物,但是一般来说虚拟化身都是以3D的动画形象出现的(顾璇,金盛华,李红霞,吴嵩,2012)。

化身的选择与设定同用户的自我结构和自我概念密不可分。首先,化身反映了自我的不同方面。化身会有意或无意地反映个体真实的自我,也可以反映他们所幻想的、想象的或者希望成为的人(Belisle & Bodur, 2010)。虚拟世界可以为用户提供更为安全和自主的环境,并允许用户塑造另一个或者多个自我,并且化身是高度控制的信息传送器,适合决策上的自我呈现,可以用于表达任何类型的自我。其次,化身可以影响自我的塑造。化身常常体现着某些角色特点,角色特点会引发相应的角色预期,个体在扮演中不断加强角色所带来的心理认同感,并有意无意地参照这些期望来塑造自我(卞玉龙,周超,高峰强,2014)。Šmahel等人(2008)研究发现,在角色扮演类游戏(MMOPRG)中,与成年玩家相比,青春期和成年初期的玩家更认同他们的虚拟化身,并认为"他们和他们的虚拟化身是一样的",而且"他们拥有与虚拟化身相同的技巧"。

用户选择虚拟化身会影响人际互动,包括攻击行为、社交行为等,对线下人际互动也会有影响。攻击行为在现实社会中会受到限制,而在匿名性环境和适当的攻击性线索下就会表现出来。研究发现,相比于无攻击性化身(如穿白色长袍)的被试,使用有攻击性化身(身着黑色长袍)的被试更容易做出高水平的攻击和反社会行为(Pena等,2009)。关于社交行为方面,在虚拟环境中,化身的选择和设定是为了增强用户自身在虚拟社交中的影响力(Simon, 2010)。在网上约会中,男性用户倾向于使用高个的化身,女性用户倾向于使用苗条的化身(Hancock, Toma, & Ellison, 2007)。通过化身可以影响他人对自己的知觉,同时化身也影响着用户本身的社交表现。Yee和Bailenson(2007)发现,在3D虚拟环境中化身吸引力提高了被试社交的信心,被试使用有吸引力的化身会表现得更友好,人际距离更近,自我表露更多。

虚拟化身不仅为青春期的游戏玩家提供了一种对线下真实生活中积极和消极的人格特征进行鉴别和认同的方式(Šmahel, Blinka, & Ledabyl, 2008),也影响着人们现实中的行为(Gunwoo & Patrick, 2014)。Gunwoo等人(2014)招募了394名大学本科生参与两个独立实验,在实验一中,194名大学生被随机分成"超人"(英雄化身)、"伏地魔"(恶棍化身)以及"圆圈"(中性化身)等角色,在随后的游戏任务中,所有被试都需要与虚拟世界中的敌人战斗五分钟。接下来研究人员要求所有被试都进行看似与游戏毫不相关的“盲品测试”，在该测试中，每位大学生都会品尝巧克力和辣椒酱，然后被告知需要选择其中一种食物倒入塑料盘提供给下一位研究参与者品尝。最后实验结果显示，那些扮演“超人”的大学生更倾向于选择巧克力，并且数量上约为辣椒酱的两倍，显著多于其他虚拟化身的扮演者。而扮演“伏地魔”的大学生则正好相反，他们所倒的辣椒酱为巧克力的两倍。作为虚拟化身的实践者，当沉浸在虚拟世界时应该铭记：从戴上虚拟面具的那刻开始，模仿行为也在真实世界中悄然萌发。

图片与视频

视觉元素是用户在虚拟世界中进行自我展示的重要部分，通过精心挑选和控制这些视觉元素，用户不仅将图像作为自我展示的一种印象管理策略，同时通过解读他人的图像信息来获得互动对方的更多信息(Subrahmanyam 等，2009)，这对于成功建立网络关系有重要的作用(Hancock & Toma, 2009)。Pearson(2010)通过对 SNS 用户的访谈发现，用户头像是比网络昵称或用户名更具有跨情景一致性和稳定性的元素，用户头像是在网络中建构稳定同一性的主要来源。

Ellison 等(2006)的研究显示，网上个人资料中的照片能够进一步支持文字描述中的内容，从而让人们觉得有面对面接触的感觉。人们会有意识地选择照片，一方面呈现自己的容貌，另外还强调了对他们有重要意义的特征和品质。Mikkola 和 Kumpulainen(2008)通过对芬兰 13—15 岁的青少年的社交网站使用行为进行调查发现，青少年乐于在照片中表现对他们有重要意义的人或事物，例如家人和朋友。青少年博客使用者比其他年龄阶段的用户更多地在网络上发布自己的照片(Subrahmanyam 等，2009)。男性用户在社交网站上呈现出的自身形象较自然，修饰较少，而女性用户在头像的自我呈现中更侧重于凸显自身的容貌，夸大自身美丽、乖巧和可爱的一面，但是不会过度张扬个性或通过出位的表现来展现自我、吸引眼球。图片还具有修饰自我的功能，青少年为了美化自我形象，常选用代表着理想化形象的卡通人物或游戏照片作为个人网络档案中的图片，这一行为表达了青少年进行自我身份实验和探索的愿望。

采用动态的视频影像进行自我展示更具有纪实性，能给人带来直观的感官冲击，是一种新的描述自我的工具。以网络视频进行自我展示，给人们一种“在场”的真实感，它是人们原封不动记录下的“第一现场”，是对事件发生时非编码的“真实世界”的再现。它避免了线性文字和静止图片造成的模糊，意欲以感官“真实”和窥探来赢得关注。网络视频是可以控制的，网络上存在大量经过个人编辑和带有个人感情色彩的原创纪实性视频，它们增强了个人塑造一个富有动感的“自我”的能力(黄佩，仝海威，李慧慧，2011)。

4.1.3 网络自我呈现策略

自我呈现主要用于影响他人对自己印象的形成和改变,为了达到可信性和有利性的目的,个体会采用各种不同的策略。社交网站中的自我呈现行为具有更高的可控性,用户会根据受众和目标采用不同的呈现策略。

根据呈现内容,在社会网络中的自我呈现策略主要有三种:(1)积极主动策略,个体在社交网络中很注意自己呈现的形象,看重他人对社会网络中自我形象的看法,并主动表现出优秀的一面;(2)模糊泛化策略,为了避免他人对社交网络中的自我产生刻板印象,个人倾向于模糊表达内心的想法和情感;(3)消极被动策略,控制社交网络中的负面态度和行为,尽量控制负面情绪的表达。这三种自我呈现策略等同于积极的自我呈现(Kim & Lee, 2011),Kim认为社交网站自我呈现可分为积极的自我呈现(呈现理想自我)和真实的自我呈现,积极的自我呈现是指个体按照理想自我进行展示,选择性地表现自身的积极方面,强调自身优点;真实的自我呈现则是客观地呈现自身的各个方面,并不对呈现内容进行选择,强调自我呈现的真实性。网络的公开性使个体倾向于使用积极的自我呈现,而社交网站是为个体提供自我同一性探索的平台,也使个体倾向于呈现真实自我。

不同的自我呈现策略对个体有着不同的影响:积极自我呈现会塑造出积极自我形象,用户会发布与自身相关的正面信息,有助于保持愉悦的心情,塑造积极的自我概念。个体选择呈现积极信息或者自己理想的一面还能增强与他人的社会连接,提升自身的幸福感和自尊(Kim & Lee, 2011)。并且,积极自我呈现可以使个体产生一种积极错觉,即对自我的积极认知,进而对个体的心理社会适应产生影响(Lin, Tov, & Qiu, 2014)。而使用真实自我呈现的个体在网络上会进行真实深入的自我表露,能使沟通对象更好地了解自己,增加人际信任和亲密度、维持人际关系和获得社会支持,从而降低个体的孤独感,提升个体的社会支持、幸福感水平(Kisilevich, Ang, & Last, 2012; Ko & Kuo, 2009; Park, Jin, & Annie, 2011)和自尊(牛更枫,鲍娜,范翠英,周宗奎,孔繁昌,孙晓军,2015)。虽然两种自我呈现方式对个体的网络人际交往具有积极的影响,然而相比于积极自我呈现策略,个体采用真实自我呈现对友谊质量的积极影响更大(崔曦曦,孙晓军,牛更枫,2016)。

依据呈现方式,个体在网络空间中自我呈现的策略主要可以分为五种类型,分别是:逢迎讨好(ingratiation)、能力显示(competence)、威逼强迫(intimidation)、榜样示范(exemplification)和示弱求助(supplication)(Jung, Youn, & McClung, 2007)。Bortree(2005)经过进一步研究发现,逢迎讨好、能力显示、示弱求助这三种类型更多地被人们用于社交网站等网络自我呈现中。逢迎讨好是指用一定的策略性行为来影响别人,以增加自己个人品质的吸引力,使自己看起来令人喜欢。雷雳(2010)对全国初、高中生进行的大样本调查也显示，逢迎是青少年在网络交往中使用最多的自我展示策略。能力显示目的在于给他人留下有能力、有资格的印象，并由此使他人感到双方的差距，从而赢得他人的尊重，提升自己的影响力。网络交往中男性会更多地使用能力显示策略来提高自己的形象，获得更多的认可。示弱求助是在网络社交中向他人显示自己的无助并期望获得他人的帮助与支持，目的在于引起他人的同情，进而获得帮助。这是用户在其他策略使用无效时最后的一种被动的印象控制方法，也是赢得他人帮助的常用手段。同时，这还是骗取他人信任、同情和其他物质帮助的伎俩。然而，一种极端的示弱求助方式则是自伤网络呈现，研究显示，自伤呈现在社交网站和视频分享类网站中最为活跃(Duggan 等，2012)。自伤者一般是将自伤作为一种应对策略，有自伤者报告，当他们处于压力情境中时，网络中展示的自伤图片就像“安慰剂”一样，让他们自伤的冲动降低(Seko 等，2015)。对自伤青少年来说，对自伤行为进行网络呈现不仅可以满足自身的需要，还能给同样自伤的青少年提供相应的理解支持，但同时，这也可能让他们更认同自己的自伤，从而加重自伤行为并放弃向外界求助(鲁婷，江光荣，魏华，林秀彬，韦辉，应梦婷，2016)。

其他的自我呈现策略还包括自我提升和自我批评。如 Heine 等(2000)的实验发现，北美人比日本人更多地使用自我提升作为自我展示的策略，他们更愿意接受自己优于他人的信息，相反日本人更倾向于接受消极的自我信息，将自我批评作为一种自我展示的策略，从而促进人际交往和人际和谐。

4.1.4 网络自我呈现与现实自我呈现的关系

网络中的自我是现实自我的延续，还是个体为了获取赞同与认可而表现出的理想自我，这个问题一直是研究者们争论的主题。

Mesch 和 Beker(2010)认为网络自我呈现的规则是独立发展起来的，不一定和线下自我展示的规则一致。网络匿名的环境有助于个体克服现实沟通的门槛障碍，去除了现实人际交往情景中的“门槛特征”(Gating Features，比如外形不佳、口吃或者害羞等)，有利于个体展示“期望的可能自我”(hoped-for possible selves)(Yurchisin, Watchravesringkan, & Mccabe, 2005)。“期望的可能自我”是“可能自我”的一种，指如果给个体适当的环境，个体愿意展示，而且相信他拥有的受社会赞许的自我(Markus & Nurius, 1986)。Zhao 等(2008)认为社交网络的同一性是“期望的、可能的同一性”，它与真实生活中的人格不一定一致，他们研究发现，实名网络环境下的自我呈现行为与匿名环境下的自我呈现行为不同，在如 Facebook 等实名制的社交网站中，青少年倾向于“炫耀”自己而非客观地“描述”自己。

而实名制的网络交往与完全匿名性的情景不同，用户的网络自我不再是随心所欲地捏造或设计(比如所谓的“在互联网上,没有人知道你是一条狗”)的,而是在某种程度上忠于线下肉身自我(corporeal self)的。人们在实名制的网络环境中,特别是在预期与网络沟通对象会有后续会面的情况下,在网络自我呈现时会缩小“现实自我”和“理想自我”之间的差距(Ellison, Heino, & Gibbs, 2006)。对那些期待将沟通从线上延伸到线下面对面沟通情景中的用户来说,他们自我呈现时的欺骗行为很少,且更多地是以一种自我提升而非蓄意欺瞒的方式(Hancock & Toma, 2009)呈现。在相亲网站中用户展示的自我是将“事实稍微延伸”(stretch the truth a bit)后的结果(Yurchisin, Watchravesringkan, & Mccabe, 2005),尽管存在着“延伸事实”的行为,但用户在相亲网站上建构的自我还是真实可信的,因为用户都想避免在线下见面时由于信息不真实导致的尴尬(Ellison, Heino, & Gibbs, 2006)。

虽然对匿名制和实名制的网络社会交往中的自我呈现的研究存在分歧,但是,通过网络构建网络自我形象的情况比较普遍。平凡(2014)利用自我参照效应实验范式考察了网络自我和现实自我的差异,结果发现,网络自我是独立于现实自我的。青少年在网络中展示的是一种“期望的、可能的自我”,并且会采用“延伸事实”策略,提升自我形象。网络中的自我与现实中的自我又具有连续性,个体在网络世界里验证并进一步澄清线下的价值观和态度。Sundén(2003)认为人们在网络上频繁地复制自己,以便他人能看见他们并且与他们交流。这表明,用户的网络生活是现实生活的延伸,网络已成为自我探索的新方式。

4.2 网络中的个体行为:自我表露

自我表露(self-disclosure)是指个体将有关自己的思想、感受以及经历等个人信息表露给目标个体的行为,这一界定最早在 1958 年由 Jourard 提出。自我表露的个人信息主要包括身份、性格、个人经历、未来打算、兴趣爱好、生活方式等(Chen & Sharma, 2013; Derlega & Grzelak, 1979)。

随着互联网的迅速发展,借助网络平台表露个体自我信息的新形式正在逐渐取代传统的人际互动中的自我表露,成为自我表露的主要形式。相比于面对面交流,由于网络具有匿名性、去抑制性等特点,个体在网络中的自我表露具有一定的特殊性,并会对亲密关系、人际信任和社会支持等产生重要的影响。

4.2.1 网络自我表露的界定

关于网络自我表露的界定,一般认为可以分成两种界定方式(谢笑春,孙晓军,周宗奎,2013),其一是从网络自我表露的目的性角度出发,认为网络自我表露是让他人了解自己、与网友分享经验,并在表露与接收反馈信息的过程中获得满足感的网络行为。这种界定方式从网络自我表露功能性的角度,凸显了网络自我表露对个体网络社交的影响。目的性的界定以静态方式体现了网络自我表露的功能和人类活动的能动性和目的性。其二是从网络自我表露的形式性角度出发,更多地强调网络自我表露的形式与主动性,认为网络自我表露是个体依靠网络进行的、主动或被动的、以文字表达等多种形式将自己的信息传达给他人的过程(Chen & Sharma, 2013)。这种界定以动态方式体现出了个体与网络环境的相互影响以及网络自我表露自身的变化发展。

4.2.2 网络自我表露的功能

网络交往的特殊性会促进人们进行自我表露(McKenna 等, 2002a, 2002b; Joinson, 2001),这对人们的网络生活和现实生活具有一定的影响。

促进沟通

网络的匿名性、身体缺场性、交流的可控性、克服身体吸引障碍以及反馈的及时性等互联网使用特点能有效帮助有现实沟通障碍的个体进行网络交往。羞怯型个体由于无法处理现实社会交往中的问题,也会较多地选择网络交往(Scealy, Phillips, & Stevenson, 2002),例如,因为邮件可以延迟回复,能有效降低回复时的焦虑感,他们更喜欢使用邮件进行交流(Kelly & Keaten, 2007),也更倾向于投入到网络关系中(Yuen & Lavin, 2004)。

网络的道德伦理规范程度相对较弱,在现实交流中一些因道德、伦理所造成的沟通障碍在网络上被大大削弱,所以人们更愿意通过网络来表达自己的真实思想和情感(Ben-Ze'ev, 2003),促进彼此之间的沟通。师生间利用网络的方式进行交流,可以使学生有更多的机会向老师表达真实的自我,从而促进师生关系平等化、缓解师生冲突、重塑良好的师生关系。

用户相互沟通欲望越强,即双方都愿意主动向对方表露信息并且积极回复对方的询问,则双方越容易融入网络聊天情境,促进双方社交认同,进而增加双方网络自我表露的程度。随着沟通程度和亲密程度的增加,个体更愿意向对方表露更多、更深层次的信息(Attrill & Jalil, 2011)。沟通的相互性不仅可以直接影响网络自我表露,也可以通过影响信任度和社交认同间接影响网络自我表露(Chen & Sharma, 2013)。自我表露本身就有缩短心理距离、增进人际信任的功能,而网络空间的视觉匿名特点,使得个体在网络人际沟通中无法对沟通对象有充分的了解,与人沟通时人际信任更加难以建立,故积极的网络自我表露可以促进沟通双方间的了解,增加人际信任。所以人们会在社交网站或即时聊天中积极表露自我,进而使沟通对象对自己有更多的了解,从而实现增加人际信任、维持人际关系和保持网络沟通顺利的目的(Kisilevich & Last, 2011; Park, Jin, & Annie, 2011)。

在网络约会中,真实的自我表露可以给对方留下好印象,为今后的情感发展奠定基础(Rosen 等,2008)。McKenna 等(2002a, 2002b)的研究表明,在虚拟空间里,陌生人从相识到建立稳定的关系是以双方逐步地进行自我表露为基础的,并且表露的内容是"真实自我"(real self)——即自己在各个方面的真实情况。Julie(2001)将表露内容称为"内在自我"(inner self),其在本质上等同于"真实自我"。Julie 还认为,"真实自我"的表露控制了个体亲密水平和关系的发展,并且其表露的程度和数量将决定双方关系发展的程度和质量,可以作为虚拟社会关系能否长期继续下去的一个预测性因素。McKenna 等(2002b)的调查也显示了类似的结果,多数被调查者认为"真实的自我表露"对建立亲密关系及实现线上关系走入现实具有非常重要的作用(王德芳,余林,2006)。

获取信息

随着信息化的发展,网络消费、在线娱乐等新的生活方式日益成为人们生活的重要组成部分。用户在注册这类网站以及在与网店卖家进行购物沟通时的表露,有利于用户更好地享受网络服务,提升生活质量。

社交网络中的自我表露对用户量的增长有着重要的积极作用。以社交网络为基础的商业模式活动更多地依赖用户主动的自我表露,并以此留住用户进而吸引更多的新用户。社交网络中的自我表露会有效生成 UGC(user-generated contents),即用户生成内容。以 Facebook 为例,平均每个用户每月会表露 90 条内容信息,整个社区的表露量会超过 300 亿条(包括网络链接、新的故事、博客、照片、音乐和视频等)。Trepte 和 Reinecke(2010)认为,在 Web2. 0 时代没有一个虚拟社区离得开自我表露。人们在社交网站上的自我表露,有利于在现实中扩展社交关系。商业公司可以通过挖掘用户在社交网络上的自我表露信息来识别企业产品的潜在消费者,进而增加自己的企业收入,但是如果用户不进行表露行为的话,社交网站的意义和价值将会大大消减和降低。

但是,用户在社交网络上关于隐私性话题的自我表露,会对个人隐私安全造成影响,让他们在一定程度上陷入隐私危机之中(Joinson, Woodley, & Reips, 2007; Zimmer 等,2010)。网络的匿名性和信息传播的迅速性,使得用户在与陌生网友沟通时,难以确认沟通对象的真实身份和意图以及对方使用网站的真实目的,更难以控制所表露的信息传播的范围和速度。所以个体在进行网络表露时会更多地考虑表露的必要性和表露给自己带来的影响。同时,用户在网络上公布个人信息可能会造成网络欺侮行为(Bryce & Klang, 2009),会使网络道德感不强的个体有机会通过网络平台进行不良宣泄、传递非法信息。有研究表明谣言是社交网站的主要部分(Debatin, Lovejoy, Horn, & Hughes, 2009),不良信息在网络上可以被任意制造,并且通过其他网络使用者的转载、传播而迅速扩散,这不仅极大地损害了信息中所涉及的个体的利益,同时也污染了整个网络环境。

对心理健康的影响

孤独感是由个体对交往的渴望与实际水平产生的差距所引起的一种主观心理体验。孤独感涉及人们对社会相互作用的数量和质量的感觉,是一种令人厌恶的、消极的体验。研究发现,孤独感与自我表露具有密切的关系。研究者发现,大学生的自我表露水平与孤独感呈显著负相关。来咨询室求助的大学生的自我表露与一般大学生的自我表露相比显著偏低,其孤独感明显地高于一般大学生。这说明在现实生活中,孤独感越高的大学生,在人际交流过程中所表露的信息越少(李林英,陈会昌,2004)。

在网络情境中,自我表露与孤独感的关系结论并不一致。有研究表明,孤独可能会促使个人在网络交往中更多地表露自己。张雅婷(2006)发现,在现实生活中的社交场合容易感到恐惧和害羞的高孤独感个体,在网络沟通中能较深入地、毫无保留地表露有关自己的信息。但是也有研究发现,网络聊天中的自我表露有时可能增加个体的孤独感,孤独感高的个体依靠网络沟通获得社会支持时,往往会受到阻碍。当他们的表露内容难以引起网友的兴趣时就很难得到对方的积极反馈,进而会让他们感到更加孤独(Margalit, 2010)。此外,低自尊的个体在网络上自我表露的负面信息居多,而较多的负面信息表露难以引起信息接收者的兴趣,这就使得低自尊个体的网络表露难以获得较多的社会支持(Forest & Wood, 2012)。总的来说,孤独和自我表露不是简单的相关,它们更可能是相互影响,或者是无因果关系而同时发生的 (Leung, 2002)。

抑郁患者在网络支持小组中的自我表露可以使他们获得社会支持,获取小组内成员的同情,并与他们建立亲密关系,这些可以帮助抑郁症个体提高心理健康水平(Zhu, 2011)。抑郁程度高的个体,比轻度或无抑郁的个体更愿意通过网络向陌生人表露自己(Ybarra 等,2005)。低自尊者将网络看成是自我表露的安全场所,并愿意在网络上建立和发展人际关系,但他们会表露更多消极信息 (Forest & Wood, 2012)。Ko 和 Kuo(2009)的研究表明,个体在博客上的自我表露可以增加主观幸福感。另外,网络沟通中的自我表露可以促进沟通双方自我认同的发展,Davis 认为网络沟通者在表露和接收反馈信息的互动过程中可以通过他人的反馈更为全面地了解自我,以此促进自我认同的发展(Davis, 2012)。

4.2.3 网络自我表露的影响因素

网络情境下个体的自我表露受多种因素的影响,其中主要包括社会文化因素、网络因素和个体因素。

社会文化因素对网络自我表露的影响

不同的社会文化背景也会对个体网络自我表露存在显著影响。日本人相比于欧美地区的人更不愿意公开自己的真实姓名(Marcus & Krishnamurthi, 2009)。个人主义文化背景下的个体在社交网站上会有更多的陌生网友以及更广泛的网络人际圈,与集体主义文化背景下的个体相比,他们更愿意在网站上公布自己的照片(Rosen, Stefanone, & Lackaff, 2010)。但也有研究认为集体主义文化背景下的个体对自己的团体有更强的归属感和奉献精神,这类文化背景下的个体更愿意将自己的信息与别人分享(Posey, Lowry, Roberts, & Ellis, 2010)。这两种现象看似矛盾,但实际上所反映的是两种问题——个人主义背景下的个体愿意通过网络展现其自身的独特性,集体主义文化背景下的个体注重与人进行信息的分享。同样的表露行为背后却体现着不同的目的。

此外,来自不同国家的个体的网络自我表露在性别及表露内容上也存在显著差异。例如,不同国家的女性在网络空间中表露自我的内容差别很大,而男性则差别不大(Kisilevich & Last, 2011);土耳其、塔吉克斯坦等国家的人愿意在网络中表露自己是否结婚或是否有情侣,而瑞典、芬兰、德国等国家的居民则愿意在网络上表露自己是否有孩子(Kisilevich, Ang, & Last, 2012)。捷克青少年在网络聊天室很少表露自己的年龄、性别、所在地等个人信息,造成这种差异的原因可能是捷克语言的语法要求名字和昵称后加上相应的后缀,这样通过昵称本身就可以推测出用户的性别;此外,由于捷克国土面积不大、人口居住相对集中,所以在聊天室涉及的个人信息中也没有暴露所在地的信息。受捷克文化和地理环境的影响,性别和所在地信息是无关紧要的,因此,捷克的青少年在网络聊天室中往往只提供年龄这一种个人信息(Subrahmanyam & Šmahel, 2011)。

网络使用对网络自我表露的影响

网络的匿名性会对自我表露产生影响,以往研究一般认为,网络环境的匿名性可以促进网络自我表露。视觉匿名的条件下个体在网络聊天中的表露行为更多(Barak & Gluck-Ofri, 2007)。这是由于网络环境将视觉信息过滤掉后,对方无法获得非言语信息,从而减少了对方带来压力的可能性,进而增加了个体的自我表露。而在视频网络聊天中匿名性被削弱,用户因更多地感到害羞而降低了自我表露(Brunet & Schmidt, 2008)。但目前有研究发现网络环境的视觉匿名性对网络自我表露不存在影响。研究发现,视频聊天和纯文本形式网络即时聊天两种沟通条件下的网络自我表露不存在差别(Antheunis, Valkenburg, & Peter, 2007)。同时 Okdie (2011)对博客中自我表露的研究表明,匿名性并不影响博主在撰写博客文章时的自我表露行为。

表露信息的敏感度以及网络的安全性会直接影响个体网络自我表露的程度。研究表明,敏感性信息会降低个体自我表露水平(Kays 等,2012; Nosko 等,2010)。反之,高安全性的信息则不会使人们产生过高的隐私危机感和社会焦虑,个体在网络中会更多表露此类信息 (Ledbetter 等,2011)。注册服务类网站时所要求填写的信息若与该网站的功能关系密切,则会在一定程度上降低此类信息的敏感度并提高该网站的安全性,使得用户的隐私危机感降低,进而更愿意注册和使用该网站(Zimmer 等, 2010)。

个体因素对网络自我表露的影响

性别是影响网络自我表露的一个重要因素,网络自我表露存在着性别差异(Kisilevich 等,2012)。女性的网络自我表露程度高于男性(Kays 等,2012),她们更愿意把自己的照片公布在社交网站(Whitty, 2008)。男性在网络约会中更愿意使用带有强烈感情色彩的词语,以达到吸引异性的效果,而女性在词汇选择方面却显得更为保守(Rosen 等,2008),并且男性会更多地表露其社会地位(Joinson 等,2008)。关于情感及婚姻状况的表露方面,男性的表露倾向于吸引异性,而女性的表露则更多体现对现实生活问题的关注(Kisilevich 等,2012; Kisilevich & Last, 2011)。网络自我表露的性别差异会受到个体隐私关心度和沟通对象亲密关系等其他因素的调节(Joinson 等,2008; Yang 等,2010)。

年龄是影响网络自我表露的另一个重要的因素,年龄与网络自我表露存在非线性关系。15 岁是个体网络自我表露发展的重要时期,处于该年龄的青少年对网络自我表露深度的知觉程度高,认为通过在线交流表露私密信息比线下交流表露私密信息对自己有更大的意义,并更多地愿意通过网络表露这些私密信息(Valkenburg & Peter, 2007)。杨芳琳(2010)研究发现初二和高一的学生对网络上认识的朋友进行的网络自我表露程度显著高于中学的其他年级学生,这一结果支持了 15 岁是个体网络自我表露发展转折期的结论。而个体从 17、18 岁到 30 岁前后,其自我表露呈大幅度下降趋势,在 30 到 40 岁之间自我表露的发展趋势较为平稳,而 40 岁之后女性发展趋势呈小幅度下降,男性发展趋势继续保持相对平稳甚至较之前略微上升(Kisilevich 等,2012)。聂丽萍(2009)对大学生的调查显示,大四学生的网络自我表露程度不论在总体上还是各个维度上均显著高于大学其他三个年级的学生。这一结果表明成年初期个体网络自我表露在整体下降趋势下存在局部波动,由此也证明了网络自我表露与年龄之间存在非线性关系。

除了性别、年龄等人口学因素外，其他的心理因素例如网络交往动机、人际信任、媒体感知也影响着网络自我表露。网络交往动机由网络交往的需要产生。网络交往需要较高的个体其网络交往动机也较高，他们的网络自我表露也更多(Cho, 2007; Park 等，2011)。个体网络交往动机越强，越愿意与网络交往对象建立或保持友谊关系，并体验建立人际关系的乐趣，也会向对方透露更多的个人信息(Tian, 2011)。

个体对网络社交对象或服务类网站的信任是影响其自我表露的重要因素。对网络社交对象或网站的信任水平越高，个体在交往过程中或接受服务时就会感到越愉快，这种愉悦感会让个体有更多的网络自我表露(Li 等，2011)。人际信任水平越高，个体对沟通对象的隐私担忧就越少，进而在网络沟通中会产生更多的自我表露(Joinson, Reips, Buchanan, & Schofield, 2010)。随着交流的持续，彼此信任的加深，双方的表露水平均有所提高，表露内容进一步扩展(Attrill & Jalil, 2011)。

自我意识是个体对自己身心状态的觉察，Bem (1972)将其分为个人自我意识和公众自我意识。个人自我意识是指个体对自己内部情绪、动机的觉察，觉察方向指向个体自身；公众自我意识是个体作为社交客体的觉察，觉察方向指向社交群体。研究证明自我意识和个体的网络自我表露有密切关系(Child & Petronio, 2011)。个人自我意识增强会增加网络自我表露程度，而公众自我意识增强会降低网络自我表露的程度。

媒体感知是影响自我表露的又一个重要因素。研究表明，当个体将网络视为社会交流的平台时，其自我表露更开放、诚实、主动，更愿意表达负面的情感和态度；当人们把网络知觉为个性化媒介时，表露内容更多涉及个人信息；当网络被知觉为敏感的、温暖的与积极的媒介时，个体自我表露的隐秘与亲密程度增加，但表露内容更多是消极的(Ma & Leung, 2006)。社会存在(social presence)也许是媒体感知中影响自我表露的重要因素，它是指“其他角色深度卷入交流互动中的感觉”，即交流过程中的自我存在感，感觉到温暖、互惠、敏感和积极。如果用户通过网络社交能感受到自我的存在，且沟通对象能够积极反馈信息，使其从心理上感受到温暖和体贴，则用户的自我表露会增加。

随着网络社交平台的日益发展，网络自我表露作为个体在网络社交过程中的行为方式改变着每位用户的生活。聊 QQ、写日志、发微博、玩微信、转发朋友圈等成为人们生活中必不可少的一部分，人们在表露的过程中感受、分享、获取信息。需要注意的是，应尽可能地避免网络中的“误区”，注重平等而真实的交流，形成自我表露的良性循环，从而营造一个绿色的网络环境。

4.3 网络使用对人格整合的影响

潜状态—特质理论(Latent State-Trait Theory, LST)认为个体的认知、情绪和行为是个体特质、情景特征以及特质与情景共同作用的结果,并将状态潜变量分为特质潜变量和情景潜变量(Steyer, Schmitt, & Eid, 1999)。个体在网络上的人格特质如同一种特殊的状态(状态潜变量),是人格特质(特质潜变量)与网络情景(情景潜变量)的整合。根据 Amichai-Hamburger 等(2002)的研究,人格是理解人们网络行为的主导因素。人格的核心在于一致性(consistency)或者连贯性(coherence),而网络情景作为个体行动的空间或者场景,自身带有匿名性、缺场性等特点,不同人格特质的个体在网络空间中的行为表现是否与现实中的一致或者具有特殊性,这一直是研究者们探讨的主题。

西方研究者普遍使用人格五因素模型来探讨人格与网络交往的关系,五因素模型(FFM)将人格分成 5 个独立的维度(Costa & McCare, 1992),分别是外向性(extraversion)、神经质(neuroticism)、开放性(openness)、宜人性(agreeable)和尽责性(conscientiousness)。除此之外,研究者对其他几种人格特质(羞怯、自恋和自尊)与网络交往的关系也进行了深入考察。

4.3.1 人格五因素与网络使用的关系

外向性

Hamburger 和 Ben-Artzi(2000)认为网络使用和人格有关,他们认为在网络上"穷人能变得富裕",即线下社交困难的内向者能在网络上得到补偿。Kraut 等(2002)研究发现,外向性得分高的人似乎更喜欢利用网络来保持与朋友和家人的联系,结识新朋友以及访问聊天室。随着社交网站(SNS)如 Myspace、Facebook 和 Bebo 的兴起,用户通过个人资料页的创建,与他们的"社交网络"进行交流。尽管聊天室和社交网站的目的非常类似,但使用者的选择偏好会因人格特质产生很大区别。例如,社交网站的建立基于个人已有的线下社会网络,而聊天室似乎更受陌生人的喜爱(Fullwood, Galbraith, & Morris, 2006)。因此,考虑到网络的去抑制性特点,内向者可能喜欢匿名的聊天室,而外向者更喜欢实名制的社交网站,因为外向者希望通过网络建立已有的社交网络,所以可能将社交网站作为与朋友交流的增补方式,把网络交往作为一种对现实社会人际交往的延伸和补充(Tosun & Lajunen, 2010)。

由于网络交往独特的性能,内向者可能更多地在网络上设置"真实自我"。

Amichai-Hamburger 和同事(2010)指出，不同人格特质的个体是否表达真实身份与其所处情境有关，内向性的个体会认为真正的自我位于网络上，而外向者则认为线下的自我是真实的。内向者偏爱利用网络满足自己的沟通需求，尽管内向者在实名制社交网站中的好友较少，但是网上交流确实比面对面的交流方式令他们感到更加舒适，因此他们会花费大量时间使用社交网站(Ross 等，2009)。外向者认为线下自我是真实的，他们拥有良好的线下人际关系，社交网站是一种社交工具和线下社交的延伸，不能替代真实社交。他们在社交网站中也是活跃的，更多地进行互动、信息发布和自我暴露，其外倾性与使用沟通功能之间呈显著正相关(Smock 等，2011；Lin & Lu, 2011)。虽然实名制社交网站的好友依托于现实生活，而且外倾者往往有更多网站好友，但是外倾性与网站好友数量并不是简单的正相关。Tong 等(2008)发现个体的外倾性和其在 Facebook 上的朋友数量之间的关系呈倒 U 形曲线，这或许是因为 Facebook 并不像即时通讯工具或者面对面沟通那样可使人进行即时互动，因此十分外向的个体或许认为 Facebook 不能满足他们随时随地的社交接触需求。

性别差异研究发现，男性外向者更偏好休闲活动(例如网络冲浪、访问色情网站)，这一结论也得到了关于外向者和感觉寻求特质的关系研究的支持(Lu, Case, Lustria, Kwon, Andrews, Cavendish, & Floyd, 2006)。Hamburger 和 Ben-Artzi (2000)认为网络交往的特殊性能帮助内向者通过网络自由地表达自己，特别是女性。内向型女性认为在网络上会受到较少的干扰，因此在线社会化有助于她们寻找支持和降低孤独感情绪。Amichai-Hamburger(2005)认为，内向型男性会意识到网络社会服务能够回应他们的社会需求，因为受保护的网络环境允许他们自由地表达。在网络活动上所呈现出的性别差异可能是因为女性有较高的自我意识，因此能更多地意识到她们所需要的支持。

神经质

神经质与网络使用有着密切联系，高神经质的个体具有易情绪化、易冲动、依赖性强、易焦虑和自我感觉差等特点，面对面的交往使他们感到焦虑和孤独，而他们在自己建立的网络社交关系中更易体验到社会支持、归属感和亲密感，从而增强自信和自我效能感(Ross 等，2009；Amichai-Hamburger & Vinitzky , 2010；Tong 等，2008；Butt & Phillips, 2008)。Wolfradt 和 Doll(2001)发现，神经质和网络人际交往动机有显著联系。Hamburger 和 Ben-Artzi(2000)发现，孤独感调节了神经质和网络使用的关系。高神经质的个体更喜欢更新个人博客(Guadagno 等，2008)，为了避免孤独感，高神经质女性发表博客的数量显著多于低神经质女性(Amichai-Hamburger & Ben-Artzi, 2003)。

Amiel 和 Sargent(2004)发现，神经质者会使用博客作为获取信息的方式，以便获知并确定他人的处境。而且，神经质者与产品信息搜索以及教育目标这类网络使用有关，高度神经质个体可能希望更多地了解世界，以便增强安全感（Tuten & Bosnjak, 2001）。Butt 和 Phillips(2008)发现神经质得分高的个体更喜欢控制对哪些信息进行分享。Facebook 在线以及非即时沟通方式恰好为用户提供了信息控制情境，神经质得分高的用户更喜欢使用页面功能，这样，他们有充分的时间考虑如何进行回应和互动，由于信息多以文本的形式发布，他们可以通过删除、修改等方式来控制信息内容，而上传照片则被视为一种威胁，因为可能会在不经意间透露一些隐私，如情绪、地理位置等(Ross 等，2009)。

Vallerand 等(2003)提出了个体对网上活动的两种热情类型，即和谐型热情(harmonious passion)和偏执型热情(obsessive passion)。这两种热情类型反映了个体对网上活动的自我调控和信息统合能力。和谐型的热情指个体能够成功地整合与个人活动相关的网络信息；而偏执型热情个体在整合各种信息时存在困难（Séguin-Lévesque, Laliberté, Pelletier, Blanchard, & Vallerand, 2003）。Tosun 和 Lajunen (2009)又从艾森克人格三维度的角度研究了个体对网上活动的热情类型与其人格的关系，结果显示在线表达真实的自我与神经质存在显著正相关，高神经质者更容易在网络上表达真实自我，并且神经质和热情类型之间的关系受网上表达真实自我趋势的调节。

开放性

高开放性个体有广泛的兴趣爱好，他们对新事物充满兴趣，并且愿意通过一定的手段满足自己的好奇心，开放性可以预测个体是否喜欢使用新的沟通方式或者是否喜欢使用社交网站获得新奇体验。高开放性个体愿意选择新型沟通方式、利用Facebook 进行社交活动(Butt & Phillips, 2008)。Guadagno、Okdie 和 Eno(2008)发现，高开放性个体似乎更喜欢使用博客。高开放性个体对实名制的社交网站的偏好，更多是由于其新鲜性，因为通过网络交流并不能很好地传递和表达他们的兴趣，所以他们在沟通时不得不进行更多的描述和解释，这也是实名制的社交网站使用频率高的原因之一(Amichai-Hamburger & Vinitzky, 2010；刘瀛，吴嵩，李红霞，金盛华，2013)。

宜人性

宜人性主要是指个体对其他人所持的态度。高宜人性的个体是善解人意的、友好的、慷慨大方的、乐于助人的，愿意为了别人放弃自己的利益，他们对人性持乐观的态度，相信人性本善。低宜人性的个体则把自己的利益放在别人的利益之上，本质上，他们不关心别人的利益，也不乐意去帮助别人，对别人是非常多疑的，常常会怀疑别人的动机。

由于低宜人性个体在现实生活中未能掌握良好的社交技巧，不受同伴们的欢迎，难以建立良好的线下人际关系，因此在实名制社交网站上的好友数量很少。低宜人性个体往往回避面对面的沟通方式，他们更喜欢通过电话和网络进行沟通，但是高宜人性的个体虽然在实名制社交网站中拥有更多好友，却没有更多的在线交往行为(Ross等，2009；刘瀛，吴嵩，李红霞，金盛华，2013)。

尽责性

尽责性指我们控制、管理和调节自身冲动的方式以及评估个体在目标导向行为上的组织、坚持和动机。它把可信赖的、讲究的个体与懒散的、马虎的个体作比较，同时反映个体自我控制的程度以及延迟需求满足的能力。

Facebook 用户的尽责性得分显著低于非 Facebook 用户，且每日使用时间与尽责性呈显著负相关(Ryan & Xenos, 2011)。研究者发现，尽责性与网络使用和交流之间存在负相关，这或许是因为高责任心的个体对自己的任务更负责，会避免使用耽误时间、分散精力的应用程序(Butt & Phillips, 2008)。Ross 等(2009)认为个体使用 Facebook 的行为和责任感有部分关系。Wang 和 Yang (2006)的研究表明，高和谐型热情的互联网使用者相比低和谐型热情的互联网使用者，在大五人格维度上有更强的尽责性。

4.3.2 其他人格特质与网络使用的关系

羞怯

羞怯是一种性格特征，指的是在面对新的社会环境和/或意识到社会评价的情境中个体感受到的紧张和不适(Rubin, Coplan, & Bowker, 2009)。对婴儿期到青年期(1.5 岁—12.5 岁)的个体的追踪研究发现，羞怯水平是非常稳定的(Karevold 等，2012)。羞怯可以引起一系列的社会问题，包括自我意识、自我保护能力低下，人际关系淡漠以及缺乏交流(罗青，周宗奎，魏华，田媛，孔繁昌，2013)。这些都被归因为社会隔绝以及交流方式的逐渐改变(Henderson & Zimbardo, 1998)。

互联网的匿名性、对交流的可控性以及克服身体吸引障碍等特征对于羞怯者来说是非常具有吸引力的(McKenna & Bargh, 2000)。互联网的匿名性可以降低羞怯者在交往过程中的自我意识，从而减少其紧张感 (Roberts, Smith, & Pollock, 2000; Chak & Leung, 2004)。虚拟环境可以降低羞怯感，使得高羞怯和低羞怯个体之间在拒绝敏感性、主动交往和自我表露等与羞怯相关的维度上的差异明显减小，这在很大程度上弥补了羞怯个体在真实社交中的劣势(Stritzke, Nguyen, & Durkin, 2004; Brunet & Schnidt, 2008)。Young 等发现虚拟空间的匿名性可以为羞怯者提供一个安全的社会交往环境(Ebeling-Witte, Frank, & Lester, 2007)。而且网络交往可以让羞怯者最大程度地控制交往的时间和进程，例如对信息的准备时间没有限制，也没有其他人的直接监视(McKenna & Bargh, 2000)。

羞怯的个体很享受互联网带来的快乐，通过 E-mail、ICQ、聊天室以及新的讨论组的使用，其在现实生活交往中无法得到满足的情感和心理需求可以得到满足(Heiser, Turner, & Beidel, 2003)。另外，有研究者认为网络鼓励自我表露和亲密行为，在一定程度上增强了社会的去抑制化，这点对那些羞怯的个体来说是非常有益的(Morahan-Martin & Schumacher, 2000)。

Ward 和 Tracey(2004)发现羞怯的个体进行面对面交往比进行网络交往更困难，他们更倾向于在网络上建立人际关系。互联网可以提供一个安全的区域，来缓解社交的不安全感(Yuen & Lavin, 2004)。羞怯者报告在网络环境中其感受到的拒绝更少，在建立关系方面也更加自信，更易于自我表露(Stritzke 等,2004)，他们可以通过网络交往来克服面对面交往时的紧张情绪(Andrews 等,2002)。使用互联网进行人际交往的羞怯个体，在线下的羞怯感也会降低(Roberts 等,2000)。因此，互联网也可以被看作是羞怯个体的有效治疗工具。

但是，网络使用也会对羞怯个体产生消极影响，主要体现为网络成瘾。很多研究发现羞怯与网络依赖、网络成瘾关系密切(Yuen & Lavin, 2004; Engelberg & Sjoberg, 2004)。中国台湾高中生中的网络成瘾者与非网络成瘾者的对比研究表明，羞怯学生更容易出现网络成瘾(Yang & Tung, 2007)。个体羞怯程度越高，越容易出现网络游戏成瘾，并耗费大量时间在 Facebook 上(Orr 等,2009)，特别是在 Facebook 的非社交行为(例如游戏)上(Ryan & Xenos, 2011)。网络成瘾又会进一步强化网络使用者的羞怯水平(Caplan, 2002), Chak 和 Leung(2004)认为一个人越是容易网络成瘾，就越害羞。

自恋

自恋者往往会对自己进行正面却不切实际的自我评价，对建立稳定的人际关系缺乏兴趣，但倾向于开展新的社交活动，提高受关注度和积极的自我感觉，他们会高估自己的吸引力。社交网站为自恋者提供了很好的自我展示平台，网络环境有助于个体克服现实沟通的门槛障碍，展示期望的可能自我。几乎全部的社交网站都允许用户进行自我呈现，并能够与众多用户建立好友关系，因此社交网站本身的特点使其具有了吸引自恋特质用户的可能性(刘瀛，吴嵩，李红霞，金盛华，2013)。

Mehdizadeh(2010)从 Facebook 中的五个自我呈现方面(个人信息、头像、相册前 20 张、记录和状态更新)测量了自我提升行为，结果发现越是自恋的人每天查看 Facebook 的次数越多，并且花费在 Facebook 上的时间越长，越自恋的人在 SNS 中自我提升的行为也越多。越是自恋的人就越强调在网上与尽可能多的人交往的重要性，并且他们的好友数量的确也更多。自恋的人认为自己在 SNS 中的朋友对自己正在做什么非常感兴趣，并且越自恋的人越有强烈的欲望要让他人知道自己在做什么。不仅如此，自恋的人还更喜欢上传只有自己的照片，不喜欢上传朋友的照片。他们认为在SNS中塑造一个积极的形象非常重要(Bergman, Fearrington, & Davenport, 2011)。并且，在对外倾性进行控制的情况下，自恋对Facebook的使用时间、网络互动等都有很好的预测作用，自恋者更享受在社交网站上进行自我展示(Skues, Williams, & Wise, 2012; Carpenter, 2012; Bergman等,2011)。

自尊

自尊(self-esteem)，通常指人们感受或评价自己的特定方式，是构成自我的重要成分之一(申自力，蔡太生，2007)。自尊水平高低也影响着个体在网络上的行为表现，研究发现，自尊与网络利他行为存在显著正相关(郑显亮，张婷，袁浅香，2012；郑显亮，顾海根，2012; Aluja & Blanch, 2004)，这意味着高自尊个体在网络上会表现出较多亲社会行为。当个体由于自己的成功而提高了自尊时，他们对他人需要的知觉会显著增加，而注意他人需要的能力的提高，会促使其利他动机变得活跃，并更有可能转化为利他行为(侯积良，1990)，这同样适用于网络交往。

Young(1998)认为，低自尊者是最容易网络成瘾的人群之一。低自尊用户之所以表现出更多的网络相关问题，是因为网络为无法适应现实生活的人提供了一种逃避方式(Armstrong, Phillips, & Saling, 2000)。不少实证研究表明，自尊是网络游戏成瘾的显著预测因子，低自尊者更容易网络游戏成瘾(Ko等，2005; Lemmens, Valkenburg, & Peter, 2011; 何灿，夏勉，江光荣，魏华，2012)。低自尊者需要寻找途径和方法来满足自尊需要，自尊主要来源于两个方面：一是能力感，二是社会交往的反馈，而这两个方面都可以借助网络游戏来实现。在网络游戏世界中，玩家可以扮演游戏角色，完成颇有难度的任务，其能力感在游戏过程中可以得到提升。同时网络游戏提供了一个丰富的社会交往环境，使个体可以扮演成他理想的样子从而获得他人的喜爱。玩家在游戏世界中可以获得成就感和归属感，并能充分展示自我。因此，网络游戏成为了低自尊者获取虚拟自尊、宣泄负性情绪、缓解压力的重要方式。

自尊水平也同样影响着网络交往行为。低自尊用户倾向于在Facebook上公开更多的个人信息，并期望受到其他用户的关注(Zywica & Danowski, 2008)。自尊影响着个体在Facebook中的交友行为，并受到自我意识(self-consciousness)的调节。自尊的社会计量理论(sociometer theory of self-esteem)认为人们总是在努力满足基本的自尊需求，自尊系统是一种内部监控，持续对个人价值进行评价，并促使个体做出受欢迎的行为以及避免被拒绝。因此好友数量可以作为用户在Facebook环境中受欢迎程度的预测指标，是低自尊个体的一种社会补偿策略，他们努力增加在线好友数量，增加归属感和受欢迎的感觉，以补偿现实生活的自尊缺失，尤其是那些公众自我意识(public self-consciousness)较高的用户,其自尊与Facebook好友数量之间的负相关更为显著(Lee等,2012;刘瀛,吴嵩,李红霞,金盛华,2013)。

4.3.3 网络使用对人格特质的影响

关于网络使用与人格的大量实证研究表明,不同人格特质的个体在虚拟世界中有着不同的行为表现,例如,Amichai-Hamburger等(2002)研究了人格特征与网络社交之间的关系,发现内向和神经质的青少年用户倾向于在虚拟世界中表现"真我"(real me),而外向和非神经质的青少年用户则倾向于在传统的面对面沟通中更多地展示"真我"。

Kraut等(2002)认为那些具有较强社交能力和技巧的人能从互联网中获益更多。具体来说,他们的研究发现对于外向者而言,使用互联网往往能获得正向结果,而对于内向者而言则不然。对于外向者,使用互联网可以增强他们的幸福感、自尊,减少孤独感等消极影响;相反,内向者的幸福感则会减弱。Peter等(2005)考察了内外向人格、自我表露、社会补偿动机和网络沟通频率之间的关系,提出了"富者更富"理论,也被称为社会增强理论(Zywica & Danowski, 2008),根据该理论,研究者们认为外向的青少年更多地利用网络进行沟通和自我表露,因而促进了线上友谊的建立。

Anderson-Butcher等(2010)提出了一种与"富者更富"理论相对的理论——社会补偿理论。社会补偿理论强调,互联网的使用对于具有社交恐惧和孤独的人更有帮助。因为有社交恐惧的人可能会觉得自己在互联网上建立亲密关系更具优势,所以互联网也许能补偿线下的社交。线上的环境特点比如以文本为基础的交流、缺少视觉信息以及网络匿名性等会使内向者更加容易进行自我呈现,从而和他人建立起亲密关系,增进社会交往,减少孤独和抑郁。对于内向的青少年,他们为了补偿社交技能的缺失,将网络沟通当作一种补偿渠道,这同样促进了他们的网络沟通和自我表露(Peter, Valkenburg, & Schouten, 2005)。害羞个体进行网上交往时,害羞水平会降低,被抛弃感也会降低,并会发展出较高水平的社交能力,这些研究证实了社会补偿的存在(Stritzke, Nguyen, & Durkin, 2004)。Zywica和Danowski(2008)进一步比较了"社会增强模型"和"社会补偿模型",他们通过对614名Facebook用户的研究发现,外向和高自尊的用户群支持社会增强模型,该群体在现实生活和社交网络上都较受欢迎;而内向和低自尊的个体由于在现实生活中不太受欢迎,因而转向社交网络寻求补偿,因此该群体支持社会补偿模型。

以上学者的研究都试图说明人格特质对网络沟通可能存在的影响,反之,网络使用也会对人格特质产生影响。在现实生活中拥有高社交技能的人可以更好地利用网络进行社交活动,而仅拥有低社交技能的人则可以在网络中补偿自己现实生活中社交技能的缺失。网络已经与人们的生活密不可分，不同特质的个体都可以在网络上补偿和充实自我。

参考文献

卞玉龙，周超，高峰强.(2014).普罗透斯效应：虚拟世界研究的新视角.心理科学，37(1)，232—239.

崔曦曦，孙晓军，牛更枫.(2016).社交网站中的自我呈现对青少年友谊质量的影响：积极反馈的中介作用.心理发展与教育，32(3)，294—300.

丁道群.(2005).网络空间的自我呈现——以网名为例.湖南师范大学教育科学学报，20(2)，262—266.

顾璇，金盛华，李红霞，吴嵩.(2012).青少年网络自我展示.中国临床心理学杂志，20(2)，262—266.

何灿，夏勉，江光荣，魏华.(2012).自尊与网络游戏成瘾—自我控制的中介作用.中国临床心理学杂志，20(1)，58—60.

侯积良.(1990).价值取向、自我概念与亲社会行为.心理科学，13(2)，43—48.

黄佩，仝海威，李慧慧.(2011).国外网络自我展示策略研究述评.中国青年研究，12(3)，113—116.

雷雳.(2010).鼠标上的青春舞蹈：青少年互联网心理学.上海：华东师范大学出版社.

李林英，陈会昌.(2004).大学生自我表露的调查研究.心理发展与教育，20(3)，62—67.

刘瀛，吴嵩，李红霞，金盛华.(2013).青少年实名制社交网站使用原因研究述评.中国临床心理学杂志，21(2)，323—327.

鲁婷，江光荣，魏华，林秀彬，韦辉，应梦婷.(2016).青少年自伤网络展示的动机及其影响.心理科学，39(1)，103—108.

罗青，周宗奎，魏华，田媛，孔繁昌.(2013).羞怯与互联网使用的关系.心理科学进展，21(9)，1651—1659.

聂丽萍.(2009).大学生网络聊天中的自我表露、应对方式与孤独感的关系研究.苏州大学硕士学位论文.

牛更枫，鲍娜，范翠英，周宗奎，孔繁昌，孙晓军.(2015).社交网站中的自我呈现对自尊的影响：社会支持的中介作用.心理科学，38(4)，939—945.

平凡.(2014).青少年网络交往与自我.广州：世界图书出版公司.

申自力，蔡太生.(2007).低自尊的心理学研究.中国临床心理学杂志，15(6)，634—636.

腾云，杨琴.(2007).网络弱关系与个人社会资本获得.重庆社会科学，147(2)，122—124.

王德芳，余林.(2006).虚拟社会关系的心理学研究及展望.心理科学进展，14(3)，462—467.

谢笑春，孙晓军，周宗奎.(2013).网络自我表露的类型、功能及其影响因素.心理科学进展，21(2)，272—281.

杨芳琳.(2010).青少年网络自我表露与孤独感的关系研究.华中师范大学硕士学位论文.

杨红升，王芳，顾念君，黄希庭.(2012).自我相关信息的加工优势：来自网名识别的证据.心理学报，44(4)，489—497.

张雅婷.(2006).网络交友动机与人格、孤独、社交焦虑和自我揭露的关系.台北大学硕士学位论文.

郑显亮，顾海根.(2012).人格特质与网络利他行为：自尊的中介作用.中国特殊教育，140(2)，70—75.

郑显亮，张婷，袁浅香.(2012).自尊与网络利他行为的关系：通情的中介作用.中国临床心理学杂志，20(4)，550—555.

Adler, P., & Kwon, S. (2002). Social capital: Prospects for a new concept. *Academy of Management Review*, *27*(1), 17-40.

Aluja, A., & Blanch, A. (2004). Depressive mood and social maladjustment: Differential effects on academic achievement. *European Journal of Psychology of Education*, *110*(2), 121-131.

Amichai-Hamburger, Y. (2005). *Personality and Internet*. In Y. Amichai-Hamburger (Ed.), The social net: Understanding human behavior in cyberspace (pp. 27-55). New York: Oxford University Press.

Amichai-Hamburger, Y., & Ben-Artzi, E. (2003). Loneliness and Internet use. *Computers in Human Behavior*, 19, 71-80.

Amichai-Hamburger, Y., & Vinitzky, G. (2010). Social network use and personality. *Computers in Human Behavior*, *26*(6), 1289-1295.

Amichai-Hamburger, Y., Wainapel, G., & Fox, S. (2002). "On the Internet no one knows I'm an introvert": Extroversion, neuroticism, and Internet interaction. *Cyberpsychology & Behavior*, *5*, 125-128.

Amiel, T., & Sargent, S. L. (2004). Individual differences in Internet usage motives. *Computers in Human Behavior*, *20*, 711-726.

Anderson-Butcher, D., Ball, A. Brzozowski, M., Lasseigne, A., Lehnert, M., & McComick, B. L. (2010). Adolescent weblog use: Risky or protective? *Child Adolescent Social Work Journal*, 27, 63-67.

Andrews, G., Creamer, M., Crino, R. D., Hunt, C., Lampe, L. A., & Page, A. C. (2002). *The treatment of anxiety disorders: Clinician guides and patient manuals* (2nd ed.). New York: Cambridge University Press.

Antheunis, M. L., Valkenburg, P. M., & Peter, J. (2007). Computer-mediated communication and interpersonal attraction: A experimental test of two explanatory hypotheses. *Cyberpsychology & Behavior*, *10*(6), 831-836.

Arkin, R. M. (1981). Self-presentation style. In J. T. Tedeschi (Ed.) *Impression Management Theory and Social Psychological Research* (pp. 311-333). New York: Academic Pressl.

Armstrong, L., Phillips, J. G, & Saling, L. L. (2000). Potential determinants of heavier internet usage. *Human-Computer Studies*, *53*, 537-550.

Attrill, A., & Jalil, R. (2011). Revealing only the superficial me: Exploring categorical self-disclosure online. *Computers in Human Behavior*, *27*(5), 1634-1642.

Barak, A., & Gluck-Ofri, O. (2007). Degree and reciprocity of self-disclosure in online forums. *Cyberpsychology &*

Behavior, *10*(3),407 - 417.

Bargh, J. A., & McKenna, L. Y. A. (2004). The internet and social life. *Annual Review of Psychology*, *55*,573 - 590.

Baumeister, R. F. (1982). A self-Presentational view of social Phenomena. *Psychological Bulletin*, *91*,2 - 36.

Baumeister, R. F. (1998). *Handbook of social psychology*. Boston, MA: McGraw-Hill.

Bechar-Israeli, H. (1995). From 〈bonehead〉 to 〈cLonehead〉: Nicknames, play, and identity on Internet relay chat. *Journal of Computer-Mediated Communication*, 1(2).

Belisle, J., & Bodur, H. D. (2010). Avatars as information: Perception of consumers based on their avatars in virtual worlds. *Psychology & Marketing*, 27,741 - 765.

Bem, D. J. (1972). Self-perception theory. *Advances in Experimental Social Psychology*, *6*,1 - 62.

Ben-Ze'ev, A. (2003). Privacy, emotional closeness, and openness in cyberspace. *Computers in Human Behavior*, *19*(4),451 - 467.

Bergman, S. M., Fearrington, M. E., & Davenport, S. W., et al. (2011). Millennials, narcissism, and social networking: What narcissists do on social networking sites and why. *Personality and Individual Differences*, *50*(5), 706 -711.

Bortree, D. S. (2005). Presentation of self on the web: An ethnographic study of teenage girls' weblogs. *Education, Communication & Information*, 5(1),25 - 39.

Brunet, P. M., & Schmidt, L. A. (2008). Are shy adults really bolder online? It depends on the context. *Cyberpsychology & Behavior*, *11*,707 - 709.

Bryce, J., & Klang, M. (2009). Young people, disclosure of personal information and online privacy: Control, choice and consequences. *Information Security Technical Report*, *14*(3),160 - 166.

Burke, M., Marlow, C., & Lento, T. (2010). Social network activity and social well-being. *Proceedings of the 28th international conference on Human factors in computing systems*. Atlanta, Georgia, USA: ACM, pp. 10 - 15.

Butt, S., & Phillips, J. G. (2008). Personality and self-reported mobile phone use. *Computers in Human Behavior*, *24*(2),346 - 360.

Caplan, S. E. (2002). Problematic Internet use and psychosocial well-being: Development of a theory-based cognitive-behavioral measurement instrument. *Computers in Human Behavior*, *18*(5),553 - 575.

Carpenter, C. J. (2012). Narcissism on Facebook: Self-promotional and anti-social behavior. *Personality and Individual Differences*, *52*(4),482 - 486.

Chak, K., & Leung, L. (2004). Shyness and locus of control as predictors of internet addiction and internet use. *Cyberpsychology & Behavior*, 7(5),559 - 570.

Chan, E., & Vorderer, P. (2006). Massively multiplayer online games. In V. P. & J. Bryant (Eds.), *Playing computer games-Motives, responses, and consequences* (pp. 77 - 88). Mahwah, NJ: Lawrence Erlbaum.

Chen, B., & Marcus, J. (2012). Students' self-presentation on Facebook: An examination of personality and self-constmal factors. *Computers in Human Behavior*. *28*(6),2091 - 2099.

Chen, R., & Sharma, S. K. (2013). Self-disclosure at social networking sites: An exploration through relational capitals. *Information Systems Frontiers*, *15*,269 - 278.

Chester, A. (2004). *Presenting the self in cyberspace: Identity play online*. Australian: University of Melbourne.

Child, J. T., & Petronio, S. (2011). Unpacking the paradoxes of privacy in CMC relationships: The challenges of blogging and relational communication on the internet. In K. B. Wright & L. M. Webb (Eds.), *Computer-mediated communication in personal relationships* (pp. 21 - 40). New York: Peter Lang Publishing.

Cho, S. H. (2007). Effects of motivations and gender on adolescents' self-disclosure in online chatting. *Cyberpsychology & Behavior*, *10*(3),339 - 345.

Christopherson, K. M. (2006). The Positive and negative implications of anonymity in internet social interactions: "on the internet, Nobody knows you're a dog". *Computers in Human Behavior*, *9*(1),1 - 19.

Costa, P. T., & McCare, R. R. (1992). *NEO-PI-R*. *Professional manual*. Odessa, FL: Psychological Assessment Resources. Inc.

Davis, K. (2012). Friendship 2.0: Adolescents'experiences of belonging and self-disclosure online. *Journal of Adolescence*, *35*(6),1527 - 1536.

Debatin, B., Lovejoy, J. P., Horn, A. K., & Hughes, B. N. (2009). Facebook and online privacy: Attitudes, behaviors, and unintended consequences. *Journal of Computer-Mediated Communication*, *15*,83 - 108.

Derlega, V., & Grzelak, J. (1979). Appropriateness of self-disclosure. In G. J. Chelune (Eds.), Self-disclosure (pp. 151 - 176). San Francisco: Jossey-Bass.

Duggan, J. M., Heath, N. L., Lewis, S. P., & Baxter, A. L. (2012). An examination of the scope and nature of non-suicidal self-injury online activities: Implications for school mental health professionals. School Mental Health, *4*(1), 56 - 67.

Ebeling-Witte, S., Frank, M. L., & Lester, D. (2007). Shyness, Internet use, and personality. *Cyberpsychology & Behavior*, *10*(5),713 - 716.

Ellison, N., Heino, R., & Gibbs, J. (2006). Managing impressions online: Self-presentation processes in the online dating environment. *Journal of Computer-Mediated Communication*, *11*,415 - 441.

Ellison, N. B., Steinfield, C., & Lampe, C. (2007). The benefits of facebook "friends": Social capital and college students' use of online social network sites. *Journal of Computer-Mediated Communication*, *12*, 1143 - 1168.

Ellison, N. B., Vitak, J., Steinfield, C., Gray, R., & Lampe, C. (2011). Negotiating privacy concerns and social capital needs in a social media environment. In S. Trepet & L. Reinecke (Eds.), *Privacy online* (pp. 19 - 32). Springer.

Engelberg, E., & Sjoberg, L. (2004). Internet use, social skills, and adjustment. *Cyberpsychology & Behavior*, 7(1), 41 - 47.

Forest, A. L., & Wood, J. V. (2012). When social networking is not working: Individuals with low self-esteem recognizebut do not reap the benefits of self-disclosure on facebook. *Psychological Science*, *23*(3), 295 - 302.

Fullwood, C., Galbraith, N., & Morris, N. (2006). Impulsive nonconformity in female chat room users. *Cyberpsychology, Behavior and Social Networking*, *9*(5), 634 - 637.

Goffman, E. (1959). The presentation of self in everyday life. Anchor: New York.

Grinter, R. E., & Palen, L. (2002). Instant Messaging in Teen Life. *Paper presented at the 2002 ACM Conference Computer Supported Cooperative Work*, New Orleans, Louisiana.

Guadagno, R. E., & Allmendinger, K. (2008). Virtual collaboration in immersive and non-immersive virtual environments. In S. Kelsey & K. S. Amant (Eds.), *Handbook of research on compurer mediated communication* (pp. 401 - 410). Hershey, PA: IGI Global.

Guadagno, R. E., Okdie, B. M., & Eno, C. A. (2008). Who blogs? Personality predictors of blogging. *Computers in Human Behavior*, 24(5), 1993 - 2004.

Gunwoo, Y., & Vargas, P. T. (2014). Know thy avatar: The unintended effect of virtual-self representation on behavior. *Psychological Science*, *25*(4), 1043 - 1045.

Hamburger, Y. A., & Ben-Artzi, E. (2000). The relationship between extraversion and neuroticism and the different use of the Internet. *Computers in Human Behavior*, 16(4), 441 - 449.

Hancock, J. T., & Toma, C. L. (2009). Putting your best face forward: The accuracy of online dating photographs. *Journal of Communication*, *59*, 367 - 386.

Hancock, J. T., Toma, C., & Ellison, N. (2007). *The truth about lying in online dating profiles*. Paper presented at the conference on human factors in computing systems. San Jose, CA.

Heine, S. J., Takata, T., & Lehman, D. R. (2000). Beyond self-presentation: Evidence for self-criticism among Japanese. *Personality and Social Psychology Bulletin*, *26*(1), 71 - 78.

Heiser, N. A., Turner, S. M., & Beidel, D. C. (2003). Shyness: Relationship to social phobia and other psychiatric disorders. *Behaviour Research and Therapy*, *41*(2), 209 - 221.

Henderson, L., & Zimbardo, P. (1998). *Encyclopedia of Mental Health*. San Diego: Academic Press.

Herring, S. C., Scheidt, L. A., Bonus, S., & Wright, E. (2004). *Bridging the gap: A genre analysis of weblogs*. Los Alamitos, CA.

Joinson, A. N. (2001). Self-disclosure n computer-mediated communication: the role of self-awareness and visual anonymity. *European Journal of Social Psychology*, *31*, 177 - 192.

Joinson, A. N., Paine, C., Buchanan, T., & Reips, U. D. (2008). Measuring self-disclosure online: Blurring and non-response to sensitive items in web-based surveys. *Computers in Human Behavior*, *24*(5), 2158 - 2171.

Joinson, A. N., Reips, U. D., Buchanan, T., & Schofield, C. B. P. (2010). Privacy, trust, and self-disclosure online. *Human-Computer Interaction*, *25*(1), 1 - 24.

Joinson, A. N., Woodley, A., & Reips, U. D. (2007). Personalization, authentication and self-disclosure in self-administered Internet surveys. *Computers in Human Behavior*, *23*(1), 275 - 285.

Jones, E. E., & Pittman, T. S. (1982). Towards a general theory of strategic self-presentation. In J. Suls (Eds.) *Psychological Presentation on the Self* (pp. 231 - 262). Hillsdale. NJ: Erbaum.

Jourard, S. M., & Lasakow, P. (1958). Some factors in self-disclosure. *The Journal of Abnormal and Social Psychology*, *56*(1), 91 - 98.

Julie, M. A. (2001). *Impression Formation and Attraction in Computer Mediated Communication*. Los: University of Southern California.

Jung, T., Youn, H., & McClung, S. (2007). Motivations and self-presentation strategies on Korean-based "Cyworld" weblog format personal homepages. *Cyberpsychology & Behavior*, 10(1), 24 - 31.

Kane, C. M. (2008). *I'll see you on MySpace: Self-presentation in a social network website*. Unpublished MA thesis, Cleveland State University.

Karevold, E., Ystrom, E., Coplan, R. J., Sanson, A. V., & Mathiesen, K. S. (2012). A prospective longitudinal study of shyness from infancy to adolescence: Stability, age-related changes, and prediction of socio-emotional functioning. *Journal of Abnormal Child Psychology*, *40*(7), 1167 - 1177.

Kays, K., Gathercoal, K., & Buhrow, W. (2012). Does survey format influence self-disclosure on sensitive question items? *Computers in Human Behavior*, *28*(1), 251 - 256.

Kelly, L., & Keaten, J. A. (2007). Development of the affect for communication channels scale. *Journal of Communication*, *57*(2), 349 - 365.

Kim, J., & Lee, J. E. R. (2011). The facebook paths to happiness: Effects of the number of facebook friends and self-presentation on subjective well-being. *Cyberpsychology, Behavior, and Social Networking*, 14(6), 359 - 364.

Kisilevich, S., & Last, M. (2011). Exploring gender differences in member profiles of an online dating site across 35 countries. *Analysis of Social Media and Ubiquitous Data*, 57 - 78.
Kisilevich, S., Ang, C. S., & Last, M. (2012). Large-scale analysis of self-disclosure patterns among online social networks users a: A Russian context. *Knowledge and Information Systems*, *32*,609 - 628.
Ko, C., Yen, J., Chen, C., & Chen, et al. (2005). Gender differences and related factors affecting online gaming addiction among Taiwanese adolescents. The Journal of Nervous and Mental Disease, 193,273 - 277.
Ko, H.C., & Kuo, F.Y. (2009). Can blogging enhance subjective well-being through self-disclosure? *Cyberpsychology & Behavior*, *12*(1),75 - 79.
Kraut, R., Kiesler, S., Boneva, B., & Cummings, J., et al. (2002). Internet paradox revisited. *Journal of Social Issues*, *58*(1),49 - 74.
Kraut, R., Lundmark, V., Patterson, M., & Kiesler, S., et al. (1999). Internet paradox: A social technology that reduces social involvement and psychological well-being? *American Psychologist*, 53(9),1017 - 1031.
Leary, M.R., & Kowalski, R.M. (1990). Impression management: A Literature review and two-component model. *Psychological Bulletin*, *107*(1),34 - 37.
Ledbetter, A.M., Mazer, J.P., DeGroot, J.M., Meyer, K.R., Mao, Y.P., & Swafford, B. (2011). Attitudes toward online social connection and self-disclosure as predictors of facebook communication and relational closeness. *Communication Research*, *38*(1),27 - 53.
Lee, J.E.R., Moore, D.C., & Park, E.A, et al. (2012). Who wants to be "friend-rich"? Social compensatory friending on Facebook and the moderating role of public self-consciousness. *Computers in Human Behavior*, *28*(3), 1036 - 1043.
Lemmens, J.S, Valkenburg, P.M,·& Peter. (2011). Psychosocial causes and consequences of pathological gaming. *Computers in Human Behavior*, *27*,144 - 152.
Leung, L. (2002). *Loneliness and self-disclosure: a dialectics of disclosure*. Albany: State University of New York Press.
Lewis, C.C., Matheson, D.H., & Brimacombe, C.E. (2011). Factors Influencing Patient Disclosure to Physicians in Birth Control Clinics: An Application of the Communication Privacy Management Theory. *Health Communication*, *26*(6),502 - 511.
Li, H., Sarathy, R., & Xu, H. (2011). The role of affect andcognition on online consumers' decision to disclose personal information to unfamiliar online vendors. *Decision Support Systems*, *51*,434 - 445.
Lin, H., Tov, W., & Qiu, L. (2014). Emotional disclosure on social networking sites: The role of network structure structure and psychological needs. *Computer in Human Behavior*, 42,342 - 350.
Lin, K.Y., & Lu, H.P. (2011). Why people use social networking sites: An empirical study integrating network externalities and motivation theory. *Computers in Human Behavior*, 27(3),1152 - 1161.
Lu, H.Y., Case, D.O., Lustria, M.L.A., Kwon, N., Andrews, J.E., Cavendish, S., & Floyd. B.R. (2006). *Predictors of information seeking online by international students when disaster strikes their countries*. Manuscript submitted for publication.
Marcus, A., & Krishnamurthi, N. (2009). Cross-cultural analysis of social network services in Japan, Korea, and the USA. In N. Aykin (Ed.), *Internationalization, Design and Global Development* (pp.59 - 68). Berlin Heidelberg: Springer-Verlag.
Margalit, M. (2010). *Lonely children and adolescents: Self-perceptions, social exclusion, and hope*. New York: Springer.
Markus, H., & Nurius, P. (1986). Possible selves. *American Psychologist*, *41*,954 - 969.
McKenna, K.Y.A., & Green, A.S. (2002b). Virtual GroupDynamics. *Group Dynamics: Theory, Research, and Practice*, *6*(1),116 - 127.
McKenna, K.Y.A., & Bargh, J.A. (2000). Plan 9 from cyberspace: The implications of the Internet for personality and social psychology. *Personality and Social Psychology Review*, *4*(1),57 - 75.
McKenna, K.Y.A., Green, A.S., & Gleasonm, M.J. (2002a). Relationship formation on the Internet: what's the big attraction? *Journal of Social Issues*, *58*,9 - 32.
Mehdizadeh, S. (2010). Self-Presentation 20: Narcissism and self-esteem on Facebook. *Cyberpsychology Behavior and Social Networking*, *13*,357 - 364.
Mesch, G.S., & Beker, G. (2010). Are norms of disclosure of online and offline personal information associated with the disclosure of personal information online? *Human Communication Research*, *36*,570 - 592.
Mikkola, H., Oinas, M., & Kumpulainen, K. (2008). Net-based identity and body image among young IRC-gallery users. In K. McFerrin, et al., (Eds.), Proceedings of Society for Information Technology and Teacher Education International Conference(pp.3080 - 3085). Chesapeake, VA: AACE.
Ma, M.L-Y. & Leung, L. (2006). Unwillingness-to-communicate, perceptions of the Internet and self-disclosure in ICQ. *Telematics and Informatics*, *23*,22 - 37.
Morahan-Martin, J., & Schumacher, P. (2000). Incidence and correlates of pathological Internet use among college students. *Computers in Human Behavior*, *16*(1),13 - 29.
Muscanell, N.L., & Guadagno, R.E. (2011). Make new friends or keep the old: Gender and personality differences in social networking use. *Computers in Human Behavior*. *28*(1),107 - 112.

Nosko, A., Wood, E., & Molema, S. (2010). All about me: Disclosure in online social networking profiles: The case of Facebook. *Computers in Human Behavior*, *26*(3),406 - 418.
Okdie, B.M. (2011). *Blogging and self-disclosure: The role of anonymity, self-awareness, and perceived audience*. Unpublished doctoral dissertation, The University of Alabama.
Ong, E.Y.L., Ang, R.P., Ho, J.C.M., Lim, J.C.Y., Goh, D.H., Lee, C.S., & Chua, A.Y.K. (2011). Narcissism, extraversion and adolescents, self-presentation on Facebook. *Personality and Individual Differences*, *50*(2),180 - 185.
Orr, E.S., Sisic, M., Ross, C., Simmering, M.G., Arseneault, J.M., & Orr, R.R. (2009). The influence of shyness on the use of Facebook in an undergraduate sample. *Cyberpsychology and Behavior*, *12*(3),337 - 340.
Park, N., Jin, B., & Annie Jin, S.A. (2011). Effects of self-disclosure on relational intimacy in Facebook. *Computers in Human Behavior*, *27*(5),1974 - 1983.
Pearson, E. (2010). *What kind of information society? Governance, virtuality, surveillance, sustainability, resilience*. Germany: Springer.
Pempek, T.A., Yermolayeva, Y.A., & Calvert, S.L. (2009). College students'social networking experiences on Facebook. *Journal of Applied Developmental Psychology*, *30*(3),227 - 238.
Pena, J., Hancock, J.T., & Merola, N.A. (2009). The priming effects of avatars in virtual settings. *Communication Research*, 9,1 - 19.
Peter, J., Valkenburg, P.M., & Schouten, A.P. (2005). Developing a Model of Adolescent Friendship Formation on the Internet. *Cyberpsychology & Behavior*, *8*(5),423 - 430.
Posey, C., Lowry, P.B., Roberts, T.L., & Ellis, T.S. (2010). Proposing the online community self-disclosure model: The case of working professionals in France and the UK who use online communities. *European Journal of Information Systems*, *19*(2),181 - 195.
Roberts, L.D., Smith, L.M., & Pollock, C.M. (2000). "u r alot bolder on the net." Shyness and internet use. In W. R. Crozier (Ed.), *Shyness: development, consolidation and change* (pp. 121 - 138). Routledge: London.
Rosen, D., Stefanone, M.A., & Lackaff, D. (2010). Online and offline social networks: Investigating culturally specific behavior and satisfaction. *In Proceedings of the 43rd Hawaii International Conference on System Sciences*. Washington, DC: IEEE.
Rosen, L.D., Cheever, N.A., Cummings, C., & Felt, J. (2008). The impact of emotionality and self-disclosure ononline dating versus traditional dating. *Computers in Human Behavior*, *24*(5),2124 - 2157.
Ross, C., Orr, E.S., & Sisic, M., et al. (2009). Personality and motivations associated with Facebook use. *Computers in Human Behavior*, *25*(2),578 - 586.
Rubin, K.H., Coplan, R.J., & Bowker, J.C. (2009). Social withdrawal in childhood. *Annual Review of Psychology*, *60*,141 - 171.
Rui, J., & Stefanone, M.A. (2013). Strategic self-presentation online: A cross-cultural study. *Computers in Human Behavior*, *29*(1),110 - 118.
Ryan, T., & Xenos, S. (2011). Who uses Facebook? An investigation into the relationship between the Big Five, shyness, narcissism, loneliness, and Facebook usage. *Computers in Human Behavior*, 27(5),1658 - 1664.
Scealy, M., Phillips, J.G., & Stevenson, R. (2002). Shynessand anxiety as predictors of patterns of Internet usage. *CyberPsychology & Behavior*, *5*(6),507 - 515.
Schlenker, B.R. (1985). Identity and self-identification. In B.R. Schlenker(Ed.), *The self and social life* (pp. 65 - 99). New York, McGraw-Hill.
Seko, Y., Kidd, S.A., Wiljer, D., & McKenzie, K.J. (2015). On the creative edge exploring motivations fo creating non-suicidal self-injury content online. *Qualitative Health Research*, 1 - 13.
Siibak, A.(2009). Constructing the self through the photo selection-visual impression management on Social Networking Websites. *Cyberpsychology: Journal of Psychosocial Research on Cyberspace*, *3*. Retrieved from http://cyberpsychology.eu/view.php?cisloclanku=2009061501&article=1.
Simon, G. (2010). The presentation of avatars in second life: Self and interaction in social virtual spaces. *Symbolic Interaction*, 33,501 - 525.
Skues, J.L., Williams, B., & Wise, L. (2012). The effects of personalitytraits, self-esteem, loneliness, and narcissism on Facebook use among university students. *Computers in Human Behavior*, *28*(6),2414 - 2419.
Smock, A.D., Ellison, N.B., & Lampe, C., et al.(2011). Facebook as a toolkit: A uses and gratification approach to unbundling feature use. *Computers in Human Behavior*, *27*(6),2322 - 2329.
Steinfield, C., Ellison, N.B., & Lampe, C. (2008). Social capital, self-esteem, and use of online social network sites: A longitudinal analysis. *Journal of Applied Developmental Psychology*, *29*(6),434 - 445.
Steyer, R., Schmitt, M., & Eid, M. (1999). Latent state-trait theory and research in personality and individual differences. *European Journal of Personality*, *13*(5),389 - 408.
Stommel, W. (2007). *Mein nick bin ich*! Nicknames in a German forum on eating disorders. *Journal of Computer-Mediated Communication*, *13*(1),141 - 162.
Strano, M.M., & Wattai Queen, J. (2012). Covering Your Face on Facebook. *Journal of Media Psychology: Theories, Methods, and Applications*, *24*(4),166 - 180.

Stritzke, W. G. K., Nguyen, A., & Durkin, K. (2004). Shyness and computer-mediated communication: A self-presentational theory perspective. *Media Psychology*, *6*(1), 1 - 22.

Subrahmanyam, K., & Šmahel, D. (2011). Constructing identity online: Identity exploration and self - presentation. *Digital Youth*. New York: Springer, 59 - 80.

Subrahmanyam, K., Garcia, E.C., Harsono, S.L., Li, J., & Lipana, L. (2009). In their words: Connecting online weblogs to developmental processes. *British Journal of Developmental Psychology*, 27, 219 - 245.

Subrahmanyam. K., Šmahel, D., & Greenfield, P.M. (2006). Connecting developmental constructions to the internet: Identity presentation and sexual exploration in online teen chat rooms. *Developmental Psychology*, 42, 395 - 406.

Sundén, J. (2003). *Material Virtualities: Approaching Online Textual Embodiment*. New York: Peter Lang Publishing.

Séguin-Lévesque, Laliberté, M. L. N., Pelletier, L., Blanchard, C., & Vallerand, R. (2003). Harmonious and Obsessive passion for the Internet: Their Associations with the Couple's Relationship. *Journal of Applied Social Psychology*, 33, 197 - 221.

Tedeschi, J. T., Schlenker, B. R., Bonoma, T. V. (1971). Cognitive dissonance: Private ratiocination or public spectacle? *American Psychologist*, 26, 185 - 195.

Tian, Q. (2011). Social anxiety, motivation, self-disclosure, and computer-mediated friendship: A path analysis of the social interaction in the Blogosphere. *Communication Research*, Retrieved from http://crx. sagepub. com/content/early/2011/09/16/0093650211420137.

Tokunaga, R.S. (2011). Social networking site or social surveillance site? Understanding the use of interpersonal electronic surveillance in romantic relationships. *Computers in Human Behavior*, 27(2), 705 - 713.

Toma, C. L. (2010). Affirming the self through online profiles: Beneficial effects of social networking sites. Conference: Proceedings of the 28th International Conference on Human Factors in Computing Systems, CHI 2010, Atlanta, Georgia, USA. 1749 - 1752.

Tong, S.T., Van Der Heide, B., & Langwell, L., et al. (2008). Too much ofa good thing? The relationship between number of friends and interpersonal impressions on Facebook. *Journal of Computer-Mediated Communication*, *13*(3), 531 - 549.

Tosun, L.P., & Lajunen, T. (2009). Why do young adults develop a passion for internet activities? The associations among personality, revealing "true self" on the internet, and passion for the internet. *Cyberpsychology & Behavior*, 12, 401 - 406.

Tosun, L. P., & Lajunen, T. (2010). Does Internet use reflect your personality? Relationship between Eysenck's personality dimensions and Internet use. *Computers in Human Behavior*, 26, 162 - 167.

Trepte. S., & Reinecke, L. (2010). Young scholars network on privacy and web2.0. German Research Foundation, Der Bildung.

Turkle, S. (1995). *Life on the Screen: Identity in the Age of the Internet*. New York: Simon & Schuster.

Tuten, T., & Bosnjak, M. (2001). Understanding differences in Web usage: The role of need for cognition and the five factor model of personality. *Social Behavior & Personality*, 29, 391 - 398.

Utz, S. (2010). Show me your friends and I will tell you what type of person you are: How one's profile, number of friends, and type of friends influence impression formation on social networksites. *Journal of Computer-Mediated Communication*, *15*, 314 - 335.

Valenzuela, S., Park, N., & Kee, K. F. (2009). Is there social capital in a social network site?: Facebook use and college students'life satisfaction, trust, and participation. *Journal of Computer-Mediated Communication*, *14*(4), 875 - 901.

Valkenburg, P.M., & Peter, J. (2007). Preadolescents' and adolescents' online communication and their closeness to friends. *Developmental Psychology*, *43*(2), 267 - 277.

Vallerand, R., Blanchard, C., Megeau, G., Koestner, R., Ratelle, C., Leonard, M., et al. (2003). Les passions del'ame: On obseeive and harmonious passion. *Journal of personality and social psychology*, 85, 756 - 767.

Walther, J.B. (1996). Computer-mediated communication impersonal, interpersonal and hyperpersonal interaction. *Communication Research*, *23*(1), 3 - 43.

Walther, J. B., & Burgoon, J. K. (1992). Relational communication in computer-mediated interaction. *Human Communication Research*, *19*(1), 50 - 88.

Walther, J.B., Van Der Heide, B., Kim, S., Westerman, D., & Tong, S.T. (2008). The role of friends' appearance and behavior on evaluations of individuals on facebook: Are we known by the company we keep? *Human Communication Research*, 34, 28 - 49.

Wang, C., & Yang, H. (2006). Passion and dependency in online shopping activities. *Cyberpsychology & Behavior*, 10, 296 - 298.

Ward, C.C., & Tracey, T.J.G. (2004). Relation of shyness with aspects of online relationship involvement. *Journal of Social and Personal Relationships*, *21*(5), 611 - 623.

Whitty, M.T. (2008). Revealing the 'real' me, searching for site. *Computers in Human Behavior*, *24*(4), 1707 - 1723.

Yang, M.L., Yang, C.C., & Chiou, W.B. (2010). Differences in engaging in sexual disclosure between real life and cyberspace among adolescents: Social penetration model revisited. *Current Psychology*, *29*(2), 144 - 154.

Yang, S. C., & Tung, C. J. (2007). Comparison of Internet addicts and non-addicts in Taiwanese high school.

Computers in Human Behavior, *23*(1), 79-96.

Ybarra, M. L., Alexander, C., & Mitchell, K. J. (2005). Depressive symptomatology, youth Internet use, and online interactions: A national survey. *Journal of Adolescent Health*, *36*(1), 9-18.

Yee, N., & Bailenson, J. N. (2007). The proteus effect: The effect of transformed self-representation on behavior. *Human Communication Research*, 33, 271-290.

Young, K. S., & Rogers, R. C. (1998). The relationship between depression and internet addiction. *Cyberpsychology & Behavior*, *1*(1), 25-28.

Yuen, C. N., & Lavin, M. J. (2004). Internet dependence in the collegiate population: The role of shyness. *Cyberpsychology & Behavior*, 7(4), 379-383.

Yurchisin, J., Watchravesringkan, K., & Mccabe, D. B. (2005). An exploration of identity recreation in the context of internet-dating. *Social Behavior and Personality: An International Journal*, *33*(8), 735-750.

Zhao, S., Grasmuck, S., & Martin, J. (2008). Identity construction on facebook: Digital empowerment in anchored relationships. *Computers in Human Behavior*, *24*, 1816-1836.

Zhu, Q. (2011). Self-disclosure in online support groups for people living with depression. Unpublished master's thesis, National University of Singapore.

Zimmer, J. C., Arsal, R. E., Al-Marzouq, M., & Grover, V. (2010). Investigating online information disclosure: Effects of information relevance, trust and risk. *Information and Management*, 47(2), 115-123.

Zywica, J., & Danowski, J. (2008). The Faces of Facebookers: Investigating social enhancement and social compensation hypotheses; predicting Facebook (tm) and offline popularity from sociability and self-esteem, and mapping the meanings of popularity with semantic networks. *Journal of Computer-Mediated Communication*, *14*(1), 1-34.

Šmahel, D., Blinka, L., & Ledabyl, O. (2008). Playing MMORPGs: Connections between addiction and identifying with a character. *Cyberpsychology & Behavior*, *11*, 715-718.

5 网络学习与认知

随着计算机技术的发展和网络的日益普及，利用网络进行学习正变得越来越普遍。中国移动互联网调查研究报告的数据显示，截至 2014 年 6 月，中国有 14.3%的手机网民为教育学习类应用付费，这在所有付费类型应用中排在第六位；同时，教育学习类应用也是 33.3%的手机网民在未来愿意付费的网络服务类型，在所有应用中居首位（中国互联网络信息中心，2014）。网络学习在美国的发展更加迅速。根据 2016 年 1 月美国的在线教育调查报告，2014 年秋季美国有 280 万大学生选择通过远程教育完成所有课程，有 290 多万大学生注册多门网络课程，占美国大学生的 28%；公立大学有 67%的学生至少注册过一门网络课程；有超过 63%的教学主管认为网络学习是院校长期发展的战略(Allen, Seaman, Poulin, & Straut, 2016)。近三年来,慕课(massive open online course, MOOC)迅速发展,全世界已有数百所高校和科研机构在 Coursera、edX 和 Udacity 三大慕课平台提供 1 000 多门课程,访问人数达数百万。美国开设慕课课程的院校由 2012 年的 2.6%上升到 2015 年的 11.3%。中国的"学堂在线"、"中国大学慕课"等平台至今已开放超过 2 300 门课程供学习者选择。

上述事实表明越来越多的学习者在利用网络进行学习。那什么是网络学习?它有何特征?它有哪些形式?多媒体学习是很多网络课程或网络学习平台提供的学习形式之一,那么学习者在网络情境中进行多媒体学习的特点是怎样的?哪些因素会影响多媒体学习的过程和效果?在网络情境中学习者如何进行自我调节学习?本章将首先介绍网络学习的定义、特征和发展历程,然后阐述作为网络学习重要形式之一的多媒体学习的特点和影响因素,最后重点介绍网络情境下自我调节学习的特点、影响因素及未来发展。

5.1 网络学习的特点

5.1.1 网络学习产生的背景

技术的发展和普及

从 1946 年第一台计算机诞生以来,计算机技术不断创新,取得了突飞猛进的发展。20 世纪 80 年代网络开始迅速发展,到 90 年代末期,网络已经在很多国家得到了普及。如今,网络已经在全世界得到普及。计算机技术和网络的发展革新了信息传递和人际交流的方式。这为网络学习的产生和迅速发展做好了技术上的准备。

学生中心观

20 世纪 80 年代,建构主义学习理论强调以学生为中心,教学的目的在于引导学生自己建构知识经验,解决问题。与此同时,教育心理学家关注自我调节学习,强调教学要教会学生学习,最终实现学生自主学习也即自我调节学习的目的。由于学生间个体差异大,在传统的班级教学中,教学难以照顾到每个学生的需要,因此,让所有学生都成为自我调节学习者显然有一定困难。但网络学习却可以比较方便地实现个别化教学,并提供认知工具,促进学生自主学习。

终身学习观

终身学习观和终身教育观的发展以及职业教育的巨大需求促进了网络学习的发展。1994 年 11 月"首届世界终身学习会议"提出的终身学习概念广受认同。与会者提出:"终身学习是通过一个不断的支持过程来发挥人类的潜能,它激励并使人们有权利去获得他们终身所需要的全部知识、价值、技能与理解,并在任何任务、情况和环境中有信心、有创造性和愉快地应用它们。"(周春儿,洪如燕,2014)终身学习的这一定义不仅强调个体要持续学习,发挥潜能,还强调这一学习过程需要支持。

网络学习是终身学习的一种重要方式。在科技日新月异的今天,信息传递和交流的方式发生了很大变化。网络学习已成为越来越多高等学校学历教育和课程教学的重要途径,同时也是众多企业和继续教育机构、盈利教育机构青睐的教育和培训方式。网络学习这种不受时空限制和具有互动性的学习方式,能满足很多人离开学校之后不同阶段的个性化学习需要,因此它也成为了个体持续发展和自我提升的重要途径。

5.1.2 网络学习的界定

关于网络学习(e-learning)的相关术语很多,如基于网络的学习(web-based learning, WBL)、在线学习(online learning)、远程学习(distance learning)等。我国学者更多地使用 e-learning 来描述"网络学习"(张际平,2010)。Eddy 和 Tannenbaun (2003)提出网络学习主要指通过计算机的使用将学习的内容、交流和学习所需的材料提供给学习者。Holmes 和 Gardner(2006)提出网络学习是随时随地通达在线学习资源。他们进一步强调了网络学习是最先进的数字化信息和通讯技术特征的融合。这些技术包括直播、移动视频和音频通信、三维图片、电子邮箱、基于网络和物体的界面等,所有这些技术都可用来支持和创建教育环境,传递和创建重要的教育经验。

2000 年美国教育部发表了教育技术白皮书《网络学习:把全球教育放在所有孩子的指尖》(*E-learning: putting a world-class education at the fingertips of all children*)(U. S. Department of Education, 2000),详细阐述了美国中小学教育技术的目标、实施途径等。何克抗(2002)将"教育技术白皮书"中有关网络学习的论述归纳为:"主要通过因特网进行的学习活动,它充分利用现代信息技术所提供的、具有全新沟通机制与丰富资源的学习环境,实现了一种全新的学习方式;这种学习方式将改变传统教学中教师的作用和师生之间的关系,从而在根本上改变教学结构和教育本质。"

Clark 和 Mayer(2011)在其关于网络学习的著作中将网络学习定义为通过计算机或移动设备等支持学习的数字化设备传递的教学。他们进一步提出网络学习具有如下特征:(1)通过 CD-ROM、本地内存或外部存储器或服务器存储和传递课程;(2)包含与学习目标关联的内容;(3)使用诸如文字和图片等媒体要素传递内容;(4)使用例子、练习和反馈等教学方法促进学习;(5)可能是教师引导(同步网络学习)或设计成自定步调的个体学习(异步网络学习);(6)帮助学习者建构与个体学习目标或提高组织绩效相关联的新知识和技能。Clark 和 Mayer(2011)关于网络学习的定义强调网络学习是内容、技术(方法)、互动和目标实现的结合。

上述关于网络学习的各种界定侧重点不同，有的将网络看作是一个传递资源的平台；有的倾向于将网络看作是一个学习的环境，不仅提供资源，还给学习者提供指导，并与之进行互动，以帮助其达成预定的学习目标。第一种观点将网络学习看作是传统学习在网络环境中的复制，第二种观点将网络学习看作是技术与教学方法的融合。Clark 和 Mayer(2011)关于网络学习的定义就倾向于第二种观点。但不管是侧重哪一个方面，关于网络学习的不同定义的一个共同特点是认为它是以计算机为媒介，通过因特网，或利用多媒体、超媒体等技术进行的学习。广义的网络学习是将所有利用计算机进行的学习如通过互联网的学习、多媒体学习、超媒体学习、CD-ROM 等都包括在内。

随着网络学习的发展，网络学习已经远不止是一个传递课程资源的平台。仅具有传递资源功能的网络学习只不过是将传统课堂搬到网上，并没有超越传统学习，对传统的教学也没有产生深刻影响。但今天的网络学习越来越具有适应性，它以学习者为中心，为不同需要和各具特点的学习者提供最合适的教育，具有互动交流和反馈的功能，支持师生、生生、小组成员之间的互动，甚至提供概念图、下划线、做笔记等认知支持工具以及提示和反馈等支架促进学习者的自我调节学习。以学习者为中心的网络学习将学习者置于中心地位，教师将部分时间留给学习者进行自主学习、合作学习和探究学习，教师的工作重心转移至如何设计具有适应性的学习内容和活动，如何指导学生进行自主学习和互动交流上。这样看来，关于网络学习的第二种观点更能反映网络学习的发展趋势，也更有可能撼动传统教育的根基，促进传统教学方式的变革和教师角色的转变。

5.1.3 网络学习的特点

便利性(convenience)

网络学习不受时空限制，学习者可以在任何时间和任何有网络的地点进行学习，与教师和其他学生进行互动。不仅同一个学校或同一门课程的学习者可以共同学习、相互交流，学习者甚至可以跨越洲际进行协作学习和交流，共同完成一项任务。教师也可以自由地安排时间进行教学、提供反馈、开展互动。这种便利性带来两个好处：一是学习者包括在职学习者可以更便捷地进行学习；二是学习资源可以得到更广泛的分享，而不再受物理空间的限制，学习者不仅可以随时随地跨越校园，还可以随时随地跨越国界进行学习。

交互性(interactivity)

网络学习环境本身的特征决定了它是一个充满交互的场所。根据研究者(Anderson, 2003; Muirhead & Juwah, 2004)对网络学习中交互的分类，本书将网络学习环境中的交互概括为四种：(1)学习者与教师的交互。网络学习过程中师生不见面不意味着双方没有互动。相反,教师的指导、反馈以及与师生间的交流变得更重要了。教师不仅要给学生提供学习资源,还要为不同特点的学习者提供合适的指导和反馈,师生之间会进行实时或延时的交流互动,促进学习者的高效学习。(2)学习者之间的交互。学习者之间以及学习者和小组之间通过网络学习环境的资源上传及下载功能相互分享资源和观点,通过互动平台进行讨论,彼此提供支持和反馈。(3)学习者与学习材料的交互。学习者可以接收学习材料,可以选择以不同表征形式呈现的学习材料,主动将新材料与自己先前所学的知识建立起联系,并形成对当前信息的理解;同时,对新材料的加工也可能引发原有知识的重组或调整。不仅如此,学习者还是信息资源和学习材料的生产者和提供者,从而实现个人学习资源的共享。(4)学习者与技术的交互。学习者为了在网络学习情境中进行有效学习,必须学会有效利用网络学习环境的各种功能以及其所提供的各种工具,如搜索引擎、语音工具、在线作业提交和测验功能等,与环境进行互动。

非线性(nonlinearity)

非线性是信息技术支撑下学习实践的显著特征(王继新,郑旭东,黄涛,2012)。网络学习环境中的信息不是以线性的方式呈现,而是以非线性的、网状的方式呈现的。也即网络学习环境中的学习材料是根据信息之间的联系而不是按照顺序来组织和呈现的信息资源网。因此网络学习环境中学习材料的呈现是跳跃式的,一个信息可以通过超链接和另一个信息联系起来。学习者在网络学习环境中不必遵循严格的顺序,可以选择从任何一点开始学习,并通过超链接进入与所学知识点相关联的内容。因而,在网络学习情境中,学习者可以对学习的内容、时间和速度进行自主选择和安排。

个性化(individualization)

和传统学习相比,网络学习可以更好地满足学习者的个性化需要。网络学习的内容和形式可以多样化,网络学习的环境也可以根据学习者的特征进行设计。例如,为不同经验、不同学习风格和不同需要的学习者设计不同难度和不同呈现方式的学习内容,提供适应性的学习指导;学习者可以选择自己偏好的学习内容表征方式(文字、图片、动画、视频或音频),选择合适的认知工具以及不同的反馈方式,按自己的步调进行学习。在网络学习中,通过个别化的网络教学设计,网络学习环境可以更好地促进拥有不同特征的学习者达成其目标,从而满足不同学习者的个性化需要。

协作性(collaboration)

网络学习提供的时空便利性使学习者之间的协作变得更方便,处于不同地理位置的学习者可以进行同步或异步的交流和讨论,分享个人经验,通过合作进行探究,共同完成任务、实现共同目标,从而共同建构知识、发展技能,并培养以技术为基础的合作及互动能力。

5.1.4 网络学习形式的发展

单一的网上学习

在网络学习的初期,大部分教育机构尤其是高等教育机构提供的网络课程甚至是网络学历课程,都是学生进入网络学习环境学习的课程。例如,1998 年纽约大学创办的纽约大学在线和 2001 年英国政府高等教育拨款委员会创办的英国网上大学都是利用网络传递已有的学历课程或非学历课程(张伟远,2005)。我国的部分高校也在 21 世纪初建设了一批网络课程,教育部从 21 世纪初开始组织高校建设了数百门国家精品课程,从 2010 年开始又组织建设了数百门精品资源共享课程,将优秀的课程资源公开共享。此类网络学习主要是通过网络提供教学资源,缺少互动交流。也有不少网络学习作为传统学习的补充,为学生提供资源和反馈、课后支持以及交流平台。

初期的网络学习更多地是传统学习的翻版,大多是将典型的被动学习模式、被动教学情境搬到网上,而没有考虑网络学习情境的特殊性以及学习者在网络情境中取得成功所需具备的条件,无法发挥网络学习的优势,如交互性、灵活性、协作性;网络教育结构纯粹依靠网络进行教学和管理(张伟远,2005)。因此,一些缺乏远程教育经验的机构纷纷失败。

混合式网上学习(blended e-learning)

混合式学习既是部分大学一开始就采用的方式,即将网络学习作为传统学习的补充,另一方面也是一部分教育机构开设的纯粹的网络学习失败后的产物。在纯粹网络学习结果不理想的情况下,教育机构和研究者汲取失败的经验教训,提出并尝试将面对面的学习和网络学习结合起来。有学者认为,学习本质上就是混合的(Cross & Moore,2006)。Cross 的这种观点是从学习活动和学习媒介角度来说的。因为很少有学习只包括单一活动或单一媒介,绝大多数时候,学习是多种活动、多种媒介的混合。但此处的混合学习超越了这一观点,主要指面对面学习和网上学习的混合。而这两种学习都可能涉及多种活动且可能利用多种媒介传递学习资源。

当前我国高校的网络课程大多将面授和网络学习结合起来,让学生进行混合学习。混合式网络学习试图利用面对面课堂和网络学习各自的优势使学习更适合个人,同时扩大课程传递的范围(张伟远,吴廷坚,2006)。其实际效果取决于教学环境以及教学内容和活动的系统设计。

整合式网上学习(integrated e-learning)

整合式网络学习这一概念是 Jochems、Merriënboer 和 Koper 在 2004 年提出的。他们批评常见的网络学习只不过是将新技术加入到传统的教育形式中,而没有真正体现网络学习的优势。Jochems 等人提出的整合式网上学习不只是基于网络的学习,也指将网络有效地嵌入设计良好的教育系统用于学习;整合式网络学习常常包括面对面学习、远程学习、结构性的工作训练以及实训的适当形式，是一种有目的的基于网络的学习、课堂学习、自学、实习等的整合。其目的旨在结合不同的要素，为学习者提供最佳的学习安排，以最佳的整合方法促进学习者的复杂学习（问题解决、认知策略、自我调节）和专业技能获得，消除学校学习和职业实践之间的鸿沟，实现从学校学习到职业实践的顺利迁移。

慕课：大数据时代的网络学习（massive open online course，MOOC）

慕课是开放教育和网络学习发展的产物。慕课的课程资源由全世界优秀大学提供，而且是免费的。慕课给学习者提供了分享全世界优质教育资源的平台和机会。

慕课作为一种学习方式从2012年开始在全球范围内受到重视，并在近几年迅速发展，慕课在美国、加拿大、英国、澳大利亚等国家发展较快，已有数百万学习者访问Coursera、edX和Udacity三大慕课平台。我国的北京大学和清华大学率先加入edX平台，成为亚洲首批成员，复旦大学与上海交通大学则加入Coursera阵营开始向平台提供中文或英文的精品课程。同时，国内高校也在尝试建构自己的慕课平台（张鹭远，2014），例如中国大学MOOC。

慕课的发展不仅促进了优质教育资源的共享，也在一定程度上促进了技术与教育的融合。慕课课程平台可利用其大数据收集功能，对某门课程所有学习者的在线数据进行分析，揭示其背后的规律，并调整教学设计和策略，开发更具个性化的课程，促进学习者的在线学习，满足学习者的不同需要。将大数据分析和教育产品开发结合起来，推动网络学习向个性化发展这一趋势已经显现，edX对其首门慕课课程在线数据进行分析，进而根据这些分析所得结果改进产品开发和教学设计就是一个很好的例子（杨满福，焦建利，2014）。

网络学习形式的发展映射出技术与教育之间关系的变化。将基于计算机和网络的技术用于教育只是网络学习的开端，技术和教育的融合才是目标。将计算机网络用于教育的目的是要促进教育革新，使之超越传统，为学习者提供最佳的教育，进而促进其学习和发展。

5.2 网络情境中的多媒体学习

随着互联网技术的普及，网络学习已经逐渐融入到人们的现实生活中。不同于传统课堂环境，网络学习环境不仅是基于互联网的教学，更多的是在（多）媒体设备情境中的教学，网络学习中的多媒体环境的布局和设计也在很大程度上影响着学生和老师对课堂的感知，这些感知会进一步影响教学效果。而网络情境中的学习不仅仅依赖于教学场景的布局和多媒体的教学设计，学习者个体特征的差异也会影响网络情境中多媒体教学设计的效果。鉴于此,本节将从网络情境中多媒体学习的概况、基于计算机技术的动画代理的多媒体学习、基于计算机技术的线索对多媒体学习的影响以及学习者知识经验对网络情境中多媒体学习效果的影响这四个方面展开论述。

5.2.1 网络情境中的多媒体学习

什么是网络情境中的多媒体学习?

随着互联网技术以及计算机技术的蓬勃发展,传统的讲授式教学逐渐被图文并茂的多媒体教学取代,在当今教学课堂里,老师使用多媒体工具进行教学的情况已经屡见不鲜。当一个老师使用微软公司的 PowerPoint 软件呈现丰富多彩的教学内容时,学生很可能会被形象鲜明的图片内容所吸引,而学习动机的提高相应地也会带来学习成绩的提高。那什么是多媒体呢? Mayer(2002)给出了这样的定义:

> 多媒体被定义为用语词和画面来共同呈现材料,语词是指以打印文本或讲话等言语形式(verbal form)呈现材料;画面是指用图像形式(pictorial form)呈现材料,如静态图形(包括插图、图表、照片和地图)或动态图画(包括动画或录像带),多媒体学习就是指学习者通过语词和画面进行学习。

当学生能够从老师的讲授和伴随呈现的图画中构建一致的心理表征时,他们就是在进行多媒体学习。

早期研究者对网络情境中多媒体学习的探讨大多停留在多媒体材料的呈现方式上,如静态与动态、图文远离与邻近、单通道和双通道等,这些研究的结论基本上可以从 Mayer 的多媒体设计原则上看出(Mayer, 2002);后期对多媒体学习的研究较关注学习者知识经验(Kalyuga, 2007b; Kalyuga, Ayres, Chandler, & Sweller, 2003)、空间能力(Münzer, Seufert, & Brünken, 2009)、情绪动机(Magner, Schwonke, Aleven, Popescu, & Renkl, 2014; Mayer, 2014; Plass, Heidig, Hayward, Homer, & Um, 2014)、学习偏好(Ocepek, Bosnić, Nančovska Šerbec, & Rugelj, 2013)等个体因素在多媒体学习中的作用,甚至有一些研究者使用基础的心理学研究方法(Hyönä, 2010; Ozcelik, Karakus, Kursun, & Cagiltay, 2009)和范式(Mammarella, Fairfield, & Di Domenico, 2013)探讨了多媒体学习中各种效应的心理机制,比如眼动技术在网络多媒体学习中的运用(Hyönä, 2010; Mayer, 2010; Ozcelik, Arslan-Ari, & Cagiltay, 2010; Ozcelik 等,2009; Van Gog & Scheiter, 2010;龚少英,段婷,王福兴,周宗奎,卢春晓,2014),这些新颖技术和范式的引入为我们深入了解学习者在多媒体学习过程中的心理机制打开了一扇窗户。

网络情境中多媒体学习的理论

用于解释多媒体学习的理论是基于认知负荷理论发展起来的。Sweller(1988)提出了认知负荷理论(cognitive load theory),认为人们用来加工和处理信息的认知资源容量有限,呈现各种类型的多媒体信息时必须以学习者认知负荷的最低限度为基础,如果多媒体呈现的信息量超过了学习者可用于加工的认知资源总量,那么某些已被选择的信息将无法得到加工(Mayer & Moreno, 2003)。Sweller将学习者的认知负荷区分为外在认知负荷(extraneous cognitive load)、内在认知负荷(intrinsic cognitive load)和关联认知负荷(germane cognitive load)。其中,外在认知负荷是由不适当的教学设计引起的,会对学习者的学习产生干扰作用,如呈现与学习内容无关的图画或语言等;内在认知负荷是由教学材料内部元素的交互和复杂性决定的,教学设计者不能影响内部认知负荷的大小;关联认知负荷同外在认知负荷一样,也是由教学设计引起的,但是关联认知负荷能够促进学习者的认知过程并有效提高学生的学习。教学设计的目的就是最大程度上减少学习者的外在认知负荷,增加学习者的关联认知负荷,有效提高其学习成绩。认知负荷理论为多媒体学习的认知理论以及多媒体学习的教学设计奠定了坚实的理论基础。

基于双重编码理论(Paivio, 1990)、工作记忆模型(Baddeley, 1992)、生成学习理论(Wittrock, 1992)和认知负荷理论,Mayer (2005)提出了多媒体学习的认知理论(cognitive theory of multimedia learning, CTML)。多媒体学习的认知理论认为多媒体学习有三个基本的假设,双通道假设(dual-channel assumption)、容量有限假设(limited capacity assumption)和主动加工假设(active processing assumption)。双重编码理论认为人们有视觉和听觉两个独立的信息加工通道,两个通道可以分别加工由言语编码和非言语编码表征的信息,并各自在感觉记忆和工作记忆中形成对知识的表征,但是双重编码理论并没有说明不同系统之间信息整合的机制。工作记忆模型认为工作记忆不仅包含负责处理言语信息的语音回路、负责保持和处理视觉和空间信息的视觉空间模板,也包含处理各子系统之间关系的中央执行系统以及整合不同信息通道来源的情境缓冲器,相对于双重编码理论,工作记忆模型对学习后期信息的加工、组织和整合有更完整的解释机制。在综合这两个理论的基础上,Mayer提出了双通道假设,该假设认为人类的信息加工系统包括视觉和听觉双通道。生成学习理论认为人们为了建立起与先前经验一致的心理表征,会主动参与认知加工,这些主动的认知加工过程包括形成注意、组织新进入的信息和将新进入的信息与其他知识进行整合,这构成了多媒体学习认知理论的主动加工假设。主动加工假设认为人是主动的信息加工者,通过主动选择视觉和听觉的相关信息,并组织已选择的信息使之成为连贯的心理表征,最后结合长时记忆中的相关信息将这些心理表征整合在一起。

而容量有限假设则源于认知负荷理论中的观点：人们单位时间内加工和存储信息的容量是有限的，尽管人们的工作记忆容量有限，但是学习者通过利用长时记忆中存储的相关图式就可以适当克服工作记忆的局限(Mayer, 2005)。

随着多媒体学习认知理论的提出，围绕如何在多媒体学习中呈现教学设计降低学习者认知负荷这一主题的研究如雨后春笋般发展起来。然而，在学习过程中，除了考虑到认知因素外，学习者还会经历各种各样的情绪，这些情绪必然影响学习者的动机、策略使用、自我管理和学业成绩等。为了更完整地反映学习者的学习过程，Moreno 等人提出了多媒体学习的认知情感理论(cognitive affective theory of learning with media, CATLM) (Moreno, 2006; Moreno & Mayer, 2007)。多媒体学习的认知情感理论强调了动机和元认知在激发、维持和控制学习者认知过程中的作用，并提出了情绪性设计假设(emotional design hypothesis)，认为通过设计有吸引力的多媒体学习材料可以捕获学习者的注意力，进而激发和维持学习的认知过程，提高学习成绩。多媒体学习认知理论提出教学设计的一致性原则认为，当在多媒体呈现中加入有趣但无关的语词和画面时，学生的学习会受到损害，因此，情绪性设计的假设只有在图片中的基本元素被设计成有吸引力，而不是学习的外在无关特征被设计成有吸引力时才成立(Mayer, 2014)。依据多媒体学习的认知情感理论，情绪性设计可以激发和维持学生的兴趣和动机，增加可利用的认知资源，使他们获得更好的学习成绩，因此，在多媒体学习中应该增加情绪性设计的内容。尽管情绪性设计在多媒体学习中的研究还处于初步阶段，但是已经有一系列的实证研究支持了情感中介假说(Mayer & Estrella, 2014; Plass 等，2014; Um, Plass, Hayward, & Homer, 2012)。

网络情境中多媒体学习的步骤

学习者在进行网络环境中的多媒体学习时，往往需要加工处理来自不同通道的信息，因此，相对于单通道信息，多媒体学习过程中对信息加工的方式涉及更为复杂的知识整合过程。为了能在多媒体情境中产生有意义学习，学习者必须实现以下五种认知加工(Mayer, 2005)：

> (1) 将耳朵接受到的语音信息在言语工作记忆中形成心理表征，这一过程可用从耳朵到声音的箭头来表示；(2)将视觉感觉记忆中保持的多媒体信息的图像部分在工作记忆中形成对所选择图像的心理表征，这一过程可用从眼睛到图像的箭头来表示；(3)将所选择的语词组织到一个言语心理模型中，这一过程可用从声音到言语模型的箭头来表示；(4)将所选择的图像组织到一个视觉心理模型中，这一过程可用从图像到图像模型的箭头来表示；(5)将言语模型和视觉模型与长时记忆中已有的相关知识建立起联系，这个过程发生在视觉和言语工作

记忆中，其中包括二者之间的协调，这一过程由来自言语和图像模型的箭头和来自长时记忆框的箭头表示(见图5.1)。这五个步骤之间不是以线性的顺序发生，学习者可采用不同的方式从某个过程转到另一个过程，成功的多媒体学习要求学习者协调和检测这五个不同的过程。

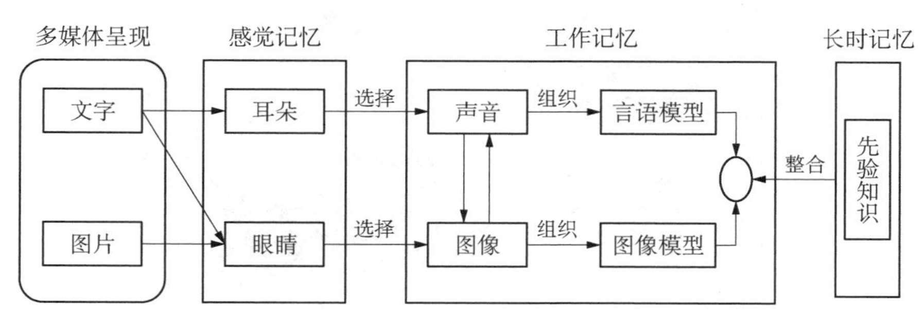

图5.1 多媒体学习的认知理论(Mayer, 2005)

网络环境中的多媒体学习不仅与学习任务相关，而且和材料的教学设计密切相关(Kalyuga, 2010)。设计良好的多媒体教学形式会比传统文字教学形式更能促进学生的深度学习(Mayer & Moreno, 2003)。下面我们会就不同形式的教学设计(包括教学代理、线索和情绪性设计)以及学习者的知识经验在多媒体学习中的作用进行探讨，从而帮助读者进一步了解多媒体学习。

5.2.2 基于网络的动画代理在多媒体学习中的作用

基于网络的教学代理是什么?

学习不仅是学习者个体进行自我建构的过程，更是一个文化参与的过程，学习者只有借助一定的文化支持来参与某一学习共同体的实践活动，才能内化相关知识。而文化支持源于学生与老师或家长等其他助学者在学习环境中通过相互交流构成的符合一定规范的人际关系(陈琦，刘儒德，2007)。随着计算机技术的蓬勃发展，利用信息技术在多媒体教学中植入教学代理则为实现多媒体学习中的社会建构提供了可能。动画教学代理(animated pedagogical agent)指的是植入到多媒体材料中的动画人物或者拟人的形象，学习者通过对这些人物形象进行非言语行为的加工可促进学习(Craig, Gholson, & Driscoll, 2002)。植入到多媒体学习材料中的教学代理不仅需要通过拟人的外貌特征(图5.2)来传递一些社会性信息(Atkinson, 2002; Frechette & Moreno, 2010; Haake & Gulz, 2009)，而且网络情境中教学代理的非言语行为也能够作为社会线索来促进学习，如教学代理的手势、面部表情和眼睛注视情况(Girard & Johnson, 2010)，动画教学代理与学习者之间的相互沟通构成了学习环

图 5.2 多媒体学习环境中的教学代理(Craig 等,2002)

境中的文化支持,有助于学习者成绩的提高。

相比于其他教学设计,在多媒体材料中植入教学代理传递出的教学信息包含更多的社会性因素,而社会信息的传递不仅依赖于教学代理的形象和动作,同时还依赖于学习者的个体偏好等信息,因此,教学代理形象的设计以及学习者的个体特征对于教学代理的效果的达成至关重要。在网络环境中教学代理形象方面,教学代理的性别、外貌和非言语行为会影响学习者的感知,如研究发现,使用逼真的教学代理(Bailenson 等, 2005; Yılmaz & Kılıç-Çakmak, 2012)和增加代理的非言语行为(Atkinson, 2002; Baylor & Ryu, 2003)能够增强学习者对学习环境感知的现实感,另有研究发现,教学代理的性别也会影响到教学代理的效果(Ashby Plant, Baylor, Doerr, & Rosenberg-Kima, 2009; Kim, Baylor, & Shen, 2007)。学习者个体特征对教学代理效果的影响主要包括两个方面,一方面是学习者对代理形象的偏好程度,当教学代理的形象符合学习者偏好时,教学代理能明显提高学习者的学习动机,激发其积极的学习态度,增强自我效能感(Kim & Wei, 2011; Moreno & Flowerday, 2006);另一方面学习者的知识经验水平也会影响教学代理的效果,相对于高知识经验学习者,教学代理能有效提高低知识经验学习者的成绩(Choi & Clark, 2006),这与多媒体学习中多种教学设计与学习者知识经验之间存在交互作用的经验逆转效应是一致的(Kalyuga, 2007b),学习者的知识经验水平也是教学设计者在评估教学代理的效果时需要考虑的因素。

基于网络的教学代理能够影响多媒体学习吗?

多媒体教学材料中使用的教学代理不仅包含了有吸引力的教学形象,同时,教学代理的非言语行为、手势和面部表情等也可充当多媒体学习中的线索，影响学习者对材料的感知、注意和学习成绩。已有探讨教学代理对多媒体教学中学习者学习成绩影响的研究发现，教学代理组的学习者的学习成绩好于无教学代理组（Lusk & Atkinson, 2007; Mayer & DaPra, 2012）；对教学代理对学习者主观感受的影响的研究显示，在多媒体学习中呈现教学代理能显著降低学习者感知到的任务难度（Moundridou & Virvou, 2002）、激发学习兴趣、增加学习信心（Ashby Plant 等，2009; Yılmaz & Kılıç-Çakmak, 2012）、使学生更容易进行有意义学习（Bates, 1994）。此外，为探讨教学代理对学习者注意分配的影响，研究者使用眼动追踪技术对多媒体学习中教学代理的效果进行了研究，结果发现在教学代理组的学习者对交流同伴的注意更多，并且这种现象在教学代理的脸部，尤其是眼睛表现得更为明显（Gullberg, 2003; Louwerse, Graesser, McNamara, & Lu, 2009），这表明学习者与教学代理的沟通更可能体现在教学代理的眼睛部位。进一步的研究发现，当教学代理讲课时，学习者会把注意力更多地放在教学代理身上，而当教学代理停止讲课时，学习者对教学代理的关注较少，学习者和教学代理之间的交流方式类似于现实生活中的人际交流方式（Louwerse 等，2009）。以上这些研究表明，在多媒体学习中使用教学代理不仅影响学习者的注意分配、主观感受，还能影响其学习成绩。然而，也有一部分研究发现，教学代理不能提高学习者的学习成绩（Craig 等，2002），也不能激发学习者的动机或提高他们的学习兴趣(Frechette & Moreno, 2010)，但是无论教学代理是对多媒体学习成绩具有促进作用还是无影响，截至目前并没有研究发现教学代理会对学习成绩产生不利影响。针对这一情况，有研究者提出，这可能是因为代理形象只有在特定的条件下才能发挥更好的促进作用，也就是说，教学代理在多媒体学习中的效果可能存在着一系列潜在的调节变量（Heidig & Clarebout, 2011），这些潜在变量正是研究者未来研究的方向。

网络情境中教学代理效应的理论解释

对网络情境中教学代理在多媒体学习中效应的解释，有研究者提出了交流伙伴假设（conservation-partner hypothesis）（Louwerse 等，2009）。这个假设认为教学代理激发了学习者对社会交流学习的知觉，使得他们以与社会人交流的形式与教学代理进行交流。但是目前这个假设的研究还只是停留在考察教学代理对学习者注意分配影响的水平上，缺少对于学习结果和学习者主观感受的研究探讨。

研究者更多地使用基于多媒体学习认知理论发展起来的社会代理理论（social agency theory）来解释教学代理对多媒体学习的促进作用（Atkinson, Mayer, & Merrill, 2005; Moreno, 2005; Moreno, Mayer, Spires, & Lester, 2001），教学信息中传递的社会线索（如拟人的手势和声音）能激励学习者投入更多的认知资源用于多媒体学习的组织和整合过程，从而形成对知识的统一表征，促使其进行有意义的学习。

基于多媒体学习认知理论，Mayer和Dapra(2012)提出了社会代理理论模型(图5.3)：

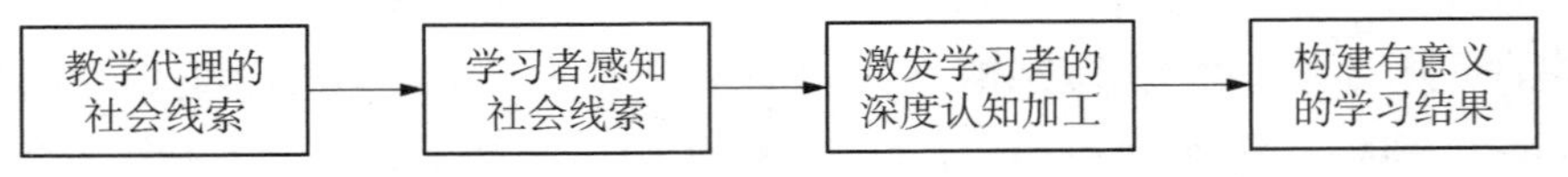

图5.3 教学代理的社会代理理论模型(Mayer & DaPra, 2012)

首先，教学代理的社会线索能激发学习者产生对材料的社会知觉，如教学代理的手势和注视情况等；其次，当学习者感知到教学代理传递的社会信息时，会用与现实社会交往类似的交流方式和教学代理进行沟通；再次，这种社会化交往方式会使得学习者投入更多的认知资源对信息进行选择、组织和整合，以进行有意义的学习。因此，社会代理理论认为，在学习过程中学习者会对教学代理产生较高的社会知觉和学习兴趣，并且迁移成绩较好。

5.2.3 基于网络的线索在多媒体学习中的作用

基于网络技术设计的线索

在面对多媒体学习环境中繁杂多样的信息时，拥有不同知识经验的学习者尤其是低知识经验者可能会在选择哪些信息进行进一步加工方面变得茫然不知所措，因此，如何设计出一种能够帮助低知识经验的学习者对相关信息进行选择的教学方式成为很多教学设计者关心的问题。线索的出现为降低学习者对信息的搜索力度提供了可能。多媒体学习中的线索(cue)是指采用非内容信息方式来引起学习者注意，从而引导学习者注意关键信息，以促进学习效果的一种教学设计方式(De Koning, Tabbers, Rikers, & Paas, 2007；王福兴，段朝辉，周宗奎，2013；王福兴，段朝辉，周宗奎，陈珺，2015)。比如：颜色(color)(Crooks, Cheon, Inan, Ari, & Flores, 2012; Jamet, Gavota, & Quaireau, 2008; Ozcelik 等, 2010)、箭头(arrow)(Kriz & Hegarty, 2007; Lin & Atkinson, 2011)、手势(gesture)、列举大纲(topic shifts)、呈现速度(Fischer, Lowe, & Schwan, 2008；段朝辉，颜志强，王福兴，周宗奎，2013)、对比度(luminance)(De Koning, Tabbers, Rikers, & Paas, 2007)等。基于线索呈现形式的多样化以及线索在多媒体学习中的独特作用，很多研究者纷纷展开对线索的研究。通过对以往研究的考察，研究者提出了线索在网络多媒体学习中的三个作用，包括选择(selection)、组织(organization)和整合功能(integration)(De Koning, Tabbers, Rikers, & Paas, 2009; Mautone & Mayer, 2001)，对这三个作用的基本假设是线索可以引导学习者注意到与学习任务相关的信息，简化其视觉搜索过程，进而使更多的认知资源可被用于组织和整合多媒体信息。依据这个假设，线索可以减少学习者选择过程中的认知负荷，使得认知资源更多地被用于组织和整合过程，进而使学习者产生更多的有意义学习，提高多媒体学习的效果。

网络学习环境中的线索是否有效?

网络学习环境中的信息纷繁复杂，从理论上来说，网络多媒体环境中的线索可以大大减少学习者的认知负荷，但是在实际的网络多媒体教学中不同形式的线索是否真的能够吸引到学习者的注意并提高多媒体学习效果？学者纷纷对此展开研究，为探讨线索对多媒体学习的注意引导，一些研究使用眼动追踪技术探讨了线索的注意引导功能，结果发现(Boucheix & Lowe, 2010; Ozcelik 等，2010; Ozcelik 等，2009)，线索可以成功引导网络环境中的学习者关注重要的区域，学习者对线索区域注视的次数更多，注视的时间更长。总体而言，这些研究表明，尽管多媒体学习中呈现的线索可以成功地引导学习者的注意，但是通过引导学习者注意的方式能否提高多媒体学习成绩呢？在探讨线索对多媒体学习效果影响的研究中，研究者通过对近来线索在多媒体学习中的作用的实证研究进行梳理(见表 5.1)，发现在已汇总的 18 项研究中，仅有 5 项研究结果显示线索可以促进多媒体学习效果，另有 9 项结果部分支持线索的促进作用，剩余 4 项研究并没有发现线索能显著提高学习成绩(王福兴等，2013)。但是有研究发现，尽管线索能够成功地引导学习者的注意，但是线索不能有效提高学习成绩，表明引导学习者的注意并不能保证学习者能够正确理解和整合这些信息(Kriz & Hegarty, 2007)，同时，这也进一步表明学习者对信息的选择编码与建构信息的心理模型是两个不同的过程，仅仅通过线索把学习者的注意引导到特定位置只能让学习过程停留在浅层的信息选择编码阶段，线索是否能让学习者在概念水平上有更深层次的加工或者在知识之间建立起特定联结可能还需要更多的实证研究支持(王福兴等，2013)。目前已经有部分研究者尝试使用多媒体学习的一些理论去解释线索的作用了。

网络学习环境中线索效应的理论解释

针对网络多媒体环境中线索能够引导学习者的注意，提高学习成绩的现象，研究者从认知负荷理论和知觉加工理论角度对线索在多媒体学习中的作用进行了解释(王福兴等，2013)，其中，被引用最多且最具有解释力的是认知负荷理论。认知负荷理论将认知负荷区分为外在认知负荷、内在认知负荷和关联认知负荷三种，外在认知负荷消耗了学习者有限的认知资源，却不能促成有意义的学习，不利于学习，因而外在认知负荷应该从教学中排除。研究者认为，在多媒体学习过程中，学习者对信息进行搜索、组织和整合的过程给学习者带来了外在认知负荷。而线索的呈现可以减少学习者在搜索、组织和整合信息时所消耗的认知资源，降低学习者感知到的外在认知负荷，学习者会分配更多的认知资源用来进行与学习内容相关的活动或对学习内容进行深层次的加工，因而线索能够促进多媒体学习，也是多媒体学习中特有的一种教学方式(De Koning 等，2007；王福兴等，2013)。在多媒体学习环境中，学习者不仅要加工来自视觉和听觉不同通道的信息，还需要对这些信息进行选择、组织和整合，这些过程会产生巨大的认知负荷，消耗学习者有限的认知资源，因而线索形式的出现可以大大减少学习者的认知负荷并促进多媒体学习的这种观点得到了很多研究者的认可(Mayer & Moreno, 2003; Wouters, Paas, & Van Merriënboer, 2008)。但是在具体的实证研究中，很多研究并没有发现线索可以降低学习者的认知负荷(Amadieu, Mariné, & Laimay, 2011; De Koning 等，2007; Ozcelik 等，2009; Tabbers, Martens, & Merriënboer, 2004)，仅有少部分研究发现线索可以降低网络环境中学习者感知的认知负荷(Kalyuga 等，1999; Moreno, 2007)，这表明线索是否真的能够降低网络多媒体学习环境中学习者的认知负荷还需要多媒体学习的研究者深入考虑，对于线索的认知负荷理论的解释尚缺少强有力的证据支持。

另一方面，网络多媒体学习研究中对线索的表征一般采用颜色、箭头等突显的方式，从知觉加工的角度来看，这些具有鲜明特征的刺激或目标能够使得学习者进行快速视觉搜索(Itti & Koch, 2000; Treisman & Gelade, 1980)。网络多媒体学习中具有突显特征的线索会吸引学习者的注意，将其引导到教学设计者希望学习者加工的视觉信息上(Hillstrom & Chai, 2006; Jamet 等，2008)。但是知觉加工理论的观点目前仅在心理学基础领域内的研究中得到了证实(Crooks 等，2012; Rummer, Schweppe, Fürstenberg, Scheiter, & Zindler, 2011)，基础研究得出的结论应用在多媒体学习环境能否得出相同的结论仍是一个值得研究者深思的问题。总体来说，关于线索作用的理论解释仍然十分薄弱，目前还缺少一个综合性理论来解释线索加工的知觉和认知过程(王福兴等，2013)。

表 5.1　线索在多媒体学习中的作用概要(王福兴等，2013)

文章及发表时间	文章关键词	线索形式	线索功能	学习结果测验	线索对学习的积极作用	线索对认知负荷是否有影响
Mautone & Mayer, 2001	Signaling	颜色，箭头，图标，更慢和更深沉的语调	注意引导 组织 整合	保持测验，迁移测验*	部分支持(该研究实验 1 和实验 3 仅在 Transfer test 上线索主效应不显著)	※

续表

文章及发表时间	文章关键词	线索形式	线索功能	学习结果测验	线索对学习的积极作用	线索对认知负荷是否有影响
Tabbers, Martens, & van Merriënboer, 2004	Cueing	颜色	注意引导	保持测验*，迁移测验	部分支持♀	无
Boucheix & Guignard, 2005	Signaling	颜色，箭头，指示	注意引导整合	理解(回忆、迁移、解释*)测验、延迟后测	部分支持	无
De Koning 等, 2007	Cueing, Attention	亮度、聚光灯	注意引导	理解测验*、迁移测验*	支持#	无
Kriz & Hegarty, 2007	Signaling Bottom-up	箭头、速度控制	注意引导整合	综合理解、心理模型、问题排除、学习时间	不支持△	※
Mautone & Mayer, 2007	Signaling	彩色线和箭头、遮蔽	组织整合	关系陈述和因果陈述*、学习时间*	支持	※
Moreno, 2007	Signaling	标题、高亮语词	注意引导组织	保持测验*、迁移测验	部分支持	有
Jamet 等, 2008	Cueing, Attentiong guiding	红色	注意引导	圆形补充任务*、过程保持任务*，功能保持任务*、迁移任务	部分支持	※
Ozcelik 等, 2009	Color coding	颜色	注意引导整合	保持测验*、匹配测验*、迁移测验*	支持	无
Boucheix & Lowe, 2010	Cueing	扩散颜色、动态箭头	注意引导组织	理解测验*、学习时间*	支持	※
De Koning 等, 2010a	Cueing, Visual attention	遮蔽	注意引导	理解测验、迁移测验	不支持	无
De Koning 等, 2010b	Cueing	亮度	注意引导	保持测验*、推理测验*、迁移测验*	支持	无
Fischer & Schwan, 2010	Cueing Signaling	闪烁颜色、速度	注意引导组织	书面描述、机械知识测验*	部分支持	无
Ozcelik 等, 2010	Signaling effect	颜色变化、红色、黑色	注意引导整合	保持测验、迁移测验*、匹配测验*	部分支持	※
Amadicu 等, 2011	Cueing Attention	放大	注意引导整合	理解测验、问题解决任务	部分支持	无
De Koning, Tabbers, Rikers, & Pass, 2011	Cueing	亮度、速度	注意引导整合	理解测验、迁移测验*	不支持	无

续表

文章及发表时间	文章关键词	线索形式	线索功能	学习结果测验	线索对学习的积极作用	线索对认知负荷是否有影响
Lin & Atkinson, 2011	Visual cueing	红色箭头	注意引导	保持测验、学习时间*、学习效率*	部分支持	无
Crooks 等, 2012	Visual cueing	颜色变化、动态箭头	注意引导整合	自由回忆测验、匹配测验、理解测验、空间回忆测验	不支持	无

注：* 表示线索组在该测验中成绩显著高于非线索组；#“支持”是指线索组在“学习结果测验”列出的测验中成绩均好于非测验组；△“不支持”是指在“学习结果测验”列出的测验中均没有发现显著的线索主效应；♀“部分支持”是指线索组仅在部分测验中取得了显著高于非线索组的成绩；※表示该研究没有测量线索对认知负荷的影响。

5.2.4 学习者知识经验在网络多媒体学习中的作用

网络多媒体情境中为什么要考虑学习者的知识经验?

自从 20 世纪 70 年代能力倾向—处理交互作用(aptitude-treatment interaction, ATI)(Cronbach & Snow, 1977)兴起,心理学家就开始探索与学业成就和认知能力相关的个体变量,并期望得出一种以实证研究为基础的有效提高学生成绩的教学方法(Sternberg, 1996)。学习者自身拥有的相关领域知识则是重要的个体变量之一。一般认为,学习者对某方面了解得越多,其测量所得的学习成绩就越好,这在文本学习中已经被大量证实(Bransford, Brown, & Cocking, 1999; Brown, 2004; Mayer, 1999),知识水平高的学习者在回忆成绩和理解成绩上都要比知识水平低的学习者更好,这体现出的是经验优势效应,因为知识水平高的学习者长时记忆中存在大量的相关图式,通过利用这些图式可以克服工作记忆的局限,避免在多媒体学习过程中认知超负荷,他们可以很好地整合自下而上呈现的信息,而新手在学习相关知识时,学习材料的内在元素及它们之间的相互关系超出了学习者的工作记忆负荷,因此,这些学习者需要得到外部帮助才能完成学习过程(Seufert, Schütze, & Brünken, 2009)。

Mayer 基于大量与网络多媒体学习相关的科学实验研究,提出了多媒体学习的个体差异原则(individual differences principle),指出网络多媒体设计效果对低知识经验(low-knowledge)的学习者要优于对高知识经验(high-knowledge)的学习者(Mayer, 2002)。在多媒体学习中,大量的研究发现教学设计和学习者知识经验间存在交互作用。当某种对于低经验有效的教学设计被应用于有更高经验的学习者时,并不能有效提高高经验者的学习成绩,甚至会出现起到相反效果的现象,这被称为经验逆转效应(expertise reversal effect)(Kalyuga, 2007a; Kalyuga 等,2003)。经验逆转效应中的经验是指学习者具有与主题相关的特定情境的熟悉性，也即领域特异性知识(domain-specific knowledge)；逆转是指不同的教学程序对专家和新手的相对有效性(Amadieu, Van Gog, Paas, Tricot, & Marine, 2009)。

网络多媒体学习环境中经验逆转效应的实证研究

网络多媒体环境中出现的经验逆转效应已经在多种教学方法上得到了验证(Kalyuga, 2007b)。如在教学分段(segmentation)(Khacharem, Spanjers, Zoudji, Kalyuga, & Ripoll, 2013; Spanjers, Wouters, Van Gog, & Van Merriënboer, 2011)上，研究发现对于低经验的学习者，分段呈现能够给他们提供充分的时间对信息进行加工和整合，更有利于建构有意义的知识，而连续呈现时呈现信息的时间较为短暂，低经验者没有时间对信息进行加工，因此学习受到阻碍，而对于高经验的学习者，他们长时记忆中的知识能够帮助他们克服工作记忆的局限，使其有充足的认知资源对连续呈现的信息进行加工，因此连续呈现对高经验者的学习成绩影响不大或者较分段条件的影响更佳；来自工作样例(worked example)(Leppink, Broers, Imbos, Van der Vleuten, & Berger, 2012; Reisslein, Atkinson, Seeling, & Reisslein, 2006; Salden, Aleven, Schwonke, & Renkl, 2010)方面的研究发现，对缺少相关知识的学习者，呈现工作样例会有利于他们学习，而随着学习者知识经验水平的提升，样例教学不再能促进学习，相反，样例教学提供的帮助应该逐渐减少或者使用问题解决等其他教学技术来促进学习者的学习；在教学内容呈现方式上，新手在静态呈现时更容易提取和加工信息，高经验者在动态呈现时更易于对信息形成表征；当比较同时呈现和继时呈现哪种条件更好时，研究者发现对新手而言，继时呈现的学习效果比同时呈现的更好，而对高经验学习者来说，同时呈现的学习效果比继时呈现的更好(Kalyuga, 2008; Khacharem 等，2013)；在信息通道上的研究发现，混合通道的呈现方式对于高经验者是更有效的，而单通道的呈现方式对于低经验者是更有效的(Chung, 2008)。此外，围绕经验逆转效应展开的研究还涉及非自然科学知识领域(Nievelstein, Van Gog, Van Dijck, & Boshuizen, 2013)、具身效应(Stiller & Jedlicka, 2010)、学习者的认知负荷(Kalyuga, Law, & Lee, 2013)等多方面的研究。由此可见，学习者的知识经验对教学设计的效果发挥着巨大的作用。目前，先验知识已经成为教学设计者考虑教学效果的一个不容忽视的因素。为什么会出现经验逆转效应呢？学习者的知识经验和教学设计之间是如何相互作用的？下面我们将回顾相关的理论以揭开经验逆转效应的面纱。

如何解释网络多媒体环境中的经验逆转效应？

在网络多媒体学习研究中，经验逆转效应现象的出现引起了研究者的高度关注，研究者试图使用心理学的理论对这一现象进行解释。对于网络多媒体学习中的经验逆转效应的解释，目前存在认知负荷理论、动机理论和最近发展区三种观点。大部分研究对经验逆转效应的解释集中在教学产生的外部认知负荷方面，认为经验逆转效应的产生，是因为专家的长时记忆中可利用的知识结构与外部提供的教学引导重叠了。因此，对于专家来说，提供少量的教学指导就能使他们利用自身的知识库，提高学习成绩(Kalyuga, Rikers, & Paas, 2012)。而适合新手的教学材料呈现方式，对于专家来说，则提供了过多的外部支持，专家必须对与学习无关的信息进行加工，由此会产生外部认知负荷，浪费时间、精力和认知资源，不利于学习(Kalyuga, Chandler, & Sweller, 1998)。因此认知负荷理论认为，经验逆转效应的发生是因为呈现的信息给专家造成了冗余。

由于认知负荷理论对经验逆转效应的解释是以人类基本的认知结构为基础的，符合人类信息加工的基本特点，所以目前大多数研究者选择采用认知的观点解释经验逆转效应。还有小部分研究者使用动机理论(motivational theory)解释经验逆转效应(Paas, Tuovinen, Van Merrienboer, & Darabi, 2005)。动机理论认为，动机具有加强学习的作用，当学习者对某种知识或技能产生迫切的学习需要时，就会引发学习内驱力，唤醒内部的激活状态，产生渴求的心理体验，并最终激起学习行为。不同学习环境会对不同知识经验水平个体的动机产生不同的影响(Pass, Tuovinen, Van Merriënboer, & Darabi, 2005)，该理论也同样适用于对经验逆转效应的解释。根据动机理论，在网络多媒体学习中，依据新手学习特点设计的教学材料呈现方式，对专家而言则过于简单且没有挑战性，导致专家缺乏投入足够的心理努力的动机，同时也降低了他们对学习的兴趣和坚持性(Schnotz, Fries, & Horz, 2009)。当呈现给专家具有挑战性的教学形式时，专家在学习中会投入更多的心理努力，学习成绩也得到了相应的提高(Orvis, Horn, & Belanich, 2008)。相反，难度过大的教学材料呈现方式，比如复杂的机械材料动画(无文字解释)，对新手而言过于复杂且挑战性极大，可能导致其学习动机及学习坚持性因受到挫折等而减弱，并进一步导致心理努力投入的减少(Paas 等，2005; Rey & Buchwald, 2011)。在多媒体设计中呈现额外的信息，增加了新手的学习动机，却降低了专家的学习动机，最终导致了经验逆转效应的出现。

但是，有研究认为经验逆转效应的认知负荷解释和动机解释不是相互独立的。动机解释和认知负荷解释在理论和测量方法上都存在重叠的部分(Khacharem, Spanjers, Zoudji, Kalyuga, & Ripoll, 2013)。首先，从理论上来看，动机理论的解释假定高动机者投入更多的心理努力，取得更好的学习成绩。而心理努力一般被定义为“分配给加工任务所需的认知资源”(Paas, Renkl, & Sweller, 2003)。因此，动机可以被看成是学习者是否投入足够心理努力的必备条件，也是提高学习成绩的关键因素。其次,从认知负荷和动机的测量方法上看,动机常常使用 Rheinberg 等(2001)的《当前动机问卷》(*Questionnaire on Current Motivation*,简称 QCM)来测量,这个问卷由 18 个问题组成,有焦虑、成功的把握、兴趣和挑战性四个维度,在这四个维度中,成功的把握维度依赖于学习者感知的任务难度。对认知负荷的测量,研究者常常使用 Paas(1992)的九点量表,这个量表要求学习者评定任务难度。因此,动机和认知负荷的测量方式都包含对学习者感知到的任务难度的测量(Khacharem 等,2013; Schnotz, 2009),这表明尽管对于经验逆转效应的理论解释有认知负荷理论和动机理论,但是由于其在方法学上的高度重合,故而很可能存在一个能够用来对经验逆转效应做出解释的共同机制。未来研究还需要使用不同的研究工具将经验逆转效应的认知负荷解释和动机解释区分开来进一步验证这个观点。

除了上述两种理论解释外,目前在教育心理学领域内普遍被接受的是教学应该适应学习者的最近发展区(zone of proximal development,简称 ZPD)(Vygotsky, 1987),最近发展区的概念也能用来解释经验逆转效应(Khacharem 等,2013),如果学习者在学习某个教学内容前具备很少的经验(比如:呈现的学习任务难度很高),他就不能从这个教学中获益,如果学习者已经具备了丰富的与某教学内容相关的知识经验,他也不能从这个教学中获益,这个教学仅仅对中等经验水平的学习者是有效的。因此,某个特定教学设计的效率与不同经验水平的学习者之间关系的曲线呈倒 U 型。经验水平太低的学习者缺少必要的学习引导,不能从教学中获益;随着经验水平的增加,学习效率增加到最大值,然后下降,对于经验水平很高的学习者来说,他们也不能从教学中获得知识,只有经验水平与教学难度适宜的学习者才会最受益。尽管最近发展区的观点在教育心理学领域已经普遍被心理学家接受,但目前尚缺乏系统的关于最近发展区对经验逆转效应解释的实证研究。

总体而言,尽管对于经验逆转效应存在各种解释,但是认知负荷和动机解释上重合的方法学问题以及最近发展区解释的观点缺少系统的实证研究使得这些解释缺少一个统一的标准,因此,同线索在网络情境下多媒体学习中的作用一样,经验逆转效应的解释也需要一个综合性的理论。

5.3 网络情境中的自我调节学习

网络学习由于其便利性受到越来越多学习者的欢迎。但学习者若希望在网络学习中取得成功,需要具备一定的自我调节学习能力。前文提及,网络学习环境给学习者提供了丰富的学习资源和互动平台,具有非线性和交互性的特征,也即学习不一定要按照既定的顺序逐步进行。学习者可以自主选择学习内容,主动与网络学习环境进行互动，与教师和同学进行互动，从而构建对知识的理解。在这一过程中，为了有效利用资源，学习者要学会根据设定的学习目标选择合适的资源，并激活相关知识经验，将新的知识整合到已有知识经验中；另一方面，学习者需要在学习过程中对自身的认知活动进行监控、调节，对学习进展和效果进行评估以及时调整学习目标和策略。在网络学习情境中，由于缺乏教师面对面的监督与引导，自我调节学习能力较低的学习者很有可能因各种与学习内容无关或相关性较低的信息而分心，或因在对学习材料的加工过程中无法有效运用自我调节学习策略而产生高水平的认知负荷，这些都可能导致网络学习的效果受到不利影响。因此，网络情境中的自我调节学习成为了研究者非常关注的一个问题。

5.3.1 自我调节学习的概念和理论模型

什么是自我调节学习？

自我调节学习(self-regulated learning)是一个积极的、建构的过程，在这一过程中，学习者为学习设置目标，并根据目标和所处环境特征对其学习过程中的认知、动机和行为进行监视、调节和控制(Pintrich, 2000; Zimmerman & Schunk, 2011)。自我调节过程是学生成就差异的一个重要来源，也是提高学生学业成绩的有效途径(Zimmerman & Martinez-Pons, 1988)。

由于网络学习随时随地都可以进行，学习资源丰富，学习内容的表征方式多样，因此网络学习对学习者的自我调节学习能力提出了更高的要求。首先，网络学习者要设置合理的网络学习目标，制定计划，选择合适的时间和地点进行学习。其次，在学习过程中，学习者需要在丰富的网络学习资源中选择与预定学习目标密切关联的内容以及适合自己的表征方式(文字、图表、视频或音频)，激活已有知识经验，主动将新材料整合到已有知识经验中。在这一过程中，学习者要主动监控目标的实现进程、选择策略以及比较其使用效果，判断自己是否知道或理解新内容，并根据监控和判断结果采取措施，如调整目标、重新选择策略等。如果学习主题和内容是自己不感兴趣的或认为不太重要的，学习者还需要在学习过程中对兴趣、效能感、价值等动机和信念进行调节，以激发并维持适当的动机信念水平。在网络学习结束之后，学习者需要对目标是否实现、学习结果是否令人满意、学习结果成败的原因等进行反思。如果目标达成，那么学习者将感到满意。如果目标没有达成，学习者需要采取补救措施，如重新制定目标、选择深度加工策略或向他人求助等，直至目标实现为止。

在网络学习情境中，由于缺少监督和面对面的交流，自我调节学习能力对学习成就发挥着至关重要的作用。

自我调节学习的理论模型

自我调节学习的三阶段循环模型

Zimmerman(1990)基于社会认知理论提出，自我调节学习包括三个阶段：计划阶段(forethought phase)、表现阶段(performance phase)和反思阶段(reflection phase)。计划阶段是指先于学习的努力，目的在于提高学习成绩的过程。这一过程既包括任务分析、目标设置、计划策略等元认知过程，也包括任务兴趣或价值、自我效能信念、内部动机、成就目标等动机过程。

表现阶段包括自我控制和自我观察。前者包括想象、自我指导、集中注意和任务策略等自我控制方法。后者包括对学习过程中的事件(如完成任务所花的时间、独自或结伴学习的效果)进行自我记录以及对学习进行自我试验(如尝试不同学习策略并判断哪种策略更好)这两种形式的自我观察。这些自我发动过程的目的在于提高学习的质量，增加学习内容的数量。

反思阶段是对表现阶段作用的自我判断和自我反应。自我反思不仅包括对照某个标准(自我标准、相对标准、绝对标准)进行的元认知评价，也包括个体对自身的自我调节努力的情感和动机的反应，如对个人控制的归因、自我满意、适应性反应等。例如，如果学生将考试失败归因于稳定的个人能力，则可能感到沮丧，进而会损害其学习动机。自我反思的结果将影响后续学习的计划阶段。每一个阶段都影响其后一个阶段，而第三个阶段影响后续学习的第一个阶段，由此，自我调节学习的三个阶段形成了一个循环。这一模型的不同阶段是按时间顺序依次展开的。

Zimmerman和Tsikalas(2005)提出，自我调节学习的三阶段循环模型不仅适用于传统课堂学习，也适用于多媒体学习、超媒体学习、基于网络的学习等学习形式。不少研究者已经以此理论为基础对网络情境中的自我调节学习进行了研究，旨在促进学习者的自我调节学习过程。

自我调节学习的四阶段模型

Pintrich(2004)的自我调节学习四阶段模型也是在自我调节学习的社会认知观的框架下提出来的。该模型与Zimmerman提出的三阶段循环模型的不同之处在于将监控分成监视和控制两个阶段，而且将社会情境纳入自我调节学习模型，明确提出自我调节学习包括学习者对所处学习情境的调节。

Pintrich的四阶段模型指出，每一个阶段调节的内容都包括认知、情感/动机、行为和情境，强调调节不仅仅是策略使用的调节，而且发生在四个领域，同时，对四个领域的调节是相互关联的，而不是分离的。阶段1包括计划、目标设置，激活任务知识和情境知觉以及与任务相关的自我。阶段2涉及表征自我、任务或情境等不同方面的元认知意识的各种监控过程。阶段3包括努力控制和调节自我、任务和情境的不同方面。阶段 4 则是对自我、任务和情境进行各种反应和反思。

表 5.2　自我调节的阶段和领域(Pintrich, 2004)

	调节的领域			
阶段	**认知**	**动机/情感**	**行为**	**情境**
阶段 1 计划和激活	目标设置 先前知识激活	目标定向采纳 效能判断 任务难度知觉 任务价值激活 兴趣激活	计划时间和努力 计划对行为进行自我观察	任务知觉 情境知觉
阶段 2 监控	元认知意识和认知监控	动机和情感的觉察和监控	努力、时间使用、求助需要的觉察和监控行为的自我观察	监控变化的任务和情境条件
阶段 3 控制和调节	选择和调整学习、思考的认知策略	选择和调整自我管理、动机以及情感的策略	增加/减少努力	改变或重新开始任务
阶段 4 反应与反思	认知判断	情感反应	坚持、放弃 求助行为 选择行为	改变或离开学习情境 任务评价

上述四个阶段代表了个体完成任务时经历的一般顺序,但这个顺序并不是固定的。在很多时候,监控、控制和反应可能是同时发生的,而目标和计划可能随着监控、控制和反应过程而改变。

自我调节学习的反馈模型

Butler 和 Winne (1995)基于信息加工观点,在对自我调节学习的模型和研究进行回顾的基础上,提出了自我调节学习的反馈模型。这一模型在前人模型的基础上提出了两个额外的假设:(1)自我调节学习是一个动态的过程,体现为一系列连续不断的具体事件;学习者在整个学习过程中会持续地动态地对学习进行自我调节。(2)学习者在学习过程中的监控借助于内部反馈和外部反馈。内部反馈是由监控过程产生,是学习者将当前所完成任务的进展和认知加工的质量与预先设定的目标进行对照所产生的结果。在完成学业任务时,如果学习者形成产生内部反馈的稳定认知程序,学习将更有效。内部反馈是学习者在学习过程中对自己的学习进行动态实时监控的基础上获得的,因而会影响后续的学习过程。而外部反馈来自同伴的贡献、教师的评价以及教材的答案等。外部反馈更多地影响学习者对后续学习任务的自我调节。

基于信息加工观点的自我调节学习的反馈模型已经成为研究网络情境下自我调节学习微观过程的一个重要理论基础。

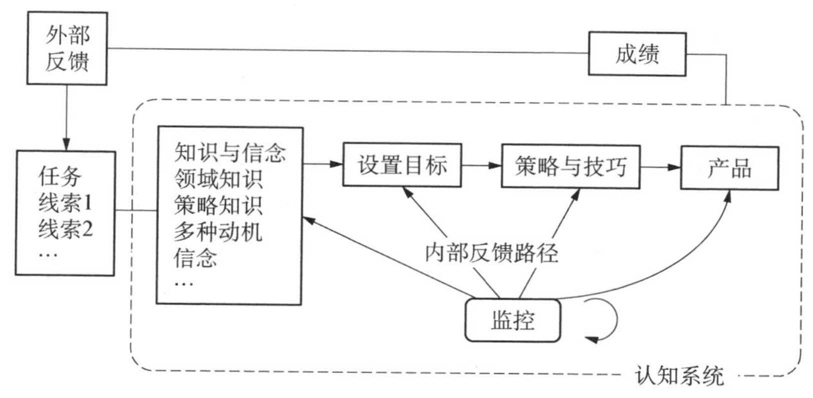

图 5.4 自我调节学习的反馈模型(Butler & Winne, 1995)

5.3.2 网络情境中自我调节学习的测量

传统测量

问卷法是研究自我调节学习的一种传统方法。使用问卷法去测量自我调节学习是基于研究者认为自我调节学习是学习者具备的一种比较稳定的能力,可以用来预测学习者将来的行为(Zimmerman, 2008;官群,2009;徐娟,刘儒德,2009),同时他们还认为个体对认知和元认知加工的自我知觉是对自我调节学习的精确测量(Moos & Azevedo, 2008a)。传统测量中较常用的测量工具有 Weinstein 等人(Weinstein, Schulte, & Hoy, 1987)编制的《学习策略调查表》(*Learning and Study Strategies Inventory*, LASSI), Pintrich 等人(Pintrich, Smith, Garcia, & McKeachie, 1993)编制的《学习动机策略问卷》(*Motivated Strategies for Learning Questionnaire*, MSLQ)。其中 Pintrich 等基于 Pintrich 提出的自我调节学习四阶段模型编制而成的《学习动机策略问卷》,包括动机/情绪、学习策略、元认知策略、资源管理策略等维度,是目前使用最广泛的自我调节学习测量工具。

问卷法将自我调节作为一种稳定的能力来进行测量,关注的是学习者跨情境的自我调节学习能力和行为。因此,使用传统测量可以考察学习者是否进行自我调节学习、自我调节学习是否会对学习成绩产生影响。但 Winne 和 Perry(2000)认为自我调节学习既不是一种能力也不是一种特质,不能脱离具体情境在一个单一时刻被测量出来。其次,由于问卷法是事后学习者根据回忆进行的自我报告,而不是实时测量自我调节学习过程中的事件,因此难以揭示微观水平的自我调节学习过程(Pintrich, 2004),例如学习者在学习的不同阶段使用了哪些具体的策略,在学习过程中自我调控如何变化以及学习者是如何对自己的学习行为进行监控的,在不同的内容领域学习者的自我调节学习是否有差异,具有不同自我调节学习能力的个体在网络学习中其动态的自我调节学习过程是怎样的等。

事件测量

研究者针对问卷法等传统测量的不足提出了在线测量的方法，对学习者在学习过程中具体的策略使用、自我监控等的变化进行测量，即事件测量(Winne & Perry, 2000)。事件测量基于 Winne 的自我调节学习模型，将自我调节学习看作持续变化的过程，是一系列具有可识别性的开始与结束的连续性事件，即使一个事件会持续一段时间，它也可以被区分为一个先前的事件和一个后续的事件。使用事件测量方式可以对学习者反应的相继依赖关系进行评估，还可对实时的自我调节变化做出因果关系的推测(Zimmerman, 2008)。在网络学习情境中，结合计算机和网络实时收集以及快速处理数据的特点，利用事件测量方式考察学习者学习过程中的动机/情感、认知和元认知的自我调节加工，已成为自我调节学习测量的一种新趋势。网络学习情境中的事件测量方式主要包括出声思维、追踪日志等。

出声思维(think-aloud protocol) 出声思维是指被试在从事某项学习活动的过程中，被要求大声说出自己的思维和认知过程，研究者进而据此对其学习过程进行分析、评价(Greene, Robertson, & Costa, 2011)。出声思维这一方法已经在不同学业领域中被用来探查自我调节学习。如果学习者没有被要求做出反应、描述或解释他们在学习中的思考，而只是报告进入他们注意的思考，则他们思考的序列性是没有被打断的(Moos & Azevedo, 2008b)。同时，Azevedo 及其同事在已有的自我调节学习模型及一系列利用出声思维进行的研究的基础上提出了一个用于分析学习者自我调节学习行为的编码方案，主要包括计划、监控、策略使用、任务难度及要求、动机等 5 个自我调节学习的宏观过程以及其下的 33 个微观子类，为利用出声思维进行研究的后来者完成后期编码分析提供了良好的工具(Azevedo, Guthrie, & Seibert, 2004; Azevedo, Cromley, Moos, Greene, & Winters, 2011)。

自我调节学习出声思维的优势在于其形式是开放式的，允许学习者实时报告自己的学习过程，且学习者描述的认知事件同其心理状态是即时接近的，因此可以实时反映学习者在学习过程中具体使用的自我调节加工以及其发生阶段。此外，对于学习者的回答可以采取后期编码的形式，将收集到的数据按照自我调节的加工目录进行编码从而进行数据分析，揭示学习者自我调节加工的特点(Zimmerman, 2008)。反过来，利用出声思维获得的自我调节学习微观过程的研究结果可用于开发智能学习系统的认知工具，以帮助提升学习者的自我调节学习能力。如 Azevedo 等人(Azevedo, Cromley, & Seibert, 2004)将他们在超媒体学习研究中利用出声思维法获得的自我调节学习 5 个子过程、33 种关键性的自我调节学习策略的结果应用到智能学习系统的提示和支架当中，旨在促进学习者的自我调节学习。

虽然出声思维在网络学习中已经得到较多应用，但该方法依然存在不足。学习者可能会高估自己在学习中的策略使用(Bernacki, Byrnes, & Cromley, 2012)；此外，在学习过程中进行出声思维也与学习者平时的学习存在较大的差异，学习的同时进行出声思维可能会占用学习者部分认知资源，并且学习者在报告的过程中可能会转而关注自己报告的内容或形式，从而干扰其学习。下面要介绍的追踪日志是一种更为隐秘的测量在线自我调节学习过程的方法，它正好克服了出声思维的这一缺陷。

追踪日志(trace log) 所谓踪迹(trace)，即学习者在学习过程中所产生的数据，如每一次点击鼠标的时间、进入文本区域的行为、下划线或记笔记的内容、聊天记录等，这些数据几乎是在学习者进行认知操作的同时产生的(Winne, 2010)。追踪日志主要是通过追踪学习者正在进行的活动来收集各类数据，进而探讨学习者在学习过程中可能使用到的学习策略和自我调节行为(Schraw, 2010; Zimmerman, 2008)。Hadwin等(Hadwin, Nesbit, Jamieson-Noel, Code, & Winne, 2007)的一项针对网络情境中学习时的踪迹数据与采用问卷法的自我报告的数据(MSLQ中的10个项目)的比较研究显示，自我报告的数据难以反映学习者实际的学习事件，而日志数据则反映了学习者学习活动的频率、模式和持续时间等，因而追踪日志数据能更客观地反映学习活动的动态性和过程性。

采用追踪日志法可以实时记录网络学习环境下学习者的事件性学习数据，可以更深入地揭示不同的学习者在学习过程中的自我调节加工、不同的加工过程之间的关联性、不同的加工过程及其使用频率对学习者学习表现的影响等，而传统测量则难以揭示这些学习过程中的实时性学习事件(卢春晓，龚少英，袁新，2014)。追踪日志这一测量方式的另一个优点是不易被学习者察觉，因而不会干扰学习，同时它也是对传统的自我调节学习测量方式的补充，可以为研究者提供学习者学习时交互过程中的变化、实际策略的使用、实时的监控和自我调节机能的适应等信息。此外，通过对追踪日志的分析，研究者也可以对学习者自我调节学习的过程进行模拟(Hadwin, Oshige, Gress & Winne, 2010; Winne, 2010)。追踪日志法的不足之处在于它记录的日志数据并不能包含学习者所有的认知加工，因而也不能确定日志记录的行为是否反映了学习者打算使用的策略。通过增加日志文件中信息的数量和类型、提供包含自我调节学习行为特征的学习环境以及采用多种测量方式结合的方法可以弥补这一缺陷(Bernacki, Byrnes, & Cromley, 2012)。

5.3.3 网络情境中自我调节学习的影响因素

先前知识经验

先前知识经验是指学习者已经拥有的与所学主题有关的知识。自我调节学习是一个有意识的过程,需要占用有限的心理资源。先前知识经验丰富的学习者其用于加工学习材料的心理资源相对较少,故而多余的资源可用于制定计划、选择策略、监督学习进程等有意识的自我调节学习过程;而先前知识经验较少的学习者则需要用更多的心理资源对学习材料进行组织,并将之与已有知识经验建立起联系。同时,具备了一定先前知识经验的学习者在学习过程中可能会对学习材料的结构和内容产生预期,这种预期会影响学习者学习过程所采用的认知与元认知策略。

先前知识经验是影响自我调节学习过程和学业成绩的重要变量(Butcher & Summer, 2011; Greene 等,2010;Pieschl, Bromme, Porsch, & Stahl 2008)。先前知识经验不仅直接影响网络学习环境中学习者自我调节学习策略的使用频率,而且还会影响学习者所采用的学习策略种类(Bernacki, 2010; Butcher & Sumner, 2011; Pieschl 等, 2008; Pieschl, Stahl, & Bromme, 2008; Moos & Azevedo, 2008b; Greene 等,2010)。研究发现,先前知识经验水平较高的大学生在超媒体学习环境中会更多地使用计划和监控策略,相对较少使用认知策略,而先前知识经验较贫乏者则更多地使用重复阅读和做笔记等少数几种学习策略(Moos & Azevedo, 2008b)。Greene 等人(2010)考察了超媒体学习环境中学习者的先前知识经验、内隐智力观与自我调节学习的关系,也发现在控制了内隐智力观的条件下,先前知识经验不仅能正向预测超媒体学习环境中学习者的后测成绩,还与学习者所报告的自我调节学习策略使用频率存在正相关。

但也有研究者得到了不一致的结论。Pieschl 等(2008)发现,先前知识经验较少的大学生被试反而更多地使用了计划类策略,但除记忆任务外,他们在其他任务的得分都低于先前知识经验较丰富的被试。此外,Butcher 和 Sumner(2011)探讨了不同层次的先前知识经验对学习策略和学习成绩的影响,发现具有较多的先前事实经验(factual knowledge)的大学生被试在浏览页面时花费的时间更长,他们会更多地根据需要浏览相关页面,且在后测的文章修改过程中,较拥有较多深层经验(deep knowledge)的被试会进行更多的深度修改,成绩也提高更多。上述研究意味着不仅是先前知识经验的水平,先前知识经验的类型也会影响网络学习环境下的自我调节学习。但关于后者的研究还为数甚少,因此,关于不同类型的先前知识经验对网络学习环境下的自我调节学习的影响,仍有待进一步研究考察。

动机信念

自我效能感 自我效能感是指个体对自己能否完成某一任务的自我判断或信念(Bandura, 1977)。学业自我效能感对学习有非常重要的影响,因为它影响学习者的任务选择、付出努力的多少、学业情绪、目标设定、策略的选择、遇到困难时的坚持性以及学业成绩。网络情境中的个体也有特定的自我效能感,即网络自我效能感。

Torkzadeh 和 Van Dyke(2001)根据前人的研究,将网络自我效能感(Internet self-efficacy) 界定为个体对自己使用网络来完成某项网络任务的能力的判断。Tsai 等(2003)提出,网络自我效能感是指在网络环境下,人们感知到的自己使用网络的能力。上述网络自我效能感的两个定义都认为自我效能感反映的是个体对自己运用网络的能力的感知,而不是指个体实际操作网络的能力与水平。网络学习效能感是网络自我效能感在网络学习情境下的体现,是指个体在网络学习情境下对自己能否顺利完成网络学习任务的能力的判断(王丽霞,龚少英,2013)。

和传统学习情境中学习自我效能感的作用类似,网络学习自我效能感也是影响网络学习的重要变量之一。学习者的网络学习效能感水平不仅影响其网络课程的选择、网络学习任务的选择,也影响学习者网络学习时的策略选择、元认知监控等自我调节学习过程。Artino 和 Stephens(2006)用问卷法研究了网络学习中大学生的动机信念(自我效能感,任务价值)对自我调节学习过程的影响,发现在控制了任务价值后,自我效能感能够显著预测学习者的精细加工和批判性思维等认知策略的使用,同时还能正向预测学习者的元认知策略水平,其他研究也发现了类似的结果(Moos & Azevedo, 2009; Wang & Wu, 2008)。这些研究沿袭了传统学习环境中考察自我效能感与自我调节学习之间关系的模式,即探讨了学习者对于能否掌握学习内容的信念与自我调节学习的关系。此外,有研究发现,在超媒体学习环境中,学习者的自我效能感会随着学习时间的推移而出现明显波动(Moos & Azevedo, 2008a)。自我效能感的这种动态变化可能影响学习者在网络学习环境中的自我调节学习过程,同时,自我效能感的维持或提高也是自我调节学习的一部分,属于动机调节。在未来,我们需要更多研究来揭示在网络学习情境中包括自我效能感在内的动机变量、动机调节与元认知调节的关系。

认识论信念(epistemic belief) 认识论信念是指个体对知识本质以及如何获取并评判它的认识系统(Hofer & Pintrich, 1997)。学习者的认识论信念可能是朴素的,如认为知识是确定的、是事实的堆积,能够由教师这样的权威有效地教给学生。有些学习者的认识论信念可能更复杂,他们更倾向于认为知识是相对的、情境性的复杂网络。他们接受真理的不确定性和可变性,并且认为知识是建构的而不是被给予的。复杂的认识论认为信念与更加适应性的学习策略使用和学习结果有关,因为认为知识是复杂的、情境性的学习者更有可能关注知识之间的联系和知识在具体情境中的应用,并通过使用更加高级的学习策略以及对学习过程的监控来获取更好的学习结果(Schommer, 1990;周琰,王学臣,2007)。

在网络学习情境中认识论信念与自我调节学习的关系类似于传统学习情境中的情况。在网络学习环境下,具有复杂认识论信念的被试能更好地根据学习材料的复杂性和任务难度来设定目标、制定计划,并在学习过程中更多地就学习策略与任务要求的匹配程度进行监控(Stahl, Pieschl, & Bromme, 2006),运用影响学习者宏观的元认知计划和微观的时间管理的策略(Pieschl, Stahl, & Bromme, 2008),在学习中会更多地使用学习系统中的帮助工具(Bartholomé, Stahl, Pieschl, & Bromme, 2006)。Pieschl 等人(2008)研究了网络学习环境中人为引发的不同认识论信念对自我调节学习过程的影响,发现那些复杂认识论信念(知识是不确定的、可变的、综合性的)条件下的学生比那些"朴素"认识论信念(知识是确定不变的、简单的)条件下的学生能更好地适应学习任务的复杂性,能更合理地进行时间管理,且能更多地使用元认知计划和精细加工等学习策略。

学业情绪

学业情绪是指在教学或学习过程中,与学生学业相关的各种情绪体验,包括高兴、厌倦、失望、焦虑、气愤等(Pekrun, Gortz, Titz, & Raymond, 2002)。学业情绪不仅指学生在获悉学业成功或失败后所体验到的各种情绪,同样也包括学生在课堂学习中的情绪体验,在日常做作业过程中的情绪体验以及在考试期间的情绪体验等(俞国良,董妍,2005)。

学业情绪影响自我调节学习的途径有多条:一是通过动机影响自我调节学习。学习者在学习中产生的情绪可以激发、维持或者削弱学业动机,影响意志行为过程。受到学业情绪影响的动机会进而影响学习者使用其元认知知识和策略对学习过程的监控和调节。其次,学业情绪可以直接影响自我调节学习过程。当学习者体验到积极的学业情绪时,其思维和认知灵活性可以得到促进,他会选择更合适的学习策略,并对学习过程进行调控(Pekrun, 2006)。

在传统学习情境中的研究表明,学业情绪是影响个体自我调节学习以及学业成绩的一个重要因素(徐先彩,龚少英,2009;熊俊梅,龚少英,Frenzel, 2012)。以往研究显示,积极情绪对元认知和自我调节有积极影响;但对于消极高唤醒情绪与知觉到的自我调节之间的关系,则存在争议。有的研究发现消极高唤醒情绪会阻碍学生的自我调节(Marja-Liisa Malmivuor, 2006),但 Efklides 和 Petkaki(2005)针对小学五年级学生数学学习的一项研究表明,消极情绪能显著预测学生对任务难度的估计。之所以得到这一结果,是因为消极情绪会激起学习者对潜在困难的警觉,使他们更谨慎地估计情境对个体能力的要求。

随着网络学习的迅速发展,研究者开始更加关注网络情境中的学业情绪与自我调节的关系。已有研究发现学业情绪会影响网络学习环境中的自我调节学习。Artino 和 Jones(2012)研究发现,在网络课程学习中,积极的情绪状态愉悦能正向预测精细加工和元认知控制策略的使用;不同效价的消极情绪对自我调节学习的影响则不同，厌烦与精细加工和元认知策略的得分呈负相关；在控制了厌烦和任务价值之后，消极情绪沮丧也正向预测了元认知策略的使用。这与 Artino(2009)的研究结果是一致的，但与传统课堂情境中的研究结果并不一致。这意味着在传统和网络学习环境中，学业情绪对自我调节学习的影响模式可能不同。还有研究发现，在网络学习者中，拥有较高的自我效能感与任务价值感知水平以及较低水平的厌倦和受挫情绪的大学生在认知和元认知策略使用上的得分均显著高于低动机信念—高消极情绪组的被试，且前者继续学习的动机也显著高于后者(Artino & Stephens, 2009)。这些结果说明，在网络学习环境中，不能孤立地看待学业情绪对自我调节学习的影响，要综合考虑其他因素与学业情绪对自我调节学习的共同作用以及不同因素之间的相互作用。在未来研究中，需要采取多种测量方法进一步探查在网络学习环境中各种积极的和消极的学业情绪对自我调节学习的影响，并揭示在传统学习环境和网络学习环境中学业情绪影响自我调节学习的机制。

5.3.4 网络情境中自我调节学习的干预和促进

要体现网络学习的优势，一方面需要网络课程有良好的教学设计，另一方面需要学习者具有较好的自我调节学习能力。在学习者自我调节学习能力不足以支持有效学习的情况下，如果网络学习环境具备支持和促进学习者进行自我调节学习的功能，或者教师能及时提供适合学习者的支持，那么，学习者的自我调节学习能力便可得到提升，而网络学习环境的优势也将更充分地体现出来。

反馈

在网络学习情境中，反馈对自我调节学习的影响机制也成为了学者们最为关注的问题，探讨不同种类的反馈与自我调节学习的关系已经成为一种新的研究趋势。

反馈是指能反映学生当前学习表现并能帮助学生做出认知和行为上的调整以促进学习的信息(Hattie, Timperley, 2007; Narciss, 2013; Shute, 2008)。不同类型的反馈对网络学习效果的作用不同。元认知反馈能促进个体在网络学习中的自我调节学习和学习效果。Lee 等(Lee, Lim, & Grabowski, 2010)研究发现，大学生被试在计算机上进行交互式学习时，可以做笔记、划线，完成回忆和理解测验，研究者给三组被试分别提供策略工具、策略提示、策略提示加结果反馈和元认知监控反馈，结果发现，相比只有策略工具条件，策略提示促进了个体的策略使用，而元认知反馈的策略提示促进了学习者的自我调节和策略使用，影响了学生的学习成绩。这表明元认知监控反馈可以促进个体的自我调节学习和学习效果。

其他研究显示，相对于只提供正确答案的简单反馈条件，提供了正误信息并包括了进一步的解释说明的精细反馈条件更能促进学习者的自我调节学习(Boom,

Paas, & Merriënboer, 2007),且来自教师的反馈比来自同伴的反馈更加有效。Boom等(2007)考察了基于网页的电子学习环境中建议性反馈(即指出学习者所提交的反思内容中存在的问题但并不告知其有什么问题)与反思提醒对远程学习者自我调节学习的影响,发现提供了有效的反思提示和建议性反馈条件下的学习者在MSLQ后测中动机成分(考试焦虑和价值)都表现出了良性的变化,而无提示与反馈的控制组学习者在价值量表上的得分显著低于前者,其考试焦虑得分也明显增加,同时,得到教师反馈的被试在考试焦虑上的得分要显著低于同伴反馈和无反馈组。Narciss和Huth(2006)也发现在网络学习环境中包含更多指导性信息的反馈不仅能显著提高学生的后测成绩,且得到了含指导性信息反馈的学生的学习动机也高于仅仅得到了正确答案反馈的学生。类似的研究也表明,提供一般性的学习策略提示和元认知反馈(即就学生的学习方法和学习过程进行反馈)能显著提高学生的自我调节学习水平、促进学习策略的使用(Lee, Lim, & Grabowski, 2010)。

但反馈对自我调节的作用受到学习者先前知识经验的影响。Roelle、Berthold和Fries (2013)使用在线学习管理系统为大学生在学习日志作业中使用的学习策略提供了详细反馈,结果发现,给低经验的学习者提供详细反馈是有效的,但是同样的反馈在高经验的学习者身上则是无效的。这意味着在未来,研究者需要进一步探查学习者特征和任务特征如何与不同反馈类型相互作用,影响自我调节学习,从而为设计适应性的反馈提供指导。

提示与支架

利用信息技术,对自我调节学习模型中所涉及的微观活动(如设立目标、反思)予以支持和引导,以提高学习者的自我调节水平和学习效果,是当前网络环境下自我调节学习研究与应用中的一个重要方面。这种微观干预体现在嵌入智能学习系统的提示与支架中。提示是指在学习过程中向学习者呈现一定数量的问题或指导语句,以提示学习者采用相应的自我调节学习策略。Bannert和Reimann(2012)利用出声思维考察了超媒体学习环境中自我调节学习提示(prompt)对自我调节学习和学习效果的影响,发现得到提示的大学生组对计划、监控、评估等关键性自我调节策略和活动的使用显著多于没有得到任何提示的控制组,当事先告知实验组大学生有提示并解释其含义时,实验组迁移的成绩也要显著高于控制组。

支架是指在学习过程中向学习者发出的问题、指导或反馈。随着学习者自我调节学习能力的提升,可以逐渐减少这些外部的提示或支持,以达到促进学习者独立进行自我调节学习的目的(Greene, Moos, & Azevedo, 2011)。Azevedo、Cromley和Seibert(2004)利用出声思维考察了支架对超媒体环境中自我调节学习过程的影响,发现相对于无支架组和固定支架组(只在学习开始时提供了总的学习目标和10个具体任务)，被提供了适应性支架(即根据学习者的能力或需要向其提供相应的提示或反馈)的大学生会更多地进行知晓感判断、激活先前知识和寻求帮助等关键性自我调节学习活动。Azevedo 及其同事(Azevedo, Cromley, Winters, Moos, & Greene, 2005; Azevedo, Greene, & Moos, 2007; Azevedo 等，2008)的后续研究也反复验证了适应性支架对大学生自我调节学习的促进作用。这种适应性支架对自我调节学习的影响，在中学生被试的学习过程中也同样得到了验证(Azevedo 等，2005)。

在网络学习情境中，提示、支架和反馈可能被综合使用以促进个体的自我调节学习。Chang、Tseng、Liang 和 Liao(2013)的一项研究利用基于网络的档案袋评估系统促进了大学生的目标设置、进展监控、评估和反馈。该系统为学习者提供了目标设置的框架，提示学习者进行自我监控、评估和反思。教师可以在系统中看到学生的计划和目标，了解学生在课程学习中的进展，并提供反馈。结果发现，基于网络的档案袋评估系统促进了学习者的目标设定和总体的自我调节学习。

由此看来，在网络学习环境中，教师依然是不可或缺的。教师在教学中的引导和支持作用集中体现在借助计算机技术的对话、反馈和实时干预中。对于那些在网络学习情境中尚不能熟练进行自我调节学习的学习者而言，教师的外部支持显得尤为重要。因而，教师需要根据学习者在学习过程中已经达到的水平灵活地调整其所给予的提示或提供的支架。此外，这些活动的持续性高水平运作也有赖于技术的进步。

5.3.5 网络情境中自我调节学习的未来研究方向

网络情境中的自我调节学习已经引起了课程开发者、教育者和多领域学者的高度重视。研究者基于传统学习环境中的研究方法和已有成果，就网络学习环境中的自我调节学习开展了大量探索性研究，相关的理论建设和实证探索都取得了开拓性的进展。但当前对网络学习环境中自我调节学习的研究尚未进入一个成熟的阶段，相关的实证研究还很有限，且多集中于考察少数几个在传统学习环境中影响自我调节学习的变量在网络学习情境中的作用，许多传统课堂学习中所关注的变量(如年龄、目标取向等)以及与网络学习环境相关的一些因素(如学习者控制、互动方式等)对自我调节学习的影响还有待进一步研究。此外，随着慕课等大型开放课程平台的日益盛行，如何帮助不同自我调节学习能力和特征的学习者顺利通过课程学习，也是慕课课程设计者和开发者所面临的一个重要挑战。

第一，未来研究要从整合的视角，采用多种方法探究不同网络情境下各种内外因素是如何相互作用共同影响复杂的自我调节学习过程，进而又影响学习效果的，并在此基础上提出更具解释力的网络学习情境中自我调节学习的理论和模型。研究者在探索过程中应该更多地发挥自我调节学习模型的指引作用，一部分研究者在研究中借鉴传统学习情境中自我调节学习的模型框架，也论证了这些理论模型在网络学习情境下的适用性(Moos & Azevedo, 2008a, 2008b; Wang & Wu, 2008)。但由于网络学习情境具有不同于传统学习情境的独特特征，网络学习情境中各种变量在学习过程中的地位和作用机制可能有别于其在传统学习环境中的情况，因此网络学习情境中的学习过程可能与传统环境中的自我调节学习模型存在较大差别。鉴于此，尽管在网络学习环境下这些模型仍然具有重要价值，但在未来研究中更应该考虑到网络学习环境的独特性，对原有模型进行修改或构建新的理论模型，以揭示网络学习情境下自我调节学习的规律。

第二，研究方法多样化和综合化。首先，研究者可以进一步整合现有的事件测量手段，如追踪日志法和眼动技术等，对问卷法或出声思维等经典研究方法加以补充，以便对自我调节学习过程进行更为深入的研究；其次，问卷测量作为比较稳定的自我调节学习能力的测量手段，仍然是研究中不可或缺的一部分。但进一步开发专门适用于网络学习环境的自我调节学习测量工具势在必行。适用于传统课堂环境的自我调节学习问卷可以直接或经修订后应用于网络学习环境下的自我调节学习测量，但这些工具不一定能全面反映计算机环境下的自我调节学习特征。因此，开发适用于计算机学习环境的自我调节学习测量工具是非常必要的。一些学者已经在这方面取得了一定的进展(Barnard 等，2009; Cho & Jonassen, 2009)。最后，随着各种学习系统以及慕课平台的开发和应用，大数据收集和分析成为可能，将已有的研究方法和包括慕课在内的网络学习系统的实时大数据收集分析功能结合起来，也是未来网络学习情境下自我调节学习研究的一个趋势。

第三，利用智能学习系统和大型课程平台促进学习者自我调节学习能力。新的智能学习系统不断涌现，这些新兴的学习系统更加注重对自我调节学习过程的研究和实时干预(Cerezo 等，2010)。智能学习系统本身及时的信息传递、便捷的数据收集和处理方式使其成为具有巨大潜力的聚教学和科研于一体的重要工具之一。未来的网络学习系统开发和研究要密切关注如何使这些学习系统更具适应性，并将传统学习中的互动、反馈和教师支持等更好地融入网络学习系统，达到使用多种手段促进不同特征学习者自我调节学习的目标。

第四，大型在线课程平台的迅猛发展为研究者提供了研究自我调节学习的新课题。近几年慕课平台的开发为学习者获取更广泛更优质的学习资源和机会提供了极好的方式。在大数据时代产生的慕课平台具备大数据收集和分析功能，能为课程开发者和指导者及时了解学习者情况提供详细信息，进而促进课程开发和教学指导。但这一课程形式的出现也为研究者带来了新的研究课题。比如已有的开放课程虽然有大量的访问者，但真正完成并通过课程学习的人却寥寥无几。

关于慕课的近期研究发现，学习者的学习时间、先前知识储备、学习兴趣、课程价值感是影响学生完成慕课课程的重要因素(Khalil & Ebner, 2014)。根据已有研究，学习者的先前知识和动机影响个体在网络情境中的自我调节学习。而实际上，虽然很多慕课学习者接受过或正在接受高等教育，但仍有部分学习者来自经济落后、教育水平较低的地区，他们缺少先前知识和基础技能，自我调节学习能力低，可能难以理解慕课课程的内容，不知道向谁求助，不知道如何安排足够的时间完成课程学习，最终不得不退出慕课课程(Khalil & Ebner, 2014)。即使是那些正在接受或接受过高等教育的学习者，慕课课程也对他们的学习提出了挑战。在没有面对面交流的慕课课程平台，学习者要在预定的时间范围内完成课程学习的所有任务(包括看视频、即时回答问题、作业、小测验和考试等)，需要做到对课程学习进行计划，设置目标，对时间进行管理，监控学习进展，遇到困难时适当求助等，这些都是自我调节学习的具体表现。要解决慕课课程通过率低这一问题，就需要揭示在慕课环境下，学习者自我调节学习的特点和影响因素，并在设计慕课平台时利用平台本身提供支持，促进学习者的自我调节学习。

参考文献

陈琦，刘儒德.(2007).当代教育心理学.北京：北京师范大学出版社.
段朝辉，颜志强，王福兴，周宗奎.(2013).动画呈现速度对多媒体学习效果影响的眼动研究.心理发展与教育，29(1)，46—53.
龚少英，段婷，王福兴，周宗奎，卢春晓(2014).装饰图片对多媒体学习效果影响的眼动研究.心理发展与教育，30(4)，403—410.
官群.(2009).自我调控学习：研究背景、方法发展与未来展望.心理科学，2，394—396.
何克抗.(2002).E-learning与高校教学的深化改革(上).中国电化教育，2，8—12.
卢春晓，龚少英，袁新(2014).计算机环境下自我调节学习的测量.心理学进展，4，224—23.
王福兴，段朝辉，周宗奎，陈珺.(2015).邻近效应对多媒体学习中图文整合的影响：线索的作用.心理学报，47(2)，224—233.
王福兴，段朝辉，周宗奎.(2013).线索在多媒体学习中的作用.心理科学进展，21(008)，1430—1440.
王继新，郑旭东，黄涛.(2012).非线性学习：数字化时代的学习创新.北京：高等教育出版社.
王丽霞，龚少英(2013).网络自我效能感及其影响因素综述.信阳师范学院学报(哲学社会科学版)，33(6)，53—57.
熊俊梅，龚少英，Frenzel, A.C.(2011).高中生数学学业情绪、学习策略与数学成绩的关系.教育研究与实验，6，89—92.
徐娟，刘儒德.(2009).计算机环境下的自我调节学习研究.中国电化教育，267，37—40.
徐先彩，龚少英.(2009).学业情绪及其影响因素.心理科学进展，17(1)，92—97.
杨满福，焦建利.(2014).大教学、大数据、大变革——edX首门"慕课"研究报告的分析与启示.电化教育研究，34—37.
俞国良，董妍.(2005).学业情绪研究及其对学生发展的意义.教育研究，10，39—43.
张际平.(2010).网络学习之本质属性探究.现代远程教育研究，6，14—19.
张伟远.(2005).国外高校网上教学成功和失败的原因剖析.中国远程教育，11，32—35.
张伟远，吴廷坚.(2006).网上学习理念两次变革的国际研究——"网上学习理念变革的国际研究"系列文章之三.中国远程教育，11(上)，23—27.
张鸷远.(2014).慕课MOOCs发展对我国高等教育的影响及其对策.河北师范大学学报教育科学版，16(2)，116—121.
中国互联网络信息中心(2014).2013—2014中国移动互联网调查研究报告.http://www.cnnic.net.cn/hlwfzyj/hlwxzbg/ydhlwbg/201408/P020140826360212699278.pdf.
中国互联网络信息中心(2016).CNNIC第37次中国互联网络发展状况调查统计报告.http://www.cnnic.net.cn/hlwfzyj/hlwxzbg/201601/P020160122469130059846.pdf.
周春儿，洪如燕.(2014).终身学习政策研究.杭州：浙江教育出版社.
周琰，王学臣.(2007).小学生数学观、数学学习策略与学业成绩的关系研究.内蒙古师范大学学报(教育科学版)，6，109—112.
Allen, I.E., Seaman, J., Poulin, R., & Straut, T.T.(2016). Online report card: Tracking online learning in the

USA. http://onlinelearningsurvey.com/reports/onlinereportcard.pdf.
Amadieu, F., Mariné, C., & Laimay, C. (2011). The attention-guiding effect and cognitive load in the comprehension of animations. *Computers in Human Behavior*, *27*(1), 36 - 40.
Amadieu, F., Van Gog, T., Paas, F., Tricot, A., & Marine, C. (2009). Effects of prior knowledge and concept-map structure on disorientation, cognitive load, and learning. *Learning and Instruction*, *19*(5), 376 - 386.
Anderson, T. (2003). Modes of interaction in distance education: Recent developments and research questions. *Handbook of distance education*, 129 - 144.
Artino, A. (2009). Think, feel, act: motivational and emotional influences on military students' online academic success. *Journal of Computing in Higher Education*, *21*(2), 146 - 166.
Artino, A., & Stephens, J.M. (2006). Learning online: Motivated to self-regulate. *Academic Exchange Quarterly*, *10*(4), 176 - 182.
Artino, A.R., & Jones, K.D. (2012). Exploring the complex relations between achievement emotions and self-regulated learning behaviors in online learning. *The Internet and Higher Education*, *15*(3), 170 - 175.
Artino, A.R., & Stephens, J.M. (2009). Beyond grades in online learning: Adaptive profiles of academic self-regulation among Naval Academy undergraduates. *Journal of Advanced Academics*, *20*(4), 568 - 601.
Ashby Plant, E., Baylor, A.L., Doerr, C.E., & Rosenberg-Kima, R.B. (2009). Changing middle-school students' attitudes and performance regarding engineering with computer-based social models. *Computers & Education*, *53*(2), 209 - 215.
Atkinson, R.K. (2002). Optimizing learning from examples using animated pedagogicalagents. *Journal of Educational Psychology*, *94*(2), 416.
Atkinson, R.K., Mayer, R.E., & Merrill, M.M. (2005). Fostering social agency in multimedia learning: Examining the impact of an animated agent's voice. *Contemporary Educational Psychology*, *30*(1), 117 - 139.
Azevedo, R., Cromley, J.G., & Seibert, D. (2004). Does adaptive scaffolding facilitate students' ability to regulate their learning with hypermedia. *Contemporary Educational Psychology*, *29*, 344 - 370.
Azevedo, R., Cromley, J.G., Moos, D.C., Greene, J.A., & Winters, F.I. (2011). Adaptive content and process scaffolding: A key to facilitating students' self-regulated learning with hypermedia. *Psychological Test and Assessment Modeling*, *53*, 106 - 140.
Azevedo, R., Cromley, J.G., Winters, F.I., Moos, D.C., & Greene, J.A. (2005). Adaptive human scaffolding facilitates adolescents' self-regulated learning with hypermedia. *Instructional Science*, *33*, 381 - 412.
Azevedo, R., Greene, J.A., & Moos, D.C. (2007). The effect of a human agent's external regulation upon college students' hypermedia learning. *Metacognition and Learning*, *2*(2/3), 67 - 87.
Azevedo, R., Guthrie, J.T., & Seibert, D. (2004). The role of self-regulated learning in fostering students' conceptual understanding of complex systems with hypermedia. *Journal of Educational Computing Research*, *30*, 87 - 111.
Azevedo, R., Moos, D.C., Greene, J.A., Winters, F.I., & Cromley, J.G. (2008). Why is externally-facilitated regulated learning more effective than self-regulated learning with hypermedia? *Educational Technology Research & Development*, *56*(1), 45 - 72.
Baddeley, A. (1992). Working memory. *Science*, *255*(5044), 556 - 559.
Bailenson, J.N., Swinth, K., Hoyt, C., Persky, S., Dimov, A., & Blascovich, J. (2005). The independent and interactive effects of embodied-agent appearance and behavior on self-report, cognitive, and behavioral markers of copresence in immersive virtual environments. *Presence: Teleoperators and Virtual Environments*, *14*(4), 379 - 393.
Bandura, A. (1977). Self-efficacy: toward a unifying theory of behavioral change. *Psychological Review*, *84*(2), 191 - 215.
Bannert, M., & Reimann, P. (2012). Supporting self-regulated hypermedia learning through prompts. *Instructional Science*, *40*(1), 193 - 211.
Barnard, L., Lan, W.Y., To, Y.M., Paton, V.O., & Lai, S.L. (2009). Measuring self-regulation in online and blended learning environments. *Internet & Higher Education*, *12*(1), 1 - 6.
Bartholomé, T., Stahl, E., Pieschl, S., & Bromme. (2006). What matters in help-seeking? A study of help effectiveness and learner-related factors. *Computers in Human Behavior*, *22*(1), 113 - 129.
Bates, J. (1994). The role of emotion in believable agents. *Communications of the ACM*, *37*(7), 122 - 125.
Baylor, A.L., & Ryu, J. (2003). The effects of image and animation in enhancing pedagogical agent persona. *Journal of Educational Computing Research*, *28*(4), 373 - 394.
Bernacki, M. (2010). The influence of self-regulated learning and prior knowledge on knowledge acquisition in computer-based learning environments. *Dissertations & Theses-Gradworks*, 204.
Bernacki, M.L., Byrnes, J.P., & Cromley, J.G. (2012). The effects of achievement goals and self-regulated learning behaviors on reading comprehension in technology-enhanced learning environments. *Contemporary Educational Psychology*, *37*(2), 148 - 161.
Boom, G.V.D., Paas, F., & Merriënboer, J.J.G.V. (2007). Effects of elicited reflections combined with tutor or peer feedback on self-regulated learning and learning outcomes. *Learning & Instruction*, *17*(5), 532 - 548.
Boucheix, J.-M., & Lowe, R.K. (2010). An eye tracking comparison of external pointing cues and internal continuous cues in learning with complex animations. *Learning and Instruction*, *20*(2), 123 - 135.

Bransford, J. D., Brown, A. L., & Cocking, R. R. (1999). *How people learn: Brain, mind, experience, and school*. National Academy Press.

Brown, G. (2004). *How students learn*. RoutledgeFalmer.

Butcher, K. R., & Sumner, T. (2011). How does prior knowledge impact students' online learning behaviors? *International Journal of Cyber Behavior*, *1*(4), 1 - 18.

Butler, D. L. & Winne, P. H. (1995). Feedback and self-regulated learning: A theoretical synthesis. *Review of Educational Research*, *65*(3), 245 - 281.

Cerezo, R. (2010). New media for the promotion of self-regulated learning in higher education. *Psicothema*, *22*(2), 306 - 315.

Chang, C. C., Tseng, K. H., Liang, C., & Liao, Y. M. (2013). Constructing and evaluating online goal-setting mechanisms in web-based portfolio assessment system for facilitating self-regulated learning. *Computers & Education*, *69*(4), 237 - 249.

Cho, M. H., & Jonassen, D. (2009). Development of the human interaction dimension of the Self-Regulated Learning Questionnaire in asynchronous online learning environments. *Educational Psychology*, *29*(1), 117 - 138.

Choi, S., & Clark, R. E. (2006). Cognitive and affective benefits of an animated pedagogical agent for learning English as a second language. *Journal of Educational Computing Research*, *34*(4), 441 - 466.

Chung, K. K. H. (2008). What effect do mixed sensory mode instructional formats have on both novice and experienced learners of Chinese characters? *Learning and Instruction*, *18*(1), 96 - 108.

Clark, R. C., & Mayer, R. E. (2011). *E-learning and the science of instruction: proven guidelines for consumers and designers of multimedia learning*. Pfeiffer.

Craig, S. D., Gholson, B., & Driscoll, D. M. (2002). Animated pedagogical agents in multimedia educational environments: Effects of agent properties, picture features and redundancy. *Journal of Educational Psychology*, *94*(2), 428.

Cronbach, L. J., & Snow, R. E. (1977). *Aptitudes and instructional methods: A handbook for research on interactions*. Irvington.

Crooks, S. M., Cheon, J., Inan, F., Ari, F., & Flores, R. (2012). Modality and cueing in multimedia learning: Examining cognitive and perceptual explanations for the modality effect. *Computers in Human Behavior*, *28*(3), 1063 -1071.

Cross, J., & Moore, M. (2006). In Bonk, C. J. & Graham, C. R. (Eds.). *The handbook of Blended learning: Global perspectives, local designs*(pp. 16). San Francisco: Pfeiffer.

De Koning, B. B., Tabbers, H. K., Rikers, R. M., & Paas, F. (2009). Towards a framework for attention cueing in instructional animations: Guidelines for research and design. *Educational Psychology Review*, *21*(2), 113 - 140.

De Koning, B. B., Tabbers, H. K., Rikers, R. M. J. P., & Paas, G. W. C. (2007). Attention Cueing as a Means to Enhance Learning from an Animation. *Applied Cognitive Psychology*, *21*(6), 731 - 746.

Eddy, E. R., & Tannenbaum, S. I. (2003). Transfer in an e-learning context. *Jossey-Bass*, 161 - 194.

Efklides, A., & Petkaki, C. (2005). Effects of mood on students' metacognitive Experiences. *Learning and Instruction*, *15*, 415 - 431.

Fischer, S., Lowe, R. K., & Schwan, S. (2008). Effects of presentation speed of a dynamic visualization on the understanding of a mechanical system. *Applied Cognitive Psychology*, *22*(8), 1126 - 1141.

Frechette, C., & Moreno, R. (2010). The roles of animated pedagogical agents' presence and nonverbal communication in multimedia learning environments. *Journal of Media Psychology: Theories, Methods, and Applications*, *22*(2), 61.

Girard, S., & Johnson, H. (2010, June). What do children favor as embodied pedagogical agents? In *International Conference on Intelligent Tutoring Systems* (pp. 307 - 316). Springer Berlin Heidelberg.

Greene, J. A., Costa, L-J., Robertson, J., Pan, L., & Deekens, V. M. (2010). Exploring relations among college students' prior knowledge, implicit theories of intelligence, and self-regulated learning in a hypermedia environment. *Computers & Education*, *55*(3), 1027 - 1043.

Greene, J. A., Moos, D. C., & Azevedo, R. (2011). Self-regulation of learning with computer-based learning environments. *New Directions for Teaching and Learning*, *126*, 107 - 115.

Greene, J. A., Robertson, J., & Costa, L. C. (2011). Assessing self-regulated learning using think-aloud methods. *Handbook of self-regulation of learning and performance*, 313 - 328.

Gullberg, M. (2003). Eye movements and gestures in human face-to-face interaction. *The mind's eyes: Cognitive and applied aspects of eye movements*, 685 - 703.

Haake, M., & Gulz, A. (2009). A look at the roles of look & roles in embodied pedagogical agents-a user preference perspective. *International Journal of Artificial Intelligence in Education*, *19*(1), 39 - 71.

Hadwin, A. F., Nesbit, J. C., Jamieson-Noel, D., Code, J., & Winne, P. H. (2007). Examining trace data to explore self-regulated learning. *Metacognition and Learning*, *2*, 107 - 124.

Hadwin, A. F., Oshige, M., Gress, C. L. Z., & Winne, P. H. (2010). Innovative ways for using g study to orchestrate and research social aspects of self-regulated learning. *Computers in Human Behavior*, *26*, 794 - 805.

Hattie, J., & Timperley, H. (2007). The power of feedback. *Review of Educational Research*, 77(1), 81 - 112.

Heidig, S., & Clarebout, G. (2011). Do pedagogical agents make a difference to student motivation and learning?

Educational Research Review, *6*(1),27 - 54.

Hillman, D.C., Willis, D.J., & Gunawardena, C.N. (1994). Learner-interface interaction in distance education: An extension of contemporary models and strategies for practitioners. *American Journal of Distance Education*, *8*(2),30 - 42.

Hillstrom, A.P., & Chai, Y.-C. (2006). Factors that guide or disrupt attentive visual processing. *Computers in human behavior*, *22*(4),648 - 656.

Hofer, B.K., & Pintrich, P.R. (1997). The development of epistemological theories: Beliefs about knowledge and knowing and their relation to learning. *Review of educational research*, *67*(1),88 - 140.

Holmes, B., & Gardner, J. (2006). *E-learning: concepts and practice*. London SAGE.

Hyönä, J. (2010). The use of eye movements in the study of multimedia learning. *Learning and Instruction*, *20*(2), 172 - 176.

Itti, L., & Koch, C. (2000). A saliency-based search mechanism for overt and covert shifts of visual attention. *Vision Research*, *40*(10),1489 - 1506.

Jamet, E., Gavota, M., & Quaireau, C. (2008). Attention guiding in multimedia learning. *Learning and instruction*, *18*(2),135 - 145.

Jochems, W., Merriënboer, V.J., & Koper, R. (2004). An introduction to integrated e-learning. *Wim Jochems, Jeroen Van Merrienboer*. RoutledgeFalmer.

Kalyuga, S. (2007a). Enhancing Instructional Efficiency of Interactive E-learning Environments: A Cognitive Load Perspective. *Educational Psychology Review*, *19*(3),387 - 399.

Kalyuga, S. (2007b). Expertise reversal effect and its implications for learner-tailored instruction. *Educational Psychology Review*, *19*(4),509 - 539.

Kalyuga, S. (2008). When less is more in cognitive diagnosis: A rapid online method for diagnosing learner task-specific expertise. *Journal of Educational Psychology*, *100*(3),603 - 612.

Kalyuga, S. (2010). Narration or visual text: When does modality effect apply?. *World Conference on E-Learning in Corporate, Government, Healthcare, and Higher Education* (Vol. 2010, pp. 1052 - 1058).

Kalyuga, S., Ayres, P., Chandler, P., & Sweller, J. (2003). The expertise reversal effect. *Educational psychologist*, *38*(1),23 - 31.

Kalyuga, S., Chandler, P., & Sweller, J. (1998). Levels of expertise and instructional design. *Human Factors: The Journal of the Human Factors and Ergonomics Society*, *40*(1),1 - 17.

Kalyuga, S., Chandler, P., & Sweller, J. (1999). Managing split-attention and redundancy in multimedia instruction. *Applied Cognitive Psychology*, *13*(4),351 - 371.

Kalyuga, S., Law, Y.K., & Lee, C.H. (2013). Expertise reversal effect in reading Chinese texts with added causal words. *Instructional Science*, *41*(3),481 - 497.

Kalyuga, S., Rikers, R., & Paas, F. (2012). Educational implications of expertise reversal effects in learning and performance of complex cognitive and sensorimotor skills. *Educational Psychology Review*, *24*(2),313 - 337.

Khacharem, A., Spanjers, I.A., Zoudji, B., Kalyuga, S., & Ripoll, H. (2013). Using segmentation to support the learning from animated soccer scenes: An effect of prior knowledge. *Psychology of Sport and Exercise*, 14(2),154 - 160.

Khalil, H., & Ebner, M. (2014). MOOCs completion rates and possible methods to improve retention-A literature review. In *World Conference on Educational Multimedia, Hypermedia and Telecommunications* (*No. 1, pp. 1305 - 1313*).

Kim, Y., & Wei, Q. (2011). The impact of learner attributes and learner choice in an agent-based environment. *Computers & Education*, *56*(2),505 - 514.

Kim, Y., Baylor, A.L., & Shen, E. (2007). Pedagogical agents as learning companions: The impact of agent emotion and gender. *Journal of Computer Assisted Learning*, *23*(3),220 - 234.

Kriz, S., & Hegarty, M. (2007). Top-down and bottom-up influences on learning from animations. *International Journal of Human-Computer Studies*, *65*(11),911 - 930.

Lee, H. W., Lim, K. Y., & Grabowski, B. L. (2010). Improving self-regulation, learning strategy use, and achievement with metacognitive feedback. *Educational Technology Research & Development*, *58*(6),629 - 648.

Leppink, J., Broers, N.J., Imbos, T., Van der Vleuten, C.P.M., & Berger, M.P.F. (2012). Self-explanation in the domain of statistics: an expertise reversal effect. *Higher Education: The International Journal of Higher Education and Educational Planning*, *63*(6),771 - 785.

Lin, L., & Atkinson, R.K. (2011). Using animations and visual cueing to support learning of scientific concepts and processes. *Computers & Education*, *56*(3),650 - 658.

Louwerse, M. M., Graesser, A. C., McNamara, D. S., & Lu, S. (2009). Embodied conversational agents as conversational partners. *Applied Cognitive Psychology*, *23*(9),1244 - 1255.

Lusk, M.M., & Atkinson, R.K. (2007). Animated pedagogical agents: Does their degree of embodiment impact learning from static or animated worked examples? *Applied Cognitive Psychology*, *21*(6),747 - 764.

Magner, U.I.E., Schwonke, R., Aleven, V., Popescu, O., & Renkl, A. (2014). Triggering situational interest by decorative illustrations both fosters and hinders learning in computer-based learning environments. *Learning &*

Instruction, *29*(4), 141 - 152.

Mammarella, N., Fairfield, B., & Di Domenico, A. (2013). When spatial and temporal contiguities help the integration in working memory: "A multimedia learning" approach. *Learning and Individual Differences*, *24*, 139 - 144.

Marja-Liisa Malmivuor. (2006). Affect and self-regulation. *Educational Studies in Mathematics*, *63*, 149 - 164.

Mautone, P. D., & Mayer, R. E. (2001). Signaling as a cognitive guide in multimedia learning. *Journal of Educational Psychology*, *93*(2), 377.

Mayer, R. E. (1999). *The promise of educational psychology: Learning in the content areas*. Merrill.

Mayer, R. E. (2002). Multimedia learning. *Psychology of Learning and Motivation*, *41*, 85 - 139.

Mayer, R. E. (2005). Cognitive theory of multimedia learning. *The Cambridge handbook of multimedia learning*, 31 - 48.

Mayer, R. E. (2010). Unique contributions of eye-tracking research to the study of learning with graphics. *Learning and Instruction*, *20*(2), 167 - 171.

Mayer, R. E. (2014). Incorporating motivation into multimedia learning. *Learning and Instruction*, *29*, 171 - 173.

Mayer, R. E., & DaPra, C. S. (2012). An embodiment effect in computer-based learning with animated pedagogical agents. *Journal of Experimental Psychology: Applied*, *18*(3), 239.

Mayer, R. E., & Estrella, G. (2014). Benefits of emotional design in multimedia instruction. *Learning and Instruction*, *33*, 12 - 18.

Mayer, R. E., & Moreno, R. (2003). Nine ways to reduce cognitive load in multimedia learning. *Educational Psychologist*, *38*(1), 43 - 52.

Moos, D. C., & Azevedo, R. (2008a). Monitoring, planning, and self-efficacy during learning with hypermedia: The impact of conceptual scaffolds. *Computers in Human Behavior*, *24*, 1686 - 1706.

Moos, D. C., & Azevedo, R. (2008b). Self-regulated learning with hypermedia: The role of prior domain knowledge. *Contemporary Educational Psychology*, *33*, 270 - 298.

Moos, D. C., & Azevedo, R. (2009). Self-effi cacy and prior domain knowledge: To what extent does monitoring mediate their relationship with hypermedia? *Metacognition and Learning*, *4*(3), 197 - 216.

Moreno, R. (2005). Multimedia learning with animated pedagogical agents.

Moreno, R. (2006). Does the modality principle hold for different media? A test of the method-affects-learning hypothesis. *Journal of Computer Assisted Learning*, *22*(3), 149 - 158.

Moreno, R. (2007). Optimising learning from animations by minimising cognitive load: Cognitive and affective consequences of signalling and segmentation methods. *Applied cognitive psychology*, *21*(6), 765 - 781.

Moreno, R., & Flowerday, T. (2006). Students' choice of animated pedagogical agents in science learning: A test of the similarity-attraction hypothesis on gender and ethnicity. *Contemporary Educational Psychology*, *31*(2), 186 - 207.

Moreno, R., & Mayer, R. (2007). Interactive multimodal learning environments. *Educational Psychology Review*, *19*(3), 309 - 326.

Moreno, R., Mayer, R. E., Spires, H. A., & Lester, J. C. (2001). The case for social agency in computer-based teaching: Do students learn more deeply when they interact with animated pedagogical agents? *Cognition and Instruction*, *19*(2), 177 - 213.

Moundridou, M., & Virvou, M. (2002). Evaluating the persona effect of an interface agent in a tutoring system. *Journal of computer assisted learning*, *18*(3), 253 - 261.

Muirhead, B., & Juwah, C. (2004). Interactivity in computer-mediated college and university education: A recent review of the literature. *Educational Technology & Society*, 7(1), 12 - 20.

Münzer, S., Seufert, T., & Brünken, R. (2009). Learning from multimedia presentations: Facilitation function of animations and spatial abilities. *Learning and Individual Differences*, *19*(4), 481 - 485.

Narciss, S. (2013). Designing and evaluating tutoring feedback strategies for digital learning environments on the basis of the interactive tutoring feedback model. *Digital Education Review* (23), 7 - 26.

Narciss, S., & Huth, K. (2006). Fostering achievement and motivation with bug-related tutoring feedback in a computer-based training for written subtraction. *Learning and Instruction*, *16*(4), 310 - 322.

Nievelstein, F., Van Gog, T., Van Dijck, G., & Boshuizen, H. P. A. (2013). The worked example and expertise reversal effect in less structured tasks: learning to reason about legal cases. *Contemporary Educational Psychology*, *38*(2), 118 - 125.

Ocepek, U., Bosnić, Z., Nancčovska Šerbec, I., & Rugelj, J. (2013). Exploring the relation between learning style models and preferred multimedia types. *Computers & Education*, *69*, 343 - 355.

Orvis, K. A., Horn, D. B., & Belanich, J. (2008). The roles of task difficulty and prior videogame experience on performance and motivation in instructional videogames. *Computers in Human Behavior*, *24*(5), 2415 - 2433.

Ozcelik, E., Arslan-Ari, I., & Cagiltay, K. (2010). Why does signaling enhance multimedia learning? Evidence from eye movements. *Computers in Human Behavior*, *26*(1), 110 - 117.

Ozcelik, E., Karakus, T., Kursun, E., & Cagiltay, K. (2009). An eye-tracking study of how color coding affects multimedia learning. *Computers & Education*, *53*(2), 445 - 453.

Paas, F., Renkl, A., & Sweller, J. (2003). Cognitive load theory and instructional design: Recent developments.

Educational Psychologist, *38*(1),1-4.

Paas, F., Tuovinen, J.E., Van Merrienboer, J.J., & Darabi, A.A. (2005). A motivational perspective on the relation between mental effort and performance: Optimizing learner involvement in instruction. *Educational Technology Research and Development*, *53*(3),25-34.

Paas, F.G. (1992). Training strategies for attaining transfer of problem-solving skill in statistics: A cognitive-load approach. *Journal of Educational Psychology*, *84*(4),429.

Paivio, A. (1990). *Mental representations: A dual coding approach*. Oxford University Press.

Pekrun, R. (2006). The control-value theory of achievement emotions: Assumptions, corollaries, and implications for educational research and practice. *Educational Psychology Review*, *18*(4),315-341.

Pekrun, R., Gortz, T., Titz, W., & Raymond, P.P. (2002). Academic emotions in students' self-regulated learning and achievement: A program of qualitative and quantitative research. *Educational Psychologist*, *37*(2),91-105.

Pieschl, S., Bromme, R., Porsch, T., & Stahl, E. (2008). Epistemological sensitisation causes deeper elaboration during self-regulated learning. In *Proceedings of the 8th international conference on International conference for the learning sciences-Volume 2*(pp.213-220). International Society of the Learning Sciences.

Pieschl, S., Stahl, E., & Bromme, R. (2008). Epistemological beliefs and self-regulated learning with hypertext. *Metacognition and Learning*, *3*(1),17-37.

Pintrich, P. (2004). A conceptual framework for assessing motivation and self-regulated learning in college students. *Educational Psychology Review*, *16*(4),385-407.

Pintrich, P.R. (2000). *The role of goal orientation in self-regulated learning*. Academic Press.

Pintrich, P.R., Smith, D.A.F., Garcia, T., & McKeachie, W.J. (1993). Reliability and predictive validity of the motivated strategies for learning questionnaire (MSLQ). *Educational and Psychological Measurement*, *53*,801-813.

Plass, J.L., Heidig, S., Hayward, E.O., Homer, B.D., & Um, E. (2014). Emotional design in multimedia learning: Effects of shape and color on affect and learning. *Learning and Instruction*, *29*,128-140.

Reisslein, J., Atkinson, R.K., Seeling, P., & Reisslein, M. (2006). Encountering the expertise reversal effect with a computer-based environment on electrical circuit analysis. *Learning and Instruction*, *16*(2),92-103.

Rey, G.D., & Buchwald, F. (2011). The expertise reversal effect: Cognitive load and motivational explanations. *Journal of Experimental Psychology: Applied*, *17*(1),33-48.

Rheinberg, F., Vollmeyer, R., & Burns, B.D. (2001). QCM: A questionnaire to assess current motivation in learning situations. *Diagnostica*, *47*(2),57-66.

Roelle, J., Berthold, K., & Fries, S. (2013). Effects of feedback on learning strategies in learning journals: Learner-expertise matters. *Evolving Psychological and Educational Perspectives on Cyber Behavior*, 116-131.

Rummer, R., Schweppe, J., Fürstenberg, A., Scheiter, K., & Zindler, A. (2011). The perceptual basis of the modality effect in multimedia learning. *Journal of Experimental Psychology: Applied*, *17*(2),159.

Salden, R.J.C.M., Aleven, V., Schwonke, R., & Renkl, A. (2010). The Expertise Reversal Effect and Worked Examples in Tutored Problem Solving. *Instructional Science: An International Journal of the Learning Sciences*, *38*(3),289-307.

Schnotz, W. (2009). Reanalyzing the expertise reversal effect. *Instructional Science*, *38*(3),315-323.

Schnotz, W., Fries, S., & Horz, H. (2009). Motivational aspects of cognitive load theory. *Contemporary motivation research: From global to local perspectives*, 69-96.

Schommer, M. (1990). Effects of belief about the nature of knowledge on comprehension. *Journal of Educational Psychology*, *82*(3),498-504.

Schraw, G. (2010). Measuring self-regulation in computer-based learning environments. *Educational Psychologist*, *45*, 258-266.

Seufert, T., Schütze, M., & Brünken, R. (2009). Memory characteristics and modality in multimedia learning: An aptitude-treatment-interaction study. *Learning and Instruction*, *19*(1),28-42.

Shute, V.J. (2008). Focus on formative feedback. *Review of Educational Research*, *78*(1),153-189.

Spanjers, I.A.E., Wouters, P., Van Gog, T., & Van Merriënboer, J.J.G. (2011). An expertise reversal effect of segmentation in learning from animated worked-out examples. *Computers in Human Behavior*, *27*(1),46-52.

Stahl, E., Pieschl, S., & Bromme, R. (2006). Task complexity, epistemological beliefs and metacognitive calibration: an exploratory study. *Journal of Educational Computing Research*, *35*(4),319-338.

Sternberg, R.J. (1996). Matching abilities, instruction, and assessment: Reawakening the sleeping giant of ATI. *Human abilities: Their nature and measurement*, 167-181.

Stiller, K.D., & Jedlicka, R. (2010). A kind of expertise reversal effect: Personalisation effect can depend on domain-specific prior knowledge. *Australasian Journal of Educational Technology*, *26*(1),133-149.

Sweller, J. (1988). Cognitive load during problem solving: Effects on learning. *Cognitive science*, *12*(2),257-285.

Tabbers, H.K., Martens, R.L., & Merriënboer, J.J. (2004). Multimedia instructions and cognitive load theory: Effects of modality and cueing. *British Journal of Educational Psychology*, *74*(1),71-81.

Torkzadeh, G., & Van Dyke, T.P. (2001). Development and validation of an Internet self-efficacy scale. *Behaviour & Information Technology*, *20*(4),275-280.

Treisman, A.M., & Gelade, G. (1980). A feature-integration theory of attention. *Cognitive psychology*, *12*(1),97-

136.
Tsai, M.J., & Tsai, C.C. (2003). Information searching strategies in web-based science learning: The role of Internet self-efficacy. *Innovations in Education and Teaching International*, *40*(1), 43 - 50.
U.S. Department of Education. (2000). The national educational technology plan. e-Learning: Putting a world-class education at the fingertips of all children.
Um, E., Plass, J.L., Hayward, E.O., & Homer, B.D. (2012). Emotional design in multimedia learning. *Journal of Educational Psychology*, *104*(2), 485.
Van Gog, T., & Scheiter, K. (2010). Eye tracking as a tool to study and enhance multimedia learning. *Learning and Instruction*, *20*(2), 95 - 99.
Vygotsky, L. (1987). Zone of proximal development. *Mind in society: The development of higher psychological processes*, 52 - 91.
Wang, S.L., & Wu. P.Y. (2008). The role of feedback and self-efficacy on web-based learning: The social cognitive perspective. *Computers & Education*, *51*(4), 1589 - 1598.
Weinstein, C.E., Schulte, A.C., & Hoy, A.W. (1987). *LASSI: Learning and study strategies inventory*. H & H Publishing Company.
Winne, P.H. (2010). Improving measurements of self-regulated learning. *Educational Psychologist*, *45*, 267 - 276.
Winne, P.H., & Perry, N.E. (2000). *Measuring self-regulated learning*. In M. Boekaerts, P. Pintrich, & M. Zeidner (Eds.). Handbook of Self-Regulation (pp.532 - 566). Orlando: Academic Press.
Wittrock, M.C. (1992). Generative learning processes of the brain. *Educational Psychologist*, *27*(4), 531 - 541.
Wouters, P., Paas, F., & Van Merriënboer, J.J. (2008). How to optimize learning from animated models: A review of guidelines based on cognitive load. *Review of Educational Research*, *78*(3), 645 - 675.
Yılmaz, R., & Kılıç-Çakmak, E. (2012). Educational interface agents as social models to influence learner achievement, attitude and retention of learning. *Computers & Education*, *59*(2), 828 - 838.
Zimmerman, B.J. (1989). A social cognitive view of self-regulated academic learning. *Journal of Educational Psychology*, *81*, 329 - 339.
Zimmerman, B.J. (1990). Self-regulated learning and academic achievement. *Educational Psychologist*, *25*(1), 3 - 17.
Zimmerman, B.J. (2008). Investigating self-regulation and motivation: Historical background, methodological developments, and future prospects. American *Educational Research Journal*, *45*, 166 - 183.
Zimmerman, B.J., & Schunk, D.H. (2011). Self-regulated learning and performance: *Handbook of self-regulation of learning and performance* (pp.1 - 12). New York: Taylor & Francis Group.
Zimmerman, B.J., & Martinez-Pons, M. (1988). Construct validation of a strategy model of student self-regulated learning. *Journal of Educational Psvchology*, *80*(3), 284 - 290.
Zimmerman, B.J., & Tsikalas, K. (2005). Can computer-based learning environments (CBLEs) be used as self-regulatory tools to enhance learning? *Educational Psychologist*, *40*(4), 267 - 271.

6 网络中的社会交往

在日常生活中，不会上网和不上网的青少年已经很少了。就算没有电脑，也可以发现他们手中拿着智能手机或平板电脑，只需要轻轻按几个键就可以知晓国内外新闻，可以在社交网站交朋友，可以刷微博……以至于很多人把这些年轻的一代称为"数字土著"(digital natives)。Palfrey 和 Gasser(2013)在 *Born Digital: Understanding the First Generation of Digital Natives* 一书中详细阐述了什么是数字土著以及相关的认同、安全、学习等问题。事实上，自从互联网诞生以来，互联网与青少年的关系就引起了心理学研究者的广泛关注。特别是 2000 年以来，网络心理与行为已成为心理学中一个非常重要的研究领域，目前已经有不少探讨网络对个体影响的专著出版，这些书从不同角度对网络信任、网络学习、网络交往、网络游戏、网络人格、网络干预与心理健康等与个体发展密切相关的问题进行了探讨。

互联网作为信息化时代的重要技术基础和标志物，近年来在全球迅速发展和普及，网络已成为人们生活中不可或缺的一部分。中国互联网络信息中心(CNNIC)于 2016 年 8 月发布的数据显示，截至 2016 年 6 月，我国网民规模达 7.10 亿，其中青少年网民群体(10—29 岁)占全体网民数量的 50.5%，是中国总体网民规模的重要组成部分。在互联网背景下，青少年群体在网络上从事的活动主要有网络交往、信息获取、网络娱乐和商务交易四类，其中网络交往属于普及率最高的网络行为之一(Tsitsika等，2014；Vignovic & Thompson, 2010)，这也是本章重点关注的内容。

网络交往是基于网络媒介进行的间接交往活动，它具有匿名性、互动性、去抑制性、开放性、自主性、平等性等特点。具体的网络交往形式有即时通信、博客、社交网站、论坛、电子邮件等。

网络信任和网络安全感是网络交往的心理基础。网络的匿名性、去个性化导致了个体网络行为的不可预期性，使得信任成为网络交往成功的重要保证。而随着互联网的迅速发展，网络环境的安全性逐渐引起人们的关注，国内的研究者也尝试将心理安全感的概念纳入对网络行为的解释中，他们认为，网络安全感是指个体对网络中可能出现的危险或风险的预感，以及在应对网络风险时的有力或无力感，主要表现为不确定感和不可控制感(吕玲，周宗奎，平凡，2010)。

随着互联网的普及，在网络关系的建立过程中出现了一个令人关注的现象——网络亲密关系。人们不仅将使用互联网视作与家人、朋友联系的方式，也将其当作是形成新的、有意义的亲密关系的方式。网络作为一种新的社会组织，可以把从未见过面的人联系起来，且很容易将交往转变成约会过程(Lawson & Leck, 2006)。对于这一种新的社会现象，如何引导网络亲密关系向健康、积极的方向发展，尽可能避免其自身固有的劣势带来的负面影响，提出相应的措施进行引导和干预，将是更具有挑战性但又非常有现实意义的课题。

6.1 网络交往概述

6.1.1 网络交往形式

随着互联网技术的发展，人们利用网络能够从事的活动越来越丰富，越来越多样，网络交往的空间也越来越广。支持网络交往的技术平台呈现出多元化的特点，已有的网络交往形式包括即时通讯、电子邮件、电子公告牌、博客、社交网站、微博和网络游戏等。虽然平台众多，但网络使用者们最常用的几种交往方式主要集中于即时通讯、电子公告牌、社交网站和微博，这也是相关研究者最为关注的几种网络交往方式。

即时通讯

即时通讯是指通过互联网即时地发送和接收信息。最初的即时通讯功能只能进行文字传输，随着计算机网络和多媒体技术的发展，现在的高端即时通讯软件已经实现了文本、声音和视频同步传输的多媒体功能。即时通讯的功能也日渐丰富，现在的多数即时通讯软件不再是一个单纯的聊天工具，而是已经发展成了集交流、娱乐、电子商务、办公协作和客户服务等为一体的综合化信息平台。自1998年面世以来，即时通讯的使用普及率逐年攀升，以中国为例，根据中国互联网络信息中心（CNNIC，2016）的调查，截止到2016年我国即时通讯使用率上升到90.4%，即时通讯成为了最常用的网络交往方式（如微信、陌陌）。随着移动技术的发展，即时通讯已经实现了移动化，网络通讯使用者已经可以通过自己的移动设备，如手机、平板电脑等实现随时随地的即时通讯。

电子公告牌

电子公告牌（bulletin board system，简称BBS），是指网络上设立的电子论坛（网络论坛），论坛一般以匿名的方式向公众提供访问的权利，从而使公众能够以电子信息的方式发布自己的观点。网络论坛按不同的主题被划分成不同的公布栏，栏目设立的依据是大多数BBS使用者的要求和喜好。在网络论坛上，不同的网络使用者可以不受时间和空间的限制进行随意的交流，一方面可以实时地了解其他人的思想言论，另一方面也可以实时地将自己的观点想法发布到网络上，实现与他人的实时交流。电子公告牌的一个显著特点是，一个人可以同时了解到很多人的观点想法，一个人的想法也可以同时被很多人知道。但是由于网络的匿名性，每个网络使用者在发布自己的思想观点时都可以以一个陌生人的身份出现。

社交网站

社交网站（social networking site，简称SNS）是帮助网络使用者在网络环境下建立起社会性网络的互联网应用服务。CNNIC（2016）的调查报告显示，截至2016年6月，社交网站中渗透率最大的微信朋友圈在网民中的渗透率已达到78.7%。

社交网站的主要功能是交友和分享信息，它提供了一个公共平台，每个用户在这个平台都拥有自己的“个人主页”以自由地进行自我展示，同时，用户还能够浏览他人的网页与之进行网络交际（Boyd & Ellison, 2010）。社交网络的其他公共空间的功能（比如游戏、投票、论坛、分享、交易等）也方便了用户与亲朋好友的自由沟通与互动。社交网站的用户关系可以由现实延伸也可以在网络平台上逐渐培养，用户可以通过多种方式与他人构建关系，进行互动。社交网站的发展验证了“六度分隔理论”，即“你可以通过不超出六位中间人间接与世上任意一位先生/女士相识”。基于“朋友的朋友是朋友”的原则，个体的交往圈会不断地扩大和重叠并最终形成更大的交往网络。个体在网络上的人际关系一般有两个来源，一个是现实关系向网络的延伸，即交往双方在现实中已是熟识的人，他们的网络关系是在他们现实关系的基础上无需培养而建立起来的一种关系。另一个是在网络平台上逐渐培养起来的关系，即双方在网络环境下认识、培养感情并建立关系，在这种情况下建立起来的网络关系往往是比较脆弱的。目前国内外最受青少年欢迎的社交网站主要有Facebook和QQ空间等。

社交网站使用已逐渐成为青少年网络交往的主要形式，其面向多用户的特征与传统即时通讯一对一的交往模式存在显著差异，由此引发的个体心理效应差异值得进一步探讨。社交网站为网络使用者提供了自我展示、网络交往的平台，为不同特征的网络使用者的网络交际活动创造了越来越便利、越来越高效的网络环境。

微博

微博(MicroBlog)即微型博客的简称，是一种基于用户关系进行小规模信息交流的平台。中国互联网络信息中心(CNNIC, 2016)的调查显示，截至 2016 年 6 月，微博在我国网民中的渗透率为 34.0%。微博用户不仅可以用 140 字左右的简洁信息与他人沟通，同时也可以进行短时间的语音聊天。同时微博与即时聊天工具(QQ)绑定，可以接收邮箱信息、离线信息等，让用户可以随时随地处于一个动态的关系网络中。微博因其强大的互动功能和简洁的表达形式而备受青年学生的追捧。

社交网站、微博、即时通讯这三类应用既有社交类应用的基本属性，又有其各自的特点，社交网站、即时通讯偏于沟通、交流，微博则更偏向于信息传播，人们习惯从中获取新闻资讯，三类应用互为补充。

6.1.2 网络交往特性

网络对整个社会的生产与生活方式产生了影响。从人际交往关系来说，网络赋予了人的社会交往及其关系、结构以新的内涵，并从时间和空间上根本改变了传统的社会交往和人际沟通方式，形成了许多独特的观念和准则。网络为人际交往提供了特殊空间，这使得网络人际交往有了不同于现实社会交往的新特点。

互动性与交互性

网络和传统传媒方式在交流上的最大区别就在于网络独一无二的互动性(interactivity)。网络不仅仅是单向的传播，同时还具有丰富的互动性。这种互动性具有形态(modality)、来源(source)和信息(message)三大方面的特征(Vasalou & Joinson, 2009)。用户在网络交往中的角色并不仅仅是被动的信息接受者，而更主要是积极的信息参与者。传统大众传媒不能让用户随意地选择信息的来源，而网络则可以让用户自主选择他们所关注的信息资源。也有人指出传统大众传媒和网络的关键区别在于后者能让网络使用者在网络交往中同时呈现大量不同形态(文字、图片、音频、视频等)的信息，并自由地切换各种形态(Sundar & Nass, 2000)。

交互性同时也是一种概念化的媒介特征，从简单的文字到复杂的图片、动画、音频和视频，它可以让用户感受到网站的多元化形态。网络的交互性不仅让用户能够自由选择信息来源(包括作为信息门户的权利)，还能够自由操作信息水平，例如通过各种各样被嵌进网站内容中的超链接，网络使用者可以不断地扩展和加深信息浏览水平,同时,使用者还可以自由决定阅读哪些文本、忽略哪些文本。另外,使用者通过互动可以建构一种新的自我意识和自我控制(Riva & Galimberti, 1997)。

自主性与随意性

网络中的每一个成员都可以最大限度地参与信息的制造和传播,这就使网络成员几乎没有外在约束,而具有更多的自主性。同时,网络是基于资源共享、互惠互利的目的建立起来的,故而网民有决定权,但由于缺乏必要的约束机制,所以网络交往也具有极大的随意性。陈秋珠(2006)认为,根据线索过滤原则和社会呈现理论,随着线索的缺乏以及社会呈现的降低,依靠网络交往建立亲密的、真诚的人际关系是不可能的。网络交往具有"一次博弈"的特征,即网络交往常常不会给网络使用者充足的时间去进行交往活动。李国华和仇小敏(2004)的研究显示,通过网络交往建立的人际关系具有高效率和低稳定性的特征。卜荣华(2010)进一步提出,网络交往的特征概括起来主要有两种:去抑制性和弱连接性。网络的去抑制性即指人在网络环境中会表现出不同于现实交流时的行为,比如会更放松、约束感更低和自我表达更开放等。弱连接性则主要是指交往对象之间由于直接的接触很少,因而形成的情感连接肤浅易断,交往双方共同关注的内容范围也比较狭窄。

间接性与广泛性

网络在改变人际交往方式方面较突出的一点就是,它使人与人面对面、互动式的交流变成了人与机器之间的交流,带有明显的间接性。哈佛大学心理学家 Stanley Milgram 在 20 世纪 60 年代提出了著名的六度分割理论,认为处于社会中的个体要想与他人建立联系平均只需要六步(王小凡,李翔,陈关荣,2005)。而社交网站(SNS)的核心价值就是基于"六度分割理论"构建的一种人际沟通网。社交网站建立一张可以容纳全世界用户的巨型网络,网络中某一个人发出的消息可以以最快的方式传播到网络中的其他用户并逐渐扩大影响范围,这就是网络交往间接性的体现(余学军,2008),而这种间接性也使网络交流具有了广泛性。

非现实性与匿名性

不少学者认为网络交往同时具有传统人际交往的部分特点和独特的无法被传统交往形式所替代的种种优势。网络社会的人际交往和人际关系的定义,已经突破了传统人际交往和人际关系的内涵,在保留传统人际交往的一些形式的基础上,发展其自身的内在本质,具有直接性和匿名性、开放性和共享性、多元性等特点(黄胜进,2006)。在网上人们可以"匿名进入",网民之间一般不发生面对面的直接接触,这就使得网络人际交往比较容易突破如年龄、性别等在内的传统因素的制约。陈志霞(2000)也指出,网络交往既保留了传统人际交往的一些特质,也发展了它本身的一些新的特质如便利性、时效性、经济性、保密性、虚幻性、新异性、创造性和审美性等。田佳和张磊(2009)认为,网络人际关系的主要特征包括多维性、全球性、虚拟性、不确定性和非中心化。

开放性与平等性

网络突破了地理空间的限制,而网络交往则极大地拓展了人际交往的渠道和范围。网络将不同种族、国籍、文化背景、价值观念和生活方式的人连接在一起,形成了一个开放式的空间。在网络空间中,每个人都可以自由地选择交往的对象,并与之交流任何感兴趣的话题,或者获取任何感兴趣的信息。可以说网络为人际交往提供了极大的开放性。

网络没有中心,没有直接的领导和管理结构,没有等级和特权,每个网民都有可能成为中心,因此,人与人之间的联系和交往趋于平等,个体的平等意识和权利意识也进一步加强。由于网络匿名性的特点,网络沟通中的伦理规范比现实沟通中的要弱,个体在网络中进行沟通可以打破现实沟通中因伦理、道德等因素造成的障碍,双方建立平等、真实的沟通关系(Ben-Ze'ev, 2003)。例如,苏炫(2008)认为师生在网络上进行沟通可以消除师生间的不平等地位,有利于建立平等良好的师生关系。

失范性

网络世界的发展,开拓了人际交往的新领域,也形成了相应的规范。除了一些技术性规则(如文件传输协议、互联协议等),网络行为同其他社会行为一样,也需要受相应的道德规范和原则的制约,因此出现了一些基本的“乡规民约”。但从现有情况看,大多数网络规则仅仅限于伦理道德,而用于约束网络人际交往具体行为的规范尚不健全,且缺乏可操作性和有效的控制手段。另外,网络的全球性和发达的信息传递手段,使人与人之间的交往没有了空间障碍,同时也使现实社会中人与人之间的情感更加疏远。网络虚拟化的人际交往方式,使得许多网民往往抱着游戏的心态参与网上交往,致使网上的信任危机甚于现实社会。杨欣(2010)认为,现实社会的交往和网络交往建立在不同的互动基础上,现实社会交往建立在人们面对面交往的基础上,具有直观性、互动性、现实性和制约性的特点;而网络交往则是一种虚拟的交往形式,它缺乏现实交往中的伦理制约。同时,网络人际交往还具有多重、分散、流动、交往规则多元、价值规范不确定以及重感性满足而轻道德约束等特征。

社会支持性

互联网中的交往同样也具有社会支持性,个体参加社会支持的在线交流是因为他们在寻找与他们自身相关的信息、权利、鼓励、情感支持以及同情(Hamilton, 1998; Mickelson, 1997; Scheerhorn, Warisse, & McNeilis, 1995; Sharf, 1997)。网络和网络讨论组的出现为病患者寻求患有相同病症或有相同治疗经历的人的支持提供了便利。例如病患可以分享个人的故事、医疗信息以及从有相同经历的其他病人那里获得支持。研究人员发现计算机媒介沟通(CMC)讨论小组可以为病患提供新的获得社会支持的途径(Braithwaite, Waldron, & Finn, 1999; Brennan, Moore, & Smyth, 1992; Lamberg, 1997; Lieberman, 1992; Mickelson, 1997; Scheerhorn 等, 1995)。

在线交流可以提供"弱连接"。有研究者认为弱连接关系存在于动态的亲密的家庭关系和压力之外,其本质属性是前后相关的(Adelman, 1988)。一个人去到一个特定的地方,就会接受到一些弱连接的支持。这种支持也许是教堂里向神父忏悔或者是在线交流中与有相同病症的患者的相互倾诉。事实上,有些研究人员认为由弱连接所提供的支持是匿名的、客观的,不会在亲密的人际关系中出现,因此是社会支持的另一种重要来源(Adelman, 1988; Walther & Boyd, 2002; Wellman & Gulia, 1999)。

6.2 网络交往的心理基础

6.2.1 网络信任

20 世纪初,德国社会学家齐美尔指出信任是社会中最重要的综合力量之一,由此开启了关于信任问题的研究。但直到 20 世纪 70 年代,信任研究才得到重视。德国社会学家卢曼在《信任与权力》一书中指出:信任是简化复杂性的机制之一。在传统交往中,人际信任主要是以血缘、亲缘、地缘等情感性关系为基础建立起来的,信任度随着亲密关系的降低而呈下降趋势。它反映了人际间的某种心理契约,能降低合作的成本,是合作关系的起点、前提和基础(Ferrin, Bligh, & Kohles, 2007)。人际信任在我国有着深厚的历史文化基础,儒家经典中对"信"的大量论述可谓典范(蔡迎春,张向葵,2006;杨中芳,彭泗清,1999)。中国传统文化虽经数千年的洗涤,但改革开放以来,西方文化的一拥而入,使得传统的价值观念发生了改变,在这样的背景下,人际信任也经历着前所未有的冲击(蔡迎春,张向葵,2006)。

随着科学技术的发展,特别是近 30 年来,互联网在全球异军突起,形塑了全新的虚拟交织的时空结构,将信息革命从生产领域全面延伸到生活领域。截至 2016 年 6 月底,中国网民数量达 7.10 亿,互联网普及率为 51.7%,在各种网络应用中,交往性的网络应用(即时通讯、社交网站、微博等)所占比例最大。这表明,人际互动已经成为个体互联网使用的主要目的之一。网络使传统的人际交往方式发生了改变,网络成为了在陌生人之间建立联系的媒介(黄厚铭,2000)。匿名性给网民间的交流带来了自由空间,同时也造成了交往过程中的身份识别困难,导致交往对象的不确定性,以及惩罚的可逃避性,使网络交往存在明显的风险。中国互联网信息中心(CNNIC)

发布的《2013 年中国网民信息安全状况研究报告》表明，仅在 2013 年上半年就有 74.1%的网民遭遇过安全事件，其中，11.5%的人在即时通讯中遭遇过诈骗、账号被盗等安全事件。这些安全事件给人们带来了大量的直接损失，同时也降低了网民间的人际信任水平，造成了网络信任危机。正如福山(1998)所说，"当信息时代的信徒热烈庆祝官僚与权威解体之际，他们忽略了一项关键因素：信任，以及信任感背后的基础——群体共有的伦理规范"。

针对上述现象，网络中的人际信任问题逐渐受到网络工作者和研究者的广泛关注(Bagheri, Zafarani, & Barouni-Ebrahimi, 2009; Kim & Song, 2011)。

网络人际信任的界定

鲁兴虎(2003)将网络信任分为三个层次。第一层次是一种技术上的信任体系，即信任的客体是技术，如保证网络信息安全的技术。第二层次是一些网站在具体的电子商务活动中所追求的用户信赖，在电子商务中的信任依赖于网络商家(人际信任)、网络交易环境(制度信任)以及消费者自身的一般信任(信任倾向)(McKnight, Choudhury, & Kacmar, 2002a)。第三层次是指网络人际交往过程中的信任，即网民之间的相互认同。本书所探讨的内容主要是网络交往中的人际信任问题，即包括第三层次网民间的信任，以及第二层次中顾客和商家之间通过交流互动而产生的人际信任。

网络的匿名性、去个性化等特征导致了个体网络行为的不可预期性，由此，信任就成为了网络交往成功的重要保证(Midha, 2012)。大量研究表明在各种网络社区中均存在人际信任，如旅游社区、网络学习社区等(Levin, Cross, & Abrams, 2002)。尽管虚拟环境中存在人际信任，但其形成速度比线下人际信任缓慢，且非常脆弱、极易被破坏(Gligor & Wing, 2011; Rusman, Van Bruggen, Sloep, & Koper, 2010; Wilson, Straus, & McEvily, 2006)。

对于网络人际信任的概念，国内外学者尚未形成统一的界定。胡蓉等(2005)将网络人际信任定义为：现实中的人在网络虚拟生活空间中，借助信息交互行为而表现出的对于对方能够履行所被托付之义务及责任的一种预期和保障感，并通过特定的网络信任行为体现出来。白淑英(2004)认为网络人际信任是在网络互动中互动的双方对于对方能够完成自己所托付之事的一种概括化的期望，这种期望将决定个体未来对对方所采取的行动方式和交际策略。也有研究直接借鉴线下人际信任的定义，即个体在人际互动过程中建立起来的对交往对象的言词、承诺以及书面或口头陈述的可靠程度的一种概括化期望(Feng, Lazar, & Preece, 2004)。赵竞等(2013)认为网络人际信任是指在有风险的网络人际互动过程中，个体基于交往对象的言词、承诺以及书面或口头陈述，对其可靠程度形成的一种概括化期望。

各学者对网络人际信任的界定虽有不同，但都认为其具有两个共同特征：首先，在网络交往过程中存在潜在风险；其次，在交往过程中一方对另一方存在一种积极的预期（赵竞，孙晓军，周宗奎，魏华，牛更枫，2013）。

网络人际信任与线下人际信任的对比

杜艳飞（2011）根据互动场域的不同，将信息时代的信任划分为线下人际信任和网络人际信任两大类。台湾学者黄厚铭（2001）指出，网络信任与线下信任的最大不同就在于，网上陌生人之间互动时并不依赖系统信任，而是取决于个人的人格信任。

就受信者类型而言，线下人际信任是建立在以地缘关系为基础的差序格局之上的，信任对象主要是熟人；而网络人际信任以网络为媒介，人际关系可分为熟人关系和陌生人关系（黄少华，2008）。其中，熟人关系与现实人际关系相似，网络只是熟人交往的一个平台，是现实交往的有效补充。就网络交往中的陌生人而言，我们需要先对陌生人的类别进行区分。Simmel 曾经指出，陌生人有两种，一种是毫无关系的陌生人，一种是与他人发生接触，却又保持来去自由的陌生人。网络交往中的陌生人之间并非毫无关系，因此，网络上的陌生人主要指第二种类型。简言之，网络中的陌生人关系会呈现出似近实远与似远实近的特色（黄厚铭，2000）。

因此，与线下人际信任相比，网络人际信任表现出以下新特点：（1）开放性，网络交往打破了时空限制，拓展了人际交往的范围，使得人际关系具有了开放性。用户可以根据自己的需求来选择交往对象，也可以随时更换交往对象。网络交往对象的这种开放性，相应地使网络人际信任也具有了开放性（白淑英，2004）。（2）信任主体的双重存在性，具体表现为一方面，在网络空间中信任主体表现为 ID 或昵称；另一方面他们是现实中的个体，是最终承担信任心理和行为的主体（高闽，2008；胡蓉，邓小昭，2005）。（3）脆弱性，网络人际信任的形成相对较慢，且更容易中断（Wilson 等，2006）。（4）认知性，即在网络人际信任中，认知信任占主导地位（Ho, Ahmed, & Salome, 2012）。虽然网络人际信任和线下人际信任有所差异，但二者在本质上并无差别，它们均建立在对潜在风险积极预期的基础上（Wang & Emurian, 2005）。

网络人际信任的产生

有学者对网络信任的产生、维持机制进行了研究，其中，国外学者主要针对电子商务领域的信任机制进行了大量的实证研究，而国内学者对于网络人际信任机制的研究尚处于理论探索阶段。

我国研究者（白淑英，2004；高闽，2008；胡蓉，邓小昭，2005）归纳出了网络人际信任产生的基础：（1）预设性信任，该假设基于人格的信任，同时也验证了卢曼所说的信任的简化功能。（2）基于知识的信任，该假设的提出基于理性选择理论，指出信任产生的关键在于相关“知识”的积累，并把网络中所积累的知识概括为直接知识和间接知识、角色知识和声誉知识。(3)在给予信任的过程中进行主观判断。胡蓉和邓小昭(2005)在三种信任产生的基础之上建立了网络人际信任的动态模型(图6.1),该模型表征了以预设性信任为前提,随着知识的积累,个体对网络交往对象进行主观判断的过程。

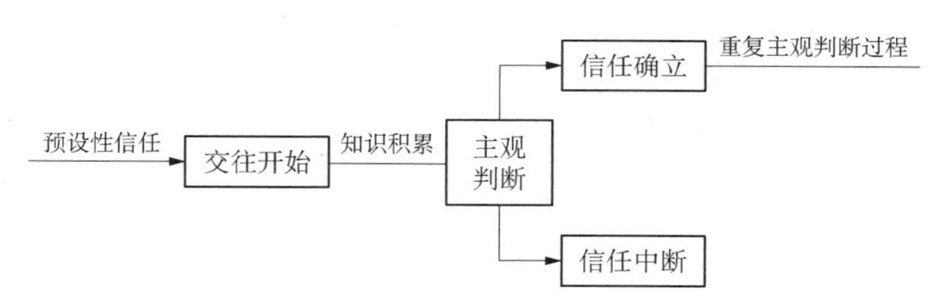

图6.1 网络人际信任动态模型

丁道群(2003)参考现实社会中陌生人信任的产生,分析了网络空间人际信任建立的情况,构建了网络人际信任建立的模型(图6.2)。网络交往中,最初双方的隔离取代了信任,只有将交往进行到一定程度,以隔离取代信任的成分才会逐渐让位于互动双方之间的个人信任,进而从陌生人变成熟人(黄厚铭,2001)。但是,在网络人际信任过程中进行的主观判断,仍是以现实生活的经验为基础的。

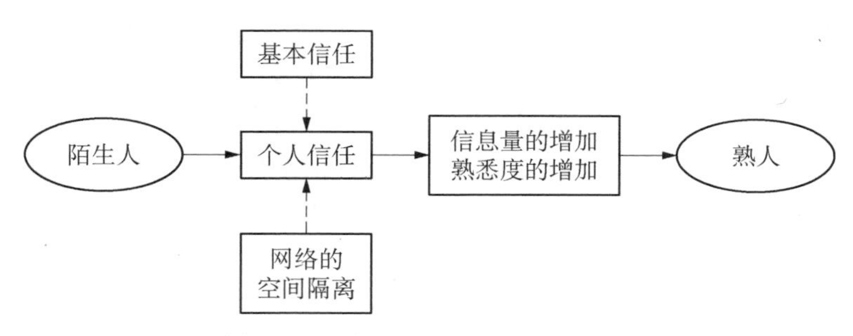

图6.2 网络人际信任互动建立的模型

近年来,随着网上服务和社交团体的不断增多,信任的计算模型日益受到研究者的关注(Kim & Phalak, 2012; Zolfaghar & Aghaie, 2011)。信任的计算模型可分为评估模型、传播模型、预测模型(Zolfaghar & Aghaie, 2011)。评估模型主要用于在大规模分布式系统中估计用户的可信度(Caverlee, Liu, & Webb, 2010; Rahbar & Yang, 2007);传播模型用于建立通过网络信任传递的信任推理模型(Golbeck, 2005);预测模型则使用已有的预测方法衡量用户的可信任程度(Zolfaghar & Aghaie, 2011)。这些模型主要由计算机领域的学者通过加权平均法、模糊推理法、云理论等数学方法计算得到。

根据上述信任产生机制以及模型可知,信任的发展是一个持续的动态过程并受信任双方持续交互的影响,但即使没有先前的经历或交互,信任也是可以形成的(Koufaris & Hampton-Sosa, 2004)。有研究者根据网络信任的不同阶段将网络购物中的信任分为初始信任和重复信任(Koufaris & Hampton-Sosa, 2004; McKnight, Choudhury, & Kacmar, 2002b)。

网络人际信任的影响因素

网络人际信任受多种因素的影响,主要包括个体因素、网络环境因素和社会文化因素。

个体因素

影响网络人际信任的个体因素主要包括人口学变量、人格特质、线下人际信任等。

人口学变量

国外研究者在网络购物领域的研究表明,与男性相比,女性表现出更低的信任水平以及更高的风险感知能力(Awad & Ragowsky, 2008; Cho & Jialin, 2008; Garbarino & Strahilevitz, 2004; Rodgers & Harris, 2003)。也有研究表明,大学生网络人际信任并不存在显著的性别差异(丁道群,沈模卫,2005)。

郁太维(2010)的研究表明,网龄是网络人际信任的重要影响因素。他按照熟悉程度将网络人际交往对象分为熟悉人和陌生人,将网络人际信任依行为取向分为情感性信任和工具性信任。结果表明,网龄是影响大学生网络人际信任最重要的变量之一。具体而言,无论交往对象的熟悉程度如何,网龄均能显著预测工具性信任行为,且同时能负向预测情感性信任行为。这意味着网龄越长,大学生网民的工具性信任行为越多,情感性信任行为越少。

人格特质

目前,研究者对于人格特质与网络人际信任的关系并没有形成统一的认识,不同的人格分类方式对网络人际信任的影响并不相同。贾淑芳(2008,2009)采用艾森克人格问卷作为人格的调查指标,发现网络人际信任与人格各量表不存在显著相关。但也有研究表明,人格特质对网络人际信任有一定的影响(Grabner-Kräuter & Kaluscha, 2003)。丁道群和沈模卫(2005)的研究表明,部分人格特质(兴奋性、幻想性和世故性)对网络人际信任有明显的直接作用。有人使用大五人格进行研究,结果发现网络人际信任与外向性、随和性呈正相关,而与神经质呈负相关(Evans & Revelle, 2008)。

信任倾向也是网络人际信任的影响因素之一。有人指出,信任倾向是一种人格特点，它是个体对人性的一般信任状态，而不是针对特定个体、团体的信任（Wu, Chen, & Chung, 2010）。研究表明，信任倾向对网络信任的形成有促进作用（Beldad, De Jong, & Steehouder, 2010）。此外，个体的风险感知能力和隐私关注水平越高，其网络人际信任水平越低（Fastoso, Whitelock, Bianchi, & Andrews, 2012; Wu, Huang, Yen, & Popova, 2012）。

线下人际信任

研究者考察了网络人际信任与线下人际信任之间的关系，但相关研究结果并不一致。贾淑芳（2008，2009）的研究表明，网络人际信任与线下人际信任相关并不显著。也有研究表明，线下人际信任与网络人际信任呈显著负相关，即个体的线下人际信任水平越高，网络人际信任水平就越低（Feng 等，2004）。然而有人持相反的观点，认为网络人际信任依赖于线下交往的信任（Young & Tseng, 2008）。究其原因有二：其一，测量工具不一致，不同研究中采用的研究工具均为自编问卷，而这些测量工具是根据不同的理论基础编制而成的；其二，与线下人际信任相比，网络人际信任的对象既包括现实生活中的熟人，也包括网络交往中的陌生人，但现有研究中，并没有严格区分受信者类别，只是按照交往平台进行了简单区分，这也会导致测量结果出现较大的偏差。

网络环境因素

社交互动联系。社交互动联系与网络社区成员之间的亲密度以及交流频率的密切程度相关。有研究表明，通过密切的社交互动，个体能够增加互动双方的人际信任和社会资本（Law, 2008; Sicilia & Palazón, 2008; Wang & Chen, 2012）。在专业的网络团体中，密切的社交互动能够影响团体成员之间维持关系的意向（Chen, 2007）。社会临场感是个人感受到在同一个虚拟环境中，还有其他人的存在，是一种在互动过程中呈现的如同面对面交谈时的社交感受。社会临场感越高的用户越能体会到虚拟环境中人际互动的亲密关系，也具有更高的网络人际信任水平（Hassanein & Head, 2007）。

第三方。在网络行为使用中，第三方保障机制最先被用于电子商务领域，如支付宝、Ebay 等。研究表明，第三方保障能提高消费者对陌生网站的信任水平（Kim & Song, 2011）。此后，第三方保障被用于网络交往的研究中。另有研究表明，在网络交往中会发生信任转移，即 A 与 C 不熟悉，但 A 与 B、B 与 C 之间互相信任，那么 A 就会信任 C（Wong & Boh, 2010）。部分研究也支持了这一观点，若以真实的好友作为中介，就能有效地降低网络交往的风险（Beldad 等，2010; Benedicktus, 2011; Ferrin, Dirks, & Shah, 2006）。

网络社会支持。在网络情境中沟通双方通过自我表露，既能获得社会支持，也能为对方提供社会支持。网络社会支持可分为网络主观支持、网络客观支持和网络支持的利用度三个维度。研究表明，网络社会支持是网络人际信任的有效预测变量，且情感支持对网络人际信任的预测作用最大（池思晓，龚文进，2011；丁道群，沈模卫，2005）。

社会文化因素

网络的使用，使得人们的交流可以超越空间限制，个体可以和不同地区、国家的人们进行交流。一般来说，空间的差异往往会导致文化差异，但网络交流使得不同文化背景下的人们的交流成为了可能。有研究表明，相同文化背景下的人们有着相似的价值观念，更容易产生网络人际信任（Sayogo, Nam, & Zhang, 2011; Zolin, Hinds, Fruchter, & Levitt, 2004）。

郁太维（2010）的研究表明，在与陌生网友的社会交往中，民族对情感性信任行为有显著的正向影响，即汉族比少数民族表现出更多的情感性信任行为；宗教信仰对网络人际信任的影响不显著。Vishwanath (2004)以卖家声誉等级、人际信任为自变量，买家的参与为因变量做了德国、法国、加拿大三个国家的跨文化比较，结果表明国家的主效应显著，加拿大的人际信任水平最高，其次是德国、法国，且人际信任水平高的国家的个体更倾向于参与网络购物，而不依赖于卖家的声誉等级。

网络人际信任的后效

网络人际信任作为个体对网络交往中不确定性的一种积极预期，也会对个体的行为产生影响。已有的研究表明，网络人际信任对个体网络自我表露、知识共享、行为决策等网络行为都有促进作用（Joinson, Reips, Buchanan, & Schofield, 2010; Yang & Farn, 2009）。

网络自我表露

在现实生活中，自我表露产生于信任之后。随着网络交往的普及，研究者探讨了网络人际信任对网络自我表露的影响，结果表明，网络人际信任水平越高，个体对交往对象采取的隐私保护就越少，这也促进了个体的自我表露（Joinson 等，2010; Yang & Farn, 2009）。对网络购物的研究也表明，顾客与卖家之间的信任关系能降低顾客的风险可感知性，进而提高其个人信息自我表露的意愿（Wu 等，2012）。

知识共享

网络学习是互联网使用的主要方式之一，而知识共享是网络学习的主要形式（Yang & Farn, 2009）。Yang 和 Farn(2009)的研究也表明，情感信任能引发个体知识共享的意向；另有研究也指出，基于认同的信任可以正向预测个体的知识共享行为（Hsu, Ju, Yen, & Chang, 2007）。在上述两个研究中，情感信任和基于认同的信任都是指社区成员间基于情感互动而产生的人际信任，与本文中网络人际信任的内涵一致。有人以泰国的某手机社区为研究对象,发现网络人际信任在个体成就动机对知识共享的影响中起调节作用,即人际信任为知识共享提供了一个良好的氛围,当个体可感知的信任水平高时,成就动机对知识共享的作用增强(Wu 等,2010)。

行为决策

研究表明,信任在帮助个体克服威胁和不安全感时起重要作用,尤其在个体行为决策中显得至关重要(Tang, Gao, Liu, & Das Sarma, 2012)。有人以旅游社区为研究对象,考察了个体行为决策的影响因素,结果表明信任和信息的有用性是个体是否采取他人意见的决定性因素(Casaló, Flavián, & Guinalíu, 2011)。电子商务领域的研究也表明,买卖双方的人际信任对顾客的购买意向有促进作用(Fastoso 等,2012; Hwang & Lee, 2012)。

除上述网络行为外,网络人际信任也会对其他网络使用产生影响,如能够提高网络社区成员间的凝聚力(Hexmoor, 2010)及其合作行为的满意度(Liu, Magjuka, & Lee, 2008),并对团队成就产生积极影响(Chang, Hung, & Hsieh, 2014)。综上所述,网络人际信任不仅能够促进网络使用行为,而且能够为网络行为的实施提供良好的氛围,进而改善个体网络使用行为的心理感受水平。因此,网络人际信任在个体网络交往中发挥着重要作用。

研究展望

关注线下人际信任与网络人际信任的区别

网络人际信任与线下人际信任的不同特点,决定了网络人际信任的产生机制、影响因素及影响后效可能也与之有所差别。关于人际信任产生的生理机制的研究也发现,在线下人际信任的场景中,信任行为会激活个体的后颞上沟,该脑区与个体感知和加工他人的体态动作密切相关;但在网络交往情境下,由于缺乏体态线索,个体人际信任的产生是否会激活该脑区及其激活程度就存在不确定性(Frith & Frith, 2010)。上述研究结果均表明:网络人际信任有别于线下人际信任,需要进行后续的探讨进一步加以明晰。

重视网络交往的发展对网络人际信任特点的影响

近年来,随着网络技术的迅速发展,网络交往也发生了一些改变,如社会线索增加等,对此,我们应关注网络人际信任的特点是否也随之发生了改变。首先,在以往研究中,研究者认为网络人际信任的脆弱性主要是由网络交往的匿名性、虚拟性造成的(Feng 等,2004; Rusman 等,2010)。但近年来,部分网络交往平台需要用户实名注册(如人人网)、填写详细个人信息的做法一定程度上削弱了网络交往的匿名性,这是否也会进一步降低网络人际信任的脆弱性?对于这一问题的探讨,能解答匿名性是否为网络人际信任脆弱性的根本原因的问题。其次,研究者将网络人际信任的认知性归因于社会情感线索的缺失(Ho 等,2012)。但近年来,网络交往平台中的社会情感线索逐步增加(如照片、声音信息等),这是否会使个体网络人际信任中的情感成分逐渐增加值得研究者进一步研究。

明晰网络人际信任的影响因素及其发展过程

对于网络人际信任的影响因素及其发展过程,研究者应重点关注两个方面:第一,网络人际信任影响因素的研究已有很多,但对影响因素间相互作用的研究、整合较少。根据现有研究以及班杜拉的三元交互理论可知,个体行为受环境、主体和行为三者的交互影响,因此,在今后的研究中应更多地从多变量及变量间相互作用的角度来考察网络人际信任的影响因素。第二,现有的网络人际信任模型大多为发展过程模型,但其发展阶段的划分并不明确。因此,应进一步验证、充实网络人际信任的过程模型,同时,初始信任作为信任发展的第一阶段,也应纳入发展过程模型中。在今后的研究中,应更科学、系统地划分网络人际信任形成、发展过程中的各个阶段,并探究各阶段的形成标志、主要特点及其主要的影响因素等。

6.2.2 网络安全感

马斯洛认为,心理的安全感(psychological security)指的是一种远离了恐惧和焦虑的感觉,个体体验到了对现在和未来的信心和自由(Maslow, 1942),马斯洛还认为,安全感是个体追求的目标,它是个体世界观和人生观的决定因素,几乎一切都不如安全重要(Daniels, 1982)。

随着互联网的迅速发展,网络环境的安全性逐渐引起了人们的关注,国内的研究者也尝试将心理安全感的概念纳入对网络行为的解释中,他们认为,网络安全感是指个体对网络中可能出现的危险或风险的预感,以及在应对网络风险时的有力或无力感,主要表现为不确定感和不可控制感(吕玲,周宗奎,平凡,2010)。结合网络文化与安全感的概念以及相关理论和实证研究,周宗奎等人(2010)编制了《大学生网络安全感问卷》,该问卷包括风险预感、不可控制感、不确定感和情绪体验四个维度,具有良好的信效度。网络安全感的性别差异研究结果表明,大学生在不确定感维度上存在显著的性别差异。男生对于网络的不确定感更高,这可能因为男生对于网络的探索程度一般高于女生,且倾向于更多地去尝试网络的各种功能如交互功能等,而女生更多地使用网络的娱乐功能(如网络音乐和网络影视)以及非交互功能(魏龙华,2003)。

就目前而言,互联网在给人们带来方便的同时,也带来了一些问题。病毒攻击、恶意网站、网络盗窃、泄密事件等频现,网络环境的安全性逐渐引起了人们的关注。艾瑞咨询有关个人网络安全的调研数据显示:65.8%的网民表示会主动留意网络安全问题,且对热门网络威胁专业术语的熟知度很高。

研究表明,网络社会支持和网络安全感对大学生的主观幸福感会产生显著影响,网络安全感的四个维度均与消极情感呈显著正相关(张凤娟,刘珍,范翠英,2014)。此外,网络安全感的情绪体验对消极情感的影响最大,风险预感也对消极情感具有正向预测力。网络安全问题发生时,诱发或伴随的情绪多为负性体验,且在个体不确定或掌控力小的状态下,网络风险发生的可能性更高,因此,大学生更容易出现焦虑、担心、紧张等消极情绪。值得注意的是,网络的信息支持有助于降低消极情感,其原因可能在于个体可通过网络获取各类安全防范信息,且当遇到各类问题时也可在网络上搜索解决途径,从而减弱消极情感。虽然有研究认为工具性支持和友伴支持对消极情感没有影响(梁栋清,2011),但张凤娟等(2014)的研究发现上述两类支持对消极情感有正向预测作用。

因此,随着互联网日益普及,网络使用对个体感受的影响应受到重视。网络情感支持与现实情感支持一样有助于提升个体的主观幸福感,提高网络工具性支持的可获取度是提升大学生主观幸福感的有效途径。与此同时,加强大学生网络安全知识的普及,增强大学生网络安全意识,降低网络风险及其不确定感,有助于降低消极情感,提高大学生的主观幸福感。

6.3 网络中的亲密关系

随着互联网技术的发展,以计算机为媒介的交流变得越来越普及(Cornwel & Lundgren, 2001),以互联网为媒介建立的网络关系已成为现代社会交往的一种模式(Ward, 2004)。这种交往模式的内涵正在不断得到丰富,已不仅仅局限于传统意义上的交流,而且包括了个人信息的分享,信任、亲密感的产生,社会关系的建立等(Rau, Gao, & Ding, 2008)。

在建立网络关系的过程中出现了一个令人关注的现象——网络亲密关系。人们不仅把互联网视作与家人、朋友联系的方式,而且将其当作是形成新的、有意义的亲密关系的方式(Chou & Peng, 2007)。网络作为一种新的社会组织,可以把从未见过面的人联系起来,且很容易将交往转变成约会过程(Lawson & Leck, 2006)。一些研究指出,在网络中比现实生活中更易找到一些异性朋友,在网络中建立的关系有时候会发展成合理的亲密关系,且能建立起持久的网络亲密关系(Ando & Sakamoto, 2008)。网络亲密关系现象已经逐渐引起许多心理学家的关注,他们分别从不同的角度对此问题进行了探讨。

6.3.1 恋爱

通过一项对3 215名成人开展的调查研究,研究者评估出有超过1 000万的单身个体正在使用网络寻找伴侣,而且其中有74%的人已经通过互联网找到了适合的约会对象(Rosen, Cheever, Cummings, & Felt, 2008)。由此可见,通过网络寻找恋爱关系已十分流行和普遍。大多数在线下缺乏接触异性机会或者羞于与异性接触的个体,在互联网上找到了一个很好的平台,他们更容易在网上进行自我表露,进而找到归宿。

Sternberg (1986)的爱情三元理论认为爱包括三种成分:亲密、激情、承诺。在网络亲密关系中,同样具有这三种成分。网络亲密关系主要是心灵上的联系,是精神层面的亲密感(Ben-Ze'ev, 2004),这说明网络亲密关系当中具有亲密的成分。同时,也有研究表明网络约会会引发大量的性行为(Couch & Liamputtong, 2008),这也说明网络亲密关系中也具有爱情中的激情成分。

由于网络的匿名性,对通过互联网认识的陌生人,人们会进行更多的自我表露,并且觉得在网络中表露个人信息比面对面表露更加舒服(Chou & Peng, 2007)。研究表明,具有害羞的人格特质、性开放、感情丰富、高焦虑以及婚恋受挫的个体容易形成网络亲密关系(Brunet & Schmidt, 2007; Mikulincer, Florian, Cowan, & Cowan, 2002; Peter & Valkenburg, 2007; Underwood & Findlay, 2004)。事实上,网络对于线下处在非亲密人际关系中的个体确实有一定的益处,因为网络给他们提供了一个邂逅的平台,然而,这种益处却并不一定能推广到正处在恋爱关系中的大学生身上。研究表明,单身的人使用网络的时间更长,并且对于处在浪漫关系中的女大学生来讲,更多的网络使用反而会使关系满意度和生活满意度降低(Peterson, Aye, & Wheeler, 2014)。

互联网的存在使陌生人之间的相识变得越来越容易,特别是伴随着各种社交网络的兴起。可是,网络在为亲密关系提供了便利的同时,它所带来的亲密关系质量却并不一定高于线下。有人发现,在现实中认识的夫妻的婚姻质量比在网络上认识的夫妻的婚姻质量更高,并且在亲密性和承诺这两个维度上的得分也显著高于在网络上认识的夫妻(Haack & Falcke, 2014)。

网络约会是建立网络亲密关系的重要途径,并且普遍存在于不同年龄段、不同社会阶层、不同性取向的人之间。传统约会关系通常需要几个月才能有进一步的进展,然而在网络中只需要几周或者几天(Rosen 等,2008)。人们对较年长的成年人的一个刻板印象是他们孤僻且性冷淡(Cooney & Dunne, 2001)。然而最新的研究表明,即使在生命的末期,开展一段亲密关系也是很正常的,尤其是在网络中。纵观一生,男性们都在寻找有外表吸引力的女性,并且会比女性提供更多关于社会地位的信息;

而女性比男性更慎重,并且偏好寻找更有社会地位的男性。随着年龄增长,男性更钟情于比他们年轻的女性,而女性则喜欢比她们年长的男人,除非她们到了75岁以上才会找比她们年轻的男性(Alterovitz & Mendelsohn, 2011)。另外,在一项对55—81岁澳大利亚单身女性的质性访谈中,绝大多数被访谈女性表示有性需求并且渴望一段浪漫关系(Fileborn, Thorpe, Hawkes, Minichiello, & Pitts, 2015)。在网络约会中,也存在不同的肤色种族偏好,住在拥有较多外国人口国家的欧洲人对少数民族有特殊的偏好,尤其是在种族异质性最高的瑞典(Potarc & Mills, 2015)。值得一提的是,有研究者还研究了生理和人格特质对网络约会网站使用的影响。女性和同性恋者神经质水平更高,女性宜人性更强,同性恋者更开放。同性恋者比异性恋者使用网络约会网站的范围更广,同时女性更不愿意通过网络约会网站寻找性伴侣,但是她们希望通过网络约会网站进行社交(Clemens, Atkin, & Krishnan, 2015)。

随着网络约会越来越普遍,一些安全问题也逐渐引起人们的关注。大多数人进行网络约会只是为了性需求以及情感需求,乍看之下这些需求并不会带来危险,但是一些事件的发生提醒我们仍需考虑到一定的安全问题,尤其是普遍存在的网络欺骗问题。一项针对3万个用户的研究调查显示,男性会在网络约会个人档案里把自己的身高报告得比真实身高更高,而女性则把她们的体重报告得更低(Hitsch, Hortaçsu, & Ariely, 2005)。另外,还有一部分骗子专门在网上引寂寞的人上钩,比如虚构一个故事,让别人爱上自己,然后找机会骗取钱财(Schwartz, 2014)。因此,我们需要慎重审视约会对象的职业和性格,在充分了解他们之前千万不要把自己的电话号码交给他们,同时不要上陌生人的车,更不要跟他们回家,除非已与他们建立了关系。

对于网络亲密关系这一种新的社会现象,如何引导其向健康、积极的方向发展,尽可能避免其自身固有的劣势,是否可以提出相应的措施进行引导和干预,这将是更具有挑战性但又非常有现实意义的课题。关于网络亲密关系的研究虽然在西方有一定的积累,但是在我国,相关研究还较为匮乏。由于东西方文化的差异,国外的研究结果能否应用到我国,则需要我国学者进行进一步的探讨。相关的研究结果是否具有文化的普遍性这一问题尚未有定论,因此该领域的跨文化研究也是值得研究者关注的。

6.3.2 友谊

友谊是我们获得快乐和支持的源泉。一项研究采取体验式取样的方式跟踪了人们的交往情况,结果发现被试与朋友在一起时一般比独自一人或者与家庭成员(包括他们的配偶)在一起时,有着更多的乐趣。如果配偶和朋友都在身边,那将是最美好的时光。但如果两者只能择一,朋友带来的快乐和兴奋往往比配偶带来的要多

(Larson & Bradney, 1988)。所以,友谊在我们的生活中扮演着很重要的角色。

在网络时代,人们利用计算机和互联网与朋友进行交流是非常普遍的(Desjarlais & Willoughby, 2010),在线同伴交流促进了青少年的自我表露,增强了青少年的归属感(Davis, 2012)。

各种社交网络是我们与朋友之间建立联系的桥梁。在 Facebook 上进行积极和娱乐性的自我表露会增加与朋友之间的联结感,尤其是当我们读到朋友的状态更新时(Utz, 2015)。另外,使用社交网络以及手机聊天不仅会增强青少年与朋友之间的联系,还可以增强他们的网络资本,且不同的社交网络活动诸如评论 Facebook 上朋友的照片或者加入 Facebook 上的群组对于社会资本的建立有不同的影响(Xie, 2014)。个人在网络中的朋友的规模和构成也会影响他们社交环境的规模和构成(Stauder, 2014)。

在社交网络上人们容易表达"真实的自我",指的是人们会在网络上发表状态更新,并且不会按常规方式对其他人进行表达。那些能够在线上表达"真实自我"的人在 Facebook 上也更活跃,发表状态更新含有更多以自我为导向的动机,并且发表的内容更加自我化和情绪化(Seidman, 2014)。研究也发现,人们在网上表达自我时感觉也更加良好(McKenna, Green, & Gleason, 2002)。

友谊为青少年提供了足够的心理需求。例如,青少年之间的友谊会促进其社交技能、亲密关系、同理心、换位思考能力、冲突解决等技能的发展(Berndt, 1982; Buhrmester, 1990; Furman & Buhrmester, 1992; Hartup, 1993; Ingersoll & Marrero, 1991; Price, 1998)。同时,青少年的友谊水平可以作为主观幸福感、自尊以及社会适应的预测因素(Berndt, 1998; Hartup, 1993)。很显然,一个在发展和维持友谊方面存在困难的个体会报告出高水平的社交焦虑,并且会错过通过与同伴交往来建立积极适应的机会(Rubin, Coplan, & Bowker, 2009)。

网络交往为友谊的发展和维持提供了一定的好处,同时社交网络的使用也有利于社会资本的建立(Burton & Greenhow, 2011)。另外,在线同伴交往会通过为友谊质量带来积极影响间接影响青少年对自我概念的明晰(Davis, 2013)。Facebook 的使用也与主观幸福感有正相关,特别是对于那些处于低自尊和低生活满意度的个体来说(Johnston, Tanner, Lalla, & Kawalski, 2013)。因此,青少年可以在社交网络上培养社交技能,并且学习如何与不同的人打交道,这样将有助于提高他们在线下发展友谊的能力(Koutamanis, Vossen, Peter, & Valkenburg, 2013)。

参考文献

白淑英.(2004).网络互动中人际信任概念辨析.学术交流,2.

卜容华.(2010).网络交往心理学研究现状.湖州师范学院学报,32(2),97—103.
蔡迎春,张向葵.(2006).四种训练方式对不同认知风格大学生人际信任改善的影响研究.宁波大学学报(教育科学版),28(4).
陈秋珠.(2006).赛博空间的人际交往.吉林大学,博士学位论文.
陈志霞.(2000).网络人际交往探析.自然辩证法研究,16(11),69—72.
池思晓,龚文进.(2011).大学生网络人际信任与网络社会支持的关系.中国健康心理学杂志,19(1),94—96.
丁道群,沈模卫.(2005).人格特质,网络社会支持与网络人际信任的关系.心理科学,28(2),300—303.
丁道群.(2003).网络空间的人际互动：理论与实证研究.南京师范大学博士学位论文.
杜艳飞.(2011).性别及学科与大学生网络人际信任的关系研究.中国校外教育(2),6—6.
福山.(1998).信任：社会德性与繁荣的创造,李宛蓉译,台北：立绪文化事业有限公司.
高闽.(2008).网络空间中的人际信任研究.兰州大学硕士学位论文.
胡蓉,邓小昭.(2005).网络人际交互中的信任问题研究.图书情报知识,(4),98—101.
黄厚铭.(2000).网络人际关系的亲疏远近.台大社会学刊,10(28),117—154.
黄厚铭.(2001).虚拟社区中的身份认同与信任.台湾大学社会学研究所博士学位论文.
黄少华.(2008).青少年网络人际信任及其影响因素研究.宁夏大学学报：人文社会科学版,1,152-156.
黄胜进.(2006).网络社会交往行为问题的哲学反思.重庆社会科学,5,30—32.
贾淑芳.(2008).人际信任在大学生网络交往和现实交往中的比较.山东师范大学硕士学位论文.
贾淑芳.(2009).大学生网络交往对现实交往中的人际关系,人际信任,人格的影响研究.山东师范大学学报：人文社会科学版(2),69—75.
李国华,仇小敏.(2004).论网络交往对人的发展的二重效应.长沙电力学院学报(社会科学版),19(1),29—31.
梁栋青.(2011).大学生网络社会支持与主观幸福感的相关研究.中国健康心理学杂志,19(8),1013—1015.
鲁兴虎.(2003).网络信任：虚拟与现实之间的挑战.南京：东南大学出版社.
吕玲,周宗奎,平凡.(2010).大学生网络安全感问卷编制及特点研究.中国临床心理学杂志,(6),714—716.
苏炫.(2008).网络环境下学生的自我表露与师生关系促进.医学教育探索,17(1),49—50+74.
田佳,张磊.(2009).网络社会人际关系研究综述.商业时代,6,84—85.
王小凡,李翔,陈关荣.(2005).复杂网络理论及其应用.北京：清华大学出版社.
魏龙华.(2003).上海大学生网络使用调查及网络成瘾个案研究.华东师范大学,硕士学位论文.
杨欣.(2010).网络时代的人际交往伦理研究.才智,36,200—201.
杨中芳,彭泗清.(1999).中国人人际信任的概念化：一个人际关系的观点.社会学研究,(2),3—23.
余学军.(2008).六度分割理论成就SNS.信息网络,11,37.
郁太维.(2010).大学生网络人际信任研究.兰州大学硕士学位论文.
张凤娟,刘珍,范翠英.(2014).网络社会支持与网络安全感对大学生主观幸福感的影响.教育评论,(2),52—54.
赵竞,孙晓军,周宗奎,魏华,牛更枫.(2013).网络交往中的人际信任.心理科学进展,21(8),1493—1501.
中国互联网络信息中心.(2013).2013年中国网民信息安全状况研究报告.
中国互联网络信息中心.(2016).第38次中国户联网络发展状况报告.
Adelman, M.B. (1988). Cross-cultural adjustment: A theoretical perspective on social support. *International Journal of Intercultural Relations*, *12*(3),183-204.
Alterovitz, S.S.-R., & Mendelsohn, G.A. (2011). Partner preferences across the life span: Online dating by older adults. *Psychology of Popular Media Culture*, *1*(S),89-95. doi: 10.1037/2160-4134.1.s.89.
Ando, R., & Sakamoto, A. (2008). The effect of cyber-friends on loneliness and social anxiety: Differences between high and low self-evaluated physical attractiveness groups. *Computers in Human Behavior*, *24*(3),993-1009. doi: 10.1016/j.chb.2007.03.003.
Awad, N.F., & Ragowsky, A. (2008). Establishing trust in electronic commerce through online word of mouth: An examination across genders. *Journal of Management Information Systems*, *24*(4),101-121.
Bagheri, E., Zafarani, R., & Barouni-Ebrahimi, M. (2009). Can reputation migrate? On the propagation of reputation in multi-context communities. *Knowledge-Based Systems*, *22*(6),410-420.
Beldad, A., De Jong, M., & Steehouder, M. (2010). How shall I trust the faceless and the intangible? A literature review on the antecedents of online trust. *Computers in Human Behavior*, *26*(5),857-869.
Benedicktus, R.L. (2011). The effects of 3rd party consensus information on service expectations and online trust. *Journal of Business Research*, *64*(8),846-853.
Ben-Ze'ev, A. (2003). Privacy, emotional closeness, and openness in cyberspace. *Computers in Human Behavior*, *19*(4),451-467. doi: 10.1016/s0747-5632(02)00078-x.
Ben-Ze'ev, A. (2004). Flirting on and offline. *Convergence: The International Journal of Research into New Media Technologies*, *10*,24-42.
Berndt, T.J. (1982). The features and effects of friendship in early adolescence. *Child development*, 1447-1460.
Berndt, T.J. (1998). 15 Exploring the effects of friendship quality on social development. *The company they keep: Friendships in childhood and adolescence*, 346-365.
Boyd, D.M., & Ellison, N.B. (2010). Social network sites: Definition, history, and scholarship. *Engineering Management Review*, *IEEE*, *38*(3),16-31.
Braithwaite, D.O., Waldron, V.R., & Finn, J. (1999). Communication of social support in computer-mediated groups

for people with disabilities. *Health Communication*, *11*(2),123 - 151.
Brennan, P.F., Moore, S.M., & Smyth, K.A. (1992). Alzheimer's disease caregivers' uses of a computer network. *Western Journal of Nursing Research*.
Brunet, P.M., & Schmidt, L.A. (2007). Is shyness context specific? Relation between shyness and online self-disclosure with and without a live webcam in young adults. *Journal of Research in Personality*, *41*(4),938 - 945. doi: 10.1016/j.jrp.2006.09.001.
Buhrmester, D. (1990). Intimacy of friendship, interpersonal competence, and adjustment during preadolescence and adolescence. *Child development*, *61*(4),1101 - 1111.
Burton, L., & Greenhow, C. (2011). Help from my "Friends": Social Capital in the Social Network Sites of Low-Income Students. *Journal of Educational Computing Research*, *45*(2),223 - 245. doi: 10.2190/EC.45.2.f.
Casaló, L.V., Flavián, C., & Guinalíu, M. (2011). Understanding the intention to follow the advice obtained in an online travel community. *Computers in Human Behavior*, *27*(2),622 - 633.
Caverlee, J., Liu, L., & Webb, S. (2010). The SocialTrust framework for trusted social information management: Architecture and algorithms. *Information Sciences*, *180*(1),95 - 112.
Chang, H.H., Hung, C.-J., & Hsieh, H.-W. (2014). Virtual teams: cultural adaptation, communication quality, and interpersonal trust. *Total Quality Management & Business Excellence*, *25*(11 - 12),1318 - 1335.
Chen, I.Y. (2007). The factors influencing members' continuance intentions in professional virtual communities-a longitudinal study. *Journal of Information Science*.
Cho, H., & Jialin, S.K. (2008). Influence of gender on internet commerce: An explorative study in Singapore. *Journal of Internet Commerce*, *7*(1),95 - 119.
Chou, C., & Peng, H. (2007). Net-friends: Adolescents' attitudes and experiences vs. teachers' concerns. *Computers in Human Behavior*, *23*(5),2394 - 2413. doi: 10.1016/j.chb.2006.03.015.
Clemens, C., Atkin, D., & Krishnan, A. (2015). The influence of biological and personality traits on gratifications obtained through online dating websites. *Computers in Human Behavior*, *49*,120 - 129. doi: 10.1016/j.chb.2014.12.058.
Cooney, T.M., & Dunne, K. (2001). Intimate relationships in later life current realities, future prospects. *Journal of Family Issues*, *22*(7),838 - 858.
Cornwel, B., & Lundgren, D.C. (2001). Love on the internet: involvement and misrepresentation in romantic relationship in cyberspace vs. real space. *Computers in Human Behavior*, *17*,197 - 211.
Couch, D., & Liamputtong, P. (2008). Online dating and mating: the use of the internet to meet sexual partners. *Qual Health Res*, *18*(2),268 - 279. doi: 10.1177/1049732307312832.
Daniels, M. (1982). The development of the concept of self-actualization in the writings of Abraham Maslow. *Current Psychological Reviews*, *2*(1),61 - 75.
Davis, K. (2012). Friendship 2.0: Adolescents' experiences of belonging and self-disclosure online. *J Adolesc*, *35*(6),1527 - 1536.
Davis, K. (2013). Young people's digital lives: The impact of interpersonal relationships and digital media use on adolescents' sense of identity. *Computers in Human Behavior*, *29*(6),2281 - 2293. doi: 10.1016/j.chb.2013.05.022.
Desjarlais, M., & Willoughby, T. (2010). A longitudinal study of the relation between adolescent boys and girls' computer use with friends and friendship quality: Support for the social compensation or the rich-get-richer hypothesis? *Computers in Human Behavior*, *26*(5),896 - 905. doi: 10.1016/j.chb.2010.02.004.
Evans, A.M., & Revelle, W. (2008). Survey and behavioral measurements of interpersonal trust. *Journal of Research in Personality*, *42*(6),1585 - 1593.
Fastoso, F., Whitelock, J., Bianchi, C., & Andrews, L. (2012). Risk, trust, and consumer online purchasing behaviour: a Chilean perspective. *International Marketing Review*, *29*(3),253 - 275.
Feng, J., Lazar, J., & Preece, J. (2004). Empathy and online interpersonal trust: A fragile relationship. *Behaviour & Information Technology*, *23*(2),97 - 106.
Ferrin, D.L., Bligh, M.C., & Kohles, J.C. (2007). Can I trust you to trust me? A theory of trust, monitoring, and cooperation in interpersonal and intergroup relationships. *Group & Organization Management*, *32*(4),465 - 499.
Ferrin, D.L., Dirks, K.T., & Shah, P.P. (2006). Direct and indirect effects of third-party relationships on interpersonal trust. *Journal of applied psychology*, *91*(4),870.
Fileborn, B., Thorpe, R., Hawkes, G., Minichiello, V., & Pitts, M. (2015). Sex and the (older) single girl: Experiences of sex and dating in later life. *J Aging Stud*, *33*,67 - 75. doi: 10.1016/j.jaging.2015.02.002.
Frith, U., & Frith, C. (2010). The social brain: allowing humans to boldly go where no other species has been. *Philosophical Transactions of the Royal Society of London B: Biological Sciences*, *365*(1537),165 - 176.
Furman, W., & Buhrmester, D. (1992). Age and sex differences in perceptions of networks of personal relationships. *Child Development*, *63*(1),103 - 115.
Garbarino, E., & Strahilevitz, M. (2004). Gender differences in the perceived risk of buying online and the effects of receiving a site recommendation. *Journal of Business Research*, *57*(7),768 - 775.
Gligor, V., & Wing, J.M. (2011). Towards a theory of trust in networks of humans and computers. *Security Protocols XIX* (pp.223 - 242): Springer.

Golbeck, J.A. (2005). Computing and applying trust in web-based social networks.
Grabner-Kräuter, S., & Kaluscha, E.A. (2003). Empirical research in on-line trust: a review and critical assessment. *International Journal of Human-Computer Studies*, *58*(6), 783 - 812.
Haack, K.R., & Falcke, D. (2014). Love and Marital Quality in Romantic Relationships Mediated and Non-Mediated by Internet. *Paidéia* (*Ribeirão Preto*), *24*(57), 105 - 113. doi: 10.1590/1982-43272457201413.
Hamilton, H.E. (1998). Reported Speech and Survivor Identity in On-Line Bone Marrow Transplantation Narratives. *Journal of Sociolinguistics*, *2*(1), 53 - 67.
Hartup, W.W. (1993). Adolescents and their friends. *New Directions for Child and Adolescent Development*, *1993*(60), 3 - 22.
Hassanein, K., & Head, M. (2007). Manipulating perceived social presence through the web interface and its impact on attitude towards online shopping. *International Journal of Human-Computer Studies*, *65*(8), 689 - 708.
Hexmoor, H. (2010). Trust-based protocols for regulating online, friend-of-a-friend communities. *Journal of Experimental and Theoretical Artificial Intelligence*, *22*(2), 81 - 101.
Hitsch, G.J., Hortaçsu, A., & Ariely, D. (2005). *What makes you click: An empirical analysis of online dating*. Paper presented at the 2005 Meeting Papers.
Ho, S.M., Ahmed, I., & Salome, R. (2012). Whodunit? collective trust in virtual interactions. *Social Computing, Behavioral-Cultural Modeling and Prediction* (pp.348 - 356): Springer.
Hsu, M.-H., Ju, T.L., Yen, C.-H., & Chang, C.-M. (2007). Knowledge sharing behavior in virtual communities: The relationship between trust, self-efficacy, and outcome expectations. *International Journal of Human-Computer Studies*, *65*(2), 153 - 169.
Hwang, Y., & Lee, K.C. (2012). Investigating the moderating role of uncertainty avoidance cultural values on multidimensional online trust. *Information & Management*, *49*(3), 171 - 176.
Ingersoll, G.M., & Marrero, D.G. (1991). A modified quality-of-life measure for youths: psychometric properties. *The Diabetes Educator*, *17*(2), 114 - 118.
Johnston, K., Tanner, M., Lalla, N., & Kawalski, D. (2013). Social capital: the benefit of Facebook 'friends'. *Behaviour & Information Technology*, *32*(1), 24 - 36. doi: 10.1080/0144929x.2010.550063.
Joinson, A.N., Reips, U.-D., Buchanan, T., & Schofield, C.B.P. (2010). Privacy, trust, and self-disclosure online. *Human-Computer Interaction*, *25*(1), 1 - 24.
Kim, Y., & Phalak, R. (2012). A trust prediction framework in rating-based experience sharing social networks without a Web of Trust. *Information Sciences*.
Kim, Y.A., & Song, H.S. (2011). Strategies for predicting local trust based on trust propagation in social networks. *Knowledge-Based Systems*, *24*(8), 1360 - 1371.
Koufaris, M., & Hampton-Sosa, W. (2004). The development of initial trust in an online company by new customers. *Information & Management*, *41*(3), 377 - 397.
Koutamanis, M., Vossen, H.G.M., Peter, J., & Valkenburg, P.M. (2013). Practice makes perfect: The longitudinal effect of adolescents' instant messaging on their ability to initiate offline friendships. *Computers in Human Behavior*, *29*(6), 2265 - 2272. doi: 10.1016/j.chb.2013.04.033.
Lamberg, L. (1997). Online support group helps patients live with, learn more about the rare skin cancer CTCL-MF. *JAMA*, *277*(18), 1422 - 1423.
Larson, R.W., & Bradney, N. (1988). Precious moments with family members and friends.
Law, M. (2008). Customer referral management: the implications of social networks. *The Service Industries Journal*, *28*(5), 669 - 683.
Lawson, H.M., & Leck, K. (2006). Dynamics of Internet Dating. *Social Science Computer Review*, *24*, 189 - 208.
Levin, D.Z., Cross, R., & Abrams, L.C. (2002). *Why should I trust you? Predictors of interpersonal trust in a knowledge transfer context*. Paper presented at the Academy of Management Meeting, Denver, CO.
Lieberman, D. (1992). The computer's potential role in health education. *Health Communication*, *4*(3), 211 - 225.
Liu, X., Magjuka, R.J., & Lee, S.H. (2008). The effects of cognitive thinking styles, trust, conflict management on online students' learning and virtual team performance. *British Journal of Educational Technology*, *39*(5), 829 - 846.
Maslow, A.H. (1942). THE DYNAMICS OF PSYCHOLOGICAL SECURITY-INSECURITY. *Journal of personality*, *10*(4), 331 - 344.
McKenna, K.Y., Green, A.S., & Gleason, M.E. (2002). Relationship formation on the Internet: What's the big attraction? *Journal of social issues*, *58*(1), 9 - 31.
McKnight, D.H., Choudhury, V., & Kacmar, C. (2002a). Developing and validating trust measures for e-commerce: An integrative typology. *Information systems research*, *13*(3), 334 - 359.
McKnight, D.H., Choudhury, V., & Kacmar, C. (2002b). The impact of initial consumer trust on intentions to transact with a web site: a trust building model. *The Journal of Strategic Information Systems*, *11*(3), 297 - 323.
Mickelson, K.D. (1997). Seeking social support: Parents in electronic support groups. *Culture of the Internet*, 157 - 178.
Midha, V. (2012). Impact of consumer empowerment on online trust: An examination across genders. *Decision Support Systems*, *54*(1), 198 - 205.

Mikulincer, M., Florian, V., Cowan, P.A., & Cowan, C.P. (2002). Attachment security in couple relationships: A systemic model and its implications for family dynamics. *Family Process*, *41*(3), 405 - 434.

Palfrey, J., & Gasser, U. (2013). *Born digital: Understanding the first generation of digital natives*: Basic Books.

Peter, J., & Valkenburg, P.M. (2007). Who looks for casual dates on the internet? A test of the compensation and the recreation hypotheses. *New Media & Society*, *9*(3), 455 - 474. doi: 10.1177/1461444807076975.

Peterson, S.A., Aye, T., & Wheeler, P.Y. (2014). Internet Use And Romantic Relationships Among College Students. *North American Journal of Psychology*, *16*(1), 53 - 62.

Potarc, G., & Mills, M. (2015). Racial Preferences in Online Dating across European Countries. *European Sociological Review*. doi: 10.1093/esr/jcu093.

Price, J.M. (1998). 12 Friendships of maltreated children and adolescents: Contexts for expressing and modifying relationship history. *The company they keep: Friendships in childhood and adolescence*, 262 - 285.

Rahbar, A., & Yang, O. (2007). Powertrust: A robust and scalable reputation system for trusted peer-to-peer computing. *Parallel and Distributed Systems, IEEE Transactions on*, *18*(4), 460 - 473.

Rau, P.-L.P., Gao, Q., & Ding, Y. (2008). Relationship between the level of intimacy and lurking in online social network services. *Computers in Human Behavior*, *24*(6), 2757 - 2770. doi: 10.1016/j.chb.2008.04.001.

Riva, G., & Galimberti, C. (1997). The psychology of cyberspace: A socio-cognitive framework to computer-mediated communication. *New Ideas in Psychology*, *15*(2), 141 - 158.

Rodgers, S., & Harris, M.A. (2003). Gender and e-commerce: an exploratory study. *Journal of advertising research*, *43*(03), 322 - 329.

Rosen, L.D., Cheever, N.A., Cummings, C., & Felt, J. (2008). The impact of emotionality and self-disclosure on online dating versus traditional dating. *Computers in Human Behavior*, *24*(5), 2124 - 2157. doi: 10.1016/j.chb.2007.10.003.

Rubin, K.H., Coplan, R.J., & Bowker, J.C. (2009). Social withdrawal in childhood. *Annual review of psychology*, *60*, 141.

Rusman, E., Van Bruggen, J., Sloep, P., & Koper, R. (2010). Fostering trust in virtual project teams: Towards a design framework grounded in a TrustWorthiness Antecedents (TWAN) schema. *International Journal of Human-Computer Studies*, *68*(11), 834 - 850.

Sayogo, D.S., Nam, T., & Zhang, J. (2011). *The role of trust and ICT proficiency in structuring the cross-boundary digital government research*: Springer.

Scheerhorn, D., Warisse, J., & McNeilis, K.S. (1995). Computer-based telecommunication among an illness-related community: Design, delivery, early use, and the functions of HIGHnet. *Health Communication*, 7(4), 301 - 325.

Schwartz, P. (2014). Online dating. 1 - 5. doi: 10.1002/9781118896877.wbiehs317.

Seidman, G. (2014). Expressing the "True Self" on Facebook. *Computers in Human Behavior*, *31*, 367 - 372.

Sharf, B.F. (1997). Communicating breast cancer on-line: support and empowerment on the Internet. *Women & Health*, *26*(1), 65 - 84.

Sicilia, M., & Palazón, M. (2008). Brand communities on the internet: A case study of Coca-Cola's Spanish virtual community. *Corporate Communications: An International Journal*, *13*(3), 255 - 270.

Stauder, J. (2014). Friendship networks and the social structure of opportunities for contact and interaction. *Social Science Research*, *48*, 234 - 250. doi: 10.1016/j.ssresearch.2014.06.004.

Sternberg, R.J. (1986). A triangular theory of love. *Psychology Review*, *93*(2), 119 - 135.

Sundar, S.S., & Nass, C. (2000). Source Orientation in Human-Computer Interaction Programmer, Networker, or Independent Social Actor. *Communication research*, 27(6), 683 - 703.

Tang, J., Gao, H., Liu, H., & Das Sarma, A. (2012). *eTrust: Understanding trust evolution in an online world*. Paper presented at the Proceedings of the 18th ACM SIGKDD international conference on Knowledge discovery and data mining.

Tsitsika, A.K., Tzavela, E.C., Janikian, M., Ólafsson, K., Iordache, A., Schoenmakers, T.M., Richardson, C. (2014). Online Social Networking in Adolescence: Patterns of Use in Six European Countries and Links With Psychosocial Functioning. *Journal of Adolescent Health*, *55*(1), 141 - 147.

Underwood, H., & Findlay, B. (2004). Internet relationships and their impact on primary relationships. *Behaviour Change*, *21*, 127 - 140.

Utz, S. (2015). The function of self-disclosure on social network sites: Not only intimate, but also positive and entertaining self-disclosures increase the feeling of connection. *Computers in Human Behavior*, *45*, 1 - 10. doi: 10.1016/j.chb.2014.11.076.

Vasalou, A., & Joinson, A.N. (2009). Me, myself and I: The role of interactional context on self-presentation through avatars. *Computers in Human Behavior*, *25*(2), 510 - 520.

Vignovic, J.A., & Thompson, L.F. (2010). Computer-mediated cross-cultural collaboration: attributing communication errors to the person versus the situation. *Journal of applied psychology*, *95*(2), 265 - 276. doi: 10.1037/a0018628.

Vishwanath, A. (2004). Manifestations of interpersonal trust in online interaction A cross-cultural study comparing the differential utilization of seller ratings by eBay participants in Canada, France, and Germany. *New Media & Society*, *6*(2), 219 - 234.

Walther, J. B., & Boyd, S. (2002). Attraction to computer-mediated social support. *Communication technology and society: Audience Adoption and Uses*, *153188*.

Wang, E. S.-T., & Chen, L. S.-L. (2012). Forming relationship commitments to online communities: The role of social motivations. *Computers in Human Behavior*, *28*(2), 570 - 575.

Wang, Y. D., & Emurian, H. H. (2005). An overview of online trust: Concepts, elements, and implications. *Computers in Human Behavior*, *21*(1), 105 - 125.

Ward, C. C. (2004). Relation of shyness with aspects of online relationship involvement. *Journal of Social and Personal Relationships*, *21*(5), 611 - 623. doi: 10.1177/0265407504045890.

Wellman, B., & Gulia, M. (1999). Net surfers don't ride alone: Virtual communities as communities. *Networks in the Global Village*, 331 - 366.

Wilson, J. M., Straus, S. G., & McEvily, B. (2006). All in due time: The development of trust in computer-mediated and face-to-face teams. *Organizational behavior and human decision processes*, *99*(1), 16 - 33.

Wong, S.-S., & Boh, W. F. (2010). Leveraging the ties of others to build a reputation for trustworthiness among peers. *Academy of Management Journal*, *53*(1), 129 - 148.

Wu, J.-J., Chen, Y.-H., & Chung, Y.-S. (2010). Trust factors influencing virtual community members: A study of transaction communities. *Journal of Business Research*, *63*(9), 1025 - 1032.

Wu, K.-W., Huang, S. Y., Yen, D. C., & Popova, I. (2012). The effect of online privacy policy on consumer privacy concern and trust. *Computers in Human Behavior*, *28*(3), 889 - 897.

Xie, W. (2014). Social network site use, mobile personal talk and social capital among teenagers. *Computers in Human Behavior*, *41*, 228 - 235. doi: 10.1016/j.chb.2014.09.042.

Yang, S.-C., & Farn, C.-K. (2009). Social capital, behavioural control, and tacit knowledge sharing — A multi-informant design. *International Journal of Information Management*, *29*(3), 210 - 218.

Young, M.-L., & Tseng, F.-C. (2008). Interplay between physical and virtual settings for online interpersonal trust formation in knowledge-sharing practice. *CyberPsychology & Behavior*, *11*(1), 55 - 64.

Zolfaghar, K., & Aghaie, A. (2011). A syntactical approach for interpersonal trust prediction in social web applications: Combining contextual and structural data. *Knowledge-Based Systems*.

Zolin, R., Hinds, P. J., Fruchter, R., & Levitt, R. E. (2004). Interpersonal trust in cross-functional, geographically distributed work: A longitudinal study. *Information and Organization*, *14*(1), 1 - 26.

7 网络集群行为

随着计算机迭代更新、信息技术飞速发展，人们的生活正在经历着“日新月异”的变化。例如，得益于互联网上信息存储的海量性和信息检索引擎的多样性，人们的认知模式也在改变；微博、微信以及论坛等多种新生自媒体，正悄然改变着人们的社会行为。尽管网民分散于现实中的各个物理空间之内，但得益于互联网高速的信息传输能力，他们可以借助自媒体平台进行自我表露，也可因某一流行话题而与他人“针锋相对”或“水乳交融”。物以类聚，人以群分，聚集于同一网络平台的网民往往具有相同或相似的兴趣、爱好，甚至是价值观，并由此形成松散的网络“群体”。一般情况下，一旦有触动心理或情绪的话题、事件发生，网民常会在短时间内迅速聚集、同时发声，此时，网络“群体”行为应运而生。网络“群体”行为因其发生之迅速、规模之巨大、影响之深远而深受社会各界的广泛关注，因此也是学术界的研究热点。

类似于“群体事件”、“群体行为”的词汇常常被赋予负性色彩(李兰，2014)。在本章中，我们采用“集群行为”这一客观表述。本章分为三节，第一节介绍了网络集群行为的概念和分类；第二节则从理论角度，阐述了网络集群事件的发生、发展机制；第三节重点介绍了网络集群行为的一种特殊形式，即网络集体智慧。

7.1 网络集群行为的界定

由于互联网的广泛普及及网上言论自由的不断发展，大量网民往往可以基于某一话题迅速聚集并展开讨论，此时便产生了网络集群行为。由于其影响广泛，常常吸引着国家、社会各方面的目光，因此对网络集群行为的探究也逐渐成为研究热点。鉴于不同研究采用的措辞、概念存在差异，如“网络群体事件”、“网络群体行为”和“网络集群行为”等，因此，在进行深入探讨之前，有必要对这些概念进行梳理。

7.1.1 网络集群行为及相关概念

群体与集群

在讨论网络群体事件和网络集群行为之前，需要弄清在现实生活中，我们是如何对“群体”(group)与“集群”(crowd)进行界定的，以及它们二者间的区别。所谓“群体”，是两个或两个以上存在相互联系的人的集合(Dasgupta, Banaji, & Abelson, 1999; Lickel 等，2000；陈浩，薛婷，乐国安，2010)。“集群”则是指一群因为有共同关注点而临时集中起来的个体(戴维·波普诺，1999)。从上述二者的定义可知，“群体”和“集群”是两个不同的概念。具体来讲，一个“群体”常具有制约群体内成员行为的规范，该群体中的个体不仅具有不同的角色分工，也具有共同的兴趣爱好、相互联系的情感及较为持久的互动性；而“集群”则是因为一些“临时性的事件”偶然集合在一起的人群所组成的集合(青井和夫，2002)。简言之，群体中的个体间有更为紧密的联系，而集群中个体间的联系相对较为松散。例如，学校中属于同一个班级的学生是一个“群体”，而在足球场旁观看足球赛事的欢呼雀跃的人们，则构成了一个“集群”。

网络群体事件与网络集群行为

网络群体事件是指基于一定社会背景形成的网民群体，在相对自发的、无组织的和不稳定的情况下，为了实现某一目的而利用网络大规模发布、传播某一方面信息，以发泄不满、制造舆论的行为。这一定义强调了网络群体事件的利益诉求，充满了明显的负性色彩(李兰，2014)。然而，在大多数网络群体事件中，冲突中的众多参与者与该事件本身并无关系，他们只不过是在表达、发泄某种情绪(马雁，2011)，如“我爸是李刚”事件和“药家鑫”事件等。因此，有研究者认为，也许采用”网络集群行为“这一价值中立的概念更适合界定各类复杂的线上行为(李兰，2014)。

根据上述对“集群”概念的理解，我们可以延伸出“网络集群”的概念，所谓网络集群，就是指一群以互联网为载体、以网络事件为契机而集合在一起的人们。换言之，当人们借助于互联网平台，按照特定的网络社会互动方式如评论网络新闻、发微博、转帖、回帖、顶贴等，参与到一些网络事件中去时，他们便集结成了一个"网络集群"。有研究者认为，人们自发、无序地对某一些事件或刺激产生反应的行为，就是"集群行为"(戴维·波普诺，1999)，那么"网络集群行为"则是以网络为载体，一群网民自发地、无组织地对某一网络事件或刺激产生的行为反应(陈均土，2011)。也就是说，当网民参与网络事件的行动达到一定规模时，"网络集群行为"也就形成了，具体表现为通过对某一网络新闻发表自己的评论、通过微博平台发表自己对某一事件的看法、通过转帖、顶贴和回帖等形式赞同或反对他人的网络言论、甚至浏览网络新闻等行为。

7.1.2 网络集群行为的特点

网络集群行为不同于现实中的集群行为，它具有以下特点(邓希泉，2010)。

(1) 发生环境的虚拟性。这是网络集群行为最主要的特点之一，主要体现在两个方面：一是网络集群行为发生的超时空化，这主要得益于互联网的超时空性，人们在网络上可以不受时间、空间的限制，因此网络行为发生的速度更快、波及范围更广；二是参与网络集群行为的网民具有匿名性，其身份都是虚拟的(黄蜺，郝亚芬，2010)，这就导致网民责任缺失，更易参与到集群行为中来。

(2) 参与成员的无组织性与独立性。现实中集群事件的参与者往往共同进退，与他人频繁互动，更易形成紧密的关系，这就有可能使得原本的集群发展成一个群体。而互联网的文化则充满个性化、民主化的味道，网民间的关系常是松散的、无组织的，网络集群行为也常常是"来去匆匆"。

(3) 参与的自发性与超功利性。现实中的集群行为往往是人们聚集起来，针对某一事件表达某种利益诉求；而在互联网上，集群行为的参与者常受情绪主导，而并不是为了表达自己的利益诉求(文凤华，杨晓光，2008)，表现出超功利性。

(4) 行动的符号化。现实中的集群行为是通过具体行动来表现的，涉及集群中个体间的言语互动和肢体冲突等；互联网上的多数集群行为是通过文字、图片或视频等符号形式来表达的。正是因为缺少具身体验，网民们很难意识到其行为后果的严重性，这使得他们参与网络集群行为的压力较低。

(5) 与现实的互动性。网络集群行为虽然发生于互联网之中，但与现实有着密切联系，具体表现在：第一，网络集群行为的参与者是现实生活中的人。尽管他们在互联网上会表现出一些不同于其在现实中的行为，但这些行为依然会反映出行使者长期稳定的人格特质，网络世界只是现实世界的一个"缩影"。第二，网络集群行为会影响现实中人们的生活。网上行为已成为人们生活的重要组成部分，个体与网络的互动在逐渐改变着人们的现实生活。第三，网络传播可能会引发现实中的集群行为。

现实是大多数网络集群行为的源头,网络集群行为发展的结果也常常会表现为现实的行动。

7.1.3 网络集群行为的分类

目前,不同学者从不同视角对网络集群行为进行了分类,分类方式包括按引发事件的类型、按集群规模、按行为类型等(杜骏飞,2009)。这些分类主要是静态分类,并未反映出网络集群行为发展的内在机制、动态过程及网络和现实间的相互作用。

基于发展过程的分类

关注点、信念和行动目标是形成网络集群的三个关键特征,三者间的关系是逐渐递进的,为了解释网络集群行为的发展方向和可能的内在机制,乐国安、薛婷和陈浩(2010)将网络集群行为划分为三个大类:基于共同关注点的网络集群行为、基于共同信念的网络集群行为和基于共同行动目标的网络集群行为。

基于共同关注点的网络集群行为

基于共同关注点的网络集群行为,是指一群网民针对共同关注的某一特定话题或事件,直接或间接表达自己态度和想法的行为。某一易受关注的事件发生后,现实生活中的人们将事件信息散播到互联网上,互联网信息传播的高效性使其迅速蔓延。然而由于互联网的匿名性,网民难以对其真假进行辨别,因此他们常根据自己的态度和价值取向,形成对该事件的看法,并借助互联网将这些看法进行传播。基于共同关注点的网络集群行为强调态度和意见的形成与传播,因此它既可以作为网络集群行为的一个类别,也可以作为网络集群行为形成过程的初级阶段。其中,网络流言和网络谣言是典型的基于共同关注点的网络集群行为。

网络流言主要指"通过BBS、博客、论坛、电子邮件、手机等新媒体,传播未经证实或无充分根据的信息活动及其内容"(田大宪,2007)。网络谣言则是"在网络这一特定环境下,网络使用者以特定方式传播的,针对网民感兴趣的事件、事物或问题的,未经证实的阐述或诠释"(巢乃鹏,黄娴,2004)。因为二者概念具有相似性,很难区分开来,所以经常被混用。

网络流言在网上进行传播需要三个条件:信息本身有一定的信度,信息传播者有较强的动机,以及信息的传播是集合性行为(白寅,2010)。信息的信度是指信息接受者认为某一信息的可信程度,具有很强的主观性。由于互联网上信息传播者的匿名性,网民往往通过信息内容本身对其进行判断。一般来说,信息接受者比较容易接受那些符合其心理预期且与其原有认知结构相匹配的信息。符合接受者的心理预期是网络流言的显著特征。在互联网上,网民言论自由,但由于缺少现实人际交往中的结构化紧张关系,网民不会被迫发言,因而更容易保持沉默。而不满情绪的表达是网民参与流言传播的主要动机，也许正因为如此，情绪主导才成为网络集群行为的重要一类（文凤华，杨晓光，2008）。信息传播要形成集合行为往往跟事件的类型有关，调查发现，涉及社会重大利益或触动社会主要矛盾的信息更易引起互联网上的集合性行为（白寅，2010）。

基于共同信念的网络集群行为

基于共同信念的网络集群行为，是指对于网络中的突发事件，网民形成统一的信念或意见表达（汤志伟，杜斐，2014）。与基于共同关注点的网络集群行为相比，基于共同信念的网络集群行为不再只是网民个人态度和想法的传播与表达，而是各种想法、意见在汇聚、冲突之后发生极化，形成意见共同体。

网络集群行为所涉及的共同信念主要包括两方面的含义：一方面是网民在现实环境、网络环境和群体环境的影响下所形成的某些共同的态度、情感或心理特征，这是微观、中观和宏观因素交互作用的结果（乐国安，薛婷，2011）。“使用与满足”理论站在受众的立场上指出，社会心理根源、需求、期望、满足程度等是影响大众选择、使用媒介以及媒介传播效果的重要因素。根据该理论，共同信念是网络集群行为发生的重要前因变量。另一方面，网民所具有的共同信念既可以被认为是一类典型的网络集群行为，也可以被看作是网络集群行为发展过程中的一个重要阶段（乐国安，薛婷，2011）。它既是网民个体与环境交互作用的结果，同时也是由对问题的共同关注发展到采取共同行为的重要过渡阶段（如受群体互动、外部干预和事件发展等因素的影响，网络舆论可能会升级为人肉搜索行为，甚至是各种现实集体行动）。

网络舆论行为是典型的基于共同信念的网络集群行为。网络舆论是指能引起公众关注或聚焦的话题，和经由不同意见的交融而形成的比较统一的意见或看法，它强调网民对某一公共事务的广泛认同和公开表达。网络舆论既是一种典型的网络集群行为，也是连接初级形式与实际行动的中间环节（邱建新，2009）。群体极化是网络舆论行为形成的关键环节，是指群体中原已存在的倾向性通过相互作用而得到加强，使原有观点朝着更极端的方向转移。互联网的言论自由、传播迅速等特点都容易导致网络舆论的群体极化。此外，网民经常会根据自己习惯的思维方式对互联网上的不确定信息进行推理加工，形成自己的观点态度，所以社会认知倾向也是影响网络舆论极化的重要因素（吴正国，王君柏，2014）。

基于共同行动目标的网络集群行为

基于共同行动目标的网络集群行为是指在网络空间中发生的、针对突发事件的、目标鲜明的行动（汤志伟，杜斐，2014）。这类行为包括纯网上行动的网络集群行为和涉及现实行动的网络集群行为（乐国安，薛婷，陈浩，2010）。由于这类网络集群行为涉及实际的行动，因此从某种意义上可以认为其是网络集群事件的最终阶段。

人肉搜索是典型的基于共同行动目标的网络集群行为。人肉搜索有广义和狭义之分，广义的人肉搜索指的是利用现代信息科技，把传统的网络信息搜索变为人找人的关系型网络社区活动，把枯燥乏味的查询过程转变为一人提问、八方回应的人性化搜索体验；狭义的人肉搜索指的是通过在网络社区集合广大网民的力量，追查某些事情或者人物的真相与隐私，并把这些细节曝光的行为（苏建军，2010）。人肉搜索的精髓在于发动海量"网民群众"的力量解决具体问题（许哲，2010）。智慧叠加是人肉搜索的基本方式，道德问题是人肉搜索的基本关注点（张跣，2010）。

基于行为对象的分类

尽管乐国安、薛婷和陈浩（2010）关于网络集群行为的分类有利于解释网络集群行为的发展方向和可能的内在机制，但他们的分类主要针对的是基于事件的网络集群行为，并不全面。本章根据行为对象，将网络集群行为分为基于事件的网络集群行为和基于话题或问题的网络集群行为。

基于事件的网络集群行为，顾名思义，是指大量网民针对某一特定事件，发表或传达具有共性的态度和看法，或是采取目标鲜明的行动。这类网络集群行为和网络集群事件概念相似，具有如下几个特点：

（1）目标指向某一事件，参与个体对该事件有自己的态度和想法；

（2）参与网络集群行为的动机主要是利益诉求或是不满情绪的发泄，当然也存在体现正能量的网络集群事件，如对"最美公交司机"的自发颂扬；

（3）自发参与集群行为的个体会形成对这一事件的一些共同想法和信念；

（4）集群行为可能升级成一些涉及线下的行动。

基于话题或问题的网络集群行为是指大量网民针对某一话题或问题，发表自己的看法，比如网络神曲爆红之后大家迅速模仿，或者网络新词产生后网民短期内的频繁模仿使用和再创造等。此外，网络集体智慧也是一种典型的基于话题或问题的网络集群行为。这类集群行为与网络集群事件存在诸多方面的不同：

（1）目标指向某一话题或问题，而非某一事件，虽然此类集群行为偶尔也涉及一些事件，如"且行且珍惜"，但大家关注的是这句话的表达，而不是引出这句话的事件；

（2）参与网络集群行为的动机往往是个人兴趣；

（3）自发参与集群行为的个体主要表达个人的观点和看法，属认知层面，一般不涉及态度，而且不一定会形成共同信念；

（4）集群行为往往是线上的，不会形成线下活动。

尽管基于话题或问题的网络集群行为在某种程度上与基于共同关注点的网络集群事件有些相似，但是它与网络集群事件在内在机制上还是存在很大差异的。所以，本章的第二节和第三节将分别对网络集群事件和网络集体智慧进行阐述。

7.2 网络集群事件的发生和发展机制

网络集群事件是民众在网络虚拟空间进行社会互动的表现，其产生和发展得益于20世纪90年代以来网络技术的飞速发展以及互联网的广泛普及。互联网的匿名性，相对开放和自由的公共空间，信息传输的高速性和信息交换的时域性，传播媒介的便捷性和多样化等互联网时代的特征，必然催生网络集群事件。这也意味着网络集群事件的发生和发展必然经历一个受多个层面、多种因素综合影响的复杂过程。

7.2.1 网络集群事件的发生

网络集群事件的发生需要具备以下条件。

(1) 有利的环境。一是便于信息在短时间内迅速传递的互联网环境，二是能够促使集群事件发生的群体环境。

网络集群事件需要一个大环境——互联网。其一，互联网已成为人们生活的重要组成部分，人们每天游弋于互联网，容易接触到各种新闻事件；其二，互联网具有超时空的特点，突破了时间和空间的限制，因而信息能够在短时间内迅速蔓延；其三，互联网用户是匿名的，这意味着网络信息的发出者和传播者身份不明，信息真假难辨，网民参与集群事件的责任压力也随之降低；其四，互联网传播信息的方式呈多样性。图片、语音和视频等传播形式使网民身临其境，从而加深了其卷入程度。

网络集群事件还需要一个小环境——特定的群体环境。该群体环境指一群兴趣爱好、生活经历以及价值观相似的网民对某件事产生兴趣，从而产生某种网络集群行为(乐国安，薛婷，2011)。网民群体主要有三种形式：一是紧密群体，诸如QQ群、微博和微信朋友圈等，其中很多网民除了线上相识外，在线下也保持着紧密关系；二是松散群体，该群体由享有相似的兴趣、爱好、知识结构或价值观的网民组成，因为特定的主题在某一互联网平台聚集而成，如各种论坛和贴吧；三是集群，相对于前两者，网络集群中的个体更加松散、独立，只有当某一共同关注事件发生时，他们才表现出一种似群体的特征。不管关系紧密与否，网络群体主要还是"心理群体"，在互联网匿名性的影响下易形成高度的同质化，从而强化人们的认知偏差和从众压力，催生各种群体极化现象(彭知辉，龚心斌，2008)。

(2) 现实话语空间的缺失。当前，我国正处于转型的关键期，政治身份不平等、少数政府官员损害民众利益以及社会控制不当等社会现实激化的社会矛盾，容易使相对弱势的民众对现实产生不满，对各类强势群体产生敌对和仇视的情绪(乐国安，薛婷,2011)。然而,公共话语空间的缺失、利益表达机制的不健全和信息自由的匮乏使得民众很难在现实中发表自己的意见,这就催生了网络话语空间。在互联网上,网民可以相对自由、平等地与他人交流,发表自己的看法,尤其是表达自己的不满。

(3) 共有的情绪或信念。如第一节中所述,在现实的集群事件中,参与者往往具有明确的利益诉求,因此具有较强的参与动机。而网络集群事件的参与者往往与事件本身无关,只求表达或发泄一种情绪,因此这类事件主要是情绪主导型事件(文凤华,杨晓光,2008)。网络集群事件中的个体之间并不存在直接、紧密的联系,大量持相同信念的网民,在短时间内表现出一致的态度和看法,网络集群事件便由此发生。因此,共同的情绪或信念是网络集群事件发生的前提。需要注意的是,这种共有情绪或信念不只是个体情绪或信念的简单相加,而是会在个体之间相互传染,从而使更多的网民卷入其中。此外,群体情绪和信念也会反作用于个体,使其情绪和信念进一步加强。

(4) 诱发事件。诱发事件指能够引起普遍关注或是引发公共舆论或共同行为的网上及现实中的事件或议题(乐国安,薛婷,2011),多为不道德或不公平事件(邓希泉,2010)。不道德的行为,使网民切身体会到人们对道德的漠视,从而引发他们对道德现状的深切忧虑。就此展开的讨论也更容易被其他网民关注,吸引越来越多的网民参与其中,进而引发网络集群行为。而不公平事件则容易使网民产生自我投射。大多数网民在现实中是弱势群体,在遭遇不公平时往往缺乏表达不满的机会,各种“不满”积压于心,易导致认知失调。当在互联网上看到不公平事件时,他们往往会联想到自己,于是积极参与声讨。这既是对受害者的支持,也是个体态度的表达。

(5) 行动动员。行动动员是指通过宣传、示范、渲染、暗示等方式,强化结构性紧张和在共同信念阶段形成的认知、情绪与态度,使参与者对某事的态度转化为对某事的具体行为(邓希泉,2010)。其中,领袖的意见或行动往往会影响集群行为的动向(汪大海,何立军,玛尔哈巴・肖开提,2012)。并不是每个人都能成为某一个网络集群行为的意见领袖,这取决于其人格特征、知识阅历、文字表达能力、活跃程度和良好声誉等自身特征,同时也取决于特定的社区和群体网络环境,甚至是现实的社会环境等。并且,网络集群行为不仅仅是由少数几个领袖的行动与意见诱发的,而是众多意见领袖共同影响网络舆论的结果(乐国安,薛婷,2011)。

(6) 不健全的控制机制。传统的社会控制主要指政府、媒体等社会机构或组织通过各种干预和预防措施来对集群行为的产生和发展施加影响(乐国安,薛婷,2011)。其中,媒体主要通过对新闻信息进行取舍或修改来决定输出新闻的类型和质量,进而影响或控制公众舆论的内容或走向(张国良,1997)。然而,互联网具有虚拟性、自由性和广泛性等特征,使得现实社会中的一些控制机制很难实施。此外,我国关于网络控制的相关法律也不健全,互联网的高速发展和信息传输的强时域性使得网络立法难以顺利推进。

7.2.2 网络集群事件的发展

网络集群事件的发展主要包括萌发阶段、发展阶段、高涨阶段、消退阶段四个阶段。

第一是萌芽阶段。该阶段主要表现为网民对事件的接触与关注。一般来说,现实中的不公平和不道德事件容易引发网络集群事件。这些事件一经报道或经由知情人"爆料",就进入了网络集群事件的"萌发阶段"(吴小君,张丽,龚捷,2012)。由于网络信息传播的快捷性,这一阶段有可能非常短,有时甚至仅出现几个小时,就进入下一阶段。

第二是发展阶段。在该阶段,较早关注这一事件的部分网民,开始就事件进行交流、发表评论,并结合自身的态度和价值取向形成一定的看法,同时向外传播。这些人往往就是网络集群事件中的意见领袖。在意见领袖的带动下,更多的网民开始关注这一事件,网民的情绪开始相互传染,相互促进,并进而产生一定的心理力量,至此,网络舆论初步形成。随着移动互联网的普及,该阶段的持续时间有缩短的趋势。

第三是高涨阶段。这是网络集群事件中最为疯狂的阶段。在这一阶段,热点事件的传播速度、传播范围以及参与网民的数量会呈几何级数增长,网络舆论的影响迅速扩大。网民们的情绪相互交叠影响,产生强大的心理力量,形成网络情绪的集体释放。并且,群内成员会自动过滤与他们观点不同的看法,而过分放大群内的看法。情绪主导盖过了网民的理智,个人对群内领袖的观点言听计从,更有许多人出现十分极端的"从众"行为(许志红,2013)。此时,网络集群行为达到空前绝后的高涨状态,甚至有可能转化为现实行动(乐国安,2010)。此外,网民在这一阶段有一个显著表现,那就是对干预控制的逆反情绪(吴小君,张丽,龚捷,2012),这种情绪易导致事件陷入失控的局面。

第四是消退阶段。网络集群事件发展到高涨阶段之后,就会慢慢进入消退阶段。在这一阶段,网民的情绪慢慢安定下来,重新开始理性、辩证地看待问题,接受群外的信息,反思之前的不理智行为。大部分网民开始探究事件的真相,愿意倾听他人与自己不同的意见,使网络集群事件慢慢地回归正轨、走向平静。

7.2.3 网络集群事件的理论解释

由于网络集群事件影响巨大,对网络集群事件的认识和防控问题便成了学术界研究的热点。研究者从不同的角度对网络集群事件进行了理论解释。

心理学研究在描述、解释集群行为时，主要立足于个体的微观心理层面，探讨了个体心理是如何在环境和行为之间起到中介作用的。这些研究根据其关于个体心理本质的假设又可细分为非理性维度和理性维度两个方面(薛婷，陈浩，乐国安，2010)。其中，非理性维度主要将集群行为参与者看作是非理性的，或将集群行为看作是反社会、反文化的，强调社会情景或环境因素对个体心理的负面作用。此类研究侧重说明流言、谣言等初级集群行为和大众行为的产生和扩散过程，以及集群事件的发展过程。此类理论包括相对剥夺理论、社会冲突理论以及价值累加理论等。而理性维度的研究则将集群成员看作是追求个人利益最大化的理性人，个体是否参与集群行为取决于其对可用资源和组织的考察以及对参与成本—收益的计算，此类理论包括资源动员理论等。该维度主要关注那些有一定组织或结构、行动目标较为明确的集群行为的发生和发展过程，因此在解释网络集群事件时往往比较容易受限。

政治学和社会学的研究往往从宏观角度论述社会、政治环境与集群行为、社会运动之间的关系。政治过程理论认为由政治机遇结构、自由组织资源和认知解放构成的政治过程是导致集群行为或社会运动的重要因素。该理论适合被用来解释我国本土社区和底层社会的政治、文化反抗等现象(刘能，2009)。

此外，也有研究者从传播学角度研究流言的产生及其在网络集群事件中的作用(白寅，2010)，以及新的传播工具和媒介的应用对信息、观念的传播及集群的发展和行为的重要影响(Berger & Heath, 2005)。

基于上述既有的理论和模型，薛婷、陈浩和乐国安(2010)提出了一个集群行为的整合模型，如图 7.1 所示。

该模型一共分为四个模块。模块一主要是集群行为(特别是具有一定组织和行动目标的集群行为)的发生阶段中可能涉及的社会背景、心理过程和内在机制。该模块包含两个部分，一是对集群行为参与者共同心理过程的描述，即由社会变迁和文化冲突等宏观社会背景引发的民众的不满或受挫的心理状态，通过比较交流和社会认同等机制使具有同样境遇的民众产生普遍认识和共同信念；另一部分则是对集群事件中领袖的描述，他们在对当时的政治环境、可用资源等方面进行理性思考或博弈后，将动机转化为实际行动。在网络中，由于信息的高速传输，人与人之间的交流变得更加便利，因此共同信念的形成与在现实中相比会更加快速。此外，互联网的匿名性使得追责困难，因此网络集群事件中的意见领袖更容易采取行动。

模块二主要是集群行为发展扩大的外部因素，以及流言、谣言和恐慌等相对无组织和无明确目标的集群行为的发生、发展过程。不确定性是该模块的关键，包括信息真伪的不确定性和民众心态的不确定性。互联网的匿名性导致对信息的可信度进行评估较为困难，信息的不确定性使得网民对事件的评价不稳定。他们往往根据自身

的态度和

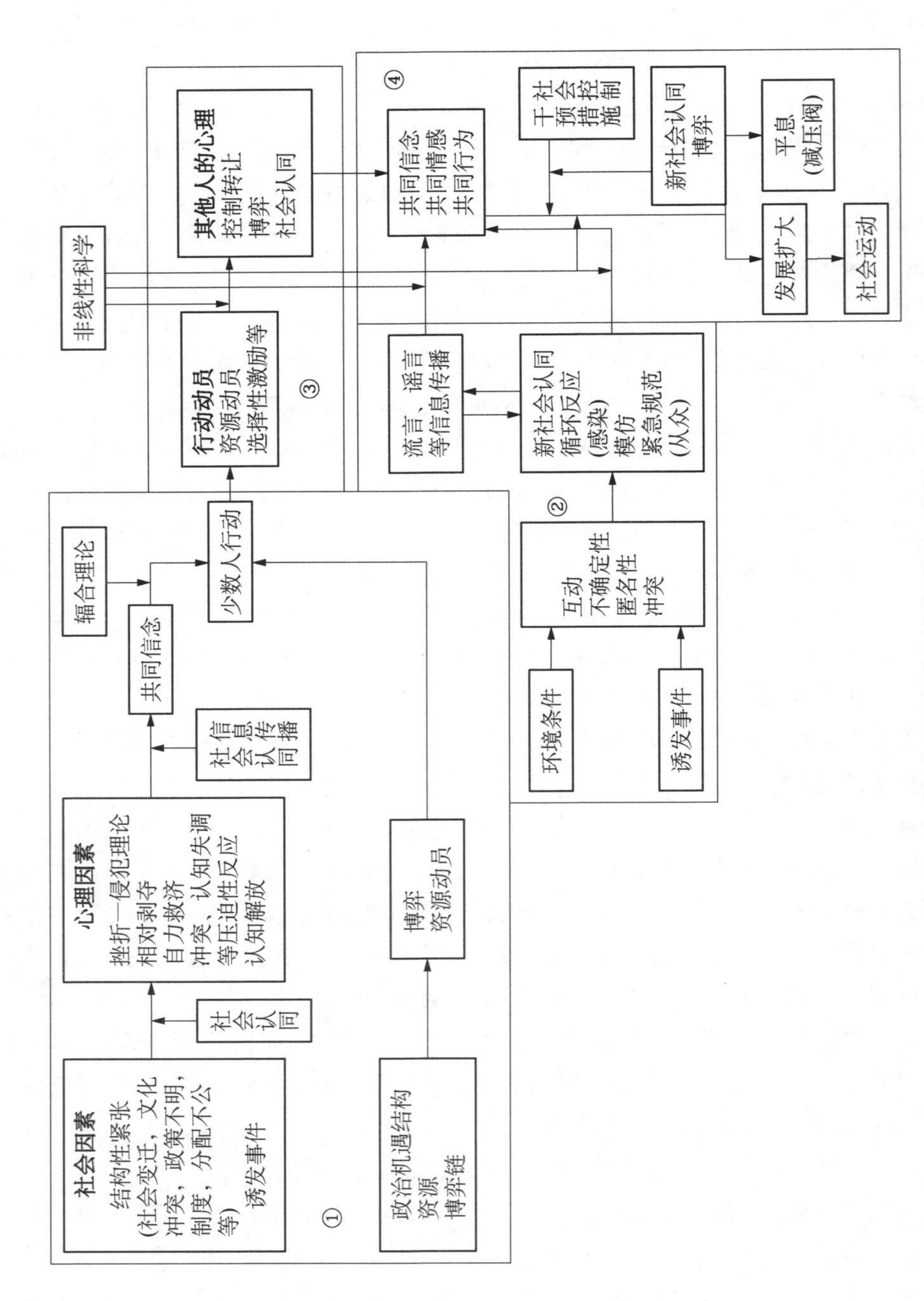

图 7.1 集群行为的整合模型(薛婷,陈浩,乐国安,2010)

价值观念来加工信息,并根据互联网上的新信息进行调整,或者干脆跟从领袖的意见行事,这会使得整个事件的参与者形成共同的信念或行为。

模块三主要说明了意见领袖如何通过行动动员让更多的人参与到集群行为中,以及其他人在经历了博弈、控制转让或社会认同等心理活动后如何进行决策,进而形成共同的信念和行为。该模块体现了参与者决策和行为的理性特征,并且主要针对的是相对有组织和明确目标的集群行为的发展扩大阶段。对于网络集群事件来说,该模块则相对较弱。

模块四主要说明了集群行为发展的最后结果,即社会控制和干预如何通过群体成员的新社会认同或博弈过程以及减压阀等机制,使事态进一步扩大直至发展成社会运动或最终平息。在网络集群事件中,网民对于官方的控制往往具有逆反情绪,因此很难控制。不过,网络集群事件虽然来势汹汹,但是也去如潮水,当网民情绪达到至高点后便会逐渐冷静下来,集群事件也会慢慢消退。

7.3 网络集体智慧

集体智慧(collective intelligence)是一种共享的集体智能,它对集体和组织知识创新具有重要的促进作用。在当今知识经济时代下,社会的发展越来越依赖知识,使得这种集体能力也变得越来越重要。近年来,随着网络技术的迅猛发展,它已渗入集体的知识分享与创新活动中,形成了一种新形式的集体智慧。在网络环境下,大量不受时间和地点限制的、具备不同知识和能力的个体以临时、松散、自愿和开放的形式集合成网络集体或虚拟社区,并通过集体成员间的互动与交流,形成超越单个个体智慧简单相加的集体智慧,为集体知识分享和创新带来了一种全新方式,这也是网络技术发展、经济全球化形势下的一种必然趋势。

目前,网络集体智慧已经被广泛应用于社会、企业和教育等多个领域,其中维基百科、百度百科、雅虎、小米手机和宝洁公司的会员活动网络社区等都是典型的成功案例。他们通过各种网络交往与互动工具,实现集体成员之间的知识分享,最终实现知识的创新并将知识和生产实践相结合,创造经济价值。正因为网络集体智慧在知识分享与创新中发挥着越来越重要的作用,使得它备受学术界和管理界的关注,很多学者从不同角度对其展开深入探究,许多管理者也在知识实践中不断进行各种尝试。但总体而言,现有研究和实践活动尚缺乏理论支持,处于零散状态。这一节将对网络集体智慧的相关概念及形成过程、影响因素进行回顾,然后对与形成网络集体智慧相关的理论进行整理,并在此基础上构建网络集体智慧模型。

7.3.1 网络集体智慧的定义与形成过程

网络集体智慧的定义

集体智慧在英文中有许多类似的概念，如 collective intelligence、general intelligence、collective knowledge、collective wisdom、collaborative intelligence、wisdom of crowds 和 crowd wisdom 等。事实上，集体智慧并不是一个全新的概念，它早已存在于集体之中。传统集体是由固定的、一定数量的成员组成的，他们彼此认识，并以一定的层级式结构组织起来，具有个体参与成本高和知识数量一定等特点。许多学者分别从不同角度对集体智慧进行了界定。例如，Por(2006)将集体智慧定义为人类社会通过分化与整合、竞争与协作的过程，朝更高的秩序、向复杂性以及和谐方向演化的能力。Eckstein 等(2012)则从决策角度诠释了集体智慧的含义，他们认为集体智慧是集体共同决策、甚至整合多元观点以提高集体决策准确度的现象。Leimeister(2010)又从环境适应的角度描述了集体智慧，他认为集体智慧是群体基于所拥有的知识而生成的学习、理解、适应环境的能力，这种能力可帮助群体更好地适应环境变化。此外，还有学者从认知协同、复杂系统和动物行为等角度给出了不同的定义。

随着网络时代的到来，集体智慧这一概念也与之俱进。学者又对网络集体智慧做出了不同界定。例如，Baase(2007)将网络集体智慧看作是集体的过程，他指出在网络信息时代，集体智慧是基于社会信息网站，如维基百科、雅虎、Answers 和 Quora 等形成的一个群体的集体观点而不是某个专家的观点。我国学者刘海鑫和刘人境(2013)认为网络集体智慧是通过网络将大量松散的个人、现代企业和组织集合在一起，再通过集体成员间的互动或集体行为产生高于个体所拥有的，能够迅速、灵活、正确理解事物和解决问题的能力。甘永成和祝智庭(2006)则从学习的虚拟社区角度对网络集体智慧进行了界定，他们认为，在学习过程中，学习小组或集体协力加强整体性与相互联系，以便加深个体成员对事物的理解，使个体的智慧进一步凝聚，进而获得更高层次的整体性和密切联系，形成共同创造的能力。

尽管学者对网络集体智慧的界定千差万别，但他们的定义中都指出了网络集体智慧的几个特点：通过网络工具或平台实现，使网络集体智慧更加方便快捷；集体智慧不是个体智慧的简单相加；目标导向，注重解决实际问题；实现过程大致可以分为两个阶段，即集体成员之间知识分享，以及新知识的产生。

综合以上观点，我们将网络集体智慧理解成：通过网络互动工具或平台将大量松散的个体和组织集合在一起，并通过集体成员间的知识互动，创造出超越个体和组织已有知识的知识。

网络集体智慧的形成过程

已有研究把网络集体智慧的形成分为三个阶段：知识分享、知识创新和知识运用(刘海鑫,刘人境,2013)。第一阶段,知识分享。首先网络集体智慧的形成离不开大量个体智慧的贡献,因此,集体智慧形成的第一个阶段是吸引和激励分散的个体更多地融入集体智慧网络平台系统,并引导他们通过个体之间的互动来分享各自拥有的知识。第二阶段,知识创新。通过集体成员间的知识分享,他们相互学习,丰富原有知识,并使得知识产生相互影响,最终形成超越个体智慧简单相加的集体智慧。第三阶段,知识运用。将集体智慧应用于生产实践和生活中,并对集体智慧结果的有效性进行检验。

7.3.2 网络集体智慧的影响因素

网络集体智慧的影响因素是当前最为研究者所关注的。结合网络集体智慧的成分以及上文提出的网络集体智慧形成模型,下面将从个体因素、群体因素以及网络集体智慧平台因素三个方面对这一问题进行总结和阐述。

个体因素

影响网络集体智慧的个人因素主要包括人格特征、自我效能感、态度以及动机等。人格特征是指个体在与社会环境相互作用的过程中表现出的一种独特的、具有跨时间、跨地域稳定性的行为模式。就人格特征而言,在线下环境中,研究发现人格特征是影响知识分享和知识创新的重要因素。此外,人格也是影响个体使用网络的重要因素之一(Amichai-Hamburger & Vinitzky, 2010),也有研究者探讨了人格特征与网络集体智慧之间的关系。有关网络知识分享的研究发现,人格特征(如亲社会行为倾向、外倾性)对个体在网络中的知识分享意愿和行为有重要的预测作用。此外,个体的人格特质也是影响其在互联网中开展知识创新的重要因素。网络知识分享和知识创新是网络集体智慧的具体体现,据此,我们认为个体的人格特质对网络集体智慧有重要的促进作用。

自我效能感是指个体对自己是否能够完成某个任务的信念。社会认知理论(social cognition theory)指出自我效能感是影响行为的重要因素之一(Bandura, 1997)。在当前互联网环境中,自我效能感同样扮演着重要的角色。大量研究证实,自我效能感对个体的电脑和网络使用具有积极的预测作用。

在网络集体智慧研究中,研究者们探讨了自我效能感与知识分享和知识创新之间的关系。国外学者研究发现,知识分享自我效能感可以显著预测个体在维基百科上传内容的意愿。自我效能感可以显著预测虚拟社区用户的知识分享意愿。此外,研究证实,自我效能感不仅可以直接影响个体的知识分享意愿,还能通过影响用户的态度、感知到的行为控制以及个人结果预期等因素间接影响个体的知识分享意愿和知识分享行为。较低的自我效能感还会阻碍个体的知识分享行为。一项调查显示,

41%的被试表示其不分享知识的原因是知识分享的自我效能感低,他们认为自己的观念没有价值、在分享之前需要先了解一些相关问题等等。

态度是决定个体行为的因素之一,理性行为理论、计划行为理论以及技术接受模型均指出,态度是预测行为的有效指标。当个体对某行为持积极态度时,他/她更愿意也更有可能做出相应的行为。具体到网络集体智慧研究中,个体对网络集体智慧的态度会显著影响其参与知识分享和知识创新过程的行为;此外,个体网络集体智慧所依赖的网络平台的态度也会发挥一定的作用。因此,为了促进网络集体智慧的产生,需要及时引导个体使其对网络集体智慧和网络平台形成正确看法,从而促进网络集体智慧参与者形成积极的态度。

个人动机是解释个体行为意愿和行为最有力的指标。按照动机的来源可将其分为外部动机和内部动机。在网络集体智慧形成过程中,个体参与网络群体的内部动机包括乐于助人、利他等;外部动机主要包括声望、外在奖励等。内部动机是个体参与网络集体并在其中分享知识、促进知识分享的内部原因;对表现突出的群体成员给予及时、有效的奖励,会有效地提升其参与网络集体智慧过程的动力。

在上文中我们主要介绍了影响网络集体智慧形成过程中最重要的个人因素的作用,除上述提到的个体因素外,其他个体因素,如性别、控制感、结果预期等也会在网络集体智慧形成中发挥一定的作用。接下来我们将从群体角度介绍与网络集体智慧形成相关的因素。

群体因素

网络集体智慧的重要落脚点是集体,其关注的不是个体的知识分享和知识创新,而是由个体组成的群体之间是如何进行知识分享、知识创新进而形成网络集体智慧的。群体之间的关系对网络集体智慧的形成有着不可或缺的作用。影响网络集体智慧的群体因素主要包括社会联结、群体认同感和归属感以及信任等,下面将主要介绍这三个因素在网络集体智慧形成中的作用。

社会资本理论将个体在网络环境中形成的关系表述为社会联结(social interaction/ social ties/ social interaction ties),这一概念是解释个体知识分享意愿和行为的重要因素之一。社会联结指的是网络群体成员之间关系的强度以及用户之间沟通交流的频率和时间。网络群体成员之间社会联结的形成为个体寻找知识、获得帮助提供了便利,此外,社会联结的建立也有助于培养网络群体成员之间亲密感、信任感,从而增强其知识分享意愿,促进知识分享行为和知识创新。已有研究发现,社会联结能显著预测个体对分享的知识质量的评价以及其在虚拟社区中分享的知识的数量,即与其他社区用户互动越频繁的个体,越倾向于认为社区中分享的知识是有用的,其知识分享行为也越多,这样的个体越多越有利于网络集体智慧的形成。

群体认同感和归属感是指个体将自己看作群体中的一员并按照群体规则行事。个体在网络集体中感受到的认同感和归属感对其知识分享和知识创新行为有重要的促进作用。研究表明,个体对网络集体智慧平台和网络集体成员之间的认同感、归属感越高,越愿意在网络集体智慧平台上与群体成员分享知识,进行知识创新活动。为了促进网络集体智慧的形成,有必要采取相应的措施,例如按照兴趣或主题进行分组、加强网络群体成员之间的沟通交流等以增强群体成员的认同感和归属感。

信任是影响个体参与网络集体智慧形成过程的重要前因变量之一。信任在网络集体成员的相互交流过程中以及个体与网络集体智慧平台的互动过程中逐渐形成,并对个体的网络集体智慧行为尤其是知识分享行为产生重要的影响。大量研究从网络集体成员之间的信任即人际信任(例如,关系信任和情感信任)和网络集体成员对网络集体智慧平台的信任这两个方面考察了信任对个体参与网络知识分享和知识创新行为的影响。结果发现,较高的人际信任和对网络集体智慧平台的信任能促进个体的知识分享和知识创新行为。信任除了能直接作用于知识分享和知识创新外,还能通过利他动机、个体的良心间接对个体持续参与网络集体智慧形成过程产生影响。当然,信任并不是一成不变的,它是随着网络集体成员之间以及成员与网络集体智慧平台之间关系的不断变化而改变的。因此,需要特别注意培养和维护网络集体成员之间的信任感,为网络集体智慧的形成助力。

网络集体智慧平台因素

网络集体的建立、网络集体成员之间的沟通交流以及网络集体智慧的形成都需依托网络集体智慧平台。网络集体智慧平台为网络集体智慧的形成提供了重要的条件保障。当前使用比较普遍的网络集体智慧平台包括维基百科、在线问答和学术型平台等在线社区。与这些平台相关的因素主要包括群体文化氛围、信息质量和系统质量等。这些因素与网络集体智慧的形成息息相关。

群体文化氛围对群体行为的影响早就引起了研究者的关注。对传统的线下组织中知识分享的研究发现,组织文化会影响员工对参与组织知识分享的态度,公平、公正的组织文化对成员的知识分享行为有显著的促进作用。同样,网络集体智慧平台中的文化氛围也会影响群体成员的知识分享和知识创新行为,对网络集体智慧的形成具有促进作用。研究者通过分析访谈资料发现,非竞争性的网络集体智慧平台环境是影响群体成员参与知识分享的重要因素。此外,社区文化不仅会对个体行为产生影响,也会对社区成员之间的关系产生影响。上述研究结果强调了网络集体智慧平台文化建设的重要性。社区文化的形成受多种因素的影响,例如社区的开放性、公平性、认同感等,网络集体智慧平台建设过程尤其需要注意形成开放、公开、合作的工作环境,以促进网络集体成员之间关系的建立以及网络集体智慧的形成。

信息质量是对网络集体智慧平台中所包含信息的及时性、完整性、精确性的评估。网络集体智慧平台是群体成员之间交换知识的场所，群体成员可以在这里获取其他成员的知识，充实自己的认识，进而促进知识创新，形成网络集体智慧。群体成员提供的信息的价值是群体成员评估网络集体智慧平台的标准之一，直接影响群体成员参与网络集体智慧形成的积极性。社会交换理论(social exchange theory)提出，个体的任何付出都希望从他人那里得到同等的回报(Pi 等，2013)。从这一点来说，群体成员只有提供有价值的信息，才能激发其他成员参与知识分享和知识创新的积极性。实证研究也证实了这一假设。此外，信息的质量还会影响群体成员对网络集体智慧平台的态度，进而影响其知识分享意愿。因此，网络集体智慧平台的管理者在信息质量方面要把好关，保证并鼓励群体成员提供高质量的信息，提升群体成员参与知识分享和知识创新的积极性，促进网络集体智慧的形成。

系统质量(system quality)主要是群体成员对网络集体智慧平台系统稳定性、易用性以及及时性的评价。群体成员对系统质量的评价直接影响着群体成员是否会使用该网络集体智慧平台(Wixom & Todd, 2005)。群体成员对网络集体智慧平台的系统质量的评价能影响其对网络集体智慧平台的整体评价，进而影响其参与知识分享和知识创新的意愿。例如，Yang 和 Lai(2011)在研究维基百科群体成员为什么愿意在维基上编辑、修改内容时发现，群体成员对维基系统质量的评价会显著影响其对维基的态度，这一态度可以显著预测其知识分享行为。此外，还有研究发现，群体成员对维基的技术价值评价可以预测群体成员与网络集体智慧直接相关的知识分享行为和工作表现。

总之，影响网络集体智慧形成的因素是多种多样的，研究者需要把握其中的关键因素，采取相应的措施，重视群体成员自我效能感的作用，保持群体成员对网络集体智慧的积极态度，为群体成员之间的沟通和交流提供条件保障，促进成员之间信任感的形成；此外，还需要重视建立公平、平等的网络集体智慧平台，注重提升平台自身的系统质量和信息质量，进而提升网络集体智慧形成的效率和质量。

7.3.3 网络集体智慧形成的相关理论

了解网络集体智慧的内涵及其影响因素并没有揭示出网络集体智慧的全貌，我们还有必要关注与网络集体智慧相关的理论解释，从而构建网络集体智慧的形成模型。知识分享、知识创新和知识运用是网络集体智慧形成的核心过程，其中，知识创新在网络集体智慧形成过程中起着最重要的作用。研究者从不同的角度解释了知识创新是如何产生的，这为我们了解网络集体智慧的形成提供了理论基础。下文将主要介绍目前在知识管理和组织发展中使用最广泛的两个知识创新理论。

知识转化创新模型(SECI模型)

知识管理的鼻祖 Nonaka 及其同事(1995)提出了当前使用最广泛的知识转化创新模型。这一模型以显性知识和隐性知识的区分以及二者之间的相互转化为基础,认为知识创新是在显性知识和隐性知识的相互转化过程中实现的。显性知识和隐性知识的转化既是知识创新的过程,也是知识创新的结果。其中,显性知识是指能够以文档等形式保存的、容易表达的知识;隐性知识是指个体的经验、认识、价值观等个人知识,隐性知识较难表达。知识创新主要包括以下四个阶段:社会化(socialization)、外化(externalization)、联合(combination)和内化(internalization)。社会化是知识创新的起点,它是指在社会交往过程中个体发展出新的内隐知识,这是隐性知识向隐性知识转换的过程,也是在组织内部建立信任的过程。外化是指采用比喻、类比和概念等形式将在社会化过程中获得的隐性知识表述出来,转化为外显知识,这是知识创造过程中关键的一步。联合是指将已有的外显知识合并、分类、再分类并整合到一起的过程,这是显性知识向显性知识转换的过程。内化是将组织内的外显知识转化为个体或群体水平的隐性知识的过程,这是显性知识转化为隐性知识的过程。内化的完成预示着新一轮知识创新的开始。具体如图7.2所示。

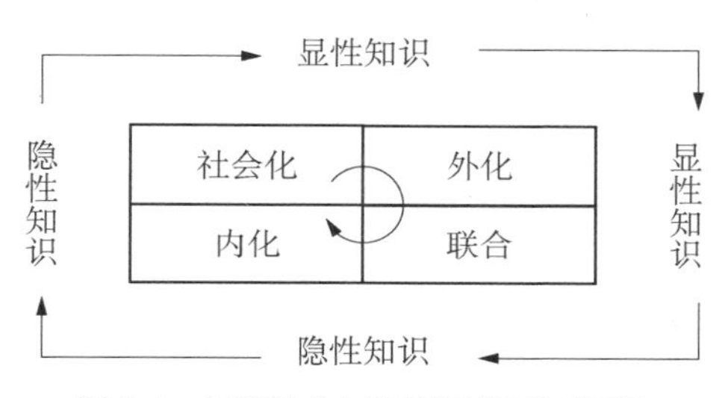

图7.2 知识转化创新模型(SECI模型)

Nonaka的知识转化创新模型详细说明了企业组织是如何通过沟通、交往实现隐性知识与显性知识之间的互相转化进而创造出新知识的。但是,这一模型并不是组织知识创新的完整模型,它只部分适合我们提出的虚拟社区中集体智慧的形成和发展过程。首先,该模型没有将质疑和分析当前情境考虑在内(Engeström, 1999)。质疑和分析当前情境是提出问题的过程。创新,尤其是知识创新必定是从问题开始的。没有问题就不会有创新,知识创新是以问题为导向的,问题的呈现预示解决的希望,问题的提出是知识创新的开端。此外,知识创新的最终目标是实现价值增值,只有有用的、切合实际的新知识才能达到这一目标。但是,Nonaka的知识转化创新模型并不能回答最终创造出来的知识是否有用、是否切合实际等问题。

拓展性知识创新模型

Engeström对Nonaka的知识转化创新模型进行了分析,并以心理学中的文化—历史活动理论和拓展性创新学习理论为基础,提出了拓展性知识创新模型(Engeström, 1999)。该模型包括以下七个阶段:质疑现有实践方式、分析情境、提出新模型、检验新模型、在实践和应用过程中完善新模型、反思和评估新模型、巩固新模型。其中,质疑现有实践方式是指网络集体中的某个个体提出现有实践方式中存在的问题;分析情境是指找出问题之所以会出现的历史和实践根源,即发现当前实践方式和问题之间的关系;提出新模型是指发现新的实践方式以解决当前存在的问题;检验新模型是指考察新的实践方式是如何起作用的,并找出新模型的潜力和局限;进而在实践和应用过程中完善新模型;并在实践过程中反思、评估新模型;最终完善、巩固新的实践模型。

Engeström 的拓展性知识创新模型重视质疑和分析当前情境的重要性,并且包含"在实践中应用新模型并完善、反思和评估以及巩固新模型"这三个阶段,可以确保创造出的新知识的有用性及适用性。但是,这一模型只说明了组织是如何整合已有知识创造出全新的知识的过程,没有包括对知识进行重组和创新的过程。

网络集体智慧形成模型

借鉴已有知识经验,对知识经验进行重组和创新是知识创新的重要组成部分。为了全面理解网络集体智慧的形成过程,有必要将 Nonaka 和 Engeström 的知识创新模型整合在一起。Engeström 的拓展性知识创新模型强调了知识创新中问题提出以及在实践中验证新知识有效性的作用,而 Nonaka 的知识转化创新模型则重点说明了组织是如何通过重组已有知识经验进行知识创新的,二者互相补充,完整地揭示了网络集体智慧的形成模式。借鉴网络集体智慧的概念,以及网络集体智慧中包含的知识分享、知识创新和知识运用这三个过程,我们可以认为完整的知识创新模型应包含以下三个阶段:问题提出、知识创新、应用和完善新创造出的知识。问题提出是指网络集体成员在质疑先前假设、实践经验的基础上,提出网络集体的知识创新拟解决的问题和创新的目标,这个阶段主要包括两个过程,即质疑当前经验和实践方式以及分析问题情境。知识创新阶段即隐性知识和显性知识相互转化创造出新知识的过程,这个阶段主要包括四个过程:社会化、外化、联合和整合以及内化。这一知识创新阶段既包含网络集体成员对已有知识进行重组的知识创新,也包括将已有知识进行整合创造出全新知识的过程。应用和完善新创造出的知识则是检验新知识的有用性、有效性,确认创造出的新知识能够创造价值的过程,这个阶段主要包括三个过程:在实践中应用新创造出的知识,在实践的基础上修正和完善新创造出的知识,最终令新创造出的知识得到巩固和传播(见图 7.3)。值得注意的是,首先,问题提出和知识创新阶段是网络集体成员之间不断进行知识分享,进而实现知识创新的过程。其次,问题提出、知识创新、应用和完善新知识是不断循环的过程。

这一理论模型与网络集体智慧形成的过程互相呼应。网络集体智慧形成的第一阶段是知识分享,其蕴含在模型的问题提出和知识创新过程中。集体成员通过知识分享对现有实践方式提出质疑,促进集体成员间知识的沟通与融合,并为下一阶段的

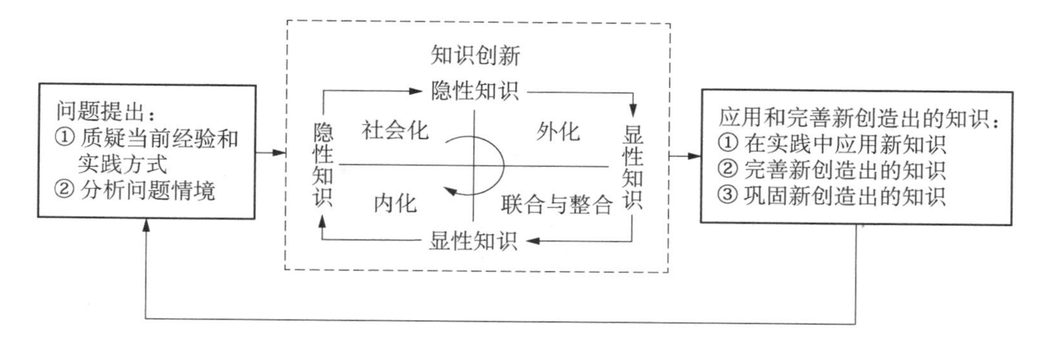

图 7.3 网络集体智慧形成模型

知识创新提供知识储备。可以说，知识分享是问题提出的核心，是知识创新的基础。网络集体智慧形成的第二阶段是知识创新，它是集体智慧形成的核心内容，集体成员之间通过知识创新，实现隐性知识和显性知识之间的相互转化，最终创造出新的知识。应用和完善新创造出的知识是网络集体智慧形成的最后一阶段，是考验集体智慧的质量并最终将之应用于实践创造价值的过程。

参考文献

白寅.(2010).网络流言传播的动力学机制分析.新闻与传播研究,5,91—96.
巢乃鹏,黄娴.(2004).网络传播中的"谣言"现象研究.情报理论与实践,6,586—589.
陈浩,薛婷,乐国安.(2010).集群行为诸相关概念分类新框架.广西民族大学学报(哲学社会科学版),32(6),56—60.
陈均土.(2011).论大学生网上集群行为的心理成因及其引导.中国青年政治学院学报,1,7—50.
戴维·波普诺.(1999).社会学(第10版).李强等译.北京：中国人民大学出版社.
邓希泉.(2010).网络集群行为的主要特征及其发生机制研究.社会科学研究,1,103—107.
杜骏飞.(2009).网络群体事件的类型辨析.国际新闻界,7,76—80.
甘永成,祝智庭.(2006).虚拟学习社区知识建构和集体智慧发展的学习框架.中国电化教育,5,27—32.
黄蜺,郝亚芬.(2010).社会心理学视阈下的网络群体性事件.电化教育研究,7,39—43.
乐国安,薛婷,陈浩.(2010).网络集群行为的定义和分类框架初探.中国人民公安大学学报(社会科学版),6,99—104.
乐国安,薛婷.(2011).网络集群行为的理论解释模型探索.南开学报(哲学社会科学版),5,116—123.
乐国安.(2010).网络集群行为过程解析.人民论坛,5,18—19.
李兰.(2014)."网络集群行为"：从概念建构到价值研判——知识社会学的分析视角.当代传播,2,60—63.
刘海鑫,刘人境.(2013).集体智慧的内涵及研究综述.管理学报,10(2),305—312.
刘能.(2009).社会运动理论：范式变迁及其与中国当代社会研究现场的相关度.江苏行政学院学报,46,76—82.
马雁.(2011).无直接利益相关群体事件的发生、结构及场域——以情绪暴力为视角.南京林业大学学报(人文社会科学版),11(1),56—64.
彭知辉,龚心斌.(2008).论网络与群体性事件.山东警察学院学报,1,106—109.
青井和夫.(2002).社会学原理.刘振荣译.北京：华夏出版社.
邱建新.(2009).为"网络公众舆论"正名——关于"网上群体性事件"概念适当性的思考.江苏社会科学,6,91—95.
苏建军.(2010).人肉搜索：道德舆论的新形式——兼论当代青年社会参与之公共空间的构建.当代青年研究,09,7—12.
汤志伟,杜斐.(2014).网络集群行为的演变规律研究.情报杂志,33(10),7—13.
田大宪.(2007).网络流言与危机传播控制模式.国际新闻界,(8),55—58.
汪大海,何立军,玛尔哈巴·肖开提.(2012).复杂社会网络：群体性事件生成机理研究的新视角.中国行政管理,6,71—75.
文凤华,杨晓光.(2008).情绪主导型群体事件的机理研究.求索,(6),42—44.
吴小君,张丽,龚捷.(2012).从网络热点到网络群体性事件的舆论转化机制.现代传播,11,111—114.
吴正国,王君柏.(2014).信息的不确定性与网络舆论极化分析.贵州社会科学,5,37—41.
许哲.(2010).人肉搜索的"自发秩序".新闻界,02,78—80.

许志红.(2013).网络集群行为的社会心理机制分析.学术论坛,3,181—185.
薛婷,张浩,乐国安.(2010).集群行为诸理论的整合模型.心理科学,33(6),1439—1443.
张国良.(1997).现代大众传媒学,成都：四川人民出版社.
张跣.(2010).虚拟与现实之间的网络集群事件.社会科学辑刊,6,37—41.
Amichai-Hamburger, Y., & Vinitzky, G. (2010). Social network use and personality. *Computers in Human Behavior*, *26*(6),1289 - 1295.
Baase, S. (2007). *A Gift of Fire: Social, Legal, and Ethical Issues for Computing and the Internet*. 3rd edition. Prentice Hall. pp.351 - 357.
Bandura, A. (1997). *Self-efficacy: The exercise of control*. New York: Freeman.
Berger, J.A., & Heath, C. (2005). Idea habitats: How the prevalence of environmental cues influences the success of ideas. *Cognitive Science*, *29*,195 - 222.
Dasgupta, N., Banaji, M.R. & Abelson, R.P. (1999) Group entitativity and group perception: Associations between physical features and psychological judgment. *Journal of Personality and Social Psychology*, 77(*5*),991.
Eckstein, M.P., Das, K., Pham, B.T., Peterson, M.F., Abbey, C.K., Jocelyn, L.S., & Giesbrecht, B. (2012). Neural decoding of collective wisdom with multi - brain computing. *NeuroImage*, *59*,94 - 108.
Engeström, Y. (1999). *Innovative learning in work teams: Analyzing cycles of knowledge creation in practice*. In Y. Engeström, R. Miettinen & R.-L-. Punamäki (Eds.), Perspectives on activity theory, (377 - 404). Cambridge: Cambridge University Press.
Leimeister, J.M. (2010). Collective intelligence. *Business & Information Systems Engineering*, *2*(4),245 - 248.
Lickel, B., Hamilton, D.L., Wieczorkowska, G., Lewis, A., Sherman, S.J., & Uhles, N. (2000). Varieties of groups and the perception of group entitativity. *Journal of Personality and Social Psychology*, *78*,223 - 246.
Nonaka, I., & Takeuchi, H. (1995). *The knowledge-creating company: How Japanese companies create the dynamics of innovation*. Oxford: Oxford university press.
Pi, S.-M., Chou, C.-H., & Liao, H.-L. (2013). A study of Facebook Groups members' knowledge sharing. *Computers in Human Behavior*, *29*(5),1971 - 1979.
Por, G. (2006). *Blog of collective intelligence*. http://blog of collective intelligence. com/, 2006 - 05 - 10.
Wixom, B.H., & Todd, P.A. (2005). A theoretical integration of user satisfaction and technology acceptance. *Information Systems Research*, *16*(1),85 - 102.
Yang, H.-L., & Lai, C.-Y. (2011). Understanding knowledge-sharing behaviour in Wikipedia. *Behaviour and Information Technology*, *30*(1),131 - 142.

8 网络消费心理

近年来,我国网络消费的发展非常迅速。根据中国互联网络信息中心(CNNIC)2016 年发布的报告,截至 2015 年 12 月,我国网络购物用户规模达到 4.13 亿,较 2014 年底增加 5 183 万,增长率为 14.3%。2015 年全国网络零售交易额达到 3.88

万亿元，同比增长33.3%。

按照网络消费中购买商品的物质形态，可以把网络消费分为两种。一种是实物与服务的网络消费，指借助网络实现的具有实体物质形态或服务活动过程的消费，包括在互联网上购买实体物品，如电子产品、服饰、图书、车票和电影票等，也包括各种网上的服务预订和支付等，如预订旅游和外卖等。这种形式的网络消费实际上就是传统消费向互联网的延伸。人们虽然在互联网上进行消费，但是会获得实体物品和服务。另外一种虚拟的网络消费，指不具有实体物质形态的网络消费，主要包括网络游戏消费、对虚拟物品和虚拟活动的消费。如人们花钱购买网络游戏时间和各种虚拟物品，包括角色外观和装备、虚拟货币等。

与传统消费相比，网络消费有其显著的特征，体现在以下几个方面：第一，消费品的间接性。在传统消费中，消费者可以通过视觉、听觉、触觉、嗅觉和味觉等多种感官体验去感知产品，但在目前的网络消费中，消费者很多时候无法真实地接触产品，只能通过视觉或听觉信息间接地体验产品。第二，消费者的互动性。在传统消费过程中，顾客之间的社会交往较少，特别是陌生的顾客之间。但是在网络消费过程中，由于互联网的匿名性和便利性等诸多特点，使得顾客之间的互动比传统消费过程中的频繁得多。第三，口碑突显。不管在传统消费，还是网络消费之中，口碑都起着至关重要的作用。但是，在网络消费过程中，口碑的传播范围更广、速度更快。口碑也在整个消费过程中扮演着越来越重要的角色。第四，广告突显。广告一直以来都是营销过程中的核心环节，在网络消费中，广告仍然非常重要，但与传统消费相比，它具有了更加丰富的表现形式和传播形式。

在网络消费飞速发展的同时，国内外也出现了很多相关研究。本章将对网络消费的研究分为个体特征、产品和服务特征、社交特征和消费者知觉几个方面加以阐述。由于网络广告和网络口碑在网络消费过程中起着至关重要的作用，本章也将专门对这两方面的内容进行阐述。

8.1 网络消费的个体特征

8.1.1 性别差异

性别是影响网络消费的一个重要个体特征。网络购物并不是女性的专利，有数据显示男性用户人均年度购物金额约为10 000元，比女性高出1 466元；2015年男性用户年度网购频次为32次，而女性年度网购频次为30次（中国互联网络信息中心，2016）。男性的网络购物消费之所以多于女性，可能有多方面的原因。首先，男性比女性对网络购物的态度和情感更积极（Hasan, 2010；袁可，管益杰，2013）。在认知方面，女性对网络购物所带来的好处持更多的怀疑，同时，更关注网购可能存在的风险和威胁，对电子商务也更加不信任。在情感方面，女性更喜欢传统的购物方式，因为女性在传统的购物过程中能够获得更多的人际交往，而目前网络购物中的社会交互相对较少。其次，男女感兴趣的商品类型不同，男性感兴趣的商品更多地出现在网络商场中。男性更喜欢硬件、软件和电子产品，而女性更喜欢食品、饮料、衣物和配件首饰等，早期出现在网络市场上的商品更多的是男性青睐的产品，因此男性可能更早地接触和接受网络购物，这也是网络购物中男性所占比例较大的原因之一(Van Slyke, Comunale, & Belanger, 2002)。在网络游戏方面，男性也是主要参与者和消费者，他们比女性在网络游戏中投入了更多的时间、精力和金钱(Chen, 2010)。除此之外，影响网络游戏消费性别差异的因素还有很多，比如网络游戏的内容。大部分网络游戏包含了很多高刺激强度和高暴力程度的内容，竞争性也很强，这样的游戏更能满足男性的心理需求，因此对他们也更有吸引力。随着网络游戏内容变得越来越多样化，这种性别差异正在逐渐缩小，女性玩家也越来越多。在有些网络游戏中，女性玩家的比例甚至超越了男性。

虽然整体上男性网络购物用户所占比例要大于女性，但是在团购用户中女性占比稍多，占整体的53.9%(中国互联网络信息中心，2011)。引起这种差异的原因可能来自两个方面：第一，女性网民对于价格折扣的敏感度更高，因此参与团购的积极性更高；第二，团购商品更多集中在美容、美体等女性更为关注的领域，因此女性参与团购的几率更大。

8.1.2 消费者人格特质

有研究者探讨了大五人格因素和网络购物行为的关系，结果发现，大五人格因素中的神经质、开放性和宜人性都与网络购物意愿有着显著的关系。这三个因素不仅直接影响网络购物意愿，而且还会通过需要、认知卷入和情感卷入的中介作用对网络购物意愿产生影响(Bosnjak, Galesic, & Tuten, 2007)。

对于刺激的多样性和新奇性的需要存在明显的个体差异，这种个体差异也会影响网络消费。研究者发现那些高多样化寻求的个体的网络游戏转换意愿更强烈(Hou, Chern, Chen, & Chen, 2011；徐世同，2012)。根据最优刺激层次理论(optimum stimulation level)，个体对消费品都会有最优刺激层次。最优刺激层次与个体特征和刺激经历有关。对于高多样化寻求的个体来说，一款网络游戏所提供的内容往往无法满足他们多样化的刺激需求，他们渴望转换不同的游戏来增加刺激。谢毅和张红霞(2013)的研究则显示，刺激新奇性需求高的个体对网络游戏的满意度较低。

人格特征不仅会直接影响网络消费，还会调节营销活动在网络消费过程中所发挥的效果。随着网络购物的逐渐发展，网络促销的形式也更加多样化。“全场包邮”、“买一送一”、“满 199 送 199”等促销信息随处可见。施卓敏、李璐璐和吴路芳(2013)考察了不同促销方式对于个体网络购买意向的影响。前景理论认为，人们在进行决策时会根据参照点信息划分得失，面对同等程度的利益获得和利益损失时，人们一般倾向于规避损失(Kahneman & Tversky, 1979)。根据该理论，可以将目前常见的促销方式分为“积极促销”和“消极促销”两种。“积极促销”是指促销活动给顾客带来收益增加，如“买一送一”，“满 199 送 199”；消极促销是指促销活动给顾客带来损失减少，如“全场包邮”。在网络购物的过程中，由于顾客所在地和产品所在地的分离，出现了传统零售中不存在的运输成本，企业通过收取邮费的方式将这些成本转移给消费者。邮费成为产品基本费用之外的附加费用，因此“全场包邮”会使顾客损失减少。研究者通过实验研究比较了不同促销方式对购买意愿的影响，并检验了个体调节定向特质和产品价格的调节作用。他们选择情侣装为商品，并设定了相关情景。研究者选取了淘宝网上价格为 50 元和 300 元的两套不同价格的情侣装。促销方式分为两种，一种是包邮促销(邮费为 15 元)，一种是赠送礼品(价值 15 元的任意商品)。结果发现，整体而言，消费者更加偏爱消极促销框架，他们在包邮促销情景下的购买意愿更强烈。但是，促销方式对于购买意愿的影响受到个体调节定向特质和产品价格的调节。调节定向是指个体在自我调节过程中表现出的特定倾向，它包括防御定向和促进定向两种。防御定向的个体关注损失，而促进定向的个体关注收益。对于促进定向的被试，积极促销框架(赠送礼品促销)比消极促销框架(包邮促销)的吸引力更大，他们的购买意愿更强烈；对于防御定向的被试，消极促销框架(包邮促销)的吸引力比积极促销框架(赠送礼品促销)的吸引力更大。这一结果说明，在网络购物过程中也存在“调节匹配”效应，即行动方案与个体的调节定向特质匹配时，个体行动意愿最强烈。研究者还发现，对于低价产品，消极促销框架比积极促销框架的吸引力更大，但对于高价产品，两种促销方式下消费者的购买意愿没有显著差异。

8.2 网络消费的产品和服务特征

8.2.1 产品特征

在传统消费过程中，消费者可以通过视觉、听觉和触觉信息来感知商品，做出决策判断。但在网络消费中，大部分信息以视觉的形式存在，因此产品的视觉呈现变得更加重要。

范钧等人(2014)的研究发现，网店商品图片来源和特征会对消费者购买意愿产生影响,而且这种影响受到产品类型(体验型和搜索型)的调节。体验型产品是指顾客必须要在体验之后才能了解其品质的产品,如餐饮和酒店等,这类产品通常缺乏客观的数值指标。搜索型产品是指顾客通过信息搜索就能够了解其品质的产品,如手机等,这类产品通常有客观的数值指标,如 CPU 和内存的性能等。他们的研究结果主要包括以下两个方面:第一,网店商品图片不完整会显著降低顾客的购买意愿,而且对于体验型产品的影响更大。根据精细加工可能性模型(ELM),个体会根据中心路径和边缘路径来进行信息加工。当图片信息不完整,缺乏主要的产品信息时,中心路径的信息加工就会受损,在信息说服效果不佳的情况下,顾客的购买意愿也会随之降低。由于体验型产品缺乏一些客观的参数信息,不能仅通过文字信息来判断其质量,因此图片缺乏对于体验型产品的影响更大。第二,网络商店同时使用“企业发布图片”和“顾客分享图片”会显著提高顾客的购买意愿,且对体验型产品的影响更大。根据精细加工可能性模型,属于边缘信息的信息源,也会对个体决策判断产生影响。一般而言,消费者总是对与自己身份类似的其他消费者发布的信息更为信任,而对企业发布的信息则抱有怀疑的态度。因此,多种信息源的产品展示更能够获得消费者的信任,从而增加他们的购买意愿。对于搜索型产品而言,由于顾客可以通过一些客观的参数信息来判断其质量,对图片信息依赖较小,因此图片信息源的影响效果也较小。

除了考察图片特征对网络消费的影响,黄静等(2015)还考察了在线图片呈现顺序对网络购物消费者购买意愿的影响。他们研究发现,对于搜索品,先呈现产品图片(包括产品属性的文字描述)后呈现模特图片的呈现顺序会增加消费者的购买意愿;而对于体验品,则刚好相反。消费者想象处理程度在其中起到中介作用。图片呈现顺序和产品类型之所以能够产生匹配效应,是受到它们所对应的信息加工方式的影响。首先,对于搜索品,消费者更容易采用自下而上的信息加工方式;对于体验品,消费者更容易采取自上而下的信息加工方式。搜索品有较为客观和精确的属性指标,消费者在进行决策时会首先关注这些指标(如 U 盘的容量,手机的 CPU),然后再综合产品的各方面特征进行整体判断,属于自下而上的加工方式。体验品通常缺乏客观的参数信息,消费者对体验品的偏好常常取决于个人品味。此时消费者会首先关注产品的综合效果是否符合自己的品味,然后再根据个人需要检索具体属性(如产品尺寸和材质等),属于自上而下的加工方式。先产品图片后模特图片的呈现方式容易激活自下而上的信息加工方式,而先模特图片后产品图片的呈现方式容易激活自上而下的信息加工方式。产品图片展示的是具体和细节的属性信息,消费者可以据此进行直接判断,不必依赖已有知识进行细节的加工;而模特图片展示的是抽象和整体的信息,消费者在进行判断时一般会进行整体的评估,而这一评估过程常常会依赖已有知识。当信息呈现方式与消费者信息加工方式匹配时，会增加想象处理程度，从而最终增加消费者购买意愿。想象处理程度是指个体在工作记忆中感官信息被表征成画面的过程。研究还进一步发现，当消费者为未接触过产品的人时，由于其想象处理过程受到抑制，所以图片呈现顺序对不同类型产品的购买意愿没有显著影响；但当消费者为熟悉产品的人时，图片呈现顺序与产品类型的匹配效应仍然存在。

8.2.2 服务特征

"服务人员"特征

在传统的消费情境中，销售人员的外表、服饰和仪态等都会对顾客消费产生重要影响。在网络消费过程中，则可以使用化身(avatar)来充当销售代理(sales agent)，化身的特征也会影响顾客消费。Holzwarth、Janiszewski 和 Neumann(2006)用两个研究考察了化身对网购行为的影响。研究一发现，使用化身销售代理会使顾客觉得购物网站有更多的娱乐和信息价值，最终促使顾客对零售商有更高的满意度，对产品有更加积极的态度和更强烈的购买意愿。研究二发现，对于不同介入(involvement)程度的顾客来说，不同化身类型的销售代理所产生的效果存在显著差异。对于中等介入程度的顾客来说，有吸引力的化身是更有效的销售代理；对于高介入程度的顾客来说，专家型的化身是更有效的销售代理。Pentina 和 Taylor(2010)则发现，当虚拟售货员的性别与顾客相反时，顾客的购买意愿更强烈，作者认为这种效应可能部分来源于异性的吸引力所引起的积极情感。

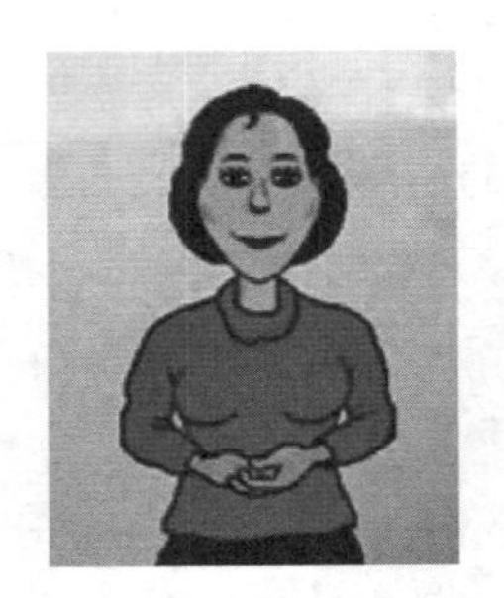

图 8.1 化身的类型(Holzwarth, M., Janiszewski, C., & Neumann, M. M., 2006)
注：左边两个是有吸引力的化身；右边两个是专家型化身。[1]

服务失误

由于各方面的原因，企业在服务传递的过程中难免出现服务失误。当服务提供商

---

① Holzwarth, M., Janiszewski, C., & Neumann, M. M. (2006). The influence of avatars on online consumer shopping behavior. *Journal of Marketing*, 70(4), 19-36.

无法为顾客提供预期的服务，并且导致顾客不满意时，服务失误就发生了(Smith & Bolton, 1998)。在网络消费的服务过程中，提供商与顾客主要通过网络这一技术媒介进行沟通，沟通过程中缺乏面对面交往中的非言语信息(眼神、表情、姿态等)，因此容易出现沟通问题，从而导致服务失误。随着网络消费的兴起，研究者对于网络消费服务失误的关注度也越来越高。Holloway 和 Beatty(2003)提出了涵盖 6 大类(产品配送问题、网站设计问题、消费者服务问题、支付问题、安全问题、其他问题)计 25 项的服务失误类型。

服务失误会给网络商家带来多方面的负面影响，包括运营成本增加、顾客流失和负面口碑传播等(沈占波，陈丽清，吴明，2013)。第一，运营成本增加。当在网络消费过程中发生服务失误时，商家往往需要花费额外的费用进行补救，这增加了企业的运营成本。第二，顾客流失。在网络消费中，顾客可以快捷高效地搜寻和比较不同商家的信息，在不同商家之间转换也更加便捷，对于服务失误的容忍度也更低，因此服务失误很容易导致顾客流失。第三，负面口碑传播。当消费者经历服务失误以后，有可能将这种经历传递给其他人，从而造成负面口碑的传播。在传统消费中，负面口碑的传播仅限于消费者个人社交圈。但是在网络环境中，负面口碑可以通过微博、微信和社交网站等媒介迅速传递，其影响也将逐渐扩大。另外，现在绝大部分网络购物平台都有评价系统，网络购物者也经常会浏览其他用户的评价，这也加速了负面口碑的传递。

服务失误虽然对网络消费有很多负面影响，但如果企业进行有效的补救，会在很大程度上影响顾客的满意度和忠诚度。依据公平理论，消费者倾向于从三个方面评价服务补救，即分配公平、程序公平和交互公平(McColl-Kennedy & Sparks, 2003)。分配公平是对有形补救结果的公平感知，有形物质补偿包括折扣、赠券和退款等。程序公平是对补救过程的公平感知，补救过程包括员工响应、等待时间、补救过程的灵活性等。交互公平是对补救行为的公平感知，补救行为包括补救者的解释和道歉等。研究者通过情景实验的方法，模拟了分配公平、程序公平和交互公平三种补救情景，结果发现网络消费中的服务补救是通过后悔来影响重购意愿的(侯如靖，张初兵，易牧农，2012)。

8.3 网络消费的社交特征

在传统消费中，虽然也存在一定程度的社会交往，但是其广度和深度都无法和网络消费中的社会交往相比。网络消费中的社会交往是影响顾客消费的一个重要因素。就目前的研究来看，社交行为、社会资本和社会规范等都会对网络消费产生影响。

8.3.1 社交行为

网络消费过程中的社交行为分为商家与顾客的互动以及顾客之间的互动,前一种互动模式在传统消费和网络消费中都很普遍,但是后一种互动模式在网络消费中更加频繁。与在传统消费中一样,网络消费中商家和顾客之间的积极社交互动会正向影响消费者与品牌的关系,并最终促进消费行为。在网络购物中,在线客服与消费者之间的互动可以让消费者感受到企业的重视、了解必要知识,从而加强了消费者与企业的联系(Köhler, Rohm, de Ruyter, & Wetzels, 2011)。在网络游戏中,有许多任务是无法单人完成的,所以玩家经常组成团队一起活动,这种团队活动对网络游戏消费的影响也受到了研究者的重视。网络游戏中的团队活动会正向影响玩家的忠诚度,需要满足和遵从团队规范是两者之间的中介变量(Hsiao & Chiou, 2012a; Teng & Chen, 2014)。

8.3.2 社会资本

社会资本理论认为,个体拥有社会资本越多,获得的关系性收益和功利性收益(utilitarian benefits)越多,其社区忠诚度也会更高,这一理论同样适用于网络消费。以往研究表明,玩家在网络游戏中的社会资本越多,他们的忠诚度越高,而且社会资本还可以通过社交规范、群体信任、社交价值、资源可获得性和乐趣的中介作用对网络消费忠诚度产生影响(Guo & Barnes, 2012; Hsiao & Chiou, 2012a,2012b,2012c; Lin, Chiu,& Tsai, 2008)。虽然社会资本可以通过群体信任和社交价值的中介作用对网络消费忠诚度产生影响,但这一过程也会受到社区规模和消费者知识水平的调节(Hsiao & Chiou, 2012a)。当群体规模较小,消费者知识水平较高时,社会资本对于群体信任和社交价值的正向作用更大。

8.3.3 社会规范

社会规范反映了群体成员所必须遵循的规则,在网络消费中也存在这样的规则。消费者越是遵从网络社区中的社会规范,其忠诚度就越高(Hsiao & Chiou, 2012a; Hsu & Lu, 2004, 2007; Teng & Chen, 2014; Wu & Liu, 2007)。社会规范之所以会影响网络消费忠诚度,可能有两个方面的原因。第一,社会规范有助于群体成员朝着明确和具体的方向努力,可以增强群体效能。而群体效能的增强会给群体成员带来更多的奖励和成就,最终提高用户忠诚度。第二,遵从社会规范的成员会获得更多的社交奖励、避免群体惩罚,因此他们更加愿意停留在网络社区之中。

8.4 消费者知觉

8.4.1 价值知觉

价值知觉是指顾客对于产品的属性、表现和后果的知觉。根据消费价值理论(theory of consumption values),消费者之所以会选择某种产品是因为他们期待某种形式的价值作为回报(Sheth, Newman, & Gross, 1991)。在网络消费情景中,该理论同样适用。很多研究发现产品价值和网络消费有着正向联系(Deng, Lu, Wei, & Zhang, 2010; Kim & Niehm, 2009; Park & Lee, 2011; Rezaei & Ghodsi, 2014; Yang, Wu, & Wang, 2009)。

有的研究者将网络消费价值笼统地划分为实用价值和享乐价值两种(Yang 等, 2009)。其他一些研究者则将网络消费价值划分为更小的维度,包括质量价值、价格价值、社交价值、情绪价值等(Park & Lee, 2011; Rezaei & Ghodsi, 2014)。除了一般性的网络消费价值,研究者还关注特定情景中的网络消费价值。例如,在网络游戏中,一些装备(items)可以帮助玩家快速提升等级和获得更多游戏点数,这些装备具有角色能力价值(character competency value)(Park & Lee, 2011)。对于玩家来说,一件装备可以同时具有多种价值。例如,有的装备既可以提升玩家的角色能力,也可以让玩家获得视觉上的享受,还可以帮助他们获得更多来自其他玩家的注意和喜爱,也就是说,这件装备同时具有角色能力价值、视觉价值和社交价值。

沉浸体验对于消费者来说有享乐价值。沉浸(flow)是指个体完全投入某种活动而无视其他事物存在的状态(Csikszentmihalyi, 1997)。沉浸感对于人类来说有巨大的吸引力,为了获得这种体验,一些青少年甚至会做出越轨行为(如偷车和破坏公物等)。在网络购物、网络游戏中,消费者都能够体验到沉浸感。消费者在网络消费中体验到的沉浸感越高,其忠诚度越高。陈洁等(2009)的研究发现,网络购物过程中的沉浸感会导致消费者无计划购买数量的增加以及重复购买意愿的增强。另外一些研究显示,网络游戏中玩家体验到的沉浸感能够正向影响其忠诚度(Choi & Kim, 2004; Hsu & Lu, 2004;谢毅,张红霞,2013)。

8.4.2 信任知觉

信任是指在一个有风险的环境中,个体对其自身的弱点不会被利用的一种期望。信任是产生网络消费的重要因素,会影响购买意向和行为(管益杰,陶慧杰,王洲兰,宋艳,2011)。当消费者信任某个网络销售商时,他们愿意支付额外的费用(Reichheld & Schefter, 2000)。网络安全机制建设和第三方服务有助于网络消费中信任的提升

(管益杰等,2011)。网络安全机制(safety mechanisms)是具体情景中保障成功的安全网,包括法律程序、法规和承诺。网络商铺可以通过一些网站信息来向消费者传递安全制度,包括隐私信息保护承诺、质量保证承诺、退货政策和投诉受理等。第三方中介是指独立于交易双方的,具备一定实力和信誉保障的客观的第三方,作用是调解交易冲突,保护交易进行。支付宝就是一种典型的第三方支付服务平台。在网络消费中,用户之间的互动也非常频繁,这一点可能与传统消费有很大的差异。除了对网络商家的信任,消费者之间的信任对于提升用户忠诚度也有重要的作用。研究者发现,在网络游戏中,玩家之间的信任度越高,继续游戏、付费和向他人推荐该游戏的意愿就越强烈(Hsiao & Chiou, 2012a,2012b)。

8.4.3 风险知觉

网络消费过程中不仅有一些积极的体验和知觉,也有一些消极的体验和知觉,比如风险知觉。研究者发现,消费者线上购物会比线下购物知觉到更高的风险,而且高风险厌恶型的消费者知觉到的网上购物风险更高(Tan, 1999)。整体而言,网络消费中的风险知觉越高,消费意愿越低(Chen, 2010;谭春辉,张洁,曾奕棠,2014)。有的研究者采用传统消费领域被普遍接受的六个维度来衡量网络消费中的风险知觉,包括财务风险、绩效风险、时间风险、身体风险、社会风险和心理风险(Chen, 2010;孙祥,张硕阳,尤丹蓉,陈毅文,王二平,2005)。有的研究者则认为应该根据具体的网络消费情景来建构风险知觉的维度。董大海、李广辉和杨毅(2005)通过焦点小组、深度访谈和因子分析,得出网络购物风险知觉的四个维度分别是:网络零售商核心服务风险、网络购物伴随风险、个人隐私风险和假货风险。网络商家可以通过一些服务来降低消费者的风险知觉,包括更快的物流速度、宽松的退货政策和多样化的支付手段等。

8.4.4 创新知觉

由于顾客需求的多样化和变异性,企业必须通过不断的创新才能留住顾客。为了更好地发挥创新性的作用,企业除了要在产品和服务上追求创新,同时还需要让顾客知觉到创新,这种知觉到的创新性会给企业带来诸多益处。以往研究发现,顾客知觉到的创新性会使其拥有更积极的产品态度、更强烈的购买意愿和更多的口碑传播行为(陈姝,刘伟,王正斌,2014)。已有研究发现,在网络消费过程中,顾客知觉到的创新性也会正向影响其消费意愿和忠诚度。而且,不管是整体的创新知觉,还是功能创新、内容创新以及营销创新都会给企业带来积极的影响(Jung, Kim, & Lee, 2014;周聪佑,许嘉伦,2008)。

8.5 网络广告

艾瑞咨询2015年度中国网络广告核心数据显示，中国网络广告市场规模达到2 093.7亿元，同比增长36.0%。网络广告的传播效果主要受到个体特征和网络广告特征的影响。

8.5.1 个体特征

性别差异

在很多情况下，相同的刺激会因个体性别不同产生不一样的影响。Palanisamy(2004)的研究发现，对于网络旗帜广告，性别有以下几个方面的影响：旗帜广告的判断力变化仅对男性受众的广告态度存在影响；网络搜索/购物的重点与计划性则仅对女性受众的广告态度形成产生影响；网络广告效果会随着男性受众期待值提高或降低而产生相应的变化，而不受女性受众期待值变化的影响。受众的搜索风格和卷入水平对广告效果的影响不存在性别差异。

认知特征

搜索风格、期待、卷入和广告超量意识等认知特征会对网络广告的传播效果产生影响(周象贤，孙鹏志，2010)。认知风格会影响人们的信息加工方式和结果。网络广告本质上也是一种信息，而搜索风格的差异会导致网络广告传播效果的差异。在信息加工过程中，个体的期待水平越高，卷入度越高，其信息加工程度就可能越深，受到的影响也就越大。在网络广告信息加工过程中，期待水平越高，卷入度越高，其传播效果也越好。在一个信息爆炸的社会，过多的信息量会导致认知超载，让人们感到痛苦。人们对过多的信息会产生厌恶，而对过多的广告也会心生反感。Cho和Cheon(2004)研究发现，个体的广告超量意识会影响网络广告的传播效果。

8.5.2 广告特征

类型

Burns和Lutz (2006)总结出网络广告主要有六种类别：旗帜广告(Banners)，也叫横幅广告，即广告商在网页中分割出一定尺寸的页面来发布的广告。旗帜广告一般位于页面的最上方，具有较强的视觉冲击力。弹出式广告(Pop-up Ads)，指打开某页面后强制性弹出另一个广告页面。擎天柱广告(Skyscraper Ads)，指利用网站页面左右两侧的竖式广告位置而设计的广告形式。大型广告(Large Rectangle Ads)，一般比旗帜广告大很多，常常采用Flash动画形式。浮动广告(Floating Ads)，一般为半透明小矩形窗口，在网页中的某个部分浮动。插页广告（Interstitial Ads），用户目标页面打开之前弹出一个页面显示广告内容，目标页面打开之后则消失。Burns 和 Lutz (2006)将人们对这六种广告的态度进行了对比，发现人们对旗帜广告的态度最好，浮动广告和弹出式广告最让人烦恼。人们在浏览网页时通常有自己的目标，与旗帜广告相比，浮动广告和弹出式广告会干扰人们对目标信息的加工，因此会让人们更加厌恶。

Flores 等(2014)的研究还发现不同类型的网络广告的传播效果也与产品类型有关。对于高涉入度(high-involvement)的产品，包含图片的旗帜广告更吸引人；而对于低涉入度(low-involvement)的产品，纯文本(text-only)的广告则更吸引人。

位置

广告的位置对广告效果有重要影响。Drèze 和 Hussherr(2003)指出，垂直的广告比水平的广告更能吸引消费者注意，其他研究者也得出了类似的结论(Sigel, Braun, & Sena, 2008; Burns & Lutz, 2006)。但是在实际的旗帜广告中，75%的旗帜广告是水平的，垂直的旗帜广告比例仅为 14%(Hussain, Sweeney, & Mort, 2010)。蒋玉石(2012)的研究则发现，当图片要素固定在广告中央时，logo 要素放在与图片要素平行的中间位置(右中、左中)及左上位置的效果较好；将 logo 要素放在图片要素的底部位置，尤其是左下方位置的效果较差。

动态性

传统观点认为相比于静态的网络广告，动态的网络广告往往更容易吸引个体的注意，因此会取得更好的效果。目前，关于网络广告的动态性与注意的研究结果并不一致。国外研究发现，动态的网络广告可以更好地获取受众的注意，再认正确率更高(Yoo, Kim, & Stout, 2004)。国内蒋玉石(2014)的研究也显示，动态网络广告更容易吸引个体的注意。眼动数据分析表明，消费者对五种尺寸的静止、动画形式广告的平均注意时间分别为 1 108 毫秒和 1 564 毫秒。但是于洋和张智君(2012)同样采用眼动技术，却发现被试对动态广告和静态广告的注视次数及注视时间均无显著差异。蒋玉石(2014)的研究是采用静止图片和 GIF 动画图片作为实验刺激，而于洋和张智君(2012)的研究则是采用静止的两幅广告图片和 1.5 秒相互切换一次的两幅广告图片作为实验刺激，因此，可能是实验刺激的差异导致了研究结果的分歧。Cian 等人(2014)的研究发现，即使是静态的图片，也会让人们产生动态的感觉，例如，倾斜的跷跷板比平衡的跷跷板更让人有动态的感觉。而且，眼动数据也表明，同为静态刺激，动态感越强的图片，越能够吸引个体的注意。因此，未来的研究除了要考察客观动态性对网络广告注意的影响外，还要考察主观动态知觉对网络广告注意的影响。

8.6 网络口碑

网络口碑是指网民借助网络中各种同步或异步网络沟通渠道发布、传播的关于组织、品牌、产品、服务的信息，表现形式为文字、图片、符号、视频等或者它们的组合(Chevalier & Mayzlin, 2006;毕继东,2011)。相比于传统口碑,网络口碑摆脱了需面对面、口耳相传的局限,以文字、图片等有形形式,在群体层面进行同步或异步的传播,因而,网络口碑与传统口碑比起来,对营销的影响更为深远。中国互联网络信息中心(2016)对网购用户决策时的主要影响因素进行了调查,结果显示在所有影响因素中,网络口碑排在第一位。另外,毕继东(2011)的调查也显示,网络口碑是影响消费者网络购物决策最关键的因素,51%的消费者表示网上口碑是其做出购买决策前最看重的因素。网络购物的兴起和快速发展,以及网络口碑对网络购买决策的重要影响(Cui, Lui, & Guo, 2012; Sen & Lerman, 2007;周志民,贺和平,苏晨汀,周南,2011),使得网络口碑受到越来越多来自营销学、传播学、心理学等领域学者和企业界人士的关注(赖胜强,朱敏,2009)。

按照网络口碑信息传播的过程,下面将从个体特征(网络口碑发出者、网络口碑接收者)、网络口碑特征、社交特征(网络口碑发出者与接收者的关系)和消费者知觉这四个方面来阐述网络口碑的影响。

8.6.1 个体特征

网络口碑发出者特征

网络口碑发出者的专业性是影响网络口碑对消费者行为意愿的一个重要因素。网络口碑发出者对产品、服务等方面的了解和专业程度,会直接影响口碑的说服力,从而对口碑信息接收者的购买意愿和行为产生影响。作为网络口碑传播中行为的主体,网络口碑发出者的传播能力是影响口碑效果的另一个重要因素。研究者(Allsop, Bassett, & Hoskins, 2007)认为,在一个给定的社会网络里不同个体具有不同的影响力,其中决定口碑传播能力大小的因素主要是专业知识。例如 Gilly 等(1998)发现,传播者的专业知识直接影响着接收者的购买决策。Bansal 和 Voyal (2000)对传统口碑的研究也发现,口碑发出者的专业性越强,口碑接收者在品牌选择态度上受到的影响越大。王远怀等人(2013)在探究网络评论如何影响网络购买意愿的研究中发现,网络口碑发出者的专业性确实会对购买意愿产生影响。

网络口碑接收者特征

信任倾向是指个体在不同情境下、面对不同个体时,表现出的对他人的依赖与相信程度，是一种稳定的人格特征(McKnight, Choudhury, & Kacmar, 2002)。网络口碑接收者自身的信任倾向直接影响口碑接收者对具体网络环境的信任(McKnight, Choudhury, & Kacmar, 2002)，进而影响网络口碑接收者对网络口碑的接受度和信任度，并最终对其网络购买意愿和行为产生影响。

卷入度是指个人基于内在需要、价值和兴趣所感知到的自己与客体之间的相关程度。在网络购物环境中，网络口碑接收者的卷入度是指其在网络情境下购买或选择产品时对某件事物的短暂性关注(宋晓兵，丛竹，董大海，2011)。当卷入度较高的时候，个体会努力形成一种合理的、真实的意见，从而更有动机去付出必要的认知努力来评价这一议题，增加对信息进行精细加工的可能性，如会认真加工其他网络购物用户的评论信息；当卷入度较低的时候，个体会认为没有必要付出太多的认知努力去评价该议题，从而利用一些外围线索来形成自己对该议题的评价，如产品的知名度等，因此其对信息精细加工的可能性也就会相应降低。在探讨口碑接收者卷入度的作用时，卷入度有时被当作调节变量，也有研究者将其当作自变量。如宋晓兵等(2011)的研究结果表明，论据质量、网站可靠性均正向影响产品态度；卷入度在这两个变量对产品态度的影响中起调节作用。金立印(2007)则认为，卷入度会影响网络购物用户对口碑信息的主动搜索与加工过程，从而对购买决策产生影响。

8.6.2 网络口碑特征

以往研究主要关注网络口碑的数量、质量、效价、形式和内容等方面的特征对消费者的影响。

数量。网络口碑的数量会影响消费者的购买意愿和行为，大量研究发现了两者的正向关系(赖胜强，唐雪梅，朱敏，2011；卢向华，冯越，2009；王远怀，于洪彦，李响，2013；左文明，王旭，樊偿，2014)。研究者认为，网络口碑的数量在某种程度上反映了购买同样产品和服务的消费者的数量。网络口碑的数量越多，说明该产品和服务的消费者越多，这会降低人们购买时的不安，最终增强他们的购买意愿和行为。

质量。一般而言，网络口碑的质量越好，消费者的购买意愿越强烈。宋晓兵等人(2011)对正面网络口碑的内容质量的作用进行了研究，发现口碑的内容质量越高，个体对产品的评价越好，后来的研究者也得到了与此一致的结果(王远怀，于洪彦，李响，2013；左文明，王旭，樊偿，2014)。Lee 和 Shin(2014)的研究也发现，高质量的网络评论能使消费者对产品和服务有更积极的评价，进而产生更强烈的购买意愿。

效价。根据口碑传播的方向不同，可以将其分为正面口碑和负面口碑。心理学的研究早已发现，在印象形成的过程中，负面信息比正面信息的作用更大(Skowronski & Carlston, 1989)。这是因为负面信息对人们的唤醒、注意和情绪等方面的影响要大于正面信息。网络口碑的研究也比较一致地发现负面口碑的作用要大于正面口碑(Yang & Mai, 2010;金立印,2007)。虽然整体上网络负面口碑的作用更大,但其效应也受到产品类型的调节。根据产品属性可分为促进型产品和预防型产品,前者主要是为了增加生活乐趣,后者主要是为了保障生活安全。Zhang 等(2010)研究发现,对于促进定向的产品,正面口碑的作用要大于负面口碑,但对于预防定向的产品,负面口碑的作用要大于正面口碑。

形式。以往关于网络口碑的研究多聚焦于一次评论上,近期有少数学者开始关注追加评论对消费者的影响(王长征,何钐,王魁,2015)。追加评论是淘宝网等电商平台的一种口碑呈现方式,消费者可以在首次评论之后的一段时间内再次对产品或服务进行评论。王长征等人(2015)的研究结果显示,与一次性评论相比,消费者会觉得追加评论具有更强的有用性。追加评论往往是在消费者使用过产品或体验过服务之后进行的,此时消费者对产品有了更全面和更可靠的认识,这使得观看追加评论的消费者认为这种评论更加可信和有用。他们的研究还显示,与一致性的追加评论相比,不一致的追加评论会让消费者觉得有用性更高。自我提升是口碑传播过程中的一种重要动机。当追加评论与初始评论不一致时,意味着消费者公开承认自己先前的错误,可能让他人觉得自己缺乏产品知识,出尔反尔,会对自己的形象有损。所以,当不一致的评论出现时,人们更有可能觉得这种评论是基于产品本身而不是消费者自身产生的,进而觉得追加评论更有用。

内容。虽然网络购物给消费者带来了很多便利,但是也缺乏多感官的线索,尤其是触觉、嗅觉和味觉线索,这可能会使消费者犹豫不决,最终放弃购买。黄静等人(2015)的研究考察了在线评论中触觉线索对消费者购买意愿的影响。研究者发现,与不包含触觉线索的在线评论相比,包含正面触觉线索的在线评论能够增加消费者的购买意愿,而包含负面触觉线索的在线评论则会降低消费者的购买意愿。他们认为,在网络购物这种极端缺乏触觉信息的情景中,补偿性动机会促使消费者通过心理模拟来感知产品。心理模拟是指对一系列事件或功能或过程的想象表征。心理模拟诱发消费者情绪,增强自我效能感,最终影响购买意愿。数据分析也表明,在线评论的触觉线索会通过心理模拟的中介作用对购买意愿产生影响。

8.6.3 社交特征

网络口碑是否会对网络购物用户的购买意愿和行为产生影响,其中一个很重要的因素是网络口碑发出者与接收者间的关系强度。按照网络口碑发出者与接收者间的关系强度分类,可以将之分为强联结和弱联结。双方关系紧密,如亲密的朋友或亲戚均属于强联结范畴;双方只是认识或为陌生人,则属于弱联结范畴。联结的强弱,一方面会影响网络口碑发出者的口碑传播和信息推荐的意愿与行为，如郭国庆等(2010)发现，网络口碑发出者与接收者间的强联结关系，会增强口碑发出者向联结的另一方进行口碑传播与信息推荐的意愿和行为；另一方面，联结的强弱也会影响口碑接收者的行为。在强联结关系中，口碑接收者会更看重口碑发出者的推荐信息，从而使得网络口碑对接收方的网络购物意愿和行为发挥作用。如 Brown 和 Reingen (1987)通过口碑发出者与接收者间的配对数据，分析了强联结与弱联结对信息推荐和接受行为的影响。结果发现，强联结对接收者行为的影响显著大于弱联结给其带来的影响，处于强联结关系中的口碑接收者更有可能产生口碑再传播意愿。

8.6.4 消费者知觉

在有关网络口碑对消费者购买意愿和行为产生影响的诸多研究中，个体感知一般是两者的中间过程。对个体感知方面的研究，研究者主要的关注点包括感知价值、感知风险和感知可信度三个方面。

感知价值

感知价值是指消费者基于成本与收益的权衡后对所获取的产品或服务进行的总体评价(Zeithaml, 1988)。在研究中，消费者感知价值一般分为功能价值、情感价值和社会价值三种。功能价值是指消费者所获得的经济价值，情感价值是指消费者在获取产品或服务过程中产生的情感体验，社会价值则是指消费者自身社会形象得到提升的程度(李欣，2011；张晓东，朱敏，2011)。张晓东和朱敏(2011)针对网络口碑的研究发现，网络口碑与感知价值存在显著的正向关系，正面的网络口碑给消费者带来的是积极的感知价值，对功能价值的作用尤其显著；感知价值与消费者购买意愿存在显著的正向关系，其中，情感价值对消费者购买意愿的作用更大。消费者的感知价值，特别是积极的感知价值，能降低消费者购物前的不确定性，帮助消费者形成对交易对方的积极期待和信任(Carver & Scheier, 1990)，从而对消费者的购买意愿产生影响。

感知风险

感知风险是消费者在产品或服务购买过程中，由于无法预料购买结果的优劣以及由此引发的后果而产生的一种不确定性的主观体验(李宝玲，2010)。为了降低感知风险，消费者会通过各种渠道搜索信息、寻找线索，而网络口碑就是网络消费过程中的重要信息和线索来源。迟梦雅(2014)研究发现，负面网络口碑的数量、视觉线索与感知风险呈显著正相关。毕继东(2011)的研究结果与此一致。另外，毕继东(2011)还发现，负面网络口碑发出者与接收者的关系强度正向影响接收者的感知风险，两者间关系越紧密，负面网络口碑越能提高接收者的感知风险。另有研究表明，感知风险是网络购物者购买态度和意愿的重要影响因素(赵冬梅,纪淑娴,2010)。还有研究表明,网络口碑通过个体的感知风险来对网络购物意愿和行为发生作用(毕继东,2011)。

感知可信度

感知可信度是指个体基于对被信任方的行为与自身利益一致的预期,自愿接受处于易受被信任方伤害的状态(Rousseau, Sitkin, Burt, & Camerer, 1998; Mayer, Davis, & Schoorman, 1995)。信任是人际交往中的润滑剂,会促使个体勇于承担风险(Solomon & Flores, 2001)。网络的匿名性、非面对面的沟通等会增加网络购物的风险,而信任会降低个体认知风险,减少不确定性,从而对其购买意愿和行为产生影响。在网络口碑营销的研究中,很多学者在建立网络口碑研究模型时,都引入了信任理论,将信任作为影响消费者决策的中介变量(毕继东,2009; Chih, Wang, Hsu, & Huang, 2013)。高杰(2012)通过负面网络口碑对团购意愿影响的研究,发现负面网络口碑正向影响消费者的信任,而消费者的信任负向影响其团购意愿。Chih 等人(2013)的研究显示,口碑所在网站的声誉(web site reputation)、口碑信息来源的可靠性(source credibility)会影响消费者的信任,进而影响其网络购买意愿。汪涛和李燕萍(2007)通过探讨虚拟社区中推荐者特征对推荐效果的影响发现,关系强度和感知专业性也是通过信任这一中介因素作用于被推荐者从而影响其购买决策的。

8.7 展望

8.7.1 多感官交互视角下的网络消费心理

可穿戴设备越来越便捷地反映出人的状态;虚拟现实、增强现实等技术也已经开始进入日常应用情景。这些技术的发展和应用正在逐渐改变网络消费的过程和体验。

在传统消费中,消费者可以通过视觉、听觉、触觉、嗅觉和味觉等多种感官体验去感知产品,但在网络消费中,消费者很多时候无法真实地接触产品,只能通过视觉或听觉信息间接地体验产品。这种差异可能会造成传统消费和网络消费在很多作用机制上存在差别,但以往研究很少从这种差异性入手开展研究。

虽然在网络消费中缺乏视觉、听觉信息以外的其他信息,但这并不意味着消费者不能产生视觉以外的其他感觉,人类的感官系统存在交互与整合两种机制(刘晟楠,董大海,2011)。个体将一个感官系统的信息传递给另一个感官系统,将一种或多种感觉通道的信息传递给另一种或多种感觉通道的过程,被称为多感官交互(multisensory interaction)。而将同一感官通道的不同信息或不同感官通道的信息有效地合并为统一的知觉的过程，被称为多感官整合（multisensory integration）。Zampini 等(2006)研究发现，声音可以改变个体对商品质地粗糙程度的感知，声音越大越刺耳，个体会觉得物体越粗糙；相反，声音越小越轻柔，个体会觉得物体越顺滑；这一结果反映了听觉系统对触觉系统的影响。Deng 和 Kahn(2009)的研究则发现了产品包装的视觉重量原则：下方是比上方更重的位置。如果重量是积极的产品属性，如美味食品，消费者会更偏好在下方的包装；但如果重量是消极的产品属性，则消费者会偏好上方的包装。我们之所以会认为下面的物体更重，上面的物体更轻，是因为万有引力定律。我们生活在由重力主宰的世界中，人们通过观察发现重的物体总是在下面，如岩石，而轻的物体总是在上面，如云朵。从观察中，我们得出结论：处于视觉底部的物体是重的，而位于视觉顶部的物体是轻的。这一结果说明，视觉信息会影响人们的触觉判断。

在网络消费过程中，视觉和听觉信息如何对消费者触觉、嗅觉和味觉产生影响，从而最终对消费者决策产生影响，是虚拟现实和增强现实技术应用于网络消费时必然要面对的问题，更是未来值得深入研究探索的问题。

8.7.2 归因视角下的网络消费心理

在网络消费的过程中，人们并不是被动地接受各种信息，而是会主动对信息进行归因。除了信息自身的特征，归因也会影响人们的判断和决策。目前只有少量研究者关注归因在网络消费过程中的作用。He 和 Bond(2015)研究发现，对于体验相似的产品域，口碑离散程度对产品评价的消极影响比体验非相似的产品域更强。体验相似性的调节作用是口碑离散程度的归因中介。对于具有高度的体验相似性的产品域来说，消费者会认为对于该产品具有很相似的经验的评论者将会给出一个同样的评价。例如，看到对闪存盘的一系列评价后，消费者更有可能将评论的散布归因于产品质量或表现的不一致，而不是归因于使用者的表现和期望。对于体验非相似的产品域，每个人都可以有自己的体验(如音乐、书籍)，口碑的散布更有可能被归因于评论者本身。例如，人们对音乐和艺术的偏好是主观的、有显著差异的。

与传统消费相比，网络消费过程中个体会接受更多形式和更多来源的信息，消费者如何对这些信息进行归因？不同的归因又会如何影响消费者的决策和判断？这些都是未来研究值得考察的问题。

参考文献

毕继东.(2009).基于技术接受模型的网络口碑接受研究.当代经济管理，31(9)，33—38.
毕继东.(2011).负面网络口碑对消费者行为意愿的影响.北京：经济科学出版社.
陈洁，丛芳，康枫.(2009).基于心流体验视角的在线消费者购买行为影响因素研究.南开管理评论，12(2)，132—140.

陈姝,刘伟,王正斌.(2014).消费者感知创新性研究述评与展望.外国经济与管理,10,3—12.
迟梦雅.(2014).负面网络口碑特征对感知风险的影响研究.商业经济,4,90—92.
董大海,李广辉,杨毅.(2005).消费者网上购物感知风险构面研究.管理学报,2(1),55—60.
范钧,沈东强,林帆.(2014).网店商品图片信息对顾客购买意愿的影响——产品类型的调节效应.营销科学学报,4(12),97—108.
高杰.(2012).负面网络口碑对消费者团购意愿的影响研究.西南财经大学博士学位论文.
管益杰,陶慧杰,王洲兰,宋艳.(2011).网络购物中的信任.心理科学进展,19(8),1205—1213.
郭国庆,汪晓凡,曾艳.(2010).外部诱因对消费者正面网络口碑传播意愿的影响研究.财贸经济,12,127—132.
侯如靖,张初兵,易牧农.(2012).服务补救情境下在线消费者后悔对行为意向的影响——基于关系质量的调节.经济管理,9,101—111.
黄静,郭昱琅,王诚,颜垒.(2015).你摸过,我放心！在线评论中触觉线索对消费者购买意愿的影响研究.营销科学学报,11(1),133—151.
蒋玉石.(2012).网络广告版式中 Logo 要素最佳视觉搜索效应研究.营销科学学报,8(4),96—104.
蒋玉石.(2014).网络广告交互水平和尺寸大小对消费者注意的影响研究.管理世界,9,184—185.
金立印.(2007).网络口碑信息对消费者购买决策的影响：一个实验研究.经济管理,29(22),36—42.
赖胜强,唐雪梅,朱敏.(2011).网络口碑对游客旅游目的地选择的影响研究.电子商务与信息管理,23(6),68—75.
赖胜强,朱敏.(2009).网络口碑研究述评.财贸经济,6,127—131.
李宝玲.(2010).消费者网上购物的感知风险研究.北京：经济管理出版社.
李欣.(2011).网络口碑、感知价值对顾客购买意向的影响研究.河南社会科学,18(3),99—101.
刘晟楠,董大海.(2011).基于两大心理学理论对网购消费者虚拟体验的解读.外国经济与管理,33(2),41—47.
卢向华,冯越.(2009).网络口碑的价值——基于在线餐馆点评的实证研究.管理世界,7,126—132.
沈占波,陈丽清,吴明.(2013).网络零售业服务失误类型及补救策略.河北大学学报：哲学社会科学版,6,133—137.
施卓敏,李璐璐,吴路芳.(2013).“爱礼品”还是“要包邮”：哪种促销方式更吸引你？——影响网上促销框架和网络购买意愿关系的调节变量研究.营销科学学报,9(1),105—117.
宋晓兵,丛竹,董大海.(2011).网络口碑对消费者产品态度的影响机理研究.管理学报,8(4),559—566.
孙祥,张硕阳,尤丹蓉,陈毅文,王二平.(2005).B2C 电子商务中消费者的风险来源与风险认知.管理学报,2(1),45—54.
谭春辉,张洁,曾奕棠.(2014).基于 UTAUT 模型的消费者网络购物影响因素研究.管理现代化,3,28—30.
汪涛,李燕萍.(2007).虚拟社区中推荐者特征对推荐效果的影响.商业经济与管理,11,50—55 .
王长征,何钐,王魁.(2015).网络口碑中追加评论的有用性感知研究.管理科学,28(3),102—114.
王詠,马谋超,雷莉,丁夏齐.(2003).网络旗帜广告的记忆效果.心理学报,35(6),830—834.
王远怀,于洪彦,李响.(2013).网络评论如何影响网络购物意愿？中大管理研究,8(2),1—19.
谢毅,张红霞.(2013).网络体验和个人特征对网络服务满意度的影响——一项基于青少年网络游戏行为的实证研究.经济与管理研究,3,111—120.
徐世同.(2012).在线游戏玩家心理特质与转换意图：检验多样化搜寻与风险承受的干扰效果.电子商务学报,14(4),689—722.
于洋,张智君.(2012).呈现方式和任务导向对网络广告受众的眼动影响.人类工效学,18(2),23—26.
袁可,管益杰.(2013).消费者网络购物行为的影响因素.中国临床心理学杂志,21(2),328—333.
张晓东,朱敏.(2011).网络口碑对消费者购买行为的影响研究.消费经济,27(3),15—22.
赵冬梅,纪淑娴.(2010).信任和感知风险对消费者网络购买意愿的实证研究.数理统计与管理,29(2),305—314.
中国互联网络信息中心.(2011).2011 年中国团购用户行为调查报告.2016 - 03 - 01,取自 http://www.cnnic.net.cn/index.htm.
中国互联网络信息中心.(2016).第 37 次中国互联网络发展状况统计报告.2016 - 03 - 01,取自 http://www.cnnic.net.cn/index.htm.
周聪佑,许嘉伦.(2008).产品创新对顾客忠诚度影响之探讨.朝阳管理评论,7(1),1—26.
周象贤,孙鹏志.(2010).网络广告的心理传播效果及其理论探讨.心理科学进展,18(5),790—799.
周志民,贺和平,苏晨汀,周南.(2011).在线品牌社群中 E-社会资本的形成机制研究.营销科学学报,7(2),1—22.
左文明,王旭,樊偿.(2014).社会化电子商务环境下基于社会资本的网络口碑与购买意愿关系.南开管理评论,4,140—150.
Allsop, D.T., Bassett, B.R., & Hoskins, J.A. (2007). Word-of-mouth research: Principles and applications. *Journal of Advertising Research*, *12*, 398 - 411.
Bansal, H.S., & Voyal, P.A. (2000). Word-of-mouth processes within a services purchase decision context. *Journal of Service Research*, *3*(2), 166 - 177.
Bosnjak, M., Galesic, M., & Tuten, T. (2007). Personality determinants of online shopping: Explaining online purchase intentions using a hierarchical approach. *Journal of Business Research*, *60*(6), 597 - 605.
Brown, J.J. & Reingen, P.H. (1987). Social ties and word-of-mouth referral behavior. *Journal of Consumer Research*, *1987*, 14(3), 350 - 362.
Burns, K.S., & Lutz, R.J. (2006). The function of format: Consumer responses to six on-line advertising formats. *Journal of Advertising*, *35*(1), 53 - 63.
Carver, C.S., & Sclieier, M.F. (1990). Origins and functions of positive and negative affect: A control process view. *Psychological Review*, *97*(1), 19 - 35.

Chen, L.S. (2010). The impact of perceived risk, intangibility and consumer characteristics on online game playing. *Computers in Human Behavior*, *26*(6),1607 - 1613.

Chevalier, J., & Mayzlin, D. (2006). The effect of word of mouth on sales: online book reviews. *Journal of Marketing Research*, *43*(3),345 - 354.

Chih, W.H., Wang, K.Y., Hsu, L.C., & Huang, S.C. (2013). Investigating electronic word-of-mouth effects on online discussion forums: The role of perceived positive electronic word-of-mouth review credibility. *Cyberpsychology, Behavior, and Social Networking*, *16*(9),658 - 668.

Cho, C.H., & Cheon, H.J. (2004). Why do people avoid advertising on the internet? *Journal of Advertising*, *33*(4), 89 - 97.

Choi, D., & Kim, J. (2004). Why people continue to play online games: In search of critical design factors to increase customer loyalty to online contents. *Cyberpsychology & Behavior*, 7(1),11 - 24.

Cian, L., Krishna, A. & Elder, R.S. (2014). This logo moves me: Dynamic imagery from static images. *Journal of Marketing Research*, *51*(2),184 - 197.

Csikszentmihalyi, M. (1997). *Finding flow: The psychology of engagement with everyday life*. Basic Books.

Cui, G., Lui, H., & Guo, X. (2012). The effect of online consumer reviews on new product sales. *International Journal of Electronic Commerce*, *17*(1),39 - 57.

Deng, Z.H., Lu, Y.B., Wei, K.K., & Zhang, J.L. (2010). Understanding customer satisfaction and loyalty: An empirical study of mobile instant messages in China. *International Journal of Information Management*, *30*(4),289 - 300.

Drèze, X., & Hussherr, F. (2003). Internet advertising: Is anybody watching? *Journal of Interactive Marketing*, *17*(4),8 - 23.

Flores, W., Chen, J.C.V., & Ross, W.H. (2014). The effect of variations in banner ad, type of product, website context, and language of advertising on Internet users' attitudes. *Computers in Human Behavior*, *31*,37 - 47.

Gilly, M.C., Graham, J.L., Wolfinbarger, M.F., & Yale, L.J. (1998). A dyadic study of interpersonal information search. *Journal of the Academy of Marketing Seience*, *2*,83 - 100.

Guo, Y., & Barnes, S.J. (2012). Explaining purchasing behavior within World of Warcraft. *Journal of Computer Information Systems*, *52*(3),18 - 30.

Hasan, B. (2010). Exploring gender differences in online shopping attitude. *Computers in Human Behavior*, *26*(4), 597 - 601.

He, S.X., & Bond, S.D. (2015). Why is the crowd divided? Attribution for dispersion in online word of mouth. *Journal of Consumer Research*, *41*(6),1509 - 1527.

Holloway, B.B., & Beatty, S.E. (2003). Service failure in online retailing a recovery opportunity. *Journal of Service Research*, *6*(1),92 - 105.

Holzwarth, M., Janiszewski, C., & Neumann, M.M. (2006). The influence of avatars on online consumer shopping behavior. *Journal of Marketing*, *70*(4),19 - 36.

Hou, A.C.Y., Chern, C.C., Chen, H.G., & Chen, Y.C. (2011). 'Migrating to a new virtual world': Exploring MMORPG switching through human migration theory. *Computers in Human Behavior*, *27*(5),1892 - 1903.

Hsiao, C.C., & Chiou, J.S. (2012a). The effect of social capital on community loyalty in a virtual community: Test of a tripartite-process model. *Decision Support Systems*, *54*(1),750 - 757.

Hsiao, C.C., & Chiou, J.S. (2012b). The effects of a player's network centrality on resource accessibility, game enjoyment, and continuance intention: A study on online gaming communities. *Electronic Commerce Research and Applications*, *11*(1),75 - 84.

Hsiao, C.C., & Chiou, J.S. (2012c). The impact of online community position on online game continuance intention: Do game knowledge and community size matter? *Information & Management*, *49*(6),292 - 300.

Hsu, C.L., & Lu, H.P. (2004). Why do people play on-line games? An extended TAM with social influences and flow experience. *Information & Management*, *41*(7),853 - 868.

Hsu, C.L., & Lu, H.P. (2007). Consumer behavior in online game communities: A motivational factor perspective. *Computers in Human Behavior*, *23*(3),1642 - 1659.

Hussain, R., Sweeney, B.A., & Mort, G.S. (2010). Typologies of banner advertisements' attributes: A content analysis. *Journal of Promotion Management*, *16*(1),96 - 113.

Jung, H.S., Kim, K.H., & Lee, C.H. (2014). Influences of perceived product innovation upon usage behavior for MMORPG: Product capability, technology capability, and user centered design. *Journal of Business Research*, *67*(10),2171 - 2178.

Kahneman, D., & Tversky, A. (1979). Prospect theory: An analysis of decision under risk. *Econometrica: Journal of the Econometric Society*, *47*(2),263 - 291.

Kim, H., & Niehm, L.S. (2009). The impact of website quality on information quality, value, and loyalty intentions in apparel retailing. *Journal of Interactive Marketing*, *23*(3),221 - 233.

Köhler, C.F., Rohm, A.J., de Ruyter, K., & Wetzels, M. (2011). Return on interactivity: the impact of online agents on newcomer adjustment. *Journal of Marketing*, *75*(2),93 - 108.

Lee, E.J., & Shin, S.Y. (2014). When do consumers buy online product reviews? Effects of review quality, product

type, and reviewer's photo. *Computers in Human Behavior*, *31*,356 - 366.
Lin, W. K., Chiu, C. K., & Tsai, Y. H. (2008). Modeling relationship quality and consumer loyalty in virtual communities. *Cyberpsychology & Behavior*, *11*(5),561 - 564.
Mayer, R. C., Davis, J. H., & Schoorman, F. D. (1995). An integrative model of organizational trust . *Academy of Management Review*, *20*(3),709 - 734.
McColl-Kennedy, J. R., & Sparks, B. A. (2003). Application of fairness theory to service failures and service recovery. *Journal of Service Research*, *5*(3),251 - 266.
McKnight, D. H., Choudhury, V., & Kacmar, C. (2002). The impact of initial consumer trust on intentions to transact with a web site: A trust building model. *Journal of Strategic Information Systems*, *11*(3 - 4),297 - 323.
Palanisamy, R. (2004). Impact of gender differences on online consumer characteristics on web-based banner advertising effectiveness. *Journal of Services Research*, *4*(2),45 - 75.
Park, B. W., & Lee, K. C. (2011). Exploring the value of purchasing online game items. *Computers in Human Behavior*, *27*(6),2178 - 2185.
Pentina, I., & Taylor, D. G. (2010). Exploring source effects for online sales outcomes: The role of avatar-buyer similarity. *Journal of Customer Behaviour*, *9*(2),135 - 150.
Reichheld, F. F., & Schefter, P. (2000). E-loyalty: your secret weapon on the web. *Harvard business review*, *78*(4), 105 - 113.
Rezaei, S., & Ghodsi, S. S. (2014). Does value matters in playing online game? An empirical study among massively multiplayer online role-playing games (MMORPGs). *Computers in Human Behavior*, *35*,252 - 266.
Rousseau, D. M., Sitkin, S. B., Burt, R. S., & Camerer, C. (1998). Not so different after all: A cross-discipline view of trust. *Academy of Management Review*, *23*(3),393 - 404.
Sen, S., & Lerman, D. (2007). Why are you telling me this? An examination into negative consumer reviews on the web. *Journal of Interactive Marketing*, *21*(4),76 - 94.
Sheth, J. N., Newman, B. I., & Gross, B. L. (1991). Why we buy what we buy: A theory of consumption values. *Journal of business research*, *22*(2),159 - 170.
Sigel, A., Braun, G., & Sena, M. (2008). The impact of banner ad styles on interaction and click-through rates. *Issues in Information Systems*, *9*(2),337 - 342.
Skowronski, J. J., & Carlston, D. E. (1989). Negativity and extremity biases in impression formation: A review of explanations. *Psychological Bulletin*, *105*(1),131 - 142.
Smith, A. K., & Bolton, R. N. (1998). An experimental investigation of customer reactions to service failure and recovery encounters paradox or peril? *Journal of Service Research*, *1*(1),65 - 81.
Solomon, R. C. & Flores, F. (2001). *Building trust: In business, politics, relationships, and life*. New York: Oxford University Press.
Tan, S. J. (1999). Strategies for reducing consumers' risk aversion in Internet shopping. *Journal of Consumer Marketing*, *16*(2),163 - 180.
Teng, C. I., & Chen, W. W. (2014). Team participation and online gamer loyalty. *Electronic Commerce Research and Applications*, *13*(1),24 - 31.
Van Slyke, C., Comunale, C. L., & Belanger, F. (2002). Gender differences in perceptions of web-based shopping. *Communications of the ACM*, *45*(8),82 - 86.
Wu, J., & Liu, D. (2007). The effects of trust and enjoyment on intention to play online games. *Journal of Electronic Commerce Research*, *8*(2),128 - 140.
Yang, H. E., Wu, C. C., & Wang, K. C. (2009). An empirical analysis of online game service satisfaction and loyalty. *Expert Systems with Applications*, *36*(2),1816 - 1825.
Yang, J., & Mai, E. S. (2010). Experiential goods with network externalities effects: An empirical study of online rating system. *Journal of Business Research*, *63*,1050 - 1057.
Yoo, C. Y., Kim, K., & Stout, P. A. (2004). Assessing the effects of animation in online banner advertising: Hierarchy of effects model. *Journal of Interactive Advertising*, *4*(2),49 - 60.
Zampini, M., Mawhinney, S., & Spence, C. (2006). Tactile perception of the roughness of the end of a tool: what role does tool handle roughness play?. *Neuroscience Letters*, *400*(3),235 - 239.
Zeithaml, V. A. (1988). Consumer perceptions of price, quality, and value: A means-end model and synthesis of evidence. *Journal of Marketing*, *52*(3),2 - 22.
Zhang, J. Q., Craciun, G., & Shin, D. (2010). When does electronic word-of-mouth matter? A study of consumer product reviews. *Journal of Business Research*, *63*(12),1336 - 1341.

9 网络道德心理

网络在改变人们认知与思维模式的同时，也对人们的道德心理与行为产生着重要的影响，网络不仅从时间和空间上改变着人们传统的道德信息交流方式、道德评价标准，而且也改变着人们的道德行为方式。有学者指出互联网是一个混乱的地方(Levinson & Surratt, 1999)，在互联网中更容易发生偏差行为(Goulet, 2002)，如发布虚假信息、进行恶意炒作、侵犯个人隐私、传播网络病毒等，而且网络中的偏差行为会给互联网用户带来很大的困扰(李冬梅，雷雳，邹泓，2008)。已经有很多研究者关注到了网络环境中的偏差行为(Caspi & Gorsky，2006；Denegri-Knott & Taylor，2005；Ybarra & Mitchell，2004)，并以此为出发点探讨网络对社会产生的消极影响。同时，也有研究者对于网络使用中的积极行为给予了足够的重视，认为网络环境更有利于亲社会行为的发生，人们在网络上比在实际生活中更乐于帮助别人(彭庆红，樊富珉，2005；马晓辉，雷雳，2011)，如发帖救助乞讨的儿童、利用微博打拐、提供他人所需的信息、开通专门的感恩网站等。对于这些现象，人们的感受和态度各不相同，由此也表现出不同的网络道德心理。探讨人们的网络道德心理与行为对净化网络道德环境、提升人们对网络的信任有着积极的影响，不仅有助于形成和维护网络中人与人之间的良好关系，而且还能使网络欺负、网络诈骗等反社会行为减少，网络援助、网络合作等亲社会行为增加。

9.1 网络道德心理概述

在人口网民化、生活网络化、道德多元化的时代背景下，人们享受着网络带来的各种便利，如在虚拟空间中浏览新闻、搜索信息、沟通交流、游戏娱乐、购物支付等。网络作为一种新的信息载体和社交工具，在推动社会进步和人类发展的同时，也带来了许多道德问题。但目前我国的网络立法还不健全，在对网络行为进行规范和治理的过程中，网络道德起着非常重要的作用。

9.1.1 道德心理研究背景

道德(morality)是一种社会现象，是由舆论力量与内心驱使支持的行为规范的总和(刘华山，郭永玉，1997)。道德所针对的主要是人的内心世界和行为，它既影响个人的心理和意识，也调节着人与人之间在劳动、生活和日常交往方面的相应关系(陈会昌，2004)。“道德”和“伦理”可以被视作同义异词，指的都是社会现象，但道德多以个人行为为对象，伦理多以群体内的关系为对象。

自20世纪以来，道德发展逐渐成为主流心理学理论研究的焦点。精神分析、行为主义、格式塔学派的理论家都把道德作为主要的研究主题，其中重要的代表人物有弗洛伊德(Freud)、斯金纳(Skinner)和皮亚杰(Piaget)等。弗洛伊德对道德作了广泛的论述，其论述与其对社会中个体发展的概括性阐述相结合，观点的核心是产生于个体童年期的良心与内疚感问题。弗洛伊德认为，儿童之所以产生良心不安和内疚感，是因为他们从一出生就表现出了原始的性欲。儿童通常把异性父母作为自己的第一个性对象，在父母和社会的压力下，他们不得不放弃这个性对象，良心和内疚感就是在这个过程中产生的。斯金纳的观点与其行为主义模式一致，他认为德性反映在那些受强化的行为上，强化由与文化规范联系的价值判断决定。行为本身无所谓好坏，它们都是作为与强化关联的后果而获得意义的，那些与群体规范一致的行为使个体能维持与他人的关系，可以由"好"、"对"等言语强化物支配，当动用组织机构的力量实施时，其对行为的社会控制就特别有力。然而，在斯金纳看来，习得的行为并不会构成责任或义务，也不会反映人的品格，它们只是有效的社会评价安排的结果（戴蒙，勒纳，林崇德，李其维，董奇，2009）。在皮亚杰看来，关于社会关系的知识和判断是道德的核心，他从经验如何促成对社会关系、规则、法律、权威的判断这个角度对道德进行了分析。皮亚杰的道德发展观包含以下关键点：第一，社会传递并不仅仅是传播内容的简单复制，还包括重新建构；第二，道德发展受多种经验影响，包括情绪反应（如怜悯、移情、尊重）以及个体与他人的关系；第三，道德判断是社会关系的根本，儿童从对成人的单向尊重转向双方相互尊重，逐渐关心如何获得和保持合作性的社会关系，逐渐形成公正观，并认识到别人的观点可能与自己的观点不同；第四，儿童道德发展从他律向自律转变，皮亚杰认为，通过自律，主体参与了规范的加工，而不再只是接受现成的规范。自律的概念以及按社会背景灵活运用应有的道德判断的观点，成为了皮亚杰学派与弗洛伊德学派以及行为主义学派的根本区别。在弗洛伊德学派和行为主义学派的概念中，个体的道德都是处于某种心理冲动之下的，在弗洛伊德看来，内化了的良心或超我驱动着行为；在行为主义的观点中，行动受到行为习惯的驱动。以上三个学派提出的理论观点影响了 20 世纪 50 年代至 70 年代的研究者，并进一步影响了当代的研究者。

科尔伯格（Kohlberg, 1963）在回顾以往有关道德发展的研究后发现，并不存在一致的结论只支持精神分析理论或只支持行为主义理论。例如，有助于促成儿童良心或内化价值观发展的不同教育方式之间并不存在稳定的相关。他还认为，通常在此类研究中对道德发展所用的测量方法是不合适的，因为他们所使用的内疚或焦虑的投射测验，其刺激材料故事所反映的道德意义极小，同时父母对自己过去的育儿方式的自我报告也模棱两可，设计的实验情境对儿童几乎没有意义，方法上的不当与其所依赖的理论缺乏坚实的认识论基础息息相关。他认为，不关心道德的定义、意义和实质，就不会去考虑道德获得的机制。科尔伯格（Kohlberg, 1968）提出一个全新的说法，即"儿童是道德哲学家"。他认为儿童会通过他们自己的社会经验形成一定的思维方式，对诸如公正、权利、平等和幸福之类的道德概念产生实质性的理解，道德不是强加给儿童的，不是简单地建立在避免焦虑和内疚之类消极情感的基础上的，而是通过对他人观点的采择，在同情、移情、尊重、爱与依恋的基础上做出的各种判断。

科尔伯格对道德发展的研究聚焦于儿童和青少年是如何在假设的冲突情境中做

出判断的，这些冲突情境来自生活、人际义务、信任、法律、权威和报应等问题。他根据自己的研究资料，提出了道德发展的三水平六阶段理论。阶段一和二组成前习俗水平，主要以服从、避免惩罚以及工具性需要和交换为基础；阶段三和四组成习俗水平，以角色义务、刻板的好人印象、尊重规则和权威为基础；阶段五和六组成后习俗水平，以契约性认同、为裁定冲突做出的程序安排、彼此尊重及区分公正和各种权利观为基础。这一顺序也是对皮亚杰从他律到自律的道德发展过程做出的新的系统阐述(Kohlberg, 1963)。科尔伯格关于道德发展与认知发展的一致性关系、道德发展的社会经验等假设得到了后来各种研究的支持，其众多的学生以及追随者如 Rest、Turiel、Blatt、Kramer 等也在继承的基础上进一步发展了科尔伯格的理论。例如，Rest(1979)通过改进科尔伯格的道德判断访谈而发展起来的确定问题测验，Turiel (1983)在对道德判断内容进行进一步分析的基础上提出的道德—社会习俗领域模型，Selman(1980)提出的作为道德推理基础的观点采择能力等。

当代的道德心理研究中，行为主义、精神分析和认知学派的理论影响仍然存在，如对价值观的内化、良心和自我控制以及焦虑、羞愧、内疚等情感的关注。然而，探索的领域已经扩展到并聚焦于积极情感、社会、个人判断之间的复杂关系。在理论问题上，当前争论的焦点包括情感和认知的作用、个体和集体的关系、道德理解力与建立在特定文化基础上的意义建构的作用、普遍适用的道德和适合特定文化的道德等(戴蒙等，2009)。在实证研究方面，研究者借助内隐社会认知的研究范式来探讨道德心理的个体差异(Luo 等，2006；Valdesolo & DeSteno, 2008)，运用当代认知神经科学的脑电和脑成像技术来揭示道德心理的脑机制(Bach 等，2009; Decety, Michalska, & Kinzler, 2011; Moll 等，2002; Borg, Hynes, Van Horn, Grafton, & Sinnott-Armstrong, 2006)，并已取得了初步的成果。

9.1.2 网络道德：新的关注

网络改变着人们的生活，也对人们的道德心理和道德行为产生了重要的影响，不仅给人们已形成的道德观念和价值体系带来冲击，也对构建适用于网络环境的道德行为规范提出了新的要求。探讨网络道德心理对净化网络道德环境、提升人们对网络的信任有着积极的影响，不仅有助于形成和维护网络中人与人之间的良好关系，而且还能使网络中侵犯、欺负、诈骗等反社会行为减少。

网络道德(Internet morality)是道德心理研究中出现的一个新兴领域。随着网络的进一步发展，探讨网络发展所带来的道德问题，已经成为国内外各界人士普遍重视的前沿性课题。从全球范围来看，网络道德的研究几乎与网络基础设施的发展同步，发达国家有关网络道德方面的研究起步较早，已取得了一定的研究成果。在美国，网络伦理或网络道德已成为大学的一门课程，许多大学都开设了专门的信息伦理、网络伦理和计算机伦理课程，以加强大学生网络道德建设，规范网络道德行为。20 世纪 90 年代，日本开始开展网络道德方面的研究，主要是对网络上的是非善恶、黑客、网络色情等相关问题的研究。随着网络的迅速发展，西方的计算机伦理学研究也进入了网络伦理的发展时代，网络伦理的发展不但超越了技术本身而且涉及社会的方方面面，大量的计算机伦理学和网络伦理学著作相继出版，如《互联网伦理》(Langford, 2003)、《虚拟道德：雕刻、伦理与新媒体》(Wolf & Mark, 2003)、《信息安全与伦理学：方法、工具与应用》(Nemati, 2007)等。目前国外关于网络道德的研究已经涉及网络的各个领域：论坛、聊天室、博客、在线游戏和在线购物，等等。大量已出版的国外刊物显示，网络道德主要涉及自由和隐私、网络犯罪和安全、色情、骚扰和欺骗、保护儿童免受网络伤害、黑客、盗版、恐怖主义以及垃圾邮件等问题。

在我国，网络道德问题的研究基本上是与中国接入 Internet 的时间(1994 年)同步的。随着互联网技术的兴起，网络道德问题也逐渐暴露出来。网络黑客、网络攻击、网络欺诈等现象引起了专家、学者的关注，他们陆续出版和发表了一些较有影响力的研究著作和文章，如严耕、陆俊以及孙伟平合著的《网络伦理》、杨礼富的《网络社会的伦理问题探究》等。然而，大多数对于网络道德的研究只是停留在现象表面，即仅对这些现象进行了简单归纳和描述，对网络道德的实证研究却为数不多。

9.1.3 网络道德的含义

道德是一定社会为维护人们共同生活的利益而规定的最基本的行为规范和生活准则。道德依靠舆论的力量，依靠人们的信念、习惯、传统和教育的力量来调整人与人之间以及个人与社会之间的关系。而网络的诞生，是在现实的实体空间之外又开辟了一个完全没有地域限制的虚拟空间。网络只是人与人之间交往的一种新的中介平台，其本质是现实的，因而它必然会像现实社会一样，产生和形成对人们交往的共同约束，也就是网络社会的行为规范——网络道德。

关于网络道德的概念，目前存在多种表述，严耕等(1998)认为网络道德是对信息时代的人们通过电子信息网络而发生的社会行为进行规范的伦理准则；陈斌(2008)则认为网络道德就是人们在网络交往过程中，处理各个方面关系时所应持有的价值观、行为模式和准则，以及应表现出来的情感等一系列的具体规范和要求。它以善恶为标准，通过社会舆论、内心信念和传统习惯来评价人们的上网行为，调节网络时空中人与人之间以及个人与社会之间关系。本书采取马晓辉和雷雳(2010)的观点，即网络道德是指调节人们有关互联网活动的道德价值观念和行为准则，是以是非、善恶、好坏等判断标准来约束、调节人们的网络行为，进而改善人与人、人与社会之间关系的行为规范。

大部分学者认为道德心理结构可以分为道德认知、道德情感、道德意向或信念三个部分(陈琦,刘儒德,2005)。网络道德作为现实社会道德现象的特殊形态,具有道德的基本特征及一般结构模式。因此,马晓辉和雷雳(2010)认为,网络道德也应该包括网络道德认知、网络道德情感和网络道德意向三部分。其中,网络道德认知是人们对客观存在的网络道德关系和处理这种关系的原则和规范的认识;网络道德情感是人们对网络道德关系和网络道德行为的好恶的态度体验;网络道德意向是指人们在认同网络道德规范的基础上表现出来的愿意做出道德行为的心理倾向。Whittier和周梦雅(2012)认为,责任感、尊重、感情移入、诚实、信任或值得信赖是符合伦理规范的行为的五个重要品质,也是激发网络空间中符合伦理规范的行为的关键品质。

9.1.4 网络道德的特点

开放性

网络社会打破了信息交流的时间、空间限制,拥有不同目标的群体在网络上组成不同的社会团体,彼此之间没有严格的约束,人们的交往范围急剧扩大、交往层次更加丰富、交往方式增多,社会关系更加复杂。多元文化价值的共存一方面使各种价值观念、道德规范、风俗文化和生活方式更加容易融合;另一方面也使各种文化的冲突日益表面化和尖锐化。网络的全球化,使网络道德的开放性由可能转化为现实。不同的道德意识、道德观念和道德行为在网络社会中不受时空限制的经常性的冲突、碰撞、融合和重构,呈现出开放性的趋势。

自律性

现实生活中,人们进行面对面交流时,会按照自己的真实角色进行活动。人们的言行举止受到现实道德的约束与规范。现实社会道德约束是在主流价值观指导下,以言行为媒介、以人为主体和对象的社会规范,个体在现实社会中的道德行为更多地带有被动、他律的特征。而互联网技术为人们创造了一个虚拟的世界,信息以虚拟的数字符号进行传播,交往主体可以按照喜好隐瞒、夸大或者虚构自己的身份和信息,个体只要愿意,就可以在虚拟的空间里以虚拟的身份发表意见、表达见解。网络的这种虚拟性,使得网络道德的约束力具有模糊性,社会监督机制大为弱化,道德舆论的影响力明显降低,这使得部分自我约束力不强的交往主体可以轻易抛弃道德责任感与自律意识,表现出去抑制行为,而在网络空间中坚守道德规范的行为主体,其道德行为动力则更多地来自自身的道德自律能力。

多元性

由于网络社会中的道德冲突与融合的频繁发生,网络道德必然呈现出多元化、分层次的特点。在信息开放的网络社会中，人们作为道德主体，具有自由选择道德取向的权利，经常需要对处于冲突之中的各种价值观做出即时的取舍选择，这是真正意义上的"价值多元化"。如在涉及每一个网络成员切身利益和网络秩序的维护方面，存在着同一的道德规范，而在各个不同国家、民族和地区，又有着各自特殊的道德准则。当然，网络道德的多元性并非指其是混乱无序的，而是指它具有更大的包容性、更丰富的文化内涵，体现着更广泛的人类利益。

9.1.5 网络道德敏感性

敏感、敏感性原本是生物学中的一个术语，在《辞海》中被认为是生物体或生物体某一部分对某些因素易于感受的性能。在英文中，"sensitivity"也表示感受的状态与质量，或是有机体对刺激发生反应的能力，与灵敏度或灵敏性同义。就人的敏感性而言，它包括两层含义：一是指个体对内外刺激信息感受或察觉的灵敏程度，二是指个体受内外刺激信息影响的容易程度。心理学中常用敏感性来研究个体在某方面的差异性，如用强化敏感性(reinforcement sensitivity)来研究个体在被呈现强化刺激物时的反应性，即强化刺激物所引发的行为、情绪以及动机的改变趋势和改变程度(Smillie, Pickering, & Jackson, 2006)，强化敏感性包括奖励敏感性和惩罚敏感性；用公平敏感性(equity sensitivity)来研究个体对公平的不同偏好(preference)，这种偏好使得个体对公平或不公平的结果有稳定且个性化的反应(Richard, Huseman, Hatfield, & Miles, 1997)。

道德敏感性(moral sensitivity)是 Rest(1984)在其道德行为四成分模型(Four Component Model)中提出的一个概念。Rest 认为道德行为的产生至少包含四种心理成分，即道德敏感性(moral sensitivity)、道德判断(moral judgement)、道德动机(moral motivation)和道德品质(moral character)。道德敏感性是个体做出道德决策和采取道德行为的逻辑初始成分，承担着对情境的领悟和解释，是对特定情境中的道德内容的觉察和对行为如何影响别人的意识，即敏感地认识到"这是个道德问题"。Rest 明确了道德敏感性作为一种能力在道德行为发生过程中的作用。随后，一些学者大多在这个框架的基础上开展研究，并对道德敏感性的含义提出不同的理解。Bebeau 和 Yamoor(1985)认为道德敏感性是个体识别嵌入在其他信息中的潜在道德含义的能力。Narvaez(1996)主张把道德敏感性分为道德知觉(moral perception)和道德解释(moral interpretation)这两个具有先后顺序的过程成分。道德知觉涉及"有没有"道德问题的无意识或前意识的知觉和直觉情绪层面上的感受；道德解释是一种由意识控制的、涉及"是什么"、"怎么样"的对道德问题的认知加工，二者紧密联系，没有道德知觉的瞬间感悟，就没有道德解释的认知加工。Butterfield、Trevin 和 Weaver

(2000)认为要准确描述包含觉察、识别、确定道德问题的完整过程，用道德意识(moral awareness)比用道德知觉和道德敏感性更恰当。Reynolds(2006)赞同Butterfield等的观点，认为道德意识是个体对一个包含着道德内容的情境的确定，是道德决策的过程中唯一在本质上不同于其他三个阶段的现象——道德判断、道德意向和道德行为都聚焦于区分道德和不道德(ethical-unethical)，即对与错、应该与不应该，而道德意识则聚焦于区分道德和非道德(ethical-non-ethical)，即有没有、是不是，从而使对对与错的区分在一个恰当的框架内进行。随后Reynolds(2008)从社会认知理论出发使用道德关注(moral attentiveness)这一概念表示了个体在日常生活中知觉和考虑个人经验中的道德特性和道德成分的程度，并通过研究编制了一个有效的多维度量表，证明道德关注与三大因素有关：(1)回忆和报告自己或他人的道德相关行为；(2)道德意识；(3)道德行为。研究表明，道德关注对个体在其道德世界中的理解和行动有着显著的影响。尽管学者们有各自的不同理解，但本文仍然觉得Rest的道德敏感性概念更为恰当。

诸多学者对道德敏感性的探究，使得道德敏感性从道德心理结构中凸显出来，成为道德心理学中继传统的道德判断和道德推理研究之后的一个崭新的研究领域。

道德敏感性和伦理敏感性(ethical sensitivity)两个概念，在已有文献中的使用频率都很高，在涉及医学、管理、科学、咨询等具体职业领域中的人际间、个人—组织间、组织—组织间的潜在道德问题时，研究者大多使用伦理敏感性。当这种敏感性被理解为接近人格倾向或特征时，用"道德敏感性"表示似乎更符合习惯和逻辑(郑信军，2008)。但在实际的研究中这两个概念常常交替使用或者混用。

自Rest提出道德敏感性概念以来，出现了一批对道德敏感性的研究，但研究者们对这个概念的界定方式不太一致，从而产生了不同的测量工具和测量方法。归纳起来，目前对道德敏感性的界定大致可分为三类：(1)从认知和情感反应结合的角度定义道德敏感性。研究者认为道德敏感性是对道德问题的认知和个体在社会情境中从情感角度出发对这些问题进行反应和加工的结合，强调认知和移情的共同作用。(2)从对道德问题的认知角度定义道德敏感性。这种观点将道德敏感性看作是个体独立地认识到情景中所包含的道德含义的能力，即将情感因素从道德敏感性中排除。(3)从对道德问题的认知并考虑对其重要性定位的角度定义道德敏感性。持这种观点的研究者认为，只有个体给予道德问题比较重要的权重，这些问题才可能在决策过程中得到加工处理(曲学丽，2009)。

纵观国外对道德敏感性的研究，可以看出，不管是研究方法还是理论建构都还处于初级阶段，所以到现在为止学界还不能给道德敏感性一个公认的定义。而我国学界对道德敏感性问题的研究起步更晚，从不多的研究文献中可以发现，研究者对道德敏感性的定义也各不相同。如徐娜(2009)认为,道德敏感性是指作为道德主体的人对外在于自己的道德事件及行为的易于感受并给予关注和积极反应的品性,它昭示了人对于某事件及他人的关注程度和态度以及能够迅速采取合理的道德行为的能力。郑信军和岑国桢(2008)提出,道德敏感性是一种建立在道德价值优先基础上的敏锐觉察和解释道德问题的反应倾向性。杨韶刚和吴慧红(2004)则认为道德敏感性是对道德环境的敏感理解、对道德因素和一些隐含事物的敏感意识,对有可能会对他人造成的影响有敏锐的认识,有深刻的移情和对他人角色的感悟,对一些交替出现的情境能进行道德建构,对自己的直觉和情绪反应有道德上的深刻理解。综合国内外学者的观点,本文提出,道德敏感性是个体敏锐觉察和理解情境中的道德线索和道德问题并给予积极反应的倾向性。

道德是一定社会背景下人们基本的行为规范,是协调人与人、人与社会、人与集体关系的行为准则,赋予人们在动机或行为上的是非善恶判断之基准。只要人与人之间发生关系,就必然存在协调这些关系的伦理道德。网络是人类认识自然、改造自然的一种新的技术手段,是新时代的人们用来进行生产、生活和社会交往的中介。与现实社会一样,网络社会也存在着复杂多样的社会关系,因此也必然存在着道德现象。网络道德并不是脱离现实社会的一种新的道德形式,它实际上是现实社会生活的延伸,是现实生活中人与人之间关系的折射。所以,网络道德的基本价值与现实生活有着高度的一致性,人类社会的共有价值,如正义、公平、善良、和谐等,一定也是网络世界的基本准则。人们在进行网络活动时,也会遵守现实社会的相应准则和要求。但是网络道德所评判的对象特指网络社会中的网络行为,而在网络空间的虚拟社会里,人们摆脱了现实社会相对固定的关系的束缚,现实生活中各种外在的他律性规范的监督和约束也大大减弱,而且网络的匿名性使得对人们的网络行为进行确认和监管十分困难,进而使得一些人的网络道德意识变得比较淡漠,道德观念趋于弱化,对网络社会中违反道德规范的言行似乎也比较宽容。这些现象说明在网络环境下人们的道德敏感性同样存在着差异。

Crowell、Narvaez和Gomberg(2007)在《道德心理学与信息伦理学:数字世界中的心理距离与道德行为的诸成分》一文中提出:数字化世界中的技术应用会使人产生一种“心理距离”(psychological distance),使得人们在网络上的人际交流活动(即时通讯和电子邮件)和数字化财产处置行为(使用软件和音乐)都受到影响。这种心理距离可能会影响道德行为的敏感性、道德判断、道德动机和道德品质四个成分,弱化在现实情境中起制约作用的社会规范或道德约束,从而催生不道德的网络行为如盗版、黑客和网络骚扰现象。虽然这一观点明确提出了网络行为与道德敏感性之间的可能联系,但是近年来关于道德敏感性与网络行为之间关系的实证研究还并不多见。

目前,网络道德教育、网络道德行为规范的制定、网络秩序的维护等方面的实践工作都处于探索起步阶段,需要大量的相关研究支持。对网络道德心理的研究有助于从心理学角度为引导网络监管和网络行为提供参考,为网络道德环境的净化和公众心理健康环境的建构提供支持;有利于帮助网民分析网络信息,明辨是非,弃恶扬善,促进网络道德水平的提高;有利于建立和完善网络心理健康服务体系,满足人们对心理健康服务的需要,预防精神障碍发生,促进精神障碍患者的治疗与康复,倡导文明、健康、科学的生活方式,提高公民的心理健康水平、工作效率与生活质量。

9.2 网络欺负

随着互联网的普及,人们在网络上活动的时间越来越多,一些网络行为问题也随之而来,如网络攻击、网络欺负、网络骚扰等。2013 年 8 月,英国少女汉娜·史密斯由于受多年湿疹和抑郁的困扰,在 ask. fm 网站注册的主页上贴出照片,发布求助信息。可是,随后几个月的回帖中却充斥着"丑女"、"肥婆"、"喝漂白水吧"、"帮帮忙去死吧,你这个可怜的家伙"等恶毒的评论。持续的谩骂、诅咒和人身攻击最终令这名 14 岁女孩不堪其辱,精神崩溃而上吊自尽。一名 14 岁的中国女孩由于用 VIP 账号在网上发了一条"某明星的一场演唱会够 C 罗踢一辈子足球"的微博,遭到网友谩骂和人肉搜索。网友不仅在网上展开口水战,还不断给该女孩及其家人、学校打电话进行咒骂,并到她家门口围堵。最终,其母心脏病发,女孩被爸爸赶出家门,被学校勒令退学,身心受到严重创伤。一系列类似的网络攻击与网络欺负事件正在越来越频繁地出现在青少年群体中,引起了研究者们的极大关注。

9.2.1 网络欺负的含义

最早专门研究欺负行为的挪威心理学家 Olweus(1993)提出,欺负是指个人或团体带有目的性地、反复地对无力保护自己的个体造成伤害的一种攻击行为,同时欺负者和受欺负者间存在力量不平衡性。欺负属于攻击行为的一个子集,是一种特殊类型的攻击行为。欺负与一般的攻击行为相比具有两个特征:(1)力量的不均衡性。欺负者在身体或心理力量上处于优势,而受欺负者处于劣势,在遭受欺负时不能有效地进行自卫或反击,力量的不均衡性是欺负区别于一般攻击的本质特征。(2)重复发生性。通常情况下,欺负具有稳定的特点,欺负者会在一段时间内反复欺负他人,而受欺负者也会反复遭受他人的欺负(Smith, 2000)。

随着电子通信技术的发展,特别是电脑和手机的日益普及,网络欺负(cyberbullying)作为一种新的欺负形式,在近年来引起了研究者们的关注。但是由于网络欺负是一个较为新颖的研究领域,因此目前学术界对其的界定尚未统一。Patchin 和 Hinduja(2006)将网络欺负定义为一种利用电子文本作为中介有意和重复地伤害他人的行为。Beale 和 Hall(2007)认为网络欺负又可以被称为电子欺负,是一种新的欺负方式,包括使用电子邮件、即时短信息、网页、投票和聊天室来蓄意对抗或者恐吓他人等。Smith 等(2008)认为网络欺负是指个体或者群体使用电子信息交流方式,多次重复性地伤害难以保护自己的个体的攻击行为。Belsey(2009)认为网络欺负是指个人或群体使用信息传播技术有意、重复地实施旨在伤害他人的恶意行为。Tokunaga(2010)综合了以往学者提出的各种网络欺负的定义,认为网络欺负是个体或群体通过电子或数字媒体反复地传播敌意的或攻击性的信息,意图给他人带来伤害或不适的行为。可以看出,网络欺负是传统欺负在电子通信平台上的一种延伸。因此,综上所述,本文认为网络欺负是指个体或群体通过电脑、手机等电子通信设备,有意地反复地伤害难以保护自己的个体的一种攻击行为。

9.2.2 网络欺负与传统欺负的比较

网络欺负作为欺负行为在网络环境中的延伸,与传统欺负有多方面的相似性:二者都是攻击行为的一种形式;发生在力量不平衡的个体或团体之间;欺负行为往往都是重复性的(Kowalski, Limber, & Agatston, 2012)。另一方面,网络欺负又与传统欺负存在极大的差异。Smith(2012)为了把网络欺负与传统欺负区分开来,描述了网络欺负的七个特征:

(1) 网络欺负与个体的网络技术知识水平密切相关;

(2) 网络欺负主要是一种间接的、匿名的欺负行为,而不是面对面的欺负;

(3) 网络欺负者看不见自己的行为所导致的受欺负者的反应,因而减少了对受欺负者的遭遇的同情与怜悯;

(4) 网络欺负中旁观者的角色比传统欺负中旁观者的角色更加复杂,当网络欺负行为发生时,旁观者可能站在欺负者一方参与网络欺负行为,也可能站在受欺负一方对欺负行为予以抵制,也可能既不支持欺负者也不支持受欺负者;

(5) 传统欺负者的动机是通过在他人面前展示自己的力量来获得在同伴中的地位,而网络欺负则不具有这样的特征;

(6) 由于互联网的普及性,网络欺负的潜在观众比传统欺负要多得多;

(7) 由于网络行为的发生可以相对不受时空的限制,网络受欺负者很难摆脱网络欺负事件,不管其在哪里,都可能收到欺负者通过手机或电脑所传递的欺负信息。

除了一些概念上的异同之外，不少研究者通过实证研究证实了二者的重叠之处，即网络受欺负者往往是传统受欺负者；网络欺负者往往也是传统欺负者（Kowalski，Morgan，& Limber，2012；Schneider，O'Donnell，Stueve，& Coulter，2012）。Hinduja和Patchin(2008)在其纵向研究中发现，上半年参与网络欺负行为的个体在下半年参与传统欺负的可能性比其他没有参与网络欺负的个体高出2.5倍，同样地，前6个月里在传统欺负中受欺负的个体也更容易在后6个月中遭受网络欺负。Sourander等人(2010)的研究也发现，网络欺负与传统欺负、网络受欺负与传统受欺负、网络欺负/受欺负与传统欺负/受欺负之间都是正相关关系。Olweus(2013)认为"网络环境下的欺负者和受欺负者都只是通过电子媒介实施欺负行为的一种模式"。

但是，并不是所有有关网络欺负和传统欺负关系的研究都得出了二者密切相关的结论，传统欺负行为中的欺负者可能因为网络行为的匿名性也更多地实施网络欺负行为，但是也可能更容易成为网络欺负中的受欺负者，因为传统欺负中的受欺负者可能由于与欺负者之间力量相差悬殊，无法达到报复的目的，从而使用电子媒介及互联网发送使欺负者身份和名誉受损的文字或图片，来达到报复的目的。

9.2.3 网络欺负的分类

对网络欺负行为分类的研究，观点比较集中，主要有两种：一是按照网络欺负发生的载体来划分，二是按照网络欺负行为的性质来划分。

按照网络欺负发生的载体来划分

以往研究者按照实施网络欺负所需的工具将网络欺负的形式分为电脑欺负和非智能手机欺负(Ortega等，2009)。然而，近几年智能手机功能的增强使得手机不仅能接收或发送信息，还能更大程度地满足用户的上网需求。这就使得电脑欺负和手机欺负的界限变得模糊。于是研究者们开始按照更具体的发生载体对网络欺负进行分类。

Smith等(2008)将网络欺负发生的载体区分为七种：(1)短信，如向受欺负者发送恶意的短信等；(2)照片或者录像，如将含有受欺负者的照片或录像上传到网络上，以羞辱或嘲笑他/她等；(3)电话，如打电话威胁或恐吓受欺负者等；(4)邮件，如向受欺负者发送恶意的电子邮件或将对受欺负者不利的电子邮件转发给他人等；(5)聊天室，如在聊天室里讨论侮辱受欺负者的内容或者将受欺负者排斥在聊天室以外等；(6)即时信息，如向受欺负者发送恶意的即时信息等；(7)网页，如创建专门诋毁受欺负者的网站等。Smith等(2008)对533名7至16岁的青少年进行了匿名的问卷调查，发现电话、短信和即时信息是最常见的欺负方式，录像则较为罕见，但对受欺负者有更多的消极影响。

按照网络欺负行为的性质来划分

Willard(2006)将网络欺负行为分为七类：(1)网络论战(flaming)，将关于某人的令人愤怒的、无礼低俗的信息，通过电子邮件、短信的方式直接发送给本人，或者发送到在线群体里，这是由于不同意或误解了别人所说的意见，并决定与之争辩而形成的正面攻击；(2)网络骚扰(online harassment)，通过电子邮件或其他短信方式持续性地骚扰他人，受害者收到的消息可能是令人讨厌的或庸俗的、性暗示的或侮辱性的信息；(3)网络恐吓(cyberstalking)，包括具有伤害性的威胁或过度恐吓；(4)网络诋毁(denigration)，将有关受欺负者的带有伤害性、恶意的或不真实的信息，发送给其他人或将该信息上传到网络上；(5)网络伪装身份(masquerade)，假装受害者的身份在网上发布信息，损害受害者的形象；(6)披露隐私(outing)，向他人发送令受欺负者尴尬的隐私信息，包括转发受欺负者的私人消息或图片等；(7)在线孤立(exclusion)，将某人排除在某一个聊天室或虚拟社区之外，使之孤立。

当对不同类别的网络欺负行为进行调查时，大部分研究者选择采取第一种分类方法，因为载体分类比较明确，同时被调查者也更容易理解。在近年来的研究中，Huang 和 Chou(2010)则同时考虑了网络欺负行为的性质和发生载体，将前两种方法综合起来。然而目前，智能手机、平板电脑等电子媒介的多元化发展以及人人、微博等社交网络的层出不穷，使得青少年所遭受的网络欺负不断出现新的形式。今后对于网络欺负的分类以及基于此分类编制的问卷都有待不断更新与扩展。

9.2.4 网络欺负的特点

有研究表明，传统欺负和网络欺负间存在显著正相关(Gradinger, Strohmeier, & Spiel, 2009; Smith 等，2008)。Raskauskas 和 Stoltz(2007)发现，学生在传统欺负事件中扮演的角色可以预测其在网络欺负中的角色，二者通常具有一致性。但是由于网络欺负行为使用的技术不同，因此它会呈现出有别于传统欺负的新特点。

超时空性

在传统欺负事件中，青少年通常在校内遭受欺负，一旦受欺负者与欺负者分离(如受欺负者回到家中)，就能暂时避免欺负行为带来的伤害。但是网络的超时空性及开放性使得网络欺负事件可以随时随地发生，即使在网络受欺负者的家里。

力量的不平衡性

网络欺负中的力量不平衡性，主要体现在技术使用能力及匿名性两个方面。在线关系中，掌握更多先进通信技术的一方，更具有优势。Vandebosch 和 Van Cleemput (2008)发现，懂得更多网络使用技能的小学生，更可能参与不正常的网络或手机活动。相比于没有实施过网络欺负的人，网络欺负者更多地会将自己定义为网络专家

(Ybarra & Mitchell, 2004)。除了技术的使用能力外,匿名性也能导致欺负者与受欺负者间力量的不平衡(Vandebosch & Van Cleemput, 2008)。传统恃强凌弱的欺负行为中,欺负者往往需要具备强壮的身体等先天生理优势,才能够对弱小的个体实施欺负行为,而网络欺负行为隐蔽性强,部分没有生理优势的青少年可以通过匿名登录的方式,以多重身份轻而易举地对他人实施欺负行为。此外,大量研究表明受欺负者往往不知道欺负者的身份,这就使得他们处于被动地位,无法对遭受到的欺负行为进行有效的回应(Raskauskas, 2010; Slonje & Smith, 2008; Smith 等,2008)。Vandebosch 和 Van Cleemput(2008)在对受欺负者的访谈中也发现,是信息的匿名性而不是信息的内容让他们感觉受到了威胁。

反复持续的伤害

网络欺负的反复性主要表现在网络欺负者多次发送大量的恶意短信或邮件等给受欺负者。但是在网络环境中,一次欺负行为也可能被他人重复实施,如令受欺负者难堪的照片会被多次转发,并且这种欺负行为可能会长期存在于网络环境中,使得受欺负者反复遭受伤害。如果这种重复行为不是由欺负者实施的,这种行为还算是网络欺负吗?Vandebosch 和 Van Cleemput(2008)认为网络中的一次欺负行为,特别是会引发一系列欺负事件的行为,就足以将其界定为网络欺负。由于网络上的信息可以被广泛地传播,相比于传统欺负,网络欺负者行为的反复性可能没有那么重要。因此在网络欺负中,行为的反复性不仅体现在欺负者的行为次数上,还体现在受欺负者实际遭受到的欺负次数上。

大量潜在观众

对受欺负者不利的信息暴露在网络环境中,使网络受欺负者置于大量熟悉或陌生的网友的关注下,由此产生的羞愧、压力感等情绪可能比传统受欺负者更强烈(Patchin & Hinduja, 2011)。

缺乏网络监管

传统欺负行为较容易找到欺负者,而网络欺负事件是在一个虚拟环境下匿名发生的,这使得网络欺负事件难以引起成年人的足够重视。并且青少年也可能因为担心丧失使用电脑的权力,而选择不主动向父母、教师等成年人诉说受欺负的事实(Kraft & Wang, 2009)。此外,相比于传统欺负,网络欺负事件缺乏直观性(Dehue, 2013),如受欺负者被排斥在聊天室之外等,这可能导致父母对青少年网络欺负经历缺乏意识(Aricak 等,2008; Dehue, Bolman, & Völlink, 2008),从而会造成父母对网络欺负事件缺少监管。同时,目前教师或学校管理者主要在校园内针对传统欺负事件采取干预措施,而在网络欺负事件中,至今仍缺乏一个明确的个体或团体对网上不适宜行为进行监督和调控(Tokunaga, 2010)。

9.2.5 网络欺负的影响因素

研究表明,个体因素(如性别、年龄、受教育水平等)(Agatston, Kowalski , & Limber, 2007; Kowalski & Limber, 2007)与环境因素(如父母调节、同伴关系等)(Calvete, Orue, Estévez, Villardón, & Padilla, 2010; Gradinger, Strohmeier, & Spiel, 2009)都会影响网络欺负的发生发展。

个体因素对网络欺负的影响

人格特质是影响网络欺负、受欺负的重要因素。网络欺负者往往具有高外向性、冲动性、低责任心与低宜人性的人格特征(Festl & Quandt, 2013)。Workman(2012)以不同文化中的人群为被试,考察了冲动性的人格特征对网络诽谤行为的影响。结果表明,有较高的草率性、冲动性水平的人会有更多的网络诽谤行为。具有草率性、冲动性特征的人更可能同时说或写非常刺耳的、不合理的话语,在日常生活中缺乏计划性(Jolliffe & Farrington, 2009)。当他们被某些事激惹时,会出现过度反应的倾向,更可能表现出频繁的网络诽谤、网络跟踪行为及其他形式的在线攻击行为(Whitty, 2008)。网络受欺负者也具有一些特定的人格特征,如消极的自我概念、较低的自尊、较大的不确定性及保守性等(Katzer, Fetchenhauer, & Belschak, 2009)。

此外,年龄与性别、移情、道德脱离、动机等个体变量也会对网络欺负产生影响(Cook, Williams, Guerra, Kim, & Sadek, 2010; Huang & Chou, 2010; Patchin & Hinduja, 2011; Pornari & Wood, 2010; Renati, Berrone, & Zanetti, 2012; Varjas, Talley, Meyers, Parris, & Cutts, 2010; Williams & Guerra, 2007)。

环境因素对网络欺负的影响

研究发现,父母的支持与投入和青少年网络欺负呈显著负向关系(Wang, Nansel, & Iannotti, 2011);青少年感受到的学校环境越是处于信任、公平和愉快的氛围中,发生网络欺负的可能性就越低(Williams & Guerra, 2007);此外,来自朋友的社会支持越少,青少年越可能实施网络欺负行为(Calvete,等,2010; Williams & Guerra, 2007; Wright, 2013)。除了这些现实环境因素,网络环境特征如匿名性、开放性、便利性等也会易化网络欺负的发生(Suler, 2004; Wright, 2013)。

网络中旁观者的行为对个体的网络欺负行为也有十分重要的影响。网络环境的开放性导致卷入网络欺负中的群体不仅有直接的欺负者和受欺负者,还有大量旁观者。尤其是在发生于公共网络交往平台的欺负事件中,旁观者的数量具有无限性与不可预知性。网络欺负中的旁观者既可以是欺负者、受欺负者的同伴群体,也可以是陌生人,他们的不同行为能够直接影响网络欺负事件的发展。如旁观者给予欺负者支持性反馈(转发、支持性的信息评论等),会强化欺负行为;若旁观者保护受欺负者、采取阻止措施等(言论制止、删除信息等),则有助于减弱甚至制止欺负事件(Egan,

2012)。甚至有时仅仅是这些旁观者的存在就能够使网络欺负者从中获得广泛且持久的社会支持感，这对欺负行为也会起到强化作用。此外，大量旁观者的存在也容易引发责任扩散效应，导致旁观者积极干预的可能性降低，不利于制止网络欺负事件。

9.2.6 网络欺负的发展趋势

正如传统欺负行为一样，网络欺负行为也广泛地存在于各种社会文化背景之中。英国的国家儿童之家(NCH, 2002)以11至19岁的青少年为被试，对儿童青少年网络欺负行为进行调查，结果发现16%的学生曾遭受过手机短信形式的欺负，7%的学生曾在网络聊天室遭受过欺负，4%的学生曾遭受过电子邮件形式的欺负。Smith等(2008)以500多名美国中学生为被试进行研究发现，超过22%的被试认为每个人都会有网络欺负的经历；Li(2006)对加拿大264名7至9年级学生的调查发现，22%的男生和12%的女生曾对他人实施过网络欺负。Reid等(2010)对加拿大400名中学生的调查结果显示，超过30%的学生都曾有过网络受欺负的经历；胡阳等(2014)以华中地区800多名初中生为被试的研究发现，至少遭受过一次网络欺负的学生所占比例为38.9%。由此可见，网络欺负行为是广泛存在于各种社会文化背景下的普遍现象，具有跨文化的普遍性。

有研究表明，随着年龄的增长，积极的问题解决策略会不断发展，个体逐渐意识到欺负行为的社会接纳程度较低，欺负在儿童青少年中的发生频率会因此相对减少(Nylund等，2007)，欺负的形式也由直接欺负逐渐向间接欺负转变(Juvonen & Graham, 2014)。由于网络欺负与传统欺负之间存在着较大的差异，因此网络欺负和传统欺负在发展趋势上也可能有着不一样的变化。因为手机或者网络在年龄较大的青少年之中的使用率更高，他们的网络使用技术也相对娴熟，所以人们的网络欺负频率有随年龄增长而升高的趋势。Ybarra(2004)通过电话访问1 500名青少年发现，年龄较大的被试比年龄较小的被试存在更多的网络欺负行为。Festl和Quandt(2014)的纵向研究也表明青少年的网络欺负行为及受欺负行为都与其年龄呈正相关。刘丽琼等(2012)的研究发现，高中生网络受欺负的比例明显高于初中生。但胡阳等(2013)认为高年级的学生升学压力更大，可能把更多的精力转移到了学习上，因而会比低年级的学生更少地参与网络欺负行为。

在传统欺负行为的研究中，大多数研究者均表明男孩比女孩更容易欺负他人，女孩比男孩更可能成为受欺负者。男女在欺负行为的表现形式上也存在显著的差异：男孩更有可能采取踢打、推搡等直接身体欺负形式；而女孩比男孩更看重人际间的关系，认为破坏他人的关系是欺负他人的更为有效的方式，因而更倾向于采取关系欺负和言语欺负等欺负形式，例如，把一些人排斥在团体之外或散布谣言毁坏他人的声誉等(Coyne, Nelson, & Underwood, 2011)。国内学者赵冬梅和周宗奎(2010)的研究也表明,为了达到最大的伤害效果,男孩更多地选择外显的攻击形式,女孩由于更注重人际关系,会更多地选择关系攻击。但是对于网络欺负中是否存在显著的性别差异,研究者至今还没有得出较为统一的结论。有的研究表明,网络欺负中不存在或很少存在性别差异,例如 Ybarra (2004)的调查结果指出,网络欺负中的欺负者和受欺负者均没有显著的性别差异。Li(2006)用 15 个网络欺负相关条目对学生进行调查,结果表明网络受欺负者之间没有显著的性别差异,但是网络欺负者中的男生人数是女生的 2 倍。Mishna 等(2012)的研究表明,网络欺负者中男生多于女生,但网络受欺负者和网络欺负/受欺负者中的女生均显著多于男生。Fanti 等(2012)的研究也表明,与女生相比,男生的攻击性一般较强,这可能导致男孩更多地卷入网络欺负中。还有研究者认为,网络欺负类似于传统欺负行为中的间接欺负行为,女孩会比男孩更多地卷入其中(Rivers & Noret, 2010)。

Smith(2012)也认为有相对更多的女孩卷入网络欺负,就像在传统欺负中更多的女孩卷入关系欺负一样。国内学者刘丽琼等(2012)指出,在网络环境中,女生欺负与受欺负的比例均高于男生;胡阳等(2013)的研究表明,不论网络欺负还是网络受欺负,男生的参与比例均显著高于女生。

总之,尽管网络欺负行为的年龄和性别差异尚存在争议,但可以肯定的是网络欺负现象是普遍存在的,并有愈演愈烈之势,网络欺负给欺负者和受欺负者带来的伤害不容小觑。

9.2.7 网络欺负的相关研究

网络欺负作为一个新兴研究领域,到目前为止,相关研究还处于初级阶段,特别是针对网络欺负行为的研究,现有研究主要集中在定义描述、发展现状、方式手段以及与传统欺负之间的差异等方面,对网络欺负的相关性研究还很缺乏。

网络欺负与自尊

自尊是指个体在做出自我价值判断后所产生的主观体验和感受,是个体对自身的一种积极或消极的态度(Rosenberg, 1965),在个体的成长发展过程中具有重要的意义和价值,也是人的基本需要之一。在传统欺负与自尊的相关研究中,大部分研究均表明欺负行为与自尊密切相关。谷传华和张文新(2003)的研究表明,在欺负行为中,不管是欺负还是受欺负,均与自尊呈显著负相关。目前为止,有关网络欺负与自尊间关系的研究还较少。胡志海(2008)指出,自尊与攻击水平及网络不文明行为呈显著负相关,容易出现不文明网络行为的个体外显自尊显著低于文明个体。为数不多的研究还表明,与未参与网络欺负者相比,参与网络欺负者,不管是网络欺负者还是网络受欺负者都具有显著的低自尊(Brewer & Kerslake, 2015; Dehue, 2013)。Patchin 和 Hinduja(2011)在控制了性别、年龄、种族等条件后,发现网络欺负和网络受欺负经历均会降低青少年的自尊水平,而且遭受网络欺负对自尊的影响程度显著高于实施网络欺负对自尊的影响程度。但刘琳(2014)的研究发现网络欺负行为对欺负者的自尊不存在显著负向预测作用,这可能是因为网络欺负具有匿名性的特点,没有人会知道欺负者的真实身份,也可能是由于网络欺负者不能亲眼目睹自己的行为给受欺负者带来的伤害,减少了他们的同情心和内疚感,因而网络欺负行为不会对其自尊水平造成太大影响。

网络欺负与抑郁

抑郁是青少年群体中普遍存在的消极情绪之一,抑郁症状会影响一个人的情绪、思维、自我的感觉、人际交往及躯体功能状态,给个体带来严重的不良后果(Dozois & Dobson, 2004)。Hawker 和 Boulton(2000)的一项关于心理健康与欺负问题研究的元分析显示,与受欺负相关最密切的心理问题就是抑郁($r = 0.45$)。遭受过欺负的个体远比未参与欺负行为的人更容易产生抑郁、焦虑等症状(Kowalski & Limber, 2013)。类似地,抑郁与网络欺负的关系也开始得到研究者们的关注,大量研究表明,网络受欺负者抑郁的可能性显著高于未受欺负者(Perren, Dooley, Shaw, & Cross, 2010; Selkie, Kota, Chan, & Moreno, 2015; Wang, Nansel, & Iannotti, 2011)。Schneider 等(2012)以中学生为被试进行研究发现,网络受欺负会导致多种社会心理问题,例如抑郁、自我伤害、自杀意念等。甚至有研究者认为网络受欺负对抑郁的影响比传统受欺负对抑郁的影响更大(Perren 等,2010)。胡阳等(2013)在对初中生不同网络欺负角色行为的特点及其与抑郁的关系的研究中发现,相比于网络欺负者和未参与者,网络受欺负者、网络欺负/受欺负者的抑郁水平更高。根据抑郁的压力生成模型来看,有抑郁症状的个体在日常生活中也可能会面临更大的压力,其中包括受欺负(Gámez-Guadix, Orue, Smith, & Calvete, 2013)。Juvonen 和 Graham(2014)认为,许多因素(如内向化问题、缺乏社交技能等)都可能导致儿童受欺负,而引起儿童受欺负的那些因素也可以看作是受欺负的结果。由此看来,网络受欺负与抑郁之间可能是一个循环往复的过程。

网络欺负与移情

长期以来,关于移情的研究大多集中于青少年的亲社会行为与利他行为,而关于移情与欺负行为的研究相对较少。有研究者假设移情和欺负的关系与移情和反社会行为的关系是基于相同的理论结构,也就是说那些未参与欺负行为的个体比那些参与欺负行为的个体移情能力更高,因为这些个体能分享和理解他人因自己的欺负行为而产生的负面情绪,这就使他们能够抑制或者减少可能发生的欺负行为

(Feshbach, 1975)。Miller和Eisenberg(1988)通过元分析提出,欺负行为与移情存在负相关,移情反应是攻击性的一个抑制因素。然而,网络欺负作为欺负行为在网络环境下的一种延伸,与传统的面对面欺负有很大的相似性,但也有其独特之处。与面对面的传统欺负相比,网络欺负有匿名性及远距离等特征,因而网络欺负中的欺负者很少能意识到他们的行为给受欺负者造成的直接后果,因此,网络欺负者对网络受欺负者的遭遇的移情不及传统欺负者(Pornari & Wood, 2010)。Steffgen(2011)关于网络欺负与移情的关系的研究表明,网络欺负者比非网络欺负者对受欺负者的移情程度更低。诸多研究证实,较低水平的移情可以显著预测网络欺负行为(Ang & Goh, 2010; Brewer & Kerslake, 2015; Del Rey等,2016; Topcu & Erdur-Baker, 2012)。根据社会线索简化模型,在简化的社会和环境状况下缺乏情感反馈,这可能导致情感移情的缺乏,进而削弱个体对行为的控制(Kiesler, Siegel, & McGuire, 1984)。网络环境相对于现实生活环境而言,缺乏情感反馈,提供给人的社会线索相对较少,因而网络欺负者对网络受欺负者的移情程度可能低于传统欺负者对受欺负者的移情程度。

网络欺负与道德推脱

为了探讨一些人即使做出残忍的行为,也不会感到痛苦和惭愧的原因,Bandura等提出了道德推脱(moral disengagement)的概念。道德推脱是指个体产生的一些特定的认知倾向,这些认知倾向包括重新定义自己的行为使其伤害性显得更小、最大程度地减少自己在行为后果中应该承担的责任以及降低对受伤目标痛苦的认同(Bandura, 1986)。道德推脱机制使个体的道德自我调节过程失去作用,同时降低了自身的道德意识,从而使个体更可能做出非道德的决策,表现出更多的非道德行为(如欺骗、说谎、偷窃、攻击行为等)。因此,道德推脱是一种会影响个体道德行为表现的内在机制,具有认知的成分,与个体的道德行为有着密切的联系。Bandura等(1986)认为道德推脱是一套相互关联的认知机制,包含八个道德推脱机制,即道德辩护(moral justification)、委婉标签(euphemistic labeling)、有利比较(advantageous comparison)、责任转移(displacement of responsibility)、责任分散(diffiision of responsibility)、忽视或歪曲结果(distortion of consequences)、责备归因(attribution of blame)和非人性化(dehumanization)。这些道德推脱机制都可以使道德推脱的调节过程失去控制作用,从而避免道德标准和非道德行为发生认知上的冲突。

在道德推脱的相关研究中,研究者们关注较多的是道德推脱对攻击行为的影响。大多数研究者都认为道德推脱能显著正向预测青少年的攻击行为和欺负行为(Hymel, Rocke-Henderson, & Bonanno, 2005;杨继平,王兴超,2011)。Paciello等(2008)的纵向追踪研究结果显示,青少年早期的道德推脱水平能显著正向预测其后期的攻击行为和暴力行为发生的频率(Paciello 等,2008)。同样地,有关道德推脱与网络欺负的研究也发现,道德推脱可以显著正向预测个体的网络欺负行为,个体道德推脱水平越高,实施网络欺负的可能性也就越大(Pornari & Wood, 2010)。胡阳等(2014)以初中生为被试的研究结果也表明,初中生的道德推脱水平越高,其网络欺负行为的发生就越频繁。Renati、Berrone 和 Zanetti (2012)的研究指出,网络欺负者的"道德辩护"、"委婉标签"、"有利比较"和"忽视或歪曲结果"的水平均显著高于网络受欺负者和未参与网络欺负者。由于网络环境的特殊性,在网络环境下,道德推脱的机制很容易被激活,从而促使个体产生更多的网络欺负行为(Bussey, Fitzpatrick, & Raman, 2015; Perren & Gutzwiller-Helfenfinger, 2012; Renati, Berrone, & Zanetti, 2012; Runions & Bak, 2015; Wachs, 2012)。相反,也有研究者认为,与传统欺负相比,道德推脱对网络欺负的影响偏低,其原因可能是网络欺负的匿名性及其与受欺负者之间的非面对面性,导致其对网络欺负行为产生一种认知偏差,认为这是一种娱乐行为,低估了自己的行为对受欺负者造成不良后果的可能性,因而使得他们不使用道德推脱机制就会表现出非道德行为(Pornari & Wood, 2010)。

网络欺负与父母教养方式

父母教养方式是青少年网络偏差行为的一个重要影响因素。Leung 和 Lee (2012)发现父母采取严格的上网限制措施,更多地参与并干预青少年的上网行为,可以降低青少年接触色情或暴力网络环境的可能性。Rosen、Cheever 和 Carrier(2008)发现权威型的父母教养方式与低水平的危险上网行为(如在网络上暴露个人信息的比例较低)存在相关。受到父母监控的青少年会较少地暴露自己的个人信息,如姓名、邮箱地址等,也会更少地访问不良网站、约见网友。同时,父母制定关于网络活动的规定会降低青少年在网上遭遇危险的可能性(Beebe 等,2004; Rosen, 2007)。Mesch(2009)指出,父母监控青少年的网站访问,能有效降低青少年网络受欺负的可能性,对青少年起到保护作用。李冬梅(2008)在考察父母教养方式与中学生网上过激行为的关系时发现,父母教养方式的积极方面与网上过激行为相关不显著,而父母教养方式的消极方面与网上过激行为存在显著正相关。胡阳(2014)的研究发现,母亲拒绝型、过度保护型的教养方式以及父亲拒绝型的教养方式均与初中生网络欺负行为呈正相关。这表明消极的父母教养方式对子女网络欺负行为有一定的助长作用,并且母亲对子女的影响更大。而积极的父母教养方式(如父母情感温暖型的教养方式)与网络欺负行为间不存在显著相关。这一结论在近期的一些研究中也得到了证实(Dehue, Bolman, Völlink, & Pouwelse, 2012; Shapka & Law, 2013;何丹,范翠英,牛更枫,连帅磊,陈武,2016)。

9.2.8 网络欺负的预防

随着电子科技的不断发展及互联网的日益普及，网络欺负行为已成为一种迅速发展的社会现象，对人们的身心健康产生了严重影响。因此，采取必要的措施来对网络欺负行为进行预防或干预已刻不容缓。

与传统欺负不同的是，在网络欺负行为发生后老师和家长几乎都被排除在外，Smith 等(2008)的研究表明，网络欺负行为发生后的援助大多都来自朋友而不是老师或家长。Slonje 等(2008)的研究也指出，青少年受到网络欺负后选择的倾诉对象，首选是朋友，其次是家长，最后是老师。家长和老师作为人生成长过程中的重要护航人，在网络欺负事件上没有发挥应有的作用。针对此种现象，Willard(2006)提出，当学校制定有关网络欺负的干预政策时，家长对这一事件的认知尤为重要，家长必须了解各种形式的网络欺负。家长需意识到他们对孩子在网络上的言行负有责任，应增强与孩子的沟通交流，在孩子受到欺负后应给孩子提供支持，并指导他们如何应对(Cassidy, Brown, & Jackson, 2012)。具体而言，家长可以从以下几方面入手来预防和干预孩子的网络欺负行为：(1)增加对网络技术的了解，习惯使用孩子常用的网络技术，家长在此过程中可以经常跟孩子交流参与网络行为的利弊；(2)了解孩子所在学校的具体政策，积极配合学校，与学校一起努力预防网络欺负行为的发生；(3)对孩子的上网行为进行适当的监督，定期检查网络安全。

除了家长外，学校老师在学生的网络欺负行为的干预上也能发挥积极的作用，如加强对学生的道德教育，强调网络欺负的危害性，指导学生正确对待欺负现象，树立正确健康的价值观，并使学生远离不健康的网站论坛等。学校还可以定期对学生的网络欺负行为进行调查，有针对性地对出现网络欺负行为和遭受网络欺负行为的学生进行干预和心理疏导。

预防和干预网络欺负行为最重要的策略是发展网络行为监督技术，这些技术包括阻止用户更改号码或密码、用户名或邮箱地址、删除匿名信息等(Juvonen & Gross, 2008)，从而加大对网络行为的监管，严惩不文明上网行为，净化网络环境，杜绝网络欺负行为发生的可能。

9.2.9 网络欺负研究展望

虽然目前国内外已有大量关于网络欺负的研究，但不可否认的是，关于网络欺负的研究才刚刚起步，尤其是在中国本土文化背景下的有关网络欺负行为的研究，还有很多值得探讨的地方。

研究对象

关于网络欺负的研究，大多数的研究都以青少年为研究对象，以青少年为研究对象有以下几点好处：(1)青少年大多为学生团体，研究取样较为集中方便，可以一次性收取大量数据；(2)较之儿童，青少年接触网络的机会较多，网络使用技能较强，较多参与网络欺负；(3)青少年正处于情绪、人格发展的不稳定时期，其情绪波动大，可能更容易实施欺负行为，加之青少年的可塑性较强，以青少年为研究网络欺负的对象，有利于后期干预计划的制定。然而，网络欺负不仅仅只发生在青少年之中，不少儿童、成人之间也存在网络欺负现象。所以，关于网络欺负的研究不能只局限于青少年，应该扩大研究的被试群体范围，使研究结果能得到进一步的推广。

研究方法

网络欺负作为一个相对较新的研究领域，从目前已有的研究来看，大多数研究所用方法都集中在以问卷、量表为主的定量研究上，且大多采用自我评价的方式。虽然问卷法在一定程度上能有效测出网络欺负的相关问题，但随着年龄和人生阅历的增长，人们大多认识到网络欺负是不被社会公德所允许的，社会接纳度很低。所以，在进行问卷填答时，很难避免社会期许效应对研究结果的影响。基于此，在今后的相关研究中，应力求采用更为广泛的研究方法，比如实验法，或者采用多种方法的结合，如同伴提名、教师提名、家长问卷等方法，而不是单一的自我报告的方法。

研究内容

网络欺负的大量研究都是基于以往对传统欺负的研究开展的，关于网络欺负的相关理论支持仍然处于萌芽时期，大多数研究是借用其他研究领域的理论推进的。因此，在今后的研究中研究者要注意对研究理论的选择和应用，并为网络欺负的直接理论的发展做出贡献。

实践应用

随着互联网的日益普及，加之网络环境的独特性及对网络行为缺乏有效的监督和管理，网络欺负日益成为影响人们身心健康的重要因素。因此未来要在理论研究的基础上，结合具体实际制定出切实可行的针对网络欺负行为的宏观治理策略和实践干预计划。

9.3 网络亲社会行为

人们的网络行为复杂而多样，其中或许有欺负、诈骗、恐吓等伤害他人的网络攻击行为，但同样也存在帮助、合作、关爱等有益于他人的网络亲社会行为。1995 年 4 月，女大学生朱令身患怪病，出现中毒症状，在医生束手无策的危急情况下，朱令的中学同学在互联网上发帖，详细描述了病情。据统计，该帖发布后在网上收到国内外 1 000多封回信，为医院最终确诊朱令为“铊中毒”并对其进行救治起了至关重要的作用。朱令成为中国首位利用互联网寻求帮助的病人。这一通过互联网才得到确诊和救治的事件,在当时引起了极大的轰动。一项名为"冰桶挑战"的网络慈善筹款活动曾经风靡全球,无论体坛名将、影视巨星还是IT大佬甚至政界名人均参与其中,接受挑战为慈善助力。冰桶挑战赛全称"ALS冰桶挑战赛"(ALS Ice Bucket Challenge),最初起源于美国,要求参与者在网络上发布自己被冰水浇淋全身的视频,其后可通过网络平台邀请其他人参与该活动。被邀请者可选择在24时内接受挑战,或者选择为对抗"肌肉萎缩性侧索硬化症"捐款100美元。该活动最初旨在让更多的人了解一种俗称"渐冻人"的罕见疾病,同时为该疾病患者募集治疗所需款项。2014年8月,"冰桶挑战"活动进入中国互联网界,并迅速蔓延至国内各个行业。作为一项慈善活动,"冰桶挑战"借助互联网这一电子媒介在极短的时间内引爆全球助人捐款热潮,应当说是网络助人行为的成功案例。

9.3.1 网络亲社会行为的含义

网络亲社会行为(cyber prosocial behavior)的概念在本质上与现实亲社会行为相同,都是积极的社会行为。但是网络亲社会行为是发生在网络环境中的,因此又不同于现实亲社会行为。近些年来,国内许多学者都对网络亲社会行为的概念进行了界定。王小璐、风笑天(2004)认为,网络亲社会行为是指个体在网络环境中实施的使他人获益且自身会有所损失,又没有明显自私动机的自觉自愿行为。其中,"损失"是指助人者在帮助他人的过程中所花费的网络开销、时间、精力以及虚拟的网络货币等;"没有明显自私动机"主要是指不期望有来自外部的物质报偿,但不排除助人者自身因为做了好事而获得的心理满足感、成就感等内部酬奖。安晓璐(2005)认为,网络亲社会行为从动机考察有主动和被动两种形式。前者如提醒别人、主动公布有价值的信息、指导网络使用技巧等;后者如对求助的电子邮件、帖子的积极回复、转载等。彭庆红、樊富珉(2005)认为,网络亲社会行为是指借助网络媒体、出于助人的目的、没有明显的自私动机、自愿而非强迫的行为。综合以上观点,我们认为,网络亲社会行为是指在网络环境下,个体自愿做出的符合社会期望且对他人、群体或社会有益的行为及趋向。在心理学研究中,网络亲社会行为和网络利他行为的区分并不明确,两个概念有时可以混用。通过定义,可以看出网络亲社会行为有其侧重点:(1)网络亲社会行为发生在网络背景下;(2)与现实亲社会行为相同,网络亲社会行为同样需要对他人或社会产生益处,在这一过程中常常需要牺牲助人者的自我利益;(3)网络亲社会行为是一种自愿的行为,在行为发生过程中,不存在强迫性的条件。

网络亲社会行为的性质、类型以及影响因素也都不同于现实亲社会行为。王小璐和风笑天(2004)认为网络亲社会行为主要包括以下几种:技术服务、信息咨询、在线资源、精神支持、游戏支援、社会救助。他们认为有计划地引导网络中的青少年从事网络亲社会行为，有利于营造良好的网络环境，拨正社会转型带给青少年在人生观、价值观上的偏差，促进青少年心理的健康成长以及人际关系的和睦发展。卢晓红(2006)认为，网络环境的特殊条件为网络亲社会行为提供了便利，因此，人们在网络环境下会比在现实情形下更多地表现出亲社会行为，具体原因如下：(1)网络环境的虚拟性使自我暴露程度更高，有利于自我概念的扩展；(2)网络环境的虚拟性更有利于美化帮助对象，使助人者形成对帮助对象的积极评价；(3)网络环境的超时空性使助人者有更多的机会来行使他的善举，同时获得更多肯定，强化其助人行为；(4)网络环境的超时空性使助人者从众心理减弱，从而更主动地承担助人责任。同时，网络亲社会行为的社会效用可以很好地起到改善网络道德环境的作用，不仅可以帮助人们在网络环境中形成良好的人际关系，还能有效地减少和打击网络欺诈、侵犯等反社会行为。

9.3.2 网络亲社会行为的表现形式

由于人类社会生活的复杂性，无论是在现实生活还是在网络中，亲社会行为的表现形式都不是单一笼统的。总结研究者(Sproull, Conley, & Moon, 2004；王小璐，风笑天，2004；彭庆红，樊富珉，2005；危敏，2007)已有的观点可以发现，网络亲社会行为主要表现在以下几个方面。

无偿提供信息咨询和技术指导

在以前，人们会翻阅字典查看陌生的字词，会抱着厚厚的百科全书了解世界，想学吉他古筝或是其他技巧只能到培训学校拜师学艺，而现在打开电脑，连上网络，便能随时随地搜索自己所需的知识信息，而这些信息很多来自他人的热心提供。网络中各类有益信息的发布，对疑难困惑的解答，对相关技术问题的指导，应当是最普遍的一种网络亲社会行为。这些信息或问题涉及内容广泛，大至国家政策、全球政局、科学技术，小至生活常识、知识学习等几乎覆盖了人类社会的方方面面。

无偿提供在线资源

资源拥有者无偿上传资源供大家下载使用的这种共享行为也是网络亲社会行为的一种重要形式。文档类网络共享平台有新浪爱问共享资料、百度文库，电影视频类网络共享平台有优酷、土豆，音乐类网络共享平台有酷狗、音悦台等，随着网络软件技术的开发与应用的普及，越来越多的人习惯于从网络上下载免费的歌曲、电影，甚至在网络上进行免费的课程学习。

提供精神安慰或心理支持

心理支持的提供大致可以分为以下三种情形：一种是借助网络中的在线实时通

讯工具(如QQ、微信、MSN等),对遇到挫折、心情郁闷的朋友或网络上熟悉的陌生人给予安慰与支持。第二种是许多在现实生活中境况或遭遇相似的陌生人(如共同拥有某种兴趣爱好的人、身患特殊疾病的人、遭受挫折的失意者或是身在异乡的游子)相聚在一些专门的网站或是论坛,形成一个彼此包容,互相倾诉的圈子。第三种则是较为专业的网络心理咨询。网络心理咨询与传统面对面的心理咨询相比,不受时间和空间限制,能够及时有效地为求助者提供帮助。

网络管理义务服务

除去一些盈利性质的网站,如一些视频网站、文档网站等,许多网站、论坛往往是为大家提供一个相互交流与沟通的平台,如各个高校的贴吧,因此,对于网站的维护管理,常常是由一些人无偿进行的。他们需要付出大量的时间与精力以确保网站的正常运行,保证大家网站使用的权益,这也是一种较为普遍的亲社会行为。

虚拟资源援助

现实生活中,对于需要帮助的人,我们可以施之钱物,而在网络中,所谓的钱物便是一些在特定情境下才有其价值的虚拟资源,如腾讯的Q币,百度文库的财富值,手游中的能量等。在他人需要时,这些虚拟资源的相互赠予也是一种亲社会行为。

提供社会救助

2003年1月28日,宜昌一女子在“雅虎”视频直播自杀;2013年1月3日,湖南一男子因失恋在网络论坛中直播自杀;2013年2月28日,重庆男子在论坛上绝望留言,服药自杀。值得庆幸的是,上述案例中的轻生者都因网友的及时报警而最终获救。这样的案例在网络环境中并不少见。除此之外,网络中较为普遍的还有疾病救助、学业资助等(王小璐,风笑天,2004)。

9.3.3 网络亲社会行为的特征

由于网络平台具有特殊性,因此个体的网络亲社会行为表现与现实生活中的相比也有其独特之处。

非物质性

网络亲社会行为更多的不是物质实体的传递,而是信息的流动。如有益信息的发布,学习生活中问题的解答,或者是技术上的指导等,并不涉及具体的实物。当然,网络与现实并非完全割裂的,通过网络进行捐款捐物也较为常见。

广泛性

与现实亲社会行为不同,网络亲社会行为一般不受时间、地域的限制,因此网络亲社会行为的发生可以有较为广泛的参与度,其受益面也极为广泛。一条求助信息可以跨越多个国家、地区，一个资源的分享也可以让多人同时受益。

及时性与延时性

网络信息传递快捷迅速，从求助信息的发出到助人行为的实施所需时间极为短暂，因此相比于现实亲社会行为，网络亲社会行为更为及时。2012 年 10 月 24 日，一位重症病人急需用血的求助消息出现在新浪微博上，短时间内该微博被大量转发，一些网民看到消息后便迅速赶到病人所在医院献血救人。生活中类似这样的紧急事件很多，网络信息传递的快捷性保证了求助者获得及时救助的可能性（丁迈，陈曦，2009）。而另一方面，网络亲社会行为在某些情况下也具有延时性，往往在求助者发出求助信息一段时间之后，助人者仍然可以延时完成助人行为。

匿名性

网络中个体常使用网名与他人进行交流，真实信息为个体隐私，这也保证了个体行为的隐秘性。匿名性一定程度上保护了求助者与施助者的安全。求助者和施助者常常不认识，一般情况下，助人行为从开始到结束，求助者和施助者相互之间都不曾见过对方。

长效性

因为网络的跨时间性，网络亲社会行为的效应可能持续存在，如论坛中的资源共享贴、技术指导贴等通常会存留很长一段时间，不同时段的求助者都能从利他者的行为中受益（陶威，2013）。

9.3.4 网络亲社会行为的影响因素

对网络亲社会行为的影响因素，研究者从助人者、受助者、网络环境等方面进行了分析，并做了一些有益的探讨，概述如下。

助人者因素

程乐华（2002）认为，助人者由于有丰富的网络经验或专门领域的专长，所以在网络中他们能够在各自的专长领域给予他人帮助和指导。这种助人行为提升了助人者对自己的肯定，增强了其自我价值感，从而使其获得了内部的正强化；而受助者对他帮助的谢意和理解又会形成外部的正强化，这样就从两方面促进了助人行为。王小璐和风笑天（2004）认为，青少年的网络利他行为是青少年自身特点所引发的一种必然结果。青少年对新鲜事物充满好奇，求知欲强，能在较短的时间内融入网络生活，并且有极强的展示自我的欲望，一般都愿意尽自己之所能去帮助他人。丁迈和陈曦（2009）的研究指出，助人者因素与网络利他行为的相关程度最高。他们通过访谈发现助人者的助人能力会影响网络利他行为，当一些便利条件不存在或者利他成本较高时，网络利他行为就会减少。他们还通过文献分析概括出了助人者网络利他行为的四个内在动机：建立社会联系与获得人际酬赏、社区群体认同与归属感、追求成就感与体现自我价值、互惠互利。

还有研究认为助人者的性别对网络利他行为有影响。一般情况下，男性更愿意提供计算机和网络知识技能方面的帮助，女性则更愿意投入情感上的支持。从别名和电子信箱用户名来判断，主动提供帮助的人几乎都为男性。在某些互联网环境下，男性更多地会帮助女性这一点表现得尤为明显。例如，在网络游戏中，男性特别喜欢对刚刚加入进来的“女性”进行耐心的帮助，但对那些从名字上来看是男性的加入者则反应冷淡。在技术讨论或游戏大战方面，女性能提供的帮助很少，而当遇到个人问题时，女性则表现得得心应手，如用她们特有的情感力量竭力帮助他人。

求助者因素

王小璐和风笑天(2004)认为，网络中求助者的因素非常重要，直接关系到求助者能否获得帮助。他们指出，求助者因素包括：(1)性别因素。使用“女性”网名和标志的人更容易获得帮助，尤其能获得男性的帮助，主要是因为男性认为女性的网络适应性差，男性有帮助她们的责任。(2)同质性因素。网络中有相同特点的人之间更容易发生利他行为，人们更乐意帮助和自己一样的人：相同的种族、文化、态度、年龄或其他特点。(3)主题因素。主题越是新颖，得到的帮助就越大。在同一讨论区内如果有人就同一主题先进行了求助，那么后来求助的人得到帮助的可能性将大为降低。(4)语言因素。网络求助的语言是否得体、语气是否诚恳会直接影响获得帮助的程度。(5)符号因素。利用网络符号如头像、网语、图标等表明求助的重要性和紧急性，可以起到意想不到的获助效果。丁迈和陈曦(2009)则指出，求助者的特征对网络利他行为的影响不大，它不是主要的影响因素。因为网络具有匿名性和虚拟性，这使得求助者的身份信息非常模糊，助人者无法判断求助者的特征。而求助者的经历、兴趣和话题的相似性则成为影响网络利他行为的主要因素。另外，求助者文本的表达方式也会对网络利他行为产生一定影响。

网络环境因素

与日常生活中的利他行为相比，网络社会的特定情境增加了网络利他行为发生的频率(郭玉锦，王欢，2005)。网络环境的一些特征比现实社会更有利于利他行为的发生。如：网络的匿名性使得求助者表现出更多的自我暴露，更容易在网上发出主动求助的行为，也更容易获得他人的注意或同情；网络的及时性与互动性使利他行为具有高效率和低成本的特点；网络的超时空性使助人者从众心理减弱，更能主动承担帮助他人的责任；网络的虚拟性有利于美化帮助对象，使助人者形成对帮助对象的积极评价，进而使得人们在网络中的利他行为显得格外大方(程乐华，2002；卢晓红，2006)。网络环境中网民构成的多样性与内容的丰富性也给网络求助带来了便利，很多人都愿意通过网络来寻求帮助。与站在身旁的人相比，人们更愿意向电脑求助(Karabenick & Knapp, 1988)。另外，网络环境中还存在着对利他行为的激励机制，如自我奖赏、自我安慰、对方的感谢、获得他人的认同、互惠互助等，这些都使网络利他行为得以不断延续和加强(彭庆红，樊富珉，2005)。还有研究者认为，网络人际交往空间的隐蔽性较好地避免了"责任扩散"的可能，网络中助人者越多，利他行为越容易发生(王小璐，风笑天，2004)。在网络空间中几乎不存在所谓的"旁观者效应"(危敏，2007)。丁迈和陈曦(2009)强调应关注网络空间营造的虚拟环境对利他行为的影响，认为对利他行为产生影响的虚拟社区环境有网络社区规模、社区资源和附载功能的多样性等，并指出网络社区为其成员提供丰富的资源会更加吸引成员，增加成员的归属感，促进成员由参与者向建设者转化，从而增加利他行为发生的可能性。

9.3.5 网络亲社会行为的相关研究

移情与网络亲社会行为

移情(empathy)是一种认知他人观点，并理解他人感受的能力，移情能够帮助促进亲社会行为的产生，是亲社会行为产生的重要动机源(卢晓红，2006)。移情的程度依赖于环境给予移情者自我概念的延伸程度，而网络环境交流的间接性能让个体的自我暴露程度更高，利于自我概念的扩展。此外，移情的程度还依赖于个体情感上的共鸣和积极评价程度，而网络环境的虚拟性与超时空性使施助者更容易受到肯定，得到强化，因此，网络环境较之于现实环境，更容易使人产生亲社会行为。赵欢欢等人(2012)研究发现，大学生特质移情和网络社会支持均能显著正向预测网络利他行为，大学生网络社会支持在特质移情与网络利他行为的关系之间起完全中介作用。

情感、价值满足与网络亲社会行为

个体在网络中表现出亲社会行为后，即使最初并不存在一定的助人动机或想要寻求回报，但助人者仍旧可以通过自己的行为获得一定的心理满足感或者是成就感，在获得他人赞许、感激的同时，这种愉悦的感受能够促使其表现出更多的亲社会行为。从马斯洛需求层次理论来讲，个体的网络亲社会行为有助于满足个体自我实现的需要。在以往的研究中，有些访谈个案就表示在网络中表现出亲社会行为就是出于对实现自我、体现自我价值的考虑(危敏，2007)。

网络交往动机与网络亲社会行为

动机既包括网络交往动机也包括亲社会行为的实施动机。网络交往动机直接影响网络利他行为，也通过网络人际信任间接影响网络利他行为，网络交往动机越高，个体所进行的网络积极行为频率越高，实施网络亲社会行为的可能性就越高(赵欢欢，张和云，2013)。而人际信任度较高的个体，其在网络上与他人之间的心理距离会小于那些人际信任度低的个体，而心理距离的缩减可以促进亲社会行为的发生。借由网络的匿名性与联结性，个体之间在存在较高亲密性的同时也能保持适当的距离，这种关系有助于培养个体的信任感，因为在网络中信任他人的低成本与其所带来的高愉悦感，会使得个体更乐于在网络中给予他人自己的信任。想要提高网络的积极效应，可以通过提升个体的人际信任来实现。根据网络使用—满足理论，个体会基于特定的动机进行网络交往从而使自己的需求得到满足，获得较高的网络支持，并在此基础上减少怀疑，增加人际信任进而引发网络利他行为。

网络社会支持与网络亲社会行为

网络社会支持的获得作为特定的外在诱因能够刺激助人者的情绪体验强度，从而增强助人者的动机，当该诱因的强度超过一定的阈限，就产生了真正的网络利他行为（赵欢欢等，2012）。对于具有较高的乐观倾向或焦虑水平的个体，这种支持一方面会直接促成网络利他行为的产生，另一方面又会使得个体获得更多的网络社会支持，从而引发更多的网络利他行为（郑显亮，2012）。而从现实利他行为与网络利他行为的关系上来看，网络社会支持在其间起着完全中介作用，现实利他行为、网络社会支持与网络利他行为存在显著的正相关（郑显亮，2013）。

9.3.6 网络亲社会行为研究展望

纵向研究缺乏

目前，针对网络亲社会行为的研究已经有了一定数量的研究成果，但大多数都是以横断研究的方式进行的，这使得研究者无法对网络亲社会行为的发展趋势及其产生的原因和危害得出确切、有效和系统的结论。未来的研究应重点考察网络亲社会行为的纵向发展效应，从而对网络亲社会行为的发生发展形成更为正确的了解和认识。

研究方法单一

网络亲社会行为已经越来越受到心理学者的关注，但目前的研究大多还是对网络亲社会行为概念、表现形式、特点和影响因素等的简单分析与总结，实验性质或更为严谨的方法研究较为缺乏。由于研究方法的单一，其探索深度自然受到影响。现代各种心理学技术的产生，给我们带来了不同的研究视角，比如通过 ERP 脑电技术对网络和现实亲社会行为的生理活动进行探索，研究亲社会行为在各个环境中生理机制上的不同之处。此外，还应在互联网技术与传统心理学研究方法相结合的基础上建立新的研究方法体系（郑显亮，顾海根，2012）。

研究对象覆盖面狭窄

现有网络亲社会行为的研究对象主要是在校的中学生或大学生，其研究结果的外部效度有多高，能否推广到其他人群与领域还有待商榷。因此，未来对网络亲社会行为的研究应拓宽研究对象的覆盖面，多关注其他不同的人群，如职场各行业人士，为人父母者，失业人士等。

参考文献

安晓璐.(2005).浅析虚拟社区中的利他行为.传媒观察,3,43—44.
陈斌.(2008).关于网络道德的若干思考.复旦大学硕士学位论文.
陈会昌.(2004).道德发展心理学.合肥：安徽教育出版社.
陈琦,刘儒德.(2005).教育心理学.北京：高等教育出版社.
程乐华.(2002).网络心理行为公开报告.广州：广东经济出版社.
戴蒙,勒纳,林崇德,李其维,董奇.(2009).儿童心理学手册.上海：华东师范大学出版社.
丁迈,陈曦.(2009).网络环境下的利他行为研究.现代传播(中国传媒大学学报),3,35—37.
傅成仕.(2009).农村初中生欺负行为与父母教养方式,自尊的关系研究.四川师范大学博士学位论文.
谷传华,张文新.(2003).小学儿童欺负与人格倾向的关系.心理学报,35(1),101—105.
郭玉锦,王欢.(2005).网上公共领域.北京邮电大学学报(社会科学版),7(3),4—7.
何丹,范翠英,牛更枫,连帅磊,陈武.(2016).父母教养方式与青少年网络欺负：隐性自恋的中介作用.中国临床心理学杂志,24(1),41—44.
胡阳,范翠英,张凤娟,谢笑春,郝恩河.(2014).青少年网络受欺负与抑郁：压力感与网络社会支持的作用.心理发展与教育,30(2),177—184.
胡阳,范翠英,张凤娟,周然.(2013).初中生不同网络欺负角色行为的特点及与抑郁的关系.中国心理卫生杂志,27(12),913—917.
胡志海.(2008).大学生外显自尊、攻击性与网络行为关系.现代预防医学,35(22),4417—4419.
黄希庭.(2007).心理学导论.北京：人民教育出版社.
李冬梅,雷雳,邹泓.(2008).青少年网上偏差行为的特点与研究展望.中国临床心理学杂志,16(1),95—97.
李冬梅.(2008).青少年网上偏差行为的实证与理论研究.首都师范大学博士学位论文.
刘富良.(2006).大学生欺负行为及其与自尊,父母教养方式的关系研究.江西师范大学硕士学位论文.
刘华山,郭永玉.(1997).学校教育心理学.武汉：湖北人民出版社.
刘丽琼,肖锋,饶知航,陈婷.(2012).中学生网络欺负行为发生特点分析.中国学校卫生 33(8),942—944.
刘琳.(2014).中学生传统欺凌、网络欺凌及其与自尊的关系.沈阳师范大学硕士学位论文.
卢晓红.(2006).网络道德教育应关注网络亲社会行为.职业技术教育,26,115—117.
马晓辉,雷雳.(2010).青少年网络道德与其网络偏差行为的关系.心理学报,42(10),988—997.
马晓辉,雷雳.(2011).青少年网络道德与其网络亲社会行为的关系.心理科学,34(2),423—428.
彭庆红,樊富珉.(2005).大学生网络利他行为及其对高校德育的启示.思想理论教育导刊,12,49—51.
曲学丽.(2009).新闻职业道德敏感性特点及其与移情关系的研究.华东师范大学硕士学位论文.
宋凤宁,黎玉兰,方艳娇,江宏.(2005).青少年移情水平与网络亲社会行为的研究.广西师范大学学报(哲学社会科学版),03,84—88.
陶威.(2013).大学生网络使用动机、网络自我效能与网络利他行为的关系研究.福建师范大学硕士学位论文.
王小璐,风笑天.(2004).网络中的青少年利他行为新探.广东青年干部学院学报,1,16—19.
危敏.(2007).大学生网络亲社会行为的研究.山东大学硕士学位论文.
徐娜.(2009).论道德敏感性及其德育价值.现代教育论丛,11,49—52.
严耕,陆俊,孙伟平.(1998).网络伦理.北京：北京出版社.
杨继平,王兴超.(2011).父母冲突与初中生攻击行为：道德推脱的中介作用.心理发展与教育,27(5),498—505.
杨礼富.(2006).网络社会的伦理问题探究.苏州大学博士学位论文.
杨韶刚,吴慧红.(2004).确定问题测验与道德心理的结构成分探析.教育科学,20(6),56—59.
章滢.(2005).大学生利他行为、移情能力及其相关研究(硕士学位论文).南京师范大学,南京.
赵冬梅,周宗奎.(2010).儿童同伴交往中的攻击行为：文化和性别特征.心理科学,33(1),144—146.
赵锋,高文斌.(2012).少年网络攻击行为评定量表的编制及信效度检验.中国心理卫生杂志,26(6),439—444.
赵欢欢,张和云,刘勤学,王福兴,周宗奎.(2012).大学生特质移情与网络利他行为：网络社会支持的中介效应.心理发展与教育,5,478—486.
赵欢欢,张和云.(2013).大学生网络交往动机与网络利他行为：网络人际信任的中介作用.心理研究,6,92—96.
郑丹丹,凌智勇.(2007).网络利他行为研究——以5Q地带“供种”行为为例.浙江学刊,4,179—185.
郑显亮.(2010).大学生网络利他行为：量表编制与多层线性分析.上海师范大学博士学位论文.
郑显亮.(2012).乐观人格、焦虑、网络社会支持与网络利他行为关系的结构模型.中国特殊教育,11,84—89.
郑显亮.(2013).现实利他行为与网络利他行为：网络社会支持的作用.心理发展与教育,1,31—37.
郑信军,岑国桢.(2008).大学生倾向性道德敏感的结构研究.心理科学,31(5),1026—1030.
郑信军.(2008).道德敏感性.上海师范大学博士学位论文.
Agatston, P. W., Kowalski, R., & Limber, S. (2007). Student perspectives on cyber bullying. *Journal of Adolescent Health*, *41*, 59-60.

Ang, R. P., & Goh, D. H. (2010). Cyberbullying among adolescents: The role of affective and cognitive empathy, and gender. *Child Psychiatry & Human Development*, *41*, 387 - 397.

Aricak, T., Siyahaan, S., Uzunhasanoglu, A., Saribeyoglu, S., Ciplak, S., Yilmaz, N., et al. (2008). Cyberbullying among Turkish adolescents. *CyberPsychology & Behavior*, *11*, 253 - 261.

Bach, D. R., Herdener, M., Grandjean, D., Sander, D., Seifritz, E., & Strik, W. K. (2009). Altered lateralisation of emotional prosody processing in schizophrenia. *Schizophrenia Research*, *110*(1 - 3), 180 - 187.

Bandura, A. (1986). Social foundations of thought and action: A social cognitive theory (pp. 5 - 107). Englewood Cliffs, NJ: Prentice Hall.

Beale, A. V., & Hall, K. R. (2007). Cyberbullying: What school administrators (and parents) can do. *The Clearing House: A Journal of Educational Strategies, Issues and Ideas*, *81*(1), 8 - 12.

Bebeau, M. J., & Yamoor, C. (1985). Measuring dental students' ethical sensitivity. *Journal of Dental Education*, *49*(4), 225 - 235.

Beebe, T. J., Asche, S. E., Harrison, P. A., & Quinlan, K. B. (2004). Heightened vulnerability and increased risk-taking among adolescent chat room users: Results from a statewide school survey. *Journal of Adolescent Health*, *35*(2), 116 - 123.

Belsey, B. (2009). The define of cyberbullying. Retrieved July 3, 2012, from http://www.cyberbullying.ca.

Borg, J. S., Hynes, C., Van Horn, J., Grafton, S., & Sinnott-Armstrong, W. (2006). Consequences, action, and intention as factors in moral judgments: An fMRI investigation. *Journal of Cognitive Neuroscience*, *18*(5), 803 - 817.

Brewer, G., & Kerslake, J. (2015). Cyberbullying, self-esteem, empathy and loneliness. *Computers in Human Behavior*, *48*, 255 - 260.

Bussey, K., Fitzpatrick, S., & Raman, A. (2015). The role of moral disengagement and self-efficacy in cyberbullying. *Journal of School Violence*, *14*(1), 30 - 46.

Butterfield, K. D., Trevin, L. K., & Weaver, G. R. (2000). Moral awareness in business organizations: Influences of issue-related and social context factors. *Human Relations*, *53*(7), 981 - 1018.

Calvete, E., Orue, I., Estévez, A., Villardón, L., & Padilla, P. (2010). Cyberbullying in adolescents: Modalities and aggressors' profile. *Computers in Human Behavior*, *26*(5), 1128 - 1135.

Caspi, A., & Gorsky, P. (2006). Online deception: Prevalence, motivation and emotion. *CyberPsychology and Behavior*, *9*(1), 54 - 49.

Cassidy, W., Brown, K., & Jackson, M. (2012). "Making Kind Cool": Parents' suggestions for preventing cyber bullying and fostering cyber kindness. *Journal of Educational Computing Research*, *46*(4), 415 - 436.

Cook, C. R., Williams, K. R., Guerra, N. G., Kim, T. E., & Sadek, S. (2010). Predictors of bullying and victimization in childhood and adolescence: A meta-analytic investigation. *School Psychology Quarterly*, *25*(2), 65 - 83.

Coyne, S. M., Nelson, D. A., & Underwood, M. (2011). Aggression in children. In P. K. Smith & C. H. Hart (Eds.), *The wiley-blackwell handbook of childhood cognitive development* (pp. 491 - 509). Oxford, UK: Wiley.

Crowell, C. R., Narvaez, D., & Gomberg, A. (2007). Moral psychology and information ethics: Psychological distance and the components of moral behavior in a digital world. In H. R. Nemati (Ed.), *Information security and ethics: Concepts, methodologies, tools and applications* (Vol. 6). PA: Information Science Reference.

Decety, J., Michalska, K. J., & Kinzler, K. D. (2011). The developmental neuroscience of moral sensitivity. *Emotion Review*, *3*(3), 305 - 307.

Dehue, F. (2013). Cyberbullying research: New perspectives and alternative methodologies. Introduction to the special issue. *Journal of Community & Applied Social Psychology*, *23*(1), 1 - 6.

Dehue, F., Bolman, C., & Völlink, T. (2008). Cyberbullying: Youngsters' experiences and parental perception. *CyberPsychology & Behavior*, *11*(2), 217 - 223.

Dehue, F., Bolman, C., Völlink, T., & Pouwelse, M. (2012). Cyberbullying and traditional bullying in relation to adolescents' perception of parenting. *Journal of Cybertherapy and Rehabilitation*, *5*(1), 25 - 34.

Del Rey, R., Lazuras, L., Casas, J. A., Barkoukis, V., Ortega-Ruiz, R., & Tsorbatzoudis, H. (2016). Does empathy predict (cyber) bullying perpetration, and how do age, gender and nationality affect this relationship? *Learning & Individual Differences*, *45*, 275 - 281.

Denegri- Knott, J., & Taylor, J. (2005). The labeling game: A conceptual exploration of deviance on the internet. *Social Science Computer Revies*, *23*(1), 93 - 107.

Dooley, J. J., Pyżalski, J., & Cross, D. (2009). Cyberbullying versus face-to-face bullying: A theoretical and conceptual review. *Zeitschrift für Psychologie / Journal of Psychology*, *217*(4), 182 - 188.

Dozois, D. J. A., & Dobson, K. S. (Eds.). (2004). Prevention of anxiety and depression. Washington, DC, US: American Psychological Association.

Egan, M. (2012). An Irish investigation into the factors affecting bystander intervention to cyberbullying among adolescents. Master's Thesis, Dublin Business School.

Fanti, K. A., Demetriou, A. G., & Hawa, V. V. (2012). A longitudinal study of cyberbullying: Examining risk and protective factors. *European Journal of Developmental Psychology*, *9*(2), 168 - 181.

Feshbach, N. D. (1975). Empathy in children: Some theoretical and empirical considerations. *The Counseling*

Psychologist, *5*, 25 - 30.
Festl, R., & Quandt, T. (2013). Social relations and cyberbullying: The influence of individual and structural attributes on victimization and perpetration via the Internet. *Human Communication Research*, *39*, 101 - 126.
Festl, R., & Quandt, T. (2014). Cyberbullying at schools: A longitudinal research project. *Diskurs Kindheits- und Jugendforschung Heft*, *1*, 109 - 114.
Goulet, N. (2002). The effect of Internet use and Internet dependency on shyness, loneliness, and self-consciousness in college students (Doctoral dissertation). Retrieved from https://scholar.google.com/scholar?q=Goulet%2C+2002+internet&btnG=&hl=zh-CN&as_sdt=0%2C5.
Gradinger, P., Strohmeier, D., & Spiel, C. (2009). Traditional bullying and cyberbullying: Identification of risk groups for adjustment problems. *Zeitschrift für Psychologie/Journal of Psychology*, *217*(4), 205 - 213.
Gámez-Guadix, M., Orue, I., Smith, P. K., & Calvete, E. (2013). Longitudinal and reciprocal relations of cyberbullying with depression, substance use, and problematic internet use among adolescents. *Journal of Adolescent Health*, *53*(4), 446 - 452.
Hawker, D.S., & Boulton, M.J. (2000). Twenty years' research on peer victimization and psychosocial maladjustment: A meta-analytic review of cross-sectional studies. *Journal of Child Psychology and Psychiatry*, *41*(4), 441 - 455.
Hinduja, S., & Patchin, J. W. (2008). Cyberbullying: An exploratory analysis of factors related to offending and victimization. *Deviant behavior*, *29*(2), 129 - 156.
Huang, Y.-Y., & Chou, C. (2010). An analysis of multiple factors of cyberbullying among junior high school students in Taiwan. *Computers in Human Behavior*, *26*, 1581 - 1590.
Hymel, S., Rocke-Henderson, N., & Bonanno, R.A. (2005). Moral disengagement: A framework for understanding bullying among adolescents. *Journal of Social Sciences*, *8*(1), 1 - 11.
Jolliffe, D. & Farrington, D.P. (2009). A systematic review of the relationship between childhood impulsiveness and later violence. In M. McMurran & R. Howard (Eds.), *Personality, personality disorder and violence* (pp. 40 - 61). London: Wiley.
Juvonen, J., & Graham, S. (2014). Bullying in schools: The power of bullies and the plight of victims. *Annual Review of Psychology*, *65*, 159 - 185.
Juvonen, J., & Gross, E.F. (2008). Extending the school grounds? — Bullying experiences in cyberspace. *Journal of School Health*, *78*(9), 496 - 505.
Karabenick, S., & Knapp, J. (1988). Effects of computer privacy on help-seeking. *Journal of Applied Social Psychology*, *18*(6), 461 - 472.
Katzer, C., Fetchenhauer, D., & Belschak, F. (2009). Cyberbullying: Who are the victims? A comparison of victimization in Internet chatrooms and victimization in school. *Journal of Media Psychology: Theories, Methods, and Applications*, *21*(1), 25 - 36.
Kiesler, S., Siegel, J., & McGuire, T.W. (1984), Social psychological aspects of computer mediated communications. *American Psychologist*, *39*(10), 1123 - 1134.
Kohlberg, L. (1963). The development of children's orientations toward a moral order. *Human Development*, *6*(1 - 2), 11 - 33.
Kohlberg, L. (1968). The child as a moral philosopher. *Psychology Today*, *2*(4), 25 - 30.
Kowalski, R.M., & Limber, S.P. (2007). Electronic bullying among middle school students. *Journal of Adolescent Health*, *41*(6 Suppl 1), S22 - 30.
Kowalski, R.M., & Limber, S.P. (2013). Psychological, physical, and academic correlates of cyberbullying and traditional bullying. *Journal of Adolescent Health*, *53*(1), 13 - 20.
Kowalski, R.M., Limber, S.P., & Agatston, P.W. (2012). Cyberbullying: Bullying in the digital age. New Jersey, US: John Wiley & Sons.
Kowalski, R.M., Morgan, C.A., & Limber, S.P. (2012). Traditional bullying as a potential warning sign of cyberbullying. *School Psychology International*, *33*(5), 505 - 519.
Kraft, E.M., & Wang, J. (2009). Effectiveness of cyber bullying prevention strategies: A study on students' perspectives. *International Journal of Cyber Criminology*, *3*(2), 513 - 535.
Langford, D. (2003). *Internet Ethics*. London: Palgrave Macmillan.
Leung, L., & Lee, P.S. (2012). The influences of information literacy, internet addiction and parenting styles on internet risks. *New Media & Society*, *14*(1), 117 - 136.
Levinson, E., & Surratt, J. (1999). Is the Internet the most important educational event since McGuffey's reader. *Converge*, *2*(4), 60 - 62.
Li, Q. (2006). Cyberbullying in schools: A research of gender differences. *School Psychology International*, *27*, 157 - 170.
Luo, Q., Nakic, M., Wheatley, T., Richell, R., Martin, A., & Blair, R.J.R. (2006). The neural basis of implicit moral attitude — An IAT study using event-related fMRI. *Neuroimage*, *30*(4), 1449 - 1457.
Mesch, G.S. (2009). Parental mediation, online activities, and cyberbullying. *CyberPsychology & Behavior*, *12*(4), 387 - 393.
Miller, P.A., & Eisenberg, N. (1988). The relation of empathy to aggressive and externalizing/antisocial behavior.

Psychological Bulletin, *103*(3),324.
Mishna, F., Khoury-Kassabri, M., Gadalla, T., & Daciuk, J. (2012). Risk factors for involvement in cyber bullying: Victims, bullies and bully-victims. *Children and Youth Services Review*, *34*(1),63 - 70.
Moll, J., de Oliveira-Souza, R., Eslinger, P.J., Bramati, I.E., Mourão-Miranda, J., Andreiuolo, P.A., & Pessoa, L. (2002). The neural correlates of moral sensitivity: a functional magnetic resonance imaging investigation of basic and moral emotions. *The Journal of Neuroscience*, *22*(7),2730 - 2736.
Narvaez, D. (1996). Moral perception: A new construct? *The Annual Meeting of the American Education Research Association*. New York.
National Children's Home. (NCH; 2002). 1 in 4 children are victims of "on-line bullying". Retrieved August 25,2014, from http://www.nch.org.uk/information/index.php?i=77&r=125.
Nemati, H.R. (2007). Information security and ethics: Concepts, methodologies, tools and applications (Vol. 6). PA: Information Science Reference.
Nylund, K., Bellmore, A., Nishina, A., & Graham, S. (2007). Subtypes, severity, and structural stability of peer victimization: What does latent class analysis say? *Child Development*, *78*,1706 - 1722.
Olweus, D. (1993). Bullying at school: What we know and what we can do. Oxford: Blackwell.
Olweus, D. (2013). School bullying: Development and some important challenges. *Annual Review of Clinical Psychology*, *9*,751 - 780.
Ortega, R., Elipe, P., Mora-Merchán, J.A., Calmaestra, J., & Vega, E. (2009). The emotional impact on victims of traditional bullying and cyberbullying. *Zeitschrift für Psychologie/Journal of Psychology*, *217*(4),197 - 204.
Paciello, M., Fida, R., Tramontano, C., Lupinetti, C., & Caprara, G.V. (2008). Stability and change of moral disengagement and its impact on aggression and violence in late adolescence. *Child Development*, *79*(5),1288 - 1309.
Patchin, J.W., & Hinduja, S. (2006). Bullies move beyond the schoolyard: A preliminary look at cyberbullying. *Youth Violence and Juvenile Justice*, *4*(2),148 - 169.
Patchin, J.W., & Hinduja, S. (2011). Traditional and nontraditional bullying among youth: A test of general strain theory. *Youth & Society*, *43*(2),727 - 751.
Perren, S., & Gutzwiller-Helfenfinger, E. (2012). Cyberbullying and traditional bullying in adolescence: Differential roles of moral disengagement, moral emotions, and moral values. *European Journal of Developmental Psychology*, *9*(2),195 - 209.
Perren, S., Dooley, J., Shaw, T., & Cross, D. (2010). Bullying in school and cyberspace: Associations with depressive symptoms in Swiss and Australian adolescents. *Child and Adolescent Psychiatry and Mental Health*, *4*(1),1 - 10.
Pornari, C.D., & Wood, J. (2010). Peer and cyber aggression in secondary school students: The role of moral disengagement, hostile attribution bias, and outcome expectancies. *Aggressive Behavior*, *36*(2),81 - 94.
Raskauskas, J. (2010). Text-bullying: Associations with traditional bullying and depression among New Zealand adolescents. *Journal of School Violence*, *9*(1),74 - 97.
Raskauskas, J., & Stoltz, A.D. (2007). Involvement in traditional and electronic bullying among adolescents. *Developmental Psychology*, *43*(3),564 - 575.
Reid, S.C., Kauer, S.D., & Treyvaud, R.A. (2010). The Lodden-Mallee Cybersafety Project Report: Bendigo Region Report. Melbourne: Cyber Safe Kids.
Renati, R., Berrone, C., & Zanetti, M.A. (2012). Morally disengaged and unempathic: Do cyberbullies fit these definitions? An exploratory study. *Cyberpsychology, Behavior, and Social Networking*, *15*(8),391 - 398.
Rest, J.R. (1984). The major components of morality. In W.M. Kurtines & J.L. Gewirtz (Eds.), *Morality, moral behavior, and moral development* (pp. 24 - 38). New York: Wiley.
Rest, J.R., & Projects, M.M.R. (1979). Revised manual for the defining issues test: An objective test of moral judgment development. Minnesota Moral Research Projects.
Reynolds, S.J. (2006). Moral awareness and ethical predispositions: Investigating the role of individual differences in the recognition of moral issues. *Journal of Applied Psychology*, *91*(1),233 - 243.
Reynolds, S.J. (2008). Moral attentiveness: Who pays attention to the moral aspects of life. *Journal of Applied Psychology*, *93*(5),1027 - 1041.
Richard, C., Huseman, J., Hatfield, D., & Miles, E.W. (1997). A new perspective on equity theory: The equity sensitivity construct. *The Academy of Management Review*, *12*(2),222 - 234.
Rivers, I., & Noret, N. (2010). 'I h 8 u': Findings from a five-year study of text and email bullying. *British Educational Research Journal*, *36*(4),643 - 671.
Rosen, L.D. (2007). Me, MySpace, and I: Parenting the net generation. Palgrave Macmillan.
Rosen, L.D., Cheever, N.A., & Carrier, L.M. (2008). The association of parenting style and child age with parental limit setting and adolescent MySpace behavior. *Journal of Applied Developmental Psychology*, *29*(6),459 - 471.
Rosenberg, M. (1965). *Society and the adolescent self-image*. Princeton, NJ: Princeton University Press.
Runions, K.C., & Bak, M. (2015). Online moral disengagement, cyberbullying, and cyber-aggression. *Cyberpsychology, Behavior, and Social Networking*, *18*(7),400 - 405.
Schneider, S.K., O'Donnell, L., Stueve, A., & Coulter, R.W.S. (2012). Cyberbullying, school bullying, and psychological distress: A regional census of high school students. *American Journal of Public Health*, *102*(1),171 -

177.
Selkie, E. M., Kota, R., Chan, Y.-F., & Moreno, M. (2015). Cyberbullying, depression, and problem alcohol use in female college students: A multisite study. *Cyberpsychology, Behavior, and Social Networking*, *18*(2), 79-86.
Selman, R. L. (1980). The growth of interpersonal understanding: Developmental and clinical analyses. New York: Academic Press.
Shapka, J. D., & Law, D. M. (2013). Does one size fit all? Ethnic differences in parenting behaviors and motivations for adolescent engagement in cyberbullying. *Youth Adolescence*, *42*(5), 723-738.
Slonje R., & Smith, P. K. (2008) Cyberbullying: Another main type of bullying? *Scandinavian Journal of Psychology*, *49*, 147-154.
Smillie, L. D., Pickering, A. D., & Jackson, C. J. (2006). The new reinforcement sensitivity theory: Implications for personality measurement. *Personality and Social Psychology Review*, *10*(4), 320-335.
Smith, P. K. (2000). Bullying in schools: Lessons from two decades of research. *Aggressive Behavior*, *26*, 1-9.
Smith, P. K. (2012). Cyberbullying and cyber aggression. *Handbook of school violence and school safety: International Research and Practice*, *2*, 93-103.
Smith, P. K., Mahdavi, J., Carvalho, M., Fisher, S., Russell, S., & Tippett, N. (2008). Cyberbullying: Its nature and impact in secondary school pupils. *Journal of Child Psychology and Psychiatry*, *49*(4), 376-385.
Sourander, A., Klomek, A. B., Ikonen, M., Lindroos, J., Luntamo, T., Koskelainen, M., ... Henenius, H. (2010). Psychosocial risk factors associated with cyberbullying among adolescents: A population-based study. *Archives of General Psychiatry*, *67*(7), 720-728.
Sproull, L., Conley, C. A., & Moon, J. Y. (2004). Prosocial behavior on the net. In A. Y. Hamburger (Ed.), *The social net: Understanding human behavior in cyberspace* (pp. 139-161). New York: Oxford University Press.
Steffgen, G., König, A., Pfetsch, J., & Melzer, A. (2011). Are cyberbullies less empathic? Adolescents' cyberbullying behavior and empathic responsiveness. *Cyberpsychology, Behavior, and Social Networking*, *14*(11), 643-648.
Suler, J. (2004). Computer and cyberspace addiction. *International Journal of Applied Psychoanalytic Studies*, *1*(4), 359-362.
Tokunaga, R. S. (2010). Following you home from school: A critical review and synthesis of research on cyberbullying victimization. *Computers in Human Behavior*, *26*(3), 277-287.
Topcu, C., & Erdur-Baker, O. (2012). Affective and cognitive empathy as mediators of gender differences in cyber and traditional bullying. *School Psychology International*, *33*(5), 550-561.
Turiel, E. (1983). *The development of social knowledge: Morality and convention*. Cambridge, UK: Cambridge University Press.
Valdesolo, P., & DeSteno, D. (2008). The duality of virtue: Deconstructing the moral hypocrite. *Journal of Experimental Social Psychology*, *44*(5), 1334-1338.
Vandebosch, H., & Van Cleemput, K. (2008). Defining cyberbullying: A qualitative research into the perceptions of youngsters. *CyberPsychology & Behavior*, *11*(4), 499-503.
Varjas, K., Talley, J., Meyers, J., Parris, L., & Cutts, H. (2010). High school students' perceptions of motivations for cyberbullying: An exploratory study. *Western Journal of Emergency Medicine*, *11*(3), 269-273.
Wachs, S. (2012). Moral disengagement and emotional and social difficulties in bullying and cyberbullying: differences by participant role. *Emotional and Behavioural Difficulties*, 17(3-4), 347-360.
Wang, J., Nansel, T. R., & Iannotti, R. J. (2011). Cyber and traditional bullying: Differential association with depression. *Journal of Adolescent Health*, *48*(4), 415-417.
Whittier, D. B., &周梦雅.(2012).网络伦理教育与网络心理.中国电化教育,03,1—7.
Whitty, M. T. (2008). Liberating or debilitating? An examination of romantic relationships, sexual relationships and friendships on the Net. *Computers in Human Behavior*, *24*(5), 1837-1850.
Willard, N. (2006). Cyberbullying and cyberthreats. *Eugene, OR: Center for Safe and Responsible Internet Use*.
Williams, K. R., & Guerra, N. G. (2007). Prevalence and predictors of Internet bullying. *Journal of Adolescent Health*, *41*, S14-S21.
Wolf, M. J. P. (Ed.). (2003). *Virtual morality: Morals, ethics, and new media* (Vol. 3). Peter Lang Pub Incorporated.
Workman, M. (2012). Rash impulsivity, vengefulness, virtual-self and amplification of ethical relativism on cyber-smearing against corporations. *Computers in Human Behavior*, *28*(1), 217-225.
Wright, M. F. (2013). The relationship between young adults' beliefs about anonymity and subsequent cyber aggression. *Cyberpsychology, Behavior, and Social Networking*, *16*(12), 858-862.
Ybarra, M., & Kimberly, J. (2005). Exposure to internet pornography among children and adolescents: A national survey. *CyberPsychology and Behavior*, *8*(5), 473-486.
Ybarra, M. L., & Mitchell, K. J. (2004). Online aggressor/targets, aggressors, and targets: A comparison of associated youth characteristics. *Journal of Child Psychology and Psychiatry*, *45*(7), 1308-1316.
Zhou, Z., Tang, H., Tian, Y., Wei, H., Zhang, F., & Morrison, C. M. (2013). Cyberbullying and its risk factors among Chinese high school students. *School Psychology International*, *34*(6), 630-647.

10 网络中的性：网络色情与性别认同

性(Sexuslity)是一种强烈情绪的集合。对不少人而言，性可能是其一生中感知到的最强烈且最生动的情绪，也是其所有情绪中十分重要的一部分(Strongman, 2003)。性与情绪之间有着紧密的联系，一方面，性能够使情绪变得强烈；另一方面，性也很容易受到情绪波动的影响。强烈情绪的不断调动使性的体验变得十分敏感，并会随之带来个体的多种需要和欲望，如：爱恋与愤怒、体贴与挑衅、快乐与痛苦、同情与强权等。

生活中有关性信息的传播最简单的方式就是通过文字的形式，比如一些书籍、杂志等进行传播。当然，文字还可以配合一些图片进行传播。这一点在网络交流中表现得尤为明显。网络使得性信息的传播变得更为便利和生动。随着网络技术的发展，还出现了通过图片和语音大胆表露性信息，通过影像记录、分享或直播一些隐晦内容等的情况，这使得网络中与性相关的信息传播方式变得越来越多样化和丰富化。虽然有研究表明，这些有关性内容的传播和表露在一定程度上满足了个体在性方面的需求,但是网络页面上不定时自动弹跳出来的不雅图片、性相关广告等过于露骨的内容,对原本私密的性爱领域造成了一定的冲击。

少部分人可能一方面出于好奇,另一方面又认为网络具有匿名性,从而在网络上做出肆无忌惮的举动,参与或传播一些色情活动与信息,进而导致一些极端不良行为的发生。如有人模仿网络上看到的性相关视频或影片,拘禁并性侵不认识的女孩,最后因涉嫌非法拘禁、强奸被起诉。这类似乎并不鲜见的现象引发了人们的广泛讨论。有人开始倡导,网络必须禁播类似的性视频;同时还有人提出应该出台相关法律法规对网络上类似内容的传播严加监管,以免有人模仿相关行为导致犯罪。那么,是不是网络中所有关于性的信息都应该被封杀,所有性知识的传播都应该被禁止呢?实际上,在当前网络普及的背景下,如何正确看待与处理网络中的性传播与表露,是一个现实而迫切的问题。这一问题的有效解决,对于个人和社会均有重要的意义。

10.1 网络中的性信息传播:对行为的影响

网络为性信息传播提供了比以往的渠道更为便捷和隐秘的方式,这种改变对个体和群体行为来说都是一把双刃剑。

10.1.1 积极影响

网络中性相关信息的传播与表露具有一定的积极意义。恰当地利用网络传播技术,一方面可以通过网络传播与性相关的科学信息与知识,促进性健康教育;另一方面,网络中性相关信息的传播与表露也为人们提供了一条便利的表达和交流途径。

首先,在网络中传播与性相关的科学信息是性教育的一部分。通过网络传播一些关于性的科学信息与知识,有利于青少年的性社会化,能帮助青少年树立更全面的性观念,甚至可以帮助人们更合理地处理两性关系,使之在面对异性时做出恰当的行为选择(王平,2012)。世界卫生组织(WHO)和联合国艾滋病规划署(UNAIDS)通过对全球有关青少年性健康教育项目的回顾和总结得出结论:性健康教育不仅不会导致青少年过早地发生性行为或增加性活动,高质量的性教育还有助于推迟首次发生性行为的年龄,并且在一定程度上减少意外怀孕、艾滋病传播等情况发生的可能(Ajayi, 1991)。随着网络的普及,加之青少年对于网络的接受度日益提升,通过网络传播健康科学的性知识,将可以更好地完成上述性健康教育的目标。

其次,网络中性相关信息的传播与表露为人们提供了一条正常的表达途径。在网络中进行的虚拟性爱实质上是一种虚拟的性活动交流,它主要是利用互联网的网上聊天功能,借助语言、声音、图像、视频等表达和沟通方式来实现的。网络的匿名、互动、便捷等特征，使那些在现实中得不到性满足的个体在网上获得了替代性补偿，由此，性信息在网络上也得到了更广泛的传播。这种网络中的性表露如果得到有关部门的规范和管理，将能在一定程度上解决人们的性压抑问题、减少性病的传播。另外，社会中的"性弱势群体"如果在现实生活中得不到性的满足，受到道德的约束，也可能热衷于到网上寻求替代性补偿，通过匿名交流去表露自己的需求。还有一些特殊群体，如同性恋者等，也会更愿意将网络作为其满足性爱需求的好去处。

总之，网络中性相关信息的传播与表露具有一定的积极影响和作用，但是需要注意的是，如果不能很好地控制与引导网络中性相关信息的传播，将可能导致网络滥用，这对个体和社会都可能产生不良的影响。

10.1.2 消极影响

性相关信息的传播或许只是为了让更多的人了解与性相关的健康科学的信息。但是，随着网络的不断发展，与此相关的其他产业也开始蓬勃发展。如一些色情业者和不法商家借助网络对一些不良影片、不正规产品进行传播与营销。这极有可能严重误导刚刚接触性信息的青少年，使他们产生错误的性观念和行为，甚至导致相关的性犯罪。

第一，网络中不恰当的性表露会对个体的性观念产生不良影响。青春期是个体确立与性相关的正确道德观念，明确性行为的恰当表现方式的关键时期（霍金芝，2004）。在社会急剧转型的现实背景下，青少年从网络中获取的关于恋爱和性爱的不恰当内容可能严重地误导他们的价值观。就青少年性社会化而言，当前电视上一些低俗的婚恋节目不仅可能影响其行为，导致一些青少年做出一系列不恰当的模仿行为，还会对社会风气产生极大的影响，进而影响青少年的恋爱观和价值观。此外，网络中经常报道的初次性行为年龄提前、婚前性行为等现象也给传统的婚恋观甚至传统的性道德带来了强烈冲击（王平，2012）。

第二，网络中不恰当的性相关信息的传播与表露会对个体的生理产生消极影响。网络中过度的黄色信息，过于暴露的性相关内容可能会激发青少年过度的性需求，使其形成不健康的性爱观、恋爱观，进而可能阻碍青少年的健康成长。青少年的人格特征一般都不够稳定，自律性也相对较低，因而他们易受到网络不良性信息的影响，被激发起过度的性需求，甚至可能会陷入性梦幻、手淫的困顿，进而干扰正常的学习生活，影响其聪慧性、恃强性、世故性及独立性的发展（曹洁等，2009）。可见，不恰当的性需求会影响青少年的生理发展以及正常的学习和生活。另外，青少年的性行为一般都是无计划、无保护的，容易导致多种不良后果，如性疾病传播（包括艾滋病病毒感染和艾滋病）及未婚先孕等（宋逸，2010），还会影响其生理的健康发展。

第三,网络色情与一些违法犯罪行为密切相关。一些人通过在网络上大量发布淫秽色情视频、图片和动画等,引诱网民进入其建设的特定网站,欺骗网民进行注册,骗取网民的手机注册费用,导致网民的钱财损失。此外,一些色情网站可能通过组织色情表演、色情视频、色情聊天等,获得网民的相关照片和信息,并以此为条件对网民进行敲诈勒索等。网络色情犯罪极易与其他传统的犯罪如诈骗、敲诈勒索、卖淫嫖娼等紧密结合。尤其对青少年而言,网络色情容易诱发他们的性冲动,使他们既可能成为侵害者,也可能成为受害者。

10.2 网络色情

10.2.1 网络色情的内涵

随着互联网的蓬勃发展,社会进入了一个网络无处不在的信息时代。与之相伴随地,一些由网络所引发的新的社会现象也逐渐暴露出来,网络色情正是其中之一。

什么是网络色情? 在学界,许多学者都试图对网络色情进行界定,但到目前为止都还没有一个公认的定义。Shaughnessy 等(2011)认为,网络色情是一个网络系统,利用这一网络系统人们可以实时地分享有关性的活动、幻想以及欲望。Jones 等(2012)则将网络色情定义为网络中所有有关性的内容与行为。

Byers 等(2014)认为,网络色情并不全是消极的、不健康的,其中也包含着积极健康的部分。他们依据不同的内容,将网络色情细分为三类: 不会唤起性冲动的、单向唤起性冲动的以及互动型唤起性冲动的。其中,不会唤起性冲动的内容是指网络中的性科普知识,交友网站等;而单向唤起性冲动的内容则包括色情文学、色情图片以及色情视频等内容;最后,互动型唤起性冲动的内容特指网络中通过即时通讯工具所发布和进行的色情活动,如裸聊等。网络色情的积极成分体现在不会唤起性冲动的性科普知识以及交友网站的内容之中。

虽然学界对网络色情的定义并没有达成共识,但是可以看出学者们对网络色情的定义越来越明确和具体。Shaughnessy 等(2011)的定义从网络的功能性出发,突出了网络的信息传播角色,将色情内容是否在网络中传播、扩散作为鉴别网络色情的主要标识。而 Jones 等(2012)的定义则将相关范围扩大至网络中所有与性有关的行为与活动,并不局限于"传播"这一行为之上。但是 Jones 等的定义过于笼统,并没有对网络色情的内容进行区分。而 Byers 等(2014)对网络色情的分类则可以使我们更好地理解网络色情: 首先,网络色情并不全是暴露的、成人性的内容,也包括生理健康方面的具有科普性质的内容;其次,网络色情并不局限于通常所认为的色情文学、图片和书籍;再次,普通的网络用户不仅仅是网络色情的受众与传播者,也可以是网络色情内容的制作者。

10.2.2 网络色情的接触与使用

网络色情的接触和使用是指互联网用户在上网过程中被动或主动地搜索、浏览、收听、观看、下载以及传播网络色情。网络色情的接触和使用有多种形式与途径。其中,被动接触主要包括在上网过程中,因网络广告、恶意链接、电脑病毒等客观原因接触和使用了网络色情;而主动接触和使用的表现更为多样,包括浏览成人网站、下载并观看淫秽图片及视频,参与网络"裸聊"或网络卖淫等行为。对网络色情的接触与使用会因认知与性别等方面的不同而存在个体差异。

首先,认知差异对网络色情接触与使用的影响。Byers(2014)对网络色情的分类加深了我们对于网络色情的理解,也表明学界与民众在网络色情的定义上存在差异。而 Shaughnessy 等(2011)的研究则发现,在民众内部,人们对于网络色情的认识也不尽相同。他们针对大学生群体的研究表明,虽然大学生群体对于网络色情的定义有共识的部分,但也存在着个体上的差异。这种认知上的差异使得不同个体对网络色情的传播与接受能力也不尽相同。例如有些大学男生认为,看三级片是大学的"必修课"之一。因此,他们不认为看三级片有什么不妥,还会主动上网搜索下载色情视频并在同学之中进行传播分享。而与之相反,很多大学女生仍然无法接受网络色情,她们可能一看到暴露的图片就吓得关掉电脑,或者听到黄色段子就羞红了脸,甚至产生负罪感。这些都表明个体对待网络色情的认知不同,其接触网络色情内容的可能性以及身心受到的影响也不同。

其次,性别对网络色情接触与使用的影响。许多学者的研究均表明,性别是网络色情的接触与使用中的一个重要变量(Shaughness 等,2011)。相较于男性,女性对于网络色情的接触和使用程度更低,并且在脱离网络环境后能更快恢复正常的生活习惯。这主要是由于社会文化因素的影响所致。在传统的文化中,男性拥有丰富的性经历可以表现其成熟和魅力且这也是男性之间相互吹嘘的谈资,因此男性更愿意主动去寻求网络色情内容并尝试网络色情行为;与此相对,社会更强调女性的忠诚,性经历丰富的女性往往被认为生活放荡、作风不端,太多的性经历并不会给女性带来更好的社会评价,故女性接触网络色情内容和尝试网络色情行为的经历相对较少。概括而言,在两性当中,男性对待网络色情的态度比女性更加开放:男性比女性更热衷于参与网络色情活动,并且更乐于向外界公布其色情行为历史。

影响网络色情接触与使用的因素可能还有许多。如 Shaughnessy 等(2014)关于网络性行为的研究发现,网络性行为的对象也会对个体参与网络色情和性行为的意愿产生影响。该研究将网络性行为的对象分为三类:固定的性伴侣、非固定的性伴侣和陌生人。他们发现,拥有固定性伴侣的被调查者进行网络性行为的次数更为频繁;从整体上看,相较于女性,男性对网络性行为的需求更强,并且更能接受与陌生人发生网络性行为。可见,未来还需要对网络色情接触与使用的影响因素开展更深入的探讨,以便更好地理解与指导网络色情的接触与使用。

网络色情对个体的影响也可以分为积极与消极两方面。从积极方面来看,研究表明,网络色情有自我释放和提升自我认知的积极意义。对于没有固定性伴侣的单身人士和具有特殊性取向的人群而言,网络色情为其提供了一个释放性欲的渠道。从这一角度来看,网络色情具有生理上的积极意义(Ballester-Arnal 等,2014)。除了释放性欲,网络色情还可能带来积极的自我认知。Hald 等(2008)的研究显示,大量丹麦年轻人认为网络色情对自己产生了积极的影响(Hald & Malamuth, 2008)。对此,Hald 等解释说,受社会文化的影响,在性方面"表现出众"的男性会形成更为积极的自我认知。而网络色情正好满足了男性对性的想象与期望,使其有机会与更多的性伴侣发生性行为,并由此形成更为积极的自我认知。

Grov 等(2011)则从人际关系角度阐述了网络色情的积极作用。网络色情有益于恋爱或婚姻关系,网络色情可以成为异地恋人进行交流和释放相思的一种手段,并且网络色情能够帮助双方尝试和调整彼此的性喜好,进一步提升双方性生活的质量。此外,当一方利用网络色情内容进行性探索时,其发生的变化也会引起配偶自尊感和自信感的提升,并激发其更多的性好奇,这可以改善两者之间的亲密关系。

当然,人们会很自然地更为关注网络色情的消极作用。目前在我国,网络色情通常被视为洪水猛兽,人们往往谈之色变。的确,网络色情如果使用不当,可能会对使用者及其家庭造成严重的负面影响。网络色情可能会对个体的认知与行为产生严重的消极影响,这已经得到了不少研究的证实与支持。如有研究者表达了对于大学生网络性行为比例过高的担忧。研究发现,在进行有关性行为的研究时,大学生已成为不可忽视的重要对象(Rimington & Gast, 2007)。如果大学生不恰当地过度接触与使用网络色情,就可能加重其网络性行为,从而对其学习和生活产生严重阻碍。另外,有研究认为成年人的强迫性性行为往往形成于其青少年时期。如果青少年过多接触网络色情,又没有得到恰当引导,那么他们就有可能形成不正确的性观念、做出不恰当的性行为,这不仅影响他们青少年时期的发展,甚至对其未来生活还有极强的延后影响效应。

Buschman 等(2010)以网络色情的罪犯为样本,进行了有关网络色情与儿童性犯罪的关系的研究。其结论指出,网络色情内容,例如儿童的色情图片,可能会对这些罪犯产生生理刺激,激发他们侵犯、虐待儿童的欲望。此外,从个体生理健康的角度上看,网络色情可能削弱了个体对生理健康的重视程度。Schneider 等(2011)研究发现,互联网削弱了人们对于性病的恐惧。也有研究发现,伴随着越来越开放的性观念,社会上危险性行为的发生频率也在增加(Lu 等,2014)。可见,不恰当的网络色情接触与使用可能对个体的不良认知与行为产生推波助澜的作用。

10.2.3 网络色情成瘾与其影响

网络色情成瘾的界定

网络成瘾领域的学者认为,网络色情成瘾属于网络成瘾的一种类型,指个体过度使用网络进行网络性行为或沉溺于网络色情文学之中(Young, 1999)。也有学者通过界定网络色情成瘾的关键行为开发出了网络色情成瘾的诊断标准(Orzack & Ross, 2000),将网络色情成瘾定义为发生在网络中的、高频的网络色情消费与性行为。研究者(Jones 等,2012)认为,网络色情成瘾是网络成瘾和性成瘾的综合。其中,网络成瘾是指个体沉溺于网络而无法自拔,在离开网络后出现心理戒断症状并不顾后果地继续接触网络。性成瘾,又称性依赖,是指个体强迫性地参与性活动(Nestler 等,2001)。

虽然不同的学者对网络色情成瘾的定义有所不同,但是上述定义均表明,网络色情成瘾在行为上表现为沉溺于网络色情之中。不过,Jones(2012)的定义更为完备,不仅描述了网络色情成瘾的行为表现,还强调了其作为一种“瘾症”所特有的强迫性和难以戒除的特点。

网络色情成瘾的发展

网络色情成瘾的发展可能因个体差异而有所不同。根据网络色情使用者的状态,可以将其成瘾可能性的大小分为三类:娱乐型、高危型和成瘾型(Schneider & Weiss, 2001)。首先,娱乐型的个体只是偶尔接触网络色情内容,并将其当作一种娱乐活动。由于网络色情缺乏真实感和直接交流的体验,因此这类主体对于网络色情并不是很感兴趣。相比网络色情,传统的人际交往和性行为更吸引他们。其次,高危型的个体感觉生活艰难并承受着潜在的压力,因此他们容易向成瘾型发展。这类个体将网络色情视作发泄生活压力的途径,用以排解紧张、焦虑和沮丧等负面情绪。他们将网络色情作为人际关系和支持的一种替代。在离开网络后,这类个体本身可能并不存在性方面的问题。最后,成瘾型个体沉溺于网络色情内容之中而不能自拔,完全不顾其可能导致的消极后果。成瘾型个体往往无法依靠自己摆脱上瘾的行为。通常而言,性成瘾者一般都有过被家庭成员虐待、孤立的经历或其他精神创伤。在过去,这类成瘾型个体通常采用吸食毒品、酗酒等行为来化解自己的压力。现如今这些“应对措施”已被网络色情信息取代或与之组合使用。此外,成瘾型个体时常感觉焦虑和沮丧,并在人际和性方面存在问题。

实际上，网络色情成瘾的发展在很大程度上是由于网络具有的一些独特特征。Cooper(1998)认为，网络色情之所以容易让人"上瘾"，有三个方面的原因：易接触、成本低和匿名性。首先，易接触是指随着生活水平的提高，电脑在日常生活中变得越来越普遍，电脑的购买成本和网络的安装成本均在不断下降，拥有网络的家庭数量急速增长。这使得接触网络上的色情信息变得十分容易，从而为网络色情上瘾提供了物质基础。其次，相比于其他的色情渠道，如购买色情录像，夜总会以及嫖娼等，网络色情具有成本低的特点。Carnes(2013)的研究显示，有些网络色情上瘾的个体出于金钱的原因，根本没考虑过除网络色情以外的方式与渠道。再次，网络使用者可以隐瞒自己身份与特征，即网络具有匿名性，这让人可以更放心地投入到网络色情之中。"在网络中，人们可以变成他希望成为的样子"，"在互联网上，没有人知道你是一条狗"等网络流行语句充分说明了人们心目中的网络匿名性。网络色情内容吸引人的一大主要原因就在于其给访问者提供的匿名性所带来的隐秘性和自我安全感。在现实中，个体在购买色情书籍或者进入夜总会之类的场所时，难免害怕被人认出。但是在网络环境中，则没有这种顾虑。尽管在大数据时代，这种匿名性很可能已经荡然无存，但是一般网络用户仍然很容易沉溺于这种匿名性的幻觉中。此外，网络还为使用者提供了一个探索新奇多样的性活动的机会。

综上，网络色情极易导致上瘾症状。不恰当的网络及网络色情使用，极易导致网络色情成瘾(Schneider, 2000)。网络上色情信息的随意传播和使用，很容易将网络色情成瘾的"高危型"个体转化为"成瘾型"个体。

总的来说，相比其他类型的性成瘾，网络色情成瘾的形成与发展可能更为迅速。对于性成瘾患者而言，要对某一特定类型的性行为"上瘾"，往往需要数年的时间。而在网络上，这一过程则可以用"天"来计算(Jones & Tuttle, 2012)。网络链接使得浏览不同的网络色情内容变得非常便捷。花不了多少时间，这些网络色情成瘾的个体就能找到他们所钟情的色情活动，并参与到这些过去他们想都不敢想的色情活动中。对于那些在上网之前从未接触过性行为的个体而言，网络色情接触与使用很容易刺激其产生过量的性冲动。一方面，这些性冲动会蔓延到个体的现实生活中，对个体的现实生活造成严重的影响，如可能导致人际关系缺失、亲密关系疏远等；另一方面，这些性冲动极有可能促使其更多地投入到网络色情之中，从而发展出成瘾症状。

网络色情成瘾的影响

由于网络色情具有私密性、匿名性的特点，且可以作为生活的娱乐与调剂，因此很少有研究关注网络色情对个体生理或心理的影响。但是实际上，如果个体沉溺于网络中的色情内容，发展成网络色情成瘾，那么其自身的生理健康以及现实生活都将受到巨大的冲击。

网络色情成瘾的影响主要体现在个体精神状态以及人际关系两个方面。首先，在个体精神状态方面，网络色情成瘾的个体往往对自己的现实状态表示厌恶、恐惧等，并因害怕他人知道自己的“小秘密”而处于高度敏感和焦虑的状态。此外，社会对网络色情的鄙夷态度会进一步加重成瘾患者的精神负担。Schneider(2000)就指出，一些患者主动公开他们的网络色情成瘾症状导致他们失去了工作。这更加使得网络色情成瘾的个体有极大的心理压力。其次，网络色情成瘾对人际关系的影响主要体现在夫妻关系之中。当夫妻中的一方发现另一方沉溺于网络色情之中时，会觉得其心理异常，或者伤害到自我评价，这些想法会严重损害夫妻间的互信，破坏原本的亲密关系，甚至导致夫妻关系的破裂。Schneider(2012)的实证调查发现，有超过一半的被调查者认为配偶沉溺于网络色情的行为给自身造成了心理上的伤害，这影响到了双方的关系。

可见，网络色情成瘾不仅会严重伤害成瘾者的身心健康，而且对处于其社交网络中的其他个体也会造成影响。因此，虽然是否接触网络色情内容属于个人的自由，但是当个体出现网络色情成瘾的症状时，就有必要对其进行主动且积极的干预，以避免其本人以及亲人受到更大的精神与心理创伤。

10.2.4 网络色情成瘾的预防与治疗

由于缺少实证证据的支持，临床上并没有治疗网络色情成瘾的最佳治疗方案(Hertlein & Piercy, 2006)。但是，网络色情成瘾与网络出轨行为具有极大的相似性，Jones等(2012)提出可以根据网络出轨行为的治疗方案对网络色情成瘾患者进行治疗。同时，其他学者也分别从网络色情成瘾的成因以及医疗工作者培训等方面提出了预防和治疗网络色情成瘾的方法。

第一，联合婚姻疗法。利用配偶配合的联合婚姻疗法是治疗性成瘾的有效手段(Zitzman等，2005)。这种方法同样可以适用于作为性成瘾的一种形式的网络色情成瘾。Schneider等(2012)指出，在治疗网络出轨行为和网络色情成瘾时，配偶扮演着重要的角色。配偶的参与和鼓励，可以使成瘾的个体感觉到夫妻之间的信任又重新建立起来，其对自身的愤怒、内疚的负面情绪也会逐渐减少。因此，借助联合婚姻疗法，增强夫妻间的沟通、互信和亲密关系等，对网络色情成瘾的治疗具有一定的积极意义(Young等，2000)。

第二，建立良好的现实人际关系有助于预防网络色情成瘾。Fortson等(2007)发现，网络色情成瘾与人际关系有关，而网络使用频率的增加会带来更多的沮丧情绪，并导致个体社会交际的减少。建立良好的现实人际关系，减少互联网的使用或色情网站的访问次数(Delmonico等，2002)，增加现实人际交往等可以减少个体对网络色情内容的访问和依赖(Buschman 等,2010)。Laier 等人(2014)的研究也得出了类似的结论,他们从行为认知的角度出发,以 155 名异性恋男性作为样本的研究显示,性唤起是导致网络色情成瘾的前因变量,而性功能失调在性唤起与网络色情成瘾的关系中起中介作用。该研究指出,既然网络使用者是被网络色情内容唤起性欲后才导致了网络色情成瘾的,那么就可以通过认知—行为疗法(cognitive-behavioral therapy, CBT)来对其进行治疗,即通过行为矫正来减少网络色情成瘾者接触网络色情信息的频率,并通过认知重建过程来改变其对自身以及对网络色情的预期从而降低网络色情内容对他的影响,逐渐使网络色情成瘾现象减轻或消退。

第三,网络传播媒体承担起正确引导的责任。国内外的调查显示,媒体是青少年了解性相关信息的重要途径。以中学生为研究对象的研究(朱倩倩等,2013)显示,目前中学生从电视获得性相关信息的比例最高,其次是电影、网络、小说、书、杂志、期刊、报纸。其中,生殖健康知识得分的影响因素分析结果表明,电视、电影或网络的影响程度仅次于学校性教育。电视、电影、歌曲、网络、杂志、报纸等大众媒体在性方面所采用的表述方式生动逼真,载体具有便携性高和可及性的特点,故而能显著地影响人们的性知识、态度和行为(余春艳等,2011)。此外,对网络这一青少年乐于并广泛使用的新型传播媒体需要给予特别的重视。如网络中同居观念的传播,对青少年充满诱惑,但网络道德的建立并不健全,这就导致青少年性越轨行为日渐增多(阮鹏,2012)。总之,媒体,尤其是网络已成为人们获取性相关信息的主要途径。然而,网络可能单纯追求点击率,更注重传播内容的魅力和吸引力,并且其所传播信息的导向性和科学性也值得进一步商榷,网络中传播的色情、淫秽信息逐步增多,而禁欲和避孕责任方面的宣传则较少涉及,这不利于青少年树立正确的性道德观念、进行合理的性行为(Mitchell, Wolak, & Finkelhor, 2007)。可见,媒体,特别是网络媒体,需要对性相关信息的传播进行恰当的引导,避免个体的网络色情成瘾。

第四,关注网络色情成瘾预防的个体差异。有研究表明,随着年龄的增长,人们阅读性相关信息以及观看性相关视频的行为明显增多。这既是性意识的外在表现,也是性意识的发泄。可见,预防网络色情成瘾时需要关注个体的年龄因素,对于青春期的个体可以通过帮助他们掌握科学的性知识来让他们更充分地认识到自己的生理和心理需求,从而更好地规范他们的性观念与行为,避免无意识地形成网络色情成瘾。程艳、楼超华和高尔生(2010)研究发现,如果人们对婚前性行为持宽容态度,那么也更可能从网络上获取较多的性相关信息,且会观看黄色录像、阅读相关书刊,而这与性行为的发生直接相关。虽然越来越多的人能接受未婚先孕的事实,但不同性别的人在性方面的态度还是存在差异——男性的态度比女性更为开放,此外,从事艺体类领域工作的女性比其他领域的女性更为开放,因此针对这部分人应该加强教育

(张爽等,2014),引导其网络性相关信息的获取行为,以预防网络色情成瘾。

第五,对医疗工作者和心理工作者进行网络色情成瘾知识及治疗方面的专业培训。有研究指出,大多数医疗以及心理工作者并没有接受过关于网络色情成瘾治疗的专业培训,这可能会给网络色情成瘾的诊断与治疗造成负面影响,甚至使治疗工作适得其反(Goldberg 等,2008)。网络色情成瘾与其他类型性成瘾的重要区别之一就是当事人双方可能从来没有在现实中接触过,这容易导致医疗或心理工作者在面对网络色情成瘾患者时低估网络色情成瘾的危害,甚至会犯一些严重的错误。例如,当医疗以及心理工作者不了解网络色情成瘾可能带来的巨大危害时,他们会把当事人的网络色情行为评估为个人行为,从而不会积极介入治疗,并通过一些手段将当事人的网络色情与生活融合起来,使他们可以接纳网络色情成瘾的相关行为。因此,对未来的医疗及心理工作者进行网络色情成瘾方面的相关培训是十分有必要的。另外,对于已经走上岗位的医生和治疗师而言,也可以通过继续教育的方式使其掌握网络色情成瘾的相关知识,从而在未来工作中顺利引导患者接受积极的网络色情成瘾治疗。

10.2.5 网络色情的治理

性是人类的本能,想要彻底从网络中根除色情内容是不可能的。此外,网络色情信息中可能还存在着积极的影响,比如对于两性知识及生理健康知识的科普具有一定的积极作用。因此在网络色情的治理问题上,需要调整思路,不宜采取“一刀切”式的封禁模式,而应当借鉴一些国家的成功经验,以立法规范为主,监督疏导为辅。如通过网络色情立法来保护儿童不受网络淫秽信息的影响;通过建立分级制度为消费者提供指导参考,规范文化市场;通过开展技术研发实时监控网络色情以加强对网络色情的监管。具体来说,主要可以从以下几个方面开展相关工作。

第一,网络色情立法。为了避免网络色情内容对儿童的侵害,美国先后颁布了《正当通讯法》,《防止儿童色情法》和《儿童在线隐私保护法》。而我国保护儿童权益的法律只有一部《未成年人保护法》。因此我国治理网络色情的首要工作是出台一系列的相关法律,以应对我国网络色情违法认定困难的现状(王健,2010)。但是,正如解永照等(2006)所指出的,目前我国的法律建设落后太多,网络色情的立法无法一蹴而就,从网络色情的责任主体到量刑标准,从对“色情”、“淫秽”的界定,到执法主体的确立,存在一系列需要解决的问题。总之,网络色情立法还有很长的道路要走,但是每一点进步都将为网络色情的治理做出贡献。

第二,建立内容分级制度。西方国家治理网络色情的一大经验就是建立分级制度。很多网络色情内容并不会对成年人造成明显的影响,但却可能严重损害儿童青少年的身心发育。因此，西方国家要求网络色情内容的提供者根据已经制定的标准对网络色情内容进行分级并显著标示，由网络访问者自行选择是否接受这些内容（张志铭，李若兰，2013）。这种分级一方面不会影响成年人浏览网络色情内容，另一方面可以帮助父母选择适合孩子观看、收听和访问的网络内容。分级制度已被证明是规范网络色情的有效手段，但是我国尚没有施行分级制度。这不仅不利于我国规范网络色情，而且对一些网络色情案件的量刑也造成了困扰。因此，应当成立网络色情内容分级部门，主导网络分级标准的制定、推行与更新，并定期抽查监督网络内容提供者是否按照要求进行相应的内容分级。

第三，与科技公司或相关部门机构开展技术合作。在美国，如果使用 Google 搜索引擎搜索有关儿童色情的信息时，该搜索历史会被 Google 公司记录在案并提交给执法部门，以此来预防潜在的儿童性侵或虐待案件。由于网络中的色情内容可能会激发成年人侵犯、虐待儿童的欲望，因此单纯严格地推行内容分级制度还不足以保护儿童免遭网络色情的侵害。我国司法部门应当与网络科技部门和机构展开合作。当有人通过网络搜索或在 QQ 群、聊天室散布儿童色情内容时，科技公司应该及时通知当地执法部门，以便在源头上杜绝儿童色情信息的传播。不过，在这一过程中，需要特别注意权利保护问题。例如，成年人在不危害社会的前提下浏览网络色情内容是在合法地释放自身性方面的欲望，简单地将所有有关网络色情的行为定性为“犯罪”，则有侵犯个体自由空间的嫌疑（解永照，李世亭，2006）。

第四，加强网络色情的预防工作。网络色情的治理重点在于预防其对青少年的消极影响，这一工作也事关性教育的效果。虽然目前性教育的推行力度在不断加大，性教育在广大学校的开展也受到了更多的重视。然而，青少年群体的性教育依旧更多地处于缺失状态。实际上，从供给方面来说，诸如图书馆，大学等社会机构包含很多有关青春期性教育与网络色情方面的教育资源。在需求方面，许多家长就如何对青春期孩子开展性教育感到为难，迫切希望有一个权威机构可以对孩子进行性教育。因此，青少年性教育和网络色情预防可以针对目标人群展开，让大学生以及中学生家长了解青少年性教育的重要性和网络色情的危害，以达到普及性知识和预防网络色情的目的。针对台湾大学生的研究显示（Lu 等，2014），大学生群体接触、尝试网络色情的一个原因是大学生群体有爱冒险、好奇心强、精力旺盛等特点。这使得他们很容易通过网络色情来寻求刺激，而其中的性敏感人群，则更容易沉溺于网络色情之中。因此，一个重要的预防措施就是高校应当重点关注具有性敏感特质的大学生，并为广大学生提供刺激但不具备危险性的活动，以顺应大学生群体的冒险天性，同时使其免受网络色情的负面影响。

10.3 网络与性别认同

当个体进入青春期后，由于受到生理发育、自我意识和社会环境的影响，两性的身心差异会变得愈发明显，这使得个体对异性和性别群体划分的认识开始有了新的变化(Deaux & Lafrance, 1998)。目前，随着越来越多的传统性别角色的淡化，个体性别认同也出现了混乱，如同性恋、异性癖等。现代社会人类对性别感到困惑的案例越来越多，性别认同问题引起了社会关注。特别是随着网络时代的来临，性别认同又出现了新的问题。

伴随着网络的发展，当代社会呈现出多元化特征。比如在性别问题上，因袭守旧的传统性别文化和不断崛起的新兴的、激进的女性权利之间出现了更多的较量(朱晓映，2002)。女性的主体意识随着社会的发展开始被激发出来，她们用自己的方式表达压抑和蔑视。比如：广州某女大学生发起“占领男厕所”活动、某大学一女生写信给 500 强企业呼吁他们解决招聘中的性别歧视问题等。类似信息在互联网的广泛传播，引起了更多人的关注，还影响到了个体自我性别观念的认知与发展。

在性信息广泛传播的网络环境中，人们对社会角色和自我的性别认同、对同性恋和异性恋的观念等都会极大地受到网络文化的影响。互联网也被看作信息时代的标志性传播方式，其新潮和奇异的定位也可能放大性信息对青少年性别认同的影响。网络影响着传统的性别认同，给性别认同带来了新的机制。如何在网络时代下形成健康的性别认同是值得关注的一个重要问题。

10.3.1 网络中性别呈现的特征

“性别”(sex)指男性和女性的生理差别，即生物学意义的性别。“社会性别”(gender)指男女两性在社会文化的建构下形成的性别特征和差异，即社会心理学意义的性别(Etaugh & Bridges, 2005)。性别的生理差异是区别男女的基础。但是，社会心理学家普遍认为个体的行为会受到环境的强烈影响，尤其是社会环境的强烈影响(Ross & Nisbett, 1991)。人不是在一个孤立的真空环境下活动，而是在一个随时影响其思想、情感及行为的社会背景中生活。随着网络的普及，网络中一些性别呈现的特殊现象需要引起重视。如互联网淡化甚至模糊了性别的差异。个体在互联网上交流时甚至有意无意地淡化了性别的特征，而选择性地强化和突出自己所喜欢的其他特征。另外，互联网还给予了个体自主呈现性别的便利。个体可以在网络上呈现自己喜欢的性别，而不考虑自己的真实生理性别。另外，还有人会出于特定的目的呈现性别。如在网络聊天室中，有人通过男扮女装进行诈骗，受害人常常信以为真，落入当事人的圈套之中，从而上当受骗。

概括而言，个体作为男性或女性的分类，是社会生活中极其重要的分类系统。社会背景极大地影响着身处其中的人们的生活体验。一方面，人们需要以性别角色进入社会生活，通过性别认同来确认自己的性别属性从而建立与同类的心理联系及社会联系。另一方面，面对这一分类系统人们又会做出自己的性别意义解释和性别行为建构。但是，互联网的发展使得传统意义上的性别社会化以及性别角色学习受到了挑战。实际上，网络上存在着诸多与传统性别刻板印象相背离的现象，如衣着暴露甚至男扮女装的“网红”。他们一方面受到商业利益的驱动和部分人的支持，变得更有动力投入到这一角色扮演中，另一方面又受到反对派的吐槽和批评。由于存在着性别刻板印象，即人们对男性或女性在行为、人格特征等方面所抱有的期望、要求和笼统的看法(Rudman & Goodwin, 2004)，人们总会不约而同地认为男性与女性的个性与行为有所不同。在性别刻板印象中，比较普遍存在的是对两性差异的看法，即认为两性必然拥有相互对立的心理特质，以及对性别角色的固定看法，即认为两性应该成为拥有什么特性的人(Fiske & Stevens, 1993)。因此，性别被简化为一些相互对立的原型特征。而互联网中存在的与传统性别刻板印象不相符的现象，一方面对当事人本身可能产生影响，另外一方面对于事件的观察者也可能产生旁观者效应。如何正确看待网络中性别呈现的这一新特征是一个新的重要问题。

10.3.2 网络对性别认同的影响

性别认同是社会认同的一个方面。Kohlberg(1981)认为，性别认同是指个体对自己性别状态的认识、理解或自我意识。Shaffer(1996)认为，性别认同指对自己和他人性别的正确的标定。概括而言，性别认同是指个体在确认并接纳自己生理性别特征的基础上，对其社会文化所期待的适合个人性别群体的理想行为模式的认可程度。社会学习理论借助“认同”(identification)的概念解释了性别角色定型的现象。该理论认为认同是一种特殊的模仿，指个体不需要专门的培训和直接的奖励，就把与自己关系密切的人视为被模仿者，同时复制他或她的完整的行为模式。随着时代的发展，传统的性别角色认同和建构模式也在发生变化。如人们可以自主选择性别认同和建构，即男性特质和女性特质作为社会学上的两个维度，可以被选择而不是强制遵循，因此就出现了生理性别和社会性别之分。在网络发达的当前背景下，性别信息与性别模仿对象的生动化与形象化展现，更可能影响到个体的性别认同，因此出现了网络化下新型的性别认同与建构模式。

在信息技术越来越发达的今天，人们所处的社会环境与采用互动方式都有了很大的变化。大众媒体支持和覆盖了日常生活的表达。网络是一个高度开放的、动态的结构，其虚拟性、全民性、隐匿性、极端性和传播迅速等一系列特点，对人们的意识和观念产生了多重影响（杨振，2010）。由于网络传播比其他任何一种文化传播形式都要自由和开放，因此网络往往成为各种不同观念和文化产生激烈碰撞的地方，也是人们充分表达自我的媒介和依托（Wellman & Gulia, 2000）。作为一种崭新的思想与文化的表达方式，网络可能对个体的性别认同产生不可忽视的影响。如研究表明，人们会在网络社区中更多地进行真实的自我表露，而非早前所认为的喜欢在网络上对真实自我进行隐藏（熊一丹，2014）。而只要网络用户可以共享某些社会文化的价值符号，他们就可以形成某种新的社会认同，包括性别认同。

具体来说，网络对于性别认同的影响主要表现在以下四个方面。

第一，网络改变了传统的性别认同观。网络技术的发展和普及，使得旧的性别规制受到了挑战，分化出了许多网络亚文化群体，如"伪娘艺术群"。这些现象使得传统的性别文化界限被打破，传统的性别区分界限日益模糊（黄君，周云水，2015）。互联网的出现，带来了虚拟身份的普遍化、日常化，它为人们提供了一个虚实不分，虚实互换，以虚求实，以实报虚的虚拟舞台，大大冲击了人类已经建立的基于认知知觉的知识系统和行为的预期系统。首先，网络虚拟身份是在以网络为中介的交往中，而不是在面对面的互动中形成的。交往者只能通过有限的、以书面言语为主的信息沟通方式获得对对方的知觉和判断。在网上，用户可以通过对性别的固有社会文化意义进行选择，随心所欲地进行性别角色互换。研究发现在网络社会交往中，女性以异性性别身份出现的现象较多（杨宜音，陈午晴，徐冰，2000）。其次，网络交往缺乏实名交往所具有的责任性，匿名为低责任性行为提供了条件。网络舆论监督的指向可能往往不够明确，个体可以通过退出社区、变换新的虚拟身份逃避舆论的监督和惩罚，从而影响个体的人格健康发展和网络虚拟社区行为规范及社会秩序的建设。此外，网络虚拟身份的种种特性为人们提供了进行身份游戏的空间，在网络空间里，每个人都可以使用多重身份，这种前所未有的可能性，彻底改变了传统的性别认同观（唐艳超等，2010）。

第二，网络有助于性别建构。从性别社会心理学的"情境中的性别"理论框架出发，可以看到性别的心理认同与建构的性质。作为生理的性别，其建构性是微乎其微的；作为心理的性别，其建构性受到了生理基础的限定；作为社会的性别，其建构性是外控的，个体可以通过社会情境与社会互动来完成，性别意义的建构因此带有主体性和交互性特征（杨振，2010）。一方面，个体是不自主的，其心理需要带有来自社会建构的部分，对环境的评价也带有来自社会建构的部分。另一方面，个体又是自主的，他（她）可以利用情境，重新解读、编码、屏蔽、筛选来自社会的信息，生长、发展和建构出自己的性别需求和性别意义。媒介不仅允许个体将社会关系扩展到不同的时空中，而且还会时刻提醒个体"我是谁"或者"我将成为什么样"，从而影响个体的自我认同。但是，传统媒体由于受到技术和传播方式的局限，信息反馈表现出滞后性、间接性，很难达到真正意义上的互动和交流。互联网的出现，不仅打破了传统的大众媒体单向传播模式，还打破了传统传播的信息准入权。网络从多方面加强和改进了传播者和受众之间的双向交流，受众不必被动接受信息，而是可以从丰富多彩的信息中“抽取”自己感兴趣的信息，拥有更多的选择权、自主权。网络传播的主动性和互动性为人们提供了性别建构的心理空间，个体的自主性被网络更多地激发和彰显出来，这将为人们提供一个脱去性别枷锁的机会（黄育馥，刘霓，2002），从而使人们更好地进行自身的性别建构。

第三，网络弱化了性别刻板印象。网上的交往双方因了解对方可能虚拟性别，因此，性别刻板印象必然弱化，人际交往不再必然带有性别的烙印，交往中的心理属性变得更重要。心理性别是由生理性别和社会性别所决定的，其中，生理性别先天具备，而社会性别则是后天发展而来的（王周生，2004）。在传统性别文化中，男性强，女性弱的性别定位非常突出（乔以钢，周珉生，2011）。而互联网的发展则使得个体能够有选择地在网络上展现自我，避免现实无法回避的生理性别的先天决定作用。例如，女性可以以围棋爱好者的特征进入相应的网上群体，而不是以“女棋手”的身份参与交往。对女性来说，网络有可能满足女性体验社会比较中处于高位的男性的社会交往方式、权力与声望的需求，补偿和宣泄因长期处于低位性别而带来的压抑（任正英，2002）。此外，虚拟异性的体验，通过换位性别角色的扮演，也会在增加新异体验的同时，增进个体对异性的理解，减少刻板印象，扩展人生体验。比如有些女性虽然在现实生活中沉默寡言，但是在网络中却异常活跃，而且经常“女扮男装”，用男性的话语来发表看法，抛弃了现有的男性秩序下的女性刻板印象（杨宜音，王甘，陈午晴等，2004）。由此可见，网络营造的社会文化为女性走出性别刻板印象，更多地参与社会活动开拓了新的渠道。当然，在虚拟的性别角色扮演中，也有相当的游戏化、戏剧化的成分。这是性别认同过程中要特别关注的一个问题。

第四，网络有助于女性社会角色的塑造。性别是一个既属于心理学同时也属于文化范畴的概念。作为一种社会标签，性别反映了一定文化赋予特定性别的特征以及个人应该具备的与性别相关的特质。无论是何种性别角色，社会文化意义上的性别认同都是在社会文化中塑造而成的，也就是性别角色社会化的结果。很多文化中的女性在漫长的以父权为中心的社会中长期被禁锢在家庭里，女性的自主意识和自我价值被贬低甚至封杀。虽然在当代社会中，女性的社会角色已经发生了巨大的变化，然而在人们的潜意识里，女性的社会角色依然比较单一。而随着互联网的出现，女性可以通过网络在现实生活中无法涉足的领域内自由驰骋，使自己不再拘泥于现实社会女性身份的束缚，女性可以通过网络改变现实生活中的社会角色定位而扮演更加丰富多彩的社会角色。尽管网络作为技术时代的代表,更可能体现了男性的擅长和偏好,但女性在生理、心理、社会、文化等方面的特点使得网络对女性社会角色的塑造具有更加积极的影响。首先,在现实生活中,女性获得信息的可能性低于男性,在公共空间展示自我的限制多于男性,社会交往范围小于男性;而在网络中,这种女性失位的现象则得到了改善(刘利群,2004)。例如,绝大多数的门户网站都设有女性的专栏和相关内容。这种与女性有关的内容的增多使得女性在公众的视野中不再是可有可无的角色,而成为了网络中重要的组成部分。其次,在网络中女性独立自主的形象也开始出现。在传统的媒体中,女性多表现为男性的附庸,而在网络传播中,由于每个人既是信息的传播者,又是信息的接受者,因此女性有了更多的参与传播的机会。女性不再是传统媒体中无关紧要的角色,而更多地表现出了独立的意识。在此情境下,女性会重新审视性别的意义,选择和肯定自己的价值,增强自信与自尊。这也为人们在一定程度上转变观念并且重新审视女性的社会角色提供了可能。

总之,网络改变了传统的性别认同观,赋予了性别认同新的可能性。网络传播的主动性与互动性、提供的性别建构心理空间,将更有助于性别建构。同时,网络有利于女性摆脱性别刻板印象的限制,重塑自己的社会角色等。这些网络提供的可能与便利,对于个体的性别认同可能产生与以往不同的影响效应。如何促进网络环境下正确健康的性别认同,是一个新的课题。

10.3.3 融合网络与传统活动的性别认同

性别教育是帮助个体发展正确健康性别认同的一种重要方式。所谓性别教育是指以性别社会化、性别和谐与性别平等为基本出发点的教育(胡晓红,2011)。性教育学者 Klein 从多个层面阐述了性别教育的意义,他认为性别教育要完成以下使命:第一,激发个人潜能,开创未来,使个体免受性别角色刻板印象的影响;第二,增强对人的基本权益的了解及人与人之间的互相尊重,以减少两性间的偏见、歧视及冲突;第三,促进经济、社会、文化、教育等各种资源的合理分享,以形成两性和谐的社会。这三个教育使命表达了完整的性别教育所包含的真实内涵。在网络环境下,将网络和传统性别教育融合起来,可以更好地实现形成健康性别认同的目的。具体可以借助下面三个环节的综合运用来实现。

第一,内化和谐的性别认同和性别角色理念。性别教育力求两性平等,但两性平等并不意味着两性之间不存在性别差异。性别教育是要在承认两性差异的基础上,构建女性特有的价值体系,促进男女事业发展和人生道路选择上的机会平等,构建和谐的性别观念(徐杰玲,李曦,2008)。例如一些女性认为参与无差别的竞争来获得肯定、成为女强人等是对传统性别观念的挑战。她们认为这是一种平等的性别观念,但是这种性别观念其实是在通过男权价值体现自己的价值。因此,这种观念本质上仍是男权文化的延续。实际上,性别角色认同是可以通过教育和环境因素来改变的。对于高校学生来说,可以通过开展各种学术活动和社团活动,让学生在丰富多彩、健康高雅的校园活动中受熏陶、感染,潜移默化地形成正确的性别观念。

第二,利用网络新媒体拓展性别认同的影响渠道。新媒体时代,电脑、手机等终端产品的广泛使用,增加了人们接收信息的渠道。广大青少年成了博客、微博、微信、QQ、论坛等媒体里非常活跃的一个群体。越来越多的学生通过这些新媒介来传播信息。在这一背景下,学校可以充分把握新媒介对于青少年的影响,加强信息传播的舆论监管,巧用新媒介,采用多样化的方法,大力拓展性别教育的渠道(刘利群,2004)。一方面,学校可以依托校园新媒介,创建性别教育论坛、校园性别文化交流 QQ 群等,积极发挥新媒介的优势,设置与性别相关的议题,引导广大学生关注性别问题。学生通过关注校园网络性别教育论坛和参加实践活动,能潜移默化地接受先进性别文化,并用正确的理念指导行动。另一方面,可以邀请知名性别专家、校园人气之王等参与建设校园博客群、微信群、公共主页等,利用他们积累的权威性、知名度、高人气来吸引学生关注,并定期推送学生喜欢的有关性别教育的微电影、小图册等吸引学生分享,让学生积极参与,同时,还应找准切入点,引导学生用批判性的眼光审视性别观念,让性别和谐理念得到更多认同。

第三,营造全社会共同参与的健康的性别认同环境。虽然父母的行为对儿童性别认同发展具有很大影响,但是仅仅依靠父母的教育是远远不够的。性别教育需要全社会共同参与。特别是广大教育工作者在教学过程中必须不断接受先进的性别理念和性别文化培训,超越传统的既有范式,传授两性平等的教育理念(张河川,2006;胡晓红,2011)。比如:在教师的资格进修、职务进修中,有针对性地对他们进行性别教育培训,让教师有能力审视自己教学行为中的性别偏差,增强教学过程中的性别敏感度,将性别平等理念融入教学实践;以课程教育为主流渠道普及两性平等观念,把女性主义的认识论和方法论贯穿于各个学科中,对学生们进行科学全面的性别意识的教育和性别分析方法的培养,帮助他们科学认识和理解不平等的性别观念根源和产生不平等观念的社会机制,使学生树立正确的性别意识(赵牧,2004)。成人可以通过自我意识的提高认识自己的性别,而儿童和青少年对自身性别的认识主要受父母、媒体、环境和同伴的影响。因此,性别教育除了在家庭和学校开展以外,还可以在社区等场所开展,各种宣传媒体节目也应该传递科学的性别知识,避免在某些社会因素和生物性别之间建立起非必然的联系(罗展鸿,潘献奎,2014)。总的来说,多主体参与性别教育,可以帮助个体形成正确健康的性别认同。

网络给人类的性观念和性活动带来了一些新的变化,而随着虚拟现实、人工智能、机器人等领域新技术的不断发展，网络与性的关系也可能变得更为复杂、更为现实，因此，未来这个领域可能会需要更多的心理学研究。

参考文献

曹洁，邓玲慧，霍金芝，李佳，陈冰心，杨苾雯.（2009）.634 名学生性心理发展及相关影响因素分析.中国校医，23（2），143—147.

程艳，楼超华，高尔生.（2010）.接触媒体性信息对上海地区未婚大学生性观念及行为的影响分析.生殖与避孕，30（8），543—547.

崔念，田爱平，李民享.（2010）.父母对向未婚年轻人提供生殖健康服务的态度及影响因素分析.中国计划生育学杂志，18（10），608—612.

崔念，田爱平，李民享.（2012）.父母与未婚子女交流与性相关问题的困难及影响因素分析.国际生殖健康/计划生育杂志，31（3），203—207.

邓亚丽，李晓玲.（2008）.未婚青少年人工流产原因分析及预防措施的探讨.实用预防医学，15（1），166—167.

韩明明，王宏，陈江鹏，等.（2014）.重庆市男男性行为大学生社会支持及影响因素分析.中国学校卫生.35（2），234—236.

呼勤.（2009）.网络虚拟性爱利弊分析.中国性科学，18（8），44—45.

胡晓红.（2011）.迷失与厘定：性别教育的概念阐释.性与性别研究——学校性健康教育，（3），59—68.

黄君，周云水.（2015）."基友"称为认同与泛化：网络时代性别文化变迁研究.思想战线，41（4），130—134.

黄育馥，刘霓.（2002）.e时代的女性：中外比较研究.北京：社会科学文献出版社.

霍金芝.（2004）.我国青少年性健康和性健康教育存在的问题及思考.中国校医，2004，18（4）：379—380.

解永照，李世亭.（2006）.美国对网络色情的界定及借鉴——从权利保护的角度.山东科技大学学报：社会科学版，7（3），70—74.

刘利群.（2004）.社会性别与媒介传播.北京：北京广播学院出版社.

刘文利.（2008）.美国家庭对青少年的性教育.中国性科学，17（1），13—15.

罗展鸿，潘献奎.（2014）.论互联网对大学生性心理发展的负面影响.广西青年干部学院学报，14（4），32—33.

马川.（2013）.青春期女生性别认同的探索比较.社会科学研究，3，120—122.

麦克拉肯.（2007）.女权主义理论读本.桂林：广西师范大学出版社.

乔以钢，周珉生.（2011）.性别文化与文学研究.华夏文化论坛，（00）.

任正英.（2002）.女性受害人的社会支持系统研究.北京大学研究生学志，（4）：28—31.

阮鹏.（2012）.基于社会环境的青年性教育模式.中国性科学，21（5），36—39.

宋逸.（2010）.中国青少年危险性行为发生情况及其预警理论模型探讨性研究.北京.北京大学医学部公共卫生学院.

唐艳超，吴明证，徐利平.（2010）.大学生内隐性别认同、自尊与性别内群体偏差的关系.心理科学，33（2），471—473.

田聚群.（2012a）.心理依赖与性幻想依赖.中国性科学，21（9），83—88.

田聚群.（2012b）.运动依赖与性行为依赖.中国性科学，01，52—56.

涂仁标.（2008）.性行为的价值取向.中国性科学，07，3—6.

王健.（2010）.标本兼治：网络色情治理的有效路径.信息网络安全，（01），31—33.

王临虹，赵耕力，张小松，等.（2004）.中国部分地区未婚人工流产女青少年生殖道感染现况研究.中国妇幼保健，19（11），21—24.

王平.（2012）.电视婚恋交友节目对青少年恋爱观的影响：社会表征的视角.浙江学刊，04，204—209.

王周生.（2004）.关于性别的追问.上海：学林出版社.

熊一丹.（2014）.网络社区与跨性别者的身份认同——以 Facebook 某跨性别者小组为例.新闻传播，（09）：120—121.

徐杰玲，李曦.（2008）.新时期女大学生社会性别意识教育问题的反思.重庆三峡学院学报，24（5），142—145.

杨宜音，陈午晴，徐冰.（2000）.中国网民的社会心理分析.Internet 网络世界，04，4—11.

杨宜音，王甘，陈午晴，王俊秀.（2004）.性别认同与建构的心理空间：性别社会心理学视角下的互联网.孟宪范.转型社会中的中国妇女.

杨振.（2010）.网络文化中的性别视角：性别认同和审美——以"春哥"现象为例.社会性别与心理学研究，55.

余春艳，程艳，楼超华，等.（2011）.接触媒体性信息与未婚青少年流动人口性相关行为的关联.中国公共卫生，27（12），107—110.

张河川.（2006）.青年男女性别认同与心理健康的比较研究.比较研究，8，41—45.

张爽，纪娟，刘关羽，等.（2014）.重庆 11 所高校大学生性与生殖健康问题及教育现状.西南师范大学学报（自然科学版）.39（7），183—187.

张文新.（1999）.儿童社会性发展.北京：北京师范大学出版社，427.

张志铭，李若兰.（2013）.内容分级制度视角下的网络色情淫秽治理.浙江社会科学，（06），66—74，158.

赵牧.（2004）.全球化与性别认同.博览群书，（5），113—116.

朱倩倩，涂晓雯，楼超华，等.（2013）.中学生接触媒体性相关信息情况及其对性与生殖健康知识的影响.生殖与避孕.33（4），244—249.

朱晓映.（2002）.关于大学外文系女生性别身份认同的实证研究.妇女研究论丛，（1），18—22.

Ajayi，A.A.，Marangu，L.T.，Miller，J.，& Paxman，J.M.（1991）.Adolescent sexuality and fertility in Kenya：A survey of knowledge, perceptions, and practices. *Studies in Family Planning*, *22*(4),205 - 216.

Ballester-Arnal, R., Castro-Calvo, J., Gil-Llario, M. D., & Giménez-García, C. (2014). Relationship status as an influence on cybersex activity: Cybersex, youth, and steady partner. *Journal of Sex & Marital Therapy*, *40*(5),444 - 456.

Buschman, J., Wilcox, D., Krapohl, D., Oelrich, M., & Hackett, S. (2010). Cybersex offender risk assessment. An explorative study. *Journal of Sexual Aggression*, *16*(2),197 - 209.

Byers, E. S., & Shaughnessy, K. (2014). Attitudes toward Online Sexual Activities. *Cyberpsychology: Journal of Psychosocial Research on Cyberspace*, *8*(1).

Carnes, P. (2013). *In the Shadows of the Net: Breaking Free of Compulsive Online Sexual Behavior*. Hazelden Publishing.

Chandra, A., Martino, S.C., Collins, R.L., Elliott, M.N., Berry, S.H., & Kanouse, D.E., et al. (2008). Does watching sex on television predict teen pregnancy? Findings from a national longitudinal survey of youth. *Pediatrics*, *122*(5),1047 - 1054.

Cooper, A. (1998). Sexuality and the Internet: Surfing into the new millennium. *CyberPsychology & Behavior*, *1*(2), 187 - 193.

Deaux, K., & Lafrance, M. (1998). Gender. In D.T. Gilbert, S.T. Fiske, & G. Lindzey. (Eds.) *The handbook of social psychology*. (4th). Boston: The McCraw-Hill Co. Inc. 788 - 827.

Delmonico, D.L., Griffin, E., & Carnes, P.J. (2002). Treating online compulsive Sexual Behavior: When cybersex is the drug of choice. *Sex and the Internet: A guidebook for clinicians*, 147 - 167.

Escobar-Chaves, S.L., Tortolero, S.R., Markham, C.M., Low, B.J., Eitel, P., & Thickstun, P. (2005). Impact of the media on adolescent sexual attitudes and behaviors. *Pediatrics*, *116*(Supplement 1), 303 - 326.

Etaugh, C., & Bridges, J. S. (2005). *The psychology of women: A lifespan perspective*. Recording for the Blind & Dyslexic.

Fiske, S.T., Stevens, L.E. What's so special about sex? Gender stereotyping and discrimination. [C]// Oskamp, Stuart (Ed); Costanzo, Mark (Ed), (1993). Gender issues in contemporary society. Claremont Symposium on Applied Social Psychology. Sage Publications, Inc, 1993: 173 - 196.

Fortson, B.L., Scotti, J. R., Chen, Y. C., Malone, J., & Del Ben, K. S. (2007). Internet use, abuse, and dependence among students at a southeastern regional university. *Jouranl of American College Health*, *56*(2),137 - 144.

Goldberg, P.D., Peterson, B.D., Rosen, K.H., & Sara, M.L. (2008). Cybersex: The impact of a contemporary problem on the practices of marriage and family therapists. *Journal of Marital and Family Therapy*, *34*(4),469 - 480.

Grov, C., Gillespie, B.J., Royce, T., & Lever, J. (2011). Perceived consequences of casual online sexual activities on heterosexual relationships: A US online survey. *Archives of Sexual Behavior*, *40*(2),429 - 439.

Hald, G.M., & Malamuth, N. M. (2008). Self-perceived effects of pornography consumption. *Archives of Sexual Behavior*, *37*(4),614 - 625.

Hertlein, K.M., & Piercy, F. P. (2006). Internet infidelity: A critical review of the literature. *The Family Journal*, *14*(4),366 - 371.

Jones, K.E., & Tuttle, A. E. (2012). Clinical and ethical considerations for the treatment of cybersex addiction for marriage and family therapists. *Journal of Couple & Relationship Therapy*, *11*(4),274 - 290.

Kohlberg, L. (1981). Essays in moral development. San Francisco: Harper & Row.

Laier, C., & Brand, M. (2014). Empirical evidence and theoretical considerations on factors contributing to cybersex addiction from a cognitive-behavioral view. *Sexual Addiction & Compulsivity*, *21*(4),305 - 321.

Lu, H.Y., Ma, L.C., Lee, T.S., Hou, H.Y., & Liao, H.Y. (2014). The link of sexual sensation seeking to acceptance of cybersex, multiple sexual partners, and one-night stands among Taiwanese college students. *Journal of Nursing Research*, *22*(3),208 - 215.

Mitchell, K.J., Wolak, J., & Finkelhor, D. (2007). Trends in youth reports of sexual solicitations, harassment and unwanted exposure to pornography on the Internet. *Journal of Adolescence Health*, *40*(2),116 - 26.

Nestler, E.J. (2001). Molecular basis of neuropharmacology: a foundation for clinical neuroscience. *Open University Press*.

Orzack, M.H., & Ross, C.J. (2000). Should virtual sex be treated like other sex addictions? *Sexual Addiction & Compulsivity: The Journal of Treatment and Prevention*, 7(1 - 2),113 - 125.

Prentice, D.A., & Carranza, E. (2002). What women and men should be, shouldn't be, are allowed to be, and don't have to be: The contents of prescriptive gender stereotypes. *Psychology of Women Quarterly*, *26*(4),269 - 281.

Rimington, D.D., & Gast, J. (2007). Cybersex use and abuse: Implications for health education. *American Journal of Health Education*, *38*(1),34 - 40.

Ross, L., & Nisbett, R.E. (1991). *The person and the situation: Perspectives of social psychology*. McGraw-Hill.

Rudman, L.A., & Goodwin, S.A. (2004). Gender differences in automatic in-group bias: Why do women like women more than men like men? *Journal of Personality & Social Psychology*, *87*(4),494 - 509.

Schneider, S., Peters, J., Bromberg, U., et al. (2011). Boys do it the right way: sex-dependent amygdala lateralization during face processing in adolescents. [J]. Neuroimage, 56(3): 1847 - 1853.

Schneider, J. P. (2000). A qualitative study of cybersex participants: Gender differences, recovery issues, and implications for therapists. *Sexual Addiction & Compulsivity: The Journal of Treatment and Prevention*, 7(4), 249-278.

Schneider, J. P., & Weiss, R. (2001). *Cybersex exposed: Simple fantasy or obsession?* Hazelden Information & Educational Services.

Schneider, J. P., Weiss, R., & Samenow, C. (2012). Is it really cheating? Understanding the emotional reactions and clinical treatment of spouses and partners affected by cybersex infidelity. *Sexual Addiction & Compulsivity*, *19*(1-2), 123-139.

Shaughnessy, K., & Byers, E. S. (2014). Contextualizing cybersex experience: Heterosexually identified men and women's desire for and experiences with cybersex with three types of partners. *Computers in Human Behavior*, *32*, 178-185.

Shaughnessy, K., Byers, S., & Thornton, S. J. (2011). What is cybersex? Heterosexual students' definitions. *International Journal of Sexual Health*, *23*(2), 79-89.

Strongman, K. T. (2003). *The psychology of emotion from everyday life to theory*. John Wiley and Sons.

Wellman, B., Gulia, M. (2000). Virtual communities as communities: Net surfers don't ride alone. *Communities in Cyberspace*, *11*(9), 167-195.

Young, K. S. (2007). Cognitive Behavior Therapy with Internet Addicts: Treatment Outcomes and Implications. *CyberPsychology & Behavior*, *10*(5), 671-679.

Young, K., Pistner, M., O'MARA, J. A. M. E. S., & Buchanan, J. (1999). Cyber disorders: The mental health concern for the new millennium. *CyberPsychology & Behavior*, *2*(5), 475-479.

Young, K. S., Griffin-Shelley, E., Cooper, A., O'mara, J., & Buchanan, J. (2000). Online infidelity: A new dimension in couple relationships with implications for evaluation and treatment. *Sexual Addiction & Compulsivity: The Journal of Treatment and Prevention*, 7(1-2), 59-74.

Zitzman, S. T., & Butler, M. H. (2005). Attachment, addiction, and recovery: Conjoint marital therapy for recovery from a sexual addiction. *Sexual Addiction & Compulsivity*, 12(4), 311-337.

11 网络成瘾

网络作为继报刊、广播、电视之后出现的第四大媒体,其发展速度之快史无前例。同时网络本身所具备的匿名性、方便性、空间穿越、时序弹性等特征,更是吸引了大量的年轻人沉迷其中,导致了网络成瘾问题的出现。1995年,网络成瘾的概念首次被提出,1997年,APA承认其学术研究价值,对该领域的研究至今已经有20多年的历史,研究内容涉及概念界定、流行病学调查、造成危害、影响因素以及干预方法等多个方面,是网络心理学领域研究最多、最获关注的亚领域。本章将分别从界定和测量、理论模型、影响因素、预防和干预四个方面对网络成瘾进行梳理,以期为读者提供一个该领域的系统概况。

11.1 网络成瘾的界定与测量

11.1.1 网络成瘾的界定

网络成瘾(internet addiction disorder, IAD)的概念是由纽约市的一名精神病医生 Goldberg 于 1995 年首先提出的。它是指在无成瘾物质条件下的上网行为冲动失控现象,主要表现为由于过度和不当地使用互联网而导致个体出现明显的社会、心理功能损害现象。美国心理学会(APA)于 1997 年正式承认网络成瘾研究的学术价值。随后网络成瘾很快引起了临床心理学家(King, 1996; Orzack, 1998; Young, 1998a)和医学界(OReilly, 1999)的关注。

Griffiths 于 1996 年在 *Nature* 杂志上提出了成瘾的六个共同的核心特点:突显性(salience)、心境改变(mood modification)、耐受性(tolerance)、戒断症状(withdrawal symptoms)、冲突性(conflict)和复发性(relapse)(Griffiths, 1995)。同时,他认为包括网络成瘾在内的任何成瘾都可以把这几个特点作为操作定义(Griffiths, 1999)。

Kandell (1998)则把网络成瘾定义为"一种对互联网的心理依赖,而不考虑使用者登录到网络上做什么"。周倩(1999)对世界卫生组织给网络成瘾下的定义进行了修改,将网络成瘾定义为:"由重复地对于网络的使用所导致的一种慢性或周期性的着迷状态,并带来难以抗拒的再度使用之欲望,同时并会产生想要增加使用时间的张力与耐受性、克制、退隐等现象,对于上网所带来的快感会一直有心理和生理上的依赖。"欧居湖(2004)将网络成瘾定义为"以网络为中介,以网络中储存的交互式经验、信息等虚拟物质、信息为成瘾物所引起的个体在网络使用中,沉醉于虚拟的交互性经验、信息中不能自主,长期和现实社会脱离,从而引发生理机能和社会、心理功能受损的行为"。

然而网络成瘾的概念受到了不少学者的质疑,他们认为网络用户对网络的着迷不同于对化学物质的依赖。基于此,Davis(2001)主张以"病理性网络使用"(pathological internet use, PIU)来取代网络成瘾的提法,认为网络成瘾是一个精神科术语,不能扩展到每个人都可能过度使用的一种行为。Hall 和 Parsons(2001)提出了"网络行为依赖"(internet behavior dependence, IBD)的概念,认为网络行为依赖的并发症包括意志消沉、冲动控制障碍和低自尊。他们认为网络的过度使用是生活中的一个良性问题,它弥补了在生活其他方面缺少的满意感,是普通人生活中都有可能遇到、并需要克服的问题。IBD 仅仅是一种适应不良的认知应对风格,可以通过基本的认知行为干预加以矫正。

时至今日,尽管学术界对应该将这一概念称为"成瘾"还是"问题行为"存在一定的争论,但研究者们一致认为这一概念至少包括两个方面的内涵:一是个体的网络使用行为无法控制;二是个体的日常功能因此受损(Ko 等,2009;Kim 等,2010;刘勤学,方晓义,周楠,2011)。APA 在 2012 年发布的 DSM - V 初稿中,将网络成瘾界定为网络使用障碍(internet use disorder, IUD),并将之归入物质使用和成瘾障碍亚类(section III of substance use and addictive disorder)。但是在 2013 年出版的正式定稿中,APA 只将"网络游戏成瘾"(internet gaming disorder)放在第三章"新出现的测量方法与模型"(emerging measures and models)的"有待更多研究的情况"(conditions for further study)这一部分(APA, 2013)。这也就意味着,目前对网络成瘾的性质界定仍需更进一步的研究。

11.1.2 网络成瘾的测量

目前网络成瘾的主要测量方法是问卷调查法。不同的研究者根据不同的理论基础、概念架构以及成瘾标准来源开发出了多个测量工具。根据测量工具编制的理论基础和项目来源,目前的网络成瘾测量工具主要有以下几类。

基于 DSM - IV 的成瘾标准

有研究者倾向于将网络过度使用定义为一种行为成瘾,因此其筛选标准主要参考 DSM - IV 中的强迫性成瘾的标准或者其他成瘾标准,如病理性赌博成瘾等。

目前被广泛使用的 Young(1999)编制的 Internet Addiction Test (IAT)量表就是根据 DSM - IV 中病理性赌博的 10 项标准确定的网络成瘾的 8 项标准。该量表一共 8 个项目,对 5 个以上项目回答"是",即被诊断为网络成瘾。这一量表结构简单,方便易行,被国内外的研究广泛运用(Chou, Condron, & Belland, 2005)。但就像 Young 本人所指出的那样,该量表的结构效度和临床应用还需进一步的研究支持。因此,在 8 个项目的 IAT 量表的基础上,Young 进行了修订,编制了《网络成瘾损伤量表》(Internet Addiction Impairment Index, IAII),其包含 20 个题目,采用 5 点评分。得分在 0—30,属于正常范围;31—49 分为轻度成瘾;50—79 分为中度成瘾;80—100 分为重度成瘾。

Brenner(1997)也基于 DSM - IV 的物质滥用标准编制了《互联网相关成瘾行为量表》(Internet-Related Addictive Behavior Inventory, IRABI),共 32 个项目。后经过修订(Chou, Hsiao, 2000)的中文版量表第二版(C - IRABI - II)共有 37 个项目,内部一致性系数达到 0.93,与 Young 的量表之间的皮尔逊相关系数为 $r = 0.643$, $p < 0.01$,即呈正相关。这在客观上证实了 Young 的量表与其他量表可能会存在一致性。

同样,有研究者(Nichols & Nicki, 2004)基于 DSM - IV 中的 7 项物质依赖标准

以及2项成瘾标准编制了《网络成瘾量表》(Internet Addiction Scale),共31题,采用5点评分(1 = 从不,2 = 很少,3 = 有时,4 = 经常,5 = 总是),分数越高代表网络成瘾越严重,该量表的内部一致性系数为0.95。

近年来,有研究者(Meerkerk等,2009)同时参考了DSM-IV中关于物质依赖的7项标准、病理性赌博的10项标准以及Griffiths提出的关于行为成瘾的6项标准,编制了《强迫性网络使用量表》(Compulsive Internet Use Scale, CIUS)。该量表包括5个维度:失去控制、沉浸、戒断症状、冲突、应对或情绪改变,共14个项目,同样采用5点评分(0 = 从不,1 = 很少,2 = 有时候,3 = 经常,4 = 很频繁),得分越高代表强迫性程度越高。该量表的内部一致性系数为0.89。

国内也有研究者采用类似的标准来编制网络成瘾的测量工具。钱铭怡等参考了DSM-IV中酒精依赖诊断标准编制了《大学生网络关系依赖倾向量表》(IRDI),该量表有4个维度,29个项目。4个维度分别是:依赖性、交流获益、关系卷入和健康网络使用。总量表的内部一致性信度系数为0.87,4个维度的系数分别为0.84,0.76,0.74,0.70,5周的重测信度为0.619($p < 0.01$)(钱铭怡等,2006)。

基于前人的理论建构及网络成瘾本身的特征

有研究者是根据对网络过度使用的定义、理论模型来制定相应的测量标准的。Davis(2001)提出了"病理性网络使用"(pathological internet use, PIU)的认知行为理论。Davis认为PIU有两种不同的形式:特定的和一般性的病理性互联网使用。PIU的认知行为模型认为,不合理的认知对一般的PIU行为发展很关键,并提供了关于一般的PIU的认知和行为症状,以及其可能导致的消极结果。其中,认知层面包括关于网络的强迫性想法、低控制上网冲动、对在线使用网络内疚、与不上网相比上网时有更多积极的感受和体验等;行为层面包括强迫性网络使用导致个体在工作/学校或人际关系上体验到消极结果、对网络使用的情况否认或撒谎、使用网络来逃避个人的问题(如抑郁、孤独)等;消极结果层面包括降低的自我价值感、增加的社交退缩等。

Davis在PIU认知行为模型的基础上编制了《戴维斯在线认知量表》(Davis Online Cognition Scale, DOCS),包含36个项目,4个维度:孤独/抑郁(Loneliness/depression),低的冲动控制(diminished impulse control),社会舒适感(social comfort),分心(distraction),使用7点量表(Davis等,2002)。该量表的改进之处在于:(1)量表的名称"DOCS"未明确告诉被试量表要测的内容,具有较高的表面效度;(2)题目不是对网络成瘾病态症状的简单罗列,所要测量的是被试的思维过程(即认知)而非行为表现,因此该量表具有一定的预测性。

Caplan (2002)根据Davis的理论编制了《一般化的病理性互联网使用量表》(Generalized Problematic Internet Use Scale, GPIUS),从认知、行为和结果三方面测

量 PIU,其中,认知和行为维度包括 6 个因素,结果维度包括 1 个因素,分别是：情绪改变、社交利益、消极结果、强迫性使用、过多上网时间、社交控制、戒断反应。该量表的维度和 Davis 的 4 个维度有所出入,但是从具体内容上来看,情绪改变、强迫性使用和过多上网时间属于行为层面,知觉到的社交利益、知觉到的社交控制和戒断反应属于认知层面。该量表被翻译成中文后,7 个子量表的内部一致性为 0. 70—0. 91,但是探索性因素分析结果中,中文版量表只有 6 个因素,与原量表的结构不一致(李欢欢,王力,王嘉琦,2008)。

雷雳和杨洋根据 PIU 的界定和维度构想,结合其他量表、访谈、专家教师意见,编制了《青少年病理性互联网使用量表》(APIUS)。该量表采用 5 点评分,共 38 个题项,包含 6 个因素：凸显性、耐受性、强迫性上网/戒断症状、心境改变、社交抚慰和消极后果。量表的内部一致性系数为 0. 948,重测信度为 0. 857。同时 APIUS 与 Young 的 8 项标准以及 CIAS 的相关分别为 0. 622 和 0. 773,应该说具有良好的聚敛效度,同时其区分效度也在可接受范围内(雷雳,杨洋,2007)。目前该量表在国内青少年网络成瘾领域的应用十分广泛。

陈侠、黄希庭(2007)根据对网络成瘾的界定,从"类型—成瘾倾向"的角度把网络成瘾构想为一个包含 2 个层次、3 个维度的理论体系。第一层次是网络成瘾的类型,包括网络关系成瘾、网络娱乐成瘾和信息收集成瘾;第二层次是网络成瘾倾向所表现的维度,包括认知依赖、情绪依赖和行为依赖。他们据此编制了《大学生网络成瘾倾向问卷》(IUS)。该问卷包括 3 个分量表,其中 R 量表包括 16 个题项;E 量表包括 13 个题项;I 量表包括 12 个题项。加上 6 个测谎题项,正式问卷一共包括 47 个题项。采用 Likert 自评式 5 点量表记分,"完全不符"记 1 分,"比较不符"记 2 分,"难以确定"记 3 分,"比较符合"记 4 分,"完全符合"记 5 分,在某一维度得分高说明具有较高的成瘾倾向。

周治金等则是根据网络成瘾的症状和特征编制了《网络成瘾类型问卷》,该问卷为 5 点量表,共 20 个题项,包括 3 个类型：网络游戏成瘾、网络人际关系成瘾和网络信息成瘾,总问卷及各分问卷的同质性信度、分半信度及重测信度分别为 0. 80—0. 92、0. 79—0. 90 和 0. 81—0. 91(周治金,杨文娇,2006)。

台湾学者陈淑惠等(2003)以大学生为样本,根据网络成瘾的特征编制了《中文网络成瘾量表》(CIAS),包括网络成瘾核心症状和网络成瘾相关问题两个方面,共 26 个题项,为 4 点量表。包含 5 个因素：强迫性上网行为,戒断行为与退瘾反应,网络成瘾耐受性,时间管理问题,人际及健康问题。总分代表个人网络成瘾的程度,分数越高表示网络成瘾倾向越高。初步研究表明该量表具有良好的信度和效度,再测信度为 0. 83,各因素量表内部一致性系数介于 0. 70 与 0. 82 之间,全量表内部一致性系数为 0. 92。内地研究者白羽和樊富珉(2005)对 CIAS 进行了修订,编制了大陆版的

《中文网络成瘾量表修订版》(CIAS - R),CIAS - R 共有 19 个项目,量表及其分量表与效标之间的相关关系总体所在区间为 0.65—0.85。

基于前人已有的测量工具

有研究者在关于计算机/网络使用和成瘾的已有文献和调查的元分析基础上,结合专家的意见编制了《计算机/网络成瘾量表》,该量表共有 74 个项目,4 个因素,分别是:因过度使用网络或成瘾而产生的社交孤独以及忘记吃饭、约会迟到或爽约等现实错误,计算机技术及网络技术的利用和有效性,使用网络来获得性满足以及没有意识到已经处于问题阶段(Pratarelli 等,1999)。但是该问卷还缺乏相关的实证研究的支持。

研究者(Huang, Wang, Qian, Zhong, Tao, 2007)编制的《中国网络成瘾量表》(CIAI)和《病理性网络使用问卷》(PIUQ) (Demetrovics, Szeredi, Rózsa, 2008)皆参考了 Young 的 IAT 量表。

而杨晓峰等(2006)编制的《大学生网络成瘾量表》则是以在中国广泛使用的陈淑惠编制的《中文网络成瘾量表》(CIAS)提出的架构为主,并参考 Young(1996)、Brenner(1997)等的观点,结合开放式问卷资料和个别访谈的结果编制而成的。该量表包括 6 个因子:耐受性,人际、健康和学业问题,强迫性,戒断性,突显性,时间管理问题,共 30 个项目,采用 5 点评分(1 = 完全不符合,2 = 不太符合,3 = 一般,4 = 比较符合,5 = 完全符合)。量表总的内部一致性系数为 0.949,分半信度分别为 0.898 和 0.915,各个因素内部一致性系数在 0.773—0.861 之间,5 周的重测信度为0.810,显示其信度较好。

综合来看,目前在世界范围内应用最为广泛的仍是 Young 的 IAT 的量表,并且有不少研究对其信效度和区分标准进行了验证;在中国,陈淑惠的《网络成瘾中文量表》和雷雳的《青少年病理性网络使用量表》是使用最多的两个测量工具。但需要注意的是,研究者在使用不同测量工具进行筛查时,应关注到不同测量工具、不同标准带来的成瘾率的差异。有研究者(Thatcher & Goolam, 2005a)在一项研究中比较了 Young(1996,1998), Beard 和 Wolf(2001)以及 Thatcher 和 Goolam(2005b)的三种标准下网络成瘾的比率,证实了标准的选择对网络成瘾率有影响。研究发现,使用 Thatcher 和 Goolam 的量表测得的网络成瘾率为 1.67%;使用 Beard 和 Wolf 的标准测得的网络成瘾率为 1.84%;使用 Young 的标准测得的网络成瘾率为 5.29%。所有符合 Beard 和 Wolf 严格标准的人都符合 Young 的标准,但是符合 Young 的标准的人只有 35%符合 Beard 和 Wolf 的标准。使用 Thatcher 和 Goolam 量表符合标准的人,分别有 80%和 40%也被 Young、Beard 和 Wolf 的标准判定为网络成瘾。因此研究者认为,使用更为宽松的标准会导致明显更高的网络成瘾率(Thatcher & Goolam,

2005a)。相对而言,研究者认为 Young(1996,1998)关于网络成瘾的标较为宽松,可能会高估网络成瘾的状况(Morahan-Martin, 2013)。因此,研究者建议,“为了测定出有重大临床意义的网络成瘾的准确流行情况,我们需要在诊断标准上达成一致,并使用临床上有效的结构性访谈对一个大型的代表性样本进行研究”(Aboujaoude 等,2006)。

11.2 网络成瘾的理论模型

目前有研究者从不同的视角,提出了不同的理论模型。我们从网络本身的特征、互动取向、发展取向以及动机需求取向等方面对目前的理论模型进行了梳理。

11.2.1 基于网络本身特征的理论

ACE 模型

Young 等人(Young, Cooper, Griffin-Shelley, O'Mara, & Buchanan, 2000)认为是网络本身的特征导致用户成瘾,这些特征包括匿名性(anonymity),便利性(convenience)和逃避现实(escape),因此简称为 ACE 模型。匿名性是指人们在网络里可以隐藏自己的真实身份,因此,用户在网络里可以做任何自己想做的事,说自己想说的话,不用担心谁会对自己造成伤害。便利性是指网络使人们足不出户,动动手指就可以做自己想做的事情,比如网上色情、网络游戏、网上购物、网上交友等都非常方便。逃避现实是指当碰到挫折时,用户可能通过上网找到安慰,因为在网上,他们可以做任何事,可以是任何人,这种自由而无限的心理感觉引诱个体逃避现实生活而进入网络的世界。Young 的 ACE 模型最初被用来解释网络色情成瘾,后被扩大到整个网络成瘾领域(陈侠,黄希庭,白纲,2003)。

社会线索减少理论

社会线索减少理论(reduced social cues)认为,在以计算机为媒介的交流,以及有限的网络交流中,网络带宽的限制性导致了交流过程中社会线索(包括环境线索与个人线索)的减少。这使得个体在互动情境中对判断互动目标、语气和内容的能力降低。而且,网络匿名性以及网络规范的不完善性会导致网络空间中个体对自我和他人的感知发生变化,使得受约束行为的阈限降低,并进一步激发反规范与摆脱控制的行为(Kiesler 等,1984)。这些均有可能导致网络使用行为不可控,并最终导致网络成瘾。

11.2.2 基于互动取向的理论

认知—行为模型

Davis 提出认知—行为模型,试图解释网络成瘾的发展和维持(Davis, 2001)。

在此模型中，Davis 将网络成瘾定义为病理性网络使用行为。该模型将影响网络成瘾的因素分为近端的因素和远端的因素。该模型认为成瘾行为受到不良倾向(个体的易患素质)和生活事件(压力源)的影响，它们位于成瘾行为病因链远端，是成瘾行为形成的必要条件。个体易患素质指当个体具有抑郁、社会焦虑和物质依赖等素质时，更容易发展出病态网络使用的行为。压力源(紧张性刺激)指的是不断发展的互联网技术。模型的中心因素是适应不良的认知(maladaptive-cognition)，它位于成瘾行为病因链近端，是成瘾行为发生的充分条件。Davis 认为网络成瘾行为的认知症状先于情感或行为症状出现，并且导致了后两者。有症状的个体在某些特定方面有明显的认知障碍，从而加剧了网络成瘾的症状。该模型还对特殊性网络成瘾和一般性网络成瘾进行了区分。

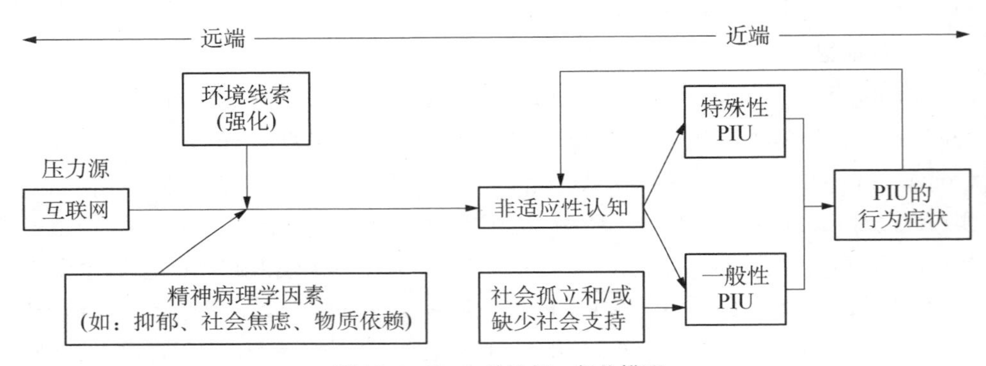

图 11.1 Davis 的认知—行为模型

“富者更富”模型

Kraut 等(1998)经过追踪研究发现，网络在对人们生活的影响上有矛盾之处。他们对美国宾夕法尼亚州的 93 户 256 名居民进行了追踪研究，了解在开始上网的头 1—2 年的时间内网络对于他们的社交水平和心理健康的影响。最后有 73 户的 169 个居民完成了追踪的调查。在所研究的这个人群中，网络被广泛地用于交流。然而研究发现，网络使用得越多，人们与家人的交流就越少，社交的圈子也越小，而且抑郁和孤独水平增加。

这个结果的发表引起了很大的争议，有的人指出这个研究没有设置控制组进行比较，外部的事件或者统计回归也有可能导致被试社会交往和心理健康水平的下降。

为了厘清真相，研究者在原有研究的基础上又进行了 3 年的追踪性研究(Kraut 等，2002)，这次他们的研究结论似乎更加合理。他们对原来参与过研究的 208 名居民继续进行追踪，结果发现以前的负面效应消失了。他们还重新找了一群被试进行追踪研究(1998—1999)，并且设有控制组，即将刚上网的人与刚买电视的人进行比较，这样就可以抵消时间效应。这个样本对于网络在交流、社会参与和心理健康程度上整体表现出积极的效应。然而并非人人如此。研究的结果证实了“富者更富”模型，即对于外向的人和有较多社会支持的人来说，使用网络会产生较好的结果，而对于那些内向和较少社会支持的人来说，使用网络反而使结果更糟糕。该研究表明，心理行为发展具有连续性，互联网使用所产生的积极或消极影响可能是原有心理行为发展水平的一个反映。

游戏成瘾的沉醉感理论

“沉醉感”(flow experience)的概念最早由 Csikszentimihalyi 于 20 世纪 60 年代提出，又被称为“最佳体验”(optimal experience)，指的是人们对某一活动或事物表现出浓厚的兴趣，并能推动个体完全投入某项活动或事物的一种情绪体验(任俊，施静，马甜语，2009；Massimini & Carli，1988)。Csikszentimihalyi 之后系统地提出了沉醉感理论模型(Novak & Hoffman，1997)，他认为个体所感知到的自己已有的技能水平与外在活动的挑战性相符合是引发沉醉体验的关键，即只有技能和挑战性呈平衡状态时，个体才可能完全融入活动，并从中获得沉醉体验。后来，Sweetser 和 Wyeth (2005)在 Csikszentimihalyi 提出的沉醉感理论的基础上提出了有关网络游戏的沉醉理论。该理论认为网络游戏的以下的 8 个特征可以令玩家在玩游戏的时候产生沉醉体验。这 8 个特征是集中注意、匹配挑战、玩家技能、控制感好、目标清晰、提供反馈、沉浸如醉和社会互动。后来不少研究者的实证研究结果也证实了沉浸体验对游戏成瘾的作用(魏华，周宗奎，田媛，鲍娜，2012)。

11.2.3 基于发展取向的理论

发展在这里包含两层含义，一是指网络成瘾行为本身的发展过程和阶段，二是指个体的毕生发展过程。有研究者认为网络成瘾与个体本身行为发展过程有关，同时也有研究者认为其与个体的毕生发展阶段和任务有关。

阶段模型

Grohol(1999)提出了阶段模型，认为所谓网络成瘾只是一种阶段性的行为。该模型认为网络用户大致要经历 3 个阶段：第一阶段，网络新手被互联网迷住，或者有经验的网络用户被新的应用软件迷

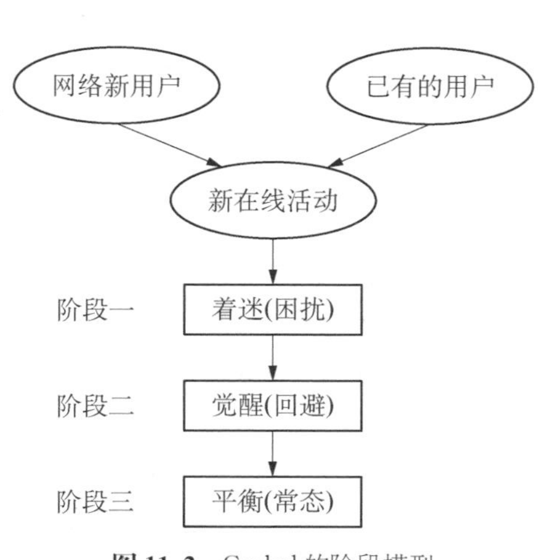

图 11.2 Grohol 的阶段模型

住;第二阶段,用户开始避开导致自己上瘾的网络活动;第三阶段,用户的网络活动和其他活动达成了平衡。Grohol 认为所有的人最后都会到达第三个阶段,但不同的个体需要花不同的时间。那些被认为是网络成瘾的用户,只是被困在第一阶段,需要必要的帮助才能跨越该阶段。

自我认同发展问题理论

一些发展学理论家(如 Greenfield, 2004; Lloyd, 2002; Subrahmanyan 等,2006)一致认为,像网络攻击性和网络成瘾这样的青少年网络行为是与发展需求相关的。Greenfield(2004)认为,青少年面临的主要任务是建构和发展出个体自我认同,这有可能会产生两种结果,一是适应的、成功的,而另一个则是非适应的、失败的。有证据显示,没有成功解决自我认同危机可能会导致青少年在面临挫折时出现言语或者行为攻击,在建构自我认同时出现迷茫困扰。Subrahmanyan 等(2006)发现,在青少年的网络交往中存在着较高水平的攻击性,如在聊天室里使用种族侮辱和露骨的性语言。他们认为,这样的攻击性是由于青少年在发展自我认同时的失败带来了高水平的焦虑,从而使他们在一个限制性相对较低的环境(如网络)中做出了一些不受欢迎的行为。而这样的自我探索的迷茫困扰、高水平焦虑均会增加个体网络成瘾的可能性。

11.2.4 基于内在需求满足的理论

使用—满足理论

Morris 和 Ogan(1996)借用 McQuail 的"大众沟通的游戏理论"(Play Theory in mass communication)和"使用—满足"理论来解释网络成瘾现象。使用—满足理论有两个重要假设:(1)个体选择媒介是以某种需要和满足为基础的,个体希望从各种媒介资源中获得满意感或接受信息;(2)媒介是通过使用者的意图或动机发挥作用的,它将焦点从通过媒介的直接作用得到需求满足的"被动参与者"转向媒介使用中的"积极参与者",强调了个体的使用和选择。McQuail、Blumler 和 Brown(1972)的研究证明媒介满足了个体的以下需求:解闷和娱乐(diversion)(逃离日常事务的限制,逃离问题带来的负担和情绪释放)、人际关系(personal relationship)(陪伴和社交)、个体认同(personal identity)(个人自我认同,对现实的探索,以及价值感的增强)。

Surveillance 等指出所有的媒介使用者本质上都有 5 类相同的需要:一是认知需要,即与增加信息、知识和理解力有关的需要;二是情感需要,即与增强美感、愉悦和情绪经验有关的需要;三是个体整合需要,即与增强可信度、自信、稳定性和地位有关的需要,是认知和情感因素的整合;四是社交整合功能,即与增强和家庭、朋友以及世界的联系有关的需要;五是与逃离或释放紧张有关的需要。另有研究者从专门针对互联网的满足感的概念中提取了 7 个网络满足感因素:虚拟交际、信息查找、美丽界面、货币代偿、注意转移、个人身份和关系维持，并且认为这7个因素都有可能增加用户网络成瘾倾向(Song等，2004)。

心理需求的网络满足补偿模型

不少研究者将马斯洛的需要层次理论运用到网络行为的解释中，认为网络能够满足个体的基本心理需求(Suler, 1999；才源源，崔丽娟，李昕，2007)。万晶晶(2007)通过实证研究，在大学生网络成瘾群体中发现了心理需求的补偿满足效应。该研究发现，心理需求的现实缺失完全通过网络满足补偿影响大学生网络成瘾。心理需求现实缺失越多，则网络满足优势越大，从而导致大学生网络成瘾趋势更为严重。研究者(万晶晶，张锦涛，刘勤学，方晓义，2010)进一步发现，个体具有8个与网络有关的心理需求，相对于现实满足途径来说，网络对这8个需求更具有满足优势，而网络满足优势能够直接预测大学生的网络成瘾倾向。研究者(刘勤学，方晓义，万晶晶，周宗奎，2015)进一步通过实证研究总结提炼，提出了心理需求的网络满足补偿理论。该理论认为，个体在进行心理需求的满足的时候，会无意识地将现实满足途径和网络满足途径进行比较，而一旦发现了网络在需求满足上的优势，那么个体就会倾向于越来越多地选择网络来进行需求满足，从而发展成网络成瘾。在这个理论中，研究者还提出了不同网络行为可能会对应不同的需求满足优势(Liu, Fang, Wan, & Zhou, 2016)。该理论首次系统地将线上和线下行为的相互关系进行了整合解释，阐明了心理需求及其满足在网络成瘾中的作用，发现了网络在个体需求满足中的满足优势，有助于人们深入理解网络成瘾行为的动因。

失补偿理论

高文斌、陈祉妍(2006)在临床案例和实证研究的基础上，参考网络成瘾既有理论，结合个体发展过程提出了网络成瘾的“失补偿”假说。“失补偿”假说将个体发展过程解释为3个阶段：(1)个体顺利发展的正常状态。(2)在内因和外因的作用下发展受到影响，此时为发展受阻状态。在发展受阻状态下，可以通过建设性补偿激活心理自修复过程，恢复常态发展；如果采取病理性补偿则不能自修复，最终发展为“失补偿”，导致发展偏差或中断。(3)如不能改善则最终导致发展中断。“失补偿”假说对于网络成瘾的基本解释为：网络使用是青少年心理发展过程中受阻时的补偿表现。如进行“建设性”补偿，则可以使之恢复常态发展，完成补偿，即正常的上网行为；如形成“病理性”补偿，则引起“失补偿”、导致发展偏差或中断，即产生网络成瘾行为。

11.3 网络成瘾的影响因素

目前，关于网络成瘾影响因素的研究大体上可以分为3类：第一类主要研究互联网的特点,第二类主要研究外因及环境的影响,第三类主要从上网者的个人因素(包括人格、认知和行为以及动机等)方面探讨病理性互联网使用的心理机制。

11.3.1 互联网使用的特点

Young(1998)认为互联网本身没有成瘾性,但特殊的网络应用在病理性互联网使用形成中起重要作用。网络依赖者主要使用网络的双向交流功能,即"电脑中介交流"(Computer-Mediated Communications, CMC),如聊天室、QQ、MUD、新闻组或电子邮件等,这些以电脑为中介的交流具有交互性、隐藏性、范围广、语言书面化、多对多等特点。网民上网时会因此产生感到亲密、失去控制、时间丧失及自我失控等体验。

在网络的虚拟社会中,网络身份是虚拟的、想象的、多样的和随意的,现实生活中的道德准则和社会规范的约束力会下降或失效,从而使得网络中有异于现实社会中的行为成为可能。如在网上获得社会支持,通过访问色情网站、性幻想、虚拟性爱等方式满足性欲,创造虚拟人物角色,获得权力和认同感,使某些被压制或潜意识里的个性释放出来等。正是网民的心理、社会需要使他们产生了对网络的期待,当需要得到满足或个体获得了愉快的体验,就会产生不同的网络暴露模式(王立皓,2004)。

Widyanto 和 Griffiths(2007)通过个案访谈和问卷调查的方式,也发现对网络用户而言,网络的去抑制性、匿名性、对信息的掌控感等都是使他们在网上自我感觉良好并可能导致成瘾的因素。

11.3.2 环境因素

目前环境因素研究的主要对象包括家庭因素、学校因素和社会因素。

家庭因素

对家庭因素的探讨主要集中于父母教养方式、家庭功能和家庭关系、亲子沟通等方面。目前,关于父母教养方式和网络成瘾关系研究结果基本一致,研究均表明不良的父母教养方式和青少年的网络成瘾倾向有关。但是其显著相关的维度存在着一些差异。具体来说就是,网络成瘾组的惩罚严厉、过分干涉、过分保护、拒绝否认等父母教养方式得分显著高于非成瘾组(何传才,2008;王鹏,刘璐,李德欣等,2007;杨丑牛,袁斯雅,冯锦清等,2008;苏梅蕾,洪军,薛湘等,2008;李冬霞,2007;杨春,汤宏斌,2010),但在父母的教养方式和青少年网络成瘾显著相关的维度上存在不一致,母亲惩罚严厉(陶然,黄秀琴,张慧敏等,2008)、父亲的过度干涉或过分保护(郎艳,李恒芬,贾福军,2007;彭阳,周世杰,2007)、母亲的偏爱(李冬霞,2007)等维度上的差异是否显著在不同的研究中存在不一致的结果。同时也有研究发现,父母的情感温暖与青少年网络成瘾相关不显著(赵艳丽,2008),而另外却有结果发现成瘾组的母亲情感温暖得分显著低于对照组(王新友,李恒芬,肖伟霞,2009)。以上研究的结果差异部分来源于所使用的教养方式测查量表的不一致。大部分的研究均采用岳冬梅修订的父母教养方式评定量表(EMBU),少部分采用根特教养方式量表(GPBS)。同时有研究进一步发现,成瘾群体在监控上显著低于非成瘾群体,而在约束、严厉惩罚、忽视3个维度上则高于非成瘾组;父母的监控可以负向预测男女生的网络成瘾,而约束则能正向预测男女生的网络成瘾,父母的忽视和物质奖励可以正向预测女生的网络成瘾(李彩娜,周俊,2009)。但在区分父亲和母亲进行预测时,则得到了不尽一致的结果。有研究发现,母亲的拒绝及否认、过度干涉和保护、偏爱维度以及父亲惩罚严厉等因子会进入回归方程(杨丑牛,袁斯雅,冯锦清等,2008),但是针对中专生的研究却发现只有父亲的惩罚、严厉和过度保护可以正向预测被试的网络成瘾(王鹏,刘璐,李德欣等,2007)。以上结果的不一致一方面来源于被试群体的差异,另一方面,可能也意味着,在家庭因素中,还存在着和青少年网络成瘾相关更近端的因素,需要进一步的探索。

在家庭功能方面,目前研究者主要采用家庭功能评定量表(FAD)进行研究。大部分研究结果显示,成瘾组比非成瘾组在家庭功能上具有更显著的差异。成瘾青少年家庭在问题解决、家庭沟通、角色、情感反应、情感介入、行为控制及总的功能等几个方面均差于非成瘾青少年家庭(范方,苏林雁,曹枫林等,2006;樊励方,2006;李海彤,杜亚松,江文庆,2006;蔡佩仪,2007)。

有关家庭关系与青少年网络成瘾相关关系的探讨,大多数研究采用了家庭环境量表(FES)来测查青少年的家庭关系。有研究发现网络成瘾组高中生在亲密度、情感表达、独立性、知识性、道德宗教观、组织性6个因子上的得分显著低于非成瘾组高中生,而在矛盾性和控制性2个因子上的得分显著高于非成瘾组高中生(程绍珍,杨明,师莹,2007)。但罗辉萍、彭阳(2008)的研究同样使用家庭环境量表,在结果上却与之有所出入,他们发现网络成瘾组只在家庭矛盾性上得分显著高于正常组。但在依恋关系上,成瘾组的母爱缺失、父爱缺失、父亲拒绝、母亲消极纠缠、父亲消极纠缠、对母亲愤怒、对父亲愤怒等得分均高于正常组。也有研究者使用家庭亲密度量表测查家庭关系,发现过度使用网络的住院青少年的家庭亲密度和适应性低于正常家庭(梁凌燕,唐登华,陶然,2007),而使用家庭依恋量表的研究发现,家庭依恋中的焦虑性因素能正向预测青少年的网络成瘾(楼高行,王慧君,2009)。近年来,研究者也进一步综合考察了在亲子依恋和网络成瘾之间可能起作用的中介因素,结果发现,亲子依恋通过与越轨同伴交往的中介作用间接影响网络成瘾,同时该间接效应受到意志控制的调节(陈武,李董平,鲍振宙,闫昱文,周宗奎,2015)。

总体上来看，目前针对家庭因素的研究还停留在家庭环境、父母教养方式等较为上位的概念。发展心理病理学家 Masten 与 Garmezy 曾提出，亲子关系是造成儿童发展问题和心理病理问题最有影响力的因素(Masten & Garmezy, 1985)。而亲子沟通和亲子关系也已被国外相关研究证明是网络成瘾的重要保护因素(Park, Kim, Cho, 2008; Kim & Kim, 2003)。因此，在中国环境下，探讨亲子关系和亲子沟通等因素对青少年网络成瘾的影响，并且揭示其影响机制，是可以深入研究的方向。刘勤学等(Liu, Fang, Deng, & Zhang, 2012; Liu, Fang, Zhou, Zhang, & Deng, 2013)系统地探讨了亲子关系、亲子沟通和父母的网络行为及态度对青少年网络成瘾的影响发现：在关系层面，父子关系，而不是母子关系，是青少年网络成瘾最大的保护性因子；在父母行为层面，母亲的网络使用行为能正向预测男孩和女孩的网络成瘾，父亲的网络使用行为只对女孩的网络成瘾有正向预测作用。研究结果表明，父亲和母亲对不同性别的青少年的网络成瘾可能存在不同的影响路径。同时，在控制了年龄、性别、家庭收入、父母教育水平的影响之后，父母网络使用和网络使用行为规则均能负向预测青少年网络成瘾行为，而亲子沟通也能对此进行负向预测。进一步探讨当父母行为与其制定的规则不一致时，对青少年网络成瘾的作用机制是否存在不同，结果发现，当父母制定的规则和父母行为一致时，规则能负向预测青少年的网络使用行为，而当二者不一致时，则父母行为能显著预测青少年的网络使用行为，亲子沟通在两种情况下均能显著预测青少年的网络使用行为。

同伴和社会支持因素

青少年总体的社会支持(包括家庭支持)也受到了研究者的重视。研究者主要从在线和离线、主观和客观两个方面对社会支持与网络成瘾的关系进行了探讨。

汤明(2000)发现网络依赖性与在线孤独感、社会支持之间呈显著负相关，但与离线孤独感、在线社会支持之间呈显著正相关，这可能表明网络依赖性或者互联网带给用户的消极影响的主要原因是用户缺少离线生活中的社会支持，需要更多地从网络中寻求暂时的满足。具体以同伴卷入来看，雷雳和李宏利(2004)发现，父母卷入与同伴卷入对青少年网络成瘾具有明显的预防作用，即这两个因素对青少年的网络成瘾具有较好的负向预测作用，但是“现在定向占优个体仅通过同伴卷入进而更多感知到互联网的消极影响，而未来定向占优个体主要通过父母卷入导致网络成瘾”这两条不同路径说明不同时间定向占优个体通过不同的人际卷入变量预测网络成瘾。

何传才(2008)的研究发现，成瘾组的社会支持总分、主观支持、客观支持和支持利用度均低于非成瘾组，但王立皓等(2003)和蔡佩仪(2007)的研究发现，网络成瘾者在社会支持量表的总分和主观支持上显著低于非成瘾者，在客观支持和支持的利用度上没有差异，综合来看，高成瘾倾向的初中生获得更少的社会支持和感受到更少的社会支持,在对网络成瘾的影响上,主观体验到的支持可能比实际的支持更为重要。正因为如此,与非成瘾学生相比,成瘾学生的自制能力较差,成瘾学生可能更经常体验到孤独、焦虑和不满,并且在生活中较容易出现适应不良现象(庞海波等,2010;杨春等,2010)。而且,钱铭怡等(2006)发现,寻求社会赞许需求较高的人、社交焦虑比较严重的人在上网时容易成瘾;网络成瘾青少年在交往焦虑、自我和谐量表总分、经验不和分量表、自我刻板性分量表上的得分显著高于非网络成瘾者(王立皓等,2003)。

研究者采用青少年病理性互联网使用量表和自尊量表对北京的初中一年级三个班学生进行为期 18 个月的 6 次追踪调查,并用班级环境问卷中的同学关系分量表考察他们的同学关系。研究表明,进入初中后学生的病理性互联网使用倾向有增长趋势,自尊能够有效预防初中生的病理性互联网使用,但好的同学关系反而可能削弱自尊对病理性互联网使用的保护性作用(张国华,戴必兵,雷雳,2013)。

11.3.3 个体因素

个体因素方面,研究者主要从个体的人格特征、心理动力、认知因素以及生理因素等角度进行了探讨。

人格特征

多数研究都发现,网络成瘾者往往具有某些特殊的人格特征,比如忧虑性、焦虑性、自律性、孤独倾向等。庞海波等(2010)以《卡特尔十四种人格因素问卷》为工具的研究结果表明:成瘾组学生的忧虑性、适应性与焦虑性得分均显著高于非成瘾组,自律性得分显著低于非成瘾组;孤独倾向、身体症状、冲动倾向等因子的得分亦显著高于非成瘾组学生。雷雳、杨洋等(2006;2007)的研究发现神经质人格与互联网社交、娱乐和信息服务偏好存在显著的交互作用:对于低宜人性人格的青少年来说,互联网社交服务偏好不易导致其成瘾;而对高宜人性人格的青少年而言,则相反。此外,外向性、神经质也会影响青少年的网络使用偏好(雷雳,柳铭心,2005)。同时,个体的自恋性人格特征也是重要的影响因素(Kim, Namkoong, Ku, & Kim, 2008)。

个体的自尊特质被认为是稳定地影响网络成瘾的因素,低自尊个体更有可能网络成瘾(Armstrong, Phillips, & Saling, 2000; Yen, Yen, Chen, Chen, & Ko, 2007; Young & Rogers, 1998)。同时,自尊也可能通过调节或者影响其他变量进一步影响个体的网络成瘾倾向(Kim & Davis, 2009; La Rose 等, 2003; Stinson 等, 2008; Tangney 等, 2004)。

感觉寻求也被认为与成瘾行为相关。但是目前关于感觉寻求和网络成瘾间关系的研究结果尚不一致。有研究发现,高感觉寻求个体不太可能是严重网络成瘾者

(Armstrong 等,2000),网络成瘾者的感觉寻求得分低于非成瘾者(Lavin 等,1999)。但是 Lin 和 Tsai(2002)却发现有网络依赖的青少年在感觉寻求总分上更高,同时感觉寻求高的个体更可能与同伴和家庭疏离,也更有可能在网络上访问网站和发布攻击性语言信息(Slater, 2003)。我国石庆馨等(2005)采用 Zuckerman 的感觉寻求量表,对北京市两所普通中学的 307 名中学生进行了调查,结果显示,感觉寻求的不甘寂寞分量表与网络成瘾的正相关显著。这和其他研究者(Kim & Davis, 2009)发现感觉寻求通过个体对网络活动的积极评价来正向影响网络成瘾的结果较为一致。但总体而言,目前的结果表明,感觉寻求对网络成瘾的作用机制可能更加复杂,需要进一步的探讨。

心理动力

Suler 通过对 "Time Warner's Palace"网络在线社区进行的研究指出,在线互动满足了马斯洛的需要层次论。他认为人们之所以会网络成瘾,是因为网络满足了人们的基本需要:性的需要、改变感知体验的需要、成就和控制的需要、归属的需要、人际交往需要以及自我实现和自我超越的需要(Suler, 1999)。才源源等(2007)在质性研究及理论分析基础上,发现青少年网络游戏行为的心理需求主要由现实情感的补偿与发泄、人际交往与团队归属需要以及成就体验三个因素构成,且青少年对网络游戏的心理需求程度与其对网络游戏的使用程度显著相关。而李菁(2009)的调查研究则进一步从某种程度上支持了关于网络心理需求与马斯洛心理需求层次相匹配的论述。

在台湾大学生的网络使用研究中(Chou, Chou, & Tyan, 1998),研究者也发现网络成瘾与逃避、人际关系、整体沟通需要呈正相关,而且网络成瘾学生会比非网络成瘾者花更多的时间在 BBS 和网聊中。万晶晶等(2007,2010)进一步发现了网络成瘾大学生中存在心理需求的网络满足补偿效应,即大学生心理需求在现实中没有得到满足,而在网络上得到了较好的满足。心理需求现实缺失越多,则网络满足优势越大,从而导致大学生网络成瘾趋势越严重。基于小学生群体的调查也显示,儿童在网络中的心理需求满足得越多,其在线行为和相关积极情绪均会更多(Shen, Liu, & Wang, 2013)。刘勤学等(Liu 等,2015)也进一步验证了网络在心理需求满足过程中的优势作用,并且证实该网络优势能够完全中介个体的需求缺失对网络成瘾的影响。

认知因素

研究者在互联网使用研究中引入了社会—认知理论为理论框架(Eastin, 2001; La Rose, Mastro & Eastin, 2001)。社会—认知理论强调行为、环境以及个人决定物(自我调节、预期、自我反应与反省等)三者之间交互作用。La Rose 等(2001)认为个体能够利用已经形成的自我调节能力制定计划、设置目标、预期可能结果、利用经验与自我反省。重要的是，个体可以通过自我反省来帮助自己、理解所处的环境以及环境的要求。在社会—认知理论框架内，互联网使用被概念化为一种社会认知过程，积极的结果预期、互联网自我效能、感知到互联网成瘾与互联网使用（如以前上网经验、父母与朋友的互联网使用等）之间是正相关，相反，否定的结果预期、自我贬损（self-disparagement）及自我短视（self-sighted）与互联网使用之间是负相关（Eastin, 2001）。这反映了互联网使用可能是自我调节能力的一种反映。Bandura（2001）认为，现代社会中信息、社会以及技术（信息技术）的迅速变化促进了个体的自我效能感与自我调节，并且较好的自我调节者可以扩展他们的知识与能力，较差的自我调节者可能处于相对落后的状态。因此，La Rose 等（2001）认为互联网使用过程中成瘾行为可以概念化为自我调节的缺失。他们认为，失误的自我监控、失败的与媒体行为标准比较、不能产生自我反应性的刺激可能是互联网成瘾的心理机制，其具体表现为，用户意识到上网时间过多，并且具有破坏性，但是却难以与理想的行为标准相比较。Young（1998）和林绚辉、阎巩固（2001）把互联网成瘾定义为上网行为冲动失控，这与 La Rose 等的观点有重合的地方。这似乎说明了互联网带给用户的消极影响的主要机制是借助自我调节能力的缺失。此外，汤明（2000）发现网络依赖性与在线孤独感和社会支持之间是显著负相关，但与离线孤独感和在线社会支持之间是显著正相关。这可能表明了造成网络依赖性或者互联网带给用户的消极影响的主要原因是用户缺少离线生活中的自我调节能力。

生理因素

研究者也关注了网瘾者可能存在的一些生理特点。王晔和高文斌（2008）发现心率变异性可以作为评估青少年是否网络成瘾的重要参考指标。同时，网络成瘾者在不接触网络时脑电的复杂性较低；而在使用网络之后，他们脑电的复杂性也明显增加到与非成瘾者相当的水平（郁洪强，赵欣，詹启生，刘海婴，李宁，王明时，2008；赵欣，2007）。成瘾者还表现出明显的 Nd170 的左脑区优势（赵仑，高文斌，2007）。另外，网络成瘾者的注意功能有所下降，并存在一定的注意偏向；网络成瘾者在前注意阶段就存在对网络图片的优先自动探测和注意朝向，以保证网络信息优先进入过滤器进行随后的认知加工（贺金波，洪伟琦，鲍远纯，雷玉菊，2012；张智君，赵均榜，张锋，杜凯利，袁旦，2009），并有可能存在感觉功能的易化（贺金波，郭永玉，柯善玉等，2008；赵欣，2007）。研究者进一步探讨了网络成瘾的脑机制。研究发现：（1）不同网络使用线索对不同类型网络成瘾者上网动机的诱发作用不同（张峰，沈模卫，周艳艳，马定松，2007）。（2）与未网络游戏成瘾的大学生相比，网络游戏线索能够有效诱发网络游戏成瘾的大学生某些脑区的活动，如扣带回、眶额皮层、左枕叶的楔叶；而与中性控制线索相比，网络游戏线索能够有效诱发网络游戏成瘾大学生某些脑区，如左额下回、左海马旁回、颞叶、丘脑、右侧伏隔核、右侧尾状核和小脑等脑区的活动水平(Han等，2010a,2010b; Ko等,2009);而且,这些ROI的激活水平与自我报告的游戏渴求之间存显著正相关(Han等,2010a; Ko等,2009)。(3)安非拉酮(Bupropion)可以有效降低网络游戏成瘾者对网络游戏的渴求、玩网络游戏的总时间,以及某些脑区,如背外侧前额叶的激活水平(Han等,2010b);即使控制使用网络游戏的时间,网络成瘾大学生对网络游戏的渴求仍然与右内侧额叶和右海马旁回的激活水平呈正相关(Han等,2011)。(4)采用与正常组相比较的方法,基于以往物质成瘾和赌博成瘾的研究结果,研究者发现网络成瘾在丘脑、海马旁回、左侧背外侧前额的激活与前两者类似(Han & Bolo, 2011);同样基于与正常被试的对比研究发现,网络成瘾者的奖惩机制也存在差异(Dong, Huang, & Du, 2011);更进一步的研究采用了线索诱发范式,比较了网络成瘾和尼古丁依赖的混合组与正常组,发现游戏渴求和吸烟渴求均能使混合组被试在双侧海马旁回上有更高的激活水平(Ko, Liu, & Yen, 2013),但是该研究由于仅使用混合组,因此无法对物质和行为成瘾的渴求机制进行区分。贺金波等总结了前人的相关研究,认为网络成瘾者的大脑主要存在四个方面的异常:(1)额叶和扣带回多部位存在结构性萎缩和功能退化,导致其对上网行为的冲动控制出现障碍;(2)海马功能障碍,导致其认知功能特别是工作记忆能力下降;(3)奖赏中枢功能代偿性增强,可能与其多巴胺系统的功能异常有关;(4)内囊后肢的神经纤维结构较密、活性较高,可能与其长时间兴奋性操作键盘、鼠标或游戏手柄有关(贺金波,洪伟琦,鲍远纯,雷玉菊,2012)。目前的研究结果至少说明,网络成瘾者的大脑存在一些功能性的、与物质成瘾者类似的异常,但这些异常是否由网络成瘾导致,以及这些异常是结构性的,还是持久性的,还需要进一步的研究来证实。

11.4 网络成瘾的干预与预防

11.4.1 个体干预

在网络成瘾的个体治疗领域里面,认知疗法是应用较为广泛的治疗方法。Young、Davis和Hall等分别提出了自己的有关认知行为疗法的理念。

Young(1998)认为,考虑到网络的社会性功能,很难对网络成瘾采用传统的节制式干预模式。结合其他成瘾症的研究结果和他人对网络成瘾的治疗,Young提出了自己的治疗方法:反向实践、外部阻止物、限制时间、制定任务优先权、提醒卡、个人目录、支持小组、家庭治疗。这是从时间控制、认知重组和集体帮助的角度提出的不同方法,强调治疗应该帮助患者建立有效的应对策略,并通过适当的帮助体系改变患者上网成瘾的行为。Young(2009)采用CBT方法对114名网络成瘾患者进行干预,共进行了12次在线咨询，并追踪了6个月，结果发现来访者通过咨询后在改变的动机、网络时间管理、社会孤立、性功能和问题上网行为的戒除上都有明显改善。

Davis(2001)提出了"病态互联网使用的认知—行为模型"，并在这个模型基础上提出了互联网成瘾的认知行为疗法。他把治疗过程分为7个阶段，依次是：定向、规则、等级、认知重组、离线社会化、整合、总结报告。整个治疗过程需要11周完成，从第5周开始给患者布置家庭作业。这种疗法强调弄清患者上网的认知成分，让患者暴露于他们最敏感的刺激面前，挑战他们的不适应性认知，逐步训练他们上网的正确思考方式和行为。

Hall和Parsons(2001)认为认知疗法很适合那些有上网问题的人。他们的具体方法包括：诊断与评估当前的问题和社会功能，成长史，认知的情况(自动化思维、核心信念、规则等)，将认知情况与成长史进行整合和概念化，制定治疗的目标。他们认为多数咨询师都多少知道一些认知疗法，因此该方法较为适合被用来干预网络行为依赖。

上述研究者都提出了各自的治疗方法，但是大多为理论建构，其效果还有待进一步的验证。目前我国针对网络成瘾青少年的个体干预主要集中在医疗系统，即面向前来医院就诊的个体。治疗方式主要有认知行为治疗的咨询干预、住院式的综合治疗等。

有研究者(杨容等，2005)报告了由临床心理咨询师采用认知行为治疗法对住院青少年进行干预的研究，根据来访者的人格特质、成瘾程度、进展情况不同，将治疗次数分为6—8次不等，每周进行1次，每次1—2小时。整个干预过程由诊断、治疗、结束3阶段组成，诊断阶段以药物治疗为主，治疗、结束阶段据进展情况逐渐加入认知行为的心理治疗。成瘾中学生治疗后，总成瘾程度及各因子评分均较治疗前明显下降，治疗前后差异显著，且治疗后总体焦虑分数有显著降低。而同样以认知行为治疗为咨询干预理论的针对网络成瘾门诊青少年的研究报告也发现，实验组的成瘾得分较治疗前明显下降，且治疗后实验组成瘾得分低于对照组，显效率为59.1%(26例)，总有效率达88.6%(39例)(李庚等，2009)。

除了认知行为治疗之外，也有研究者尝试用音乐治疗的方法来帮助成瘾青少年。一个案例报告显示，经过每周1次，1次1.5小时，共3.5个月的咨询后，来访者精神上恢复到以前状态，可以与父母互相理解，消极情绪减少，日常学习和生活比较正常(姚聪燕，2010)。

以上研究报告都显示了一定的治疗效果，但是，由于面询干预模式的有效性很大程度上取决于咨访关系的质量以及咨询师的个体特质，因此，很难去评估在针对网络成瘾青少年的咨询中的独特的有效性因素，这也对形成有效的干预模式造成了一定的阻碍。

11.4.2 团体干预

团体干预是治疗成瘾行为的主流模式(Fisher & Harrison, 1997),因此也被大量引入网络成瘾的治疗,以下将从团体干预所采用的不同的理论基础来进行阐述。

认知行为疗法

杨彦平等(2004)采用认知行为治疗方法对15名网络成瘾的中学生进行了为期3个月的团体干预(共计17次,每周1次,每次1小时)。通过团体心理辅导,成瘾者在自我灵活性、人性哲学和网络依赖等方面得到了显著改进,但是追踪研究发现部分学生有成瘾反复。

白羽和樊富珉(2005)也提出了采用团体辅导的方式对网络依赖者进行干预。他们编制了《大学生网络依赖团体辅导技术手册》,以认知行为疗法以及个人中心疗法为理论依据,对24名网络依赖大学生进行了为期1个月共8次的团体辅导,并在团体辅导开始时、团体辅导结束时、团体辅导结束后1.5个月时进行前测、后测及追踪测试。数据分析的结果显示,团体辅导前实验组与对照组网络成瘾得分无显著差异,在辅导结束及结束后6周,实验组网络成瘾得分显著低于对照组;实验组内干预前、后及6周追踪测试CIAS-R得分有显著差异,对照组内三时间段网络成瘾得分无显著差异(白羽,樊富珉,2005)。

曹枫林等(2008)采用认知取向的团体治疗对长沙市的网络成瘾中学生进行了干预,其中实验组为29名,对照组35名。实验组进行每周1次共计8次的团体治疗,对照组则接受学校常规的心理健康教育。研究结果发现实验组的成瘾程度治疗后显效15例,有效5例,无效6例;对照组则分别为2例、7例、22例。两组显效率及无效率差异显著。同时实验组学生治疗前后的儿童焦虑性情绪障碍量表得分均有显著差异,但是在长处和困难问卷得分中他们只有情绪症状分量表评分显著低于干预前,而多动注意障碍和品行问题则没有改善。

现实疗法

Kim等(2008)采用基于现实疗法的WDEP模型对大学生进行了准实验前测—后测控制组设计的团体干预(共计10次,每周2次,每次时长60—90分钟)。研究发现,实验组与控制组在其自编的测查网络成瘾程度的K-IAS量表的7个子量表上都存在显著差异,实验组的即时后测自尊分数显著高于前测,甚至高于控制组。国内学者(徐广荣,2008)也采用现实疗法的理念对大学生进行了10次团体辅导,但是并未报告实际的干预效果。

除了以上提及的以认知行为疗法和现实疗法为理论基础的团体干预之外,还有研究者对在青岛市麦岛精神病院就诊的网络成瘾的15名中学生进行了为期3个月、共12次的团体心理干预，并选择无网络成瘾的15名学生为对照组。团体心理干预后网络成瘾青少年的生活无序感、心理防御方式和人际关系评分均较干预前有所降低(于衍治，2005)。杜亚松等(2006)采用了多种干预手段，包括：心理辅导老师每周安排固定时间以“网络兴趣小组”的形式开展对网络过度使用学生、网络过度使用倾向学生的干预；班主任以发展性的班会课形式对网络正常使用学生予以指导，而心理辅导老师也会介入到班主任的工作中，事先予以资料分析与说明；医生则负责与家长群体协商每2周进行1次干预，在学校的家长会或者家访时先对其进行专门介绍。但是这个研究采用的方法过于复杂，难以推广，其次，它只是对干预的过程进行研究，没有用量化指标来考察干预的效果。

以上研究都显示出了团体辅导在治疗网络成瘾，尤其是学生的网络成瘾方面具有一定的优势，同时由于团体的结构化特征，形成实际可操作可推广的团体干预方案是可能的。

但是，以上团体干预研究除少数两个研究(曹枫林等，2008；白羽，樊富珉，2005)外，都没有直接报告网络成瘾行为的改善效果，而只是报告了相关因素的前后测差异，这在一定程度上影响了对这些方案的有效性评估。同时，目前针对青少年的团体干预，都只是采用了单一的实验组和对照组对比研究的方法，而没有将不同理论基础的团体干预方案进行对照，这是目前的干预研究中的局限。同时，青少年是受网络成瘾困扰的一个庞大群体，但团体治疗的研究报告都少有形成可操作性的治疗手册以供推广，这是一大遗憾。这些在以后的干预研究中，都需要研究者进一步地去努力和完善。

11.4.3 家庭模式的干预

单个的家庭治疗

Young(1998)提出家庭治疗是针对网络成瘾的五种有效方法之一，我国学者也多次提出并论述了家庭治疗在网络成瘾治疗中的有效性(郭斯萍，余仙平，2005；张凤宁，张怿萍，邹锦山，2006；徐桂珍，王远玉，苏颖，2007)。然而目前获得实证支持的干预研究并不多，对网络成瘾的家庭治疗的研究还处于探索阶段。

卓彩琴和招锦华(2008)采用家庭治疗理论对3个不同类型的家庭中的网络成瘾青少年进行了治疗，取得了良好的效果。杨放如和郝伟(2005)采用以焦点解决短期疗法为主并与家庭治疗结合的方法对52例网络成瘾青少年进行了心理社会综合干预，疗程为3个月。治疗显效率和总有效率分别为61.54%(32例)和86.54%(45例)，无效7例。但是由于在治疗过程中结合了多种方法，因此无法说明家庭治疗所起到的具体作用。

徐桂珍等(2007)将对父母的家庭教育纳入到对住院网络成瘾青少年的治疗当中,要求至少父母一方陪同孩子参与治疗,结果发现父母参与组与对照组之间的疗效差异显著。

高文斌等(2006)在“失补偿”假说的指导下,结合临床研究结果,制定了“系统补偿综合心理治疗”方案。通过筛选与匹配有65人/家庭进入研究范围,其中38人/家庭接受了完整的“系统补偿综合心理治疗”,并完成了为期半年以上的追踪。在接受心理治疗前,研究者对每个参加者进行了入组评估与基线心理测量,治疗结束后1个月、3个月、6个月后分别对其进行了阶段性追踪回访。结果发现,38人/家庭中34人/家庭(89.5%)在各方面有明显改善,同时也还存在4人/家庭(10.5%)未出现明显改善。但是该疗法并没有采用家庭治疗的理念和方法,只是简单地把患者的家庭纳入治疗范围。因此严格说来,这只是把家庭纳入干预体系的一次尝试,而不是真正意义上的家庭治疗。

由以上研究可以看出,家庭治疗是一种有效的针对网络成瘾的干预方法,但是到目前为止,相关研究还处于尝试和探索阶段,急需探索更加有效和结构化的治疗方案和推广方式。

家庭团体治疗

家庭团体干预是家庭治疗和团体辅导的结合形式,在国外不同的研究中有不同的呈现方式,其中包括父母团体和青少年团体平行设置的多家庭讨论团体(family discussion group) (Lemmens等,2007),父母和孩子在干预过程中共同参与部分治疗环节而一部分分开进行的多家庭团体(Anderson等,1986),以及家庭成员和孩子一起参与的心理教育性质的团体(McFarlane等,2003)。家庭团体干预最初多被应用于较为严重的精神类疾病,如精神分裂和躁狂—抑郁双向障碍,McFarlane在2002年出版的*Multiple family groups in the treatment of severe psychiatric disorders*一书中正式提出了家庭团体治疗的治疗形式和研究范式,提出将病人家属纳入治疗过程,并建立支持性的团体以帮助病人得到更好的治疗(McFarlane, 2002)。家庭团体模式与常规的团体治疗相比,加入了家庭的单位元素,因此治疗过程中不仅要注意激发大团体的动力,同时也要注意家庭作为一个小团体所具有的独特的动力系统,因此,这样一个家庭团体在设置上会更加复杂,同时也会更加具有互动性。

Lemmens认为,对于家庭团体来说,团体本身是一个重要的治疗工具,家庭的存在可以重组团体内的结构,使得一个人不仅将自己看作一个单个的个体而是更多地将自己看成是家庭或者夫妻系统的一部分(Lemmens等,2007)。因此,个人的问题也就能自动地转变成夫妻或者家庭的问题。相对于个体来说,团体呈现出一种永远不去打断他人的趋势，同时，治疗者的角色也会被团体本身的组织所影响，他/她只是团体的一部分而永远不会完全控制治疗的进程。此外，团体也作为一个治疗性的社会网络发挥着功能。团体内部家庭之间的适当的社交互动可能会在家庭内外促进更多的正常行为和沟通。来自不同社区的家庭的经历使得家庭认为他们在与所遇到的困难作斗争的时候不是孤独的，同时也会认识到他们的反应、情感以及遇到的困难是正常的，从而减少因为问题而带来的歧视感（Asen & Schuff, 2006; Lemmens 等，2003）。

Lemmens 等（Lemmens 等，2007）用多元家庭团体的方法治疗住院的抑郁病人，要求夫妻一起参加，结果发现，夫妻一起参加的团体能很好地把个体的抑郁症状转化成夫妻的关系问题，并能够促进个体抑郁的康复和疗效的持久性。另有研究者（Kratochwill 等，2009）在针对孩子危险性行为的家庭学校一体化方案（Families and Schools Together program, FAST）的研究中，将父母和孩子一起纳入治疗过程作为实验组，对照组采用同样的方式但是由老师给予危险行为的相关信息教育。研究者分别对两组进行了前测、后测和 1 年的追踪测试。结果发现，实验组后测的效果显著好于对照组，并且这种差异在 1 年后的测试中仍然存在，这有力地证明了家庭团体的生态化和持续性效果。

我国的刘勤学和方晓义等研究者（Liu, Fang, Yan, Zhou, Yuan, Lan, & Liu, 2015）首次将家庭团体治疗模式引入到对网络成瘾的干预中，将父母和孩子视为一个家庭单位，共同纳入团体。其实证研究包括了 46 个家庭，分为实验组和对照组，通过 3 个月的追踪测查，研究者发现，经过 6 次家庭团体干预，即将青少年和父母（一方）都纳入到干预系统中来，对于青少年网络成瘾行为的改善具有显著的效果。对青少年网络使用行为的干预前后测对比分析发现，青少年网络成瘾程度显著降低，同时整体脱瘾率达到了 95.2%。3 个月的追踪测试发现只有 2 个被试回复到了成瘾程度，整体的干预有效率为 88.9%。这在一定程度上说明家庭团体干预能有效改善青少年的网络成瘾，并在一定时间之内保持效果的持续性。

总体而言，目前有关于网络成瘾的预防和干预进入了一个百花齐放的阶段，不同理论流派和干预模式的干预应用都开始在这个领域进行尝试。但仍需要更多基于实证干预数据支持的干预方法、可供推广验证的干预模式的发展和完善；同时，多个方法的有效整合干预、针对特定成瘾类型和成瘾群体的细分干预也有待进一步探索。

参考文献

白羽，樊富珉.（2005）.大学生网络依赖测量工具的修订与应用.心理发展与教育，(4)，99—104.
白羽，樊富珉.（2007）.团体辅导对网络依赖大学生的干预效果.中国心理卫生杂志，21(4)，247—250.
才源源，崔丽娟，李昕.（2007）.青少年网络游戏行为的心理需求研究.心理科学，30(1)，169—172.

蔡佩仪.(2007). 初中生网络成瘾倾向与家庭功能,社会支持,应付方式的关系研究(Doctoral dissertation,广州:华南师范大学).
曹枫林,苏林雁,高雪屏,王玉凤.(2008).中学生互联网过度使用团体心理治疗的对照研究.中国心理卫生杂志,21(5),346—349.
陈淑惠,翁俪祯,苏逸人.(2003).中文网络成瘾量表之编制与心理计量特性研究.中华心理学刊,45(3),279—294.
陈武,李董平,鲍振宙,闫昱文,周宗奎.(2015).亲子依恋与青少年的问题性网络使用:一个有调节的中介模型.心理学报,5,005.
陈侠,黄希庭,白纲.(2003).关于网络成瘾的心理学研究.心理科学进展,11(3),355—359.
陈侠,黄希庭.(2007).中国大学生网络成瘾倾向问卷的初步研究.心理科学,30(3),672—675.
程绍珍,杨明,师莹.(2007).高中生网络成瘾与家庭环境的关系研究.现代预防医学,34(14),2644—2645.
邓林园,张锦涛,方晓义,刘勤学,汤海艳,& 兰菁.(2012).父母冲突与青少年网络成瘾的关系,冲突评价和情绪管理的中介作用.心理发展与教育,28(5),539—544.
杜亚松,黄莉莉,江文庆,王玉凤.(2006).对互联网过度使用青少年的团体干预过程的研究.中国临床心理学杂志,14(5),465—467.
樊励方.(2006).中学生家庭功能与网络成瘾的关系研究.河北大学博士学位论文.
范方,苏林雁,曹枫林,高雪屏,黄山,肖汉仕,王玉凤.(2006).中学生互联网过度使用倾向与学业成绩,心理困扰及家庭功能.中国心理卫生杂志,20(10),635—638.
高文斌,陈祉妍.(2006).网络成瘾病理心理机制及综合心理干预研究.心理科学进展,14(4),596—603.
郭斯萍,余仙平.(2005).家庭因素在矫治青少年网络成瘾中的重要作用.第十届全国心理学学术大会论文摘要集.
何传才.(2008).初中生父母教养方式,社会支持与其网络成瘾的关系.中国民康医学,20(17),1988—1989.
贺金波,郭永玉,柯善玉,等.(2008).网络游戏成瘾者认知功能损害的 ERP 研究.心理科学,31(2),380—384.
贺金波,洪伟琦,鲍远纯,雷玉菊.(2012).网络成瘾者的大脑异于常人吗?.心理科学进展,20(12),2033—2041.
郎艳,李恒芬,贾福军.(2007).网络成瘾初中生的父母教养方式及人格特征的相关性.中国神经精神疾病杂志,33(11),660—665.
雷雳,李宏利.(2004).青少年的时间透视,人际卷入与互联网使用的关系.心理学报,2004,36(3),335—339.
雷雳,柳铭心.(2005).青少年的人格特征与互联网社交服务使用偏好的关系.心理学报,37(6),797—802.
雷雳,杨洋,柳铭心.(2006).青少年神经质人格,互联网服务偏好与网络成瘾的关系.心理学报,38(3),375—381.
雷雳,杨洋.(2007).青少年病理性互联网使用量表的编制与验证.心理学报,39(4),688—696.
李彩娜,周俊.(2009).父母教养方式与青少年网络成瘾.当代青年研究,(4),49—54.
李冬霞.(2007).青少年网络成瘾倾向与父母教养方式的关系研究.南京医科大学学报:社会科学版,7(2),138—141.
李赓,戴秀英.(2009).青少年网络成瘾认知行为治疗的对照研究.中国心理卫生杂志,23(7),457—460.
李海彤,杜亚松,江文庆,王玉凤.(2006).上海市中学生网络过度使用与家庭功能关系的研究.中国临床心理学杂志,14(6),627—628.
李欢欢,王力,王嘉琦.(2008).一般性病理性网络使用量表的初步修订及信效度检验.中国临床心理学杂志,16(3),261—264.
李菁.(2009).城市中学生网络游戏消费行为的心理需求分析.青年探索,3,74—78.
梁凌燕,唐登华,陶然.(2007).211 例网络过度使用青少年的家庭功能探讨.中国心理卫生杂志,21(12),837—840.
林绚辉,阎巩固.(2001).大学生上网行为及网络成瘾探讨.中国心理卫生杂志,15(4),281—283.
刘勤学,方晓义,周楠(2011).青少年网络成瘾研究现状及其未来展望.华南师范大学学报(社会科学版),3,65—70.
楼高行,王慧君(2009).青少年家庭依恋,朋友依恋与网络游戏成瘾的关系.现代教育科学:普教研究,1,44—45.
罗辉萍,彭阳.(2008).青少年网络成瘾与家庭环境,依恋的关系研究.中国临床心理学杂志,16(3),319—320.
欧居湖.(2004).青少年学生网络成瘾问题研究.硕士学位论文.
庞海波,吴一智,曾永锋.(2010).青少年网络成瘾人格特征研究.心理科学,(1),210—212.
彭阳,周世杰.(2007).青少年网络成瘾与家庭环境,父母教养方式的关系.中国临床心理学杂志,15(4),418—419.
钱铭怡,章晓云,黄峥,张智丰,聂晶.(2006).大学生网络关系依赖倾向量表(IRDI)的初步编制.北京大学学报(自然科学版),42(6),802—807.
任俊,施静,马甜语.(2009).Flow 研究概述.心理科学进展,17(1),210—217.
石庆馨,周荣刚,葛燕.(2005).中学生网络成瘾和感觉寻求的关系.中国心理卫生杂志,19(7),453—456.
苏梅蕾,洪军,薛湘,李恩泽.(2008).青少年网络成瘾行为的心理特点和父母教养方式的分析.现代预防医学,35(14),2702—2703.
汤明.(2000).大学生网络使用者的抑郁感和孤独感及其与社会支持、网络社会依赖的关系.北京大学硕士学位论文.
陶然,黄秀琴,张慧敏.(2008).住院网络成瘾青少年的父母养育方式与人格特征.中国健康心理学杂志,16(1),47—48.
万晶晶,张锦涛,刘勤学,方晓义.(2010).大学生心理需求网络满足问卷的编制.心理与行为研究,2010,(2),118—125.
万晶晶.(2007).心理需求补偿与大学生网络成瘾的关系研究.北京师范大学博士学位论文.
王立皓,童辉杰.(2003).大学生网络成瘾与社会支持,交往焦虑,自我和谐的关系研究.健康心理学杂志,11(2),94—96.
王立皓.(2004).大中学生病理性互联网使用及其影响因素研究.江西师范大学硕士学位论文.
王鹏,刘璐,李德欣,王华,张文新.(2007).中专生网络成瘾程度与父母教养方式的关系研究.山东师范大学学报:自然科学版,22(4),74—76.
王新友,李恒芬,肖伟霞.(2009).父母教养方式对青少年网络成瘾的影响.中国健康心理学杂志,(6),685—686.
王晔,高文斌.(2008).网络成瘾者心率变异性频谱特征的研究.中国临床心理学杂志,16(3),316—318.

魏华,周宗奎,田媛,鲍娜.(2012).网络游戏成瘾：沉浸的影响及其作用机制.心理发展与教育,6,651—657.
徐广荣.(2008).大学生网络成瘾的团体辅导现实疗法.中国健康心理学杂志,(6).
徐桂珍,王远玉,苏颖.(2007).网络成瘾少年家庭关怀及干预措施研究.山东医学高等专科学校学报,29(1),51—53.
杨丑牛,袁斯雅,冯锦清,杨美娇,姚玉梅,张雪琴.(2008).中学生网络成瘾与父母教养方式的相关研究.华南预防医学,24(3),52—54.
杨春,汤宏斌.(2010).大学生网络成瘾的原因及防治策略.西北医学教育,(1),91—93.
杨放如,郝伟.(2005).例网络成瘾青少年心理社会综合干预的疗效观察.中国临床心理学杂志,13(3),343—345.
杨容,邵智,郑涌.(2005).中学生网络成瘾症的综合干预.中国心理卫生杂志,19(7),457—459.
杨晓峰,陈中永.(2006).大学生网络成瘾量表的编制及其信效度指标.内蒙古师范大学学报(哲学社会科学版),35(4),89—93.
杨彦平,崔丽娟,赵鑫.(2004).团体心理辅导在青少年网络成瘾者矫治中的应用.当代教育科学,(3),46—48.
姚聪燕.(2010).音乐治疗对青少年网络成瘾的干预.乐器,(2),28—31.
于衍治.(2005).团体心理干预方式改善青少年网络成瘾行为的可行性.中国临床康复,9(20),81—83.
郁洪强,赵欣,詹启生,刘海婴,李宁,王明时.(2008).基于小波熵的网络成瘾脑电复杂性分析.天津大学学报,41(6),751—756.
张锋,沈模卫,周艳艳,马定松.(2007).网络使用线索对不同动机使用者上网欲望的诱发作用.心理科学,30(6),1299—1304.
张凤宁,张怿萍,邹锦山.(2006).青少年网络成瘾及系统家庭治疗.中国全科医学,9(1),48—50.
张国华,戴必兵,雷雳.(2013).初中生病理性互联网使用的发展及其与自尊的关系：同学关系的调节效应.心理学报,12,004.
张智君,赵均榜,张锋,杜凯利,袁旦.(2009).网络游戏过度使用者的注意偏向及其 ERP 特征.应用心理学,14(4),291—296.
赵仑,高文彬.(2007).网络成瘾患者早期面孔加工 N170 的研究.航天医学与医学工程,20(1),72—74.
赵欣.(2007).过度使用互联网对大脑影响的研究.天津大学博士学位论文.
赵艳丽.(2008).青少年网络成瘾与父母教养方式的研究.信阳师范学院学报：哲学社会科学版,28(2),73—76.
周倩.(1999).我国学生计算机网络沉迷现象之整合研究——子计划二：网络沉迷现象之教育传播观点研究,行政院国家科学委员会专题研究计划(Doctoral dissertation).
周治金,杨文娇.(2006).大学生网络成瘾类型问卷的初步编制.中国心理卫生杂志,20(11),754—757.
卓彩琴,招锦华.(2008).青少年网络成瘾的家庭治疗策略分析——基于三个典型家庭治疗案例的质性研究.河南社会科学,(1),83—86.
Aboujaoude, E., Koran, L.M., Gamel, N., Large, M.D., & Serpe, R.T. (2006). Potential markers for problematic internet use: a telephone survey of 2513 adults. CNS spectrums. Retrieved June 15,2007, http://www.cnsspectrums.com/aspx/ articledetail.aspx?articleid=648.
Anderson, H., Goolishian, H.A., & Windermand, L. (1986). Problem determined systems: Towards transformation in family therapy. *Journal of Strategic & Systemic Therapies*.
APA.(2013). American Psychiatric Association. Diagnostic and statistical manual of mental disorders(5th ed., text revision). Washington, DC: Author.
Armstrong, L., Phillips, J.G., & Saling, L.L. (2000). Potential determinants of heavier internet usage. International *Journal of Human Computer Studies*, *53*,537-550.
Asen, E., & Schuff, H. (2006). Psychosis and multiple family group therapy. *Journal of Family Therapy*, *28*(1),58-72.
Bandura, A. (2001). Social cognitive theory: An agentic perspective. *Annual Review of Psychology*, *52*(1),1-26.
Beard, K.W., & Wolf, E.M. (2001). Modification in the proposed diagnostic criteria for Internet addiction. *CyberPsychology & Behavior*, *4*(3),377-383.
Brenner, V. (1997). Psychology of computer use: XLVII. Parameters of Internet use, abuse and addiction: The first 90 days of the Internet usage survey. *Psychological Reports*, *80*,879-882.
Caplan, S.E. (2002). Problematic Internet use and psychosocial well-being: Development of a theory-based cognitive-behavioral measurement instrument. *Computers in Human Behavior*, *18*(5),553-575.
Chou, C., & Hsiao, M.C. (2000). Internet addiction, usage, gratification, and pleasure experience: the Taiwan college students' case. *Computers and Education*, *35*(1),65-80.
Chou, C., Chou, J., & Tyan, N.C.N. (1998). An Exploratory Study of Internet Addiction, Usage and Communication Pleasure.
Chou, C., Condron, L., & Belland, J.C. (2005). A review of the research on Internet addiction. *Educational Psychology Review*, *17*(4),363-388.
Davis, R.A. (2001). A cognitive-behavioral model of pathological Internet use. *Computers in Human Behavior*, *17*(2),187-195.
Davis, R.A., Flett, G.L., & Besser, A. (2002). Validation of a new scale for measuring problematic Internet use: Implications for pre-employment screening. *CyberPsychology & Behavior*, *5*(4),331-345.
Demetrovics, Z., Szeredi, B., & Rózsa, S. (2008). The three-factor model of Internet addiction: The development of the Problematic Internet Use Questionnaire. *Behavior Research Methods*, *40*(2),563-574.

Dong, G., Huang, J., & Du, X. (2011). Enhanced reward sensitivity and decreased loss sensitivity in Internet addicts: an fMRI study during a guessing task. *Journal of Psychiatric Research*, *45*(11), 1525 - 1529.

Eastin, M. S. (2001). Credibility assessments of online health information: The effects of source expertise and knowledge of content. *Journal of Computer-Mediated Communication*, *6*(4).

Goldberg, I. (1995). Internet addiction disorder-Diagnostic criteria. [Documento WWW]. Internet Addiction Support Group (IASG).

Greenfield, P. (2004). Developmental considerations for determining appropriate Internet use guidelines for children and adolescents. *Applied Developmental Psychology*, *25*, 751 - 762.

Griffiths, M. (1996). Nicotine, tobacco and addiction. *Nature*, *384*(6604), 18.

Griffiths, M. (1999). Internet addiction: fact or fiction?. *The Psychologist*.

Grohol, J. M. (1999). Too much time online: internet addiction or healthy social interactions?. *CyberPsychology & Behavior*, *2*(5), 395 - 401.

Hall, A. S. & Parsons, J. (2001). Internet addiction: College student case study using best practices in cognitive behavior therapy. *Journal of Mental Health Counseling*, *23*, 4, 312 - 327.

Han, D. H., Kim, Y. S., Lee, Y. S., Min, K. J., & Renshaw, P. F. (2010a) Changes in Cue-induced, Prefrontal Cortex Activity with Video-Game play. Cyberpsychology, *Behavior and Social Networking*, *13*(6), 655 - 661.

Han, D. H., Bolo, N., Daniels, M. A., Arenella, L., Lyoo, I. K., & Renshaw, P. F. (2011). Brain activity and desire for Internet video game play. *Comprehensive Psychiatry*, *52*(1), 88 - 95.

Han, D. H., Hwang, J. W., & Renshaw, P. F. (2010b). Bupropion sustained release treatment decreases craving for video games and cue-induced brain activity in patients with Internet video game addiction. *Experimental and Clinical PsychoPharmacology*, *18*(4), 297.

Huang, Z., Wang, M., Qian, M., Zhong, J., & Tao, R. (2007). Chinese Internet addiction inventory: developing a measure of problematic Internet use for Chinese college students. *Cyberpsychology & Behavior*, *10*(6), 805 - 812.

Kandell, J. J. (1998). Internet addiction on campus: The vulnerability of college students. *CyberPsychology & Behavior*, *1*(1), 11 - 17.

Kiesler, S., Siegal, J., & McGuire, T. W. (1984). Social psychological aspects of computer mediated communication. *American Psychologist*, *39*, 1123 - 1134.

Kim, H., & Davis, K. E. (2009). Toward a comprehensive theory of problematic internet use: Evaluating the role of self-esteem, anxiety, flow, and the self-rated importance of internet activities. *Computers in Human Behavior*, *25*(2), 490 - 500.

Kim, K. S., & Kim, J. H. (2003). A study on adolescent's level of internet addiction by their perceived relationships with parents. *Korean J Hum Ecol*, *6*(1), 15 - 25.

Kim, Namkoong, Ku, & Kim. (2008). The relationship between online game addiction and aggression, self-control and narcissistic personality traits. *European Psychiatry*, *23*, 212 - 218.

Kim, Y., Park, J. Y., Kim, S. B., Jung, I. K., Lim, Y. S., & Kim, J. H. (2010). The effects of Internet addiction on the lifestyle and dietary behavior of Korean adolescents. *Nutrition Research and Practice*, *4*(1), 51 - 57.

King, S. A. (1996). Is the Internet addictive, or are addicts using the Internet. Article on World Wide Web.

Ko, C. H., Liu, G. C., Yen, J. Y., Yen, C. F., Chen, C. S., & Lin, W. C. (2013). The brain activations for both cue-induced gaming urge and smoking craving among subjects comorbid with Internet gaming addiction and nicotine dependence. *Journal of Psychiatric Research*, *47*(4), 486 - 493.

Ko, C-H. Yen, J-Y. Chen, S-H. Yang, M-J. Lin, H-C. & Yen, C-F. (2009). Proposed diagnostic criteria and the screening and diagnosing tool of Internet addiction in college students. *Comprehensive Psychiatry*, *50*(4), 378 - 384.

Kratochwill, T. R., McDonald, L., Levin, J. R., Scalia, P. A., & Coover, G. (2009). Families and schools together: An experimental study of multi-family support groups for children at risk. *Journal of School Psychology*, *47*(4), 245 - 265.

Kraut, R., Kiesler, S., Boneva, B., Cummings, J., Helgeson, V., & Crawford, A. (2002). Internet paradox revisited. *Journal of Social Issues*, 58(1), 49 - 74.

Kraut, R., Patterson, M., Lundmark, V., Kiesler, S., Mukophadhyay, T., & Scherlis, W. (1998). Internet paradox: A social technology that reduces social involvement and psychological well-being?. *American Psychologist*, *53*(9), 1017.

La Rose, R., Lin, C. A., & Eastin, M. S. (2003). Unregulated Internet usage: Addiction, habit, or deficient self-regulation? *Media Psychology*, *5*, 225 - 253.

La Rose, R., Mastro, D., & Eastin, M. S. (2001). Understanding internet usage: A social-cognitive approach to uses and gratifications. *Social Science Computer Review*, *19*(4), 395 - 413.

Lavin, M., Marvin, K., McLarney, A., Nola, V., & Scott, L. (1999). Sensation seeking and collegiate vulnerability to Internet dependence. *Cyberpsychology & Behavior*, *2*, 425 - 430.

Lemmens, G., Wauters, S., Heireman, M., Eisler, I., Lietaer, G., & Sabbe, B. (2003). Beneficial factors in family discussion groups of a psychiatric day clinic: perception by the therapeutic team and the families of the therapeutic process. *J Fam Ther 25*, 41 - 63.

Lemmens, G., Eisler, I., Migerode, L., Heireman, M., & Demyttenaere, K. (2007). Family discussion group therapy for major depression: a brief systemic multi-family group intervention for hospitalized patients and their family members. *Journal of Family Therapy*, *29*(1),49 - 68.

Lin, S.S.J., & Tsai, C.C. (2002). Sensation seeking and Internet dependence of Taiwanese high school adolescents. *Computers in Human Behavior*, *18*,411 - 426.

Liu, Q.X. Fang, X.Y., Deng, L.Y., Zhang, J.T. (2012). Parent-Adolescent Communication, Parental Internet use and Internet-specific Norms and Pathological Internet Use among Chinese Adolescents. *Computers in Human Behavior*. *28*,1269 - 1275.

Liu, Q.X., Fang, X.Y., Wan, J.J., & Zhou, Z.K. (2016). Need satisfaction and adolescent pathological internet use: Comparison of satisfaction perceived online and offline. *Computers in Human Behavior*, *55*,695 - 700.

Liu, Q.X., Fang, X.Y., Yan, N., Zhou, Z.K., Yuan, X.J., Lan, J., & Liu, C.Y. (2015). Multi-family group therapy for adolescent Internet addiction: Exploring the underlying mechanisms. *Addictive Behaviors*, *42*,1 - 8.

Liu, Q. X., Fang, X. Y., Zhou, Z. K., Zhang, J. T., & Deng, L. Y. (2013). Perceived parent-adolescent relationship, perceived parental online behaviors and Pathological Internet use among adolescents: Gender-specific differences. *PloS one*, *8*(9),e75642.

Lloyd, B. T. (2002). A conceptual framework for examining adolescent identity, media influence, and social development. *Review of General Psychology*, *6*,73 - 91. doi: 10.1037/10 89 - 2680.6.1.73.

Massimini, F., & Carli, M. (1988). The systematic assessment of flow in daily experience.

Masten, A.S., & Garmezy, N. (1985). Risk, vulnerability, and protective factors in developmental psychopathology. In Advances in clinical child psychology (pp.1 - 52). Springer US.

McFarlane, W.R. (2002). Multiple family groups in the treatment of severe psychiatric disorders. New York: Guilford Press.

McFarlane, W.R., Dixon, L., Lukens, E., & Lucksted, A. (2003). Family psychoeducation and schizophrenia: A review of the literature. *Journal of Marital and Family Therapy*, *29*(2),223 - 245.

McQuail, D., Blumler, J.G., & Brown, J.R. (1972). The television audience: A revised perspective. *Media studies: A reader*, *271*,284.

Meerkerk, G.J., van Den Eijnden, R.J., Vermulst, A.A., & Garretsen, H.F. (2009). The compulsive internet use scale (CIUS): some psychometric properties. *CyberPsychology & Behavior*, *12*(1),1 - 6.

Morahan-Martin, J.(2013). Internet abuse: Emerging Trends and Lingering Questions. Chapter in Psychological Aspects of Cyberspace: Theory, Research, Applications. Edited by Azy Barak. New York: Cambridge University Press.

Morris, M., & Ogan, C.(1996). The Internet as mass medium. *Journal of Communication*, *46*(1),29 - 50.

Nichols, L.A., & Nicki, R. (2004). Development of a psychometrically sound Internet Addiction Scale: A preliminary step. *Psychology of Addictive Behaviors*, *18*(4): 381 - 384.

Novak, T. P., & Hoffman, D. L. (1997). Measuring the flow experience among web users. *Interval Research Corporation*, *31*.

OReilly, M. (1999). Is Internet-based disease management on the way?. *Canadian Medical Association. Journal*, *160*(7),1039.

Orzack, M.H. (1998). Computer addiction: What is it. *Psychiatric Times*, *15*(8),34 - 38.

Park, S.K., Kim, J.Y.,& Cho, C.B. (2008). Prevalence of internet addiction and correlations with family factors among South Korean adolescents. *Adolescence*,*43*(*172*),*895 - 909*.

Pratarelli, M.E., Browne, B.L., & Johnson, K. (*1999*). The bits and bytes of computer/Internet addiction: A factor analytic approach. Behavior Research Methods, *Instruments and Computers*, *31*(2),305 - 314.

Shen, C.X., Liu, R.D., & Wang, D. (2013). Why are children attracted to the Internet? The role of need satisfaction perceived online and perceived in daily real life. *Computers in Human Behavior*, *29*(1): 185 - 192.

Slater, M.D. (2003). Alienation, aggression, and sensation-seeking as predictors of adolescent use of violent film, computer, and Website content. *Journal of Communication*, *53*,105 - 121.

Song, I., Larose, R., Eastin, M.S., & Lin, C.A. (2004). Internet gratifications and Internet addiction: On the uses and abuses of new media. CyberPsychology & Behavior, 7(4),384 - 394.

Stinson, D.A., Logel, C., Zanna, M.P., Holmes, J.G., Cameron, J.J., Wood, J.V., et al. (2008). The cost of lower self-esteem: Testing a self- and social-bonds model of health. *Journal of Personality and Social Psychology*, *94*, 412 - 428.

Subrahmanyan, K., Smahel, D., & Greenfield, P. (2006). Connecting developmental constructions to the Internet: Identity presentation and sexual exploration on online teen chatrooms. *Developmental Psychology*, *42*,395 - 406. doi: 10.1037/ 0012 - 1649.42.3.395.

Suler, J. (1999). Computer and cyberspace addiction. *Psychology of Cyberspace*.

Sweetser, P., & Wyeth, P. (2005). GameFlow: a model for evaluating player enjoyment in games. *Computers in Entertainment*, 3(3),3 - 3.

Tangney, J.P., Baumeister, R.F., & Boone, A.L. (2004). High self-control predicts good adjustment, less pathology, better grades, and interpersonal success. *Journal of Personality*, *72*,271 - 324.

Thatcher, A. & Goolam, S.(2005a). Defining the South African Internetaddict': Prevalence and biographical profiling of problematic Internet users in South Africa. *South African Journal of Psychology*, *35*(4),766.

Thatcher, A. & Goolam, S. (2005b). Development and psychometric properties of the Problematic Internet Use Questionnaire. *South African Journal of Psychology*, *35*, 793 - 809.
Widyanto, L., & Griffiths, M. (2007). Internet addiction: Does it really exist? (revisited) (pp. 127 - 149). Amsterdam: Elsevier/Academic Press.
Yen, J.Y., Yen, C.F., Chen, C.C., Chen, S.H., & Ko, C.H. (2007). Family factors of internet addiction and substance use experience in Taiwanese adolescents. *CyberPsychology & Behavior*, *10*(3), 323 - 329.
Young, K.S. (1996). Psychology of computer use: XL. Addictive use of the Internet: a case that breaks the stereotype. *Psychological Reports*, *79*(3), 899 - 902.
Young, K.S. (1998). Internet addiction: The emergence of a new clinical disorder. *CyberPsychology & Behavior*, *1*(3), 237 - 244.
Young, K.S. (1999). Internet addiction: symptoms, evaluation and treatment. *Innovations in Clinical Practice: A Source Book*, *17*, 19 - 31.
Young, K. S. (2009). Internet Addiction: Diagnosis and treatment considerations. *Journal of Contemporary Psychotherapy*, *39* (4), 241 - 46.
Young, K.S., & Rogers, R.C. (1998). The relationship between depression and Internet addiction. *CyberPsychology & Behavior*, *1*, 25 - 28.
Young, K.S., Cooper, A., Griffin-Shelley, E., O'Mara, J., & Buchanan, J. (2000). Cybersex and infidelity online: Implications for evaluation and treatment. *Sexual Addiction and Compulsivity*, 7(1), 59 - 74.

12 网络心理咨询

12.1 网络心理咨询

12.1.1 网络心理咨询的定义及特点

网络心理咨询(Online Counseling)是一种随着互联网兴起而产生的新的咨询方式,也被称为 Cyber Counseling(计算机咨询)、Tele-counseling(远程咨询)、Online Therapy(线上疗法)、Web Counseling(网页咨询)等。网络心理咨询既可以是单独的心理咨询服务,也可用于辅助传统心理干预(Richards & Vigan'o, 2013)。

网络心理咨询的定义具有广义与狭义之分(贾晓明,2013):广义上的网络心理咨询包括咨询师与求助者在互联网上进行的各种与心理咨询和治疗有关的信息和服务传递。咨询师通过网络提供治疗与信息服务,求助者通过专业网站学习与心理健康相关的知识技能,咨询师通过网站留言板、论坛等功能向求助者介绍心理学知识并提供心理咨询与治疗服务都算在广义的网络心理咨询范围内。狭义的网络心理咨询是指:咨询师与求助者通过使用电子邮件、聊天软件、网络音视频等沟通手段,以特定专业咨询关系为基础的网络心理服务。它是网络上持续性的即时或非即时的远程互动过程,以帮助求助者解决心理困扰,促进自我成长为目的。狭义的网络心理咨询仅仅指网络上的心理咨询与治疗的专业服务。本节所指的网络心理咨询主要是狭义的网络心理咨询。

网络心理咨询的特点

网络心理咨询具有很多特点,其中部分特点是其优势所在,这些特点是许多求助者选择此类咨询方式的主要原因,它们能大大拓展心理咨询服务使用者的范围和数量,使得更多在实际生活中不愿或不能接受心理咨询服务的人们从中受益。

(1) 便利性和经济性　许多人选择网络心理咨询的主要原因是它既方便又省钱。相比面对面的心理咨询,网络心理咨询一般价格都要更加便宜,甚至有网站或机构会为求助者提供免费的网络咨询,这一点吸引了许多求助者。另一方面,网络心理咨询的便利性可以克服许多参与治疗的阻碍,包括身体残疾、语言障碍和时空限制等。

(2) 匿名性　许多网络心理咨询的使用者都很喜欢其匿名性的特点,求助者以网名进行咨询,甚至可以隐匿身份,这是许多不愿暴露自己身份的求助者的福音。网络心理咨询的这一特征使许多求助者在表达自己时更加自由,不受自身身份的束缚,也在很大程度上避免了社会污名的影响,从而使一些求助者更加敢于表达那些不被社会规范认可的想法,也使那些患有不易被社会接受的病症的人群受益。

(3) 远距离性　网络心理咨询的双方不必坐在同一个咨询室内便能进行咨询活动,可能相隔遥远,但仍能畅快交流,这一方面减少了求助者的顾虑,另一方面也为那些无法获得心理咨询服务的偏远地区的人们提供了便利。

尽管如今可以在网络交流过程中随意插入图片、声音、视频、动态表情等内容,但人们通过网络的交流仍是以文字信息为主的(Suler, 2000)。大部分网络心理咨询也正是以文本交流的形式存在的,这种形式具有如下特征。

(1) 易于保存　与电脑中的视频、音频等内容相比,单位时间内的文字信息所占体积最小,所以非常易于传播与保存。基于文本的交流内容可以被轻松记录,以供日后查阅或用于其他用途。

(2) 线索缺失　通常,网络上通过文本交流的双方互相并不能听到或看到对方,这就造成了许多社会线索的缺失,使得交谈的对象完全是"想象出来的"。一方面线索的缺失可能会给交流双方带来一定的不确定感与不信任感,但另一方面,线索的缺失又对使用者产生了去抑制作用。

(3) 去抑制作用　去抑制作用是指由于线索的缺失和交流双方的距离,使文本交流的使用者更少受到社会规范的约束,从而进行更多、更深的自我暴露。

网络心理咨询的类型

从即时性的角度可将网络心理咨询分为即时网络心理咨询与非即时网络心理咨询;从同一咨询会谈中求助者的数量角度可将网络心理咨询分为网络个别心理咨询与网络团体心理咨询;也有学者从咨询中的回复是否为自动化等其他角度进行分类。

即时网络心理咨询与非即时网络心理咨询

美国全国注册咨询师协会(NBCC)按照咨询人员与远程个案的信息往返时间间隔(即即时性)将网络心理咨询分为即时(Synchronous)网络心理咨询与非即时(Asynchronous)网络心理咨询(贾晓明,2013)。即时网络心理咨询是指咨询师与远程个案以实时或同步的方式进行的网络心理咨询,一般包括基于文本的网络聊天、音视频会议等形式。

(1) 基于文本的网络聊天　基于文本的网络聊天是咨询人员与求助者通过网上聊天室或聊天软件进行的即时文本交谈,一般不涉及声音与图像("聊天表情"等除外)。咨询双方需同时在线,输入文字进行交流,互动直接且反馈及时。目前较多被使用的聊天软件如中国大陆常用的腾讯 QQ、台湾地区常用的雅虎即时通等都可以实现这种网络心理咨询。

(2) 音视频会议　音视频会议是通过语音或视频聊天软件进行的即时网络互动,这种形式的网络心理咨询包括即时音频咨询和即时视频咨询。即时音频咨询通过语音聊天软件实现,类似于打电话;即时视频咨询则更加接近于真实的面对面的互动,需要麦克风、摄像头等硬件设备作为支持。在视频咨询过程中,双方既可以听到对方的声音也可以看到对方的影像,可弥补基于文本的网络心理咨询的线索缺失等缺陷,但比起文本交谈,这种方式可能会对求助者的自我暴露有更多限制。

在非即时网络心理咨询过程中,咨询人员与远程个案的交流并非发生于同一时间,这种类型的网络心理咨询一般包括电子邮件、电子公告牌(Bulletin Board System, BBS)或新闻组(国内不常用,是类似于 BBS 的完全交互式超级电子论坛,可离线浏览)、音视频留言等形式。

(3) 电子邮件心理咨询　目前使用最多的非即时网络心理咨询形式是电子邮件心理咨询(Rochlen, Zack, & Speyer, 2004)。咨询师与求助者通过电子邮件的信件往来进行心理咨询活动，彼此都需要等待一段时间后方能接收到对方的回复，所以这种互动是非即时性的。电子邮件咨询是众多网络求助者选择的心理咨询方式，它的存在有其特殊性。

电子邮件咨询具有独特优势，它为不能灵活掌握时间的求助者提供了便利，使他们不必为预约固定的咨询时间而担心；书写和阅读本身具有一定疗效，书写对生理健康有益，而电子邮件心理咨询的非即时性也使得求助者有时间重读自己所写的内容，这有助于促进他们对自己的问题做进一步的反思（Pennebaker, Kiecolt-Glaser, & Glaser, 1988）。

电子邮件心理咨询的非即时性同时会带来一些问题，如信息的误读问题，尤其是回复和反馈的不够及时，特别不适用于危机干预。

网络个别心理咨询与网络团体心理咨询

根据同一时间内同一次咨询中求助者的数量可将网络心理咨询分为网络个别心理咨询与网络团体心理咨询。网络个别心理咨询更为常见，咨询师与求助者通过互联网进行一对一的咨询。网络团体心理咨询需要使用网上聊天室或是聊天软件的"群组"等功能，一般形式是在同一个聊天室或群组，由咨询师引领、指导团体人员进行互动、反馈（Bergström 等，2010）。

需要指出的是，网络团体心理咨询需要与网络自助或互助群组（self-help/mutual-aid groups）相区别，网络自助或互助群组是一些网络使用者为解决共同的问题而在论坛、聊天室或诸如 QQ 群等内分享交流彼此的经验和信息，互相帮助并自助，并没有专业咨询人员的参与。而"支持团体"（support groups）是指由专业的心理健康工作者组织和领导的一群人。

网络心理咨询的其他分类

Suler(2000)还从一些其他不同角度给网络心理咨询做过分类，如自动化的（automated）网络心理咨询与人际的（interpersonal）网络心理咨询、无形的（invisible）网络心理咨询与有形的（present）网络心理咨询等。自动化的和无形的网络心理咨询主要指不存在实际的真人咨询员，而是由电脑软件代替咨询员进行的咨询(如软件 Eliza，是一款能够模仿人本主义咨询师为求助者做出反馈的软件)（Cristea, Sucala, & David, 2013）。本章第二节将对这种方式进行详细介绍。

12.1.2 适于网络心理咨询的疗法

认知行为疗法

认知行为疗法（Cognitive Behaviour Therapy, CBT）是一种常见的适用于网络心理咨询或治疗的方法，使用这种治疗手段常需通过网络向求助者发送学习手册等材料,求助者学习后直接记录自己每日的相关情况或使用自我管理软件管理自己的行为,再按时向咨询师报告,之后由咨询师对他们做出反馈和指导。网络认知行为疗法常用于治疗进食障碍,也可用于对物质依赖或成瘾的网络治疗,如对酒精依赖及吸烟的治疗,一般可取得与传统面对面咨询同样的效果(Blankers, Koeter, & Schippers, 2011)。有研究比较了面对面咨询与网络咨询对进食障碍的干预效果(Gollings & Paxton, 2006),结果显示被试在两种干预条件下,身体形象满意度、进食障碍症状等各方面情况均有所改善和好转,二者的干预效果并无显著差异。

网络认知行为疗法也被用于治疗抑郁症、恐怖症及失眠症等。Vernmark 等(2010)探究了网络认知行为疗法对治疗抑郁症的效果。研究包括两种网络咨询形式:电子邮件咨询与有指导的自助(guided self-help),结果显示两种网络咨询形式对于减轻抑郁症状都是有效的。需要指出的是,并不是所有的病人都需要同种类型,同等强度的干预,所以治疗方案需要根据治疗师的个人经验和判断来制定,并不是所有被试都适合使用网络认知行为疗法的(Carlbring, Furmark, Steczkó, Ekselius, & Andersson, 2006)。

焦点解决短程疗法

焦点解决取向治疗(Solution-focused Brief Therapy, SFBT)或许也是适用于网络心理咨询的一种疗法。焦点解决取向治疗是一种以问题解决方案为核心的短程心理治疗方法。1998 年,Murphy 和 Mitchell(1998)提出将焦点解决取向疗法与叙事疗法应用于网络咨询并通过研究证实了其有效性。尹海兰和贾晓明(2012)通过研究又一次探察了焦点解决取向治疗在即时文字网络心理咨询中的适用性。研究者对 3 例来访者使用了焦点解决取向治疗方法,并在咨询后对来访者进行了半结构式访谈,他们将访谈文字稿及咨询记录文本作为研究资料进行定性分析,结果显示,并不是所有焦点解决取向的策略方法都适用于网络心理咨询的。因此,作者建议在将短期焦点治疗方法应用于网络心理咨询时需要对短期焦点疗法的策略做进一步研究。

叙事疗法

随着后现代主义的兴起,一些治疗师开始对传统心理治疗将来访者看成是有问题的治疗观提出质疑。他们主张把人和问题分离开来,把问题当作需要解构的故事来对待,从而产生了一种全新的心理治疗模式——叙事心理治疗。叙事治疗重视将书写、文字运用于问题外化等概念和方法,与网络文本心理治疗相契合,在网络上具有其适用性和可行性(贾晓明,2013)。Murphy 和 Mitchell(1998)运用叙事疗法对求助者进行了电子邮件治疗,帮助求助者从旧故事中解脱出来、重写有益于成长的新故事，并初步证明了叙事疗法应用于网络心理咨询的效果。

其他理论取向的网络应用

一些学者认为(Derrig-Palumbo & Zeine, 2005)意向治疗、理性情绪疗法等认知疗法都可适用于网络心理咨询。有台湾学者(张匀铭，王智弘，陈彦如，杨淳斐，2012)报道了将一次单元咨询模式用于网络成瘾治疗的实践。当然还可能有更多适用于网络心理咨询与治疗的疗法，还需要更多实践和研究的探索。尽管现有研究表明，网络心理咨询是一种疗效显著的咨询方式，但对于其适用对象、适用范围等问题，以及更多特定条件、特定病症、特定当事人的治疗或咨询，还需更多的研究对其进行进一步的检验。在大多数情况下，我们已经可以对网络心理咨询的效果持肯定的态度。

12.1.3 网络心理咨询的过程及效果研究

大量研究涉及了网络心理咨询与传统心理咨询的效果对比，大部分研究结果证实网络心理咨询与传统心理咨询的咨询效果基本一致。Day 和 Schneider(2002)比较了三个治疗组(面谈、电话和视频治疗)的过程变量和效果变量，测量了工作同盟、会谈效果和会谈满意度。结果显示三种咨询方式在工作同盟和效果上无显著差异，但他们发现了不同治疗组的被试间的显著差异：比起面谈治疗，远距离治疗的当事人的参与更为积极。

许多研究者探索了网络心理咨询的过程变量，包括将网络心理咨询与传统心理咨询中都存在的过程变量进行对比，发现二者基本一致。Barak 和 Bloch(2006)研究了网络咨询中当事人感知到的帮助，他们报告了使用网络聊天咨询带来的积极效果，当事人感知到的帮助在面谈和网络中无显著差异。这与一般批评网络咨询的会谈一定是难以深入的、有距离感的观点正相反。我国学者也研究了网络心理咨询中所使用的干预技巧、咨询师与求助者的言语反应类型、网络心理咨询的阶段特征等变量，从中发现了一些网络心理咨询过程的特殊之处，如与传统心理咨询相区别的干预技巧和言语反应类型等(王伟，贾晓明，2012；徐琳，贾晓明，2012；周蜜，宗敏，贾晓明，2012；周玥，贾晓明，2012)。

是否能够建立稳固的咨询关系是网络心理咨询所面对的挑战之一，而已有的证据表明，网络心理咨询可以建立与传统心理咨询同样良好的咨询关系。Prado 和 Meyer(2004)比较了非即时网络咨询与面对面咨询的工作同盟水平，结果显示，在非即时网络心理咨询中咨询师与求助者能够建立良好的工作同盟，以及与面谈咨询同样好的治疗关系。Cook 和 Doyle(2002)在他们的研究中将参加电子邮件咨询和即时聊天咨询的 15 个当事人与面谈咨询的被试进行了比较，发现两组的工作同盟水平无显著差异。治疗关系的建立对于面谈咨询至关重要，虽然对于治疗关系在网络咨询中所起的作用是否与在面谈咨询中的一致还并不明确，但有一点是肯定的，网络治疗关系的建立也同样是必要和重要的。

关于网络心理咨询的伦理问题，也是研究者们关注的一大主题。自20世纪90年代末开始，美国全国注册咨询师协会（NBCC）、美国心理咨询协会（ACA）等专业协会已相继制定了网络心理咨询的相关规定（Bloom, 1998）。我国目前尚未制定专门针对网络心理咨询的伦理规范，但已有学者研究了这方面的问题。安芹等（安芹，贾晓明，郝燕，2012）选取了10名网络心理咨询师所做的10个即时文字网络咨询案例，并参加了网络咨询师的小组督导讨论，通过综合考虑督导讨论和反复阅读咨询文本两种途径，最后由研究者们共同讨论确定了四个方面的伦理议题：(1)在网络咨询中咨询师以真实身份与来访者建立关系，来访者须提供必要的真实信息；(2)咨访双方注意选择网络咨询的地点、时间并避免多任务操作以保证咨询设置；(3)网络咨询对网络平台及咨询记录有特殊的保密要求；(4)危机个案应有专门的应急方案并及时转为线下干预。除了网络伦理规范的研究和制定，网络心理咨询中对于伦理问题的重视和践行才是其真正意义所在，它对于规范网络心理咨询实务和促进网络心理咨询的专业化发展具有重要意义。

综上所述，网络心理咨询能够获得与传统心理咨询同样良好的咨询效果，也能够建立起稳固的咨询关系；网络心理咨询过程中可能存在一些与传统咨询不同的过程变量，这需要更多研究的进一步探索；网络心理咨询中的伦理问题已得到一定的关注，但总的来说研究较少，需要更多探索以明确其伦理准则与规范。

12.1.4 我国网络心理咨询的现状及主要服务方式

我国网络心理咨询现状

根据赵建章、陈家麟（2013）对我国大陆地区网络心理咨询的考察，截至2013年1月26日，以网页标题的显示信息为主，在简体中文范围内以“网络心理咨询”与网站域名后缀为COM和CN为关键字，同时排除培训工作、兼职、招聘和考试信息进行搜索，符合要求的心理咨询网站有766个，再剔除无法打开及重复的网站，心理咨询网站共471个。对这471个心理咨询网站进行分析可以发现其中一半以上的网站属于教育或医疗部门等专业机构。其主要服务方式有电子邮件或留言本、在线视频聊天、心理检测、在线交流、专家咨询、专题论坛和咨询须知等。其主要的咨询领域涉及婚姻家庭咨询、人格咨询、学习咨询、生涯咨询、精神障碍与同性咨询等方面（如表12.1）。

表 12.1 我国网络心理咨询的发展状况(赵建章,陈家麟,2013)

	分类	网站数量	比例(%)		分类	网站数量	比例(%)
网站统计	医疗部门主办	159	33.76	咨询领域	专家咨询	67	14.23
	教育部门主办	151	32.06		专题论坛	61	12.95
	综合性网站	54	11.46		咨询须知	37	7.85
	个人主办	101	21.44		婚姻家庭	94	19.96
	其他	6	1.28		人格咨询	108	22.93
主要服务形式	E-mail 与留言本	64	13.59		学习咨询	127	26.96
	在线视频聊天	16	3.4		生涯咨询	105	22.29
	心理检测	96	20.38		精神障碍	28	5.94
	在线交流	130	27.60		同性咨询	9	1.92

注:表 12.1 中同性咨询指性取向是以同性为对象的性爱倾向与行为,世界卫生组织和精神病学会已不再把同性恋看作精神障碍,而只是性取向不同。

根据邱芬、王翔(2009)的研究,点击中国教育和科研计算机网所链接的 1 475 所高校网站可得到我国各省高校开展网络心理咨询的现状。结果发现,我国高校开展网络心理咨询的情况更不理想。所调查的 1 475 所高校中仅有 328 所高校开展了不同形式的网络心理咨询,占所调查高校总数的 22.24%。在各省市中,这方面做得最好的是湖北省,调查的 87 所高校中有 79.31%建立了心理咨询网站,54.02%提供网络心理咨询服务。通观整体情况,可以认为,我国高校网络心理咨询目前仍然处于初步发展阶段。根据邱芬、王翔(2009)的研究,我国高校网络心理咨询的主要的服务方式如表 12.2 所示。

表 12.2 高校网络心理咨询服务方式情况表(邱芬,王翔,2009)

服务方式	电子邮件和留言本	论坛	非视频即时交谈	视频即时交谈	不详
高校数量	294	66	54	9	18
占比(%)	89.63	20.12	16.46	2.74	5.49

网络心理咨询目前仍处于探索阶段,其便捷、易利用等特点扩大了心理咨询的受众范围,其特殊优势可能是与传统咨询相区别的关键因素,但此问题还需要进一步的挖掘和研究;不同类型的网络咨询存在差异,需要更多研究来比较它们的优劣及适用性,从而更好地探明对于哪些问题与哪类当事人更适合哪种类型的网络咨询;网络心理咨询的效果已得到初步验证,一些疗法在网络心理咨询中的应用获得了成功,而何种疗法更加适宜网络环境则需进一步研究;我国的网络心理咨询仍处于初步探索阶段,需要更多的投入以促进其发展,网络心理咨询在我国更大范围内的普及以及质量

的提高将使更多需要接受心理服务的人群受益。

12.2 虚拟现实与心理治疗

在某种意义上，虚拟现实正在改变心理治疗行业的面貌。Holmes 等(2014)在 *Nature* 上发表了文章，批评传统的谈话治疗方法并不完全了解心理治疗的作用机制。他们认为"很多神经科学研究并未意识到心理治疗的潜力"，意思是认知神经科学家应该和临床科学家通力合作，将认知神经基础研究应用于临床。Emily举例说：以眼窝前皮质为靶点，神经科学家已成功使用光遗传学技术阻断及生成了强迫性行为，如过度清理等。这些研究表明，我们可以通过干预特定脑区的活动而在数秒内制造或消除强迫行为。

人们尝试了很多种办法，试图突破前辈们的创举，改变心理治疗行业的面貌。过去，心理咨询与治疗的效果和改变机制研究试图从实际的咨询过程中去寻找答案，但这条路径获得的成就有限。Emily 在他们的文章里援引编者的话说针对心理治疗的研究所得到的支持"令人惊愕得少"。CBT、IPT、行为治疗及家庭治疗并未从情感、行为、认知相关神经科学的巨大进步中完全获益。过去，针对心理治疗的大量实际需求和专业人员稀缺的矛盾，一种解决方案是建立网络平台，联合各地心理咨询和治疗的专家，以满足心理治疗的大量需求。这条路径本质上仍然是以有限数量的专家去解决心理治疗的大量需求，是心理治疗服务组织管理的方式，未从根本上解决问题。过去，人们利用计算机和网络，要么发展出了某种心理健康教育的系统，要么为公众提供了一些心理健康和心理疾病的相关信息，本质上是自我帮助。这条路径与是否了解心理治疗的改变机制无关。

现在，一个新的解决方案是，我们可与认知神经科学家通力合作，发展出针对不同心理障碍的干预方法。这些不同的干预方法可以被称为"心理药物"(psychological medicine)。比如，我们发现害怕型成人依恋风格的被试提取积极情绪词汇和消极情绪词汇的时间相同，而安全型成人依恋风格的被试提取积极情绪词汇的时间要快于消极情绪词汇。依此，我们可设计相应的"游戏"来训练害怕型被试的情绪加工偏向并检验其效应。不同类别心理疾病的病人在其主观体验中都存在不同形式的视觉加工。依此，对创伤后应激障碍的闪回现象进行俄罗斯方块的游戏训练，即可有效阻止闪回(Holmes, 2009)。类似的思路还有注意偏向训练等(Harrison, Tchanturia, & Treasure, 2010)。

这些与虚拟现实(Virtual Reality, VR)又有何关联呢？基于认知神经科学的基础研究而发展出的"心理药物"是计算机和网络的优势所在，这些"心理药物"是真正意义上的计算机化心理治疗；若在网络上远程实现，就是真正意义上的网络心理治疗。基于计算机和网络的心理治疗可望与虚拟实验平台实现无缝结合。与基于网络平台人与人的心理治疗相比，这恐怕才真正改变了心理治疗行业的面貌。

本节将首先梳理传统的计算机化心理治疗、严肃游戏，然后介绍虚拟现实的历史和基本概念，重点介绍虚拟现实的优势。最后，介绍以上三种与计算机技术紧密结合的治疗模式在心理治疗中的应用。这是一个新兴的领域，还未形成系统的理论、方法和介入技术。在小结部分，我们将对此进行简单的展望。

12.2.1 计算机化心理治疗

计算机化的心理疗法不仅能够满足日益增加的心理治疗需求，而且它有可能成为某些人的首选方法。一个完整的网络心理咨询平台需建立在良好的电子信息和通讯技术基础上，这些技术为来访者提供心理测试、评估、诊断、支持及干预等心理操作的内部和外部环境操作系统。

认知行为疗法(CBT)是治疗心理健康问题，如抑郁、焦虑和恐惧症的最有效的方法。CBT 的治疗者进行了大量的研究，结果都支持 CBT 的有效性。由于 CBT 具有高度结构化、程序化的特点，人们常认为 CBT 最适合被转译为多媒体的形式。例如，传统上治疗创伤后应激障碍(PTSD)主要有两种形式：(1)创伤后的感知(如车祸景象和声音)处理；(2)口头或概念处理(如对于发生了什么，形成一个连贯的有意义的故事或过程)。这都可通过计算机的程序来完成。Holmes 等(2009)在研究中介绍了基于认知神经科学理论，借助电子游戏“俄罗斯方块”可以减少创伤重现的方法。其基本原理如下：创伤重现是知觉和视觉空间的心理表象，视觉记忆的容量有限，容易受到前摄干扰。新建立的创伤记忆短期内并不稳定，因此容易受到干扰。视觉空间的认知任务会选择性地争夺产生心理表象所需的资源。因此，视觉空间的电脑游戏(例如“俄罗斯方块”)将干扰重现。创伤之后的视觉空间任务，在记忆固化前的时间内执行，将减少随后的重现。研究结果显示，人类创伤后的病理性记忆可以使用非侵入性的、认知措施进行干预。这不是一个简单的分心任务，因为在创伤记忆任务之后接着完成一个言语分心任务反而会加重病理性的创伤记忆。

12.2.2 严肃游戏

严肃游戏(Serious Game)，是电子游戏的一种。最初定义是“以应用为目的的游戏”，具体来讲，是指那些教授知识技巧、提供专业训练和模拟的游戏。可以考虑将严肃游戏与虚拟现实技术结合起来，从而增加严肃游戏在心理治疗中的应用范围和应用效能。严肃游戏自 20 世纪 80 年代诞生以来，已经广泛应用于军事、医学、工业、教育、科研、培训等领域。其中,严肃游戏在医疗卫生上的运用目前主要是借助电脑游戏来治疗各种心理障碍,如恐惧症、饮食障碍(EDs)、成瘾行为和焦虑症等(Susi, Johannesson, & Backlund, 2007)。

离线视频游戏

电子游戏的内部特征使那些往往很难适用于病人的技术得到应用,如控制密集曝光,立即正强化和负强化。通过动作捕捉系统,生物传感器集成,以及复杂的生物反馈方法,电子游戏可实时监测生理情感反应,更好地将认知行为疗法运用于计算机化的治疗。

通过调查治疗焦虑的2D视频游戏可以发现,各种各样的分级暴露疗法都使用了虚拟现实技术。Sharry等(2003)研发了Relax To Win,一个用于治疗儿童一般焦虑问题的、基于生物反馈的2D游戏。在游戏过程中,游戏程序会测试玩家的皮电反应,玩家越放松屏幕上的两条龙移动得越快。这种放松技巧的学习过程可以和更广泛的治疗形式相结合,从而达到治疗师想要的效果。视频游戏可以通过分级暴露试验来帮助个体克服蜘蛛恐惧症、高度或封闭空间恐惧症;还可以通过虚拟现实驾驶游戏或者其他的2D游戏减少驾驶事故后害怕开车的恐惧。此外,虚拟现实分级暴露的技术还可以应用于治疗对飞行的恐惧和恐高症。

在线视频游戏

把严肃游戏搬到网络上,就从"单机游戏"转变为"网络游戏"。在线视频游戏集合了网络游戏的优势,比如在限制更少的虚拟空间会见客户,客户可以把治疗师放进任何他们认为最有建设性的画面中;可以根据客户的特定需求提供内在激励的挑战和规则;建立虚拟的社区,让一个在线视频游戏可以同时服务大量客户、满足不同客户的个性化需求(Black等,2008)。

未来在线视频游戏治疗心理健康问题的研究可能集中在两大类型的游戏:一个是简单的社会游戏。如纸牌或国际象棋,其在线版本是免费的。社会游戏具有对所有年龄层都适用和娱乐性的优点。一个是特制的网游。如大型多人在线角色扮演游戏(MMORPGs),这类游戏在全球范围内的会员数达到百万。网游,可用一个在线聊天模块实现治疗师和病人的远程互动。这两类游戏均可被用于评估和培训,并且可提供一个广泛的社会互动平台。尽管心理健康专家逐渐认识到视频游戏可以让他们的治疗产品更吸引人,但到目前为止几乎还没有应用于心理治疗的在线视频游戏。

12.2.3 虚拟现实

虚拟现实的概念

我们可以定义虚拟现实(VR)为人的体验——"真实或模拟环境中远程呈现的知

觉体验”,这里远程呈现为“用通信媒体创造的情景呈现的体验”。具体地说,虚拟现实技术是以计算机技术为核心,结合相关科学技术,生成与一定范围的真实环境在视、听、触感等方面高度相似的数字化环境,用户可通过传感头盔、数据手套等专业设备与数字化环境中的对象实现交互作用、相互影响,产生亲临现场的感受和体验。

这些年,“互联网心理学”和“互联网行为心理学”及相关的新领域,吸引着临床、辅导、教育、组织、认知、社会各专业的心理学家以及通信、医学、社会学、教育、精神病学、社会工作、护理等方向的研究人员。在软件程序员、计算机和网络设计师、电脑工程师以及不同特色的心理学家的合作下,一个学科跨度极大的研究领域——网络空间心理治疗形成了。而在网络空间心理治疗领域,虚拟现实可以发挥关键作用。通过软件的编程和控制,虚拟现实技术可以模拟很多危险场景,例如飞行员、宇航员的训练场景,模拟矿山事故、火灾现场、飞机遇难、交通事故和犯罪现场等,用户可以身临其境地体验到这些场景却不用经历一丝危险。

通过虚拟现实设置的情景高度灵活,专业人员使用编程可以实现与计算机无约束的交互控制,在计算机系统中找到丰富的经验提供给病人。它们使治疗师可以呈现各种各样受控制的刺激,如一个令病人害怕的情景,并对用户做出的各种回应进行测量和监视。虚拟场景也算是一种特殊的被保护的环境,患者可以在不感到威胁的情况下开始探索和活动。患者害怕的事根本不会发生在自己身上。有了这样的保障,他们可以随意地探索、体验、感受、活动、感觉和思考。VR 成为治疗师和真实世界之间的一个非常有用的桥梁。

虚拟现实的优势

要充分获得 VR 的优势,需要不同领域专业人士之间的知识交流和联合工作,需要工程师、程序员与医生,心理学家和不同卫生领域的专家向着共同的目标携手合作。这是一个难度极大的跨学科合作,同时也可预期其会带来许多成果。所有在心理治疗领域开展的工作,都证明了在不到十年的时间里,VR 这个新工具已经对许多心理障碍治疗呈现出显著的实用性。当我们将其与传统的治疗方法比较,会发现 VR 具有以下优点。

首先是虚拟场景。事实上,虚拟场景是一个“安全”场景,从这个方面来说,VR 是非常重要的,因为它可以作为咨询室(完全保护)和真实环境(完全威胁)之间发生联系的关键步骤。虚拟环境治疗不会改变对心理治疗至关重要的东西,即,对可以改变的信念,对治疗师是专家的信任,对治疗和期望改变的积极动机,渴望得到尊重和帮助的交流。患者在虚拟的情景下感觉是安全的,在治疗师的支持下,他可以用自己的步调来面对他所害怕的东西而没有风险。作为一种特殊的受保护的场景,病人可以在虚拟环境中探索、体验,并且在短时间内找到明确的方向。

其次是虚拟场景提供了一个安全基地。在感觉没有威胁的事实下，治疗师可以使患者明白，虚拟的场景可以让他了解他一直害怕的场景，而且，允许他用自己希望的方式，以自己的步伐，在想要的时间里来操作，并且绝对安全，因为他担心的情况不会发生。虚拟场景实际上是治疗师给患者提供的“安全基地”，从中患者可以自由地探索、经验、感觉、生活，恢复无论是现在还是过去的感觉或想法。没有什么能够阻止他用他的方式来认识世界，他可以在新的世界中用新的方式应对。

第三，虚拟场景为患者提供了角色扮演的机会。患者在现实中一直没有找到满意的方式，而虚拟现实能为他提供探索和尝试的可能，并且可以使他体验有明确促进和帮助作用的环境。总之，VR 可以制造情景并设定角色，病人可以和角色互动，反过来，角色可以根据病人的反应做出回应。角色扮演灵活性高，且各种参数都可控制。

第四，虚拟场景可以让病人以自己的步骤改变。帮助病人应对自己的恐惧对任何的治疗来说都非常重要，VR 以分级的方式，让病人从最简单的场景过渡到最困难的场景，逐步地从虚拟世界和与不同的现实领域的相互作用开始，学会应付和控制真实世界。因此，VR 变成了一个工具，治疗师可以使患者感觉到虚拟的场景是危险的，患者借以了解恐惧情景并与恐惧的情景进行交互。最主要的是，这个步骤病人自己可以掌握。

最后，虚拟现实的另一个重要的优点是允许人去超越现实。它可以方便地变更或修改我们需要的情景，即 VR 有足够的灵活性。我们可以利用 VR 创造在现实世界中完全不可能出现的场景。例如，治疗幽闭恐惧症时，我们可在狭小空间中创造可以移动的墙，这在现实中往往是不可能的。

12.2.4 应用

自闭症

自闭症患者对治疗性的视频游戏具有特殊的兴趣。这些视频游戏为改善自闭症患者的社会化提供了一个安全的、有吸引力的工具(Parsons, Mitchell, & Leonard, 2005)。在 7—11 岁的自闭症儿童中，Charlop-Christy 视频模拟的结果比人体模型的结果具有更大动机、泛化和成本效益。最近，有研究证明，13—18 岁的自闭症谱系障碍患者在虚拟环境中的交流与对照组相当，而在模拟中一些人更容易在一些角色之间转换，这表明了虚拟环境作为教育媒介成为常态的一种可能性。相同的研究人员所做的报告指出，指导这些青少年在其所接受的虚拟咖啡馆中交流，可促进他们在公共环境中的交流。一些研究人员已经开始研究治疗自闭症儿童的视频游戏。例如，TeachTown 使用一套视觉强化物对自闭症儿童和其他发育迟缓患者的接受性语言、社会性理解、自助、注意力、记忆、听觉处理和早期学习技能进行积极干预(Whalen等,2006)。Tanaka和他的同事(2005)正在开发 Let's Face It,即一套教区别脸和物体、识别和标志面部表情的游戏,目的是帮助改善自闭症儿童的面部识别能力。

注意缺陷多动障碍

有证据表明,视频游戏有助于减少多动症的症状。第一个治疗儿童多动症的视频游戏是由Pope和Bogart(1996)发明的,这个游戏一旦检测到玩家的脑电图表现出低注意力,就减少玩家对游戏机的控制。这种自适应训练系统的有效性相当于传统的非游戏类视觉生物反馈。这个游戏常被用于治疗9—13岁儿童的注意力缺陷和多动症。文中还提供了多动症儿童在频率(θ/β)训练和/或缓慢的皮层电位(SCP)训练后行为和认知变量提高的证据。这样的生物反馈训练可以以一个电脑游戏的样貌出现,对儿童更具有吸引力。

人格和精神障碍

人们一直想努力把视频游戏应用到最具挑战性的人格和精神障碍的治疗中去。人们对用游戏评估人格和精神障碍做了初步的尝试。Sieswerda等(2005)使用简单的“虫”和“网球”游戏发现具有边缘人格障碍的被试和具有反社会人格障碍患者在与没有人格障碍的对照组进行对比时,其反应存在潜在差异。Shrimpton和Hurworth(2005)详细介绍了一个复杂的冒险游戏来研究那些经历第一次精神病发作的年轻人的心理发展过程。Crookes等(2003)用一个简单的操纵杆控制游戏以评估不同年龄和性别的被试在4×4网格中找到隐藏奶酪的速度。根据他们设定的某些经典条件作用的规则,自然健康的成年人会被淘汰掉,但精神分裂症患者不会。

PlayMancer是一个大型的欧洲研究项目,在其中创建和开发的电脑游戏能够改变神经冲动患者的态度、行为和情感过程;通过新开发的人机交互模块,PlayMancer关注潜在的态度和情感因素在摄食障碍和应激障碍中的作用,发现可以通过电脑游戏减少患者潜意识维持不佳,增强患者应对或处理方式的能力,从而加强传统治疗的长期效果(Fernández-Aranda等,2012)。

传统的网络心理咨询更像一种互联网社交,借助“互联网社交”,患者和咨询师可以建立平等与轻松的咨访关系,咨询师可以借此获得方便快捷的丰富信息,同时存储和查询案例也变得方便快捷。虽然存在保密性、问题真实性、非言语信息缺失、咨访关系不稳定、受制于技术水平等客观问题,但随着信息技术的发展,有些问题是可以克服的。另外我们应该认识到,心理咨询本身就不是绝对完美的,有些问题即使在传统面对面咨询中也是存在的,因此只要进一步加强和规范从业人员资格认证、网络运营者监督管理以及有效的安全防护措施,网络心理咨询必定会给人类心理健康和治疗带来前所未有的帮助。

认知行为疗法能够有效治疗抑郁、焦虑和恐惧症等疾病，是目前计算机化治疗的主要理论依据。很多实验和研究都是基于生物反馈的视频游戏疗法，在实验室环境下进行操作的，持续的高成本和无法获得的设备表明其在未来一段时间内仍然是一个小领域产业，而探索在线视频游戏疗法和借助纯电子游戏来治疗相关疾病的研究则显示出了良好的发展前景，因此，咨询师、心理学家、计算机工程师应协作努力，共同研究开发出新的、有效的治疗应用程序(Cottrell, 2005)。

未来，研究人员可充分利用虚拟现实技术的优势，对各类心理疾病的发生、评估、诊断和介入技术进行深入系统的研究，这些研究势必会在很大程度上以计算机技术取代部分人的工作，从而深刻地改变心理治疗行业的面貌。

12.3 网络心理健康教育

12.3.1 网络心理健康教育

互联网现已成为学生获取知识和信息的重要渠道，网络的影响也渗透到了心理健康教育领域。另一方面，近年来各种社会心理问题和现象层出不穷，我国相关政府部门也出台了一系列文件，如 2011 年 2 月 23 日我国教育部办公厅发布的《普通高等学校学生心理健康教育工作基本建设标准(试行)》。其中明确强调了利用网络作为平台进行心理健康教育的重要性："高校应通过广播、电视、校刊等多种媒介，积极开展心理健康教育宣传活动，应重视心理健康教育网络平台建设，开办专题网站(网页)，充分开发利用网上教育资源。"当传统心理健康教育的发展遇到瓶颈，网络心理健康教育可补充其不足。可以预见，网上心理健康教育必将是 21 世纪我国青少年心理健康教育的基本走向(宋凤宁，黄勇荣，赖意森，2005)。

在大陆，对网络心理健康教育的理解一般有两种：(1)工具视角的定义，即把网络视为一种信息技术和信息交流平台，在网络空间，以网络为载体开展的心理健康教育；(2)理念视角的定义，即网络心理健康教育是一种全新的心理健康教育模式和理念，是心理健康教育发展和创新的一种新趋势(姜巧玲，胡凯，2011)。大学生网络心理健康教育是指心理健康教育工作者综合运用多种教育方法，帮助大学生了解心理健康知识、分析心理困惑、解决心理问题，从而科学把握网络，客观认识自我，促进心理成长的过程(沈晓梅，2013；姜巧玲，胡凯，2011)。

中国香港地区(1970 年)与台湾地区(1959 年)的心理健康教育工作开展得比大陆(1980 年)要早，其网络心理健康教育工作也较为成熟(吴娜娜，严由伟，2008)。西方国家的心理健康工作已经形成了一套系统化的范式，而"网络心理健康教育"这一称谓并未出现在西方国家；与之相类似的服务，拥有一个另外的名字——"网络心理健康服务(Internet-based Mental Health Services)”。教育与服务之间的差别显而易见。这主要体现在对象不同上,我国网络心理健康教育的对象群体为学生,而以挪威和瑞典为代表的西方国家中,网络心理健康相关工作的对象大多是针对所有人群的,只有小部分服务网站是仅针对年轻人(包括学生)群体的(Andersen & Svensson, 2013)。另外提供服务的人员也不同,我国网络心理健康教育的提供者中,大部分是各级学校、教育机构,私人或团体创办的心理健康教育网站所占比例较少。而在西方国家(以挪威和瑞典为例),网络心理健康服务的提供者中,公共组织(包括各级学校、政府下属教育机构等)的网站只占25%,志愿者建立的网站最多,占55%,而私人建立的网站也占到20%(Andersen & Svensson, 2013)。

12.3.2 网络自助团体、网络支持团体与心理健康教育

网络自助团体与心理健康教育

网络自助团体(self-help groups)(或称互助团体,mutual-aid groups)是指一些网络使用者通过互联网上的论坛、聊天室、聊天软件的群组等方式,为解决共同的问题、进行经验交流、信息分享、彼此扶持帮助而自发组成的网络小组或团体。具有成瘾倾向的团体较为常见,如匿名戒酒互助团体、匿名戒毒互助团体等。

网络自助团体具有使污名正常化、助人自助等治疗价值(Madara, 1999; McKenna & Bargh, 1998; Humphreys, 1997)。该类团体可以传播一定的心理健康教育知识,但它一般是由非专业人员组成的,更多的是分享经验而非进行专业信息的指导。对于那些有着共同问题的人们,网络自助团体在心理健康方面所提供的更多的是社会支持。通过消除社会地位、地理位置、身体特征、情感禁锢等障碍,网络团体给人们提供了一个可用来帮助他们解决特殊问题的交流工具。

网络自助团体中的这种支持不仅突破了种种障碍,而且多数包含正面的鼓励、包容和接纳,对于促进参与者的心理健康水平有着积极作用。一项持续两周的对抑郁症网络用户组自助团体进行话语分析的研究显示,“那些倾向于传递支持、接纳和积极情感(比如情感性支持、赞同、幽默)的评论,出现的频率是那些传递消情感(反对/消极)的评论的7倍”(Salem等,1997)。

网络支持团体与心理健康教育

网络支持团体(support groups)是用来指代由专业的心理健康工作者组织和领导的一群人,它是除自助团体外的另一种与心理健康教育相关的网络团体。网络支持团体为求助者提供的帮助可能是精神上的,也可能是物质上的,甚至是医疗上的,相比网络自助团体,因为有着专业人员的指导和监督管理,网络支持团体在心理健康教育方面更具专业性。

网络支持团体所做的工作，部分类似于网络团体治疗，可能是面对面心理咨询的辅助治疗，也可能是网络心理咨询的辅助治疗手段。Crisp 等(2014)研究了网络支持团体对于抑郁症治疗的附加效果，被试在接受一款针对抑郁症的自动网络心理教育训练程序与网络支持团体的综合治疗后六周内，报告了感知到的生活质量的上升和主观幸福感的提高。

网络支持团体的另一种变形类似于由心理健康专业人员所主持的开放的“自助”团体，它们具有网络自助团体的很多优点，而又避免了网络自助团体的许多不足。这种团体的主持人在团体讨论中既是管理者也是支持性的影响力量，团体所发布的信息是由主持人筛查过的，因此在团体内发布的心理健康教育信息的专业性和权威性大大提高，而主持人的监督和干预也会减少许多不利于团体成员交流和成长的信息的发布(Hsiung, 2000)。同时，这种团体又包含了自助团体开放自由和彼此支持互助的特性。

12.3.3 网络自杀干预与心理健康教育

自杀干预与预防也是当今网络心理健康教育的一大重要任务。有越来越多的证据表明，互联网和社交媒体可以影响自杀相关行为。欲了解自杀相关信息的人可以轻易在互联网上获得这方面的信息，甚至有讨论交流自杀经验和实施方法的网上小组存在，这令人感到不安。但因为相比传统媒体，互联网更加开放和自由，所以对互联网的监管和控制存在诸多困难。

我们所能做的，更多的是利用互联网提高人们对于自杀预防的公众意识，以及提供更多心理健康教育的正面信息，更可以利用专业手段，对有自杀可能的人们进行干预。根据 Jacob 等(2014)的研究，网络自杀干预和预防的途径主要是开放注册的专业网站和网络支持团体，极少数机构也会通过电子邮件与同步聊天软件进行干预。

专业网站 利用网络可以对具有自杀风险的目标人群进行有效的干预，专业网站是其主要形式之一。Haas 等(2008)建立了在寻求治疗的大学生中筛查具有自杀风险个体的网站。在网站上寻求帮助的大学生将填写一份测查抑郁等其他有关自杀风险因素的量表，筛查出的具有自杀风险的个体将被建议进行个人评估和治疗。除对具有自杀风险的个体提供服务的网站外，也有服务于干预自杀的专业人员的网站或程序(Manning & VanDeusen, 2011; Omar, 2005; Penn 等,2005)。这些网站或程序主要是为广大的心理健康工作者提供自杀干预方面的专业信息及具体建议指导，除面向心理健康工作者的网站，也存在关于此方面的个人化的网站(Wang 等, 2005)，它将根据用户偏好的搜索历史，为用户提供更具个性化的自杀干预信息。

网络支持团体 网络支持团体是网络自杀干预的有效手段，这主要是因为它由受过专业训练的人员引领和指导。受训人员在自杀干预策略上较未受训人员更加专业,他们的干预也往往更多样且有效。Gilat 等(2012)比较了网络支持团体中受过专业训练的志愿者与未受训的人在干预自杀时策略上的差异。受训过的志愿者使用了多种策略,包括关注情感的策略,以及具有治疗意味的认知关注策略等。而未受过训练的业余人员主要使用自我暴露的策略。

除以上两种主要干预方式外,我们还能利用网络对自杀进行更深层次的研究。如 Li 等(2014)对一名 13 岁男孩自杀前的 193 篇博客进行了文本分析,发现涉及自我的词汇的减少对自杀的预测作用较大。通过网络研究,使自杀者的心理过程更加清晰地展现,进一步深化我们对于自杀这一行为的认识和理解,这对于自杀预防和干预具有重要意义。同时,和大众媒体加深合作,向公众普及自杀预防的知识和方法,提高全民的自杀预防意识也是必要的。

12.3.4 我国网络心理健康教育的现状及开展形式

我国的网络心理健康教育工作无论是在理念层面上,还是在网络心理健康教育的实践操作、技术以及模式建构等方面,都还处于初步探索和建设阶段(姜巧玲,胡凯,2011;石学云,2006)。以下部分介绍我国网络心理健康教育开展的主要形式,包括各类心理健康教育网站、网络心理测试、学生心理健康档案建设工作、心理健康网上教学工作等。

心理健康教育网站

总体上,我国建立了不少心理健康服务网站,据调查,仅中文心理卫生教育、咨询类的网站和专业栏目就有上千个(孙雪娜,杨夕秋,2004),如我国首家大型心理健康教育专题网站"中国心理健康教育网",简称"心育网";学术性专业心理健康网站"华夏心理网"、"中国阳光心理咨询网"、"中国东方心理咨询网"、"武汉心理咨询网"等。然而在高校方面,建立心理咨询网站的情况不容乐观。根据邱芬、王翔(2009)的研究,所调查的 1 475 所高校中仅有 47.32%,即 698 所高校建立了心理咨询网站,而且这些网站大多只是用来宣传心理健康知识的。

网络心理测试

心理健康网络测试是指利用传统的心理学理论和心理测试规则,结合现代数据库和互联网技术,由大批非特定的受试者自主进行心理测试和心理健康状况评价的过程。

基于互联网的心理测试或调查具有其优势。它大大拓展了被测查对象的范围,尤其是特殊人群,如残疾人、老年人,或者由于污名可能无法参加研究的其他人群。网络心理测试同时还节约了研究的成本和时间,使用互联网进行实验和测试,正迅速成为一个标准的研究方法(Reips, 2000)。例如,现在国内常用的"问卷星"网站,即为研究者提供了更加便利广阔的测查平台。

网络心理测试和调查也存在弊端。这种测试无法立即给予被试反馈,过分依赖计算机技术,缺乏推广性,且线下数据、线上结果和线下治疗的整合不准确。通常情况下,线上数据存在更多的变异,这可能会导致结果不准确,但是这些数据和研究仍然被发表了出来(Naglieri 等,2004)。

网络心理测试的另一弊端是我们很难对被试进行充分的研究解释,以使其对研究有正确的理解和认识,也很难控制测试可能对被试产生的不良影响。根据庄海林、龚海凡(2007)的研究,在针对某护校的小样本研究中,89.6%的学生至少进行过一种类型的测试,有 5.6%的学生自称曾登录心理测量学的专业网站进行过测试,但其中相当一部分学生无法提供网站的具体名称。总的来说,我国大学生网络心理测试的现状是:测试本身得到普及,几乎所有的在校大学生都进行过心理测试。但是大学生对于测试的认识并不充分,对于是否需要毫无保留地真实地进行心理测试有所顾忌,对于测试结果的分析和把握也有所欠缺。

学生心理健康档案建设工作

心理档案是高校心理健康教育机构同档案部门共同建立,对大学生的身心发展阶段特点、背景材料、心理测评结果、心理咨询记录等有关材料进行归档所产生的一系列记录,通过建档,相关人员能更好地对大学生进行有益的教学分析与引导,帮助其成长。大学生心理档案就是有关大学生在校期间产生的有关心理方面的有保存价值的记录(王梓林,2013)。

建立大学生心理档案是高校加强心理健康教育的重要内容。目前绝大多数高校已相继为入学新生建立了心理档案,但在心理档案工作中还存在一些问题:心理档案工作专业水平低,心理档案制度不健全,心理档案建立手段单一,工作范围狭窄等(李开平,周斌,2012)。

以下介绍几个常用的心理健康档案系统。

利用 dreamweaver 和 ASP 来进行设计和建设的心理档案管理系统(黄立新,杜海琼,2006)。系统用户登录成功后根据各自权限经导航进入不同的页面,包括基本信息录入、在线测量、在线咨询和在线管理等。系统会将基本信息、测量结果、咨询结果分别录入后台数据库,最后从数据库中提取相应数据形成反馈结果呈现在反馈页面中。

基于 Visual Foxpro6.0 平台的学生心理档案管理系统(王新宇等,2006)。它设计了两个界面:一个为数据导入界面,可以利用 Common Dialog 控件,方便地选择需导入的一般资料文档及心理测试结果文档——SCL-90.dbf;另一个界面为根据学生学号进行心理测试结果的查询，用户只要输入学号，点击“查询”后，即可在界面上利用 Data grid 控件查到自己的心理测试结果。

统一建模语言(Unified Modeling Language, UML)(冯猛，张劲勇，2010)。心理建档管理模块：参与者、心理咨询老师、学生。心理咨询老师可以对所有学生的心理档案进行管理。学生进行本人基本资料信息和主要社会关系信息的添加、修改、删除等管理。

心理健康网上教学工作

广义上讲，网络教学是指在过程中运用了网络技术的教学活动。狭义上讲，是指将网络技术作为构成新型学习生态环境的有机因素，充分体现学习者的主体地位，以探究学习作为主要学习方式的教学活动(陆云飞，2009)。

网络学校已经逐渐走进大众的生活并成为一种学习的主流趋势。因此很多人开始接受网络课堂授课形式，特别是白领一族和大学生们。仅 2012 年一年，中国在线教育市场份额已经达到 723 亿元，且在线教育用户呈规模性放大。但这其中，有关心理健康方面的网络课堂的数据资料较少，据不完全统计，我国现已开展网络心理健康教育课程的学校也十分少。

12.3.5 网络心理健康教育的优势、问题

网络心理健康教育的优势

网络心理健康教育相对于传统心理健康教育，克服了时空、服务对象的限制，呈现出投入经费少、开放程度高、覆盖面大的特点。对于那些偏远地区的人们来说，网络心理健康服务有重要价值(Farrell & McKinnon 2003; Griffiths & Christensen 2007; Meyer 等，2005; Proudfoot, 2004)。只要有上网的条件，无论何时何地人们都可获取网络资源，从心理健康教育网站中方便地寻找到有关心理健康的信息和资料，极大地提高了时间效率(Griffiths 等，2006; Kummervold 等，2002; Richards ,2009; Umefjord 等，2003)。同时，利用网络还可以将各高校的心理教育资源连接起来，实现网络资源的共享。

另外网络的虚拟性、匿名性和开放性使得网络在某种意义上为人们提供了一层安全保护，使人们更容易打消顾虑，因此网络已成为当前大学生倾诉和发泄个人情绪的主要空间。每个人在网络环境中都处于平等独立的主体地位，受者与传者地位平等，这种方式非常符合学生的心理特点。网络的虚拟性增强了高校心理健康教育的平等性。

因此网络心理健康教育可以作为传统心理健康教育的有益补充。毕竟有些人因为收费、污名等各种因素而难以从传统心理健康教育中受惠，此时网络心理健康教育

的出现在很大程度上弥补了这些缺失。有研究表明，网络吸引了那些对于传统服务不满意或者不信任的人，以及那些在寻找第二种建议的人(Burns 等，2007；Umefjord 等，2003)。一些研究显示，网络心理健康服务的使用者的满意度越来越高，网络心理健康服务与传统心理健康服务的联系也越来越多，对传统心理健康服务起了补充作用(Burns 等，2009；Fukkink & Hermanns，2009；Richards，2009；Rickwood 等，2007；Burns 等，2007；Ybarra & Suman，2006)。

我国网络心理健康教育存在的问题

我国网络心理健康教育存在的问题是目前的教育仍是以宣传普及心理健康知识为主，以提供心理健康服务为辅。这是因为学生本人甚至许多教育工作者对心理健康的认识仍不准确，甚至有人极端地认为有心理问题就是有精神病，去做心理咨询的人就是精神病人。目前社会上对心理健康、心理健康教育拥有正确的认识理念的人并不多，这种正确的理念需要得到普及。利用网络开展针对性的服务的做法也值得推广。

就国内高校的网络心理健康教育的总体情况而言：一方面，整体结构还不完善，网页栏目比较少，主要有咨询中心简介、心理测验、文章赏析等，且形式比较单一，多以文章和趣味测验为主；另一方面，仅仅利用网络为学生提供自我学习与教育的资源，而忽视了其他方面对网络心理健康教育的辅助、支持作用。

另外国内高校网络心理健康教育的地区水平分布不平衡，西部地区这方面的工作明显落后；不同学校类别之间的分布也不平衡，高职专科院校总体上明显不如本科院校，且不同的本科院校间也存在较大的差异。目前这种现状，明显不利于全国各个高校大学生整体心理素质的提高。

再次，网络心理健康教育缺乏专业工作者队伍。能否建立起一支新型的心理健康教育工作者队伍，是网络心理健康教育工作成败的关键。目前心理健康工作专业人士总体缺乏，网络心理健康教育工作者更是少之又少。

最后，网络心理健康教育缺乏良好的实践和理论研究。目前针对我国网络心理健康教育的相关论文文献资料十分有限，其中大范围的、总体性的数据调查报告仍属空白。如网络心理测试的具体开展状况及数据统计，网络课程的开展状况及数据统计，心理档案的开展状况及数据统计等研究课题，目前均未得到有力的研究数据支持。

对于网络心理健康教育，如果无法得到有力的大范围的数据性调查研究的支持，那么其具体开展的成效、得失、优劣就无法得到很好的分析和评估，研究者也就无法有的放矢地提出具有建设性和针对性的改良建议和方案，相关从业者在实践层面也就无法获得有效的理论指导。研究者们应当意识到，认识从实践中来，又进一步指导实践活动。

参考文献

安芹,贾晓明,郝燕.(2012).网络心理咨询伦理问题的定性研究.中国心理卫生杂志,26(11),826—830.
冯猛,张劲勇.(2010).基于 UML 的高职学生心理档案管理系统的分析与设计.科技信息(21),63—64.
黄立新,杜海琼.(2006).基于网络的大学生心理档案管理系统的建设.保定师范专科学校学报,19(2),104—106.
贾晓明.(2013).网络心理咨询理论与实务.北京:北京理工大学出版社.
姜巧玲,胡凯.(2011).我国网络心理健康教育研究概况及展望.学术探索(6),134—137.
李开平,周斌.(2012).高校心理档案研究工作中存在的问题与对策.档案与建设(8),23—24.
陆云飞.(2009).浅谈网络心理健康教育与德育教学模式.科技风(8),182.
邱芬,王翔.(2009).我国高校网络心理咨询的现状调查及分析.科技广场(10),48—49.
沈晓梅.(2013).对大学生网络心理健康教育的思考.教育与职业(11),86—87.
石学云.(2006).基于网络的远程心理健康教育系统特征分析.教育信息化(3),63—65.
宋凤宁,黄勇荣,赖意森.(2005).网络心理健康教育模式的建构.学术论坛(3),171—174.
孙雪娜,杨夕秋.(2004).网络教育,网络心理教育与青少年心理健康.中小学教师培训(6),48—50.
王伟,贾晓明.(2012).网络心理咨询的干预技巧.中国心理卫生杂志,26(11),864—870.
王新宇,陈玲,高枫,缪金萍.(2006).基于 Visual Foxpro6.0 平台的学生心理档案管理系统.卫生职业教育(17),64—65.
王梓林.(2013).大学生心理档案建设探析.东方企业文化(21),132—73.
吴娜娜,严由伟.(2008).中国台湾高校网络心理健康教育的现状和启示.教育探索(1),117—118.
徐琳,贾晓明.(2012).即时文字网络心理咨询来访者言语反应类型.中国心理卫生杂志,26(11),851—857.
尹海兰,贾晓明.(2012).焦点解决取向治疗在即时文字网络心理咨询中应用的初探.中国心理卫生杂志,26(11),846—850.
张匀铭,王智弘,陈彦如,杨淳斐.(2012).一次单元网路谘商运用于大学生网路成瘾之症状变化与成效.*Journal of Educational Practice and Research*, 25(1),131—162.
赵建章,陈家麟.(2013).国内网络心理咨询概况与展望.镇江高专学报 26(3),74—76.
周蜜,宗敏,贾晓明.(2012).即时文字网络心理咨询的阶段特征.中国心理卫生杂志,26(11),831—837.
周玥,贾晓明.(2012).网络心理咨询中咨询师言语反应类型.中国心理卫生杂志,26(11),858—863.
庄海林,龚海凡.(2007).网络心理测验对护生心理影响度调查.卫生职业教育,25(17),119—120.
Andersen, A.J.W., & Svensson, T. (2013). Internet-based mental health services in Norway & Sweden: Characteristics & consequences. *Administration and Policy in Mental Health and Mental Health Services Research*, *40*, 145 - 153.
Andersen, A. J. W., & Svensson, T. (2013). Internet-based mental health services in Norway and Sweden: Characteristics and consequences. *Administration and Policy in Mental Health and Mental Health Services Research*, *40*(2), 145 - 153.
Barak, A., & Bloch, N. (2006). Factors related to perceived helpfulness in supporting highly distressed individuals through an online support chat. *CyberPsychology & Behavior*, *9*(1), 60 - 68.
Bergström, Jan, Andersson, Gerhard, Ljótsson, Brjánn, Rück, Christian, Andréewitch, Sergej, Karlsson, Andreas, ... Lindefors, Nils. (2010). Internet-versus group-administered cognitive behaviour therapy for panic disorder in a psychiatric setting: A randomised trial. *BMC Psychiatry*, *10*(1), 54.
Black, R.W. (2008). *Adolescents and online fan fiction* (Vol. 23). Peter Lang.
Blankers, M., Koeter, M.W.J., & Schippers, G.M. (2011). Internet therapy versus internet self-help versus no treatment for problematic alcohol use: A randomized controlled trial. *Journal of Consulting and Clinical Psychology*, *79*(3), 330.
Bloom, John W. (1998). The ethical practice of Web Counseling. *British Journal of Guidance and Counselling*, *26*(1), 53 - 59.
Burns, J., Morey, C., Lagelee, A., Mackenzie, A., & Nicholas, J. (2007). Reach out! Innovation in service delivery. *Medical Journal of Australia*, *187*(7), S31 - S34.
Burns, J.M., Durkin, L.A., & Nicholas, J. (2009). Mental health of young people in the United States: What role can the internet play in reducing stigma & promoting help seeking? *Journal of Adolescent Health*, *45*(1), 95 - 97.
Carlbring, P., Furmark, T., Steczkó, J., Ekselius, L., & Andersson, G. (2006). An open study of Internet-based bibliotherapy with minimal therapist contact via email for social phobia. *Clinical Psychologist*, *10*(1), 30 - 38.
Cook, J.E., & Doyle, C. (2002). Working alliance in online therapy as compared to face-to-face therapy: Preliminary results. *CyberPsychology & Behavior*, *5*(2), 95 - 105.
Cottrell, S. (2005). E-therapy: the future? *Healthcare Counselling and Psychotherapy*, *1*(5), 18 - 21.
Crisp, D., Griffiths, K., Mackinnon, A., Bennett, K., & Christensen, H. (2014). An online intervention for reducing depressive symptoms: Secondary benefits for self-esteem, empowerment and quality of life. *Psychiatry Research*, *216*(1), 60 - 66.
Cristea, I.A., Sucala, M., & David, D. (2013). Can you tell the difference? Comparingface-to-face versus computer-based interventions. The" ELIZA" effect in psychotherapy. *Journal of Cognitive and Behavioral Psychotherapies*,

13(2).

Crookes, A.E. & Moran, P.M. (2003). An investigation into age and gender differences in human kamin blocking. *Developmental Neuropsychology*, *24*,461 - 477.

Day, S.X, & Schneider, P.L. (2002). Psychotherapy using distance technology: A comparison of face-to-face, video, and audio treatment. *Journal of Counseling Psychology*, *49*(4),499.

Derrig-Palumbo, K., & Zeine, F. (2005). *Online Therapy: A therapist's guide to expanding your practice*. W.W. Norton & Company.

Farrell, S.P., & McKinnon, C.R. (2003). Technology & rural mental health. *Archives of Psychiatric Nursing*, *17*(1), 20 - 26.

Fernández-Aranda, F., Jiménez-Murcia, S., Santamaría, J.J., Gunnard, K., Soto, A., & Kalapanidas, E., et al. (2012). Video games as a complementary therapy tool in mental disorders: playmancer, a european multicentre study. *Journal of Mental Health*, *21*(4),364 - 74.

Fernández-Aranda, F., Jiménez-Murcia, S., Santamaría, J.J., Gunnard, K., Soto, A., & Kalapanidas, E., et al. (2012). Video games as a complementary therapy tool in mental disorders: playmancer, a european multicentre study. *Journal of Mental Health*, *21*(4),364 - 74.

Fukkink, R.G., & Hermanns, J.M. (2009). Children's experiences with chat support & telephone support. *Journal of Child Psychology & Psychiatry & Allied Disciplines*, *50*(6),759 - 766.

Gilat, I., Tobin, Y., & Shahar, G. (2012). Responses to suicidal messages in an online support group: comparison between trained volunteers and lay individuals. *Social Psychiatry and Psychiatric Epidemiology*, *47*(12),1929 - 1935.

Gollings, E.K., & Paxton, S.J. (2006). Comparison of internet and face-to-face delivery of a group body image and disordered eating intervention for women: a pilot study. *Eating Disorders*, *14*(1),1 - 15.

Griffiths, F., Lindenmeyer, A., Powell, J., Lowe, P., & Thorogood, M. (2006). Why are health care interventions delivered over the internet? A systematic review of the published literature. *Journal of Medical Internet Research*, *8*(2),10.

Griffiths, K.M., & Christensen, H. (2007). Internet-based mental health programs: A powerful tool in the rural medical kit. *Australian Journal of Rural Health*, *15*(2),81 - 87.

Haas, A., Koestner, B., Rosenberg, J., Moore, D., Garlow, S.J., Sedway, J., ... & Nemeroff, C.B. (2008). An interactive web-based method of outreach to college students at risk for suicide. *Journal of American College Health*, *57*(1),15 - 22.

Haas, A., Koestner, B., Rosenberg, J., Moore, D., Garlow, S.J., Sedway, J., ... & Nemeroff, C.B. (2008). An interactive web-based method of outreach to college students at risk for suicide. *Journal of American College Health*, *57*(1),15 - 22.

Harrison, A., Tchanturia, K., & Treasure, J. (2010). Attentional bias, emotion recognition, and emotion regulation in anorexia: State or trait? *Biological Psychiatry*, *68*(8),755 - 761.

Holmes, E.A., Craske, M.G., & Graybiel, A.M. (2014). A call for mental-health science. *Nature*, *511*(7509),287 - 289.

Holmes, E. A., James, E. L., Coode-Bate, T., & Deeprose, C. (2009). Can playing the computer game "Tetris" reduce the build-up of flashbacks for trauma? A proposal from cognitive science. *PloS one*, *4*(1),e4153.

Hsiung, R.C. (2000). The best of both worlds: an online self-help group hosted by a mental health professional. *CyberPsychology & Behavior*, *3*(3),935 - 950.

Humphreys, K. (1997). Clinicians' referral and matching of substance abuse patients to self-help groups after treatment. *Psychiatric Services*, *48*(11),1445 - 1449.

Jacob, N., Scourfield, J., & Evans, R. (2014). Suicide prevention via the Internet: A descriptive review. *Crisis: The Journal of Crisis Intervention and Suicide Prevention*, *35*(4),261.

Kummervold, P.E., Gammon, D., Bergvik, S., Johnsen, J.A.K., Hasvold, T., & Rosenvinge, J.H. (2002). Social support in a wired world — Use of online mental health forums in Norway. *Nordic Journal of Psychiatry*, *56*(1),59 - 65.

Li, T.M., Chau, M., Yip, P.S., & Wong, P.W. (2014). Temporal and computerized psycholinguistic analysis of the blog of a chinese adolescent suicide. *Crisis*, *35*(3),168 - 75.

Madara, E. J. (1999). Self-help groups: Options for support, education, and advocacy. Psychiatric nursing: An integration of theory and practice, 171 - 188.

Manning, J., & VanDeusen, K. (2011). Suicide prevention in the dot com era: Technological aspects of a university suicide prevention program. *Journal of American College Health*, *59*(5),431 - 433.

McKenna, K.A., & Bargh, J.A. (1998). Coming out in the age of the Internet: Identity 'demarginalization' through virtual group participation. *Journal of Personality and Social Psychology*, *75*(3),681 - 694.

Meyer, D., Hamel-Lambert, J., Tice, C., Safran, S., Bolon, D., & Rose-Grippa, K. (2005). Recruiting & retaining mental health professionals to rural communities: An interdisciplinary course in Appalachia. *Journal of Rural Health*, *21*(1),86 - 91.

Murphy, L.J., & Mitchell, D.L. (1998). When writing helps to heal: E-mail as therapy. *British Journal of Guidance and Counselling*, *26*(1),21 - 32.

Naglieri, J.A., Drasgow, F., Schmit, M., Handler, L., Prifitera, A., Margolis, A., & Velasquez, R. (2004). Psychological Testing on the Internet: New Problems, Old Issues. *American Psychologist*, *59*(3), 150 - 162.

Omar, H.A. (2005). A model program for youth suicide prevention. *International Journal of Adolescent Medicine and Health*, *17*(3), 275 - 278.

Parsons, S., Mitchell, P. & Leonard, A. (2005). Do adolescents with autistic spectrum disorders adhere to social conventions in virtual environments? *Autism*, 9, 95 - 117.

Penn, D.L., Simpson, L., Edie, G., Leggett, S., Wood, L., Hawgood, J., ... & De Leo, D. (2005). Development of ACROSSnet: An online support system for rural and remote community suicide prevention workers in Queensland, Australia. *Health Informatics Journal*, *11*(4), 275 - 293.

Pennebaker, J.W., Kiecolt-Glaser, J.K., & Glaser, R. (1988). Disclosure of traumas and immune function: health implications for psychotherapy. *Journal of Consulting and Clinical Psychology*, *56*(2), 239.

Pope, A.T. & Bogart, E.H. (1996). Extended attention span training system: Video game neurotherapy for attention deficit disorder. *Child Study Journal*, *26*, 39 - 51.

Prado, S., & Meyer, S.B. (2004). Evaluation of the working alliance of an asynchronous therapy via the internet. *Sao Paulo: University of Sao Paulo. Retrieved October*, *24*, 2008.

Proudfoot, J.G. (2004). Computer-based treatment for anxiety & depression: Is it feasible? Is it effective? *Neuroscience & Biobehavioral Reviews*, *28*(3), 353 - 363.

Reips, U. (2000). The Web experiment method: Advantages, disadvantages, and solutions. In M.H. Birnbaum, M.H. Birnbaum (Eds.), *Psychological experiments on the Internet* (pp. 89 - 117). San Diego, CA, US: Academic Press.

Richards, D. (2009). Features & benefits of online counselling: Trinity College online mental health community. *British Journal of Guidance & Counselling*, *37*(3), 231 - 242.

Richards, D., & Vigan'o, N. (2013). Online counseling: a narrative and critical review of the literature. *Journal of Clinical Psychology*, *69*(9), 994 - 1011.

Rickwood, D.J., Deane, F.P., & Wilson, C.J. (2007). When & how do young people seek professional help for mental health problems? *Medical Journal of Australia*, *187*(7), S35 - S39.

Rochlen, A.B., Zack, J.S., & Speyer, C. (2004). Online therapy: Review of relevant definitions, debates, and current empirical support. *Journal of Clinical Psychology*, *60*(3), 269 - 283.

Salem, D.A., Anne Bogat, G., & Reid, C. (1997). Mutual help goes on-line. *Journal Of Community Psychology*, *25*(2), 189 - 207.

Sharry, J., McDermott, M. & Condron, J. (2003). Relax To Win: Treating children with anxiety problems with a biofeedback video game. *Eisteach*, *2*, 22 - 26.

Shrimpton, B. & Hurworth, R. (2005). Adventures in evaluation: Reviewing a CD-ROM based adventure game designed for young people recovering from psychosis. *Journal of Educational Multimedia and Hypermedia*, *14*, 273 - 290.

Sieswerda, S., Arntz, A. & Wolfis, M. (2005). Evaluations of emotional noninterpersonal situations by patients with borderline personality disorder. J*ournal of Behavior Therapy and Experimental Psychiatry*, *36*, 209 - 225.

Suler, J. R. (2000). Psychotherapy in cyberspace: A 5-dimensional model of online and computer-mediated psychotherapy. *CyberPsychology & Behavior*, *3*(2), 151 - 159.

Susi, T., Johannesson, M., & Backlund, P. (2007). Serious games: An overview. *Institutionen för Kommunikation och Information*, 28.

Tanaka, J., Klaiman, C., Koenig, K. & Schultz, R.T. (2005). Plasticity of the neural mechanisms underlying face processing in children with ASD: Behavioral improvements following perceptual training on faces. *Boston: Poster presented at the International Meeting for Autism Research*.

Umefjord, G., Petersson, G., & Hamberg, K. (2003). Reasons for consulting a doctor on the Internet: Web survey of users of an Ask the Doctor service. *Journal of Medical Internet Research*, 5(4), e26.

Vernmark, K., Lenndin, J., Bjärehed, J., Carlsson, M., Karlsson, J., Öberg, J., ... & Andersson, G. (2010). Internet administered guided self-help versus individualized e-mail therapy: A randomized trial of two versions of CBT for major depression. *Behaviour Research and Therapy*, *48*(5), 368 - 376.

Wang, Y.D., Phillips-Wren, G., & Forgionne, G. (2005). E-delivery of personalised healthcare information to intermediaries for suicide prevention. *International Journal of Electronic Healthcare*, *1*(4), 396 - 412.

Whalen, C., Liden, L., Ingersoll, B., Dallaire, E., & Liden, S. (2006). Behavioral improvements associated with computer-assisted instruction for children with developmental disabilities. *Journal of Speech and Language Pathology-Applied Behavior Analysis*, *1*, 11 - 26.

Wilkinson, N., Ang, R.P., & Goh, D.H. (2008). Online video game therapy for mental health concerns: a review. *International Journal of Social Psychiatry*, *54*(4), 370 - 382.

Ybarra, M.L., & Suman, M. (2006). Help seeking behavior & the Internet: A national survey. *International Journal of Medical Informatics*, *75*(1), 29 - 41.

13 网络对人类发展的影响

互联网技术的发展，使得网络逐渐浸入人们工作、生活的各个角落，提高了人们工作的效率，改变了人们生活的方式，促进了人类社会的发展进步。随着网络使用的日益普及，网络使用对人类心理、生理的影响也得到了诸多研究的证实。本章主要探讨了网络在人类发展中的潜在作用。首先，从生理发展的视角，探讨了网络对人类生理发展的影响，主要着眼于网络使用对个体肥胖、睡眠、生理唤醒及身体伤害方面的影响；然后，从社会性发展的视角，探讨了网络对人类社会性发展的影响，主要着眼于网络使用对人际交往、自我认同的影响，并简单探讨了网络欺负对个体心理社会适应的影响；接着，从认知发展的视角，探讨了网络对人类认知发展的影响，主要着眼于网络使用对人类语言、记忆、空间认知发展的影响；最后，从进化心理学的视角，探讨了网络使用对人类进化的可能影响。

13.1 网络对人类生理发展的影响

生理发展,也叫生物因素的发展,指人类个体的生理结构与机能及其本能的变化。个体的生理发展过程不仅是一种内发过程(即个体按照自身遗传的预定程序和节奏自然成熟、成长的过程),而且是遗传因素和环境因素共同作用的过程。随着网络的普及,网络技术正在改变人类赖以生存的社会环境,改变人类的行为方式及生活习惯,进而对人类生理的发展产生重要影响,这一点得到了以往研究的证实。通过对现有研究的梳理,本节将从肥胖、睡眠、生理唤醒及身体伤害三个视角探讨网络使用对人类生理发展的影响。

13.1.1 网络使用与肥胖

肥胖是指一定程度的明显超重与脂肪层过厚,是体内脂肪,尤其是甘油三酯积聚过多而导致的一种状态。它并不是单纯的体重增加,而是一种体内脂肪组织积蓄过剩的状态。肥胖是引起多种心血管疾病的主要原因,因此,医学研究者对肥胖的研究从未止步。以往研究从家庭、个人生活习惯、社会经济发展、文化背景等视角对造成肥胖的因素进行了探讨。随着经济的发展,人们的生活节奏不断加快,人们的物质消费和精神消费逐渐一体化,即当人们进行物质消费(如用餐等)的同时,往往也会伴随着精神消费(如看电视、网络使用等),同样,人们的精神消费也会伴随着物质消费。这一现象引起了社会关注,人们担心传统媒体使用会导致身体肥胖,因此,"传统媒体使用和肥胖的关系"逐渐成为研究的焦点。可惜的是,研究结果并没能消除这种担忧,反而是用科学的方法证实了人们的担忧是正确的,即电视使用与肥胖存在显著正相关(Adachi-Mejia 等,2007)。随着互联网的普及,人们的网络使用逐渐增多,互联网逐渐代替电视机等传统媒体,成为人们精神消费的主要工具,对人类的饮食习惯及运动方式产生了重要影响。研究者对网络使用与肥胖等生理因素的关系进行了探讨。经过对以往研究的梳理发现,有关网络使用与肥胖的研究主要集中在三个方面:网络使用与饮食习惯、网络使用与身体活动、网络与肥胖污名。

首先,网络使用在一定程度上改变了人们的饮食习惯。自从 1954 年斯旺森食品公司推出第一个电视晚餐起,人们就形成了一种观念,即"在观看电视时用餐是被社会所认可的"。半个世纪过去,网络等新媒体逐渐取代了传统媒体,但是,人们的这种观念并没有随着时代的发展而有所变化。基于传统媒体的研究发现,媒体(电视机)使用往往会导致个体垃圾食品的摄入量增加(Dixon, Scully, Wakefield, White, & Crawford, 2007),而基于电脑视频游戏的研究也证实,视频游戏中的零食广告会提高儿童食用零食的频率(Hernandez & Chapa, 2010)。不仅儿童如此,互联网的过度使用也会导致大学生不食用早餐或者其他正餐(Kim 等,2010)。人们在媒体使用过程中如果大量食用零食,会导致饥饿感消失,进而减少正餐的食用,但零食并不能满足人体对营养物质的需求。已有研究证实不良的饮食习惯是导致个体肥胖的主要原因(Klatzkin, Gaffney, Cyrus, Bigus,& Brownley, 2015)。可见,人们的饮食习惯正随着对互联网媒体的使用而变化,这已成为导致个体肥胖的主要原因之一。

其次,网络使用在一定程度上降低了人们的户外活动量。随着互联网的普及,在线影视剧、网络视频游戏逐渐成为人们休闲娱乐的主要方式,致使网络使用占用了人们的业余时间,尤其是户外活动的时间。消耗卡路里较少的互联网使用(浏览网页、观看视频,网络聊天等)取代了消耗卡路里较多的户外体育运动,因此,有研究者认为网络使用导致个体运动量的减少是个体肥胖的又一主要原因(Matusitz & McCormick, 2012)。但并不是所有研究者都同意这一观点,相反,有研究者认为网络可以成为减肥理念、减肥运动项目的传播媒介,这有助于肥胖者加入减肥运动项目、获取健康科学的减肥知识,进而促进其健康减肥。有研究发现,网络媒介的匿名性、便捷性以及交互性使得肥胖者能够更好地参与网络减肥项目,并能够通过网络寻求更加符合自身实际的针对性辅导(Neuhauser & Kreps, 2003),这种“量身定制”的健康方案在一定程度上提高了网络用户对健康知识及行为方式的学习效率。同时,网络的开放性使得肥胖个体能够接触到各种各样的减肥计划,这有利于个体对多种减肥计划进行整合,以便最大限度地发挥各种减肥方案的优点,提高减肥的效率。另一方面,网络的开放性也有助于高效减肥方案的传播,这对于优化减肥方案的整合与推广具有重要意义(Cummins 等,2004)。综上,我们认为肥胖是多种因素共同作用的结果,如遗传、环境、个体性格特征等,网络使用是否会导致个体肥胖还需要更多实证研究来证实。

虽然,已有研究尚不能确定网络使用是否会使个体增肥,但网络使用对肥胖者身心健康的影响不容忽视,有研究者从肥胖污名的视角探讨了网络使用对肥胖的影响。

网络使用在一定程度上促进了肥胖污名的传播。肥胖污名是他人对超重青少年的消极态度、刻板印象和歧视行为。已有研究发现,肥胖污名最早开始于 3 岁,并随着青少年的成长不断恶化,直到大学阶段才开始减少,且有研究证实,超重儿童体验到的偏见、刻板印象以及偏见行为的程度与其体重成正比。青少年在成长的过程中,往往会认为超重的同伴要比体重正常的同伴更加自私、懒惰、丑陋、邋遢以及讨厌,因此,肥胖青少年的玩伴通常较少,他们常常会有被社会拒绝,被他人嘲笑、戏弄及欺负的体验。更值得关注的是,肥胖儿童的父母对自己的孩子也会有消极的刻板印象,他们往往认为自己的孩子是懒惰的,并常常取笑孩子的体重。同样,与儿童朝夕相处的任课教师也认为肥胖的儿童更不爱整洁、更加情绪化、更不容易成功,体育老师也会对肥胖儿童持消极态度(Ballard, Gray, Reilly, & Noggle, 2009; Puhl & Latner, 2007)。可见,肥胖污名对肥胖青少年的身心健康发展有着严重的消极影响。因此,作为肥胖污名的传播工具,传统媒体(如电视等)对肥胖的影响不容忽视,一些影视作品所刻画的不听劝告、贪婪、懒惰、愚笨的形象往往具有肥胖的身躯,如《西游记》中的猪八戒等。

随着互联网媒体的兴起,网络媒体也逐渐成为肥胖污名的传播工具。研究发现,网络新闻媒体会过度使用超重人群的负面图片(如穿着不合身的衣物、食用快餐等)来描述肥胖问题,这种做法加深了肥胖的污名印记,可能会促使肥胖流行。

在一项研究中,耶鲁大学的肥胖研究者 Puhl 和 Latner(2007)对发布在 5 大新闻网站上的 429 则与肥胖相关的新闻故事以及它们所附带的图片照片进行了分析,所有描述超重或者肥胖人群的图片中有 72%都被表述成是“负面、耻辱的”。与以瘦人为主体的照片相比,这些超重人士的图片是“无头照片”的可能性高了 23 倍,比例几乎高过 50%,且几乎都是很犀利地将焦点放在腹部及以下的身体部分,大都是侧面或者后背角度的照片,往往是一丝不挂或穿着邋遢,正在吃不健康食品,或非常慵懒的负面形象。研究者认为,虽然这些新闻故事的目标都在于改变肥胖流行趋势,但这些附带的图片实际上是具有反作用的,来自耶鲁膳食计划及肥胖症研究中心的研究者指出,实验结束后,阅读附带侮辱性新闻图片的被试比那些阅读附带非侮辱性新闻图片的被试报告出更高的对体重的偏见。这些越来越常见的负面的图片和态度,强化了人们关于超重的某些宽泛的认识,比如:肥胖应该归罪于个人的失败,而不是环境或社会的问题。

相应地,肥胖污名能够使肥胖者产生抑郁情绪,也会对肥胖者的自尊带来消极影响。阅读负面媒体信息本身也会使肥胖个体内化大众媒体中所传播的有害的体重刻板印象,这会对肥胖者的心理健康造成严重伤害,继而促使他们暴饮暴食或羞于进行户外运动,导致体重继续增加。因此,我们不能低估网络侮辱性图片对肥胖者身心健康的影响,尤其是在信息时代,互联网已经成为人们获取新闻信息的主要工具,即使人们不读新闻故事本身也一定会注意到那些图片。Husmann (2015)对多家新闻网站 2002—2009 年发表的文章进行了统计分析,发现与肥胖有关的新闻报道中,照片多为“无头照片”,这些“无头照片”无疑是对肥胖者的一种侮辱,是肥胖污名在网络中的具体体现。也许有人会说,这些新闻网站之所以采用“无头照片”是为了保护照片主人的隐私,维护其心理健康,但研究者对此并不认同,他们认为这些“无头照片”恰恰起到了相反的效果。耶鲁膳食计划及肥胖症研究中心的研究者 Puhl 和 Latner (2007)在其研究中指出:“将头和身体其他部分分离开来的新闻照片,即‘无头照片’,

在一定程度上传达了体重过重的信息,这一信息会使肥胖个体感觉到丢脸或者非人性化,致使肥胖成为流行病的标志,而使肥胖者不被社会尊重。"

为了避免上述现象对肥胖者造成伤害,研究者编制了"如何公正中肯地描述肥胖者"的指导手册,且附有一系列积极图片(超重者穿着正式的服装,正在食用健康食品或者锻炼,并且都是有头的图),并倡导各大新闻机构使用这些图片。其后续研究表明,沟通接纳和提供支持远比羞辱和侮辱更恰当,也更能够有效促进肥胖人群的健康生活方式与行为。

13.1.2 网络使用与睡眠

睡眠是人类维持生命所必需的过程,在人类生命活动中扮演着重要角色,它是机体复原、整合和巩固记忆的重要环节,是人类一种重要的生理需求。睡眠缺失、睡眠减少、睡眠贪多以及难以入眠均会对人类的日常学习、生活和工作带来消极影响,甚至导致自杀(Jie-Min, Zhu-Wen, Luo, & Cai, 2009; Sarchiapone 等,2014)。因此,对睡眠质量以及影响睡眠质量的因素进行探讨一直是国内外睡眠研究的重要内容。影响睡眠的因素有多种,例如:生理疾病(如代谢综合征,Redline 等,2007)、物质使用(如香烟,Johnson & Breslau, 2001)、个体因素(如性别,Knutson, 2005)、情绪(Gitto, Conte, & Fanara, 2012)等。随着电视等传统视听媒体的出现,对它们的使用也对人类睡眠造成了一定影响。电视等传统视听媒体无疑丰富了人类的精神生活,改变了人们的生活习惯,当然也包括睡眠习惯。研究发现睡眠时间会随着电视观看时间的延长而减少(Marinelli 等,2014),睡前的媒体使用也会影响个体的睡眠时间。对1974—1993 年间青少年睡眠时间的追踪调查显示,由于睡前使用视听媒体,青少年的入眠时间逐渐变晚,而起床时间并无变化,这导致了青少年睡眠时间的减少(Iglowstein, 2003; Jenni, Fuhrer, Iglowstein, Molinari, & Largo, 2005)。每天看电视时间过长以及睡前看电视还可能引发睡眠障碍,尤其对于卧室里放有电视的个体而言更是如此。可见,电视等传统媒体在带给人们精神愉悦的同时,也对人们的睡眠带来了严重的消极影响。

随着互联网的兴起,人们的媒体消费逐渐从电视等传统视听媒体转向以电脑为媒介的互联网。2016 年第 38 次《中国互联网络发展状况统计报告》显示,我国网民占全体国民的 51.7%,所有网民每周上网时长平均为 26.5 小时,网络游戏、网络视频、网络文学的使用率分别达到 55.1%、72.4%、43.3%。可见,互联网已成为我国国民休闲娱乐的重要途径。作为一种休闲娱乐的工具,互联网给人类的娱乐生活带来了新的变革。令人担忧的是,互联网在给人类带来便利和欢乐的同时,也对人类的工作生活带来了不良影响,如导致人们睡眠减少等。2013 年首部《中国网民睡眠质量白皮书》显示,38%的网民睡眠时长不足6小时,而这一比例在2012年的睡眠质量调查中仅占网民总数的23.4%,这一结果表明,我国网民的睡眠时长在不断减少。报告还指出,22点前入睡的网民仅为16.5%,较2012年下滑6个百分点,另有21.4%的人0点以后入睡,这表明我国网民的睡眠时间在不断后移。报告还显示,10%的网民需要借助安眠药入睡,71%的网民偶尔或经常会半夜惊醒,睡眠质量不高、深度睡眠缺乏已成为普遍现象。时隔3年,虽没有新的睡眠质量报告表明互联网使用对我国网民睡眠的侵蚀再次加重,但根据2016年《中国互联网络发展状况统计报告》的数据不难推断,互联网使用对人类睡眠的侵蚀的确正在逐渐加重。研究发现拥有电脑游戏、互联网设备的儿童比其他儿童睡得更晚,尤其是在周末,他们会睡得更少,这将会对他们的身体健康产生负面影响(Bulck, 2004; Park, 2014)。

值得注意的是,随着计算机技术的发展,智能手机等移动便携式互联网终端的普及程度越来越高,第38次《中国互联网络发展状况统计报告》显示,中国手机网民占网民总数的比例高达92.5%,人们对这些移动便携设备的依赖程度也越来越大,一些人甚至在走路、洗澡和睡觉时都不离身,这会对他们的睡眠质量产生重要影响(Thomée, H Renstam, & Hagberg, 2011)。美国一项调查发现,有近1/4的青少年情侣会在午夜至清晨5点之间用手机、短信等形式与另一半进行在线互动;其中有1/6的青少年情侣会在深夜这段时间里保持高频率联系,平均每小时大于或等于10次。熄灯后继续使用手机,往往会使青少年体验到更多的疲劳感(Kaveri & David, 2010)。

13.1.3 网络使用与生理唤醒及身体伤害

互联网使用在导致个体睡眠时间减少的同时,也提高了个体的生理唤醒水平。生理唤醒是指人体生理指标(如呼吸速率、心率、血压等)发生变化时的身体反应。互联网等媒体对人们唤醒水平的影响主要表现为使个体产生烦乱、坐立不安等行为,即媒体的激励效应(Subrahmanyam, 2007)。研究者对激发身体唤醒的网络媒体的特征进行研究发现,网络游戏以及影视作品中的暴力内容、大量的肢体动作、快速的节奏以及充满激情的音乐是激发个体生理唤醒的主要因素(Anderson & Bushman, 2001; Riby, Whittle & Doherty-Sneddon, 2012),且有研究发现,再次暴露在同一种音乐刺激下,个体会产生同样的生理唤醒(Witvliet & Vrana, 2007),可见,互联网媒体对个体的生理唤醒的影响,不仅具有即时效应,还会使个体形成相应的生理唤醒模式。此外,互联网下载速度变化也会引起个体的生理唤醒,并且这种影响会随着下载图片内容的变化而变化。研究发现,由于期待的作用,高唤醒图片的下载速度越慢,个体的唤醒水平就会越高,而低唤醒图片的下载速度越快,个体的唤醒水平就会越高

(Sundar & Wagner, 2002)。随着研究的深入,研究者对以社交网站为媒介的面对面争论与个体的生理唤醒之间的关系进行了研究,结果显示,与线下面对面的争论相比,以社交网站为媒介的面对面争论所引起的生理唤醒水平更高,对有高社交焦虑的个体尤为如此(Rauch, Strobel, Bella, Odachowski, & Bloom, 2014)。由于互联网使用对个体生理唤醒水平具有提升的作用,睡前使用互联网设备往往会导致个体疲惫感消失,睡眠延迟,甚至失眠,进而导致个体懒床,日间精神萎靡。当然,为了进一步探讨互联网使用对人类睡眠的影响机制,研究者还需从短时效应和长时效应两个角度对其进行更多的实证研究。

此外,过多地参与电脑游戏会由于在游戏过程中重复地按键而引起右手拇指伸肌的肌腱炎症。而长时间的互联网使用同样会给个体的眼睛、背部以及手腕造成伤害,他们在成年时将会饱受这些部位疼痛的折磨,如鼠标手,由于每天长时间的接触、使用电脑,重复打字和移动鼠标,手腕关节长期密集、反复和过度地活动,导致腕部肌肉或关节麻痹、肿胀、疼痛、痉挛,即"腕管综合征",它是人体的正中神经及进入手部的血管,在腕管处受到压迫所产生的症状,主要表现为食指和中指僵硬疼痛、麻木与拇指肌肉无力感 (Shiri & Falah-Hassani, 2015)。此外,研究表明大量重复的信息发送也会导致手指的各种疼痛和炎症,它们通常被称为"短信腱鞘炎"(texting tenosynovitis)或者"短信拇指"(textmessenger's thumb, Ali 等,2014)。随着笔记本电脑、平板电脑以及智能手机的流行,互联网媒体使用群体的年龄越来越小,于 2016 年 8 月发布的第 38 次《中国互联网络发展报告》显示,与 2015 年底相比,29 岁以下网民的规模占比增长了 0.5 个百分点,可见,互联网继续向低龄群体渗透,因此,对于"数字土著",家长及学校乃至整个社会都需要引导他们正确地使用网络,培养他们使用互联网的良好习惯,如适时休息、合理放置电脑设备等。另一方面,开车时使用手机更容易引起应急交通事件,且在面临应急交通事件时,开车时使用手机的司机比不使用手机的司机的心率更快(Chen, 2013)。可见,开车时使用智能手机等移动互联网设备往往是酿成重大交通事故的重要因素,对人类的生命安全造成了巨大的威胁(Bener, Lajunen, Özkan, & Haigney, 2006)。

13.2 网络对社会性发展的影响

13.2.1 网络与人际交往

青少年期是个人独立探索的重要时期,这一时期,青少年逐渐从家庭中独立出来,发展自主性,同伴以及恋人关系逐渐成为其发展亲密关系的重要任务,在其生活中的作用日益突出(Brown, 2004)。网络为青少年提供了一个相对安全的人际交往环境(Lapidot-Lefler & Barak, 2012),对青少年的同伴关系、恋爱关系以及家庭关系的发展均具有重要意义。

互联网使用与同伴关系 与童年期的同伴交往不同,青少年同伴关系是其亲密感发展的良好反映。他们在同伴交往的过程中逐渐学会沟通,分享经验,并确立在团体中的位置。他们会对朋友进行更多的自我表露,并从朋友处获取情感及信息支持,这些能更好地帮助他们处理生活中所面临的重要问题,也可以满足其获得亲密朋友的需要。Brown(2004)通过对青少年同伴关系的调查发现,青少年普遍认为朋友是其最重要的资源以及社会支持的来源,甚至有一些青少年认为朋友所提供的资源和社会支持超过其父母和其他家庭成员所提供的。此外,在青少年期,同伴的结构也会发展变化,"朋党"和"团伙"是该时期同伴交往的重要特点。在互联网时代背景下,网络交往工具(即时通讯、社交网站)为青少年之间的交往提供了方便,网络往往成为青少年朋党或团伙组织线下社交活动的重要工具(Tosun, 2012),对青少年建立并维持稳定的同伴关系起着不可替代的作用(Kisilevich, Ang, & Last, 2012)。而使用网络社交工具与同伴进行交往具有诸多特点。首先,青少年相当一部分网络交往的对象是由线下延伸而来的。随着实名制社交网站的兴起,青少年的网络交往逐渐出现工具化现象,即网络交往逐渐成为青少年进行同伴交往及开展社会活动的工具。Tosun(2012)对社交网站使用动机的研究发现,与异地朋友保持联系、组织线下社交活动以及建立新的人际关系是青少年使用社交网站的三种主要动机,他们往往会使用社交网站发布聚会信息,使用即时通讯与远方的朋友保持长期的联系,并通过添加好友的方式与他人建立新的联系。其次,青少年的网络交往与其获取同伴归属感有关。青少年的即时通讯交流主要集中在简单而又亲密的话题上,其目的是与朋友保持联系,以获得同伴归属感(Boneva, Quinn, Kraut, Kiesler, & Shklovski, 2006)。近年来关于青少年社交网站使用的研究也得到了同样的结论(Seidman, 2013)。同时,同伴压力也会促使青少年使用社交网站等新媒体进行同伴交往,因为他们想让自己在同伴中更受欢迎(Utz, Tanis, & Vermeulen, 2012)。青少年往往会通过线上自我表达,让更多的同伴了解自己(Bergman, Fearrington, Davenport, & Bergman, 2011),以此来获得更多同伴的支持与欢迎。此外,青少年的社交网站使用也表现出了性别差异,Lenhart 和 Madden(2007)对不同性别的青少年的社交网站使用动机进行研究后发现,青少年女孩使用社交网站主要是为了强化已有的友谊关系,而青少年男孩使用社交网站则主要是为了结交新的朋友以及调情。

青少年的在线同伴交往也给青少年的同伴关系发展带来了重要影响,其在为青少年的同伴关系发展带来积极作用的同时,也带来了负面影响。好处与弊端同时存在,使之就像是一把双刃剑,如何有效地扬长避短,首先需要明确这些影响主要体现在哪些方面，青少年的在线同伴交往主要影响同伴接触与友谊质量。

就同伴接触而言，青少年在线同伴交往增加了其与离线同伴接触的频率，他们可以利用网络对离线朋友进行更多的自我表露，增进彼此之间的交流，而这些离线朋友也正是在其生活中变得越来越重要的人。有研究发现，青少年在即时通讯的使用过程中可以获得两种需要的满足，即维持个人友谊的需要以及同伴归属的需要（Boneva等，2006），对于青少年社交网站使用行为的研究也发现，青少年在社交网站中的自我展示能够满足个体受同伴欢迎的需要（Utz 等，2012）。此外，青少年使用网络交往与同伴联系的增多也体现在朋友网络的拓展上。即时通讯、社交网站等网络交往工具都具有添加好友的功能，青少年可以通过添加好友增加其线上朋友的数量。Kim 和Lee（2011）在其研究中对青少年的社交网站朋友数量进行了调查，结果显示，平均每个青少年在社交网站上的朋友数量为 428.62 个，标准差为 240.53。且有研究表明，青少年的在线朋友大多也是他们的离线朋友（Reich, Subrahmanyam, & Espinoza, 2009）。可见，网络交往能够拓展青少年的朋友网络，这可能是因为在即时通讯、社交网站中，青少年可以同时和多个线上朋友进行互动交流，同时关注多个在线朋友所更新的状态，与面对面的同伴交往相比，这大大降低了同伴交往的成本。而青少年网络交往的增多不仅增加了其与同伴接触的机会，同时也满足了青少年的诸多需要。但是，这些优势并没有打消一些学者对青少年网络交往的顾虑，他们认为青少年的网络交往的增多是以面对面交往的减少为代价的。对此，研究者展开了大量的研究，2007年 WIP[WIP 是一个全球性的国际调查，主要关注互联网对个人和社会的影响，它由属于南加州大学阿伦伯格通讯学院（the USC Annenberg School for Communication）的“数字未来中心”（the Center for the Digital Future）协调运作]的数据显示，使用网络进行同伴交往的青少年并不认为他们的面对面交往有所减少，而且大多数青少年认为网络交往增加了他们与朋友的总体交往频率（Subrahmanyam 和 Smahel, 2010）。

就友谊质量而言，一些研究认为青少年网络交往使得其与朋友之间的关系变得更加亲密了。在 Reich 等（2009）针对美国青少年社交网站使用行为的研究中，参与者在对这个问题的看法上出现了分歧——44%的参与者觉得这对他们与朋友的关系没有产生什么影响，43%的人觉得这使得他们变得更加亲密了，只有 5%的人报告说这已经给他们带来了麻烦。在另一项研究中，研究者通过对 794 名荷兰青少年进行调查发现，88%与离线朋友在网上进行交流的青少年认为在线沟通与其友谊的亲近感呈正相关，然而，对于主要是与陌生人沟通的青少年而言，则没有什么影响，且有30%的青少年认为，在对亲密信息进行自我表露时，使用互联网比面对面沟通更为有效（Valkenburg & Peter, 2011）。可见，网络交往对青少年友谊质量的发展具有一定的促进作用。然而,有研究者认为网络交往在促进青少年友谊质量发展的同时,也存在着某些隐藏的代价。Boneva 等(2006)对青少年即时通讯行为进行研究发现,即时通讯并没有完全被青少年所接纳,因为他们认为即时通讯并不如电话和面对面交谈那么有乐趣,并且他们会在心理上觉得通过即时通讯联系的伙伴并不如通过电话或面对面交谈联系的伙伴那么亲近(Sprecher, 2014)。这可能是因为即时通讯交流是基于文本的交流方式,这就意味着大量肢体语言以及语调表情等视觉线索的缺失。

互联网使用与恋爱关系 恋爱关系是青少年人际关系的重要组成部分,也是青少年自我认同探索的重要内容(Barnes, Brown, Krusemark, Campbell, & Rogge, 2007; Erikson, 1968)。随着青春期的到来,青少年的生理变化往往会引发相应的心理变化,青少年再一次将注意的焦点集中在自我形象上,以获取异性的好感。同时,生理上的两性差异也会让青少年对异性产生好奇,使得性成为其恋爱关系中的重要组成部分,即使他们并没有完全达到性成熟(Miller & Benson, 1999)。但是,他们的性关系发展和恋爱关系发展并没有完全交织在一起,而是相对独立的。青少年的恋爱关系发展并不是独立于其生活环境的,它是青少年社会网络的一部分。因此,青少年的恋爱关系受到社会文化背景的影响。

随着网络通讯技术的发展,恋爱关系的发展如同伴关系的发展一样,也受到了网络交往的影响。首先,网络交往已经成为青少年建立、维持并加强恋爱关系的重要工具。Šmahel 和 Veselá(2006)对网络中的人际吸引进行研究后发现,网络交往能够通过"接近、共享相同的兴趣、态度和观点、幽默感、自我表露、创造性、智力、沟通能力、虚拟的超凡魅力"以及"你喜欢我、我喜欢你、你更加喜欢我、我更加喜欢你"的螺旋等因素提高个体的在线吸引力,这可能是青少年能够通过网络交往建立并发展恋爱关系的重要原因。但是,Šmahel 等发现,网络交往也会对恋爱关系的发展产生不利影响。他们认为"被动、不当的暴露癖以及攻击性"是导致个体在线吸引力降低的重要因素。因此,青少年通过网络发展恋爱关系时应该更加主动、进行适当的自我暴露以及避免言语攻击。其次,网络交往的匿名性使得青少年更倾向于在网络中进行性探索以及伴侣选择。Smahel 和 Subrahmanyam(2007)对在线聊天室中的 12 000 条聊天记录进行分析后发现,在聊天室的公共空间里平均每分钟就会有 2 条找寻伴侣的请求。可见,在线聊天室中,伴侣寻求是最为常见的内容。这可能是因为网络交往的匿名性以及视觉线索的缺失减轻了青少年进行性探索以及寻求伴侣的压力与焦虑。第三,网络交往为青少年提供了无限制的关系来源、不受时空条件限制的形成关系的能力以及开启恋爱关系的高容易度。研究者通过对捷克青少年约会网站使用行为的调查发现,大约 43%的青少年有时候会访问约会网站,23%的青少年在约会网站上有个人主页,并且为了约会与另一个人联系过,他们发现青少年在约会网站的使用上没有性别差异。年龄大一些的青少年(16—18岁)报告他们访问约会网站比年幼一些的青少年(12—15岁)更为频繁(52%对35%)。在那些在约会网站上拥有个人主页的青少年中,30%的人给他们的伴侣打过电话,9%使用过视频,8%交换过色情图片,35%与在线伴侣见过面。令人感兴趣的是,拥有个人主页的青少年只有22%认可他们是在寻求"严肃的约会",64%的人在约会中不会给出承诺,46%的人只是"纯粹的虚拟关系",7%的人是为了发生性关系而寻求一次离线会面。可见,在线约会降低了"约会门槛",为具有社交障碍的青少年提供了一个良好的约会场所,而对于一部分青少年来说,由于在线约会的成本较低,他们可能会为了等待潜在的约会伴侣而不愿意真正投入或给予承诺,并会因此频繁更换约会对象(Subrahmanyam & Smahel, 2010)。第四,在线恋爱关系的真实性为青少年所怀疑。虽然,网络为青少年提供了大量约会的机会,且青少年也对在线约会很感兴趣,并会与线上结识的陌生人聊天,但是,青少年对在线关系的质量以及真实性都持怀疑态度,这可能与青少年进行在线约会的动机有关,一项针对捷克青少年在线约会行为的研究发现,青少年在线约会的动机往往是"结识异性朋友,说说话而已"(Mesch & Talmud, 2007)。

互联网使用与家庭关系 随着互联网使用的普及,网络交往逐渐浸入家庭成员之间(Coyne, Padilla-Walker, Day, Harper, & Stockdale, 2014),许多青少年通过社交网站、即时通讯等网络社交工具与家人进行日常交往,有学者对家庭互联网使用的动机进行研究后发现,增进家庭成员之间的联系是儿童青少年进行亲子网络社交的主要原因,亲子异地的家庭尤为如此,而家庭成员对传统电视媒体的使用则多基于娱乐动机。家庭系统理论对此进行了解释,该理论认为传统的电视媒体以及网络交往媒体都是家庭生活中必不可少的一部分,网络交往媒体更有利于提高家庭成员间的互动频率,加强家庭联系,进而增强家庭成员间的联结感。而使用满足理论则认为父母之所以与孩子进行网络交往主要是因为网络交往能够满足其监督孩子、与孩子联系的需要(Doty & Dworkin, 2014),该理论认为父母可以通过浏览孩子的个人主页、与孩子的网络同伴进行交流来了解孩子的生活,并通过网络交流对孩子的行为进行有效的监控和干预。

但是,值得注意的是,青少年及其父母使用新媒体是否会对其关系产生影响仍需要进一步的研究来解答。因为有研究者认为,青少年之所以与父母进行网络交往可能是因为亲子之间面对面交谈的机会并不多,换句话说,亲子之间的网络互动可能是以面对面交流的减少为代价的(Subrahmanyam & Smahel, 2010)。

13.2.2 互联网使用与自我认同

已有研究证实家庭互动环境(Reis & Youniss, 2004)、同伴交往(Kroger, 2006)

以及电视等传统媒体(Brown, 2004)在儿童青少年的自我认同发展过程中发挥着重要作用。在自我认同的各个成分中,性别认同的发展是青少年自我概念建构的一个核心成分。青春期的身体发育等生理变化,迫使青少年思考不同的性别及其背后代表的差异。什么是性?男性和女性有什么特点?什么样的性态度和性行为是正确的?这一时期的青少年常常思考这类有关性别认同的问题,与性有关的信息将帮助青少年形成恰当的性别认同。近年来的研究显示,网络是青少年群体获取性别认同主题相关信息的重要来源(Kraus & Russell, 2008)。青少年经常使用网络来交流和探索各种与性相关的主题,这些主题涉及范围很广,从讨论各种性话题到虚拟约会到参与"虚拟性交"(Subrahmanyam, Greenfield, & Tynes, 2004; Subrahmanyam, Smahel, & Greenfield, 2006)。Subrahmanyam 等(2004)发现,性和性相关主题都是颇受欢迎的话题,青少年在网上聊天室里都会讨论这些话题。

网络交往工具(如即时通讯、社交网站等)的特性,如匿名性、便捷性、可弥补性以及相对安全性等,为青少年的发展提供了一个不同于现实交往环境的人际互动空间,为儿童青少年的自我认同实验提供了大量机会,为其检验自我认同的不同方面提供了一个绝佳的场所(Wallace, 2001)。在这一环境中,青少年不断地尝试各种社会角色,如"魔兽世界"、"英雄联盟"等大型多人在线角色扮演游戏。在这一过程中,青少年会不断受到各种人生观、价值观和世界观的挑战和冲击,这些对其自我认同的发展具有重要影响(Subrahmanyam 等,2006)。其中,网络自我呈现是青少年在线自我认同建构的重要方式。网络自我呈现是指用户以不同方式向其他在线用户呈现自我,包括自我的性别、年龄、职业、兴趣爱好以及生活状态等内容,它受到网络社交工具特性的重要影响。网络自我呈现并不是一项单一的活动,它依托于特定的自我呈现方式,如昵称、性别、年龄、所在地、化身、照片和视频、博客、个人主页以及社交网站等。青少年在线自我认同建构也正是通过这些自我呈现方式实现的。就"昵称"而言,它往往传达了青少年用户的性别、性认同以及特殊爱好方面的信息,是青少年在网络交往中自我认同确立的方式之一。Subrahmanyam 等(2006)对青少年在线聊天室中约500个昵称进行了分析,发现48%的女性会在网络交往中使用女性化的昵称(如MandiCS12, Lilprincess72988),而使用男性化昵称的男性则占32%。此外,一些青少年的在线昵称也是其兴趣爱好在网络世界的反映,如旅游达人、音乐达人等。可见,网络昵称往往是青少年离线自我在网络中的一种表现。就"年龄、性别、所在地"而言,青少年往往会在个人账户中创建较为详细的个人资料,这些信息为青少年分享自我认同的基本信息提供了方便。就"化身"而言,它为青少年在线自我认同的构建提供了更多选择,因为青少年用户往往会控制自己在网络游戏以及其他在线互动中的化身,并会根据自己的意愿对其进行塑造。就"照片和视频"而言,它为青少年的网络自我呈现提供了方便,且有研究证实年龄较小的青少年更有可能在网络交往中呈现图片(Subrahmanyam, Garcia, Harsono, Li, & Lipana, 2009),它促进了青少年的公开自我展示,对其自我感的获得具有重要影响(Chen & Marcus, 2012)。就"博客和个人主页"而言,青少年在博客的叙述以及对个人主页的设置,往往会披露大量的个人信息,这些信息有助于其他用户了解他们是谁,同时,青少年写网络日志或对其个人主页进行设置的过程,往往也会使他们对自我有更多思考,比如,自己的兴趣爱好、特长等,这可能有助于其回答"我是谁"这一自我认同问题,进而促进其自我认同的发展(Subrahmanyam 等,2009)。就"社交网站"而言,它是青少年进行自我认同表达以及自我呈现的重要场所(Schmalz, Colistra, & Evans, 2015), Livingstone(2008)对青少年的访谈研究显示,青少年的自我认同发展"似乎与社交网站的风格或选择有关",年纪小的青少年会花很多时间"装饰"他们的个人资料、提供更详细的个人信息,而年龄大一些的青少年则偏爱朴实一些的网站,只要能快速连接到其他社交网站用户即可。此外,有研究证实,社交网站为即将成年的年轻人提供了探索可能自我和表达他们想要成为的理想自我的工具(Manago, Graham, Greenfield, & Salimkhan, 2008)。

13.2.3 互联网使用与网络利他行为

在互联网使用构成中,或许你会在某个 BBS 中解答其他用户的问题,或许你会回复某人的求助邮件,又或许你会在某个 QQ 群中上传某一论文或软件。你也许没有意识到,这就是网络利他行为,它是指个体在网络环境中表现出来的支持、指导、分享、提醒等有利于他人和社会且不期望得到任何回报的自觉自愿的行为,是利他行为在互联网世界的一种体现,它具有多种表现形式(Amichai-Hamburger, 2008),且具有很高的普遍性,甚至在很多情况下,网络利他行为的实施者与受助者并不认识,他们只是通过网络取得了联系。此外,网络的特征也使得网络利他行为表现出一定的独特性:如主体不确定性,及时、延时不确定性,长效性,成本非物质性,扩散性等。

互联网等媒体对利他行为的影响一直是研究者关注的焦点。在过去的 30 年间,根据班杜拉的观察学习理论,研究者探究了亲社会电视节目对 3—5 岁儿童利他行为的影响,研究者采用班杜拉所使用的行为实验法,让实验组儿童观看一段亲社会电视节目,而对照组儿童则观看中性的电视节目,然后对所有儿童在随后的"自由玩耍"活动中的行为表现进行观察记录。结果发现,与对照组相比,观看亲社会电视节目的个体会表现出更多的分享/利他行为(Mares & Woodard, 2005)。著名的《芝麻街》项目组的研究也发现,相比于观看同一个节目中的中立片段,观看了《芝麻街》中亲社会行为的剪辑视频的学龄前儿童更倾向于做出分享、有序、帮助、安慰和与玩伴合作

(Subrahmanyam & Smahel, 2010)等行为。在一定意义上,互联网也起到了为儿童青少年利他行为的发展树立榜样的作用。但是,互联网的特点也会对利他行为产生影响。例如,由于互联网的开放性,求助者可以通过电子邮件等方式同时向多个人求助,这就导致网络利他行为中会出现责任扩散的现象(Barron & Yechiam, 2002),研究发现,随着他人的出现,网络助人行为会显著减少,但是,当人数增加到一定程度时,利他行为随人数增加而变化的速率会逐渐降低(Carrie, Lori, & Karl, 2005)。此外,也有研究发现,网络利他行为中也存在"旁观者效应"。研究发现,随着聊天小组人数的增多,在实施网络利他行为前个体会花更多的时间,为求助者提供更高质量的帮助,同时,求助者向指定个体求助获得回应的速度也更快(King & Warren, 2011)。可见,网络互助小组中的其他人,即线上旁观者,在一定程度上促进了利他行为的发生。

13.2.4 互联网使用与欺负

一些研究认为网络交往增加了青少年与同伴接触的频率、提高了同伴关系的质量,同时,也增加了青少年受到其他网友言语攻击的风险,即网络欺负。网络欺负是在电子通信技术发展过程中出现的一种新的欺负形式,是指个体或者群体使用电子信息交流方式,对网络社交环境中自我保护能力较弱的个体进行反复伤害的攻击行为(Smith 等,2008),具有目的性、反复性、力量不均衡性等特征。网络欺负在青少年中具有较高的发生率。2009 年,一项针对美国 7 182 名青少年的研究结果显示,40%的被试曾在网络上遭受欺负,27.4%的被试则曾实施过网络欺负行为。2010 年 Huang 和 Chou 以 346 名台湾青少年为被试的研究发现,34.9%学生在网络上被欺负过,20.4%学生在网络上欺负过他人(Huang & Chou, 2010)。在一项跨文化研究中,研究者发现加拿大青少年网络欺负者和受害者的比例分别是 15%和 25%,而中国青少年网络欺负者和受害者的比例则是 7%和 33%,加拿大网络欺负者显著多于中国青少年网络欺负者(Qing, 2008)。而网络欺负会给青少年的心理健康带来一系列的负面影响,如自尊降低(Patchin & Hinduja, 2010)、主观幸福感减少(Goossens, 2012)、抑郁(Wang, Nansel, & Iannotti, 2011)等。遭受网络欺负后,个体会产生痛苦、生气和悲伤的情绪,同时会出现社交焦虑(Topcu, Erdur-Baker, & Capa-Aydin, 2008),这会引起个体对自身的负性评价,并使个体的生活满意度降低,抑郁水平提高。

13.3 网络对人类认知的影响:语言、记忆、空间认知

如前所述,网络已深入人们生活的方方面面,网络不仅对个体生理及社会性的发展有着重要影响,而且对人类的认知发展有着重要影响,主要表现在认知能力、认知

风格以及认知过程等方面。王欢(2013)曾对生活在网络时代的90后大学生的认知风格进行了研究,结果显示被试中分析型认知倾向的学生明显多于整体型倾向的学生,齐平型倾向的学生多于尖锐性的学生,语言型认知倾向的学生明显多于形象型倾向的学生,多数学生有场依存的认知风格倾向。可见,网络对人类认知的影响十分深远。有人会问,网络给人们大脑带来的影响是好还是坏?要回答这个问题,必须总结近年来关于网络对认知影响的科学研究,让读者自行解读。

网络对认知的影响完全基于大脑的可塑性。大脑可塑性是指神经元之间的相互联系可在内、外环境因子的作用下发生改变,这种改变可能与脑组织新联系的形成或者与现有神经联系效率的增强有关。进化学说中"用进废退"的理论,同样适用于人类大脑,对某项活动进行训练,大脑的相应功能便会得到增强。

13.3.1 网络对语言的影响

语言是以语音为载体,以词为基本单位、以语法为结构的符号系统。语言是一种社会现象,是人类通过高度结构化的声音组合,或通过书写符号、手势等构成的一种符号系统。

语言会随着人类历史的发展产生相应的变化。生僻的词语等语言内容会被人们抛弃,而随着新时代的到来,语言也不断展现出了多样化的色彩。网络对语言的影响,主要体现在网络词汇的流行上。这些网络语言破坏了正规语言的结构和形式,被称为"bad language"(Eisenstein, 2013)。但没有研究结果支持"未受教育的人才使用网络语言"这一观点。研究者发现网络环境、社会认同等因素可能是引起网络语言兴盛的原因。Baron(2008)回顾了网络语言的发展史,认为短信给年轻人提供了精简语言的契机,推特等社交网站限制了人们输入的字符数(Eisenstein, 2013),这些外部环境鼓励了人们精简语言、使用更简略的网络语言的行为。

随着网络交流从一对一扩展至一对多的小组交流,网络语言出现了各种不同的风格。研究者们从不同的方面对网络语言进行了研究,主要包括网络语言的性质、文体特征、词汇特点、修辞作用、模因论视角、网络语言的规范等方面(陈敏哲,白解红,2012)。傅福英等(2010)从模因论的角度论述了网络语言的进化及特色,并认为语言表现形式的变异主要体现在:语音的变异、语义的变异、词汇的变异。语音方面主要是简化中英的读音,或是用阿拉伯数字促成谐音式变异。语义方面,主要体现为标新立异和赋予新义,也有网络词语语义的引申。词汇方面,刘郁(2009)认为网络词汇具有简略性、创新性、形象性和欠规范性等特点。施春宏(2010)认为网络词汇的主要形式为谐音词、复合词、变音词和析字词等。张云辉(2007)认为网络语言的特点主要包括来源于方言的网络词汇、汉字谐音、旧词赋新义和数字谐音等。金志茹等(2009)从语言规范的角度出发，指出网络语言的特点是故意使用错别字、肆意扭曲词义、滥用方言、滥用字母、滥用数字和滥用符号。总的来说，网络语言的变化包括小单位的语素、词汇，以及大单位的句子。小单位的语素和词汇的变化主要包括借用、缩略、具象、拆解和词义变化。这些小单位成分的变化会直接导致整个句子、语篇的意思发生变化。网络对语言的影响体现了语言的创造性特点。

语言具有社会性，网络语言的流行也会给人们生活带来一定的影响。例如网络语言会给线下的语言使用带来影响。网络语言的使用范围绝不仅限于网络，而是会深入人们的日常生活，甚至出现在传统媒体上。由于网络语言贴近人们的生活，因此具有草根性、娱乐性的综艺类节目便会更倾向于利用网络语言来拉近节目与观众之间的距离（常宇丽，孙芳，2009）。另一方面，部分网络语言体现了对社会现实的批判。例如针对房地产市场的“俯卧撑”，批判官二代的“我爸是李刚”等。这些网络语言成为了人们关心的社会现象、社会问题的代名词，映射出网民对现实生活的态度。

部分研究者担心网络语言的破坏性，认为其会给语文教育带来冲击。一旦年轻人长期使用网络语言，其正规语言的运用能力就会下降。网络语言的影响复杂多样，但毫无疑问的是，网络语言的出现具有其独特的社会背景，在承认其合理性的前提下，对低俗的网络语言应兼用依法管理、道德约束、教育等手段对其加以监管（刘郁，2009）。

另一方面，网络能够帮助人们学习第二语言。大量研究表明，网络环境能够促进第二语言学习者写作能力的提升（Blake, 2009; Schultz, 2000; Van Handle & Corl, 2013）。会有这样的提升作用是因为网络给学生提供了口语互动、书面互动、视频互动等一系列互动方式（Wang, 2013）。Stockwell 和 Harrington（2003）发现日语学习者通过邮件互动，会使其掌握的句法和词汇在质与量两方面都有显著提升。网络环境还对口语学习有促进作用。Pellettieri（2000）和 Yuan（2003）描述了网络讨论的过程，认为网络讨论本身能够帮助学习者纠正语言错误，提高语法能力。在 Payne 和 Whitney (2002)的研究中，24 个西班牙语学习者在网络和面对面环境下学习，另外 34 个学习者只在面对面的环境下学习。结果显示，那些在混合条件下的学生其口语得分显著高于面对面的学生组。这些研究都说明参与网络聊天能够帮助提升口语能力。而这种对语言的促进作用具有交互效应。网络上文本的互动讨论也能带来口语能力的提高（Blake, 2009），这种普遍性的提升作用可能与工作记忆有关。Payne 和 Ross（2005）进一步发现了工作记忆容量和网络聊天时语言的产生之间的关系。研究发现，那些工作记忆容量较低的人在每段对话中比工作记忆容量较高的人产生了更多的单词。研究者认为，网络聊天可能为低工作记忆容量的学生提供了一种补偿，这种补偿能够让他们有更多的时间加工和回应对话任务。

网络可以提升人们的语言能力，也能够给人们的语言能力带来威胁。长时间无节制地使用网络将损害成瘾者的认知加工功能，直接对其语言认知能力带来危害。金璞和傅先明等(2009)发现网络成瘾的青少年 N400 的波幅比正常组低，且潜伏期较正常组延长。这说明网络成瘾者的词语获取、整合能力较差，对词语特征提取阶段的认知加工效率较低。这种现象可能是由于成瘾者长期上网，精力下降，引发大脑疲劳所致。由此可知，正确使用网络能提高语言能力，而错误的使用行为将给语言能力带来损害。

13.3.2 网络对记忆的影响

在网络出现以前，人们记录信息的方式除了将其写下来以外，便是记在脑海中。记忆是过去经验在头脑中的反映。记忆作为一种基本的心理过程，与其他心理活动存在着密切联系。记忆帮助人们认识世界，思考世界。网络拥有强大的存储功能，人们使用搜索引擎便可以在网络上找到需要的信息。我们仿佛被永久地连接在互联网上，网络俨然成为了大脑的一部分，是大脑的数据库。网络和电子产品已成为外源记忆(external memory)设备，研究表明外源记忆设备对人类的记忆产生了深远的影响，这种影响使得人们记住的不再是信息本身，而是获取信息的方式。哥伦比亚大学的 Sparrow 和 Wegner (2011)教授及其同事在名为《Google 效应对记忆的影响：查找资讯的便利对认知的影响》的文章中描述了这一现象。他们通过四个实验说明了在遇到难题时，人们更倾向于利用网络寻找答案；当人们觉得以后可以再找回这些信息的时候，他们会更难回忆起信息本身。相反地，人们会加强对如何再获取这些信息的记忆。

心理学、神经科学以及教育学的大量研究都表明，尽管网络上有大量的信息，但人们更多的是粗略地阅读信息，无法集中深入地思考，只能进行肤浅的学习(Carr, 2011)。Nielsen(2006)使用眼动技术研究了人们是如何浏览网络信息的。结果发现人们的眼动轨迹是 F 型的。最开始横向阅读第一排信息，然后在第二排开始阅读，但阅读区域比第一排少。其次开始垂直浏览整个内容的左侧部分。这种 F 型的阅读十分粗糙，阅读者并未完全地阅读所有信息。

进一步的研究发现，在网络上人们每次最多阅读总体字数的 28%，通常情况则仅为 20%(Nielsen, 2008)。人们在网络上的浏览方式使得实际上的阅读量很低。另一方面，网页上一般存在大量的超链接，这些超链接使得人们更容易分心，从而干扰了信息从短时记忆中转入长时记忆。研究显示员工每小时会查看收件箱 30 到 40 次，这种分心的行为严重干扰了工作记忆。每次注意的转换会迫使大脑对心理资源重新分配。仅仅只在两个任务之间切换就足以引起个体认知负荷的加重，导致其忽略重要信息，妨碍其深入思考和记忆(Carr, 2010)。

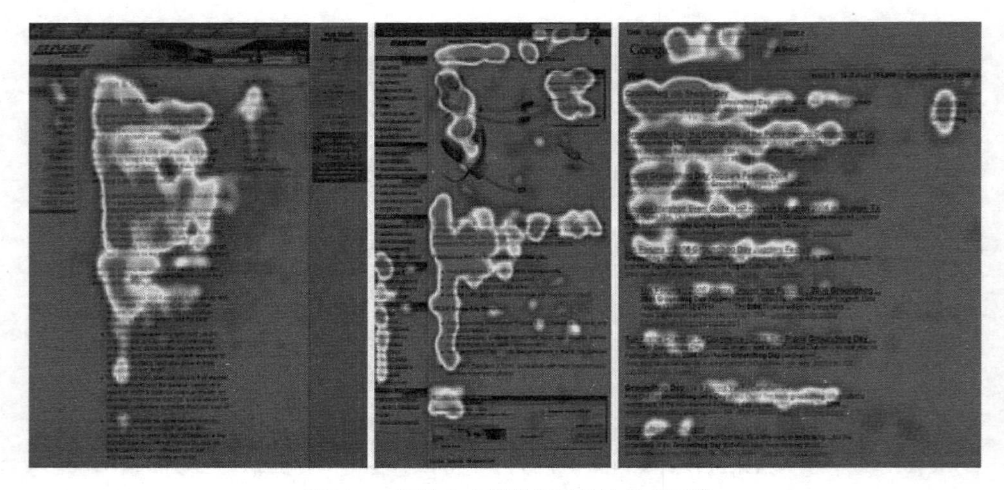

图 13.1 网络信息浏览眼动轨迹示意图①

注：图中红色区域表示人们在浏览网页时眼睛注视频率较高的区域，蓝色区域表示眼睛注视频率较低的区域。

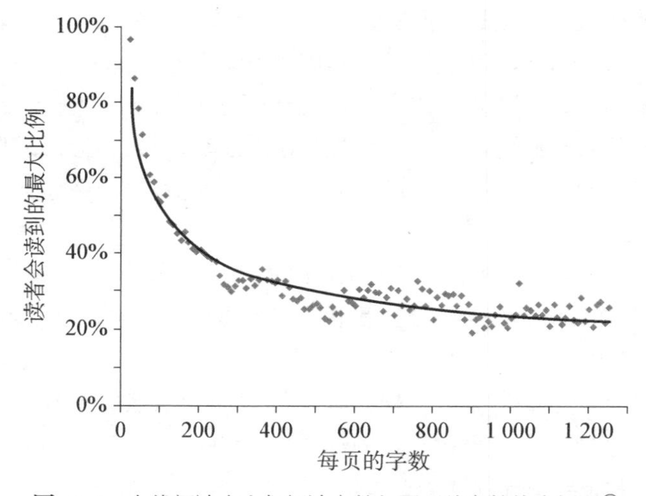

图 13.2 在线阅读中人们阅读字数与网页总字数的比例图②

人们对阅读的主体信息外的信息记忆如何呢？一般来说，人们在上网时，网页上会出现大量网络广告。网络广告的记忆效果如何不仅是广告主关心的问题，也是一部分研究者重点关注的问题。王詠、马谋超等(2003)曾对这一问题展开过研究。他

① http://www.nngroup.com/articles/f-shaped-pattern-reading-web-content.
② http://www.nngroup.com/articles/how-little-do-users-read.

们要求被试在给定的网页内浏览半小时，这些网页上端会呈现目标旗帜广告。然后，他们又针对目标旗帜广告及噪音刺激进行探测，要求被试对每个刺激在“坚决肯定见过”、“基本肯定见过”、“少许肯定见过”、“少许肯定没见过”、“基本肯定没见过”、“坚决肯定没见过”这6个等级中做出选择。结果发现，在单纯浏览的情况下，上网者对网络旗帜广告已经留有印象，但这种记忆效果并不随着浏览次数的增加而显著改善；点击所能带来的广告记忆效果约为单纯浏览的对应效果的1.4—1.5倍。上网者对非阅读信息主体的学习是一种无意注意条件下的“伴随学习”，这种情况下的记忆效果相对较弱。

网络的信息储备功能给人类的记忆方式和效果带来了前所未有的影响。同时也改变了人们的工作记忆。工作记忆是一种对信息进行暂时加工和贮存的容量有限的记忆系统，在任务切换和任务执行中起重要作用。个体在使用互联网的过程中，经常会进行多任务行为。例如，同时浏览网页、听音乐、聊天、发送邮件等，或在上网时进行线下打电话活动等。个体长期在网络使用中进行多任务处理，这种行为将相应地提高其工作记忆能力。另一方面，在多任务之间进行切换也需要工作记忆参与。工作记忆越强，个体越能够集中注意力持续完成任务(Garcia, Nussbaum, & Preiss, 2011；巢乃鹏，王成，曹茜，姚倩，2015)。Garcia等(2011)研究了七年级学生的工作记忆与网络使用的关系，结果发现数字广度测验得分高的学生，会更多地使用电脑和进行视频游戏。网络使用对儿童、老年人的认知能力同样起促进作用(Amichai-Hamburger, McKenna, & Tal, 2008; Tak, Beck, & McMahon, 2007)。使用网络进行学习和交流的儿童的认知能力(包括听觉记忆)比那些在家里不使用网络或使用网络进行其他活动的儿童有更好的发展(Johnson, 2009)。Slegers和Jolles (2012)对青少年和老年人进行了6年的追踪研究，发现网络使用能够保护个体的记忆能力，减缓记忆能力的衰退。重复性、常规性的活动会降低大脑的活动程度，然而重复使用网络却能够给大脑带来连续的刺激，而且网络使用过程中个体会针对信息做出大量决定和选择等认知活动(Small, Moody, Siddarth, & Bookheimer, 2009)。该过程使得网络使用能够减缓大脑衰退，减缓记忆衰退。这一效果也适用于大脑具有缺陷的患者。对于具有创伤性大脑缺陷的患者来说，训练他们学会使用网络(Egan, Worrall, & Oxenham, 2005)，并通过网络认知康复系统对其进行康复训练的治疗效果显著(Bergquist, Gehl, Lepore, Holzworth, & Beaulieu, 2008)。

相对于网络使用对认知能力的普遍性提高，网络游戏对个体的工作记忆、视觉短时记忆的提高效应是有限的(Basak, Boot, Voss, & Kramer, 2008; Slegers等, 2012; Whitlock, McLaughlin, & Allaire, 2012)。工作记忆的容量通常是3到4个单位，但也有研究认为工作记忆的容量因人而异(Astle & Scerif, 2011; Cusack,

Lehmann, Veldsman, & Mitchell, 2009)。Blacker 等(2014)探讨了网络游戏对视觉工作记忆的影响,结果发现,网络游戏确实可以提高视觉工作记忆,但仅限于视觉的侦察任务,而在其他更为复杂的高级视觉任务中,玩家的表现和一般人没有差异。Whitlock 和 Allaire(2012)关于网络游戏对老年人认知能力提高效应的研究也表明,这种提高效应在原本认知能力较低的人群中体现得更明显,而对认知能力正常的老年人来说,并不显著。

13.3.3 网络对空间认知的影响

人类认知是各种不同心智结构的总和,其中空间认知能力、语言能力和分析能力是最重要的三种能力。空间认知能力是其中最为古老的能力,在语言能力和分析能力发展起来前,空间认知能力便已存在。空间认知能力同时是其他能力发展的基础,也是我们生活中离不开的认知能力之一,它帮助我们定位、认识物体之间的关系。运动、开车、阅读地图、判断方向等行为都需要空间认知能力。基本的空间认知能力包括对比敏感度、空间分辨率、注意力的视野、多个对象跟踪和视觉运动协调、速度控制等(Spence & Feng, 2010)。

已有研究表明,网络游戏会使个体的感觉变得更加敏锐。Li 等(2009)的研究发现,游戏能够提高对比敏感度,提高个体辨别物体的能力和空间注意能力。Green 和 Bavelier(2007)发现游戏会改变个体视觉系统的基本特征,即视觉加工中的视觉分辨率。而且实验研究也证实了网络游戏加强了玩家的视觉分辨率。

在视觉注意力分配方面,Green 和 Bavelier(2006)研究了动作游戏对注意的视觉分布的影响。他们比较了游戏玩家与非游戏玩家的外围与中心注意资源的分配能力,结果发现,游戏玩家不仅在中央视觉区域,也在周边表现出了较高的注意力资源分配水平。在一个目标定位任务中,玩家分配视觉注意力的成绩更好,而且比非玩家的定位更准确。Dye 等(2009)关于玩家与非玩家注意力分配的研究也表明,玩家不仅在中心区域反应时更短,在边缘区域分配的注意力也更少。同时,Sungur 等(2012)研究发现,玩家的注意分配使得其在目标追踪定位任务中表现更好。但网络游戏对视觉加工能力的影响因游戏类型而异(Oei & Patterson, 2013)。

空间认知是个体开展运动的前期基础,能帮助个体处理视觉信息,执行某一行为任务。空间认知的视觉运动协调是一切行为活动的前提,而网络游戏中常常要求玩家在发现刺激后立即行动,例如发现目标射击、发现危险回避等。这种游戏设定训练了玩家的手眼协调、反应速度,处理视觉线索的能力。Castel 等(2005)研究了玩家和非玩家的回溯抑制现象,结果发现玩家会比非玩家更快地回到先前暗示的位置,同时在各种难易度的视觉搜索任务中,玩家完成的速度更快。Latham 等(2013)对比了专

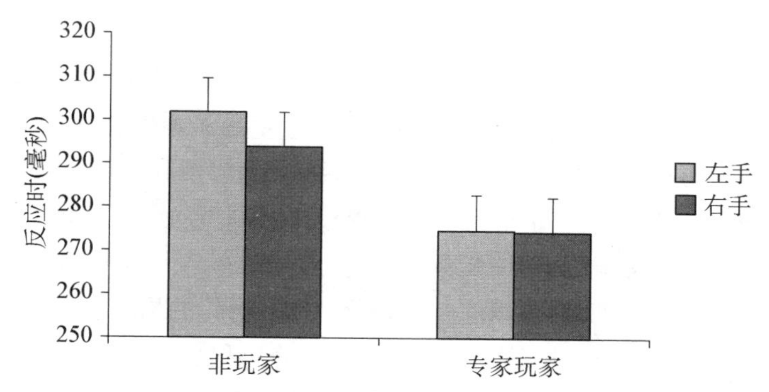

图 13.3 接受视觉刺激时专家玩家和不玩游戏的人的反应时对比(Latham 等,2013)

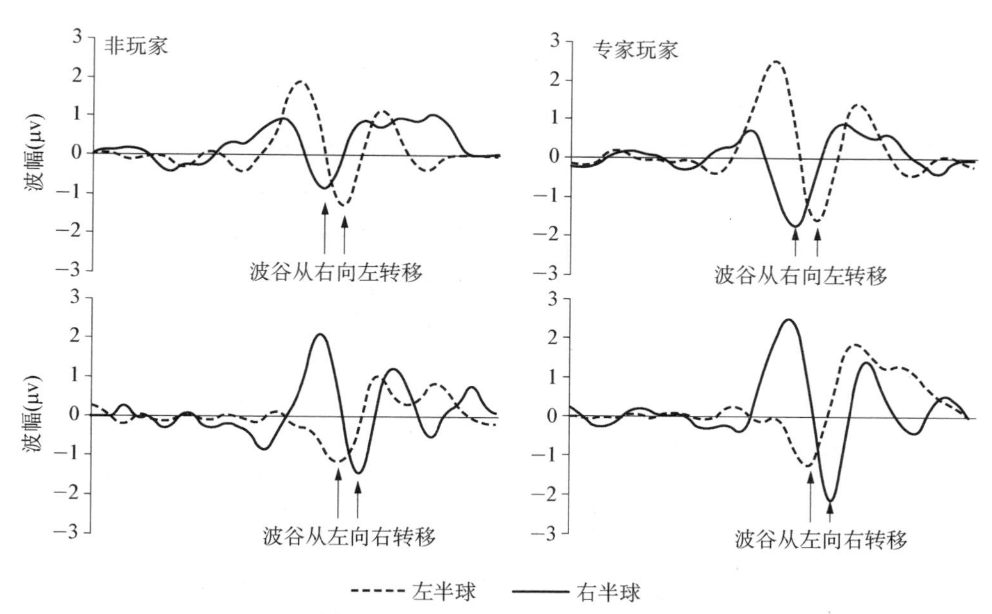

图 13.4 接受视觉刺激时专家玩家和不玩游戏的人的脑电波对比(Latham 等,2013)

家玩家和不玩游戏的人在接受视觉刺激时的反应时及脑电波,结果发现专家玩家比不玩的人反应更快,而且枕叶视觉通路的 N1 波较为提前。

网络不仅能够提高个体的基本空间认知能力,对高级、复杂的能力也有提升作用。空间呈现(Spatial representation)是一种整合性的认知能力,具体包括心理旋转、空间视觉化等(Sanchez, 2012)。心理旋转是一种想象自我或客体旋转的空间表征动力转换能力。已有研究表明电脑和游戏使用会提高个体的心理旋转能力(Roberts & Bell, 2000; Sims & Mayer, 2002)。Terlecki 等(2008)认为以往的实验没有将测验的效果和电脑、视频游戏使用的效果进行区分，其对心理旋转提高的进一步分析显示，视频游戏和测验都可以提高被试的心理旋转表现。视频游戏组的前期提高更为明显，而在后期，两组没有显著差异。而视频游戏还提高了被试其他方面的空间认知能力，这种广泛的迁移作用优于重复测验的效果，同时持续时间更长。鉴于网络和视频游戏给心理旋转带来的提高作用，研究者提出可以利用网络和视频游戏弥补男女性在心理旋转方面的差异。Terlecki 等人(2005)对 1300 名大学生进行调查后发现，尽管男性更喜爱游戏，同时有更多的游戏经验。但高低组的男女性被试在心理旋转结果上没有明显差异。而电脑的使用经验对性别差异和心理旋转得分有调节作用。为了提高女性的心理旋转能力，可以鼓励女性接触更多空间任务。

空间视觉化是个体在保留物体已有的空间位置关系的同时，根据要求对其进行操作，形成新的空间位置关系的过程。已有大量研究表明网络使用和视频游戏能够提高个体视觉空间能力 (Blumberg, Rosenthal, & Randall, 2008; Spence & Feng, 2010)。Johnson(2008)对比了经常使用网络和较少使用网络的大学生的认知加工过程，结果发现经常使用网络的学生在元认知和视觉注意方面表现得更优秀。

已有研究表明拥有较强空间认知能力的学生，其在地球科学、化学及数学科目上的表现更好。这些学科都和现实物理、空间现象有关(Sanchez & Wiley, 2010; Wu & Shah, 2004)。Sanchez(2012)探索了网络和视频游戏对个体自然科学表现的影响，结果发现，涉及空间认知能力的游戏确实能够提高个体在相应科学学科上的表现，同时它还表现出了对阅读理解能力的促进作用。

13.4 网络的进化意义

人类的智慧与工具的关系总是相辅相成的，没有人类的智慧也不会有工具，而工具的优劣也在一定程度上影响着人类社会的进步。大约在上新世末期的非洲，一支被称为能人的现代人类的祖先，制作出了已知最早的石制工具。这些非常简单的工具就是我们所知的石器。随着工具的丰富化与精细化，人类发展出了自身的文化。同样，通过三次工业革命，人类社会得到了巨大的发展。不得不说，先进工具的出现给人类社会带来的影响是深远的。

在 20 世纪 60 年代，互联网出现了，这是人类文明进化史上一项重要的发明。显然，网络对人类而言最大意义在于将分散聚居的现代人类联系起来，进行统合调整。而网络给人类带来的影响远不止如此。首先，网络改变了人类的各种机能。从身体健康方面看，网络在一定程度上减少了人们的户外活动量，人们用大量时间上网冲浪而更少参加体育活动(Matusitz & McCormick, 2012)。但随着人们对健康逐渐重视，智能穿戴设备逐渐流行起来。人们利用网络了解健身减肥的方法，并建立个人卡路里消耗档案，实时追踪健康状况。网络对身体健康来说是一把双刃剑，有效地利用网络可以更好地促进身体健康(Cummins 等，2004)，而单纯上网消耗时间则不利于健康的发展。从身体结构来看，网络也可能推动人类身体的变化。1998 年，凯文·沃里克成为世界上第一个将芯片植入自己神经系统的人。植入左臂的芯片让他在步入大楼时，大门自动为他打开，并按他的偏好调节灯光。4 年后，他将一枚更为先进的芯片分别植入自己和妻子的手臂中。这让这对夫妻体验到了前所未有的亲密感。而在 2012 年，一位已经瘫痪 15 年的女士因大脑中植入芯片而重新获得了支配手臂的能力。这些科技成果都是举世瞩目的。互联网带给我们全球化的大脑，带给我们科技化智能化的生活。从个体智力方面来说，有研究发现人类的智商表现与 100 年以前相比出现了持续的增长。这种增长被称为弗林效应，这种效应主要集中在非语言智商的性能(主要是测试通过视觉测试)，同样语言能力也出现了较小的增长。研究者们认为这种增长是由多方面原因引起的，其中包括科技的进步。虽然人类语言智商出现了增长，但 SAT 考试成绩却出现了下滑。另外，其他测验也并未显现出成绩的增长。美国 PSAT 考试的成绩从 1999 年至 2008 年没有任何增长。网络作为人类记忆的外源设备，改变了人类的记忆方式，使人们能够接触到更多的信息。网络确实改变了我们认知的很多方面，但 Carr(2010)认为，我们并不比我们的父母聪明，我们只是聪明的方式不同。这种变化体现在我们拥有更多的思维方式，这也揭示了为什么我们越来越善于解决抽象的以及视觉测验部分的智商测试，而我们的个人知识、基本技能却很少或没有进步，这将无法改善我们清晰沟通复杂思想的能力，因此这并不意味着我们拥有更强的大脑。这仅仅意味着我们拥有不同的大脑。网络是否能够推动人类认知能力进化仍然是个谜。

网络正逐渐融入人们的生活，成为人与人之间联系的重要媒介，这为人际关系带来了重要影响。当个体使用网络时，将产生虚拟自我，这是一种人们以互联网、电视和移动电话等手段为与世界和他人沟通方式所建构的自我，是一种特殊的体验和与世界互动的方式(Agger, 2008)。虚拟自我没有肉体，只有一系列网络符号和网络行为。这种脱离肉体的虚拟自我是个体探索自我的一种方式。青少年常常将网络视为同一性实验室(柴晓运，龚少英，2011)。在这个实验室当中，他们尝试不同的性别、形象、价值观。虚拟自我实际上是多种身份的整合，会最终全部汇集到真实自我上(马忠君，2010)，在此过程中，个体构建自我认同，完成自我同一性的探索。网络匿名性给了个体随意设置虚拟形象的自由，让个体体验虚假身份带来的社会效应。而个体不由自主地倾向于在网络上呈现积极自我，对自我形象加以修饰。例如，人们在网络上会展现健康肤色或肌肉等更加有吸引力的照片，或下意识地暴露美食、高级娱乐等能够表现自己经济状况、社会地位的信息。这些行为十分普遍，且在进化心理层面具有积极意义。在日常生活中，人们倾向于展示更受社会接纳、欢迎的品质和特性。在网络环境中，个体同样将这种积极自我呈现运用在虚拟自我建构中。这种行为能够帮助个体获得更多的资源，例如扩大配偶的选择范围，增加繁衍几率等（吴静，雷雳，2013）。因此，男性在网络上更倾向于展示自身社会经济地位，而女性则强调美貌（乐国安，陈浩，张彦彦，2005）。

网络改变了人类的自我，同时也挑战着传统的社会系统。尽管网络交流是基于文本的交流，但网络交流也可以使用表情来表达情感（吴静，雷雳，2013）。随着社交网站的兴起，网络演变成个体维持已有人际关系和拓展新关系的重要场所。但由于网络具有匿名性、跨时空性等不同于面对面交流的特点，它也给人们的关系带来了更为深远的影响。社会资本理论将社会资本分为桥接社会资本（bridging social capital）和黏接社会资本（bonding social capital）两种类型，前者以弱关系为基础，后者以强关系为基础。在有关网络对社会资本影响的研究中，研究者们提出了针锋相对的两种假说，即"富者更富假说"（rich-get-rich hypothesis）与"社会补偿假说"（social compensation hypothesis）（Gosling, Augustine, Vazire, Holtzman, & Gaddis, 2011）。富者更富假说认为，网络空间中的线上关系深受线下关系的影响，是线下社会资本的延伸和结构的再生产。而社会补偿假说认为，网络打破了原有的社会结构，有利于线下资本薄弱的个体在网络环境中获得新社会资本，补偿原先的资本不足。徐煜（2014）针对新浪微博中的在线关系网络与社会资本展开研究，结果发现个体的线上资本与线下自我呈显著正相关，这一结果支持了"富者越富假说"。但也有研究发现孤独者比非孤独者更多地使用社交网站，尤其当孤独者的真实自我表露得到他人接纳时，其负面情绪会得以减轻（Clayton, Osborne, Miller, & Oberle, 2013）。该结果表明网络确实具有补偿社会资本不足的作用。其他研究的结果也表现出社交网站使用的分化效果。Papacharissi 和 Mendelson（2008）探索了社交网站使用动机与社会资本的关系，Burke 等（2011）发现尽管 Facebook 的使用与社会资本存在显著相关，但主动的社交网站使用行为和社会支持相关更强。Ellison、Steinfield 和 Lampe（2011）也发现不同社交网络使用方式会对社会资本带来不同影响。其中信息寻求行为与领悟社会资本呈正相关，而关系性使用与领悟社会支持不相关。从进化心理学角度看，网络对促进个体社会化、提高个体适应性具有重要作用。利用网络积累社会资本的能力能够提升个体找到合适配偶、繁衍后代的成功率，提高其获得幸福生活的几率。而与网络格格不入，完全与网络隔绝的人们则显然处于劣势。一方面，他们难以打破现实社交网络的格局；另一方面，这又使得他们失去了提升社交能力的重要平台。因此目前越来越多的人要求打破数字鸿沟，让人们平等地享用网络（严励，邱理，

2014)。

就具体的社会关系来说，在友谊方面，网络友谊对现实中的友谊既有增强维持作用，也有补充作用。友谊是以信任为基础，以亲密支持为特征的相互、稳定、持久的关系。友谊在青少年时期的作用尤为重要，同伴能够起到情感支持、行为参照等作用。在网络中，人们通过即时聊天、论坛、社交网络等渠道，形成网络友谊。朋友的来源已经不再局限于线下的圈子，而是扩展到有着共同兴趣爱好的同仁。研究表明，网络友谊与现实友谊在友谊质量、亲密度、自我表露等方面的相同度很高(Whitty, 2008)，且相较于现实生活，网络交流的匿名性使得个体能够进行更多更深层次的自我表露行为(Chiou, 2007)，进而带来更高质量的网络友谊。友谊是在亲缘关系、互惠利他关系之外的第三种合作同盟式关系，对生存、繁殖等重要适应性问题都有帮助作用。朋友不仅能够提供各种社会资源、物质支持，还能提供情感支持，进而提高个体心理健康水平(吴静，雷雳，2013)。

在择偶方面，越来越多的人敢于在网络上寻找约会对象。在线约会吸引人的原因主要在于：第一，使用在线约会网站的人数众多；第二，在线约会网站要求参与者提供自己的信息，这些信息可以让其他人了解他们。但在线约会也带来了一些问题：在线约会减少了双方的肢体信息，例如目光接触，面带微笑；另外，由于网络的匿名性，人们可能会为了留下好的印象而提供假照片，假学历或假的婚姻状况。进化心理学认为人们这些与性、亲密关系有关的行为都具有意义。我们的祖先在面对各种生存和繁殖问题时，性和亲密行为得到了进化。根据现实中男女不同的性策略，在网络上男女也可能表现出不同的行为。例如，男性会在网上同一时间与多个女性聊天，而女性则更可能只与同一个男性聊天。男性在寻找线上性伴侣时会比女性降低更多的标准。而且男性比女性更多地把网络当作性途径，而女性更多地将网络当作分享个人信息的途径。在同性竞争的过程中，男性和女性一样都会贬低竞争对手。因此在网络上可能也会出现对同性或者社区新手的诋毁等攻击。另外在现实中，男性更不能容忍女性的性不贞，而女性更不能容忍男性的情感不贞。因此推测在网络上也同样如此。尽管网上不可能出现真的性出轨，但是在网上男人可能会比女人更嫉妒伴侣与其他网友进行亲密的聊天，而女性更嫉妒男性伴侣与其他网友分享秘密，因为这可能意味着萌芽状态的异性关系。

养育与亲子关系是社会关系的另一重要部分。现在，越来越多的未成年人开始拥有自己的社交网络账户。为减少子女与陌生网友见面的可能性，父母会限制青少年子女访问的网站和在网上暴露的个人信息。根据亲子确定性假设，男性不能像女性一样肯定子女和自己的亲缘关系，因此男性对子女的付出更少。这种投入的差异也会体现在网络监控上。当亲缘关系更为确定时，男性会更积极地监控孩子的上网行为，但女性对孩子的监控始终比男性更多。考虑到家庭的经济等资源情况，Trivers和Willard(1973)提出了Trivers-Willard假设。该假设认为社会经济条件较好的父母会更多地将资源分给儿子，而条件差的家庭偏向于将更多的资源和注意力给女儿。因此，可以推测在网络上，高阶层的父母监控儿子的网络行为比低阶层的多。而对女儿的监控相反。在我国，数字代沟是一种普遍现象，其指的是不同年龄群在新媒体采纳、使用以及与之相关的知识方面的差距。已有调查反复证明，不同年龄层的群体之间存在显著的数字鸿沟，使用网络媒体的人群绝大多数是青少年。这种代沟可能给亲子关系带来不小的挑战。减轻数字鸿沟的有效方式之一是子女对父母的文化反哺。周裕琼(2014)研究发现，子女对父母的反哺主要体现在新媒体知识的学习方面，而亲子关系越和谐，反哺程度越高。

网络的背后是无数个不同的个体，而每个个体由于环境、心理等特质不同，在网络上的行为表现会有巨大差异。网络之于人类更多的是一种划时代的工具和平台，起主导作用的仍是人类进化而成、根深蒂固的行为心理。但即便如此，网络也会反作用于人类的身体机能和社会文明，这种作用不能简单地被评判，而需要更多深入细致的观察。毫无疑问，网络早已深入人类生活的各个角落，成为人类社会不可分割的一部分。

参考文献

柴晓运，龚少英.(2011).青少年的同一性实验：网络环境的视角.心理科学进展，19(3)，364—371.

常宇丽，孙芳.(2009).网络语言的文化渊源及语体特征.山西大学学报(哲学社会科学版)，32(3)，70—73.

巢乃鹏，王成，曹茜，姚倩.(2015).互联网使用中的多任务行为研究.现代传播：中国传媒大学学报，37(4)，130—136.

陈敏哲，白解红.(2012).汉语网络语言研究的回顾、问题与展望.湖南师范大学社会科学学报，41(3)，130—134.

傅福英，卢松琳.(2010).论网络语言的进化及特色——以模因论为视角.南昌大学学报，41(4)，158—161.

金璞，傅先明，钱若兵，牛朝诗，韩晓鹏.(2009).青少年网络成瘾的事件相关电位N400研究.立体定向和功能性神经外科杂志，21(6)，333—335.

金志茹，薛顶柱，李宝红.(2009).国内外网络语言规范对比研究.西南民族大学学报(人文社科版)，30(1)，278—281.

乐国安，陈浩，张彦彦.(2005).进化心理学择偶心理机制假设的跨文化检验.心理学报，37(4)，561—568.

刘郁.(2009).青少年网络语言使用的社会心理学探析.贵州社会科学，234(6)，47—50.

马忠君.(2010).虚拟化生存的基础——虚拟真实与虚拟自我的建构.现代传播(中国传媒大学学报)，3，030.

施春宏.(2010).网络语言的语言价值和语言学价值.语言文字应用，(3)，70—80.

王欢.(2013).网络时代90后大学生信息认知风格的实证研究.现代情报，7(33)，12—17.

王詠，马谋超，雷莉，丁夏齐.(2003).网络旗帜广告的记忆效果.心理学报，35(6)，830—834.

吴静，雷雳.(2013).网络社会行为的进化心理学解析.心理研究，6(2)，9—17.

徐煜.(2014).新浪微博中的线上关系网络与社会资本获得：以国内新闻传播学术共同体的线上链接关系网络为例.新闻大学，(4)，127—135.

严励，邱理.(2014).从网络传播的阶层分化到自媒体时代的文化壁垒——数字鸿沟发展形态的演变与影响.新闻爱好者：上半月，(6)，46—49.

张云辉.(2007).网络语言的词汇语法特征.中国语文，(6)，531—535.

中国互联网络信息中心.(2016).第38次中国户联网络发展状况报告.

周裕琼.(2014).数字代沟与文化反哺：对家庭内"静悄悄的革命"的量化考察.现代传播：中国传媒大学学报，(2)，117—123.

Adachi-Mejia, A. M., Longacre, M. R., Gibson, J. J., Beach, M. L., Titus-Ernstoff, L. T., & Dalton, M. A. (2007). Children with a TV in their bedroom at higher risk for being overweight. *International Journal of Obesity*, *31*(4), 644-651.

Agger, B. (2008). *The virtual self: A contemporary sociology*. John Wiley & Sons.

Ali, M., Asim, M., Danish, S. H., Ahmad, F., Iqbal, A., & Hasan, S. D. (2014). Frequency of De Quervain's tenosynovitis and its association with SMS texting. *Muscles Ligaments and Tendons Journal*, *4*(1).
Amichai-Hamburger, Y., McKenna, K. Y., & Tal, S. (2008). E-empowerment: Empowerment by the Internet. *Computers in Human Behavior*, *24*(5), 1776 - 1789.
An, J., Sun, Y., Wan, Y., Chen, J., Wang, X., & Tao, F. (2014). Associations between problematic internet use and adolescents' physical and psychological symptoms: Possible role of sleep quality. *Journal of Addiction Medicine*, *8*(4), 282 - 287.
Anderson, C. A., & Bushman, B. J. (2001). Effects of violent video games on aggressive behavior, aggressive cognition, aggressive affect, physiological arousal, and prosocial behavior: A meta-analytic review of the scientific literature. *Psychological Science (Wiley-Blackwell)*, *12*(5), 353.
Astle, D. E., & Scerif, G. (2011). Interactions between attention and visual short-term memory (VSTM): What can be learnt from individual and developmental differences. *Neuropsychologia*, (49), 1435 - 1445.
Ballard, M., Gray, M., Reilly, J., & Noggle, M. (2009). Correlates of video game screen time among males: Body mass, physical activity, and other media use. *Eating Behaviors*, *10*(3), 161 - 167.
Barnes, S., Brown, K. W., Krusemark, E., Campbell, W. K., & Rogge, R. D. (2007). The role of mindfulness in romantic relationship satisfaction and responses to relationship stress. *Journal of Marital and Family Therapy*, *33*(4), 482 - 500.
Baron, N. S. (2010). *Always on: Language in an online and mobile world*. Oxford: Oxford University Press.
Barron, G., & Yechiam, E. (2002). Private e-mail requests and the diffusion of responsibility. *Computers in Human Behavior*, *18*(5), 507 - 520.
Basak, C., Boot, W. R., Voss, M. W., & Kramer, A. F. (2008). Can training in a real-time strategy video game attenuate cognitive decline in older adults? *Psychology and Aging*, *23*(4), 765 - 777.
Beauvois, M. H. (1997). Computer-mediated communication (CMC): Technology for improving speaking and writing. *Technology-enhanced Language Learning*, 165 - 184.
Bener, A., Lajunen, T., Özkan, T., & Haigney, D. (2006). The effect of mobile phone use on driving style and driving skills. *International Journal of Crashworthiness*, *11*(5), 459 - 465.
Bergman, S. M., Fearrington, M. E., Davenport, S. W., & Bergman, J. Z. (2011). Millennials, narcissism, and social networking: What narcissists do on social networking sites and why. *Personality and Individual Differences*, *50*(5), 706 - 711.
Bergquist, T., Gehl, C., Lepore, S., Holzworth, N., & Beaulieu, W. (2008). Internet-based cognitive rehabilitation in individuals with acquired brain injury: A pilot feasibility study. *Brain Injury*, *22*(11), 891 - 897.
Blacker, K. J., Curby, K. M., Klobusicky, E., & Chein, J. M. (2014). Effects of action video game training on visual working memory. *Journal of Experimental Psychology: Human Perception and Performance*, (6), 1 - 13.
Blake, C. (2009). Potential of text-based Internet chats for improving oral fluency in a second language. *The Modern Language Journal*, *93*(2), 227 - 240.
Blumberg, F. C., Rosenthal, S. F., & Randall, J. D. (2008). Impasse-driven learning in the context of video games. *Computers in Human Behavior*, *24*(4), 1530 - 1541.
Boneva, B. S., Quinn, A., Kraut, R., Kiesler, S., & Shklovski, I. (2006). Teenage communication in the instant messaging era. *Computers, Phones, and the Internet: Domesticating Information Technology*, 201 - 218.
Brown, B. B. (2004). Adolescents' relationships with peers. *Handbook of Adolescent Psychology*, *2*, 363 - 394.
Buhrmester, D., & Prager, K. (1995). Patterns and functions of self-disclosure during childhood and adolescence. *Disclosure Processes in Children and Adolescents* (pp. 10 - 56). New York, NY, US: Cambridge University Press.
Bulck, J. V. D. (2004). Television viewing, computer game playing, and Internet use and self-reported time to bed and time out of bed in secondary-school children. Sleep. *Sleep*, *27*(1), 101 - 104.
Burke, M., Kraut, R., & Marlow, C. (2011, May). Social capital on Facebook: Differentiating uses and users. In *Proceedings of the SIGCHI Conference on Human Factors in Computing Systems* (pp. 571 - 580). ACM.
Carr, N. (2010). The Web Shatters Focus, Rewires Brains. *Wired*, 1 - 6.
Carr, N. (2011). The shallows: what the internet is doing to our brains. *Medicina*, *71*(4), 410 - 410.
Carrie, A. B., Lori, F. T., & Karl, L. W. (2005). Electronic helping behavior: The virtual presence of others makes a difference. *Basic and Applied Social Psychology*, *27*(2), 171 - 178.
Castel, A. D., Pratt, J., & Drummond, E. (2005). The effects of action video game experience on the time course of inhibition of return and the efficiency of visual search. *Acta Psychologica*, *119*(2), 217 - 230.
Chen, B., & Marcus, J. (2012). Students'self-presentation on Facebook: An examination of personality and self-construal factors. *Computers in Human Behavior*, *28*(6), 2091 - 2099.
Chen, Y. (2013). Stress state of driver: Mobile phone use while driving. *Procedia - Social and Behavioral Sciences*, *96*, 12 - 16.
Chiou, W. B. (2007). Adolescents' reply intent for sexual disclosure in cyberspace: Gender differences and effects of anonymity and topic intimacy. *CyberPsychology & Behavior*, *10*(5), 725 - 728.
Clayton, R. B., Osborne, R. E., Miller, B. K., & Oberle, C. D. (2013). Loneliness, anxiousness, and substance use as predictors of Facebook use. *Computers in Human Behavior*, *29*(3), 687 - 693.

Coyne, S.M., Padilla-Walker, L.M., Day, R.D., Harper, J., & Stockdale, L. (2014). A friend request from dear old dad: Associations between parent-child social networking and adolescent outcomes. *Cyberpsychology, Behavior, and Social Networking*, *17*(1), 8 - 13.

Cummins, C.O., Evers, K.E., Johnson, J.L., Paiva, A., Prochaska, J.O., & Prochaska, J.M. (2004). Assessing stage of change and informed decision making for Internet participation in health promotion and disease management. *Managed Care Interface*, *17*(8), 27 - 32.

Cusack, R., Lehmann, M., Veldsman, M., & Mitchell, D.J. (2009). Encoding strategy and not visual working memory capacity correlates with intelligence. *Psychonomic Bulletin & Review*, (16), 641 - 647.

Dixon, H.G., Scully, M.L., Wakefield, M.A., White, V.M., & Crawford, D.A. (2007). The effects of television advertisements for junk food versus nutritious food on children's food attitudes and preferences. *Social Science and Medicine*, *65*(7), 1311 - 1323.

Doty, J., & Dworkin, J. (2014). Parents' of adolescents use of social networking sites. *Computers in Human Behavior*, *33*(33), 349 - 355.

Dunphy, D.C. (1963). The social structure of urban adolescent peer groups. *Sociometry*, 230 - 246.

Dye, M.W.G., Green, C.S., & Bavelier, D. (2009). The development of attention skills in action video game players. *Neuropsychologia*, *47*(8 - 9), 1780 - 1789.

Egan, J., Worrall, L., & Oxenham, D. (2005). An Internet training intervention for people with traumatic brain injury: Barriers and outcomes. *Brain Injury*, *19*(8), 555 - 568.

Eisenstein, J. (2013). *What to do about bad language on the internet*. Paper presented at the HLT-NAACL.

Ellison, N.B., Steinfield, C., & Lampe, C. (2011). Connection strategies: Social capital implications of Facebook-enabled communication practices. *New Media and Society*, 583542765.

Erikson, E.H. (1968). *Identity: Youth and crisis*: WW Norton & Company.

Garcia, L., Nussbaum, M., & Preiss, D.D. (2011). Is the use of information and communication technology related to performance in working memory tasks? Evidence from seventh-grade students. *Computers and Education*, *57*(3), 2068 -2076.

Gitto, L., Conte, F., & Fanara, G. (2012). Mood and sleep problems in adolescents and young adults: an econometric analysis. *The Journal of Mental Health Policy and Economics*, *15*(1), 33 - 41.

Goossens, F.A. (2012). Bullying, cyberbullying and pupil safety and well-being. *Ethics A University Guide*.

Gosling, S.D., Augustine, A.A., Vazire, S., Holtzman, N., & Gaddis, S. (2011). Manifestations of personality in online social networks: Self-reported Facebook-related behaviors and observable profile information. *Cyberpsychology, Behavior, and Social Networking*, *14*(9), 483 - 488.

Green, C.S., & Bavelier, D. (2006). Effect of action video games on the spatial distribution of visuospatial attention. *Journal of Experimental Psychology: Human Perception and Performance*, *32*(6), 1465 - 1478.

Green, C.S., & Bavelier, D. (2007). Action-video-game experience alters the spatial resolution of vision. *Psychological Science*, *18*(1), 88 - 94.

Hernandez, M.D., & Chapa, S. (2010). Adolescents, advergames and snack foods: Effects of positive affect and experience on memory and choice. *Journal of Marketing Communications*, *16*(1 - 2), 59 - 68.

Huang, Y.Y., & Chou, C. (2010). An analysis of multiple factors of cyberbullying among junior high school students in Taiwan. *Computers in Human Behavior*, *26*(6), 1581 - 1590.

Husmann, M. A. (2015). Social constructions of obesity target population: An empirical look at obesity policy narratives. *Policy Sciences*, *48*(4), 415 - 442.

Iglowstein, I.J.O.G. (2003). Sleep duration from infancy to adolescence: Reference values and generational trends. *Pediatrics*, (111), 302 - 307.

Jenni, O.G., Fuhrer, H.Z., Iglowstein, I., Molinari, L., & Largo, R.H. (2005). A longitudinal study of bed sharing and sleep problems among Swiss children in the first 10 years of life. *Pediatrics*, *115*(Supplement 1), 233 - 240.

Jie-Min, L.I., Zhu-Wen, Y.I., Luo, X.M., & Cai, Y.M. (2009). Study on the relationship between behavior problems and sleep disorder in children aged 6～12 years. *Chinese Journal of Practical Pediatrics*, *24*(3), 194 - 196.

Johnson, E.O., & Breslau, N. (2001). Sleep problems and substance use in adolescence. *Drug and Alcohol Dependence*, *64*(1), 1 - 7.

Johnson, G.M. (2008). Cognitive processing differences between frequent and infrequent Internet users. *Computers in Human Behavior*, *24*(5), 2094 - 2106.

Johnson, G.M. (2009). At-home online behavior and cognitive development during middle childhood. *Cognition and Learning*, *6*, 213 - 229.

Junghyun, K.R.L. (2011). The Facebook Paths to Happiness: Effects of the Number of Facebook Friends and Self-Presentation on Subjective Well-Being. *Cyberpsychology, Behavior, and Social Networking*, *14*(6), 359 - 364.

Kaveri, S., & David, M. (2010). Digital Youth: The Role of Media in Development. *Adolescents; Youth; Internet; Media; Development; Online Identity; Virtual Worlds*.

Kim, J., & Lee, J.R. (2011). The Facebook paths to happiness: Effects of the number of Facebook friends and self-presentation on subjective well-being. *Cyberpsychology, Behavior, and Social Networking*, *14*(6), 359 - 364.

Kim, J.H., Lau, C.H., Cheuk, K., Kan, P., Hui, H.L., & Griffiths, S.M. (2010). Brief report: Predictors of heavy Internet use and associations with health-promoting and health risk behaviors among Hong Kong university students. *Journal of Adolescence*, *33*(1), 215 - 220.

King, T.J., & Warren, I. (2011). Would Kitty Genovese Have Been Murdered in Second Life? Researching the "Bystander Effect" using Online Technologies. *Australian Sociological Association. Conference* (2008 : *Melbourne*, *Vic.*) (pp. 1 - 23). University of Melbourne.

Kisilevich, S., Ang, C. S., & Last, M. (2012). Large-scale analysis of self-disclosure patterns among online social networks users: a Russian context. *Knowledge and Information Systems*, *32*(3), 609 - 628.

Klatzkin, R.R., Gaffney, S., Cyrus, K., Bigus, E., & Brownley, K.A. (2015). Binge eating disorder and obesity: Preliminary evidence for distinct cardiovascular and psychological phenotypes. *Physiology & Behavior*, 20 - 27.

Knutson, K.L. (2005). Sex differences in the association between sleep and body mass index in adolescents. *Journal of Pediatrics*, *147*(6), 830 - 834.

Kraus, S.W., & Russell, B. (2008). Early sexual experiences: The role of Internet access and sexually explicit material. *CyberPsychology & Behavior*, *11*(2), 162 - 168.

Kroger, J. (2006). *Identity development*: *Adolescence through adulthood*: Sage publications.

Lapidot-Lefler, N., & Barak, A. (2012). Effects of anonymity, invisibility, and lack of eye-contact on toxic online disinhibition. *Computers in Human Behavior*, *28*(2), 434 - 443.

Latham, A.J., Patston, L.L.M., Westermann, C., Kirk, I.J., & Tippett, L.J. (2013). Earlier Visual N1 Latencies in Expert Video-Game Players: A Temporal Basis of Enhanced Visuospatial Performance? *PLOS*, *8*(9), 1 - 10.

Lenhart, A., & Madden, M. (2007). *Teens*, *privacy & online social networks*: *How teens manage their online identities and personal information in the age of MySpace*: Pew Internet & American Life Project.

Li, R., Polat, U., Makous, W., & Bavelier, D. (2009). Enhancing the contrast sensitivity function through action video game training. *Nature Neuroscience*, *12*(5), 549 - 551.

Livingstone, S. (2008). Taking risky opportunities in youthful content creation: Teenagers' use of social networking sites for intimacy, privacy and self-expression. *New Media and Society*, *10*(3), 393 - 411.

Manago, A. M., Graham, M. B., Greenfield, P. M., & Salimkhan, G. (2008). Self-presentation and gender on MySpace. *Journal of Applied Developmental Psychology*, *29*(6), 446 - 458.

Mares, M.L., & Woodard, E. (2005). Positive effects of television on children's social interactions: A Meta-analysis. *Media Psychology*, 7(3), 301 - 322.

Marinelli, M., Sunyer, J., Alvarez-Pedrerol, M., Iñiguez, C., Torrent, M., & Vioque, J., et al. (2014). Hours of television viewing and sleep duration in children: a multicenter birth cohort study. *Jama Pediatrics*, *168*(5), 458 - 464.

Matusitz, J., & McCormick, J. (2012). Sedentarism: The effects of Internet use on human obesity in the United States. *Social Work in Public Health*, *27*(3), 250 - 269.

Mesch, G. S., & Talmud, I. (2007). Similarity and the quality of online and offline social relationships among adolescents in Israel. *Journal of Research on Adolescence*, *17*(2), 455 - 465.

Miller, B. C., & Benson, B. (1999). Romantic and sexual relationship development during adolescence. *The Development of Romantic Relationships in Adolescence*, 99 - 121.

Neuhauser, L., & Kreps, G.L. (2003). Rethinking communication in the e-health era. *Journal of Health Psychology*, *8*(1), 7 - 23.

Nielsen, J. (2006). F-shaped pattern for reading web content. *Jakob Nielsen's Alertbox*, *17*.

Nielsen, J. (2008). How little do users read? *Retrieved May*, *12*.

Oei, A.C., & Patterson, M.D. (2013). Enhancing cognition with video games: A multiple game training study. *PLoS One*, *8*(3), 1 - 16.

Owens, J., Maxim, R., Mcguinn, M., Nobile, C., Msall, M., & Alario, A. (1999). Electronic article: television-viewing habits and sleep disturbance in schoolchildren. *Pediatrics*(3), e27.

Papacharissi, Z., & Mendelson, A. (2008). Friends, networks and zombies: The social utility of Facebook. In *annual meeting of the Association of Internet Researchers*, *Copenhagen*, *Denmark*.

Park, S. (2014). Associations of physical activity with sleep satisfaction, perceived stress, and problematic Internet use in Korean adolescents. *Bmc Public Health*, *14*(1).

Patchin, J.W., & Hinduja, S. (2010). Cyberbullying and self-esteem. *Journal of School Health*, *80*(12), 614 - 621.

Payne, S.J., & Ross, B. M. (2005). Synchronous CMC, working memory, and L2 oral proficiency development. *Language Learning and Technology*, (9), 35 - 54.

Payne, S. J., Whitney, P. (2002). Developing L2 oral proficiency through synchronous CMC: Output, working memory, and interlanguage development. *CALICO Journal*, (20), 7 - 32.

Pellettieri, J. (2000). Negotiation in cyberspace: The role of chatting in the development of grammatical competence. In *Network-based language teaching*: *Concepts and Practice* (pp. 59 - 86): Cambridge University Press.

Pombeni, M.L., Kirchler, E., & Palmonari, A. (1990). Identification with peers as a strategy to muddle through the troubles of the adolescent years. *Journal of Adolescence*, *13*(4), 351 - 369.

Puhl, R.M., & Latner, J.D. (2007). Stigma, obesity, and the health of the nation's children. *Psychological Bulletin*, *133*(4), 557 - 580.

Qing, L. (2008). A cross-cultural comparison of adolescents' experience related to cyberbullying. *Educational Research*,

50(3),223 - 234.

Rauch, S.M., Strobel, C., Bella, M., Odachowski, Z., & Bloom, C. (2014). Face to face versus Facebook: Does exposure to social networking web sites augment or attenuate physiological arousal among the socially anxious? *Cyberpsychology, Behavior, and Social Networking*, *17*(3),187 - 190.

Rechtschaffen, A. (1997). Current perspectives on the function of sleep. *Perspectives in Biology & Medicine*, *41*(3), 359 - 390.

Redline, S., Storfer-Isser, A., Rosen, C.L., Johnson, N.L., Kirchner, H.L., & Emancipator, J., et al. (2007). Association between metabolic syndrome and sleep-disordered breathing in adolescents. *American Journal of Respiratory & Critical Care Medicine*, *176*(4),401 - 408.

Reich, S.M., Subrahmanyam, K., & Espinoza, G.E. (2009). Adolescents' use of social networking sites-Should we be concerned. *Society for Research on Child Development, Denver, CO*.

Reis, O., & Youniss, J. (2004). Patterns in identity change and development in relationships with mothers and friends. *Journal of Adolescent Research*, *19*(1),31 - 44.

Riby, D.M., Whittle, L., & Doherty-Sneddon, G. (2012). Physiological reactivity to faces via live and video-mediated communication in typical and atypical development. *Journal of Clinical & Experimental Neuropsychology*, *34*(4),385 - 395.

Roberts, J.E., & Bell, M.A. (2000). Sex differences on a computerized mental rotation task disappear with computer familiarization. *Perceptual and Motor Skills*, *91*(3f),1027 - 1034.

Sanchez, C. A. (2012). Enhancing visuospatial performance through video game training to increase learning in visuospatial science domains. *Psychonomic Bulletin & Review*, *19*(1),58 - 65.

Sanchez, C.A., & Wiley, J. (2010). Sex differences in science learning: Closing the gap through animations. *Learning and Individual Differences*, *20*(3),271 - 275.

Sarchiapone, M., Mandelli, L., Carli, V., Iosue, M., Wasserman, C., & Hadlaczky, G., et al. (2014). Hours of sleep in adolescents and its association with anxiety, emotional concerns, and suicidal ideation. *Sleep Medicine*, *15*(2), 248 - 254.

Schmalz, D.L., Colistra, C.M., & Evans, K.E. (2015). Social Media Sites as a Means of Coping with a Threatened Social Identity. *Leisure Sciences*, *37*(1),20 - 38.

Schultz, J. M. (2000). Computers and collaborative writing in the foreign language curriculum. In *Network-based language teaching: Concepts and practice* (pp. 121 - 150): Cambridge University Press.

Seidman, G. (2013). Self-presentation and belonging on Facebook: How personality influences social media use and motivations. *Personality and Individual Differences*, *54*(3),402 - 407.

Shiri, R., & Falah-Hassani, K. (2015). Computer use and carpal tunnel syndrome: A meta-analysis. *Journal of the Neurological Sciences*, *349*,15 - 19.

Sims, V.K., & Mayer, R.E. (2002). Domain specificity of spatial expertise: The case of video game players. *Applied Cognitive Psychology*, *16*(1),97 - 115.

Slegers, K., van Boxtel, M.P.J., & Jolles, J. (2012). Computer use in older adults: Determinants and the relationship with cognitive change over a 6 year episode. *Computers in Human Behavior*, *28*(1),1 - 10.

Smahel, D., & Subrahmanyam, K. (2007). "Any girls want to chat press 911": Partner selection in monitored and unmonitored teen chat rooms. *CyberPsychology & Behavior*, *10*(3),346 - 353.

Small, G.W., Moody, T.D., Siddarth, P., & Bookheimer, S.Y. (2009). Your brain on Google: Patterns of cerebral activation during internet searching. *The American Journal of Geriatric Psychiatry*, *17*(2),116 - 126.

Smith, P.K., Mahdavi, J., Carvalho, M., Fisher, S., Russell, S., & Tippett, N. (2008). Cyberbullying: Its nature and impact in secondary school pupils. *Journal of Child Psychology and Psychiatry*, *49*(4),376 - 385.

Sparrow, B., & Wegner, D.M. (2011). Google effects on memory: Cognitive consequences of having information at our fingertips. *Science*, *333*(6043),776 - 8.

Spence, I., & Feng, J. (2010). Video games and spatial cognition. *Review of General Psychology*, *14*(2),92 - 104.

Sprecher, S. (2014). Initial interactions online-text, online-audio, online-video, or face-to-face: Effects of modality on liking, closeness, and other interpersonal outcomes. *Computers in Human Behavior*, *31*,190 - 197.

Stockwell, G., & Harrington, M. (2003). The incidental development of L2 proficiency in NS-NNS email interactions. *CALICO journal*, 337 - 359.

Subrahmanyam, K. (2007). *Children's responses to the screen: A media psychological approach. Patti M. Valkenburg, Mahwah, NJ, and London: Lawrence Erlbaum, 2004, pp. 176, US $22.50, UK 0513.95, ISBN: 0805847642 - ResearchGate*(2),323 - 324.

Subrahmanyam, K., & Smahel, D. (2010). *Digital youth: The role of media in development*: Springer Science & Business Media.

Subrahmanyam, K., Garcia, E., Harsono, L.S., Li, J.S., & Lipana, L. (2009). In their words: Connecting on-line weblogs to developmental processes. *British Journal of Developmental Psychology*, *27*(1),219 - 245.

Subrahmanyam, K., Greenfield, P.M., & Tynes, B. (2004). Constructing sexuality and identity in an online teen chat room. *Journal of Applied Developmental Psychology*, *25*(6),651 - 666.

Subrahmanyam, K., Smahel, D., & Greenfield, P. (2006). Connecting developmental constructions to the internet:

Identity presentation and sexual exploration in online teen chat rooms. *Developmental Psychology*, *42*(3),395.
Sundar, S. S., & Wagner, C. B. (2002). The world wide wait: Exploring physiological and behavioral effects of download speed. *Media Psychology*, *4*(2),173 - 206.
Sungur, H., & Boduroglu, A. (2012). Action video game players form more detailed representation of objects. *Acta Psychologica*, *139*(2),327 - 334.
Tak, S.H., Beck, C., McMahon, E. (2007). Computer and internet access for long-term care residents: perceived benefits and barriers. *Journal of Gerontological Nursing*, *33*(5),32 - 40.
Terlecki, M. S., & Newcombe, N. S. (2005). How important is the digital divide? The relation of computer and videogame usage to gender differences in mental rotation ability. *Sex Roles*, *53*(5 - 6),433 - 441.
Terlecki, M. S., Newcombe, N. S., & Little, M. (2008). Durable and generalized effects of spatial experience on mental rotation: gender differences in growth patterns. *Applied Cognitive Psychology*, *22*(7),996 - 1013.
Thomée, S., H Renstam, A., & Hagberg, M. (2011). Mobile phone use and stress, sleep disturbances, and symptoms of depression among young adults-a prospective cohort study. *Bmc Public Health*, *11*(2),185 - 188.
Topcu, C., Erdur-Baker, Ö., & Capa-Aydin, Y. (2008). Examination of cyberbullying experiences among Turkish students from different school types. *CyberPsychology & Behavior*, *11*(6),643 - 648.
Tosun, L. P. (2012). Motives for Facebook use and expressing "true self" on the Internet. *Computers in Human Behavior*, *28*(4),1510 - 1517.
Trivers, R. L., & Willard, D. E. (1973). Natural selection of parental ability to vary the sex ratio of ovspring. *Science*, *179*(4068),90 - 92.
Utz, S., Tanis, M., & Vermeulen, I. (2012). It is all about being popular: The effects of need for popularity on social network site use. *Cyberpsychology, Behavior, and Social Networking*, *15*(1),37 - 42.
Valkenburg, P. M., & Peter, J. (2011). Online communication among adolescents: An integrated model of its attraction, opportunities, and risks. *Journal of Adolescent Health*, *48*(2),121 - 127.
Van Handle, D. C., & Corl, K. A. (2013). Extending the dialogue: Using electronic mail and the Internet to promote conversation and writing in intermediate level German language courses. *CALICO journal*, *15*(1 - 3),129 - 143.
Wallace, P. (2001). *The psychology of the Internet*: Cambridge: Cambridge University Press.
Wang, J., Nansel, T. R., & Iannotti, R. J. (2011). Cyber bullying and traditional bullying: Differential association with depression. *Journal of Adolescent Health*, *48*(4),415 - 417.
Wang, Y. (2013). Distance language learning: Interactivity and fourth-generation Internet-based videoconferencing. *CALICO journal*, *21*(2),373 - 395.
Whitlock, L. A., McLaughlin, A. C., & Allaire, J. C. (2012). Individual differences in response to cognitive training: Using a multi-modal, attentionally demanding game-based intervention for older adults. *Computers in Human Behavior*, *28*(4),1091 - 1096.
Whitty, M. T. (2008). Revealing the 'real' me, searching for the 'actual' you: Presentations of self on an internet dating site. *Computers in Human Behavior*, *24*(4),1707 - 1723.
Witvliet, C. V. O., & Vrana, S. R. (2007). Play it again Sam: Repeated exposure to emotionally evocative music polarises liking and smiling responses, and influences other affective reports, facial EMG, and heart rate. *Cognition and Emotion*, *21*(1),3 - 25.
Wu, H. K., & Shah, P. (2004). Exploring visuospatial thinking in chemistry learning. *Science Education*, *88*(3),465 - 492.
Yuan, Y. (2003). The use of chat rooms in an ESL setting. *Computers and Composition*, (20),194 - 206.
Šmahel, D., & Veselá, M. (2006). Interpersonální atraktivita ve virtuálním prostředí. Československá psychologie, Praha: Academia, roč. 50/2006, č. 2, s. 174 - 186. ISSN 0009 - 062X.

当代中国心理科学文库

总主编：杨玉芳

1. 郭永玉：人格研究
2. 傅小兰：情绪心理学
3. 王瑞明、杨　静、李　利：第二语言学习
4. 乐国安、李　安、杨　群：法律心理学
5. 李　纾：决策心理：齐当别之道
6. 王晓田、陆静怡：进化的智慧与决策的理性
7. 蒋存梅：音乐心理学
8. 葛列众：工程心理学
9. 白学军：阅读心理学
10. 周宗奎：网络心理学
11. 吴庆麟：教育心理学
12. 罗　非：心理学与健康
13. 张清芳：语言产生
14. 韩布新：老年心理学：毕生发展视角
15. 樊富珉：咨询心理学：理论基础与实践
16. 苏彦捷：生物心理学：理解行为的生物学基础
17. 余嘉元：心理软计算
18. 张亚林、赵旭东：心理治疗
19. 郭本禹：理论心理学
20. 张文新：应用发展科学
21. 张积家：民族心理学
22. 许　燕：中国社会心理问题的研究
23. 张力为：运动与锻炼心理学研究手册

24. 罗跃嘉：社会认知的脑机制研究进展
25. 左西年：人脑功能连接组学与心脑关联
26. 苗丹民：军事心理学
27. 董　奇、陶　沙：发展认知神经科学
28. 施建农：创造力心理学
29. 王重鸣：管理心理学

注：以上书单，只列出各书主要负责作者，最终书名可能会有变更，最终出版序号以作者来稿先后排列。
具体请关注华东师范大学出版社网站：www.ecnupress.com.cn；或者关注新浪微博“华师教心”。